普通高等教育"十一五"国家级规划教材

有色冶金化工过程原理及设备

（第2版）

编　著　郭年祥

主　审　陈新志　刘　政　姚克俭

U0342204

北　京

冶金工业出版社

2023

内 容 提 要

本书力求突出化工和有色冶金单元过程的基本原理、典型设备结构及其工艺计算或选型等特点，注重内容的实用性、全面性、准确性和新颖性，编入了一些对工程设计和生产操作有用的内容。

全书内容包括流体（含气体、液体）力学基本原理、流体输送装置、非均相混合物的分离、传热、蒸发、吸收、蒸馏、萃取、干燥、工业燃料及燃烧、工业设备材料及附录。各章（除第11章外）均附有习题。

本书为高等院校本科冶金工程和化学工程专业的教材，亦可供相关领域的工程技术人员参考。

图书在版编目（CIP）数据

有色冶金化工过程原理及设备/郭年祥编著 . —2 版 . —北京：冶金工业出版社，2008.12（2023.1 重印）

普通高等教育"十一五"国家级规划教材

ISBN 978-7-5024-4749-6

Ⅰ．有… Ⅱ．郭… Ⅲ.①有色金属冶金—化工过程—高等学校—教材②有色金属冶金—化工设备—高等学校—教材 Ⅳ. TF8

中国版本图书馆 CIP 数据核字（2008）第 204301 号

有色冶金化工过程原理及设备（第 2 版）

出版发行	冶金工业出版社	电　话	(010)64027926
地　址	北京市东城区嵩祝院北巷 39 号	邮　编	100009
网　址	www.mip1953.com	电子信箱	service@ mip1953.com

责任编辑　宋　良　高　娜　美术编辑　彭子赫　版式设计　张　青
责任校对　王永欣　责任印制　禹　蕊
北京建宏印刷有限公司印刷
2003 年 3 月第 1 版，2008 年 12 月第 2 版，2023 年 1 月第 9 次印刷
787mm×1092mm　1/16；28.75 印张；868 千字；445 页
定价 49.00 元

投稿电话　(010)64027932　投稿信箱　tougao@cnmip.com.cn
营销中心电话　(010)64044283
冶金工业出版社天猫旗舰店　yjgycbs.tmall.com
（本书如有印装质量问题，本社营销中心负责退换）

第 2 版前言

本书是 2003 年由冶金工业出版社出版的《化工过程及设备》一书的修订版，基本上保留了原书的章节体系，并按照初版的编写原则，作了一些充实、修改与变动。

与初版相比，本书主要做了以下修改和变动：对个别概念，在文字上作了更加准确的阐述；对大部分章节内容进行了充实；对第 1 章第 4 节的结构进行了调整，对部分内容做了修改；删除了第 2 章中有关用允许吸上真空高度法来计算离心泵安装高度的内容，引进了临界汽蚀裕量、必需汽蚀裕量和装置汽蚀裕量的概念，介绍了一些新型泵，增加了真空泵的性能参数和选用方法的内容；第 3 章过滤一节增加了现代膜过滤分离技术、一些设备过滤的经验数据和改善过滤措施的内容；对第 4 章第 4 节的结构进行了调整，更加突出了本节的重点；第 6 章增加了亨利系数和吸收系数的一些经验计算式，补充了对各种填料性能的介绍；第 7 章增加了反应精馏内容和有色冶金中的精馏例题和习题；第 8 章增加了新型萃取技术：超临界流体萃取、液膜萃取和固体膜萃取的内容；对第 10 章的第 1 节至第 4 节内容进行了重新编写和充实，使结构更加合理，补充了一些新型燃料的介绍；对第 11 章第 4 节的内容和结构进行了较大的改动，增加了较多的内容，并补充了一些新的耐火和防腐材料的介绍；对附录中部分物性数据进行了更新，增加了一些气体的物性数据、冶金热工中常见管件的局部阻力系数和煤气在不同温度的饱和水蒸气含量数据；全书章节的编号改用了通用的方式，并增补了各章的参考文献。

考虑到本书原来是有色冶金专业的"化工原理"和"有色冶金炉"两门课整合后的课程的教材，主要是针对有色冶金和化工专业编写而成，故再版时将其更名为《有色冶金化工过程原理及设备》。

参加修订工作的人员主要有郭年祥等，万平平参加了部分外文资料翻译和整理工作。

　　全书由陈新志、刘政和姚克俭审定。本书的编写、审定和出版工作，还得到了江西理工大学教务处吴阔华、饶运章、熊小峰、罗家国、王洁等同志的大力支持和帮助。在此对以上人员表示衷心的感谢。

　　由于编者水平有限，书中不妥之处，诚请读者批评指正。

编　者

2008 年 6 月

于江西理工大学

第 1 版前言

为了 21 世纪人才培养的需要，适应高等院校教学改革的发展，避免课程内容的重复，拓宽教材使用面，作者根据化学工程与工艺、环境工程和冶金工程专业的教学要求，结合多年的教学经验，按照"厚基础、宽专业"及精减课时数的原则，编写了这本书。

本书是在原《化工原理》、《有色冶金炉》教材和自编讲义的基础上经整合充实编写而成的。它涵盖了化工和冶金生产中共同的单元操作内容。

本书避免了以往只注重基本原理和理论介绍，忽视工程设备工艺设计或只注重工程设备工艺计算，忽视基本原理和理论介绍的做法，力求突出单元过程的基本原理、典型设备结构及其工艺计算或选型等教材重点；注重内容的实用性、全面性、条理性、简明性、准确性和新颖性，编入了一些对工程设计和生产操作有用的内容。

全书包括流体力学（含气体、液体力学）基本原理、流体输送装置、非均相混合物分离、传热、蒸发、吸收、蒸馏、萃取、干燥、工业燃料及燃烧、工业设备材料及绪论和附录，并且除第十一章外，每章均附有习题。

本书可作为高等院校冶金类本科专业替代"化工原理"和"有色冶金炉"两门课整合后的教材，也可作为化学工程与工艺、环境工程及相关专业本科生化工原理课程的教材，也可供有关部门从事科研、设计及生产的技术人员参考。

本书主编郭年祥，副主编赵湘仪。参加全书编写工作的有郭年祥（前言、绪论、第三、四章），廖春发（第八、十章），赵湘仪（第六章第一～四节、第十一章），匡敬忠（第二章、第六章第五、六节、第九章），陈火平（第一、七章）和肖隆文（第五章、附录）。

　　全书由浙江大学陈新志教授和南方冶金学院刘政教授审定。其他参审人员有浙江大学张未星教授、浙江工业大学王徽教授和贵州工业大学李军旗教授。

　　本书的编写得到南方冶金学院教材建设基金的资助，在此表示衷心的感谢。

　　对于书中错误和疏漏之处，恳请读者批评指正。

编　者

2002 年 12 月

于南方冶金学院

目　录

0 绪 论

0.1 有色冶金化工过程原理及设备的内容、性质及任务

冶金、化工等生产的产品有许多种,各种产品的生产工艺流程均不相同,而且一种产品的生产工艺流程也有很多种。尽管冶金、化工等的生产流程十分复杂,但当分析和比较这些生产流程时就会发现,不同产品或同一产品生产流程中具有共同的过程,这种过程不但原理相同,而且所用设备也十分类似。因此各种产品生产工艺流程可以看成由数目较少的这种过程所组成。如将其称为单元过程,那么冶金、化工等生产工艺流程就是由这种单元过程串并联组合而成。而所有这些单元过程所遵循的基本原理只有四种,即流体动力学原理、传热原理、传质原理和化学反应原理。其中化学反应原理在化学、物理化学、冶金原理、化学反应工程和专业课中进行系统的研究,而流体动力学原理、传热原理和传质原理,简称动量传递、热量传递和质量传递则为本课程的主要研究内容。同时,燃料燃烧、耐火材料等亦作为本课程的研究内容。

有色冶金化工过程原理及设备是有色冶金、化工等专业学生必修的一门专业技术基础课程,其主要任务是研究单元过程的基本原理、典型设备的结构、主要工艺尺寸的计算和确定,探索现存工程问题的最有效的研究方法,培养学生运用基础理论分析和解决生产单元过程中各种工程实际问题的能力。

0.2 有色冶金化工过程原理及设备解决问题的基本方法

为了解决前面所述各项任务,化工过程及设备主要运用以下原理作为解决问题的方法。

(1) 物料衡算。依据质量守恒定律,进入与离开某一冶金过程的物料质量之差,等于该过程中累积的物料质量和反应变化量之和,即:

$$输入量 - 输出量 = 累积量 + 变化量$$

对无反应的连续操作过程,若各物理量不随时间改变,过程中变化量和累积量为零。则物料衡算关系为:

$$输入量 = 输出量$$

通过对一个设备或体系物料的输入、输出和在设备中积累的量、变化的量的物料衡算,可从已知量中求出未知量。可从物料的量计算出设备的生产能力、物料的回收率、利用率等等。

(2) 能量衡算。能量衡算的依据是能量守恒定律。能量衡算的基本关系式与物料衡算的相类似。通过进入和排出、产生和消耗以及积累的能量衡算可以算出过程的能量分布、温度分布;计算出必需的能量、能量损失及能量有效利用率等。当能量的形式仅限于热时,则能量衡算就变为热量衡算。

(3) 速率关系式。过程的传递速率与推动力成正比,与阻力成反比,即过程速率 = 推动力/

阻力，这是一种普遍规律。通过速率的计算，可把物料、能量与时间联系起来，与设备的尺寸联系起来，从而进行设备尺寸的计算。

（4）平衡关系。利用物理化学中的平衡关系，可以判断过程能否进行，以及进行的方向和能达到的极限，确定相间的数量关系。

（5）经济核算。为生产定量的某种产品所需要的设备，根据设备的型式和材料的不同，可以有若干设计方案。对同一台设备，所选用的操作参数不同，会影响到设备费与操作费。因此，要用经济核算确定最经济的设计方案。

另外，量纲分析法和相似原理法也是本课程解决问题的基本方法。

最后值得指出的是本书有许多经验或半经验公式，使用时必须特别注意其适用范围和各项单位，否则将产生很大的误差。

1　流体力学基本原理

没有一定形状可流动的物质称为流体，如气体和液体均为流体。当压强或温度改变时，其体积和密度改变很小的流体称为不可压缩流体，其体积和密度有显著改变的流体称为可压缩流体。

流体力学是力学的一个重要分支，它是研究流体静止和运动的力学规律及流体力学在工程技术中应用的一门学科。

在微观上流体是由无数彼此间有一定间隙的分子组成的，是不连续的。为了便于研究流体的力学特性及建立流体的运动规律，在工程上把流体假设成是由大量质点组成，彼此间没有空隙、完全充满所占空间的连续介质。实践证明，这样的连续性假设，除高度真空的稀薄气体外，对绝大多数情况是合适的。

流体常以工作介质或反应物料应用于生产中，流体的流动构成了化工、冶金单元操作中最基本也是最重要的单元操作。

1.1　流体的基本性质

1.1.1　密度

单位体积流体的质量称为流体的密度，常用 ρ 表示，即：

$$\rho = \frac{m}{V} \tag{1-1}$$

或者

$$\rho = \lim_{\Delta V \to 0} \frac{\Delta m}{\Delta V} = \frac{\mathrm{d}m}{\mathrm{d}V} \tag{1-2}$$

式中　ρ——流体的密度，kg/m^3；

　　　m——流体的质量，kg；

　　　V——流体的体积，m^3。

用式（1-1）和式（1-2）计算出的密度分别是流体的平均密度和点密度，对均质流体，两者相等。

任何一种纯物质的流体密度都是压强与温度的函数。

液体的密度基本上不随压强变化，故常称为不可压缩流体。温度对液体的密度有一定影响，因此在确定液体密度时应标明对应的温度条件。

气体密度随压强、温度会出现显著变化，所以常称为可压缩流体。从手册中查得的气体密度都是处于某一状态下的数据，应用时须换算到操作条件下的值。

当压强不太高、温度不太低时，气体可看成理想气体，其密度计算式可由理想气体状态方程和理想气体特性导出为

$$\rho = \frac{Mp}{RT} \tag{1-3}$$

或

$$\rho = \rho_0 \frac{pT_0}{p_0 T} = \frac{M}{22.4} \frac{pT_0}{p_0 T} \tag{1-4}$$

式中　ρ——实际条件下气体的密度，kg/m^3；

　　　M——气体的摩尔质量，$kg/kmol$；

　　　p——气体的压强，kPa；

　　　T——气体的热力学温度，K；

　　　ρ_0——标准状态下的气体密度，kg/m^3；

　　　p_0——标准状态下的气体压强，kPa；

　　　T_0——标准状态下的气体温度，K。

　　生产中遇到的流体常为若干组分的混合物。物体混合物的密度可据各组分的密度按下列方法求得。

　　对于液体混合物求其密度时，常以1kg混合液体为基准，并假设各组分混合前后的体积不变，因此有：

$$\frac{1}{\rho_m} = \sum_{i=1}^{n} \frac{w_{mi}}{\rho_i} \tag{1-5}$$

式中　ρ_m——混合液体密度，kg/m^3；

　　　ρ_i——i 组分密度，kg/m^3；

　　　w_{mi}——i 组分质量分数。

　　对于气体混合物求其密度时，常以1m³混合气体为基准，并假设各组分在混合前后其质量不变，因此有：

$$\rho_m = \sum_{i=1}^{n} \rho_i \varphi_{vi} \tag{1-6}$$

式中，φ_{vi} 为 i 组分的体积分数，或按式（1-4）计算，但 M 需代混合气体的摩尔质量 M_m，即

$$M_m = \sum_{i=1}^{n} M_i x_i \tag{1-7}$$

式中　M_i——混合气体中 i 组分的摩尔质量；

　　　x_i——混合气体中 i 组分的摩尔分数。

1.1.2　黏度

　　和固体一样，在有相对运动的两流体层接触面上会产生摩擦阻力。流体的这种特性称为黏性，所产生的摩擦阻力称为内摩擦力（或黏性力）。

　　内摩擦力大小可由实验确定。1686 年牛顿通过实验研究提出了以下计算内摩擦力大小的牛顿公式：

$$F = \mu A \frac{\mathrm{d}u}{\mathrm{d}y} \tag{1-8a}$$

或

$$\tau = \frac{F}{A} = \mu \frac{\mathrm{d}u}{\mathrm{d}y} \tag{1-8b}$$

式中　A——流体层间接触面积，m^2；

　　　F——黏性力，N；

　　　τ——剪应力（黏性应力或动量通量），Pa；

　　　$\dfrac{\mathrm{d}u}{\mathrm{d}y}$——垂直流速方向（$y$方向）上流体速度变化率，称为速度梯度，$1/s$；

　　　μ——比例系数，简称为黏度，$N \cdot s/m^2$。

由式（1-8b）可知：当$\dfrac{\mathrm{d}u}{\mathrm{d}y}=1$时，$\mu = \tau$，所以黏度的物理意义为：单位速度梯度作用下单位面积上的内摩擦力；当$\dfrac{\mathrm{d}u}{\mathrm{d}y}=0$（即$u=0$）时，$F=0$，故流体的黏性只有在流动时才能显示出来，静止时可不考虑黏性影响。

不同流体的黏度不同。$\mu=0$的流体称为理想流体，反之，称为实际流体。在同样条件下μ大的流体产生的内摩擦力大，μ小的流体产生的内摩擦力小，所以黏度是衡量流体黏性大小的一个物理量。由于其反映了流体黏性动力性质，具有动力学量纲，所以又称为动力黏度。

流体的黏度除与物质种类有关外还受温度的影响。温度升高液体的黏度减小，而气体的黏度则增大。这是因为产生黏性的微观原因是分子间的吸引力和分子不规则的热运动碰撞产生动量的交换。对于液体，前者是主要因素，温度升高，分子间距增大吸引力降低，故黏度减小；对于气体，后者是主要因素，温度升高，分子热运动产生的动量交换增大，故黏度增大。

一般不考虑压强对流体黏度的影响，只有在极高或极低压强下才考虑压强对气体黏度的影响。

黏度的单位，在国际单位制中是：

$$[\mu] = \frac{[\tau]}{\left[\dfrac{\mathrm{d}u}{\mathrm{d}y}\right]} = \frac{N/m^2}{m/(s \cdot m)} = Pa \cdot s$$

气体及液体混合物的黏度，如缺乏实验数据时，可参阅有关资料，选用适当经验公式进行估算。如对不缔合混合液体的黏度可由下式计算：

$$\lg \mu_m = \sum x_i \lg \mu_i \tag{1-9}$$

式中　μ_m——混合液体的黏度，$Pa \cdot s$；

　　　x_i——混合液体中i组分的摩尔分数；

　　　μ_i——同温度下混合液体中i组分的黏度，$Pa \cdot s$。

对于低压下混合气体的黏度，则可采用下式计算：

$$\mu_m = \frac{\sum x_i \mu_i M_i^{1/2}}{\sum x_i M_i^{1/2}} \tag{1-10}$$

式中　x_i——混合气体中i组分的摩尔分数；

　　　M_i——混合气体中i组分的摩尔质量；

　　　μ_i——混合气体中i组分同温度下黏度，$Pa \cdot s$。

此外，流体黏度大小还可用黏度μ与其密度ρ的比值来表示，称为运动黏度，以符号ν表示，其单位为m^2/s，即

$$\nu = \frac{\mu}{\rho} \tag{1-11}$$

牛顿公式所显示的关系称为牛顿黏性定律。服从牛顿黏性定律的流体称为牛顿型流体，如

水、空气、酸、碱、盐溶液等大多数流体。不服从牛顿黏性定律的流体称为非牛顿型流体，如油漆、有机聚合物、矿浆等流体。本章只讨论牛顿型流体。

1.2　流体静力学基本方程式

1.2.1　流体的压强

静止流体垂直作用于单位面积上的压力，称为流体的静压强，简称压强，习惯上称为压力。作用于整个面积上的压力称为总压力。设 ΔA 为通过静止流体内某一点任意截面的面积，ΔP 为垂直作用于其上的压力，则流体在该处的平均压强为

$$p = \frac{\Delta P}{\Delta A} \tag{1-12}$$

式中　p——压强，Pa；

ΔP——作用于整个面积上的压力，N；

ΔA——受力面积，m^2。

在式（1-12）中，当 $\Delta A \rightarrow 0$ 时，$\Delta P / \Delta A$ 的极限值为该点的压强。

流体压强有两个特性：（1）流体的压强总是垂直指向于作用面；（2）流体内任一点各个方向的压强均相等。

压强的单位为 Pa，称为帕斯卡（其定义为 $1Pa = 1N/m^2$）。其他单位还有大气压、流体柱高度等，它们之间的换算关系为：

$1atm(标准大气压) = 1.013 \times 10^5 Pa = 760mmHg = 10.33mH_2O = 1.033kgf/cm^2$

在工程上为计算方便，常取 $1kgf/cm^2$ 为 1 个工程大气压（at），于是：

$1at(工程大气压) = 9.807 \times 10^4 Pa = 735.6mmHg = 10mH_2O = 1kgf/cm^2$

压强可以有不同的计量基准，如以绝对真空（绝对零压）为起算基准的，称为绝对压强（简称绝压）；如以当地大气压为起算基准的，则称为相对压强或表压强（简称表压）。当绝压大于大气压时，相对压为正值，称为正压（即压力表的读数）。当绝压小于大气压时，相对压为负值，称为负压。绝压低于大气压的数值或负压的绝对值称为真空度（即真空表的读数），即

$$真空度 = 大气压强 - 绝对压强$$

而

$$表压 = 绝对压强 - 大气压强$$

注意，此处的大气压强均应指当地大气压。在本章中如不加说明时均按标准大气压计算。

1.2.2　流体静力学基本方程式

流体静力学基本方程式是用于描述在重力场作用下静止、连续和均质流体内部压强变化规律的数学表达式。由于压强分为绝对压强和表压强，因此，静止流体内部压强的变化规律也可分为绝压变化规律和表压变化规律。有时这两种压强的变化规律正好相反，需要分别加以研究。实际中，为了将两者加以区别，我们把用于描述绝压变化规律的数学表达式称为单流体静力学基本方程式，把用于描述表压变化规律的数学表达式称为双流体静力学基本方程式。

1.2.2.1　单流体静力学基本方程式

对于不可压缩流体，密度不随压强变化，其绝压变化规律的数学表达式可用下述方法推

导。

现从绝对静止的液体中任意划出一垂直液柱，如图 1-1 所示。液柱的横截面积为 A，液体密度为 ρ，若以容器底为基准水平面，则液柱的上、下底面与基准水平面的垂直距离分别为 z_1 和 z_2，以 p_1 与 p_2 分别表示高度为 z_1 及 z_2 处的压强。

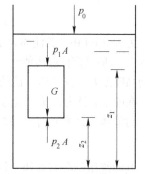

在垂直方向上作用于液柱上的力有：

（1）下底面所受之向上总压力为 p_2A；

（2）上底面所受之向下总压力为 p_1A；

（3）整个液柱之重力 $G = \rho g A(z_1 - z_2)$。

在静止液体中，上述三力之合力应为零，若规定向上的力为正，向下的力为负，则有：$p_2A - p_1A - \rho g A(z_1 - z_2) = 0$。将其化简消除 A 后可得

图 1-1　静力学基本方程的推导

$$p_2 + z_2\rho g = p_1 + z_1\rho g \tag{1-13a}$$

即

$$p + z\rho g = 常数 \tag{1-13b}$$

如果将液柱的上底面取在液面上，设液面上方的压强为 p_0，液柱高度 $z_1 - z_2 = H$，则式（1-13a）可改写为

$$p_2 = p_0 + \rho g H \tag{1-13c}$$

式（1-13a）及式（1-13b）描述了流体内部绝压变化沿高度呈线性变化（上小下大）的规律，称为单流体静力学基本方程式（常简称静力学基本方程式）。其使用条件为重力场作用下的绝对静止、连续均质流体。虽然气体的密度随压强而变，但由气柱产生的压强很小，因而气体密度亦可视为常数，故单流体静力学基本方程亦适用于气体。

方程中 $\rho g z$ 项可以认为是 $V\rho g z/V$（V 为体积），即单位体积流体所具有的位（压）能。$p(p = pV/V)$ 项是单位体积流体所具有的静压能。因此单流体静力学基本方程的物理意义是：在静止流体内，任一点的位压能和静压能之和为常数，两者可以互相转换。

从单流体静力学基本方程式可见：

（1）静止连续流体内任一点的绝压与该点位置高度有关。位置高度相同的点的压强相等。由压强相同的点构成的面称为等压面，重力场作用下的等压面为水平面。

（2）由式（1-13b）可得

$$H = \frac{p_2 - p_0}{\rho g} \tag{1-13d}$$

当 ρ、p_0 一定时，压强可用液柱高度来表示，但必须标明流体名称如 mmHg，mH_2O 等。

1.2.2.2　双流体静力学基本方程式

静止的不可压缩流体内部表压沿高度变化规律的数学关系式，即双流体静力学基本方程式，可由流体绝压和外部大气绝压沿高度变化规律的数学表达式导出。

设大气的密度为 ρ_a，在同样高度上，外部大气的压强分别为 p_{a1} 和 p_{a2}，则两截面上大气的静力学基本方程式为：

$$p_{a1} + z_1\rho_a g = p_{a2} + z_2\rho_a g$$

用式（1-13a）减去上式可得：

$$p_1 - p_{a1} + z_1(\rho - \rho_a)g = p_2 - p_{a2} + z_2(\rho - \rho_a)g \tag{1-14a}$$

因 $p_1 - p_{a1} = p_{表1}$，$p_2 - p_{a2} = p_{表2}$，故上式又可写成

$$p_{表1} + z_1(\rho - \rho_a)g = p_{表2} + z_2(\rho - \rho_a)g \tag{1-14b}$$

方程（1-14b）为流体表压沿高度变化规律的数学表达式，又称为双流体静力学基本方程式。方程中 $p_{表}$ 项是流体静压能与大气静压能的差值称为相对静压能；$z(\rho - \rho_a)g$ 项是流体位（压）能与同高度上大气位（压）能的差值称为相对位（压）能。因此双流体静力学基本方程的物理意义是：在静止流体内，任一点的相对位压能和相对静压能之和为常数，两者可以互相转换。

对液体，因有 $\rho \gg \rho_a$，故可忽略气柱对表压的影响，所以式（1-14a）可写成

$$p_{表1} + z_1\rho g = p_{表2} + z_2\rho g \tag{1-14c}$$

其和绝压的分布规律一样，上小下大（实际计算中常取 $p_{a1} = p_{a2} = p_a$）。

对气体，因气体的 ρ 与 ρ_a 相差不大，故不可忽略外界大气柱和大气压对表压的影响，因此有

$$p_{表1} = p_{表2} - H(\rho - \rho_a)g \tag{1-14d}$$

若 $\rho > \rho_a$，则表压分布规律和液体的一样；若 $\rho < \rho_a$（如热气体），则表压分布规律为上大下小，和液体的完全相反。各种情况流体表压的分布规律如图1-2所示。

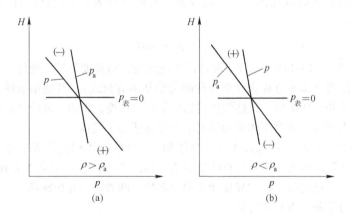

图 1-2   表压（静压头）分布规律

由图1-2可知，$p_{表}$ 可为正压，零压或负压。对热气体（$\rho < \rho_a$），在零压线（$p_{表} = 0$ 处）的上方，表压为正压，在零压线下方，表压为负压；对 $\rho > \rho_a$ 的流体则正好相反。对冶金炉来说，因炉气为热气体，零压线若位于炉顶，则整个炉膛为负压，将吸入炉外冷空气；若位于炉底，则整个炉膛为正压，炉气将外溢；若位于炉门中间某一位置，则零压线上部炉门将有炉气外溢，下部将有冷空气吸入。除了有毒炉气外，为了避免冷空气吸入炉内降低炉温，常将零压线控制在炉底处。

在气体力学中，将 $p_{表}$ 称为静压头并以 $h_{静}$ 表示，将 $z(\rho - \rho_a)g$ 称为位压头并以 $h_{位}$ 表示，所以式（1-14b）可简写成

$$h_{静1} + h_{位1} = h_{静2} + h_{位2} \tag{1-14e}$$

1.2.3   流体静力学基本方程式的应用

在工业生产中，有些工业装置的操作原理是以流体静力学基本方程式为依据的。下面将介绍该方程式在压强测量等其他方面的应用。

1.2.3.1 液柱压差计

液柱压差计是应用流体静力学基本原理的测压装置，此类测压计可以用来测量流体某点的压强（表压强或真空度），也可测量两点之间的压强差，其典型装置有以下几种。

A U形管液柱压差计

U形管液柱压差计的结构如图1-3所示，它是一根内装有指示液的U形玻璃管。指示液密度 ρ_0 必须大于被测流体的密度 ρ，且两者不互溶和不发生化学反应。常用指示液有：水、汞和四氯化碳等。为了消除毛细现象的影响，U形管管径一般取5mm左右。

当需要测定两点压强差时，将U形管的两端连接到被测点"1"与"2"上，并在U形管指示液以上直至连接测点的空间，全部充满被测流体。当测点压强 $p_1 > p_2$ 时，在U形管中指示液将出现一液柱高差 R。根据流体静力学原理，在连通流体内 a—b 面为等压水平面，当1与2两点处于同一水平面时，则有：

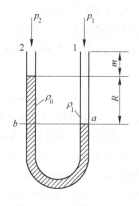

图1-3 U形管压差计

$$p_a = p_1 + (m + R)\rho g$$
$$p_b = p_2 + m\rho g + R\rho_0 g$$

因为 $p_a = p_b$，所以可得

$$p_1 - p_2 = R(\rho_0 - \rho)g \tag{1-15a}$$

当被测流体为气体时，因 $\rho_0 \gg \rho$，故有 $\rho_0 - \rho_a \approx \rho_0$，则式（1-15a）可简化成

$$p_1 - p_2 = R\rho_0 g \tag{1-15b}$$

在图1-3所示的情况下，当右管与大气相通时，p_1 为大气压，测得的 p_2 值为真空度；当左管与大气相通时，p_2 为大气压，测得的 p_1 值为表压。

读数 R 应标明指示液名称，否则无意义。

B 斜管液柱压差计

当被测量的流体压强或压差不大时，读数 R 必然很小，为得到精确的读数，可采用如图1-4所示的斜管压差计来放大读数，放大后的读数 R' 与 R 的关系为

$$R' = R/\sin\alpha \tag{1-16}$$

设计时取 $\sin\alpha < 1$（如取0.2，0.3 等），则 $R' > R$。式中 α 为倾斜角，其值愈小，则 R 值放大为 R' 的倍数愈大。

C 微差压差计

若斜管压差计的读数仍然很小，则可采用微差压差计，其构造如图1-5所示。在压差计中

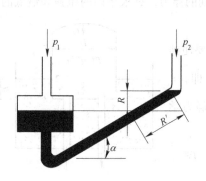

图1-4 斜管压差计

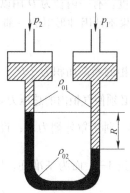

图1-5 微差压差计

放置两种密度不同、互不相溶、互不发生化学反应的指示液，管的上端有扩张室，扩张室有足够大的截面积（一般不小于 U 形管截面的 100 倍），当读数 R 变化时，两扩张室中液面不致有明显的变化。当两测压点位置同高时，据式（1-15a）有：

$$p_1 - p_2 = R(\rho_{02} - \rho_{01})g \tag{1-17}$$

由式（1-17）可知，当选择的两种指示液的密度差较小时，微小的压差 $(p_1 - p_2)$ 也可有较大的读数 R。

例 1-1 如图 1-6 所示，设有一炉膛内充满常压下温度为 1627℃的静止炉气，炉气和空气在标准状态下的密度分别为 $\rho_0 = 1.3\text{kg/m}^3$ 和 $\rho_{0a} = 1.293\text{kg/m}^3$，炉外大气温度为 27℃，当炉门中心线处炉气静压头为零时，求 U 形管中水指示液的读数 R。

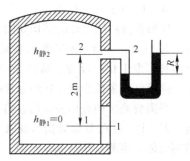

图 1-6　例 1-1 附图

解： 应用式（1-4）求实际温度下炉气和空气的密度：

炉气密度为

$$\rho = \rho_0 \frac{pT_0}{p_0 T} = \rho_0 \frac{T_0}{T} = 1.3 \times \frac{273}{1627 + 273} = 0.185\text{kg/m}^3$$

空气密度为

$$\rho_a = 1.293 \times \frac{273}{273 + 27} = 1.18\text{kg/m}^3$$

已知 $h_{静1} = 0$，取 1—1 截面为基准面，在 1—1 和 2—2 截面间列双流体静力学方程（1-14e）有：

$$h_{静2} = h_{静1} - z_2(\rho - \rho_a)g = 0 - 2 \times (0.185 - 1.18) \times 9.81 = 19.52\text{Pa}$$

又对 U 形管两端液面列静力学基本方程式近似有 $h_{静2} \approx R\rho_{H_2O}g$

故

$$R \approx \frac{h_{静2}}{\rho_{H_2O}g} = \frac{19.52}{9.81 \times 10^3} = 2 \times 10^{-3}\text{m} = 2\text{mm}$$

1.2.3.2　其他方面的应用

除液柱压差计外，静力学基本原理还在液封、稳流、液位测量等其他方面有着广泛的应用。现举例说明如下。

例 1-2 液封和稳压：目的是防止系统中的气体外溢和稳定气柜内气体的压强，需要计算的是液封高度。有一内径为 D 用以贮存氮气的湿式低压气柜，如图 1-7 所示，其金属钟形罩重量为 G，如果不计因钟形罩的一部分浸没在水中而受到的浮力，试求柜内的压强和最低的液封高度 h。

解： 气柜的横截面积为 $\frac{\pi}{4}D^2$，忽略浮力的影响，要使钟形罩平衡，必须使气柜内的总压力等于钟形罩的质量，即 $p = \frac{4G}{\pi D^2}$（表压）。钟形罩外侧为水，设其密度为 ρ，根据静力学基本方程，选 1—1 面为基准面，则可得液封高度 $h = \frac{p}{\rho g} = \frac{4G}{\pi D^2 \rho g}$。

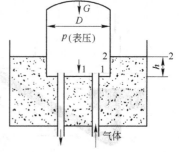

图 1-7　例 1-2 附图

例 1-3 稳流高位槽：为了使高位槽底部排出的液体流量不随槽中液面的下降而减少，通常可将充满液体的高位槽上端密封，并于底部侧壁 B 处接一与大气相通的细管，如图 1-8 所示，试说明其原理。

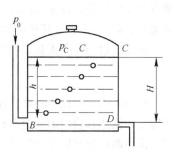

解：当液体由 D 管排出时，使槽内空间形成真空。在大气压作用下，细管内液面下降，直至 B 处时，槽内液面才开始下降，此时，空气将不断以鼓泡方式进入槽内使液面上方气体压力不断增大。

当槽内液面在 B 以上时，对 B、C 两点列单流体静力学基本方程式可得

图 1-8 例 1-3 附图

$$p_C + h\rho g = p_B = p_0$$

即

$$p_C = p_0 - h\rho g$$

对 C、D 两点列单流体静力学基本方程式可得

$$p_D = p_C + \rho g H = p_0 - h\rho g + H\rho g = p_0 + (H - h)\rho g$$

上式说明，只要液面不低于 B（低于时和开口容器的情况一样），尽管液面随液体排出不断下降，但 p_D 只与 $H - h$ 有关，而 $H - h$ 不变，故 p_D 不变，因而流量也稳定不变。

例 1-4 远距离测量液位：要求测量贮槽内的液位高度 h，可使用如图 1-9 所示的装置。为了消除管路阻力的影响，控制很小的气流量，只要在观察器 4 中有气泡鼓出即可。试求 U 形管压差计读数 R 与液面高度 h 的关系。

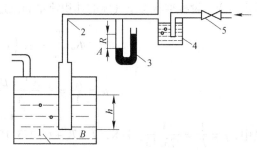

解：已知贮槽内液体的密度为 ρ，U 形测压管内指示液密度为 ρ_0，通入的气体与两种液体均不发生反应且不溶解。

图 1-9 例 1-4 附图
1—贮槽；2—吹气管；3—U 形管压差计；
4—鼓泡观察器；5—调节阀

根据单流体静力学基本方程式有：

$$p_A = \rho_0 g R + p_0$$

$$p_B = \rho g h + p_0$$

因为气流在吹气管内流速很低、密度很小，管路阻力和气柱的压强可忽略不计，则 $p_A = p_B$，故有 $h = \dfrac{\rho_0}{\rho} R$。选择适当的 ρ_0 值，可以较方便地读出 R 值，求出液面高度 h。

1.3 流体在管内流动

1.3.1 流动的基本概念

1.3.1.1 流量与流速

流量：单位时间内流过管道任一横截面的流体量称为流量。横截面是指处处和该处流体流向垂直的截面。流体量可以用体积来计量也可以用质量来计量。若用体积来计量，则相应的流

量称为体积流量，以 q_V 表示，其单位为 m^3/s 或 m^3/h；若用质量来计量，则相应的流量称为质量流量，以 q_m 表示，其单位为 kg/s 或 kg/h。

质量流量与体积流量之间关系为：

$$q_m = q_V \rho \tag{1-18}$$

流速：单位时间内流体在流动方向上所流过的距离称为流速，以 u 表示，其单位为 m/s。实际上，流体在管内的流速沿径向而变化，管截面中心流速最大，管壁处流速为零。工程计算中，流体的流速常取平均流速，其表达式为：

$$u = \frac{q_V}{A} \tag{1-19}$$

式中，A 为垂直于流动方向上管道的横截面积，单位为 m^2。

质量流速：单位时间内流体流过单位横截面积的质量，称为质量流速，以 G 表示，其单位为 $kg/(m^2 \cdot s)$，表达式为：

$$G = \frac{q_m}{A} = \frac{q_V \rho}{A} = u\rho \tag{1-20}$$

对于气体，由于其体积随温度和压强而变，所以气体的体积流速亦随之而变，但质量流速恒定不变。设标准状态下气体的体积流量和流速分别为 q_{V0} 和 u_0，则当压强相同时有：

$$q_V = q_{V0} \frac{T}{T_0} = q_{V0}\left(1 + \frac{t}{T_0}\right) = q_{V0}(1 + \beta t) \tag{1-21}$$

$$u = \frac{q_V}{A} = \frac{q_{V0}(1 + \beta t)}{A} = u_0(1 + \beta t) \tag{1-22}$$

式中，$\beta = \dfrac{1}{T_0} = \dfrac{1}{273.15}$，$1/K$；$T = T_0 + t = 273.15 + t$，$K$；$t$ 为气体实际温度，$℃$。

另压强相同时有：

$$\rho = \rho_0 \frac{T_0}{T} = \frac{\rho_0}{1 + \beta t} \tag{1-23}$$

所以

$$G = u\rho = u_0(1 + \beta t)\frac{\rho_0}{1 + \beta} = u_0\rho_0 = G_0$$

即质量流速不变。

在工业生产中常用圆形管道，若管道直径为 d，则式（1-19）可写成

$$u = \frac{4q_V}{\pi d^2} \quad 或 \quad d = \sqrt{\frac{4q_V}{\pi u}} \tag{1-24}$$

市场供应的管子，管径有一定的规格，在选用管子时应选标准管径。管子规格的表示方法：钢管为 ϕ 外径 mm × 壁厚 mm；铸铁管为 ϕ 内径 mm × 壁厚 mm。

从式（1-24）可以看出：输送一定流量的流体，当流速较大时，所需管径较小，管子费用较低，但流速大时，流体流动的阻力增大，操作费用（动力消耗费）增加。因此，在输送各种不同流体时，都应有一个使总费用最低的适宜的流速值。适宜的流速常常根据生产经验来确定，故称为经验流速。某些流体在管道中的经验流速范围见表 1-1。

表 1-1　某些流体在管道中的经验流速范围

流体种类及状况	流速范围/m·s⁻¹	流体种类及状况	流速范围/m·s⁻¹
水及低黏度液体（表压 $10^5 \sim 10^6$ Pa）	1 ~ 3.0	过热蒸气	30 ~ 50
高黏度液体	0.5 ~ 1.0	低压空气	12 ~ 15
蛇管螺旋管内的冷却水	<1.0	高压空气	15 ~ 25
盐酸（胶管内）	1.5	一般气体（常压）	10 ~ 20
硫酸（浓度大于88%）	1.2	易燃、易爆低压气体	<8
饱和蒸气	20 ~ 40	烟道气	3 ~ 6

1.3.1.2　稳定流动与不稳定流动

在流动系统中，若任一截面上流体的流速、压强、密度等物理参数不随时间而变化，这种流动称为稳定流动。反之则称为不稳定流动。在如图 1-10 所示的贮水槽中，当由进水管流入水槽的水量大于排水管流出的水量时，水槽水面高度将维持不变，这时，截面 1—1 处的流速、压强等物理参数在任何时候都相同（但不同截面的参数可以不同）。这种流动属于稳定流动。若将进水管上阀门关闭，这时水槽内水位将不断降低，1—1 截面处的流速和压强在不同时刻将不同，这种流动为不稳定流动。

在以后的讨论中如没有特别指明，都是指稳定流动。

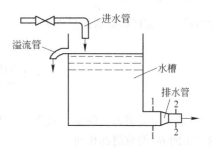

图 1-10　流动情况示意图

1.3.2　流动现象

1.3.2.1　层流与紊流

雷诺通过实验发现流体在直管内流动时有两种流动现象，即层流与紊流流动现象。

用雷诺实验装置，通过实验，可以直接观察到流体上述的两种流动现象。在雷诺实验装置（图 1-11）中，有一入口呈喇叭状的玻璃管 4 浸没在透明的水槽 3 中，管出口有调节水流量用的阀门 5，水槽上方与细管 2 相连的小瓶 1 内充有有色液体（密度与水相近）。实验时，水经玻璃管流出，有色液体亦不断经喇叭口中心处的针状细流流入管内，同时维持贮水槽液位恒定不变。从有色液体的流动情况可观察到如下两种现象：当玻璃管内水流速较小时，管中心的有色液体沿管的轴线方向呈如图 1-12（a）所示的一条平滑的直线流过玻璃管；当水流速增加到

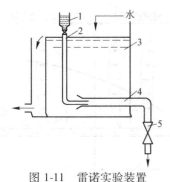

图 1-11　雷诺实验装置

1—小瓶；2—细管；3—水槽；4—玻璃管；5—阀门

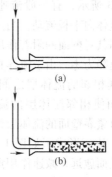

图 1-12　流型观察

（a）层流；（b）紊流

某一临界值时，有色线开始抖动、弯曲、进而断裂，最后成为如图 1-12（b）所示的情况，即有色液体与管内水流主体完全混在一起，无法分辨，使整个水流染上了颜色。这一实验称为雷诺实验。

雷诺实验观察到的这两种现象，揭示了流体在流动过程中存在着两种截然不同的流型。图 1-12（a）表明，流体质点在管内是仅沿与轴线平行的方向作分层流动，层次分明，彼此互不混合，这种流型称为层流或滞流。图 1-12（b）表明，流体质点除在总体上沿管的轴线方向向前流动外，还有杂乱无章的各个方向的运动，质点互相碰撞、互相混合，这种流型称为紊流或湍流。

根据不同的流体和不同的管径所获得的实验结果表明：不仅流体的流速能改变流型，而且改变管道的直径、流体的密度和黏度都会引起流型变化。实验证明，可将影响流型的这 4 个因素归纳成为一个数群 $\dfrac{du\rho}{\mu}$ 作为判别流型的一个准则。数群 $\dfrac{du\rho}{\mu}$ 用 Re 表示，称为雷诺特征数，简称雷诺数。雷诺特征数的量纲为

$$[Re] = \left[\frac{du\rho}{\mu}\right] = \frac{L \cdot \dfrac{L}{\tau} \cdot \dfrac{M}{L^3}}{\dfrac{M}{L \cdot T}} = L^0 \cdot M^0 \cdot T^0$$

即 Re 是一个量纲为一的量。因此，只要组成此数群的各物理量单位一致，不论采用何种单位制算出的 Re 的数值都相同。

大量实验结果表明：当 $Re \leqslant 2000$ 时，流动类型为层流；当 $Re \geqslant 4000$ 时，流动类型为紊流；当 $2000 < Re < 4000$ 时，流动类型可能是层流，亦可能是紊流，由外界条件而定，如稍有振动即可促使产生紊流，这个区域称为过渡区。

例 1-5　20℃的水在直径为 $\phi 60\text{mm} \times 3.5\text{mm}$ 的钢管中流动，当水流速度为 1.5m/s 时，试判别其流型。

解：已知：$d = 0.060 - 0.0035 \times 2 = 0.053\text{m}$，$u = 1.5\text{m/s}$，水在 20℃时的密度 $\rho = 998.2\text{kg/m}^3$、黏度 $\mu = 10^{-3}\text{Pa} \cdot \text{s}$。所以

$$Re = \frac{du\rho}{\mu} = \frac{0.053 \times 1.5 \times 998.2}{10^{-3}} = 7.94 \times 10^4 > 4000$$

所以水流流型为紊流。

1.3.2.2　边界层及其分离

如图 1-13 所示，有一股流速均匀且流向与平板平行的流体向平板流动。当这股流体流到平板壁面时，因其对壁面的附着作用，紧靠壁面的一层流体流速降为零。由于流体具有黏性，此静止流体层与其相邻的流体层之间将产生黏性力（摩擦力），而使相邻流体层的流速降低。这种减速作用，由紧靠壁面的流体层开始，依次向流体内部传递，从而形成了如图 1-13 所示的速度分布。离开壁面愈远，减速作用愈小。因此在离开壁面一定距离后，流体流速则接近于未受壁面影响的主体流速 u_0。自壁面处流速为零至流速

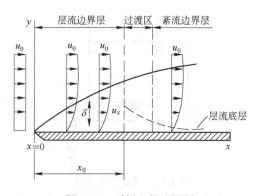

图 1-13　平板上的边界层

为 $0.99u_0$ 之间的区域，在工程上定义为流体流动的边界层。在边界层内，由于在流动的垂直方向上存在较大的速度梯度 $\dfrac{\mathrm{d}u}{\mathrm{d}y}$，即使黏度很小，摩擦阻力也仍然较大，不能忽略。而在边界层外的区域（称为主流区），由于速度梯度趋近于零，摩擦阻力可以忽略，故可作为理想流体看待。

边界层按其流型仍有层流边界层和紊流边界层之分。如图 1-13 所示，在壁面的前一段，边界层的流型为层流，称为层流边界层。离开平壁前缘若干距离后，边界层内的流型转为紊流，称为紊流边界层，其厚度较快地增大。即使在紊流边界层内，近壁处仍有一薄层，其流型仍为层流，称为层流底层。

光滑平壁上流体边界层内的流型，可用雷诺特征数 Re_x 来判别：当 $Re_x \leqslant 2 \times 10^5$ 时，为层流边界层；当 $Re_x \geqslant 3 \times 10^6$ 时，为紊流边界层；当 $2 \times 10^5 < Re_x < 3 \times 10^6$ 时，为过渡区。其中，

$$Re_x = \frac{xu_0\rho}{\mu}，x 为距平板前缘的距离。$$

当流体在圆管内流动时，只在入口段有边界层内外之分，在这段距离内，边界层逐渐扩大到管中心，如图 1-14 所示。在汇合点边界层内流动是层流时，则以后的管内流动均为层流。若在汇合点以前，边界层内的流动已发展为紊流，则以后的管内流动为紊流。在入口段的速度分布沿管长不断变化，至汇合点处的速度分布才发展成稳定流动时的管内速度分布。工程上入口段（又称稳定段）长度通常可取 $L_0 = (100 \sim 200)R$。在测定圆管内截面上速度分布时，测定点的上、下游必须各有一段长度大于 L_0 的管径均一的直管。

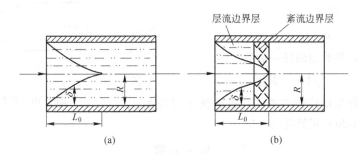

图 1-14　圆管入口段中边界层的发展
（a）层流边界层；（b）层流与紊流边界层

当均匀流速的流体流过曲面，如球体或圆柱体的表面时，不仅也形成边界层，而且在一定条件下要产生边界层脱离固体壁面的现象，即边界层分离。

如图 1-15 所示，流体流过一圆柱表面，在壁面上形成边界层，其厚度随流过的距离而增加，流体的流速与压强随流动方向沿曲面而变化。流体在 A 点受壁面阻滞，流速为零，A 点称为驻点，此处压强为最大。流体由 A 点沿圆柱曲面流动，因流通截面逐渐减小，边界层内流体流动呈加速减压的情况，压力能一部分转变为动能，另一部分用于克服流体的内摩擦阻力，边界层的发展与平板情况无本质区别。到达 B 点以后，流通截面逐渐加大，边界层内处于减速加压状态，动能的一部分转变为压力能，另一部分仍用于克服流体的内摩擦阻力。故边界层内流体流速迅速下降。由于越靠

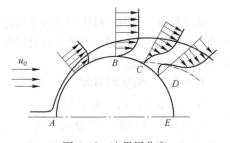

图 1-15　边界层分离

近壁面流速越小，因此，首先是靠近壁面的流体在到达 C 点后流速降为零，其次是邻近的流体在稍远处流速也降为零，这样一层一层流体的流速逐次降为零，形成如图中 CD 所示的流速为零的面，称为分离面。分离面至边界层上缘之间的区域即成为脱离了壁面的边界层。这一现象称为边界层分离。

在 CD 面以下，成为空白区，在逆压差的作用下流体产生倒流，而形成涡流区。在涡流区内，由于流体质点进行着强烈的紊动，互相混合碰撞需要消耗能量，这部分能量损失因是由表面形成边界层分离所引起，称为形体阻力（损失）。

由此可见，黏性流体绕过固体表面时的阻力（损失）包括摩擦阻力（损失）与形体阻力（损失）两部分，称之为局部阻力（损失）。流体流经阀门、管件、管道进出口等局部地方，由于流动方向或截面的突然改变，都会产生类似的情况，故通过这些构件产生的流动阻力（损失）均称为局部阻力（损失）。在局部阻力中，形体阻力是主要部分。

1.3.3　流动的基本方程

1.3.3.1　连续性方程

连续性方程可通过对稳定流动的流体作物料衡算得到。

设流体在图 1-16 所示的管道中作连续稳定流动，从截面 1—1 流入，从截面 2—2 流出。若在管道两截面之间无流体漏损，根据质量守恒定律，从截面 1—1 进入的流体质量流量 q_{m1} 应等于从截面 2—2 流出的流体质量流量 q_{m2}，即

$$\rho_1 A_1 u_1 = \rho_2 A_2 u_2 \qquad (1\text{-}25)$$

此关系可推广到管道的任一截面，即

$$\rho A u = 常数 \qquad (1\text{-}26)$$

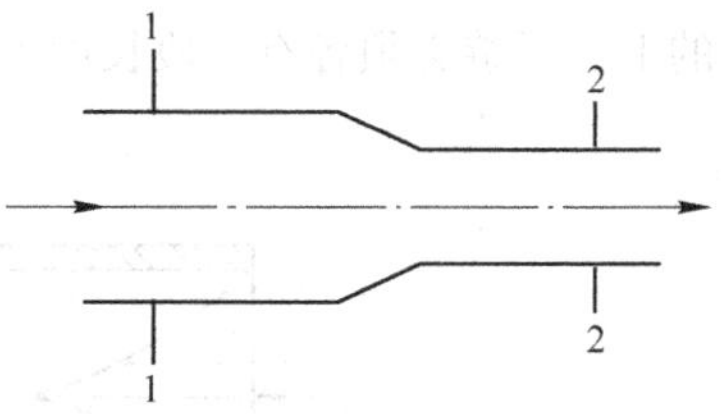

式（1-25）称为连续性方程式。若流体不可压缩，ρ ＝常数，则式（1-26）可简化为

图 1-16　物料衡算

$$A u = 常数 \qquad (1\text{-}27)$$

由此可知，在连续稳定的不可压缩流体的流动中，流体流速与管道的截面积成反比。截面积愈大流速愈小，反之亦然。

对于圆形管道，由式（1-27）可得

$$\frac{\pi}{4} d_1^2 u_1 = \frac{\pi}{4} d_2^2 u_2$$

或

$$\frac{u_1}{u_2} = \left(\frac{d_2}{d_1} \right)^2 \qquad (1\text{-}28)$$

式（1-28）说明不可压缩流体在管道中的流速与管道内径的平方成反比。当流体沿直径均匀的管道作稳定流动时，流速沿程总保持定值，与流体内部是否存在内摩擦力无关，这是与固体运动的不同之处。

1.3.3.2　伯努利方程

A　流动系统的总能量衡算

在图 1-17 所示的稳定流动系统中，流体从截面 1—1 流入，经粗细不同的管道，从截面 2—2 流出。管路上装有对流体做功的泵或风机及向流体输入或从流体中取出热量的换热器。

衡算范围：内壁面、1—1 与 2—2 截面间。

衡算基准：1kg 流体。

基准水平面：0—0 水平面。

设 u_1、u_2 分别为流体在截面 1—1 与 2—2 处的流速，m/s；p_1、p_2 分别为流体在截面 1—1 与 2—2 处的压强，Pa；z_1、z_2 为截面 1—1 与 2—2 的中心至基准水平面 0—0 的垂直距离，m；A_1、A_2 为截面 1—1 与 2—2 的面积，m^2；v_1、v_2 分别为流体在截面 1—1 与 2—2 处的比体积，m^3/kg。

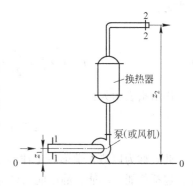

图 1-17　总能量衡算

1kg 流体进、出系统时输入和输出的能量有下面各项：

（1）内能：物质内部能量的总和称为内能。1kg 流体输入与输出的内能分别以 U_1 和 U_2 表示。

（2）位能：流体因受重力的作用，在不同的高度处具有不同的位能，相当于质量为 m 的流体自基准水平面升举到某高度 z 所做的功，即：

$$位能 = mgz$$

1kg 流体输入与输出的位能分别为 gz_1 与 gz_2。位能是个相对值，随所选的基准水平面位置而定，在基准水平面以上的位能为正值，以下的为负值。

（3）动能：流体以一定的速度运动时，便具有一定的动能。质量为 m，流速为 u 的流体所具有的动能为：

$$动能 = \frac{1}{2}mu^2$$

1kg 流体输入与输出的动能分别为 $\frac{1}{2}u_1^2$ 与 $\frac{1}{2}u_2^2$。

（4）静压能：流体不论是否静止，其内部任一处都有一定的静压强。流体因静压强所具有的能量，称为静压能。流体进入某一截面时所得到的静压能，相当于这部分流体流过该截面时需克服此截面静压力作用所做的功。

截面 1—1 上的总压力为 p_1A_1，1kg 流体通过此截面所走的距离为 $\frac{v_1}{A_1}$，则总压力对 1kg 流体所做的功亦即 1kg 流体带入系统的静压能为：

$$输入的静压能 = p_1A_1\frac{v_1}{A_1} = p_1v_1$$

同理，1kg 流体离开系统时输出的静压能为 p_2v_2。

此外，在图 1-17 中的管路上还安装有换热器和泵（或风机），则进、出该系统的能量还有：

（1）热：设换热器向 1kg 流体供应的或从 1kg 流体中取出的热量为 Q_e。若换热器对所衡算的流体加热，则 Q_e 为从外界向系统输入的能量，为正值；若换热器对所衡算的流体冷却，则 Q_e 为系统向外界输出的能量，为负值。

（2）外功（净功）：1kg 流体通过泵（或风机）所获得的能量，称为外功或净功，有时还称为有效功，以 W_e 表示。

以上各项能量的单位均为 J/kg。

根据能量守恒定律，在连续稳定流动条件下，1kg 流体在截面 1—1 与 2—2 间的总能量衡

算式为:

$$输入 = 输出$$

即

$$U_1 + gz_1 + \frac{u_1^2}{2} + p_1v_1 + Q_e + W_e = U_2 + gz_2 + \frac{u_2^2}{2} + p_2v_2 \tag{1-29a}$$

用增量表示为:

$$\Delta U + g\Delta z + \frac{\Delta u^2}{2} + \Delta(pv) = Q_e + W_e \tag{1-29b}$$

此式称为以热力学第一定律表示的能量衡算式。式中的能量可分为两类:一类称为机械能,包括位能、动能、静压能与外部机械输入的能量;另一类称为内能与热。

B　流体流动的机械能衡算式

在流体流动过程中,各项能量只能互相转换,式(1-29a)在应用上很不方便,常将其中的某些项转化为机械能的形式。

首先讨论内能项。根据热力学第一定律,流体内能的变化等于流体所获得的热量减去它所做的功,即

$$\Delta U = Q - \int_{v_1}^{v_2} p\mathrm{d}v \tag{1-30}$$

再研究系统内热量的变化。除了从外部加入的热量外,流体在流动时,由于流体流动的阻力,将消耗一部分功,这部分功转化为热量被流体吸收,使内能略有增加。从工程应用来看,这部分功是不能利用的。因此称为功的"损失",或称阻力损失或能量损失。

若用 Σh_f 表示 1kg 流体流过系统所消耗的机械功转换的热量,则有

$$Q = Q_e + \Sigma h_f$$

或

$$Q_e = Q - \Sigma h_f \tag{1-31}$$

将式(1-30)及式(1-31)代入式(1-29b)中得

$$Q - \int_{v_1}^{v_2} p\mathrm{d}v + g\Delta z + \frac{\Delta v^2}{2} + \Delta(pv) = Q - \Sigma h_f + W_e$$

所以

$$W_e = g\Delta z + \frac{\Delta v^2}{2} + \Delta(pv) - \int_{v_1}^{v_2} p\mathrm{d}v + \Sigma h_f$$

将 $\Delta(pv) = \int_{p_1v_1}^{p_2v_2} \mathrm{d}(pv) = \int_{v_1}^{v_2} p\mathrm{d}v + \int_{p_1}^{p_2} v\mathrm{d}p$ 代入上式并化简得

$$W_e = g\Delta z + \frac{\Delta u^2}{2} + \int_{p_1}^{p_2} v\mathrm{d}p + \Sigma h_f \tag{1-32}$$

式(1-32)表示流体流动时机械能之间的变化关系,称为稳定流动时的机械能衡算式。式中 $\int_{p_1}^{p_2} v\mathrm{d}p$ 项应根据流动过程的特点,由 $p\text{-}v$ 的函数关系来确定。通常是按可压缩流体与不可压缩流体处理。对可压缩流体又可分为等温、绝热或多变过程。工程上多数情况下都是不可压缩流体。

C　伯努利方程式

对不可压缩流体,其比体积 v 或密度 ρ 为常数,均与压强无关,故式(1-32)中等号左边的第三项可写成

$$\int_{p_1}^{p_2} v\mathrm{d}p = v\Delta p = \frac{\Delta p}{\rho} \tag{1-33}$$

将式（1-33）代入式（1-32）后，可得

$$W_e = g\Delta z + \frac{\Delta u^2}{2} + \frac{\Delta p}{\rho} + \Sigma h_f \tag{1-34a}$$

或

$$gz_1 + \frac{u_1^2}{2} + \frac{p_1}{\rho} + W_e = gz_2 + \frac{u_2^2}{2} + \frac{p_2}{\rho} + \Sigma h_f \tag{1-34b}$$

式（1-34b）称为实际流体的伯努利方程式。

若为理想流体，黏度为零，因此流体在流动过程中无阻力（损失），即 $\Sigma h_f = 0$，并设无外功，即 $W_e = 0$，则式（1-34b）可简化为

$$gz_1 + \frac{u_1^2}{2} + \frac{p_1}{\rho} = gz_2 + \frac{u_2^2}{2} + \frac{p_2}{\rho} \tag{1-34c}$$

或

$$gz + \frac{u^2}{2} + \frac{p}{\rho} = 常数 \tag{1-34d}$$

式（1-34c）和式（1-34d）都称为理想流体的伯努利方程式。

D　伯努利方程式的讨论

（1）W_e 是外部输送机械对单位质量流体输入的功。它是决定流体输送设备的重要数据。如果被输送流体的质量流量为 $q_m[\mathrm{kg/s}]$，则输送设备向流体提供的有效功率为：

$$N_e = W_e \cdot q_m$$

当考虑输送设备的效率为 η 时，则实际消耗的功率即轴功率 N 为：

$$N = \frac{N_e}{\eta}$$

（2）当流体静止时，即 $u_1 = u_2 = 0$，外功与阻力（损失）亦自然为零，即 $W_e = 0$，$\Sigma h_f = 0$。于是式（1-34b）简化为

$$gz_1 + \frac{p_1}{\rho} = gz_2 + \frac{p_2}{\rho}$$

上式就是流体静力学基本方程式。由此可见，静力学基本方程式是伯努利方程在流速为零时的一个特例。

（3）当衡算基准不同时，式（1-34b）有不同的表达形式。

若以 g 除式（1-34b）中的各项，并令 $H_e = \frac{W_e}{g}$，$\Sigma H_f = \frac{\Sigma h_f}{g}$，则可得以单位重量（1N）流体为衡算基准的伯努利方程式：

$$z_1 + \frac{u_1^2}{2g} + \frac{p_1}{\rho g} + H_e = z_2 + \frac{u_2^2}{2g} + \frac{p_2}{\rho g} + \Sigma H_f \tag{1-34e}$$

在液体输送的能量衡算中常用此式。式中，H_e 代表液体输送机械（泵）加给每牛顿液体的有效功（称为泵的压头或扬程），单位为 J/N；ΣH_f 代表 1N 流体从 1—1 截面流动到 2—2 截面的能量损失，称为压头损失，单位为 J/N；其他各项的单位均为 J/N 或 m，表示单位重量（1N）流体所具有的机械能量。

若以 ρ 乘式（1-34b）的各项，并令 $H_T = W_e\rho$，$\Delta p_f = \rho\Sigma h_f$，则得以单位体积流体为衡算基

准的伯努利方程式:

$$\rho g z_1 + \frac{\rho u_1^2}{2} + p_1 + H_T = \rho g z_2 + \frac{u_2^2}{2} + p_2 + \Delta p_f \qquad (1\text{-}34f)$$

式（1-34f）常用于气体，其中各项单位均为 J/m^3 或 N/m^2，表示每 $1m^3$ 气体所具有的能量。式中 H_T 表示气体输送机械加给 $1m^3$ 气体的有效功，称为全风压，简称风压。

（4）以上伯努利方程式中的压强用绝压表示。当用表压表示时，因 $p_2 = p_{表2} + p_{a2}$，$p_1 = p_{表1} + p_{a1} = p_{表1} + p_{a2} + (z_2 - z_1)\rho_a g$，代入式（1-34f）可得:

$$z_1(\rho - \rho_a)g + \frac{\rho u_1^2}{2} + p_{表1} + H_T = z_2(\rho - \rho_a)g + \frac{\rho u_2^2}{2} + p_{表2} + \Delta p_f$$

或　　　　　　　$h_{位1} + h_{动1} + h_{静1} + H_T = h_{位2} + h_{动2} + h_{静2} + h_{失} \qquad (1\text{-}35a)$

式（1-35a）称为双流体伯努利方程式，常用于热气体的能量衡算。式中，$h_{动} = \frac{\rho u^2}{2}$ 称为动压头，$h_{失} = \Delta p_f$，气体力学中称为压头损失。

对液体，因其密度 $\rho \gg \rho_a$，有 $\rho - \rho_a \approx \rho$，所以式（1-35a）可写成

$$z_1 \rho g + \frac{\rho u_1^2}{2} + p_{表1} + H_T = z_2 \rho g + \frac{\rho u_2^2}{2} + p_{表2} + \Delta p_f \qquad (1\text{-}35b)$$

故对液体，伯努利方程式中的压强可用绝压值代入，也可用表压值代入，不影响计算结果。

（5）因管道横截面上各点流速不同，故各点动能也不同，实际计算中方程式的动能项应代平均值。而平均动能并不一定就是平均流速下的动能值，所以当流速采用平均流速时，方程式中的动能项应乘以修正系数 a。a 值的大小与流型有关：层流时 $a = 2$；紊流时 $a = 1.0 \sim 1.1$。工程上的流动多属紊流，简化计算时 a 可取 1.0。

（6）对可压缩流体，如气体在流动过程中，当通过所取衡算系统两截面间的压强相对变化量即 $(p_1 - p_2)/p_1$ 小于20%时，则式（1-32）中 $\int_{p_1}^{p_2} v dp = \int_{p_1}^{p_2} \frac{dp}{\rho}$ 项中的 ρ 可用气体平均密度 ρ_m 来代替，即 $\rho_m = \frac{\rho_1 + \rho_2}{2}$。此时 $\int_{p_1}^{p_2} \frac{dp}{\rho} = \frac{\Delta p}{\rho_m}$。

如果计算中需要考虑流体的可压缩性对 $\int_{p_1}^{p_2} v dp$ 项的影响，则应按照热力学的方法来处理：即等温过程时，$\int_{p_1}^{p_2} v dp = p_1 v_1 \ln \frac{p_2}{p_1}$；绝热过程时，$\int_{p_1}^{p_2} v dp = \frac{\gamma}{\gamma - 1}(p_2 v_2 - p_1 v_1)$，式中，$\gamma$ 为绝热指数。

E　伯努利方程式的应用

应用伯努利方程式的解题步骤是:

（1）作图：为了使计算系统清晰，有助于正确解题，首先应根据题意绘出流程示意图，标出流动方向，并将主要数据，如高度、管径、流量等数据列于图中。

（2）选取截面，确立衡算范围：截面应与流动方向垂直，两截面间流体应该是连续的。截面应选在已知量最多且包含要求的未知量的位置上，以便于解题。

（3）选取基准水平面：由于方程式中等号两边均有位能，且位能是相对值，故基准水平面可以任意选取而不影响计算结果。为了计算方便，常取较低的一个截面的中心所在的水平面作为基准面。

（4）列伯努利方程式。

（5）代入已知数据求解方程。有时还需要列出连续性方程、静力学方程等其他方程，才能求解。

在应用伯努利方程时，除了按上述步骤解题外，计算中还必须注意以下事项：

（1）各物理量的单位必须一致。一般都采用 SI 单位。

（2）方程中的 z、p 之值，一律取截面中心的值。方程中的流速 u 一律用该截面的平均流速。

（3）基准面上的 z 为零，基准面以上截面的 z 取正值，基准面以下截面的 z 取负值。

（4）出口两侧流体的压强相等。

（5）大截面（如大容器横截面等）上流体的流速可近似取作零。

（6）W_e 和流入能量项，Σh_f 和流出能量项写在一起，与截面标号无关。

伯努利方程可以应用于以下几方面：（1）确定管道中流体的流量或流速；（2）确定管路中流体的压强；（3）确定输送设备的有效功率及轴功率；（4）判断流体流动方向；（5）确定设备间的相对位置（见本章第 4 节例 1-10）；（6）流量测量（见本章第 6 节）。

现举例说明伯努利方程式在（1）至（5）方面的应用。

例 1-6　在图 1-18 所示的吸液装置中，吸入管尺寸为 $\phi32mm \times 2.5mm$，管的下端位于水面下 3m，并装有底阀及拦污网，该处的局部压头损失为 $\dfrac{8u^2}{2g}$。

若截面 2—2 处的真空度为 $5 \times 10^4 Pa$，由 3—3 截面至 2—2 截面的压头损失为 $\dfrac{u^2}{4g}$。求：（1）吸入管中水的流量，m^3/h；

（2）吸入口 3—3 处的表压。

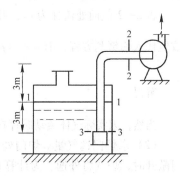

图 1-18　例 1-6 附图

解：（1）求水的流量。根据截面和基准面选取的原则，取截面 1—1 和 2—2 为上、下游截面，截面 1—1 所在平面为水平基准面。由于题中给出的能量损失项（$8u^2/2g$ 和 $u^2/4g$）具有 J/N 的单位，故选用以单位重量为衡算基准的伯努利方程来求解。在所选两截面间列伯努利方程有：

$$z_1 + \frac{u_1^2}{2g} + \frac{p_1}{\rho g} + H_e = z_2 + \frac{u_2^2}{2g} + \frac{p_2}{\rho g} + \Sigma H_f$$

式中，$z_1 = 0$，$z_2 = 3m$，p_1 与 p_2 均用表压表示，所以 $p_1 = 0$，$p_2 = -5 \times 10^4 Pa$，$u_1 \approx 0$，$u_2 = u$，$H_e = 0$，$\Sigma H_f = \dfrac{8u^2}{2g} + \dfrac{u^2}{4g}$。将以上数据代入伯努利方程式解得

$$u = u_2 = 2.08 m/s$$

所以体积流量为

$$q_V = \frac{\pi}{4}d^2 u = \frac{3.14}{4} \times 0.027^2 \times 2.08$$

$$= 11.9 \times 10^{-4} m^3/s = 4.28 m^3/h$$

（2）求吸入口 3—3 处的表压。在截面 3—3 和 1—1 间列伯努利方程式，并以截面 3—3 为基准水平面有：

$$z_1 + \frac{u_1^2}{2g} + \frac{p_1}{\rho g} + H_e = z_3 + \frac{u_3^2}{2g} + \frac{p_3}{\rho g} + \Sigma H_f$$

式中，$z_3 = 0$，$z_1 = 3\text{m}$，$u_1 = 0$，$u_3 = u_2 = 2.03\text{m/s}$，$\rho = 10^3\,\text{kg/m}^3$，$p_1 = 0$（表压），$H_e = 0$，$\sum H_f = \dfrac{8u^2}{2g} = \dfrac{4u^2}{g}$。代入已知数值可解得 $p_3 = 9.96 \times 10^3\,\text{Pa} = 9.96\text{kPa}$（表压）。

例 1-7 有一炉膛充满热气，密度为 ρ，现取一横截面（1—1 截面），如图 1-19 所示，设截面上不存在横向流动，炉底水平面（1—1 截面）表压为零。（1）试计算 2—2 截面处小孔中气体流出速度；（2）若炉底部有一高度为 H 的炉门，当此炉门敞开时，试计算通过炉门外逸的炉气量。

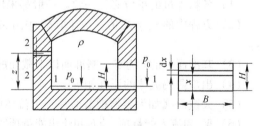

图 1-19   例 1-7 附图

解：（1）求小孔中气体流速。本题可看成不可压缩的热气体的稳定流动问题，为方便起见，可用双流体伯努利方程来求解。

取 2—2 截面中心水平面为基准面，列炉底 1—1 截面与小孔出口内侧的 2—2 截面的双流体伯努利方程，即

$$h_{\text{静1}} + h_{\text{位1}} + h_{\text{动1}} = h_{\text{静2}} + h_{\text{位2}} + h_{\text{动2}} + h_{\text{失}}$$

式中，$h_{\text{静1}} = 0$，$h_{\text{静2}} = 0$，$h_{\text{位1}} = -z(\rho - \rho_a)g$，$h_{\text{位2}} = 0$。

设 2—2 截面处流速为 u_2，并取动能修正系数 $a_2 = 1$，$u_1 \approx 0$。本题先假定 $h_{\text{失}} = 0$，将以上数值代入伯努利方程，有 $0 + z(\rho_a - \rho)g + 0 = 0 + 0 + \dfrac{u_2^2}{2}\rho$

解得

$$u_2 = \sqrt{\frac{2gz(\rho_a - \rho)}{\rho}}$$

当然，因实际气体流动时存在压头损失，即 $h_{\text{失}}$ 不为零，故实际的 u_2 应较上式的值为小。

（2）求炉门逸气量。炉门处于零压面以上，整个炉门处的炉气都处于正压状态，因此当炉门敞开时，炉气将外逸。为计算逸出炉气流速与流量，先在炉门任意水平上取一高度为 $\text{d}x$ 的微元截面，设此截面距炉底为 $x\text{m}$，则根据本例第（1）项的分析，通过此微元截面处的流速为

$$u = \sqrt{\frac{2gx(\rho_a - \rho)}{\rho}}$$

炉门宽度为 B，则通过微元截面的体积流量为

$$\text{d}q_V = uB\text{d}x = B\sqrt{\frac{2gx(\rho_a - \rho)}{\rho}}\text{d}x$$

整个炉门溢气量为

$$q_V = \int_0^{q_V} \text{d}q_V = \int_0^H B\sqrt{\frac{2gx(\rho_a - \rho)}{\rho}}\text{d}x$$

$$= \frac{2}{3}BH\sqrt{\frac{2gH(\rho_a - \rho)}{\rho}}$$

上式未考虑压头损失的影响，因此实际流量应乘以修正系数 C_0，即

$$q_V = \frac{2}{3}C_0 BH\sqrt{\frac{2gH(\rho_a - \rho)}{\rho}}$$

C_0 称为流量系数，由实验测定，约为 $0.6 \sim 0.8$。

例 1-8 某化工厂用泵将碱液池的碱液输送至吸收塔顶，经喷嘴喷出，如图 1-20 所示，泵的进口管管径为 $\phi108\mathrm{mm}\times$ $4.5\mathrm{mm}$，管中流速为 $1.5\mathrm{m/s}$，出口管径为 $\phi76\mathrm{mm}\times2.5\mathrm{mm}$，贮液池中碱液深度为 $1.5\mathrm{m}$，池底至塔顶喷嘴上方入口处的垂直距离为 $18\mathrm{m}$，碱液经管系的阻力损失为 $30\mathrm{J/kg}$，碱液进喷嘴处的压强（表压）为 $3\times10^4\mathrm{Pa}$，碱液的密度为 $1100\mathrm{kg/m}^3$，设泵的效率为 60%，试求泵的有效功率与轴功率。

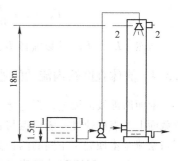

图 1-20 例 1-8 附图

解：取碱液池的液面 1—1 为基准面，以塔顶喷嘴上方入口处的管横截面为 2—2 截面，在 1—1 及 2—2 截面间列伯努利方程：

$$gz_1 + \frac{u_1^2}{2} + \frac{p_1}{\rho} + W_e = gz_2 + \frac{u_2^2}{2} + \frac{p_2}{\rho} + \Sigma h_f$$

式中，$z_1 = 0$，$z_2 = 18 - 1.5 = 16.5$，$u_1 \approx 0$，碱液在进口管中流速 $u = 1.5\mathrm{m/s}$，据连续性方程，碱液在出口管中的流速 $u_2 = u_1 \left(\dfrac{d_1}{d_2}\right)^2 = 1.5 \times \left(\dfrac{99}{71}\right)^2 = 2.92\mathrm{m/s}$，$\rho = 1100\mathrm{kg/m}^3$，$p_1 = 0(\text{表压})$，$p_2 = 3 \times 10^4\mathrm{Pa}(\text{表压})$，$\Sigma h_f = 30\mathrm{J/kg}$。

将以上各值代入式中得

$$W_e = 9.81 \times 16.5 + \frac{2.92^2}{2} + \frac{3 \times 10^4}{1100} + 30 = 223\mathrm{J/kg}$$

碱液的质量流量为：

$$q_m = \frac{\pi}{4}d^2 u\rho = 0.785 \times (0.099)^2 \times 1.5 \times 1100 = 12.7\mathrm{kg/s}$$

所以泵的有效功率为

$$N_e = W_e \cdot q_m = 223 \times 12.7 = 2832\mathrm{W} = 2.832\mathrm{kW}$$

泵的轴功率为

$$N = \frac{N_e}{\eta} = \frac{2.832}{0.6} = 4.7\mathrm{kW}$$

例 1-9 如图 1-21 所示，若管中流体 B 的流量为 $0.04\mathrm{m}^3/\mathrm{s}$，密度 ρ 为 $10^3\mathrm{kg/m}^3$，1—1 截面与 2—2 截面的管径比为 $d_1 : d_2 =$ $1 : \sqrt{3}$，1—1 截面的面积为 $0.04\mathrm{m}^2$，U 形管读数 R 为 $0.02\mathrm{m}$，指示液 A 的密度 ρ_0 为 $13600\mathrm{kg/m}^3$，在无外加能量补充的情况下，试通过计算判断流体 B 的流动方向。

解：设两截面的总机械能分别为 E_1 和 E_2，则

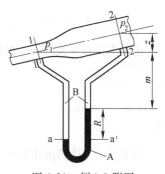

图 1-21 例 1-9 附图

$$E_1 = z_1 + \frac{p_1}{\rho g} + \frac{u_1^2}{2g}, \quad E_2 = z_2 + \frac{p_2}{\rho g} + \frac{u_2^2}{2g}$$

式中，$z_1 = 0$，$z_2 = z$，$u_1 = \dfrac{q_V}{A_1} = \dfrac{0.04}{0.04} = 1\mathrm{m/s}$，$u_2 = u_1\left(\dfrac{d_1}{d_2}\right)^2 = 1 \times \left(\dfrac{1}{\sqrt{3}}\right)^2 = \dfrac{1}{3}\mathrm{m/s}$，$p_1 = p_2 +$ $0.02(\rho_0 - \rho)g + z\rho g = p_2 + 2 \times 126 \times 9.81 + 9810z$

故　　$E_1 = 0 + \dfrac{p_2 + 2 \times 126 \times 9.81 + 9810z}{9810} + \dfrac{1}{2 \times 9.81} = z + \dfrac{p_2}{9810} + 0.303$

$$E_2 = z + \frac{p_2}{9810} + \frac{1}{2 \times 9.81 \times 9} = z + \frac{p_2}{9810} + 0.0057$$

显然，$E_1 > E_2$，所以流体 B 从 1—1 截面向 2—2 截面流动。

1.3.4 流体在圆管内流动的速度分布规律

前面所涉及的流速，都是指圆管内某一截面的平均流速。事实上，流体在管内流动时，管内截面上各点的速度 u 随该点与管中心的距离而变，这种变化关系称为速度分布规律。由于层流与紊流是本质完全不同的两种流动类型，故两者速度分布规律不同。

1.3.4.1 层流时的速度分布规律

层流时，各层因流速不同而相互产生的剪应力是属于黏性力，因此符合牛顿黏性定律。所以层流速度分布规律可根据力的平衡与牛顿黏性定律来确定。

如图 1-22 所示，流体在半径为 R 的水平管内作稳定层流流动。在流体中，取半径为 r、长为 l 的圆柱单元体作为力的衡算范围，它所受到的水平方向上的外力有两端的总压力及圆柱体侧表面上的内摩擦力。

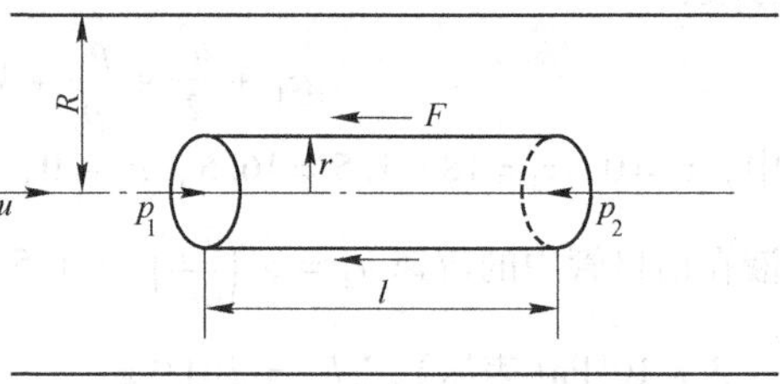

作用于圆柱体两端的总压力分别为 $\pi r^2 p_1$ 和

图 1-22　层流速度分布推导

$\pi r^2 p_2$，式中的 p_1、p_2 分别为左、右端面上的压强，Pa。

流体作层流流动时内摩擦力服从牛顿黏性定律，即

$$\tau = -\mu \frac{du}{dr}$$

上式中的负号表示流速沿半径增加的方向而减小。

由于在圆管的速度分布是对称的，r 相同的地方 $\dfrac{du}{dr}$ 相同，所以作用于单元圆柱体侧面上的内摩擦力为

$$F = -(2\pi rl)\mu \frac{du}{dr}$$

由于流体作等速流动，根据牛顿第二定律，这些力的合力应等于零，即

$$\pi r^2 p_1 - \pi r^2 p_2 - \left(-2\pi rl\mu \frac{du}{dr}\right) = 0$$

故 $\qquad\qquad\qquad\qquad du = -\dfrac{p_1 - p_2}{2\mu l} \cdot r \cdot dr \qquad\qquad\qquad\qquad (1\text{-}36)$

设半径为 r 处的流速为 u_r，而在壁面（$r = R$）处流速为零，于是对式（1-36）积分：

$$\int_0^{u_r} du = -\int_R^r \frac{p_1 - p_2}{2\mu l} r dr$$

得

$$u_r = \frac{p_1 - p_2}{4\mu l}(R^2 - r^2) = \frac{\Delta p}{4\mu l}(R^2 - r^2) \qquad\qquad (1\text{-}37)$$

式中，$\Delta p = p_1 - p_2$，本例条件下其为常数。

式（1-37）为层流时流体在圆形管内流动的速度分布方程，为一抛物线方程。由其可见：当 $r=R$ 时，$u_r=0$；当 $r=0$ 时，$u_r=u_{max}=\dfrac{\Delta p}{4\mu l}R^2$；$r$ 相同时 u_r 相等。

层流时的平均流速可根据式 $u=\dfrac{q_V}{A}$ 计算，由式（1-37）可求得流过管道截面的流量为：

$$q_V=\int_0^R u_r\cdot 2\pi r\cdot dr=\int_0^R \frac{\Delta p(R^2-r^2)}{4\mu l}\cdot 2\pi r\cdot dr=\frac{\Delta p\pi}{8\mu l}R^4$$

故平均流速为

$$u=\frac{\Delta p\pi R^4}{8\mu l\pi R^2}=\frac{\Delta pR^2}{8\mu l}=\frac{1}{2}u_{max} \tag{1-38}$$

式（1-38）称为泊谡叶公式。

由上可知，层流时，流体在圆管内的流速分布规律是：流速沿径向呈抛物线分布（如图 1-23a 所示），在管壁处流速为零，管中心处流速最大，平均流速为最大流速的一半。

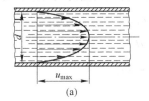
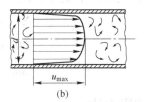

图 1-23　圆管内速度分布
（a）层流；（b）紊流

1.3.4.2　紊流时的速度分布规律

紊流时，流体质点的运动情况比较复杂，内摩擦力的大小不能用牛顿黏性定律来表示，目前还不能完全用理论方法得出紊流时的速度分布规律。通过实验测定，紊流时圆管内的速度分布曲线如图 1-23b 所示，分为两部分，即管中心部分与靠近管壁部分。

在管中心部分，由于质点互相碰撞混合，彼此交换了能量，流体速度趋于平均，因此曲线顶部比较平坦。并且雷诺特征数 Re 越大，即流体紊流程度越剧烈，速度分布曲线顶部区域越宽阔而平坦。

在靠近壁面处，由于壁面附着力的影响，流速迅速下降，壁面上的流速等于零。在这个区域内，速度梯度很大。紧靠壁面的一层流体仍处于层流状态，称为层流底层。雷诺特征数越大层流底层越薄。

紊流时圆管内流速分布规律，可用以下经验公式表示：

$$u_r=u_{max}\left(1-\frac{r}{R}\right)^{1/n} \tag{1-39}$$

指数 n 与 Re 有关：

当 $4\times10^4<Re<1.1\times10^5$ 时，$n=6$；当 $1.1\times10^5<Re<3.2\times10^6$ 时，$n=7$；当 $Re>3.2\times10^6$ 时，$n=10$。

紊流时平均流速与管中心最大流速之间的关系可由 1.6 节中图 1-34 表示，或由式（1-39）推得为

$$u=\frac{2n^2}{(n+1)(2n+1)}u_{max} \tag{1-40}$$

当 $n=7$ 时，$u\approx0.82u_{max}$。

1.4　流体流动阻力

1.4.1　阻力类型

流体在管路中流动，要受到一定阻力作用，为了克服阻力需要消耗一部分机械能，这就是阻力损失，简称阻力。

管路的组成除了直管外，还有阀门和管件（弯头、三通、活接头等）。阀门的作用是调节流量，管件的作用主要是改变管道方向，连接支管，改变管径及堵塞管道等。

流体在直管中产生阻力的原因与在阀门和管件中的不同。前者由内摩擦引起，称为直管阻力或沿程阻力，根据计算中单位流体量的计量单位不同，可用 h_f（计量单位为 kg）或 H_f（计量单位为 N）或 Δp_{fr}（计量单位为 m^3）表示；后者由内摩擦与形体阻力引起，称为局部阻力，可相应用 h_l 或 H_l 或 Δp_{fl} 表示。因此流体流经管路的阻力损失应为这两部分阻力之和，即

$$\Sigma h_f = h_f + h_l \tag{1-41a}$$

或

$$\Sigma H_f = H_f + H_l \tag{1-41b}$$

或

$$\Delta p_f = \Delta p_{fr} + \Delta p_{fl} \tag{1-41c}$$

1.4.2　等截面直管阻力计算

1.4.2.1　计算阻力的通式

如图 1-24 所示，不可压缩流体在和流体接触的周长（称为浸润周边长度）为 Π、流通横截面积为 A、管长为 l 的水平等截面直管中作稳定流动，平均流速为 u，直管阻力损失为 h_f。截面 1—1 与 2—2 的压强分别为 p_1 和 p_2，设 $p_1 > p_2$。在水平方向上作用在 l 段流体上的力有：

垂直作用于 1—1 截面上的总压力 P_1、垂直作用用于 2—2 截面上的总压力 P_2 和平行作用于流体柱侧表面的摩擦力 F。

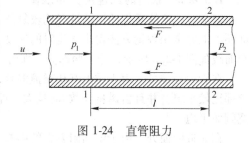

图 1-24　直管阻力

当流体做匀速运动时，三者合力应为零，即：

$$P_1 - P_2 - F = 0$$

因 $P_1 = p_1 A$，$P_2 = p_2 A$，$F = \tau \Pi l$，代入上式后可得：

$$\Delta p = p_1 - p_2 = \frac{\tau \Pi l}{A}$$

上式右端分子分母同乘以 $8\rho u^2$，得

$$\Delta p = \frac{8\tau}{\rho u^2} \frac{l}{\dfrac{4A}{\Pi}} \frac{\rho u^2}{2}$$

令 $\lambda = \dfrac{8\tau}{\rho u^2}$，$d_e = \dfrac{4A}{\Pi}$，则

$$\Delta p = \lambda \frac{l}{d_e} \frac{\rho u^2}{2} \tag{1-42}$$

又在截面 1—1 与 2—2 间列伯努利方程

$$gz_1 + \frac{u_1^2}{2} + \frac{p_1}{\rho} + W_e = gz_2 + \frac{u_2^2}{2} + \frac{p_2}{\rho} + \Sigma h_f$$

式中，$z_1 = z_2$，$u_1 = u_2 = u$，$W_e = 0$，$\Sigma h_f = h_f$。上式可简化为：

$$\Delta p = \rho h_f = \Delta p_f = \Delta p_{fr} = \rho g H_f \qquad (1\text{-}43)$$

比较式（1-43）与式（1-42）可得：

$$h_f = \lambda \frac{l}{d_e} \frac{u^2}{2} \qquad (1\text{-}44a)$$

或

$$\Delta p_{fr} = \rho h_f = \lambda \frac{l}{d_e} \frac{\rho u^2}{2} \qquad (1\text{-}44b)$$

或

$$H_f = \lambda \frac{l}{d_e} \frac{u^2}{2g} \qquad (1\text{-}44c)$$

式(1-44a)~式(1-44c)都称为范宁公式，是等截面直管阻力计算的通式，它既适用于层流也适用于紊流。式中，d_e 称为等截面直管的当量直径（其四分之一值称为水力半径），对圆形管，d_e 等于管子的内直径；λ 是量纲为一的系数，称为摩擦系数，它是雷诺数和截面形状的函数（层流时），或者是雷诺数与管壁粗糙度的函数（过渡流与紊流时）。计算等截面直管阻力的关键是求得 λ。以下介绍 λ 的求算方法和计算公式。

1.4.2.2 层流时摩擦系数的求算

按截面形状，管子可分成圆形管和非圆形管。两种管子摩擦系数的计算公式有所不同，下面分别予以介绍。

A 圆形直管摩擦系数的求算

圆形管摩擦系数的求算方法有公式计算法和查图法。

层流时圆形管摩擦系数的计算公式，可由泊谡叶公式（1-38）和式（1-42）推得。

由式（1-38）解得

$$\Delta p = \frac{32\mu l u}{d^2}$$

代入式（1-42）有（此时 $d_e = d$）

$$\frac{32\mu l u}{d^2} = \lambda \frac{l}{d} \frac{\rho u^2}{2}$$

由此解出 λ 为

$$\lambda = \frac{64\mu}{du\rho} = \frac{64}{\dfrac{du\rho}{\mu}} = \frac{64}{Re} \qquad (1\text{-}45)$$

式（1-45）为流体在圆形直管内作层流时 λ 的计算公式，说明层流时 λ 是 Re 的函数，且与 Re 成反比。将此式在双对数坐标图上进行标绘，可得一直线，如图 1-25 所示。因此层流时圆形直管的 λ，除了可用式（1-45）计算外，还可由图 1-25 查得。

B 非圆形直管摩擦系数的求算

层流时等截面非圆形直管摩擦系数的计算公式，可通过对圆形管的计算公式进行修正得到。其计算公式为

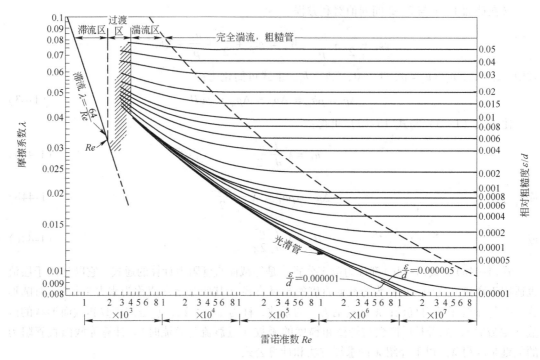

图 1-25   莫迪图

$$\lambda = \frac{C}{Re} \tag{1-46}$$

式中，$Re = \dfrac{d_e u \rho}{\mu}$；$C$ 为量纲为一的常数，某些非圆形管常数 C 列于表 1-2。

表 1-2   某些非圆形管的常数 C

非圆形管的截面形状	正方形	等边三角形	环 形	长 方 形	
				长：宽 = 2：1	长：宽 = 4：1
常数 C	57	53	96	62	73

必须注意，不能用当量直径来计算非圆形管道截面积，即 $A \neq \dfrac{\pi}{4} d_e^2$。

1.4.2.3   紊流时摩擦系数的求算

A   圆形直管摩擦系数的求算

流体在紊流流动时的情况远比层流时复杂，目前还不能像层流那样，完全用理论分析法建立起其 λ 的计算公式。紊流的摩擦系数是应用量纲分析法求得的。

量纲分析法是基于量纲一致性的原则，对能反映一个物理现象的方程，其等号两边不仅数值要相等，而且式中每一项都应具有相同的量纲。基于这个原则，可以将各物理量间的关系转换为数目较少（少于物理量的个数）的量纲为一的量间的关系，然后再进行实验确定这些量纲为一的量间的关系，这样实验的工作就可大为减少，分析问题也就简单得多。

根据对紊流流动时各影响因素的分析，可以知道，克服内摩擦而产生的压头损失 Δp_{fr} 与流体流经的管径 d、管长 l、平均流速 u、流体密度、黏度 μ 及管壁的绝对粗糙度 ε（管壁面的平

均凸出高度，如图 1-26 所示）有关，即

$$\Delta p_{\mathrm{fr}} = f(d, l, u, \rho, \mu, \varepsilon)$$

上面的关系可以假设为下列幂函数的形式

$$\Delta p_{\mathrm{fr}} = kd^a l^b u^c \rho^d \mu^e \varepsilon^f \tag{1-47}$$

式中，常数 k 和指数 a、b、c、d、e、f 均为待定数。

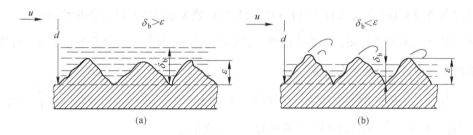

图 1-26　流体流过壁面情况

式中各物理量的量纲如下：

$$[\Delta p_{\mathrm{fr}}] = \mathrm{MT^{-2}L^{-1}} \qquad [\rho] = \mathrm{ML^{-3}}$$

$$[d] = \mathrm{L} \qquad [\mu] = \mathrm{ML^{-1}T^{-1}}$$

$$[u] = \mathrm{LT^{-1}} \qquad [\varepsilon] = \mathrm{L}$$

把各物理量的量纲代入式（1-47），则两端的量纲为

$$\mathrm{MT^{-2}L^{-1}} = (\mathrm{L})^a (\mathrm{L})^b (\mathrm{LT^{-1}})^c (\mathrm{ML^{-3}})^d (\mathrm{ML^{-1}T^{-1}})^e (\mathrm{L})^f = \mathrm{M}^{d+e} \mathrm{T}^{-c-e} \mathrm{L}^{a+b+c-3d-e+f}$$

根据量纲一致性原则，上式等号两边各物理量的量纲必须完全一致，所以

$$d + e = 1$$

$$c + e = 2$$

$$a + b + c - 3d - e + f = -1$$

这里方程式只有 3 个，未知数却有 6 个，故不能联解出各未知数的数值，但可用其中 3 个量来表示。联解以上各式得：

$$a = -b - e - f, \quad c = 2 - e, \quad d = 1 - e$$

于是

$$\Delta p_{\mathrm{fr}} = kd^{-b-e-f} l^b u^{2-e} \rho^{1-e} \mu^e \varepsilon^f$$

把指数相同的物理量合并在一起，即得到

$$\frac{\Delta p_{\mathrm{fr}}}{\rho u^2} = k \left(\frac{l}{d} \right)^b \left(\frac{du\rho}{\mu} \right)^{-e} \left(\frac{\varepsilon}{d} \right)^f \tag{1-48}$$

式中，$\dfrac{du\rho}{\mu}$ 是雷诺特征数 Re；$\dfrac{\Delta p_{\mathrm{fr}}}{\rho u^2}$ 是欧拉特征数 Eu；$\dfrac{l}{d}$ 及 $\dfrac{\varepsilon}{d}$ 均为简单的量纲为一的量；$\dfrac{\varepsilon}{d}$ 称为管壁的相对粗糙度。

比较式（1-47）与式（1-48），显然变量的数目减少了。所以按式（1-48）来进行实验，取得各待定数，就比式（1-47）简便得多。根据实验数据很容易得出在充分发展了的流动下，$b = 1$，则式（1-48）变成

$$\lambda = 2k\left(\frac{du\rho}{\mu}\right)^{-e}\left(\frac{\varepsilon}{d}\right)^{f} = \phi\left(Re, \frac{\varepsilon}{d}\right) \tag{1-49}$$

量纲分析法必须建立在对过程影响因素正确判断的基础上，若遗漏某个重要的影响因素则将得不到可靠的结果。同时，通过量纲分析只能得到一个一般的函数关系，例如上面量纲分析只能告诉我们 λ 是 Re 和 $\frac{\varepsilon}{d}$ 的函数，但它们之间的具体关系还有待通过实验来解决。

经综合整理实验数据，可得式（1-49）的具体函数关系如图 1-25 中的曲线所示。

图 1-25 为双对数坐标图，称为莫迪图。它是将 λ 与 Re 和 $\frac{\varepsilon}{d}$ 的函数关系标绘在双对数坐标上得到的。图中可以分成 4 个区域：

（1）层流区。$Re \leqslant 2000$ 的区域是层流区。在此区域内，曲线为一直线，$\lambda = \frac{64}{Re}$ 与 $\frac{\varepsilon}{d}$ 无关。此时，$\Delta p_{\text{fr}} = 32\mu lu/d^2$，即压头损失与流速的一次方成正比。

（2）过渡区。$2000 < Re < 4000$ 是层流与紊流的过渡区。在此区域内，层流与紊流的曲线都可应用，流动处于不稳定状态。为了计算安全起见，可以将紊流曲线延长使用，计算阻力偏大。

（3）湍流区。$Re \geqslant 4000$ 及虚线以下的区域为湍流区。在此区域内，摩擦系数 λ 与 Re 及 $\frac{\varepsilon}{d}$ 都有关。最下面一条曲线为流体流过光滑管时 λ 与 Re 的关系曲线。

（4）完全湍流区。图中虚线以上的区域为完全湍流区。在此区域内，各曲线趋近于水平线，即 λ 与 Re 无关而只与 $\frac{\varepsilon}{d}$ 有关。对于某一定的 $\frac{\varepsilon}{d}$ 而言，即图中的一条曲线，λ 为常数。从公式 $h_{\text{f}} = \lambda \dfrac{l}{d} \dfrac{u^2}{2}$ 可以看出，此时 $h_{\text{f}} \propto u^2$，故此区又称为阻力平方区。

工程上除了可用图 1-25 求 λ 外，还可用以下一些经验或半经验公式计算 λ。
布拉休斯（Blasius）公式：

$$\lambda = \frac{0.3164}{Re^{0.25}} \tag{1-50}$$

适用范围：$Re = 3000 \sim 10^5$，光滑管。
顾毓珍公式：

$$\lambda = 0.0056 + \frac{0.500}{Re^{0.32}} \tag{1-51}$$

适用范围：$Re = 3 \times 10^3 \sim 3 \times 10^6$，光滑管。
柯尔布鲁克（Colebrook）公式：

$$\frac{1}{\sqrt{\lambda}} = 1.14 - 2\lg\left(\frac{\varepsilon}{d} + \frac{9.35}{Re\sqrt{\lambda}}\right) \tag{1-52}$$

适用范围：湍流下的光滑管和粗糙管。
用式（1-52）求算 λ 需试差，计算较繁。为此在工程中可用以下简单式计算 λ：

$$\frac{1}{\sqrt{\lambda}} = -2.0 \lg\left(\frac{\varepsilon}{3.8d} + \frac{5.1}{Re^{0.89}}\right) \tag{1-53}$$

及

$$\lambda = 0.1\left(\frac{\varepsilon}{d} + \frac{68}{Re}\right)^{0.23} \tag{1-54}$$

式（1-53）的适用范围与式（1-52）的相同；式（1-54）的适用范围为：$Re \geqslant 4000$，$\frac{\varepsilon}{d} \leqslant 0.005$。

另外，当 $\frac{d/\varepsilon}{Re\sqrt{\lambda}} < 0.005$ 时，式（1-52）还可简化成

$$\frac{1}{\sqrt{\lambda}} = -2\lg\frac{\varepsilon}{d} + 1.14 \tag{1-55}$$

B 非圆形直管摩擦系数的求算

紊流时，非圆形管摩擦系数 λ 的计算，可以按下面方法进行，即采用圆形管的方法和公式来计算非圆形管的摩擦系数 λ，但使用时应注意：用当量直径代替圆管直径；用于矩形管时，长宽比不应超过 3∶1；用于环形管时误差较大。

实际计算表明：不论是层流还是紊流，摩擦系数和直管阻力损失随当量直径的增大而减小；在流通横截面面积相等的情况下，方形管的当量直径比矩形管的大，圆形管的当量直径又比方形管的大。因此，从减少阻力损失方面来看，圆形截面最佳。

当缺乏数据时，在工程计算中，直管的摩擦系数也可按表 1-3 中所列经验值来选取。

表 1-3 工程计算中 λ 的经验值

材　料	砖砌管道	金属光滑管道	金属氧化管道	金属生锈管道
λ	0.05	0.025	0.035 ~ 0.04	0.045

1.4.2.4 管壁粗糙度对摩擦系数的影响

管壁粗糙度对流体阻力或摩擦系数 λ 的影响，是由于在流体作紊流流动时流体质点对管壁凸起的碰撞，加剧了流体质点的混合和杂乱无章的运动，因而增加了能量损失。绝对粗糙度相同的管道，管径不同时，其对流体阻力的影响不同，管径小的影响大，管径大的影响小。为了更好地反映 ε 对流动的影响，工程上采用 $\frac{\varepsilon}{d}$ 来表示管道的相对粗糙度。

管壁粗糙度对流体阻力或摩擦系数 λ 的影响可分为以下几种情况：

（1）层流。此时，管壁凹凸不平处都被沿轴向缓慢流动的层流流体层所覆盖，流体质点不会与壁面凸起部分碰撞，故层流时摩擦系数与粗糙度无关。

（2）紊流。流体作紊流流动时，靠管壁处总是存在一层层流底层，此时粗糙度对摩擦系数的影响与层流底层厚度 δ_b 及管径大小有关。当 $\varepsilon < \delta_b$ 时，如图 1-26a 所示，管壁粗糙度对摩擦系数的影响与层流时相似，即 λ 与 ε 无关，只与 Re 有关。这种情况的管子称为水力光滑管。当 $\varepsilon > \delta_b$ 时，如图 1-26b 所示，管壁凸起部分伸入层流底层外的紊流区，流体质点会与管壁凸起部分碰撞加大能量损失。在一定 Re 和管径的条件下，粗糙度越大，则能量损失越大，即 λ 越大。

表 1-4 列出了某些工业管道的绝对粗糙度，其中玻璃管、黄铜管、铅管、塑料管等被看成为光滑管；钢管、铸铁管、陶瓷管被看成为粗糙管。

表 1-4   某些工业管道的绝对粗糙度

管道类型		绝对粗糙度 ε/mm	管道类型		绝对粗糙度 ε/mm
金属管	无缝黄铜管、铜管及铅管	0.01 ~ 0.05	非金属管	干净玻璃管	0.0015 ~ 0.01
	新的无缝钢管或镀锌铁管	0.1 ~ 0.2		橡胶软管	0.01 ~ 0.03
	新的铸铁管	0.3		木管道	0.25 ~ 1.25
	具有轻度腐蚀的无缝钢管	0.2 ~ 0.3		陶土排水管	0.45 ~ 6.0
	具有显著腐蚀的无缝钢管	0.5 以上		整平的水泥管	0.03
	旧的铸铁管	0.85 以上		石棉水泥管	0.03 ~ 0.8
	新的焊接钢管	0.06		砌砖风管	5 ~ 10

由表 1-4 可看出，管子的粗糙度不仅与材质等因素有关，还与使用情况有关，选取时必须全面考虑。

1.4.3   局部阻力计算

流体湍流流动时，局部阻力所引起的能量损失有两种方法计算：当量长度法和阻力系数法。

1.4.3.1   当量长度法

此法是将管路中的局部阻力，折合成相当流体流过长度为 l_e 的同直径的直管时所产生的阻力。此折合的直管长度 l_e 称为当量长度。因此局部阻力可用类似于式(1-44a) ~ 式(1-44c)的通式计算，即

$$h_1 = \lambda \frac{l_e}{d} \frac{u^2}{2} \tag{1-56a}$$

或

$$\Delta p_{fl} = \lambda \frac{l_e}{d} \frac{\rho u^2}{2} \tag{1-56b}$$

或

$$H_1 = \lambda \frac{l_e}{d} \frac{u^2}{2g} \tag{1-56c}$$

l_e 的值由实验确定。在湍流情况下，某些管件与阀门的当量长度列于表 1-5 中。

1.4.3.2   阻力系数法

克服局部阻力所引起的能量损失，可表示为

$$h_1 = \zeta \frac{u^2}{2} \tag{1-57a}$$

或

$$H_1 = \zeta \frac{u^2}{2g} \tag{1-57b}$$

或

$$\Delta p_{fl} = \zeta \frac{u^2}{2g} \tag{1-57c}$$

式中，ζ 称为局部阻力系数，其值由实验确定。

突然扩大和突然缩小的局部阻力系数列于表 1-6 中，其他常见的管件和阀门的局部阻力系数列于表 1-5 中。应注意的是：在计算突然扩大或突然缩小的局部阻力时，公式中的流速 u 均取小管中的流速。

表 1-5　管件与阀门的阻力系数与当量长度数据（湍流用）

名　称		阻力系数 ζ	L_e/d	名　称		阻力系数 ζ	L_e/d
45°弯头		0.35	17	球 阀	全　开	6.0	300
标准90°弯头		0.75	35		半　开	9.5	475
三　通		1.0	50	角 阀	全　开	2.0	100
回弯头		1.5	75		90°	5.0	250
管接头		0.04	2	止逆阀	球　式	70.0	3500
管出口		1.0	50		摇板式	2.0	100
管入口		0.5	25	水表（盘式）		7.0	350
闸 阀	全　开	0.17	9	底　阀		1.5	75
	半　开	4.5	225	滤水器		2.0	

表 1-6　突然扩大和突然缩小的局部阻力系数

突然扩大	A_1/A_2	0	0.1	0.2	0.3	0.4	0.5	0.6	0.7	0.8	0.9	1.0
$A_1 \rightarrow u \quad A_2$	ζ	1.0	0.81	0.64	0.49	0.36	0.25	0.16	0.09	0.04	0.01	0
突然缩小	A_1/A_2	0	0.1	0.2	0.3	0.4	0.5	0.6	0.7	0.8	0.9	1.0
$A_2 \rightarrow u \quad A_1$	ζ	0.5	0.47	0.45	0.38	0.34	0.3	0.25	0.2	0.15	0.09	0

例 1-10　要求向精馏塔中以均匀的速度进料，现装设一高位槽，使料液自动流入精馏塔中（如图 1-27 所示）。高位槽内的液面保持距槽底 1.2m 的高度不变，塔内的操作压强为 35kPa（表压），塔的进料量须维持在每小时 50m³，则高位槽的液面要高出塔的进料口多少才能达到要求？已知料液的密度为 900kg/m³，黏度为 1.5×10^{-3} Pa·s，连接管为 $\phi108\text{mm} \times 5\text{mm}$ 的钢管，其长度为 $[(x-1.2)+3]$m，管道上的管件有 180°回弯头一个（$\zeta = 0.3$），截止阀（半开，$\zeta = 9.5$）一个及标准 90°弯头一个。

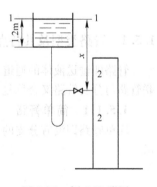

图 1-27　例 1-10 附图

解：取高位槽内液面为 1—1 截面，塔内进料管出口内侧为 2—2 截面，以 2—2 截面中心的水平面为基准面，在 1—1 截面与 2—2 截面间列伯努利方程

$$gz_1 + \frac{u_1^2}{2} + \frac{p_1}{\rho} + W_e = gz_2 + \frac{u_2^2}{2} + \frac{p_2}{\rho} + \sum h_f$$

式中，$z_1 = x$，$z_2 = 0$，$p_1 = 0$（表压），$p_2 = 35\text{kPa}$（表压），$u_1 = 0$，$u_2 = \dfrac{V}{A} = \dfrac{4 \times 50}{3600\pi \times 0.098^2} =$

1.84m/s，$\sum h_f = h_f + h_1$。

计算直管阻力 h_{f}：

$$Re = \frac{du\rho}{\mu} = \frac{0.098 \times 1.84 \times 900}{1.5 \times 10^{-3}} = 1.08 \times 10^5$$

由表1-4，按轻度腐蚀无缝钢管选取 $\varepsilon = 0.3\mathrm{mm}$，则 $\varepsilon/d = 0.3/98 \approx 0.003$，据 Re 和 ε/d 值，由图1-25查得 $\lambda = 0.0275$。

故　　　　　$h_{\mathrm{f}} = \lambda \frac{l}{d} \frac{u^2}{2} = 0.0275 \times \frac{x + 1.8}{0.098} \times \frac{1.84^2}{2} = 0.474(x + 1.8)$

计算局部阻力 h_1：

管路的局部阻力系数由表1-6查得：

由贮槽流入导管取 $\zeta_1 = 0.5$；

180°回弯管 $\zeta_2 = 0.3$（已知）；

截止阀（半开）$\zeta_3 = 9.5$（已知）；

标准90°弯头 $\zeta_4 = 0.75$。

故　　　　　$h_1 = (\zeta_1 + \zeta_2 + \zeta_3 + \zeta_4)\frac{u^2}{2}$

$$= (0.5 + 0.3 + 9.5 + 0.75) \times \frac{1.84^2}{2} = 18.67$$

所以　　　　$\Sigma h_{\mathrm{f}} = h_{\mathrm{f}} + h_1 = 0.474 \times (x + 1.8) + 18.67$

将各值代入伯努利方程，解得

$$x = 6.44\mathrm{m}$$

即高位槽内液面须高出塔内进料口 $6.44\mathrm{m}$，为保证所要求的流量和考虑适当的调节余地，故可将 x 取为 $7.0\mathrm{m}$。

1.5　管　路　计　算

1.5.1　管路类型及其特点

管路即输送液体的通道，按其管子的布置情况可分为简单管路、并联管路及分支管路。并联管路与分支管路又合称复杂管路。它们的概念及特点分别介绍于下。

1.5.1.1　简单管路

简单管路即没有分支的管路，又可分为等径的简单管路和变径的串联管路，如图1-28所示。

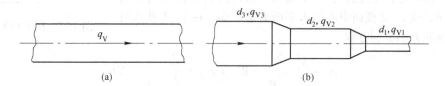

图 1-28　简单管路

（a）等径管路；（b）串联管路

等径简单管路的特点是：整个管路 $u =$ 常数（不可压缩流体），$d =$ 常数和 $h_f = \lambda \dfrac{l}{d} \dfrac{u^2}{2}$。

串联管路的特点是：

（1）通过各管段的质量流量不变，对不可压缩流体，则有：

$$q_{V1} = q_{V2} = q_{V3} = q_V \tag{1-58}$$

（2）整个管路的阻力等于各段直管阻力与局部阻力之和，即

$$\sum h_f = h_{f1} + h_{f2} + h_{f3} + h_1 \tag{1-59}$$

1.5.1.2　并联管路

并联管路为在主管处分为几支，然后又汇合为一主管的管路，如图 1-29 所示。其特点是：

（1）主管中的流量等于并联的各个管段质量流量
之和，对于不可压缩流体，则有

$$q_V = q_{V1} + q_{V2} + q_{V3} \tag{1-60}$$

（2）各个分支管路的阻力损失相等，即

$$\sum h_{f1} = \sum h_{f2} = \sum h_{f3} = \sum h_{fAB} \tag{1-61}$$

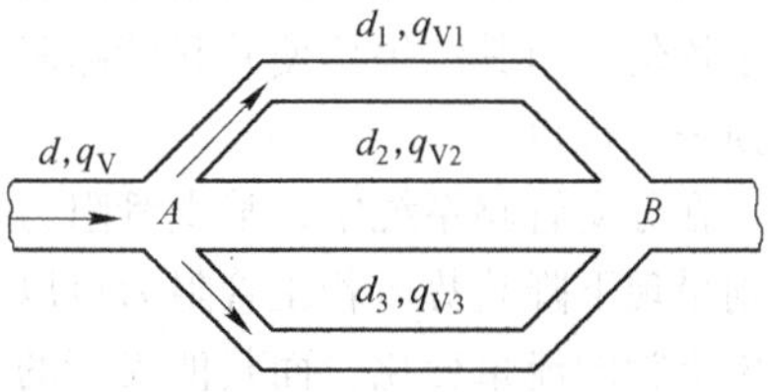

图 1-29　并联管路

因此计算单位质量流体流过并联管路的阻力时，只需考虑任一支管的阻力即可。

（3）各支管流量分配服从式（1-61）关系，即

$$q_{V1} : q_{V2} : q_{V3} = \sqrt{\dfrac{d_1^2}{\lambda_1 l_1}} : \sqrt{\dfrac{d_2^2}{\lambda_2 l_2}} : \sqrt{\dfrac{d_3^2}{\lambda_3 l_3}} \tag{1-62}$$

式中，l_1、l_2、l_3 分别为各支管的长度（包括当量长度）。

由式（1-62）可知：管长、直径小而摩擦系数大的管段，通过的流量小；短管、直径大而摩擦系数小的管段，通过的流量则大。

1.5.1.3　分支管路

分支管路是主管分出支管后不再汇合于一点的管路，如图 1-30 所示。其特点是：

（1）主管质量流量等于各支管质量流量之和，对不可压缩流体则有 $q_V = q_{V1} + q_{V2}$，$q_{V2} = q_{V3} + q_{V4}$，即

$$q_V = q_{V1} + q_{V3} + q_{V4} \tag{1-63}$$

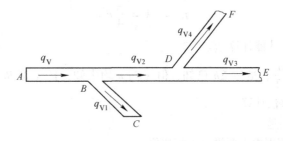

图 1-30　分支管路

（2）分支处不论对何支管，单位质量流体的总机械能为一定值。因此，主管进口处单位质量流体的总机械能等于单位质量流体在某一支管流动终了时的总机械能及其在总管和该支管内的流动阻力损失之和（假设中间没有外部能量加入），即

$$gz_A + \frac{u_A^2}{2} + \frac{p_A}{\rho} = gz_F + \frac{u_F^2}{2} + \frac{p_F}{\rho} + \Sigma h_{fAB} + \Sigma h_{fBD} + \Sigma h_{fDF} \tag{1-64}$$

分支管路中，当支管较多时，计算便很复杂，为便于计算，可在分支点处将其分为若干简单管路，然后按一般简单管路依次计算。在设计计算分支管路所需的能量时，须按耗用能量最大的那支管路计算。通常是从最远的支管开始，由远及近，依次进行各支管的计算。

1.5.2　管路阻力对管内流动的影响

在简单管路系统中，任何局部阻力的增大将使管内各处的流速下降，下游的阻力增大将导致上游的静压强的上升，上游的阻力增大将使下游的静压强下降。

在并联管路系统中，当增加阻力小的支管阻力或同时增加各支管阻力时均可使各支管流量趋于均匀，但其结果均使并联管路阻力增大。因此，提高并联管路流量的均匀性，必以增加阻力损失为代价。

在分支管路系统中，某支管阻力增加将使该支管流量减小，另一支管的流量增大，而总流量则呈现下降趋势。若主管阻力可以忽略不计，以支管阻力为主时，则支管的阻力变化只会影响该支管的流量变化，而其他支管的工况并不因之发生变化，城市煤气、供水管路系统的情况属于这一类。若总阻力以主管阻力为主，支管阻力可忽略不计时，则主管流量基本上已由主管阻力所决定，改变各支管阻力或增减支管数目，并不能使总流量发生显著变化，只是改变了总流量在各支管间的分配而已。

1.5.3　管路计算中的几类问题

管路计算中的问题大致可分为以下几类：

（1）已知管径 d、管长 l、流量 q_V，求流体通过管路系统的能量损失及所需的外加能量；

（2）已知管径 d、管长 l 及允许的能量损失，求流量或流速；

（3）已知管长 l、流量 q_V 及允许的能量损失，求管径 d。

以上管长均包括所有局部阻力的当量长度。现举例说明上述各类问题的计算方法。

例 1-11　已知输水管路的管子尺寸为 $\phi 89mm \times 4mm$，管子总长为 110m（包括所有局部阻力的当量长度），管材为普通钢管，其绝对粗糙度 $\varepsilon = 0.15mm$，若该管路的能量损失为 90J/kg，求水的流量。水的密度为 $1000kg/m^3$，水的黏度为 $10^{-3}Pa \cdot s$。

解： 根据流量与流速关系，得

$$q_V = uA = \frac{\pi}{4}d^2u$$

故只有求得 u 后，才能计算 q_V。

由 $\Sigma h_f = \lambda \dfrac{l + \Sigma l_e}{d} \dfrac{u^2}{2}$，虽然 Σh_f 已知，但 λ 与 u 均未知，且 λ 是 Re 函数，Re 中又包含 u 值，故一般都采取试差法计算。

试差法的计算步骤是：

（1）在常用流速范围内先假设一个流速值；

（2）计算 Re 值和 $\dfrac{\varepsilon}{d}$ 值，求出 λ 值，并与假设的 u 值同时代入 Σh_f 计算式中计算出 Σh_f；

（3）将计算出的 Σh_f 与已知 Σh_f 对比，若两者差值在允许的误差范围内，认为假设 u 值合格，否则另假设 u 值进行重算。

由题已知：$d = 89 - 4 \times 2 = 81\text{mm} = 0.081\text{m}$，$\mu = 10^{-3}\text{Pa} \cdot \text{s}$，$\rho = 10^{3}\text{kg/m}^{3}$，$l + \Sigma l_{e} = 110\text{m}$，

求得：
$$Re = \frac{du\rho}{\mu} = \frac{0.081 \times 10^{3}u}{10^{-3}} = 8.1 \times 10^{4}u \qquad (\text{a})$$

$$\Sigma h_{f} = \lambda \frac{l + \Sigma l_{e}}{d} \frac{u^{2}}{2} = \lambda \frac{110}{0.081} \frac{u^{2}}{2} = 679\lambda u^{2} = 90$$

即
$$\lambda u^{2} = 0.1326 \qquad (\text{b})$$

按表 1-1，水在钢管内的流速为 $1 \sim 3\text{m/s}$，取 $u = 2\text{m/s}$，代入（a）式：

$$Re = 8.1 \times 10^{4} \times 2 = 16.2 \times 10^{4} = 1.62 \times 10^{5}$$

$$\frac{\varepsilon}{d} = \frac{0.15}{81} = 0.00185$$

由图 1-25 查得：$\lambda = 0.024$，代入式（b）：

$$\lambda u^{2} = 0.024 \times 2^{2} = 0.096 < 0.1326$$

故假设的 u 偏小，需要重算，u 应在 $2 \sim 3\text{m/s}$ 之间，取 $u = 2.5\text{m/s}$，则

$$Re = 8.1 \times 10^{4} \times 2.5 = 0.025 \times 10^{5}$$

查图 1-25 得：$\lambda = 0.024$，则

$$\lambda u^{2} = 0.024 \times 2.5^{2} = 0.15 > 0.1326$$

从图 1-25 中可看出在 $u = 2 \sim 2.5\text{m/s}$ 之间，λ 已不随 u 变化，故可将 λ 值代入式（b），求 u。

$$u^{2} = 0.1323/0.024 = 5.512$$

$$u = 2.35\text{m/s}$$

则水的流量为

$$q_{V} = 3600 \times \frac{\pi}{4}d^{2}u = 43.57\text{m}^{3}/\text{h}$$

本类型的管路计算也可用不需试差的图解法来求解（其方法详见 1995 年第 4 期《南方冶金学院学报》郭年祥：《管路计算的一种新算图法》）。

例 1-12 钢管管路总长（包括局部阻力损失的当量长度）为 100m，现要求输送水量为 $27\text{m}^{3}/\text{h}$，输送过程中允许的压头损失为 40kPa，试确定管路直径（设水的黏度为 $10^{-3}\text{Pa} \cdot \text{s}$，密度为 1000kg/m^{3}）。

解：
$$\Sigma h_{f} = \lambda \frac{l + \Sigma l_{e}}{d} \frac{u^{2}}{2} = \lambda \frac{l + \Sigma l_{e}}{2} \cdot \frac{1}{2}\left(\frac{4q_{V}}{\pi d^{2}}\right)^{2} = \frac{8\lambda(l + \Sigma l_{e})}{\pi^{2} d^{5}}q_{V}^{2} \qquad (\text{a})$$

因为
$$\Sigma h_{f} \leqslant \frac{\Delta p_{f}}{\rho} = \frac{4 \times 10^{4}}{1000} = 40\text{J/kg}$$

所以
$$\frac{8\lambda(l + \Sigma l_{e})}{\pi^{2} \cdot d^{5}}q_{V}^{2} \leqslant 40$$

$$d \geqslant \left[\frac{8\lambda(l + \Sigma l_{e})q_{V}^{2}}{\pi^{2} \times 40}\right]^{\frac{1}{5}} = \left[\frac{8\lambda \times 100 \times (27/3600)^{2}}{3.14^{2} \times 40}\right]^{\frac{1}{5}}$$

即
$$d \geqslant 0.163\lambda^{1/5} \qquad (\text{b})$$

设 $\lambda = 0.25$ 代入式（b）得

$$d \geqslant 0.163 \times 0.025^{1/5} = 0.078\text{m} = 78\text{mm}$$

查附录取 3in 水煤气管，其内径为

$$d = 88.5 - 4 \times 2 = 80.5\text{mm}$$

再进行校核计算：

$$u = \frac{q_V}{\frac{\pi}{4}d^2} = \frac{27/3600}{\frac{3.14}{4} \times 0.0805^2} = 1.47\text{m/s}$$

$$Re = \frac{du\rho}{\mu} = \frac{0.0805 \times 1.47 \times 1000}{10^{-3}} = 1.18 \times 10^5$$

取 $\varepsilon = 0.2\text{mm}$，则 $\dfrac{\varepsilon}{d} = \dfrac{0.2}{80.5} = 0.0025$

由 Re 及 $\dfrac{\varepsilon}{d}$ 之值，从图 1-25 查得：$\lambda = 0.026$，代入式（a）：

$$\Sigma h_f = \frac{8 \times 0.026 \times 100 \times (27/3600)^2}{3.14^2 \times 0.0805^5} = 35.1\text{J/kg}$$

即 $\Delta p_f = \rho \Sigma h_f = 35.1 \times 1000\text{Pa} = 35.1\text{kPa} < 40\text{kPa}$

所以选择 3in 水煤气钢管作为此管路输送水时，可满足压头损失小于 40kPa 的要求。本题亦可用算图求解（参见王志魁编《化工原理》）。

例 1-13 如图 1-31 所示的一并联输水管路，已知水的总流量为 $3\text{m}^3/\text{s}$，水温为 20℃，各支管的尺寸分别为：管长：$l_1 = 1200\text{m}$，$l_2 = 1500\text{m}$，$l_3 = 800\text{m}$；管内径：$d_1 = 600\text{mm}$，$d_2 = 500\text{mm}$，$d_3 = 800\text{mm}$。求：AB 间的阻力损失及各管的流量。输水管为铸铁管。

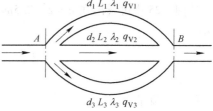

图 1-31   例 1-12 附图

解： 本题为并联管路，水为不可压缩流体，其特点为

$$q_V = q_{V1} + q_{V2} + q_{V3} \qquad\qquad\qquad (\text{a})$$

$$\Sigma h_{fAB} = \Sigma h_{f1} = \Sigma h_{f2} = \Sigma h_{f3} \qquad\qquad (\text{b})$$

及

$$q_{V1} : q_{V2} : q_{V3} = \sqrt{\frac{d_1^5}{\lambda_1 l_1}} : \sqrt{\frac{d_2^5}{\lambda_2 l_2}} : \sqrt{\frac{d_3^5}{\lambda_3 l_3}} \qquad (\text{c})$$

以上各式中：q_{V1}、q_{V2}、q_{V3} 皆为未知，故 λ_1、λ_2、λ_3 也为未知，故采用试差法计算。

由表 1-4 查得：铸铁管 $\varepsilon_1 = \varepsilon_2 = \varepsilon_3 = 0.3\text{mm}$，所以 $\dfrac{\varepsilon_1}{d_1} = \dfrac{0.3}{600} = 0.0005$，$\dfrac{\varepsilon_2}{d_2} = \dfrac{0.3}{500} = 0.0006$，

$\dfrac{\varepsilon_3}{d_3} = \dfrac{0.3}{800} = 0.000375$。

假设流动处于阻力平方区，据 ε/d 由图 1-25 查得 λ 值分别为：$\lambda_1 = 0.017$，$\lambda_2 = 0.0177$，$\lambda_3 = 0.0156$，代入式（c）：

$$q_{V1} : q_{V2} : q_{V3} = \sqrt{\frac{0.6^5}{0.017 \times 1200}} : \sqrt{\frac{0.5^5}{0.0177 \times 1200}} : \sqrt{\frac{0.8^5}{0.0156 \times 800}} = 1 : 0.556 : 2.62$$

由式（a）： $q_V = q_{V1} + q_{V2} + q_{V3} = 3\text{m}^3/\text{s}$

所以
$$q_{V1} = 3 \times \frac{1}{1 + 0.556 + 2.62} = 0.72 \mathrm{m^3/s}$$

$$q_{V2} = 3 \times \frac{0.556}{1 + 0.556 + 2.62} = 0.4 \mathrm{m^3/s}$$

$$q_{V3} = 3 \times \frac{2.62}{1 + 0.556 + 2.62} = 1.88 \mathrm{m^3/s}$$

由
$$Re = \frac{du\rho}{\mu} = \frac{4q_V\rho}{\pi d\mu}$$

已知 $\mu = 10^{-3} \mathrm{Pa \cdot s}$，$\rho = 1000 \mathrm{kg/m^3}$，代入后得

$$Re = \frac{4 \times 1000 \times 1000 q_V}{\pi d} = 1.27 \times 10^6 \frac{q_V}{d}$$

分别求 Re：

$$Re_1 = 1.27 \times 10^6 \frac{q_{V1}}{d_1} = 1.27 \times 10^6 \times \frac{0.72}{0.6} = 1.52 \times 10^6$$

$$Re_2 = 1.27 \times 10^6 \frac{q_{V2}}{d_2} = 1.27 \times 10^6 \times \frac{0.4}{0.5} = 1.02 \times 10^6$$

$$Re_3 = 1.27 \times 10^6 \frac{q_{V3}}{d_3} = 1.27 \times 10^6 \times \frac{1.88}{0.8} = 3 \times 10^6$$

又根据 $\frac{\varepsilon_1}{d_1}$，$\frac{\varepsilon_2}{d_2}$，$\frac{\varepsilon_3}{d_3}$，查图 1-25 得：$\lambda_1 = 0.017$，$\lambda_2 = 0.018$，$\lambda_3 = 0.0156$，与原假设的 λ 值基本相符合。可以验算 A、B 间的阻力损失。

由式（b）：

$$\Sigma h_{fAB} = \Sigma h_{f1} = \frac{8\lambda_1 l_1 q_{V1}^2}{\pi^2 d_1^5} = \frac{8 \times 0.017 \times 1200 \times 0.72^2}{3.14^2 \times 0.6^5} = 110.4 \mathrm{J/kg}$$

$$\Sigma h_{f2} = \frac{8\lambda_2 l_2 q_{V2}^2}{\pi^2 d_2^5} = \frac{8 \times 0.018 \times 1500 \times 0.4^2}{3.14^2 \times 0.5^2} = 112 \mathrm{J/kg}$$

$$\Sigma h_{f3} = \frac{8\lambda_3 l_3 q_{V3}^2}{\pi^2 d_3^5} = \frac{8 \times 0.0156 \times 800 \times 1.88^2}{3.14^2 \times 0.8^5} = 109.2 \mathrm{J/kg}$$

三者略有差别，说明三根管内流量与实际分配量略有差异。

此题用计算机求解，甚为方便，其使用公式如下：

$$q_{Vi} = \frac{q_V \sqrt{\dfrac{d_i^5}{\lambda_i l_i}}}{\displaystyle\sum_{i=1}^{n} \sqrt{\dfrac{d_i^5}{\lambda_i l_i}}} \tag{1}$$

$$\lambda_i = \left[-2\lg\left(\frac{\varepsilon_i}{3.8d_i} + \frac{5.1}{Re_i^{0.89}} \right) \right]^{-2} \tag{2}$$

$$Re_i = \frac{4q_{Vi}\rho}{\pi d_i \mu} \tag{3}$$

计算框图如图 1-32 所示。

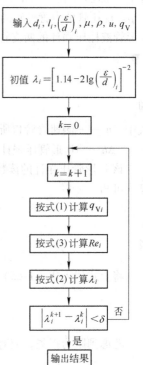

图 1-32　例 1-13 附图

1.6 流 量 测 量

流体的流量是冶金化工生产过程中必须测量的重要参数之一。测量流量的仪器种类很多，下面仅介绍常用的几种流量计。

1.6.1 测速管

测速管又称皮托管，如图 1-33 所示，是由两根弯成直角的同心套管所构成。测量时，测速管的内管口正对着管道中流体流动方向。设在测速管前一小段距离的点 1 处流速为 u_1，静压强为 p_1，当流体流至测速管口点 2 处，因测速管内充满被测量的流体，故此处流速 u_2 为 0，动能转化为静压能，使静压强增至 p_2。因此在点 2 处，内管所测得的为静压能 p_1/ρ 和动能 $u_1^2/2$ 之和，合称冲压能，即

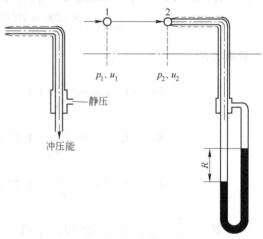

图 1-33 测速管

$$\frac{p_2}{\rho} = \frac{p_1}{\rho} + \frac{u_1^2}{2}$$

而外管对着流体流动方向的管口是封死的，在外管壁面四周开有测压小孔，所以由外管上测压小孔测得的只是流体的静压能 p_1/ρ。皮托管的内管外管的另一末端分别与 U 形管液柱压强计的两支管相连，故由压强计的读数反映出的机械能差为

$$\Delta h = \frac{p_2}{\rho} - \frac{p_1}{\rho} = \left(\frac{p_1}{\rho} + \frac{u_1^2}{2} \right) - \frac{p_1}{\rho} = \frac{u_1^2}{2}$$

即
$$u_1 = \sqrt{2\Delta h} \tag{1-65}$$

式中 u_1——测速管管口所在位置水平线上流体的点速度，m/s；

     Δh——U 形管压强计所测得的压能差，J/kg。

该 U 形管压强计的读数为 R，指示液的密度为 ρ_0，流体的密度为 ρ，则由液柱压强计的计算式可知

$$\Delta p = Rg(\rho_0 - \rho)$$

或
$$\Delta h = \frac{\Delta p}{\rho} = Rg\frac{\rho_0 - \rho}{\rho}$$

将上式代入式（1-65）得

$$u_1 = \sqrt{\frac{2gR(\rho_0 - \rho)}{\rho}} \tag{1-66a}$$

考虑到阻力损失，应对式（1-66a）进行修正：

$$u_1 = \varphi \sqrt{\frac{2gR(\rho_0 - \rho)}{\rho}} \tag{1-66b}$$

式中，φ 为校正系数，取值范围 $0.98 \sim 1.0$，对标准管取 $\varphi = 1.0$。

若被测流体为气体，因 $\rho_0 \gg \rho$，式 (1-66b) 可简化成

$$u_1 = \varphi \sqrt{\frac{2gR\rho_0}{\rho}} \tag{1-66c}$$

必须注意，用上式求得的 u_1 只是点速，而不是平均流速，但可通过测出管轴心处最大流速 u_{max}，算出 $Re_{max} = \dfrac{d u_{max} \rho}{\mu}$，查图 1-34 即可得到平均流速，由此可算出流量。

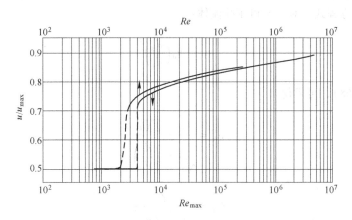

图 1-34　u/u_{max} 与 Re 的关系

皮托管的阻力损失很小，拆装方便，通常用于气体流速的测定。但它的测压小孔易堵塞，故不适用于测量含有固体粒子的流体。由于它能测点速，故可用来测绘流体的速度分布曲线。测量点应在稳定段以后，测速管的外管直径不大于管道内径的 1/50。

1.6.2 孔板流量计

孔板流量计（图 1-35）为一片中央开有圆孔的金属薄板，用法兰固定于管道上。孔板前后有测压孔与压差计相连，从压差计读数算出流速和流量。

当流体通过孔口时，u 上升，p 下降，部分静压能转化为动能，于是在孔板前后造成压强差。由于流体流动的惯性作用，最大流速并不在孔口，而是在孔口下游的某一位置 2—2 截面处。此处截面最小，称缩脉。锐孔直径 $d_0 > d_2$。

设为水平管路，截面 1—1 与 2—2 间的阻力损失暂不考虑，在两截面间列伯努利方程式

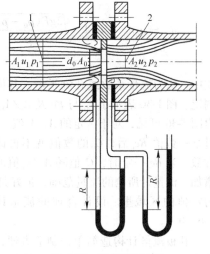

图 1-35　孔板流量计
1—1—1 截面；2—2—2 截面

$$\frac{p_1}{\rho} + \frac{u_1^2}{2} = \frac{p_2}{\rho} + \frac{u_2^2}{2}$$

$$\Delta h = \frac{p_1 - p_2}{\rho} = \frac{u_2^2 - u_1^2}{2}$$

则 　　　　$$\sqrt{u_2^2 - u_1^2} = \sqrt{2\Delta h} \tag{1-67}$$

由于 2—2 截面很难确定，故 u_2 和 p_2 很难准确求得。因此，实际上式（1-67）中的 u_2 是用 u_0 来代替的，Δh 是采用紧靠孔板两侧的压差来计算的。另外，式（1-67）也未考虑孔板的阻力损失。考虑阻力损失和进行上述变化后，必须对式（1-67）进行修正，修正后式子两边继续相等，即

$$\sqrt{u_0^2 - u_1^2} = C\sqrt{2\Delta h} \tag{1-68}$$

式中，C 为修正系数。

根据连续性方程式，对于不可压缩流体：

$$u_1 = u_0\left(\frac{d_0}{d_1}\right)^2$$

代入式（1-68），可求得

$$u_0 = \frac{C\sqrt{2\Delta h}}{\sqrt{1-\left(\dfrac{d_0}{d_1}\right)^4}}$$

令

$$C_0 = \frac{C}{\sqrt{1-\left(\dfrac{d_0}{d_1}\right)^4}}$$

当 Δh 用紧靠孔板两侧的压差来计算时，由静力学基本方程式可得

$$\Delta h = \frac{gR(\rho_0 - \rho)}{\rho}$$

所以 $u_0 = C_0\sqrt{2\Delta h} = C_0\sqrt{\dfrac{2gR(\rho_0 - \rho)}{\rho}}$

$$\tag{1-69}$$

$$q_V = u_0 A_0 = C_0 A_0\sqrt{\frac{2gR(\rho_0 - \rho)}{\rho}}$$

$$\tag{1-70}$$

式中，C_0 为流量系数或孔流系数，其值由实验测定。图 1-36 表示了 C_0 与 Re 及 A_0/A_1 的关系。由图 1-36 可见，对于一定的 A_0/A_1 值，当 Re 超过某一数值 Re_0 后，C_0 的数值就不再改变，为常数。当 Re 一定时，C_0 值随 A_0/A_1 值的增加而增加。流量计所测的流量范围，最好是落在 C_0 为定值的区域里。设计合理的流量计，$C_0 = 0.6\sim0.7$。

孔板流量计构造简单，制造方便，装置省地方，易更换，应用广泛，可测平均流速和流量。主要缺点是阻力损失大。为保证读数准

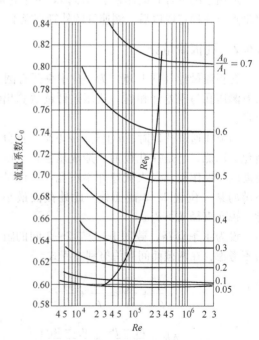

图 1-36 C_0 与 Re、$\dfrac{A_0}{A_1}$ 的关系曲线

确，要求孔板上游直管长度至少为 $50d_1$，下游直
管长度至少为 $10d_1$。

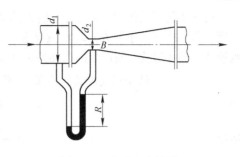

1.6.3　文丘里流量计

分析孔板流量计能耗大的原因是突然的收缩
与扩大，针对这一问题设计如图 1-37 所示的文丘
里流量计。其结构特点是由一段逐渐缩小与逐渐
扩大的管道组成，其工作原理与孔板流量计相同。
流体流经文丘里管时，由于收缩段与扩大段均为

图 1-37　文丘里流量计

逐渐变化，因此流速改变较为平稳，没有缩脉出现，故能量损失较小。

在最小截面 B 处（称为文氏喉）的流速 u_2 为

$$u_2 = C_V \sqrt{\frac{2gR(\rho_0 - \rho)}{\rho}} \tag{1-71}$$

式中，C_V 亦称孔流系数，其值由实验测得，系随 Re 而变。在湍流情况下，喉径与管径之比
$d_2/d_1 = 1/4 \sim 1/2$ 时，$C_V = 0.98$。

1.6.4　转子流量计

转子流量计的构造如图 1-38 所示，在一根截面积自下而上逐渐扩大的垂直锥形玻璃管内，
装有一个能旋转自如的转子（或称浮子）。被测流体从玻璃管底部进入，从顶部流出。

当流体自下而上流过锥形管时，转子受到两个力的作用：一是向上的推力，即流体流经转
子与锥管间的环形截面所产生的压力差；另一是垂直向下的净重力，即转子的重力与流体的浮
力之差。当压力差大于净重力时，转子上升，反之则下降；当两者相等时，转子处于平衡，位
置不变。

在测量流量过程中，净重力不变，而压力差的大小与流量大小和转子的位置高度有关。在
同一位置高度，流量增加，流体流过环形截面的流速增
大，使阻力损失加大，故压力差增大；在同一流量下，
转子位置高度增加，环形截面增大，流速减小，使阻力
损失减少，故压力差减少。

设原先在某一流量下转子处于某个平衡位置。若流
量增大，则压力差增大，此时压力差大于净重力，转子
上升。而随着转子的不断上升，压力差又逐渐地减小，
当其减小到等于净重力时，转子上升到一新的平衡位置；
反之，转子平衡位置下降。因此转子停留在不同的位置
高度代表了不同的流量。若事先将这些流量值刻在流量
计相应的位置高度上，则可很方便地根据测量时转子停
留的位置高低，读出流量的大小。这就是转子流量计测
量流量的原理。

转子流量计可视为收缩口面积变动的孔板，转子下
方与上方的压强差，相当于孔板前后的压差。故前面按
孔板导出的公式，稍加改变，即可用于转子流量计。

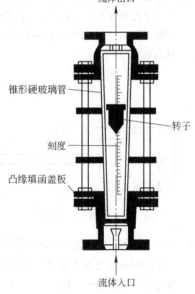

流体出口

锥形硬玻璃管

转子

刻度

凸缘填函盖板

流体入口

图 1-38　转子流量计

设 V_f 为转子的体积，A_f 为转子最大部分的截面积，ρ_f 为转子材质的密度，ρ 为被测流体的密度。若上游（转子下方）环形截面为 1—1 截面，下游（转子上方）环形截面为 2—2 截面，则流体流经环形截面所产生的压强差为 $(p_1 - p_2)$。当转子在流体中处于平衡状态时，

转子承受的总压力差 = 转子所受的重力 - 流体对转子的浮力

即

$$(p_1 - p_2)A_f = V_f \rho_f g - V_f \rho g$$

所以

$$p_1 - p_2 = \frac{V_f g(\rho_f - \rho)}{A_f} \tag{1-72a}$$

或

$$\Delta h = \frac{p_1 - p_2}{\rho} = \frac{V_f g(\rho_f - \rho)}{\rho A_f} \tag{1-72b}$$

从而

$$u_R = C_R \sqrt{2\Delta h} = C_R \sqrt{\frac{2gV_f(\rho_f - \rho)}{\rho A_f}} \tag{1-73}$$

$$V = u_R A_R = C_R A_R \sqrt{\frac{2gV_f(\rho_f - \rho)}{\rho A_f}} \tag{1-74}$$

式中 A_R——转子与玻璃管间的环隙截面积，m^2；

        C_R——转子流量计的流量系数，无量纲，与 Re 值及转子形状有关，由实验测定，或从有关仪表手册中查得。当 $Re \geqslant 10^3$ 时，$C_R = 0.98$。

转子流量计读取流量方便，能量损失很小，测量范围也宽，能用于腐蚀性流体的测量。但因流量计管壁大多为玻璃制品，故不能经受高温和高压，一般只宜用于 500kPa 以内。它只适于装在直径在 50mm 以内的管路上，否则浮子过于笨重。安装时要求流量计必须保持垂直。

习　题

1-1　如附图所示，汽缸内壁的直径 $D = 12cm$，活塞的直径 $d = 11.96cm$，活塞的厚度 $l = 14cm$，润滑油的黏度 $\mu = 0.1Pa \cdot s$，活塞往复运动的速度为 1m/s，试问作用在活塞上的黏滞力为多少？

1-2　某设备进出口的压强分别为 120kPa（真空度）和 160kPa（表压）。若当地大气压为标准物理大气压，求此设备进出口的压差，以 Pa 表示。

1-3　如附图所示，有一内径为 5m 的低压气柜，其内部气体压强为 2kPa（表压），试求气柜金属罩的质量为多少？

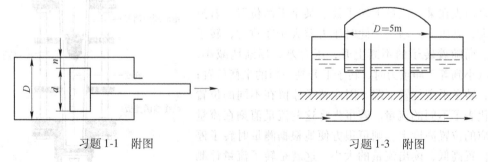

习题 1-1　附图   习题 1-3　附图

1-4　试确定如附图所示的蒸汽锅内所产生的蒸汽压强 p（绝压），以 Pa 表示。已知串联的汞-水液柱压力计中凸形汞面与基准面的垂直距离为：$h_1 = 2.3m$，$h_2 = 1.2m$，$h_3 = 2.5m$，$h_4 = 1.4m$，$h_5 = 3.0m$，外界大气压强为 0.1MPa。

1-5　如附图所示，常温的水在管道中流过，为了测得 a、b 两截面间的压差，安装了两个串联 U 形管压

力计，指示液为水银。若测压前两 U 形压差计水银液面均为同一高度，试导出 a、b 两点压差 Δp 与液柱压力计的读数 R_1、R_2 之间的关系。

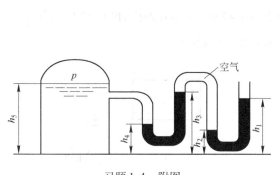

习题 1-4　附图

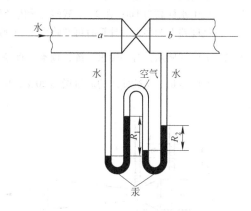

习题 1-5　附图

1-6　如附图所示，已知煤气管道中，2 截面的静压头 $h_{静2} = 12 \times 10^{-5} \mathrm{MPa}$，$H = 8\mathrm{m}$，当煤气静止，且已知其密度 $\rho = 0.6 \mathrm{kg/m^3}$，外界空气密度 $\rho_a = 1.21 \mathrm{kg/m^3}$ 时，求 1 处的静压头。

1-7　如附图所示，某炉膛内充满热气，若炉门口底部为零压，求距炉底 900mm 高处 B 点的静压头。已知标准状态下炉气密度 $\rho_0 = 1.3 \mathrm{kg/m^3}$，空气密度 $\rho_{a0} = 1.293 \mathrm{kg/m^3}$，炉气温度为 1130℃，当地室温为 22℃。

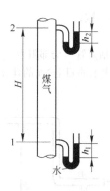

习题 1-6　附图

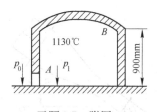

习题 1-7　附图

1-8　某一套管换热器，其内管为 $\phi 33.5\mathrm{mm} \times 3.25\mathrm{mm}$，外管为 $\phi 60\mathrm{mm} \times 3.5\mathrm{mm}$。内管流过密度为 1150kg/m³，流量为 5000kg/h 的冷冻盐水。管隙间流着压强（绝压）为 $5 \times 10^5 \mathrm{Pa}$，平均温度为 0℃，流量为 160kg/h 的气体。标准状态下气体密度为 1.2kg/m³。试求气体和液体的流速分别为多少？

1-9　（1）设流量为 4L/s，水温 20℃，管径为 $\phi 57\mathrm{mm} \times 3.5\mathrm{mm}$，试判断流动类型。

（2）条件与上相同，但管中流过的是某种油类，油的运动黏度为 $4.4 \times 10^{-4} \mathrm{m^2/s}$，试判断流动类型。

1-10　在如附图所示管路中，水槽液面高度维持不变，管中的流水视为理想流体。试求：

（1）管路出口流速；

（2）管路中 A、B、C 各点的压强（以 Pa 表示）；

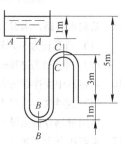

习题 1-10　附图

（3）讨论流体在流动过程中不同能量之间的转换。

1-11　如附图所示，已知水在管中流动。1—1 截面处的流速为 0.5m/s，管内径为 0.2m，由于水的压力产生水柱高为 1m；在 2—2 截面处管内径为 0.1m。试计算在 1—1 截面和 2—2 截面处产生的水柱高度差 h 为多少？计算时可忽略由 1—1 截面到 2—2 截面处的能量损失。

1-12　如附图所示，有一输水系统，输水管直径为 ϕ44mm×2mm。已知管路阻力损失为 $\Sigma h_f = 3.2\dfrac{u^2}{2}$，求水的流量。又欲使水的流量增加 20%，应将水箱水面升高多少？

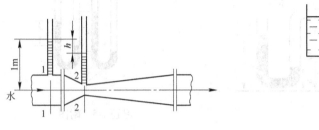

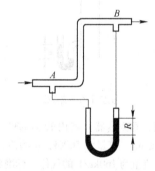

习题 1-11　附图　　　　　　　　　　　　　习题 1-12　附图

1-13　如附图所示，每小时有 12×10^4kg 的水在倾斜放置的变径管内从下向上作定态流动。已知细管内径 $d_1 = 100$mm，粗管内径 $d_2 = 240$mm，$H_2 = 300$mm，1—1 面与 2—2 面间有软管与水银压差计相连，其指示剂读数 $R = 20$mm，试求：

（1）1—1 与 2—2 面间的摩擦阻力；

（2）若流量不变，而将输水管水平放置，计算压差计上指示剂读数；

（3）分析倾斜放置时 1—1 与 2—2 面间能量变化情况。

1-14　有一等直径管路如附图所示，从 A 到 B 的能量损失为 Σh_f（包括直管与局部阻力）。若压差计的读数为 R，管内流体密度为 ρ，指示液密度为 ρ_0，试推导出用 R 表示的测定 Σh_f 的计算式。

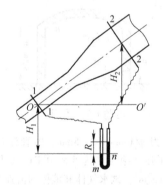

习题 1-13　附图　　　　　　　　　　　　习题 1-14　附图

1-15　某输水管路，水温为 10℃，求：

（1）当管长为 5m 管径为 ϕ57mm×3.5mm，输水量为 0.08L/s 时的压头损失；

（2）当管径为 ϕ76mm×3.5mm 时，若其他条件不变，则压头损失又为多少？

1-16　某容器中搅拌器所需功率为以下 4 个变量的函数：

（1）搅拌桨的直径 D；（2）搅拌桨在单位时间内的转数 n；（3）液体的黏度 μ；（4）液体的密度 ρ。试用量纲分析法导出功率与这 4 个变量之间的关系式。

1-17　求常压下 35℃ 的空气以 12m/s 的流速流经 120m 长的水平通风管的能量损失，管道截面为长方形，高 0.3m，宽 0.2m（设 $\varepsilon = 0.12$mm）。

1-18　如附图所示槽内水位维持不变。槽的底部与内径为100mm的钢质放水管相连，管路上装有一个闸阀，阀的上游距管路入口端15m处安有以汞为指示液的U形管压差计，其一端与管道相连，另一端通大气。压差计连接管内充满了水，测压点管路出口端之间的直管长度为20m。

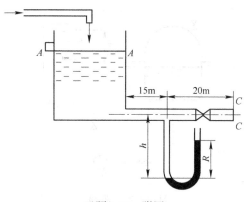

（1）当闸阀关闭时，测得$R = 0.6m$，$h = 1.5m$；当闸阀部分开启时，测得$R = 0.4m$，$h = 1.4m$。问每小时从管中流出的水为多少。管路的摩擦系数为0.02，入口处的局部阻力系数取为0.5。

习题1-18　附图

（2）当闸阀全开时，U形管压差计测压点处的静压强为多少（表压）（闸阀全开时，$l_e/d = 15$，$\lambda = 0.018$）。

1-19　由甲处油库至乙处炼油厂铺设输送管路。原油的密度为$850kg/m^3$、黏度为$150 \times 10^{-3}Pa \cdot s$，由于两处地势不同，致使液面位差为20m，但两地气温、气压相近。已知管路总长为100km，管壁的粗糙度为0.3mm，试求：

（1）若靠位差以$4m^3/min$的流量将油输送至厂，求所需管子的尺寸；

（2）若输送量增至原来的两倍，仍利用位差，管径需增至多少。

1-20　用输出压强可达0.8MPa的泵以$0.05m^3/s$的流量将水送往高位槽。高位槽开有溢流口，以维持液面恒定，已知液面比泵出口高60m。由于管道腐蚀结垢后，管壁的相对粗糙度增加10倍。求流量降低的百分比。取水的黏度$\mu = 1 \times 10^{-3}Pa \cdot s$，密度$\rho = 1000kg/m^3$，管道内径设为0.15m。

1-21　某烟道系统如附图所示，两分烟道完全对称排列，标准状态下烟气总流量$V_0 = 7200m^3/h$，烟气平均温度为819℃，烟气密度$\rho = 1.3kg/m^3$，分支烟道断面尺寸为600mm×600mm，长为5m，矩形总烟道断面尺寸为720mm×1000mm，长为30m。求自分烟道入口处1至烟道底部2的总压头。

1-22　如附图所示，已知管内径为25mm，管长为25m，液体密度为$640kg/m^3$，黏度为$10^{-2}Pa \cdot s$，管路中有3个90°标准弯头和1个全开闸阀。求管路中液体的流量。

习题1-21　附图

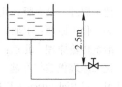

习题1-22　附图

1-23　每小时将$20 \times 10^3 kg$氯苯于45℃下用泵从反应器输送到高位槽。反应器液面上方压强保持$200 \times 133.3Pa$（200mmHg），高位槽液面上方为大气压。管子为$\phi 76mm \times 4mm$的不锈钢管，总长为26.6m，管线上有两个全开的闸阀、一个孔径d_0为48mm的孔板流量计（局部阻力系数为4）和5个标准90°弯头，氯苯的输送高度为15m。若泵的总效率为0.7，求泵消耗的轴功率。

1-24　如附图所示，垂直煤气管管径为50mm，在B、C处两支管的煤气流量皆为$0.02m^3/s$，管外空气密度$p_a = 1.2kg/m^3$，煤气密度$p = 0.6kg/m^3$，AB段压头损失$h_{失,AB} = \dfrac{3u_1^2\rho}{2}$，BC段的压头损失$h_{失BC} = \dfrac{4u_2^2\rho}{2}$，已知$C$点静压头$h_{静,C} = 300Pa$，求$A$及$B$点的静压头。

1-25　有一并联管路，已知总水管中水的流量为$900m^3/h$，其并联管的管长及管径分别为：$l_1 = 1400m$，

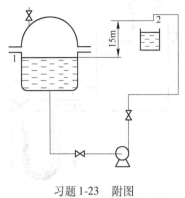

习题 1-23　附图

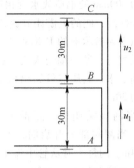

习题 1-24　附图

$d_1 = 0.5\text{m}$；$l_2 = 800\text{m}$，$d_2 = 0.7\text{m}$。求各支管内水的流量为多少？设管子绝对粗糙度 $\varepsilon = 0.046\text{mm}$，水温 20℃。

1-26　在管径为 $\phi325\text{mm} \times 8\text{mm}$ 的管道中心装一标准皮托管，以测定管道中流过的空气流量，空气温度为 21℃，压强（绝压）为 147kPa，用斜管压差计测量，其读数 R' 为 200mm。斜管压差计的倾斜角为 20°，指示液为常温水。问这时空气质量流量为多少？

1-27　在 $\phi38\text{mm} \times 2.5\text{mm}$ 的管路上装有孔径为 16.4mm 的标准孔板流量计。管中流动的是 20℃的甲苯。用 U 形管液柱压差计测量孔板两侧的压强差，以汞为指标液，测得的读数为 600mm。试计算管中液体的质量流量为多少。

1-28　以水来标定的某转子流量计，如改为测定空气（20℃，97310Pa）。原来转子材料为硬铅，密度为 1100kg/m³，现改为形状相同，密度为 1150kg/m³ 的胶质转子，问同一刻度时空气的流量为水的流量的多少倍？

参 考 文 献

[1] 孙佩极. 冶金化工过程及设备. 北京：冶金工业出版社，1980.

[2] 孟柏庭. 有色冶金炉. 第 3 版. 长沙：中南大学出版社，2005.

[3] 郭年祥，等. 化工过程及设备. 北京：冶金工业出版社，2003.

[4] 王志魁. 化工原理. 第 3 版. 北京：化学工业出版社，2005.

[5] 谭天恩，等. 化工原理：上册. 第 3 版. 北京：化学工业出版社，2006.

[6] 沈巧珍. 冶金传输原理. 北京：冶金工业出版社，2006.

[7] 姚玉英. 化工原理例题与习题. 第 2 版. 北京：化学工业出版社，1990.

[8] Coulson J M. and Richardson J F. Chemical Engineering, 4rd ed. Now York：Pergamon, 1990.

[9] Mecabe W L, Smith J C, Harriott P. Unit operations of Chemical Engineering. 6th ed. New York：McGraw-Hill, 2001.（英文影印版：化学工程单元操作. 北京：化学工业出版社，2003）

[10] Ron Darby. Chemical engineering fluid mechanics. 2ⁿᵈ ed. New Yok：Marcel Dekker. Inc.，2001.

[11] 柴诚敬，张国亮. 化工流体流动与传热. 北京：化学工业出版社，2000.

[12] 杨祖荣. 化工原理. 北京：化学工业出版社，2004.

[13] 何朝洪，冯霄. 化工原理（上册）. 第 2 版. 北京：科学出版社，2007.

2 流体输送装置

流体从低压设备输送至压强较高的设备，从低处输送到高处时都需要提高流体的某种机械能（前者为静压能，后者为位能）。同时，流体在管内流动过程中有机械能损失。因此，输送流体常需使用输送装置，以补加或转化机械能。

化工生产中，被输送流体的物理、化学性质（如腐蚀性、黏性、易燃易爆性、毒性等）有很大差别，温度、压强和流量等亦很不相同。所以，需要不同结构和特性的流体输送装置。

流体输送装置，按输送流体的类型不同分为：泵，用来输送液体；风机、真空泵和压缩机等，用来输送气体。按作用原理不同分为：动力式（叶轮式），包括离心式、轴流式等；容积式（正位移式），包括往复式、旋转式等；其他类型，如喷射式、浮升式（如烟囱）等。

本章重点介绍冶金化工厂中常用的离心泵和离心式风机与真空泵的结构原理、特性和选用，以及烟囱的工作原理与设计计算。其他流体输送装置仅作一般介绍。

2.1 离 心 泵

2.1.1 离心泵的工作原理和主要部件

2.1.1.1 离心泵的工作原理

最简单的离心泵其工作原理示意图如图 2-1 所示。在蜗壳形泵壳 2 内，有一固定在泵轴上的工作叶轮 1。叶轮上有 6~12 片稍微向后弯曲的叶片 3，叶片之间形成了使液体通过的通道。泵壳中央有一个液体吸入口与吸入管 4 连接。液体经底阀和吸入管进入泵内。泵壳上的液体压出口与压出管 6 连接，泵轴用电机或其他动力装置带动。启动前，先将泵壳内灌满被输送液体。启动后，泵轴带动叶轮旋转，叶片之间的液体随叶轮一起旋转，在离心力的作用下，液体沿着叶片间的通道从叶轮中心进口处被甩到叶轮外围，以很高的速度流入泵壳，液体流到蜗形通道后，由于截面逐渐扩大，大部分动能转变为静压能。于是液体以较高的压强从压出口进入压出管，输送到所需场所。

当叶轮中心的液体被甩出后，泵壳的吸入口就形成了一定的真空，外面的大气压迫使液体经底阀、吸入管进入泵内，填补了液体排出后的空间。这样，只要叶轮不停旋转，液体就源源不断地被吸入与排出。

离心泵若在启动前未充满液体，则泵壳内存在空气。由于空气密度很小，所产生的离心力也很小，此时，在吸入口处所形成的真空不足以将液体吸入泵内，虽启动离心泵，但不能输送液体。此现象称为

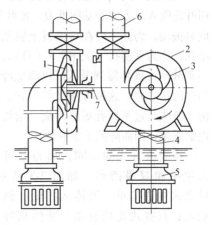

图 2-1 离心泵的构造与装置

1—叶轮；2—泵壳；3—叶片；4—吸入管；
5—底阀；6—压出管；7—泵轴

"气缚现象"。为便于使泵内充满液体，在吸入管底部安装带吸滤网的底阀，底阀为止逆阀，能够阻止泵内液体的回流，滤网是为了防止固体物质进入泵内，损坏叶轮的叶片或妨碍泵的正常操作。

2.1.1.2 离心泵的主要部件

离心泵的主要部件有叶轮、泵壳和轴封装置。

A　叶轮

离心泵的叶轮如图 2-2 所示，叶轮上叶片的作用是将原动机的机械能传给液体，使液体的静压能和动能均有所提高。叶轮按结构可分成以下 3 种：

（1）敞式叶轮。如图 2-2（a）所示，敞式叶轮两侧都没有盖板，制造简单，清洗方便。但由于叶轮和壳体不能很好地密合，部分液体会流回吸液侧，因而效率较低。它适用于输送含杂质的悬浮液。

（2）半闭式叶轮。半闭式叶轮如图 2-2（b）所示，叶轮吸入口一侧没有前盖板，而另一侧有后盖板，它也适用于输送悬浮液。

（3）闭式叶轮。闭式叶轮如图 2-2（c）所示，叶片两侧都有盖板，这种叶轮效率较高，应用最广，但只适用于输送清洁液体。

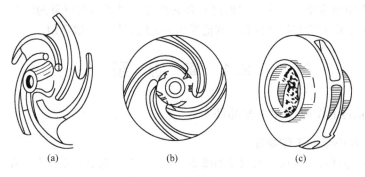

图 2-2　叶轮的类型

（a）敞式叶轮；（b）半闭式叶轮；（c）闭式叶轮

闭式或半闭式叶轮的后盖板与泵壳之间的缝隙内，液体的压强较入口侧高，这便产生了指向叶轮吸入口方向的轴向推力，使叶轮向吸入口窜动，引起叶轮与泵壳接触处磨损，严重时造成泵振动。为此，可在后盖板上钻几个小孔，称为平衡孔（见图 2-3（a）），让一部分高压液体漏到低压区以降低叶轮两侧的压力差。这种方法虽然简便，但由于液体通过平衡孔短路回流，增加了内泄漏量，因而降低了泵的效率。

按吸液方式的不同，离心泵可分为单吸和双吸两种，如图 2-3 所示。单吸式构造简单，液体从叶轮一侧被吸入；双吸式比较复杂，液体从叶轮两侧吸入。显然，双吸式具有较大的吸液能力，而且基本上可以消除轴向推力。

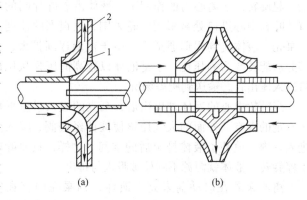

图 2-3　吸液方式

（a）单吸；（b）双吸

1—平衡孔；2—后盖板

B 泵壳

离心泵的泵壳大多制成一个截面逐渐扩大的蜗牛壳形的通道，故又称为蜗壳，如图2-4所示。

叶轮在泵壳内顺着蜗形通道逐渐扩大的方向旋转。由于通道逐渐扩大，以高速度从叶轮四周抛出的液体可逐渐降低流速，减少能量损失，从而使部分动能有效地转化为静压能。因此泵壳除了具有汇集液体的作用外，还有转化能量的作用。

有的离心泵为了减少液体进入蜗壳时的碰撞，在叶轮与泵壳之间安装一固定的导轮，如图2-4所示。导轮具有很多逐渐转向的孔道，使高速液体流过时能均匀而缓慢地将动能转化为静压能，使能量损失降到最小程度。

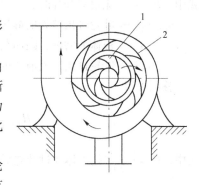

图 2-4 泵壳与导轮
1—叶轮；2—导轮

C 轴封装置

泵轴与泵壳之间的密封称为轴封。轴封的作用是防止高压液体从泵壳内沿轴的四周漏出，或外界空气漏进泵内，以保持离心泵的正常运行。

2.1.2 离心泵的基本方程

从理论上研究出的离心泵的流量、能量等之间的关系，称为离心泵的基本方程。

液体在离心泵叶轮的推动下所发生的运动是极为复杂的。为使问题简化，便于研究，我们可作叶轮内有无限多个无限薄的叶片和被输送液体为理想液体的假定。这样，液体流经叶轮时，能够严格沿着叶片的轨道运动，且忽略泵内所产生的一切阻力。

由图2-5所示液体在离心泵叶轮中的运动情况可看出，液体质点是沿着泵的轴线方向以绝对速度 c_0 吸入。在叶轮进口处发生径向运动，并以 c_1 的绝对速度进入叶片间。此时，液体一方面以相对速度 w_1 沿叶片移动，另一方面又以圆周速度 u_1 随叶轮旋转。在叶轮的推动下，液体的绝对速度不断增加，当达到叶轮外周而进入泵壳时，绝对速度为 c_2。c_2 为液体在叶片末端的相对速度 w_2 及圆周速度 u_2 的合速度。并由图可知，叶片的形状和弯曲程度改变时，其相对速度 w 和绝对速度 c 都将

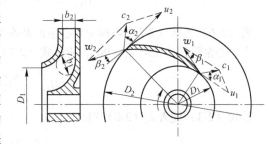

图 2-5 液体在离心泵中的运动

变化。在叶片流道进、出口处 w、c 和 u 三者的关系可根据余弦定理分别得到：

$$w_1^2 = c_1^2 + u_1^2 - 2c_1 u_1 \cos\alpha_1 \tag{2-1}$$

$$w_2^2 = c_2^2 + u_2^2 - 2c_2 u_2 \cos\alpha_2 \tag{2-2}$$

$$c_2 \cos\alpha_2 = u_2 - c_{r2}\cot\beta_2 \tag{2-3}$$

根据进出叶轮的伯努利方程，在忽略位能变化（$\Delta z = 0$）及阻力损失（$\Sigma H_f = 0$）的条件下，可采用压头的表达式为：

$$H_{T\infty} + \frac{p_1}{\rho g} + \frac{c_1^2}{2g} = \frac{p_2}{\rho g} + \frac{c_2^2}{2g} \tag{2-4}$$

式中　$H_{T\infty}$——无限多叶片时，叶轮对液体输入的理论压头，m 液柱；

　　p_1，p_2——叶轮进出口处的静压强，Pa；

　　　　ρ——液体的密度，kg/m³；

　　c_1，c_2——叶轮进出口处液体的绝对速度，m/s。

移项可得

$$H_{T\infty} = \frac{p_2 - p_1}{\rho g} + \frac{c_2^2 - c_1^2}{2g} = H_p + H_c \tag{2-5}$$

式中，$H_c = \dfrac{c_2^2 - c_1^2}{2g}$ 是液体经过叶轮后的动压头增量；$H_p = \dfrac{p_2 - p_1}{\rho g}$ 是液体经过叶轮后的静压头增量。

静压头增量的一部分来源于叶轮旋转产生的离心力对液体做的功，即 $\dfrac{1}{\rho g}\int\rho\omega^2 r\mathrm{d}r = \dfrac{\omega^2(r_2^2 - r_1^2)}{2g} = \dfrac{u_2^2 - u_1^2}{2g}$；另一部分来源于液体相对于叶片的动能的减小量，即 $\dfrac{w_1^2 - w_2^2}{2g}$。故静压头增量可以表示为：

$$\frac{p_2 - p_1}{\rho g} = \frac{u_2^2 - u_1^2}{2g} + \frac{w_1^2 - w_2^2}{2g} \quad (w_1 > w_2)$$

代入式（2-5）得

$$H_{T\infty} = \frac{u_2^2 - u_1^2}{2g} + \frac{w_1^2 - w_2^2}{2g} + \frac{c_2^2 - c_1^2}{2g} \tag{2-6}$$

将式（2-1）和式（2-2）代入后化简得：

$$H_{T\infty} = \frac{u_2 c_2 \cos a_2 - u_1 c_1 \cos a_1}{g} \tag{2-7}$$

式（2-6）及式（2-7）均称为离心泵的基本方程式。

在离心泵设计中常取 $\alpha_1 = 90°$，所以式（2-7）简化为：

$$H_{T\infty} = \frac{u_2 c_2 \cos a_2}{g} \tag{2-8}$$

将式（2-3）代入式（2-8）得：

$$H_{T\infty} = \frac{u_2(u_2 - c_{r2}\cot\beta_2)}{g} \tag{2-9}$$

当离心泵的理论流量为 Q_T，叶轮的外径为 D_2，叶轮出口处叶片的宽度为 b_2，叶片厚度可忽略时，液体在叶片出口处绝对速度的径向分量与叶片间通道截面相垂直，则可得：

$$c_{r2} = \frac{流量}{截面积} = \frac{Q_T}{\pi D_2 b_2} \tag{2-10}$$

代入式（2-9）得：

$$H_{T\infty} = \frac{u_2^2}{g} - \frac{u_2\cot\beta_2}{g\pi D_2 b_2}Q_T = \frac{D_2^2\omega^2}{4g} - \frac{\omega\cot\beta_2}{2\pi b_2 g}Q_T \tag{2-11}$$

式（2-11）也是离心泵的基本方程式。它表明离心泵的理论压头（扬程）$H_{T\infty}$ 与理论流量 Q_T 间的关系。对一定几何形状和大小的叶轮（β_2、D_2、b_2 皆为定值），叶轮转速恒定时，在理

论上讲 $H_{T\infty}$ 与 Q_T 呈直线关系。

实际上，离心泵叶轮的叶片是有限的且具有一定的厚度；而离心泵所输送的液体也并非理想液体。因此，当液体流经叶轮时，必然产生阻力。所以，离心泵的实际压头小于理论压头，实际流量小于理论流量。图 2-6 所示为 $\beta_2 > 90°$、$\beta_2 = 90°$ 和 $\beta_2 < 90°$ 三种形状叶片的离心泵理论压头与理论流量、实际压头与实际流量的曲线。

由于 $\beta_2 < 90°$ 的叶片（后弯叶片）的离心泵的效率较其他两种形状叶片（分别称为前弯和径向叶片）的离心泵的高，因此离心泵的叶片一般采用后弯形叶片。

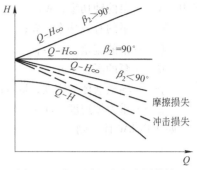

图 2-6　离心泵理论和实际特性

2.1.3　离心泵的主要性能参数和特性曲线

2.1.3.1　离心泵的主要性能参数

离心泵的主要性能参数有流量、压头、转速、轴功率、效率和允许汽蚀余量等。它们表示了该离心泵以 20℃水为介质，在最高效率（即设计工作状况）下运转时的性能指标，并写在泵的使用说明书上和标在泵的铭牌上。现将主要的分述于后。

A　流量

流量又称泵的送液能力，指离心泵在单位时间内排到管路系统的液体体积，以 Q 表示，单位为 1/s 或 m^3/h。它的大小取决于泵的结构、尺寸和转速。

B　压头

压头又称扬程，是泵对单位质量液体所提供的有效能量，以 H 表示，单位为 N·m/N = m。离心泵的压头取决于泵的结构、转速和流量。

在指定转速下，泵的压头与流量之间的关系一般用实验测定。

C　效率

由于外界能量通过叶轮传给液体时不可避免地会有能量损失，故泵轴所做的功不能全部变为有效能量，通常以效率 η 来反映这种能量损失。能量损失是由于以下几种损失造成的：

（1）容积损失。离心泵在运转过程中，有一部分高压液体通过叶轮与泵壳之间的缝隙漏回低压的吸入口区，或从填料函处漏至泵壳外，或从平衡孔漏回低压区，致使泵出口液体量小于叶轮吸入量，这就是容积损失。

（2）水力损失。是指液体在吸入室、叶轮、泵壳中流动时损耗的部分机械能。它可分为两种：一种是流动阻力损失，包括黏性液体的摩擦损失和流道变化时的局部阻力损失；另一种是由于工况改变，实际流量偏离该泵的设计流量而引起的冲击损失。

（3）机械损失。它起因于泵轴与轴承之间、泵轴与填料函之间、叶轮盖板外表面与液体之间的摩擦。

以上 3 项损失均难以精确地计算，统统以泵的效率 η 来反映。综合各因素，泵设计点的效率与泵结构和输送液体的性质有关，一般小型泵为 50% ~ 70%，大型泵可达 90% 左右。

D　轴功率

由传动机械传给泵轴的功率称为泵的轴功率，以符号 N 来表示，单位为 W 或 kW。有效功率为单位时间内流经泵的液体从叶轮所获得的实际能量，以 N_e 表示。

$$N = \frac{N_e}{\eta} = \frac{QH\rho g}{\eta} \tag{2-12a}$$

式中 N——泵的轴功率，W；

　　　N_e——泵的有效功率，W；

　　　Q——泵的流量，m^3/s；

　　　H——泵的压头，m；

　　　ρ——输送液体的密度，kg/m^3；

　　　g——重力加速度，m/s^2。

如 N 以 kW 计，则

$$N = \frac{QH\rho g}{1000\eta} = \frac{QH\rho}{102\eta} \tag{2-12b}$$

2.1.3.2   离心泵的主要特性曲线

离心泵的主要性能参数压头 H、轴功率 N 及效率 η 均与流量 Q 有关，可由实验测定。在转速一定时测出的关系曲线称为离心泵的特性曲线。

图 2-7 为某型号的离心清水泵在 $n = 2900r/min$ 时的特性曲线。它由 H-Q、N-Q 及 η-Q 3 条曲线组成。任何型号离心泵的特性曲线均具有共同特点。

（1）H-Q 曲线。离心泵的压头一般随流量的增大而下降（流量极小时因水力冲击可能有例外）。

（2）N-Q 曲线。离心泵的轴功率随流量的增大而上升，流量为零时最小。故离心泵启动时宜关闭出口阀门，以减小启动功率。

（3）η-Q 曲线。当 $Q = 0$ 时，$\eta = 0$；随 Q 增大，η 上升，并达到最大值；以后流量再增加，效率反而下降。这说明离心泵有一最高效率点。该点为离心泵的设计点。泵在最高效率点对应的流量及压头下工作最为经济。铭牌上的 Q，H 值即为该点的参数。实际中应使泵在高效率区，即 $\eta \geqslant 92\% \eta_{max}$ 下工作。

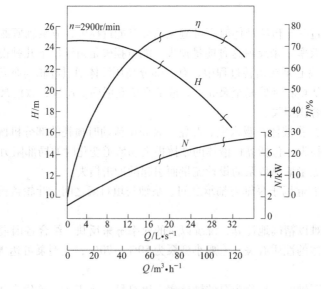

图 2-7   离心泵特性曲线示例

例 2-1   某一台离心泵用 20℃ 的清水进行特性参数的测定。流量为 $10m^3/h$，泵出口处压强表的读数（表压）为 167kPa，泵入口处真空表读数（真空度）为 21.3kPa，轴功率为 1.07kW，

电动机转数为 2900r/min，真空表与压强表之间的距离为
0.5m，试计算泵的扬程，有效功率及效率（吸入与排出管径
相同）。

解： 如图 2-8 所示，在 1—1 与 2—2 两截面间列出以单
位质量液体为衡算基准的伯努利方程式，即

$$z_1 + \frac{p_1}{\rho g} + \frac{u_1^2}{2g} + H_e = z_2 + \frac{p_2}{\rho g} + \frac{u_2^2}{2g} + \Sigma H_{f1-2}$$

式中，$z_2 - z_1 = 0.5m$，$p_1 = -21300Pa$，$p_2 = 167000Pa$，由附
录查得 20℃ 水的密度 $\rho = 998.2 kg/m^3$，$u_1 = u_2$。两测压口间
管路很短，故可认为流动阻力 $\Sigma H_{f1-2} \approx 0$，所以

$$H_e = 0.5 + \frac{(16.7 + 2.13) \times 10^4}{998.2 \times 9.81} = 19.73 mH_2O$$

有效功率

$$N_e = HQ\rho g = 19.73 \times \frac{10}{3600} \times 998.2 \times 9.81$$
$$= 537W = 0.537kW$$

效率 $\quad \eta = \frac{N_e}{N} = \frac{0.537}{1.07} = 0.50 = 50\%$

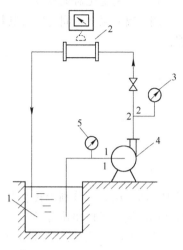

图 2-8 例 2-1 附图
1—贮槽；2—流量计；3—压强表；
4—离心泵；5—真空计

2.1.3.3 离心泵特性曲线的换算

泵的生产部门所提供的离心泵特性曲线，一般都是在一定转速下，以常温（20℃）清水为
介质实验测得的。如输送其他密度和黏度与水不同的液体时，泵的性能会发生变化。此外改变
泵的转速或叶轮直径，泵的性能也会发生变化。因此必须掌握离心泵特性曲线换算的基本知
识。

A　密度变化时的换算

由式（2-10）及式（2-11）可以看出，离心泵的流量和压头均与液体密度无关；泵的效率
也不随其而改变，即 H-Q 与 η-Q 曲线均不变；但泵的轴功率随液体密度而变。当液体的密度发
生变化时，轴功率可按下式换算：

$$\frac{N'}{N} = \frac{HQ\rho' g/\eta}{HQ\rho g/\eta} = \frac{\rho'}{\rho} \tag{2-13}$$

式中　ρ，ρ'——分别为 20℃ 清水与被输送液体的密度，kg/m^3；

$\quad\quad N$，N'——分别为泵样本与实际的轴功率，W 或 kW。

B　黏度变化时的换算

被输送液体黏度大于常温下清水的黏度，则泵内能量损失增大，于是泵的压头、流量、效
率均要下降，而轴功率将增加，故泵的特性曲线将发生变化。通常，当液体的运动黏度 $\nu < 2 \times 10^{-5} m^2/s$ 时，如汽油、煤油、轻柴油等可不必进行换算；当液体的运动黏度 $\nu > 2 \times 10^{-5} m^2/s$
时，泵的性能需按下式进行换算：

$$Q' = C_Q Q \tag{2-14a}$$

$$H' = C_H H \tag{2-14b}$$

$$\eta' = C_\eta \eta \tag{2-14c}$$

式中，各换算系数 C_Q、C_H 和 C_η 之值，可由有关手册查取，其值通常小于 1。

　　C　转速变化时的换算

　　同一离心泵在不同转速时其特性曲线不同。当转速改变时，其特性曲线可按下式进行换算：

$$\frac{Q_1}{Q_2} = \frac{n_1}{n_2} \tag{2-15a}$$

$$\frac{H_1}{H_2} = \left(\frac{n_1}{n_2}\right)^2 \tag{2-15b}$$

$$\frac{N_1}{N_2} = \left(\frac{n_1}{n_2}\right)^3 \tag{2-15c}$$

式中，Q_1，H_1，N_1分别为转速为n_1时泵的流量、扬程和轴功率；Q_2，H_2，N_2分别为转速为n_2时泵的流量、扬程和轴功率。

　　式（2-15a）至式（2-15c）亦称比例定律。当转速变化在±20%以内时，计算误差不大。

　　D　叶轮直径变化时的换算

　　为了扩大泵的工作范围，用户通常采用切割叶轮外径D_2的方法来改变泵的特性曲线。当切割量小于$10\% D_2$时，可用下列公式进行换算：

$$\frac{Q'}{Q} = \frac{D_2'}{D_2} \tag{2-16a}$$

$$\frac{H'}{H} = \left(\frac{D_2'}{D_2}\right)^2 \tag{2-16b}$$

$$\frac{N'}{N} = \left(\frac{D_2'}{D_2}\right)^3 \tag{2-16c}$$

式中，Q'，H'，N'分别为叶轮直径为D_2'时泵的流量、扬程和轴功率；Q，H，N分别为叶轮直径为D_2时泵的流量、扬程和轴功率。

　　式（2-16a）至式（2-16c）称为离心泵的切割定律。

　　当切割量不超过$20\% \sim 11\% D_2$时，对比转数$n_s = 40 \sim 220$的离心泵，可用新近得出的如下切割公式来进行换算：

$$\frac{Q'}{Q} = \left(\frac{D_2'}{D_2}\right)^{1.0885 + (0.29315 n_s/100)} \tag{2-17a}$$

$$\frac{H'}{H} = \left(\frac{D_2'}{D_2}\right)^{1.53448 + (0.8438 n_s/100)} \tag{2-17b}$$

$$\frac{N'}{N} = \left(\frac{D_2'}{D_2}\right)^{2.305425 + (1.151551 n_s/100)} \tag{2-17c}$$

　　比转数n_s定义式为：

$$n_s = \frac{3.65 n \sqrt{Q}}{H^{3/4}} \tag{2-18}$$

式中　n——泵轴转速，r/min；

　　　　Q——泵的额定（设计点）流量（对双吸式叶轮取$Q/2$），m^3/s；

　　　　H——泵的额定扬程（对多级泵为H/i，i为级数），m。

由式（2-18）可知，当 $H=1\text{m}$，$Q=0.075\text{m}^3/\text{s}$ 时，$n_s=n$。因此 n_s 的意义为：在一系列相似叶片泵中，当介质为水时，在最高效率下，若某台泵的 $H=1\text{m}$，$Q=0.075\text{m}^3/\text{s}$（$N_e=735.7\text{W}$），则该泵的转速 n 即为比转数。几何形状相似的离心泵，比转数相同；比转数不同的离心泵，其几何形状必不相似。

2.1.4 离心泵的汽蚀现象与安装高度

2.1.4.1 汽蚀现象

离心泵运转时，液体的压强随着从泵吸入口向叶轮入口而下降，叶片入口附近 K 处的压强为最低，此后，由于叶轮对液体做功，压强很快又上升。当 K 处的最低压强等于或小于被输送液体温度下的饱和蒸气压，即 $p_k \leqslant p_v$ 时，部分液体开始汽化，产生气泡，同时，原来溶于液体中的某些活泼气体如水中氧气，也会逸出，成为气泡，并被液体带入泵的叶片间的流道向外缘方向流动，随着液体压强升高，气泡又被压缩而突然凝结消失。在气泡凝结的一瞬间，周围液体以极大的速度冲向气泡原来所在空间，产生高达几百大气压的局部压力，冲击频率可高达每秒几万次之多，尤其当气泡凝聚发生在叶片表面附近时，众多液体质点如细小的高频水锤撞击着叶片。此外，气泡中的活泼气体如氧气等与金属材料发生化学腐蚀作用，使叶轮表面很快破坏成蜂窝状或海绵状，这种现象叫做汽蚀现象。汽蚀现象发生时，泵体震动、发出噪声，泵的流量、扬程和效率都明显下降，使泵无法正常工作，因此汽蚀现象必须避免。

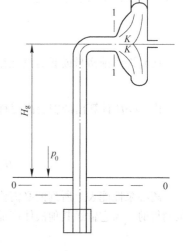

图 2-9　离心泵安装高度

2.1.4.2 汽蚀现象与安装高度的关系

如图 2-9 所示，自吸液面 0—0 至 K—K 截面列伯努利方程得到：

$$\frac{p_k}{\rho g} = \frac{p_0}{\rho g} - H_g - \Sigma H_{f0-1} - \left(\frac{u_k^2}{2g} + \Sigma H_{f1-k} \right) \qquad (2-19)$$

式中，H_g 为泵吸入口与吸液面间的垂直距离，称为泵的安装高度。

由式（2-19）可知，在液面压强、管路情况和流量一定时，p_0、$\left(\dfrac{u_k^2}{2g} + \Sigma H_{f1-k} \right)$ 均为定值。因此安装高度 H_g 越大，ΣH_{f0-1} 也越大，p_k 则越小，反之 p_k 则越大。当安装高度增大到某一值时，p_k 则降至 p_v，离心泵即发生汽蚀现象；当安装高度小于某一允许值时，则始终有 $p_k > p_v$，此时离心泵不会发生汽蚀现象。因此，通过控制离心泵的安装高度即可避免汽蚀现象发生。而关键是要知道不发生汽蚀现象的泵所允许的安装高度值。

2.1.4.3 离心泵允许安装高度的计算

离心泵允许安装高度又称允许吸液高度，其计算方法有两种：一种是根据泵的允许吸上真空高度来计算，称为允许吸上真空高度法；另一种是根据泵的允许汽蚀裕量（又称为必需汽蚀裕量）来计算，称为允许汽蚀裕量法。

现在国内外都采用后一种方法来计算离心泵的允许安装高度，现介绍如下。

在图 2-9 中，自 0—0 至 1—1 截面列伯努利方程得：

$$H_g = \frac{p_0 - p_1}{\rho g} - \frac{u_1^2}{2g} - \Sigma H_{f0-1} \tag{2-20}$$

令

$$NPSH = \frac{p_1}{\rho g} + \frac{u_1^2}{2g} - \frac{p_v}{\rho g} \tag{2-21}$$

式中，$NPSH$ 称为汽蚀裕量，是指离心泵入口处，液体的静压头与动压头之和超过液体在操作温度下的饱和蒸气压头的富余能量。因此有 $\frac{p_1}{\rho g} + \frac{u_1^2}{2g} = NPSH + \frac{p_v}{\rho g}$，代入式（2-20）得：

$$H_g = \frac{p_0 - p_v}{\rho g} - \Sigma H_{f0-1} - NPSH \tag{2-22}$$

发生汽蚀现象时，$p_k = p_v$，$p_1 = p_{1min}$，由式（2-21）可知，此时的汽蚀裕量最小，称为最小汽蚀裕量或极限汽蚀裕量或临界汽蚀裕量，以 $NPSH_c$ 表示，即

$$NPSH_c = \frac{p_{1min}}{\rho g} + \frac{u_1^2}{2g} - \frac{p_v}{\rho g} \tag{2-23}$$

而允许汽蚀裕量或必需汽蚀裕量则规定为

$$NPSH_r = NPSH_c + 0.3 \tag{2-24}$$

由 $NPSH_r$ 计算出的安装高度称为允许安装高度，以符号 $H_{g允}$ 表示。

所以

$$H_{g允} = \frac{p_0 - p_v}{\rho g} - \Sigma H_{f0-1} - NPSH_r \tag{2-25}$$

离心泵性能表上所列的必需汽蚀裕量值是按输送 20℃ 的清水，液面压强为标准物理大气压测得的。当它输送其他液体产品时，$NPSH_r$ 值应予以校正，即

$$NPSH'_r = \varphi NPSH_r \tag{2-26}$$

式中　$NPSH'_r$——输送其他液体时的允许汽蚀裕量，m；

　　　　φ——允许汽蚀裕量校正系数，为输送液体的密度与饱和蒸气压之函数。因通常 φ ≤1，故为安全和简便，也可不校正。

值得指出的是，式（2-25）中 p_0 为液面上气体的压强，当液面敞开时即为大气的压强，而大气压强与液面的海拔高度有关，表 2-1 列出了不同海拔高度时大气压的值。

表 2-1　不同海拔高度的大气压强

海拔高度/m	0	100	200	300	400	500	600	700	1000	1500	2000
大气压强/kPa	101.33	100.03	98.95	97.58	96.60	95.52	94.15	93.17	89.86	84.73	79.93

2.1.4.4　离心泵实际安装高度计算

为安全起见，泵的实际安装高度 H_g 应小于允许安装高度 $H_{g允}$。实际安装高度可根据泵装置的汽蚀裕量来计算，即

$$H_g = \frac{p_0 - p_v}{\rho g} - \Sigma H_{f0-1} - NPSH_a \tag{2-27}$$

式中，$NPSH_a$ 为泵装置的汽蚀裕量又称有效汽蚀裕量或可用汽蚀裕量，是指实际泵装置系统上泵吸入口处的静压头与动压头之和与液体在操作温度下的饱和蒸气压头之差。其大小由吸液管道系统的参数和管道中流量所决定，而与泵的结构无关。

为确保不发生汽蚀，要求 $NPSH_a \geq NPSH_r + S$。S 为汽蚀裕量的安全裕量。

对于一般的离心泵，$S = 0.6 \sim 1.0m$。但是对于一些特殊用途或条件下使用的离心泵，S 值应按表 2-2 选取。

表 2-2 离心泵汽蚀裕量的安全裕量 S

泵的类型和用途	安全裕量 S/m	注　解
锅炉给水泵、锅炉给水循环泵和卧式冷凝器热冷凝液泵	2.1	7、9、13
减压塔釜液泵	2.1	4、6、7、9、10、11、12、13
立式和卧式表面冷凝器热冷凝液泵	0.3	5、7、8、9、13
常温常压冷却水泵	0.6	1、2、5、9、13
吸入压强小于 70kPa（G）的泵	0.6	5、7、9、13
多级泵和双吸叶轮泵	0.6	9、13
自动启动泵	0.6	9、13
吸收塔釜液泵和送液温度在 15.5 ~ 20.5℃ 之间 CO_2 汽提塔类型的泵	2.1	9、13
其他用途的泵，如将容器架高以提高 $NPSH_a$ 的泵	0.6	9、13
用于输送平衡液体和蒸气分压下的液体的泵	吸入管道损失的 25%，最小 0.3m，最大 1.2m	5、9、13
用于输送非平衡液体的泵	0.6	5、9、13

注：1. 在计算装置汽蚀裕量 $NPSH_a$ 时，不应考虑冷却水泵吸入口以上的浸没液柱头。

    2. 对立式或卧式冷却水泵的浸没深度由工艺流程确定。

    3. 如果液体中有溶解气体时，则假定液体处于它的平衡压强和温度下，即容器压强等于蒸气压强。

    4. $NPSH_a$ 的计算不要考虑汽提蒸气的裕量。

    5. 总的摩擦损失应限定在 0.304m 液柱以内。

    6. 吸入管内径应按单位压强降小于 23kPa（每 100m 管）来确定。

    7. 这些泵应安装 "T" 形过滤器。

    8. 这些泵的吸入管道从容器分别引出。

    9. 双吸叶轮泵必须配有管道分配系统，以避免液流分配的不均匀。

    10. 按每项工程的管道布置来确定该工程的减压塔用一根还是两根釜液排出管。

    11. 减压塔釜液泵应布置在距吸入容器最近的地方。

    12. 一般来说，减压塔釜液泵不应作为公用的备用泵。在无法避免这样做的地方，作为备用的泵，必须力求靠近减压塔釜液泵。减压塔釜液操作决定泵的位置，而不影响备用泵的功能。

    13. 异径管的计算公式可以用来计算一般卧式冷却水泵装置吸入管的摩擦损失。

当用安全裕量 S 来计算时，泵的实际安装高度至少应为

$$H_g = \frac{p_0 - p_v}{\rho g} - \Sigma H_{f0-1} - NPSH_r - S = H_{g允} - S \tag{2-28}$$

在计算时要注意的是，$NPSH_r$ 与流量有关。在一定条件下，增大流量时，与 $p_k = p_v$ 对应的 p_{1min} 增大。因此由式（2-23）与式（2-24）可知，在一定条件下，流量增大，$NPSH_r$ 增大。故在计算安装高度时，必须按使用过程中可能达到的最大流量来进行计算。

由式（2-25）可知，当被输送液体的温度较高，饱和蒸气压比较大时，其 $H_{g允}$ 较低。此时

可采取下列措施来提高其 $H_{g允}$ 值以避免汽蚀现象的发生：

（1）尽量减小吸入管的阻力损失，如选用较大的吸入管径；泵的安装尽量靠近液源；缩短管道长度，减少不必要的管件和阀门等。

（2）降低泵送液体温度，以降低饱和蒸气压或将泵安装在贮液池液面以下，使液体自动灌入泵体内。

（3）降低 $NPSH_r$ 值。如采用流量和扬程相同的双吸泵（其 $NPSH_r$ 值小）代替单吸泵或降低泵的转速等。当转速在 ±20% 范围内变化时，必需汽蚀裕量与转速的关系为 $\dfrac{NPSH_{r1}}{NPSH_{r2}} = \left(\dfrac{n_1}{n_2}\right)^2$。

（4）在泵进口增加诱导轮。

例 2-2　某车间的输水系统如图 2-10 所示，用一台 IS100-80-160 型离心泵从水池中将清水送往高位槽。已知输水量为 100m³/h，吸入管路的全部阻力损失为 2.5mH₂O，泵位于吸液面以上 2m 处。试确定：（1）车间位于海平面，输送水温为 20℃ 时，泵的允许几何安装高度；（2）车间位于海拔 1000m 的高原处，输送水温为 80℃ 时，泵的允许几何安装高度；（3）在以上两种情况下泵能否正常工作。

解：（1）分别由表 2-1、附录水物性表、SI 泵性能表查得：$p_0 = 101325\text{Pa}$，$p_v = 2334.6\text{kPa}$，$\rho = 998.2\text{kg/m}^3$，$NPSH_r = 4\text{m}$。将它们和 $\Sigma H_{f0-1} = 2.5\text{m}$ 代入式（2-25）有：

$$H_{g允} = \frac{p_0 - p_v}{\rho g} - \Sigma H_{f0-1} - NPSH_r = \frac{101325 - 2334.6}{998.2 \times 9.81} - 2.5 - 4 = 3.6\text{m}$$

（2）由表 2-1 查得海拔 1000m 处的大气压强为 89.86kPa，由附录查得：80℃ 水饱和蒸汽压为 $p_v = 47.379\text{kPa}$，密度为 $\rho = 971.8\text{kg/m}^3$，泵的必需汽蚀裕量仍为 4m。将它们和 $\Sigma H_{f0-1} = 2.5\text{m}$ 代入式（2-25）有：

$$H_{g允} = \frac{p_0 - p_v}{\rho g} - \Sigma H_{f0-1} - NPSH_r = \frac{89860 - 47379}{971.8 \times 9.81} - 2.5 - 4 = -2.04\text{m}$$

（3）泵不发生汽蚀现象的条件是实际安装高度小于允许安装高度或泵装置的汽蚀裕量大于必需汽蚀裕量。现实际安装高度为 2m，因 $-2.2 < 2 < 3.6$，所以第一种情况下泵能正常工作，第二种情况下泵不能正常工作。另一解法是，由式（2-28）根据泵的实际安装高度分别计算出两种情况下的泵装置汽蚀裕量，大于必需汽蚀裕量的即能正常工作。由式（2-27）计算出的第一种情况下的 $NPSH_a = 5.6\text{m}$，第二种情况下的 $NPSH_a = -0.04\text{m}$。因 $-0.2 < 4 < 5.6$，所以第一种情况下泵能正常工作，第二种情况下泵不能正常工作。

2.1.5　离心泵的工作点与流量调节

2.1.5.1　管路特性曲线与泵的工作点

当离心泵安装在一定的管路系统（如图 2-10）中工作时，实际的工作压头和流量不仅与离心泵本身特性有关，还与管路特性有关。如图 2-10 所示的管路系统中，液体要求泵供给的压头可由伯努利方程式求得，即

$$H_e = \Delta z + \frac{\Delta p}{\rho g} + \frac{\Delta u^2}{2g} + \Sigma H_{f1-2}$$

当固定管路条件时，$\Delta z + \dfrac{\Delta p}{\rho g}$ 与流量无关，可用常数 A

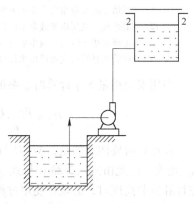

图 2-10　输送管路系统

表示。若两个贮槽截面都较大，则 $\frac{\Delta u^2}{2g} \approx 0$。又：

$$\Sigma H_{f1-2} = \lambda\left(\frac{l + \Sigma l_e}{d}\right)\frac{u^2}{2g} = \lambda\left(\frac{8}{\pi^2 g}\right)\left(\frac{l + \Sigma l_e}{d^5}\right)Q_e^2 \tag{2-29}$$

式中，Q_e 为管路系统的流量，m^3/s。对特定的管路系统，l、l_e、d 均为定值，湍流时摩擦系数的变化也很小，故 $\lambda\left(\frac{8}{\pi^2 g}\right)\left(\frac{l + \Sigma l_e}{d^5}\right)$ 为定值，令其为 B，则有：

$$H_e = A + BQ_e^2 \tag{2-30}$$

此式称为管路特性方程式，它表示了管路所需压头与流量之间的关系。将此关系描绘在坐标图上，即得图 2-11 中的 H_e-Q_e 曲线。此线的形状与管路布置及操作条件有关。而与泵的性能无关，故称其为管路特性曲线。

当泵安装在管路系统中时，流体经过管道的流量就是泵的流量，管路要求的压头就是泵向流体提供的压头。因此，如将泵的特性曲线 H-Q 和管路特性曲线绘在同一张图上，如图 2-11 所示，两曲线交点 M 所对应的流量和扬程就是泵在此管路工作的实际流量与扬程，所以 M 点称为离心泵的工作点。当 M 点所对应的效率在高效率区时，则说明此泵选得较合适。

2.1.5.2 流量调节

如果工作点流量大于或小于所需要的输送量，应设法改变工作点的位置，即进行流量调节。既然泵的工作点为管路特性曲线与泵特性曲线的交点，那么，改变两者之一即能达到调节流量的目的。

A 改变管路特性曲线

只要改变离心泵出口阀门的开度，即能改变式（2-30）中的 B 值，从而也就改变了管路特性曲线的位置。当阀门关小时，B 值增大，管路特性曲线变陡，工作点由 M 点移到 M_1 点（见图 2-12），流量由 Q_M 减小到 Q_{M1}；当阀门开大时，B 值减小，该曲线变得平缓，工作点移到 M_2，于是流量加大到 Q_{M2}。

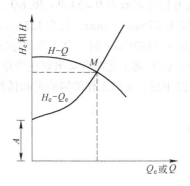

图 2-11 离心泵工作点示意图

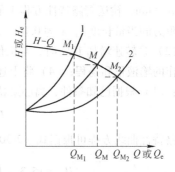

图 2-12 管路特性调节

此种调节方法灵活、简便，流量可以连续变化，适合于流量调节幅度不大的场合。缺点是当阀门关小时，流动阻力增加，故要额外多消耗一部分能量。

B 旁路调节

在泵出口处引出一支管路（称为旁路）将部分流体分流回泵的吸入口处，通过调节旁路上阀门的开启度来调节主管中流体的流量。当要减小流量时，可开大旁路上的阀门，使回流量增大,这样流入主管路的流量就减小;当要增大流量时,可关小旁路上的阀门,使回流量减小,这样流入主管路的流量就增大。

旁路调节方法简单,可解决泵在小流量下连续运转出现噪声、振动、温升等过大的问题,但功率损失大,管线增加。

C 改变泵的特性曲线

此类方法中包括改变转速、车削叶轮直径等。改变转速,如图 2-13 所示,泵原来的转速为 n、工作点为 M,把转速提高到 n_1,则泵的特性曲线向上移,工作点由 M 移到 M_1,流量由 Q_M 加大到 Q_{M1}。同理,如把转速降至 n_2,曲线下降,工作点移到 M_2,流量减小到 Q_{M2}。

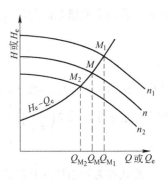

图 2-13   泵特性曲线调节

车削叶轮直径与减小转速的情况相类似。

改变转速与车削叶轮直径在能量利用方面均较为经济。改变转速,要求使用价格较贵的变速装置或变速原动机,适用于调节幅度大、调节时间长的情况。车削叶轮直径,可使泵的流量变小,但可调节的流量范围不大,且直径减小会降低泵的效率,故实际应用较少。

此外,在大幅度调节过程中,为节省能耗还可采用并联泵或串联泵,例如两台同型号泵并联时,其泵的总性能曲线系由单台泵同扬程时的流量叠加而成,但在具体管路系统中操作时,其工作点的流量小于单台泵应有流量的两倍。同理,当两台同型号泵串联时,其泵的总性能曲线系单台泵同流量时的扬程叠加而成,但在具体管路系统中,其工作点的扬程亦小于单台泵应有扬程的两倍。可见,并联泵适用于流量需大幅度调节的场合,串联泵适用于扬程需大幅度调节的场合。此外,泵的并、串联操作也适用于单台泵的流量或扬程不足,而大流量泵或高扬程泵的制造有困难或造价过高的情况。一般,特性曲线较平坦的泵,多采取并联;特性曲线较陡峭的泵,多采取串联;低阻力输送管路并联优于串联;高阻力输送管路串联优于并联。多台泵串联时,最后一台泵所承受的压强必须在许可范围之内。

例 2-3 某离心泵在转速为 1450r/min 下的特性曲线方程可表示为 $H = 34.9 - 36.6Q^2$,Q 的单位为 m³/min,输送管路特性方程中的 $A = 15.3$m,管径为 $\phi76$mm × 4mm,长为 1236.4m(包括局部阻力的当量长度),λ 为 0.03。试求:(1)泵转速为 1450r/min 时,泵工作的输液量和扬程;(2)泵转速增加 10% 时,泵工作的输液量和扬程;(3)将上述两台泵串联在管路中后,泵组工作的输液量和扬程;(4)将上述两台泵并联在管路中后,泵组工作的输液量和扬程。

解:(1)根据已知条件,离心泵特性曲线方程式为

$$H = 34.9 - 36.6Q^2$$

管路特性曲线方程可根据式(2-30)求出:

$$H_e = 15.3 + \left(\frac{8\lambda}{\pi^2 g}\right)\left(\frac{l + \Sigma l_e}{d^5}\right)Q_e^2$$

$$= 15.3 + \frac{8 \times 0.03}{3.14^2 \times 9.81} \times \frac{1236.4}{0.068^5} \times \left(\frac{Q_e}{60}\right)^2$$

$$= 15.3 + 586.1Q_e^2$$

在工作点处 $H_e = H$,$Q_e = Q$。联立求解两曲线方程可得泵工作的输液量和扬程:

$$Q = 0.177\text{m}^3/\text{min}, \ H = 33.75\text{m}$$

（2）设转速增加 10% 后泵的流量为 Q'，扬程为 H'，根据流量和扬程与转速的关系式 (2-15a) 和式 (2-15b) 有：$H = \frac{1}{1.1^2}H'$，$Q = \frac{1}{1.1}Q'$，代入原离心泵特性曲线方程，可得转速增加后泵的新的特性曲线方程为

$$H' = 34.9 \times 1.1^2 - 36.6Q'^2$$

与管路特性曲线方程联立求得泵工作的输液量和扬程为：

$$Q' = 0.208\,\text{m}^3/\text{min},\ H' = 40.65\text{m}$$

（3）串联泵的特点是：泵串联后的总扬程等于各台泵的扬程之和；总流量等于各台泵的流量。因此，串联后泵组的特性曲线方程可由上述特点和原单台泵的特性曲线方程求出：

$$H = 69.8 - 73.2Q^2$$

与管路特性曲线方程联立求得泵组工作的输液量和扬程为：

$$Q = 0.2875\,\text{m}^3/\text{min},\ H = 63.75\text{m}$$

（4）并联泵的特点是：泵并联后的总扬程等于各台泵的扬程；总流量 Q 等于各台泵的流量 $Q_{\text{单}}$ 之和。因此，并联后泵组的特性曲线方程可由上述特点和原单台泵的特性曲线方程求出：

$$H = 34.9 - 36.6Q_{\text{单}}^2 = 34.9 - 36.6\left(\frac{Q}{2}\right)^2 = 34.9 - 9.15Q^2$$

与管路特性曲线方程联立求得泵组工作的输液量和扬程为：

$$Q = 0.182\,\text{m}^3/\text{min},\ H = 34.6\text{m}$$

2.1.6 离心泵的类型与选用

2.1.6.1 离心泵的类型

A 清水泵

清水泵用于输送清水或物理化学性质与水相近的清洁液体。常用的型号有 IS 型、D 型与 S 型等。

（1）IS 型。IS 型泵是我国根据国际标准 ISO2858 规定的性能和尺寸最新设计的单级单吸悬臂式清水离心泵。其特点是结构简单，噪声低，振动小，安装、操作和维修方便。全系列扬程范围为 5~125m，流量范围为 6.3~400m^3/h，属中小型泵。

（2）D 型。D 型泵系单吸多级分段式离心泵。其特点是扬程高，流量中等，它是由 2 至 12 级叶轮串联构成。全系列扬程范围为 50~1800m，流量范围为 6.3~580m^3/h。

（3）S 型。S 型泵系单级双吸中开离心泵。其特点是叶轮有两个吸入口，故输液量较大。全系列扬程范围为 8.7~250m，流量范围为 50~1400m^3/h。

B 耐腐蚀泵

输送酸、碱等腐蚀性液体时，应采用耐腐蚀泵，其主要特点是和液体接触的部件均用耐腐蚀材料制成。国产耐腐蚀泵的旧系列代号为"F"。其后再加注材料代号，如 H——灰口铸铁（适用输送浓硫酸）；G——高硅铸铁（适用于压力不高的硫酸及其混合酸输送）；S——聚三氟氯乙烯塑料（适用于 90℃ 以下硫酸、硝酸及碱液的输送）；B——镍铬合金钢（适用于常温低浓度硝酸、氧化性酸液、碱液及其他弱腐蚀性液体的输送）。目前新系列有 IR 系列、IH 系列、CZ 系列等。

F 型泵全系列扬程范围为 15~105m，流量范围为 2~400m^3/h。

　　IR 型系耐腐蚀保温泵，属单级单吸悬臂式离心泵，全系列扬程范围为 3.6 ~ 132m，流量范围为 3.4 ~ 460m³/h，适用于输送高凝固（或结晶）点且具有腐蚀性的高温液体，适用温度不超过 250℃。

　　IH 型是采用 ISO 国际标准设计的系列产品，效率比 F 型高，为节能产品，可用来输送不含固体颗粒、黏度类似于水、具有腐蚀性、温度为 - 20 ~ 105℃ 的液体。

　　CZ 型系用各种耐腐蚀合金材料制造的离心泵。可用于输送各种温度和浓度的氢氧化钠、碳酸钠等碱性溶液、各种温度和浓度的硝酸、硫酸、盐酸、磷酸等无机酸、有机酸和各种盐溶液、各种液态石油化工产品、有机化合物以及其他腐蚀性液体。

　　C　油泵

　　输送石油制品的泵，称为油泵。特点是：防燃、防爆、密封较为完善及进出口方向向上呈 Y 型。一般输送热油（200℃ 以上）的热油泵，在轴封装置与轴承处均装有冷却水套。

　　国产油泵的旧系列代号有 Y、DY 等。其中 Y 型为单级泵，DY 型为多级（2 ~ 6 级）泵，每种又分为单吸和双吸。Y 型泵扬程范围为 5 ~ 174m，流量范围为 5.5 ~ 1270m³/h；DY 型泵扬程范围为 48 ~ 684m，流量范围为 6.3 ~ 400m³/h。目前新系列有 AY 系列、SJA 系列等。

　　AY 型离心油泵是在老 Y 型油泵系列基础上按美国石油学会 API610 标准进行改进并重新设计的新产品。它具有比 Y 型油泵更高的可靠性和效率。其扬程范围为 30 ~ 320m，流量范围为 2.5 ~ 1280m³/h，适用于输送不含固体颗粒的石油、液体石油气和其他介质，适用温度 - 45 ~ 420℃。

　　SJA 型系单级单吸悬臂式离心流程油泵，输送介质温度为 - 196 ~ 450℃。

　　D　杂质泵

　　杂质泵用于输送悬浮液或稠厚浆液等。系列代号为"P"。其中"PW"表示污水泵，"PS"表示砂泵，"PN"表示泥浆泵，"PH"表示灰渣泵。其结构特点是：叶轮流道宽，叶片数目少，采用半闭式或敞式叶轮，泵壳内衬以耐磨材料。这样，可以避免被杂物堵塞，耐磨损且易清洗。

　　E　屏蔽泵

　　屏蔽泵是一种无泄漏泵，它的叶轮与电机连为一个整体，并密封在同一泵壳内，不需要轴封装置，故又称无密封泵。

　　近年来屏蔽泵发展很快，用来输送易燃、易爆、剧毒以及放射性液体。其缺点是泵的效率较低。

　　F　磁力驱动泵

　　磁力驱动泵的电动机通过联轴器和外磁钢连在一起，叶轮和内磁钢连在一起。在外磁钢和内磁钢之间设有隔离套，隔离套与泵壳组成完全密封的泵腔，可以杜绝泵的泄漏。泵腔内部构件可用耐腐蚀材料制成，可用于输送腐蚀性和有毒料液。

　　泵的产品目录或样本中，泵的型号是由字母和数字组合而成，以代表泵的类型、规格等。现举例说明如下。

　　（1）IS50-32-125。其中 IS 代表国际标准单级单吸清水离心泵，50、32、125 分别表示泵吸入口直径、出口直径和叶轮名义直径为 50mm、32mm、125mm。

　　（2）50AY60×2A。其中 50 表示泵吸入口直径为 50mm；A 代表采用美国石油学会 API610 标准第一次改进；Y 代表离心油泵；60 表示单级设计点扬程为 60m；2 表示叶轮级数为 2 级；A 表示叶轮直径比基本型 50AY60×2 的小一级，即叶轮经过一次车削（车削量为原直径的 7% ~ 10%；B 为经过二次车削，车削量为原直径的 13% ~ 15%）。

2.1.6.2 离心泵的选用

选用离心泵原则上可分 3 步进行：

（1）据被输送液体的性质和操作条件，选择泵的类型。具体过程为：首先根据被输送液体特性决定选用哪种特性泵，如清水泵、耐腐蚀泵、油泵等；其次根据现场安装条件选择卧式泵、立式泵。根据流量大小选用单吸泵、双吸泵，或小流量泵。根据扬程高低选用单级泵、多级泵，或高速离心泵等；最后根据装置的特点及泵的工艺参数，决定选用哪一类制造、检验标准。如要求较高时，可选 API610 标准，要求一般时可选 GB5656（ISO5199）或 ASME73.1M/73.2M 标准。

（2）根据具体管路对泵提出的流量和压头的要求，确定泵的型号。确定原则为同流量下泵提供的压头应略大于管路需要的，且应在高效率区工作。具体过程为：首先确定选泵的额定流量和额定扬程。额定流量应取工作中的最大流量，如缺少最大流量值时常取正常流量的 $1.1 \sim 1.15$ 倍。额定扬程一般取管路所需扬程的 $1.05 \sim 1.1$ 倍。对运动黏度大于 $2 \times 10^{-5} \, m^2/s$ 或含固体颗粒的介质，需换算成输送清水时的额定流量和扬程；其次根据额定流量和扬程从泵的系列型谱图中初步确定几种可用型号泵。

（3）核算并最终选定泵的型号。核算包括核算泵的轴功率、泵是否在高效率区工作和泵装置汽蚀裕量是否满足要求。泵的轴功率可按式（2-15）核算；可根据泵的特性曲线核算泵是否在高效率区工作，即泵工作时的效率是否不低于泵最高效率的 92%；泵装置的汽蚀裕量可按式 $NPSH_a - NPSH_r \geqslant S$ 来核算。

当有几种型号的泵同时满足上述选泵条件时，要选择综合指标高者为最终选定的泵型号。具体可选泵的效率、质量和价格作为比较指标。效率高者、质量轻者、价格低者为优。

例 2-4 某厂输液系统如图 2-14 所示，现要求将最大流量为 $110m^3/h$，密度为 $1100kg/m^3$，性质类似于水的清洁液体输送到一敞口贮槽中。已知贮槽液面高出取液池液面 55m，管路总阻力损失为 15m 液柱（其中吸入管路阻力为 1.67m 液柱），泵的安装高度为 1.5m，试选择一台合适的离心泵，并计算操作时的轴功率。假设输液的黏度和饱和蒸气压与 20℃ 水的相同，液面上压强为标准大气压，汽蚀安全裕量 S 取 0.6m。

解：（1）确定泵的类型。因输液为性质类似于水的清洁液体，故可选用离心式清水泵。

（2）选择泵的型号。首先计算出管路要求供给的压头、选泵的额定流量和额定扬程，然后根据额定流量和扬程选择合适型号的泵。

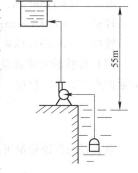

图 2-14 例 2-4 附图

管路要求泵供给的压头，可由列两液面间的伯努利方程求得：

$$H_e = z_2 - z_1 + \frac{p_2 - p_1}{\rho g} + \frac{u_2^2 - u_1^2}{2g} + \sum H_{f1-2}$$

已知：$z_2 - z_1 = 55m$，$u_1 \approx u_2 \approx 0$，$p_1 = p_2 = 0.1MPa$，$\sum H_{f1-2} = 15m$，代入上式可得：

$$H_e = 55 + 15 = 70m（液柱）$$

额定流量取最大流量，即 $110m^3/h$，额定扬程取 $1.1 \times 70 = 77m$。

能满足在 $Q = 110m^3/h$ 下扬程略大于 77m 要求的离心泵有两种，它们的特性数据见表 2-3。

表 2-3　离心泵性能表

泵	流量 Q /m³·h⁻¹	扬程 H /m	转数 n /r·min⁻¹	轴功率 N /kW	效率 η /%	必需汽蚀裕量/m	叶轮直径 /mm	配电机功率/kW	泵的质量 /kg	参考价格 /元
1	65	98		27.6	63	2.9				
	90	91		32.8	68	3.8				
	110	83	2900	36.4	68.3	4.6	27.2	55	138	435
	115	81		37.1	68.5	4.9				
	135	72.5		40.4	66	5.4				
2	110	88		38.6	68.3	5				
	130	84	2900	40	72	5.5	248	55	150	1123
	162	78		46.5	74					
	198	70		43.4	72					

由表 2-3 可看出：

1）两种型号的泵其流量 Q 与扬程 H 均能满足要求；

2）所配电机功率相同；

3）泵 2 效率虽高一些，但它的设计流量大，泵运行时离开设计点工作，因而效率会下降。泵 1 虽然效率低一些，但经常在设计点附近工作。再从特性曲线查得：当 $Q = 110\text{m}^3/\text{h}$ 时，两种型号离心泵的效率均为 68.3%；

4）从泵的参考价格来看，泵 1 较泵 2 便宜得多。

综上所述，以选泵 1 为宜，其设计点性能如下

流量：$Q = 115\text{m}^3/\text{h}$；扬程：$H = 81\text{m}$；

转速：$n = 2900\text{r/min}$；效率：$\eta = 68.5\%$

轴功率：$N = 37.1\text{kW}$；必需汽蚀裕量 $NPSH_r = 4.9\text{m}$

（3）校核轴功率和泵装置的汽蚀裕量。由于输液密度与 20℃清水的不同，故实际轴功率 N' 须按式（2-13）校核。从表查得：$Q = 110\text{m}^3/\text{h}$，$N = 36.4\text{kW}$，据式（2-13）有

$$N' = N\frac{\rho'}{\rho} = 36.4 \times \frac{1100}{1000} = 40.04\text{kW}$$

泵装置的汽蚀裕量可由式（2-27）求出

$$NPSH_a = \frac{p_0}{\rho g} - \frac{p_v}{\rho g} - \Sigma H_{f0-1} - H_g = \frac{101325 - 2334.6}{110 \times 9.81} - 1.67 - 1.5 = 6.0\text{m}$$

由表 2-3 查得：$Q = 110\text{m}^3/\text{h}$ 时，泵的必需汽蚀裕量 $NPSH_r = 4.6\text{m}$。故 $NPSH_a - NPSH_r = 6 - 4.6 = 1.4 > S$（已知为 0.6）。

2.2　其他类型泵及常用泵的比较

2.2.1　往复泵

2.2.1.1　往复泵的结构和工作原理

图 2-15 为曲柄连杆机构带动的往复泵简图。活塞杆 3 与曲柄等传动机构相连接而作往复运动。吸入阀 4 与排出阀 5 均为单向阀。

当活塞 5 在外力推动下从左向右移动时，泵体内工作腔体积增大，形成低压，于是将贮槽内的液体经吸入阀吸入泵缸 4 内。此时排出阀受排出管内液体压力作用而关闭。当活塞移到最右端时，吸入行程结束。此后，活塞改为由右向左移动，泵缸内液体受挤压，压力增大，于是吸入阀关闭而排出阀打开，将液体排出。活塞抵达左端后，排液结束，完成了一个工作循环。此后活塞又向右移，开始另一个工作循环。由此可见，往复泵是通过活塞在左右两端点间的往复运动而直接以压力能的形式向液体提供能量的。而活塞从左端点到右端点的距离称为行程或冲程。

2.2.1.2 往复泵的特点

往复泵与离心泵相比有如下工作特点：

（1）往复泵具有自吸能力，启动前无需灌泵。这是因为当活塞运动时，由于工作室容积扩大能使泵内自动形成负压的缘故。

（2）往复泵的流量决定于活塞面积、行程和往复速度，与管路情况无关，而往复泵的压头只决定于管路情况，而与理论流量无关。这种特性称为正位移特性。

往复泵的平均理论流量：

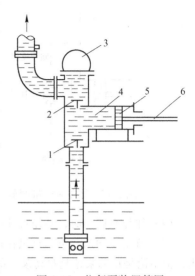

图 2-15 往复泵装置简图
1—吸入阀；2—排出阀；
3—压出空气室；4—泵缸；
5—活塞；6—活塞杆

单动泵
$$Q_T = ASn = \frac{\pi}{4}D^2 Sn \qquad (2\text{-}31a)$$

双动泵
$$Q_T = (2A - a)Sn \qquad (2\text{-}31b)$$

式中　Q_T——往复泵平均理论流量，m^3/min；

　　　A——活塞截面积，m^2；

　　　S——活塞行程，m；

　　　n——活塞每分钟往复次数，$1/min$；

　　　a——活塞杆的截面积，m^2。

往复泵的 $H\text{-}Q$ 特性曲线理论上因 Q_T 与压头无关，故为一垂线（如图 2-16 中实线所示）。实际上由于阀门不能及时启闭，且吸排阀、活塞和填料函处有泄漏等原因，实际流量比理论流量小，并且随着压头的增加，液体的漏损量加大，故其流量与压头的关系如图 2-16 中虚线所示。因此往复泵的流量较恒定，压头可以很高，故其适用于作计量泵和输送高压液体。

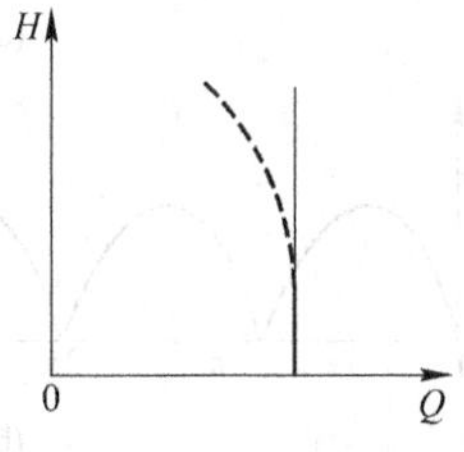

往复泵的实际平均流量为

$$Q = \eta_v Q_T \qquad (2\text{-}32)$$

图 2-16 往复泵特性曲线

式中，η_v 为容积效率，由实验测定，一般对于小型泵（$Q = 0.1 \sim 30 m^3/h$），η_v 为 $0.85 \sim 0.9$；中型泵（$Q = 30 \sim 300 m^3/h$），η_v 为 $0.9 \sim 0.95$；大型泵（$Q > 300 m^3/h$），η_v 为 $0.95 \sim 0.99$。

（3）往复泵流量不能简单地用启闭排出管路的阀门来调节。因关闭出口阀，泵缸内液体压力将急剧上升，导致机件破损或电机烧毁。当调节流量范围不大时，一般可采用旁路阀调节，如图 2-17 所示。当流量调节范围较大时，可用改变曲柄转速或活塞冲程来调节，这样能量损失小，但结构复杂。

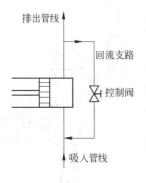

图 2-17　往复泵流量调节

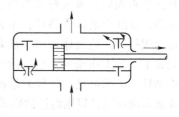

图 2-18　双动泵示意图

（4）往复泵启动时，必须打开排出管上的出口阀，而离心泵则须在关闭出口阀下启动。

（5）流量不均匀。单动泵只在排出行程时有液体输出，双动泵吸入和排出行程均有液体输出，但不论是单动泵还是双动泵，即使在排液过程中也因活塞不是等速运动而使排液成起伏状态。单动泵和双动泵的流量曲线分别如图 2-19（a）、图 2-19（b）所示。

为提高往复泵流量的均匀性可采取以下措施：

1）采用多台单动往复泵联合使用。多联泵的瞬时流量等于同一瞬时各台泵瞬时流量之和。为使叠加后的瞬时流量波动最小，各泵曲柄的相位差应成为 $\frac{2\pi}{Z}$（Z 为泵的台数）。图 2-19（c）所示为三联泵的流量曲线。

2）在泵的出口安装压出空气室（如图 2-15 中的 6 所示）。在排出行程时，一部分液体压入空气室，空气被压缩；在吸入行程时，依靠空气室内空气的膨胀将液体送入压出管路，以减小管路中流量的不均匀性。

往复泵主要适用于小流量、高扬程的场合，输送高黏度液体的效果较离心泵为佳。输送腐蚀性液体或固体悬浮液时，可采用带隔膜装置的往复泵（称为隔膜泵），如图 2-20。隔膜采用耐腐蚀或耐磨的弹性材料制造，它可

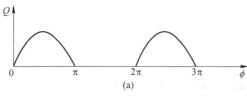

(a)

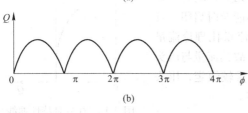

(b)

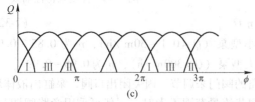

(c)

图 2-19　流量与曲柄转角关系

（a）单动泵；（b）双动泵；（c）三联泵

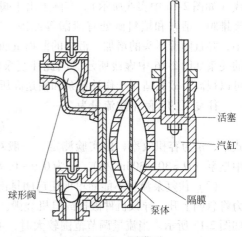

图 2-20　隔膜泵

将活塞、缸体与输送液体隔开。

在氧化铝生产中，为了向高压溶出器内输送矿浆，近年来使用一种用矿物油隔离矿浆的往复泵，如图 2-21 所示。当活塞向左移动时，排料阀门紧闭，吸入阀门开启，矿浆进入油箱的下半部；当活塞向左运动时，进料阀门闭死，出料阀门开启，矿浆排出。

往复泵的选用原则与离心泵相同。

2.2.2 旋转泵

旋转泵与往复泵一样，同属正位移泵的一种类型。旋转泵的工作原理是靠泵体内的转子旋转间歇地改变工作室的大小而吸入和压出液体，从而达到输送液体的目的。旋转泵又称转子泵，其类型很多，工业上广泛应用的有齿轮泵、螺杆泵等。下面以齿轮泵和螺杆泵为例作简单介绍。

齿轮泵结构如图 2-22 所示，它是由两个相向旋转的齿轮所组成，其中一个与电动机相连的齿轮是主动轮，另一个是从动轮。当齿轮转动时，齿与齿分开的一侧吸入液体，并被齿轮夹着分两路在齿轮与泵壳的空隙中被齿轮推着前进，当齿轮重新啮合时，液体被挤出，由排液口排出。

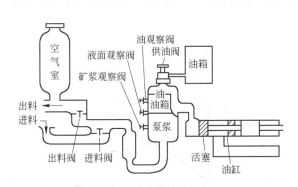

图 2-21　活塞式油压泥浆泵工作原理

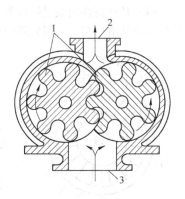

图 2-22　齿轮泵

1—齿轮；2—排出口；3—吸入口

齿轮泵的特点是流量小、压头高，可以输送高黏度液体；由于齿轮互相啮合及齿轮与泵壳间的缝隙很小，不适于输送含固体颗粒的液体。

螺杆泵是泵类产品中出现较晚、较为新型的一种。螺杆泵按螺杆的数目，可分为单螺杆泵、双螺杆泵、三螺杆泵和五螺杆泵。

单螺杆泵的结构如图 2-23（a）所示，此泵的工作原理是靠螺杆在具有内螺纹泵壳中的偏

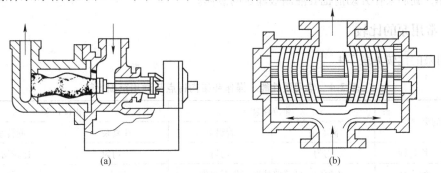

(a)　　　　　　　　　　　　　(b)

图 2-23　螺杆泵

（a）单螺杆泵；（b）双螺杆泵

心转动,将液体沿轴向推进,最后由排出口排出。多螺杆泵则依靠螺杆间的相互啮合产生的容积变化来输送液体。图 2-23(b)为双螺杆泵的结构。

螺杆泵的转速在 3000r/min 以下,最大出口压强可达 17.2MPa,流量范围为 $1.5 \sim 500\text{m}^3/\text{h}$。螺杆泵的效率较齿轮泵高,运转时无噪声、无振动、流量均匀,特别适用于高黏度液体的输送,若在单螺杆泵的壳内衬上硬橡胶,还可用于输送带颗粒的悬浮液。

2.2.3 旋涡泵

旋涡泵又称涡轮泵,是一种特殊类型的离心泵,如图 2-24 所示。其主要部件有:叶轮 1 及泵壳 5。叶轮呈圆盘形,其上有许多径向叶片 7,叶片间形成凹槽。泵壳呈圆形,与叶轮之间组成流道 6。吸入口 4 与排出口 2 由隔板 3 隔开。当叶轮旋转时,泵内液体在离心力作用下,在引水道与各叶片之间反复作旋涡形运动,并被叶片拍击多次,因而获得较多的能量,直至排出泵外。由于运转时液体产生较多旋涡而损失能量,故泵的效率较低,一般为 20% ~ 50%。

旋涡泵的特点是:

(1) H-Q 特性曲线呈陡降形,N-Q 曲线也随流量增大而下降较快,如图 2-25 所示,故启动时应全开出口阀,采用旁路回流调节流量。

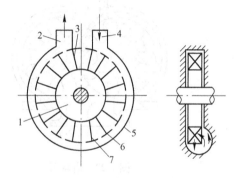
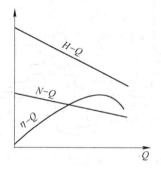

图 2-24　旋涡泵结构原理图   图 2-25　旋涡泵特性曲线
1—叶轮;2—排出口;3—隔板;4—吸入口;
5—泵壳;6—流道;7—叶片

(2) 流量小、压头高、体积小、结构简单。适宜于流量小、压头高及黏度低不含固体颗粒的液体的输送。

此外,旋涡泵在开动前也要灌满被输送的液体。

2.2.4 常用泵的比较

常用泵的比较见表 2-4。

表 2-4　常用泵性能、操作和结构特点与适用范围比较

泵的类型		非位移泵		正位移泵	
		离心泵	旋涡泵	往复泵	旋转泵
流量	均匀性	均匀	均匀	不均匀	比较均匀
	恒定性	不恒定,随管路特性变化而变化		恒定	恒定
	范围/$\text{m}^3 \cdot \text{h}^{-1}$	1.6 ~ 30000	0.4 ~ 10	0 ~ 600	1 ~ 600

泵的类型		非位移泵		正位移泵	
		离心泵	旋涡泵	往复泵	旋转泵
压头	特 点	对应一定流量,只能达到一定压头		对应一定流量,可达到不同压头,由管道系统确定	
	范 围	10~2600m	8~150m	0.2~100MPa	0.2~60MPa
效率	特 点	设计点最高,偏离愈远效率愈低		压头高时,效率降低较小	压头高时,效率降低较大
	范围(最高点)	0.5~0.8	0.25~0.5	0.7~0.85	0.6~0.8
操作	流量调节	小幅度调节用出口阀,很简便;大泵大幅度调节可调节转速或切削叶轮直径	用旁路阀调节	小幅度调节用旁路阀;大幅度调节,可调节转速、行程等	用旁路阀调节
	自吸作用	一般没有	部分型号有自吸能力	有	有
	启 动	关闭出口阀	全开出口阀	全开出口阀	全开出口阀
	安装维修	简便	简便	麻烦	较简便
结构特点		结构简单,造价低,体积小,重量轻	结构紧凑简单,造价低,体小质轻,加工要求稍高	结构复杂,振动大,体积庞大,造价高	结构简单,造价低,体积小,重量轻
适用范围		流量与压头适用范围广,尤其适用于较低压头,大流量物料。除高黏度物料不大适宜外,可输送各种物料	高压头小流量的低黏度清洁液体	适宜于流量不大的高压头输送任务,输送悬浮液要采用特殊结构的隔膜泵	适宜于中小流量、中低压头的输送,尤其适合高黏度液体的输送

2.3 离心式风机

离心式风机是冶金化工生产中广泛应用的一种气体输送机械。按出口压强大小,离心式风机可分为以下两类:(1) 通风机,出口压强不大于 15kPa(表压);(2) 鼓风机,出口压强为 $(0.15~3)×10^5Pa$(表压)。

离心式风机的工作原理和基本方程式与离心泵的相似。

2.3.1 离心式通风机

2.3.1.1 离心式通风机的基本结构和工作原理

如图 2-26 所示,离心式通风机和离心泵一样,在蜗壳形壳体内装一高速旋转的叶轮。借叶轮旋转所产生的离心力,使气体压头增大而排出。

离心式通风机根据所产生的风压大小分为:

低压通风机:风压不大于 1000Pa(表压);

中压通风机:风压为 1000~3000Pa(表压);

高压通风机:风压为 3000~15000Pa(表压)。

离心式通风机的直径较大,叶片数也较离心泵多,而且不限于后弯叶片,也有前弯叶片。

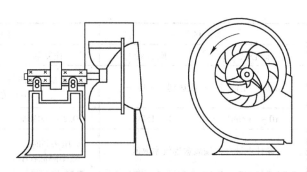

图 2-26　离心式通风机简图

在中、低压离心式通风机中，多采用前弯叶片，其原因是由于要求压强不高。前弯叶片有利于提高风速，减小设备尺寸，但其效率较低，这是动能加大和叶轮出口速度变化剧烈使能量损失加大的缘故。

2.3.1.2　离心式通风机的主要性能参数与特性曲线

A　性能参数

（1）风量。风量 Q 是通风机在单位时间内输送的气体体积，m^3/s。气体的体积按进口状况（即 0.1MPa 和 20℃）计。

（2）风压。风压 H_T 是指 $1m^3$ 被输送气体（按进口状况计）经过通风机后增加的能量，单位为 J/m^3 或者 N/m^2。风压又称全风压。

假设空气为不可压缩流体，当 $1m^3$ 气体通过风机时，在风机的进、出口之间列伯努利方程可得：

$$H_T = W_e\rho = (z_2 - z_1)\rho g + (p_2 - p_1) + \frac{u_2^2 - u_1^2}{2}\rho + \Delta p_{f1-2} \tag{2-33}$$

式中，下标"2"表示风机出口截面；下标"1"表示风机进口截面。

由于空气的 ρ 很小，$(z_2 - z_1)$ 也很小，故 $(z_2 - z_1)\rho g$ 项可忽略。进出口间管段很短，故 Δp_{f1-2} 也可忽略。风机进口连接大气，$u_1 \approx 0$。故式（2-33）可简化为

$$H_T = (p_2 - p_1) + \frac{u_2^2}{2}\rho \tag{2-34}$$

式中　$p_2 - p_1$——静风压，Pa；

　　　　$\frac{u_2^2}{2}\rho$——动风压，Pa。

全风压为静风压与动风压之和。

通风机上标注的风压均指全风压，它是以空气为流体介质，在 20℃ 及 0.1MPa 的条件下测定的且为最高效率下的数值。当通风机的使用条件与实验条件不相符合时，常常要进行换算，其换算式为：

$$H_T' = H_T \frac{\rho'}{\rho} = H_T \frac{1.2}{\rho} \tag{2-35}$$

式中，H_T，ρ 为使用条件下的全风压与气体密度；H_T'，ρ' 为实验条件下的全风压与空气密度（$\rho' = 1.2kg/m^3$）。

当把使用条件换算成实验条件后，按实验条件来选择风机。

（3）轴功率与效率通风机的轴功率与效率按下式计算：

$$N = \frac{H_T Q}{\eta} \qquad (2-36)$$

式中 N——轴功率，W；

　　H_T——全风压，Pa；

　　Q——风量，m^3/s；

　　η——全压效率。

轴功率与被输送气体的密度有关，当与空气密度（$\rho' = 1.2\mathrm{kg/m}^3$）不相符合时，应进行修正

$$N = N' \frac{\rho}{1.2} \qquad (2-37)$$

式中 N——输送密度为 ρ（$\mathrm{kg/m}^3$）的气体的轴功率，W 或 kW；

　　N'——输送密度为 ρ'（$= 1.2\mathrm{kg/m}^3$）的气体的轴功率，W 或 kW。

B   特性曲线

在一定转速下，将测得离心式通风机的各性能参数标绘成的 H_T-Q，N-Q，以及 η-Q 曲线称为离心式通风机的特性曲线，参见图 2-27。

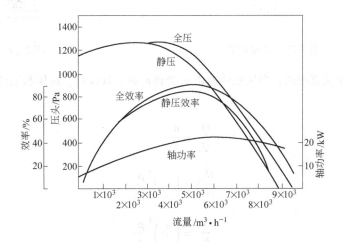

图 2-27   离心式通风机特性曲线

由于工程上一般主要是利用静风压，因此，在通风机特性曲线中常列有静压效率-流量曲线。静压效率 η_p 与全压效率 η 的关系是

$$\eta_p = \eta \frac{H_p}{H_T} \qquad (2-38)$$

式中，H_p 为风机静风压。

2.3.1.3   风机工况调节

为了满足炉子和其他设备的要求，常常要对正在运行中的风机进行风量或风压调节，即改变风机在管路上的工作点，对风机的运转工况进行调节。和离心泵一样，风机的工作点即是风机特性曲线和管道特性曲线的交点，因此通过改变管道特性曲线或风机特性曲线就能改变工作点的位置，实现对风机工况的调节。

除了可采用调节离心泵流量的方法来调节风机风量外，还可采用以下方法：

（1）改变吸风管上节流阀的开启度。这种调节方法不改变风机出口后的管路情况，故管路特性曲线不变。当关小节流阀时，风机吸入气体流经节流阀时的阻力增大，使叶轮进口前的压强下降，即吸气压强降低。若叶轮转速恒定并产生同样压强比，则风机出口压强按比例下降，使风压下降，因此风机特性曲线将变陡，工作点将由 A_1 变至 A_2 点（如图 2-28 所示），风量和风压变小。此法简单又适用。若风机没安装吸风管则可部分遮盖吸风口进行调节。

（2）在风机吸入口前面安装转动的导流叶片（如图 2-29 所示），利用改变叶片的角度来调节流量。当导流叶片旋转时，可使气体进入工作轮叶片的角度 α_1（见图 2-5）改变。由式（2-7）可知：改变 α_1，将引起风压变化，因而风量也随之改变。这种方法比节流的办法好，效率也较高，称为吸气口导流法。

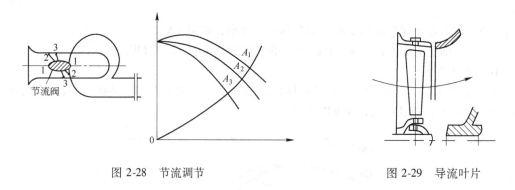

图 2-28　节流调节　　　　　　　　　　　　　　图 2-29　导流叶片

在一定转速变化范围内，当风机转速由 n_1 变到 n_2 时，其风量、风压和轴功率的变化关系分别为：

$$\frac{Q_2}{Q_1} = \frac{n_2}{n_1} \tag{2-39}$$

$$\frac{H_{T2}}{H_{T1}} = \left(\frac{n_2}{n_1}\right)^2 \frac{\rho_2}{\rho_1} \tag{2-40}$$

$$\frac{N_2}{N_1} = \left(\frac{n_2}{n_1}\right)^3 \frac{\rho_2}{\rho_1} \tag{2-41}$$

2.3.1.4　离心式通风机的选择

离心式通风机的选择类似于离心泵的选择，即由所需的风量和风压对照通风机性能参数或特性曲线选择合适的通风机。其步骤如下：

（1）选型。根据介质性质与风压范围确定通风机类型，可查阅产品样本。常用的中、低压风机有 4-72 型，中压 8-18 型，高压 9-27 型。

（2）根据所需风量和风压确定风机机号。为可靠起见，所需风量和风压应比工作或计算值大 10%～20%，另外选择风机时，应先将风量换算成实际条件下的值，将风压换算成 0.1MPa，20℃ 下的值，然后按换算值来选择风机。

（3）核算轴功率。轴功率可根据实际条件下的风压和风量按式（2-36）或式（2-37）来核算。

例 2-5　欲向一流化床反应器输入 30℃ 的空气，空气流量为 15000m³/h，已知反应器上部

的绝压为 0.1MPa，通风机出口至反应器上部的阻力损失为 4.4kPa。当地大气压为 0.095MPa。试选择一适宜的离心式通风机。

解： 选择通风机应根据所需风量和换算成规定状况的风压来决定。所以，应先计算出系统所需的风压 H_T。

$$H_T = (z_2 - z_1)\rho g + (p_2 - p_1) + \left(\frac{u_2^2 - u_1^2}{2}\right)\rho + \Delta p_{f1-2}$$

因为 $(z_2 - z_1)\rho g \approx 0$，$u_1 \approx u_2 \approx 0$，$p_2 - p_1 = 0.1 \times 10^6 - 0.095 \times 10^6 = 5000\text{Pa}$，$\Delta p_{f1-2} = 4400\text{Pa}$

所以

$$H_T = (p_2 - p_1) + \Delta p_{f1-2} = 5000 + 4400 = 9400\text{Pa}$$

已知 $0℃$，标准大气压时空气的密度为 1.293kg/m^3。实际操作条件为 $30℃$，95000Pa，空气的密度为：

$$\rho = 1.293 \times \frac{95000}{101325} \times \frac{273.15}{303.15} = 1.1\text{kg/m}^3$$

按式（2-35）将 H_T 换算为规定状态下的风压 H_T'，即：

$$H_T' = H_T \frac{1.2}{\rho} = 9400 \times \frac{1.2}{1.1} = 10255\text{Pa}$$

选择风机应分别将风量和风压扩大 $10\% \sim 20\%$，现扩大 10%，则风量和风压应分别为：

$$Q = 1.1 \times 15000 = 16500\text{m}^3/\text{h}$$

$$H_T' = 1.1 \times 10255 = 11281\text{Pa}$$

依据上述风量和风压，在风机产品样本中查得 9-27-101No.7（转速 $n = 2900\text{r/min}$）可满足要求。该机性能如下：

型号与机号：9-27-101No.7；

风量：$17100\text{m}^3/\text{h}$；转速：2900r/min；

风压：11867Pa；效率：63%；

轴功率：89kW。

用式（2-37）核算设计点的轴功率

$$N = N' \frac{\rho}{1.2} = 89 \times \frac{1.1}{1.2} = 81.6\text{kW}$$

2.3.2 离心鼓风机

离心鼓风机又称透平鼓风机，其主要结构和工作原理与离心通风机相类似，但由于单级叶轮所产生的风压很低（一般不超过 50kPa），故一般均采用多级叶轮。气体由风机吸气口吸入，依次经过每级叶轮，最后由出口排出。

离心鼓风机的送风量大，但产生的风压并不高，一般出口风压不超过 300kPa（表压）。在离心鼓风机中，因气体的压缩比不高，所以不需要冷却装置，而各级叶轮直径也大体相等。

离心鼓风机的选用方法与离心通风机相同。

2.4 真 空 泵

从设备或系统中抽出气体使其绝对压强低于大气压的流体输送机械称为真空泵。

2.4.1 真空泵的性能指标

(1) 真空度。真空度的概念、表示方法和单位见第1章。单位除了kPa、mmHg外，还有Torr（托）。1Torr = 1mmHg。

(2) 抽气速率S'。抽气速率S'是指单位时间内，真空泵吸入口在吸入状态下的气体体积量（指吸入压强和温度下的体积流量），单位是m^3/h或m^3/min。真空泵的抽气速率S'与吸入压强有关，吸入压强愈低，抽气速率愈小，直至极限真空时，抽气速率为零。

(3) 极限真空。极限真空指真空泵抽气时能达到的最低稳定压强值，也称最大真空度。

(4) 抽气时间τ。抽气时间是指将真空系统的压强由初始压强p_1降到终了压强p_2真空泵工作的时间。

2.4.2 真空泵的常见类型

2.4.2.1 水环真空泵

水环真空泵如图2-30所示，其主要由外壳1、偏心叶轮和辐射状叶片2构成。泵内约有一半容积充以水。当叶轮旋转时形成水环3。于是在水环与叶片之间形成许多大小不同的密封室。当小室体积增加时，室内形成负压，气体从入口4吸入；当小室体积减小时，室内气体被压缩，并由排出口5排出。

此类泵结构简单、易于维修、寿命长、工作可靠，允许抽吸含液气体。但真空度最高为0.085MPa左右，效率低，仅为30%～50%。

节能产品有2BE1系列水环真空泵，是引进西门子公司技术开发而成的新产品。通常用于抽吸不含固体颗粒、不溶于水、无腐蚀性的气体。通过改变结构材料，亦可用于抽吸腐蚀性气体或以腐蚀性液体作工作液。

2.4.2.2 液环真空泵

当被吸气体不宜与水接触时，可采用泵内充以其他液体的液环泵。液环泵又称纳氏泵，其结构如图2-31所示，由一个呈椭圆形泵壳1和叶轮3组成。叶轮上有很多爪形叶片。当叶轮旋

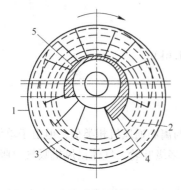

图 2-30　水环真空泵

1—外壳；2—辐射状叶片；3—偏心叶轮旋转
形成的水环；4—气体入口；5—排出口

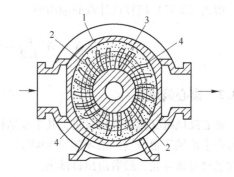

图 2-31　液环真空泵

1—泵壳；2—吸入口；3—叶轮；4—排出口

转时，其中液体被离心力抛向壳体，并沿壁形成一椭圆形液环。液环在长轴方向上与叶轮形成两个月牙形的工作腔。叶轮每旋转一周，工作腔内的小室逐渐变大和变小各两次。当小室逐渐由小变大时，从吸入口 2 吸进气体；当小室由大变小时，将气体从排出口 4 排出。

因液体将所输送气体与泵壳隔开，故输送腐蚀性气体时只需叶轮采用抗腐蚀材料即可。其最低压强可至 4kPa（绝压）。

2.4.2.3 滑片真空泵

此种真空泵与水环真空泵均属于旋转式真空泵，但前者所产生的真空可达 1.3Pa（绝压）。滑片真空泵如图 2-32 所示，泵内有一偏心转子，转子上有若干槽，槽内装有滑片。转子转动时，滑片向四周伸出与泵壳内周紧密接触。气体在滑片与泵壳所包围的空间逐渐扩大的一侧吸入，而在逐渐缩小的另一侧排出。由于其主要部分浸于真空油中，密封较好，故产生的真空可高达 1.3Pa（绝压）。

滑片式真空泵主要类型有 2X 型和 2XZ 型。它们可以单独使用，也可作为增压泵、扩散泵和分子泵的前级泵使用。由于 2XZ 型泵具有体积小、重量轻、噪声低、启动和移动方便等特点，特别适宜实验室使用。

2.4.2.4 喷射泵

喷射泵的结构如图 2-33 所示，其工作原理是利用高速流体射流时静压能向动能转换，所造成的真空将气体吸入泵内，并在混合室通过碰撞、混合，以提高吸入气体的机械能，气体和工作流体一并排出泵外。

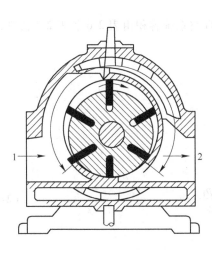

图 2-32 滑片真空泵
1—吸入口；2—排出口

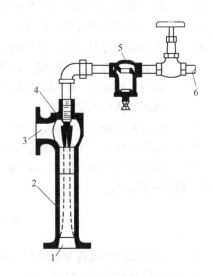

图 2-33 蒸汽喷射泵
1—压出口；2—扩散管；3—吸入口；4—喷嘴；
5—过滤器；6—工作蒸汽入口

喷射泵使用的工作介质有蒸汽或水，前者称蒸汽喷射泵，后者称水喷射泵。

喷射泵结构简单、紧凑，没有转动部件，工作压强范围宽，可以抽取含尘、腐蚀、易爆易燃气体。但效率很低，仅为 10% ~ 25%。因此能耗大，在小型装置中有被机械真空泵取代的趋势。

单级蒸汽喷射泵只能达到较低真空度，为了达到更高的真空度，可采用多级串联蒸汽喷射泵。表 2-5 为不同级数蒸汽喷射泵的性能参数。

表 2-5 蒸汽喷射泵的级数与性能

级数	极限真空/Pa	工作压强/Pa	级数	极限真空/Pa	工作压强/Pa
1	50×133.3	$(100 \sim 760) \times 133.3$	4	$10^{-1} \times 133.3$	$(0.5 \sim 5) \times 133.3$
2	10×133.3	$(20 \sim 9200) \times 133.3$	5	$10^{-2} \times 133.3$	$(0.05 \sim 1) \times 133.3$
3	1×133.3	$(3 \sim 30) \times 133.3$	6	$10^{-3} \times 133.3$	$(0.005 \sim 0.1) \times 133.3$

2.4.3 真空泵的选用

真空泵的选用可以按以下步骤和方法来计算：

（1）根据真空系统的真空度和泵进口管道的压降，确定泵吸入口处的真空度（绝压）。

（2）确定真空系统的抽气速率 S_e。S_e 可按以下公式进行计算。

对于连续操作系统：

$$S_e = \frac{QR(273 + t_s)}{p_s M} \tag{2-42}$$

其中

$$Q = Q_1 + Q_2 + Q_3 \tag{2-43}$$

式中　Q——总抽出气体量，kg/h；

Q_1——真空系统工作过程中产生的气体量，kg/h；

Q_2——真空系统的放气量，kg/h；

Q_3——真空系统总泄漏量，可根据密封长度和真空系统容积由表 2-6 和表 2-7 估算，取两者中大者为总泄漏量，kg/h；

R——通用气体常数，$R = 8.31 \text{kJ}/(\text{kmol} \cdot \text{K})$；

t_s——抽出气体的温度，℃；

p_s——真空系统的工作压强，kPa；

M——抽出气体的平均摩尔质量，kg/kmol；

S_e——真空系统的抽气速率，m³/h。

对于间歇操作系统：

$$S_e = 138 \frac{V}{\tau} \lg \frac{p_1}{p_2} \tag{2-44}$$

式中　V——真空系统（设备和管道）的体积，m³；

τ——系统要求的抽气时间，min；

p_1——系统初始压强，kPa；

p_2——系统抽气终了压强（τ 时间后），kPa。

表 2-6 泄漏量估算表（按接头密封长度估算）

接头密封质量	泄漏量 $k/\text{kg} \cdot (\text{h} \cdot \text{m})^{-1}$	接头密封质量	泄漏量 $k/\text{kg} \cdot (\text{h} \cdot \text{m})^{-1}$
非常好	0.03	正　常	0.2
好	0.1		

注：$\text{kg} \cdot (\text{h} \cdot \text{m})^{-1}$ 中 m 是指密封长度的单位。

表 2-7　泄漏量估算表（按真空系统容积估算）

容积/m³	0.1	1.0	3	5	10	25	50	100	200
空气平均泄漏量/kg·h⁻¹	0.1~0.5	0.5~1.0	1~2	2~4	3~6	4~8	5~10	8~20	10~30

（3）将 S_e 换算成泵厂样本规定条件下的抽气速率 S'_e。

对于液环真空泵，泵厂样本的标准进气温度是 20℃，进水温度是 15℃。其 S'_e 按式（2-45）计算：

$$S'_e = \frac{S_e}{k_1 k_2} \tag{2-45}$$

式中，k_1、k_2 分别为因工作水温度、气体温度的不同引起的修正，k_1 可按式（2-46）或式（2-47）计算，k_2 可按式（2-48）计算。

单级液环真空泵

$$k_1 = \frac{p_s(0.27\ln p_s + 0.543) - 1.05 p_v}{p_s(0.27\ln p_s + 0.54) - 1.05[p_v]} \tag{2-46}$$

双级液环真空泵

$$k_1 = \frac{p_s(0.35\ln p_s + 0.706) - p_v}{p_s(0.27\ln p_s + 0.54) - [p_v]} \tag{2-47}$$

$$k_2 = 1 + \frac{0.66(t_s - 20)}{273 + t_w} \tag{2-48}$$

式中　p_s——泵进气压强，kPa；

　　　t_s——泵进气温度，℃；

　　　t_w——泵进水温度，℃；

　　　p_v——t_w 下的汽化压强，kPa；

　　　$[p_v]$——泵标准进水温度下汽化压强，kPa。

对于其他类型的真空泵，一般泵厂样本的标准进气温度也是 20℃，S'_e 可按式（2-49）计算：

$$S'_e = \frac{S_e(273 + [t_s])}{273 + t_s} \tag{2-49}$$

式中　t_s——泵进气温度，℃；

　　　$[t_s]$——泵标准进气温度，℃。

（4）根据抽气速率和真空度要求和各类真空泵的工作压强范围，选择真空泵的类型。要求真空泵的抽气速率 S' 应满足式（2-50）的条件。

$$S' - S'_e > (20\% \sim 30\%)S'_e \tag{2-50}$$

一些真空泵的一般工作压强（单位为 Pa）范围为：往复式：$(10 \sim 760) \times 133.3$；水环式：$(40 \sim 760) \times 133.3$；水环-大气式：$(5 \sim 760) \times 133.3$；油封机械式：$(10^{-2} \sim 760) \times 133.3$；罗茨式：$(5 \times 10^{-3} \sim 760) \times 133.3$；油增压泵：$(10^{-3} \sim 1) \times 133.3$；油扩散泵：$(10^{-6} \sim 10^{-3}) \times 133.3$；钛泵：$(10^{-10} \sim 10^{-2}) \times 133.3$；分子泵：$(10^{-10} \sim 10^{-2}) \times 133.3$；冷凝泵：$(10^{-10} \sim$

10^{-3}）×133.3；分子筛吸附泵：（10^{-2}×760）×133.3 和（10^{-10}～10^{-5}）×133.3。

例 2-6　某真空发酵装置需选用液环真空泵一台，参数如下：真空装置容积 $50m^3$，密封长度 35m，压强 20kPa，温度 30℃，来自工艺系统的空气量为 65kg/h，泵设计进入温度为 30℃。现选用一台 2BE1 153-0 液环真空泵，其转速 1620r/min，电机功率 18.5kW，抽气速率在 20kPa 时，$S' = 553.2m^3/h$，问该真空泵能否满足要求。

解：（1）根据密封长度和真空容积确定真空系统总漏气量 Q_3。

先由密封长度估算漏气量，设装置密封情况正常，由表 2-6 知 $k = 0.2kg/(h \cdot m)$，

则
$$Q_3 = 35 \times 0.2 = 7kg/h$$

再由真空容积估算泄漏量，当真空容积为 $50m^3$ 时，由表 2-7 查得 $Q_3 = 5 \sim 10kg/h$。现最终取 $Q_3 = 8kg/h$。

（2）计算总抽气量 Q

$$Q = Q_1 + Q_2 + Q_3 = 65 + 8 = 73kg/h$$

（3）计算抽气速率 S_e。已知空气的摩尔质量 $M = 28.96kg/kmol$，则

$$S_e = \frac{QR(273 + t_s)}{p_s M} = \frac{73 \times 8.31 \times (273 + 30)}{20 \times 28.96} = 317.3m^3/h$$

（4）按液环真空泵的换算式（2-45）将 S_e 换算成泵厂样本规定条件下的抽气速率 S'_e。

由附录查得泵进水温度 30℃时水的饱和蒸汽压 $p_v = 4.241kPa$，泵标准进水温度 15℃时水的饱和蒸汽压 $[p_v] = 1.704kPa$。对单级液环真空泵，据式（2-46）和式（2-48）有

$$k_1 = \frac{p_s(0.27\ln p_s + 0.543) - 1.05p_s}{p_s(0.27\ln p_s + 0.54) - 1.05[p_v]} = \frac{20(0.27\ln 20 + 0.54) - 1.05 \times 4.241}{20(0.27\ln 20 + 0.54) - 1.05 \times 1.704} = 0.73$$

$$k_2 = 1 + \frac{0.66(t_s - 20)}{273 + t_w} = 1 + \frac{0.66(30 - 20)}{273 + 30} = 1.022$$

代入式（2-45）有

$$S'_e = \frac{S_e}{k_1 k_2} = \frac{317.3}{0.73 \times 1.022} = 425.3m^3/h$$

（5）核算所选泵能否满足要求。

若所选泵满足式（2-50）要求，则能满足抽真空要求。由于 $\dfrac{S'}{S'_e} = \dfrac{553.2}{425.3} = 1.301$，即 $S' - S'_e = 30.1\% S'_e > (20\% \sim 30\%) S'_e$，故能满足要求。

2.5　烟　囱

烟囱是各种燃料工业炉广泛使用的排烟装置，除引起烟气流动，尚有将烟尘排放高空，减轻环境污染的作用。

2.5.1　烟囱工作原理

烟囱按其作用可分为两类：一类是主要利用其底部的负压将各种燃烧废气抽吸出来的烟囱称为抽吸烟囱；另一类是主要借其高度将有害气体排入高空稀释扩散以减少地面污染的烟囱，称为排放烟囱。

抽吸烟囱的排烟是由于热烟气具有位压头上浮的特点。当烟气因位压头上升时，烟囱底部烟气变"稀薄"，压强降低，出现负压，造成抽力，吸引烟气由炉尾流至烟囱底部，再经烟囱排入上空。故烟囱底部抽力来源于烟气位压头。

图 2-34 为炉窑通过抽吸烟囱排烟的系统示意图。

设烟囱高度为 H，内部充满密度为 ρ 的烟气，周围大气密度为 ρ_a。现设烟囱底部静压为 $h_{静1}$，取顶部截面 2—2 面为基准面。列双流体伯努利方程，已知 $h_{静2} = 0$

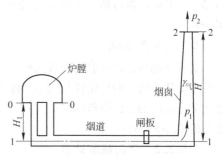

图 2-34　炉窑排烟系统

则

$$h_{静1} + H(\rho_a - \rho)g + \frac{u_1^2}{2}\rho = 0 + 0 + \frac{u_2^2}{2}\rho + h_{失1-2}$$

整理得：

$$h_{静1} = -H(\rho_a - \rho)g + \frac{u_2^2 - u_1^2}{2}\rho + h_{失1-2} \tag{2-51}$$

一般情况下，$\rho < \rho_a$，即 $H(\rho_a - \rho)g$ 为正值，若忽略烟囱上下截面间的动压头变化及压头损失，则得烟囱底部静压的理论值为

$$h_{静1} = -H(\rho_a - \rho)g \tag{2-52}$$

可见烟囱底部为负压，且随着烟囱高度与内外气体的密度差的增加而增大。对炉窑来说，烟囱相当于抽风机。所以习惯上将烟囱底部的负压的绝对值称为抽力。式（2-52）的绝对值称为理论抽力。实际抽力可从式（2-51）得出：

$$h_{抽} = -h_{静1} = H(\rho_a - \rho)g - \frac{(u_2^2 - u_1^2)}{2}\rho - h_{失1-2} \tag{2-53}$$

当烟囱抽力等于或大于烟道系统设计阻力时，烟囱就能稳定地抽吸出设计条件下的烟气量。

排放烟囱的排烟主要是通过风机将烟气从炉窑抽出后再压送至烟囱，然后以高速（20～30m/s）从顶部喷入大气，借高空大气湍流的扩散和稀释作用，使有害物的落地浓度低于环保法所规定的浓度。所用风机的大小可按前面介绍的方法来选择。

2.5.2　烟囱主要尺寸计算

2.5.2.1　烟囱直径计算

A　顶部（出口）直径

顶部直径大小应保证烟气流出具有一定速度，避免因动压头过小，上空风大时空气倒灌，妨碍烟囱正常工作。烟囱出口内部直径 D_2 按下式计算：

$$D_2 = \sqrt{\frac{4Q_V}{3600\pi u_2}} \tag{2-54}$$

式中　Q_V——排烟量，m^3/h；

　　　u_2——出口流速，m/s。

对抽吸烟囱，u_2 不宜小于当地烟囱出口处的水平风速，否则烟囱出口下游会产生下降涡流，使烟气迅速降至附近地面。我国大部分地区平均风速 u_a 约为 3～5m/s，设计中一般取 $u_2 =$

$(1.5 \sim 2.0) u_a$，即可取 $6 \sim 10 \text{m/s}$，排烟温度高时取高值。对于排放烟囱，一般取 $u_2 = 20 \sim 30 \text{m/s}$。

B　底部直径 D_1

对于铁烟囱，通常制作成直筒形，上下直径相等。对于砖砌和混凝土烟囱，确定烟囱底部直径主要从结构上的稳定性与减小筒体内的流动阻力上考虑。按经验，其底部直径与出口直径之比随高度而变，比值范围在 $1.1 \sim 2.9$ 之间，一般取 1.5 左右（高度不超过 100m 时），且砖烟囱的 $D_1 > 800 \text{mm}$。

2.5.2.2　烟囱高度计算

由式 (2-53) 可得：

$$H = \frac{h_{抽} + \left(\dfrac{u_2^2}{2} \rho_2 - \dfrac{u_1^2}{2} \rho_1 \right) + h_{失1-2}}{(\rho_a - \rho) g} \tag{2-55}$$

式中，$h_{抽}$ 可由列炉尾（0—0 截面）至烟囱底部（1—1 截面）间的双流体伯努利方程求得，即

$$h_{抽} = (\rho_a - \rho') g H_1 + \frac{u_1^2}{2} \rho_1 - \frac{u_0^2}{2} \rho_0' + \Delta p_{f0-1} + H_T \tag{2-56}$$

或

$$h_{抽} \approx (\rho_a - \rho') g H_1 + \Delta p_{f0-1} - H_T \tag{2-57}$$

对抽吸烟囱 $H_T = 0$，实际计算中常取

$$h_{抽} = (1.2 - 1.4) \Delta p_{f0-1}$$

式中，Δp_{f0-1} 为整个烟道系统总阻力。

$$h_{失1-2} = \lambda \frac{H}{D_{均}} \frac{u_{0均}^2}{2} \rho_0 (1 + \beta t_{均}) \tag{2-58}$$

式中，$D_{均} = \dfrac{D_1 + D_2}{2}$；$u_{0均} = \dfrac{u_{01} + u_{02}}{2}$。

ρ_a 取当地夏季最高气温下烟囱外部上下空气平均温度时的密度。$t_{均}$ 为烟囱内部上下气体温度的算术平均值。顶部温度 t_2 与底部温 t_1 有以下关系

$$t_2 = t_1 - H \left(\frac{\Delta t}{\Delta H} \right) \tag{2-59}$$

式中，$\Delta t / \Delta H$ 为单位高度烟囱的温度降（℃/m），一般按经验取值。砖烟囱为 $1 \sim 1.5$，无衬砖的钢板烟囱为 $3 \sim 4$，衬砖的钢板烟囱为 $2 \sim 2.5$，带隔热层的钢板烟囱为 $0.5 \sim 1.5$，混凝土烟囱为 $0.1 \sim 0.3$。

在设计计算烟囱时，还应注意以下问题：

（1）烟囱高度应高于周围建筑物 5m 以上；

（2）几个炉子共用一个烟囱时，烟囱直径和烟囱内烟气流速应按总烟气量计算，烟囱高度应按排烟烟道系统阻力损失最大的炉子计算；

（3）对排放烟囱，为使烟气中有害物的最大落地浓度（c_{max}）低于环保法所规定的允许值，需满足下列关系要求（近似式）：

$$H \geqslant \frac{1}{4} \left(\frac{AFQ_{害}}{D_2 u_2 c_{max}} \right)^{3/4} - \Delta H \tag{2-60}$$

式中 c_{max}——允许的最大落地浓度，mg/m^3；

  A——与大气层结构有关的实验常数，它取决于大气中有害物的扩散能力。对北纬40°以南的亚热带地区，$A = 240$，其他较北地区，$A = 160 \sim 200$；

  F——考虑到有害物在大气中降落速度的系数，对气态或高度分散的溶胶气体 $F = 1$，细微粉尘 $F = 2$，较细粉尘或有凝集黏结作用的粉尘 $F = 3$；

  $Q_害$——排入大气的有害物的最大流量，g/s；

  D_2——烟囱出口直径，m；

  u_2——烟气出口速度，m/s；

  ΔH——烟气出口后的抬升高度，m。

按（GB 3840—1983）规定，ΔH 的计算方法如下：

1）当烟气热释放率 $Q_H \geqslant 2100kJ/s$，且烟气温度与环境大气温度的差值 $\Delta T \geqslant 35K$ 时，

$$\Delta H = n_0 \left(\frac{Q_H}{4.2} \right)^{n_1} H^{n_2} u_a^{-1} \tag{2-61}$$

式中，$u_a = Zu_{10}$；u_{10} 为当地距地面10m高度处最近5年风速平均值；Z 为经验系数，对城区通常取 $Z = 1.495$，远郊区及农村取 1.778；n_0、n_1、n_2 为经验常数，按下表选取（表2-8）。

表2-8 n_0、n_1、n_2 的经验值

$Q_H/kJ \cdot s^{-1}$	地表状况	n_0	n_1	n_2
$Q_H \geqslant 21000$	农村或远郊区	2.3	1/3	2/3
	城 区	2.1	1/3	2/3
$21000 > Q_H \geqslant 2100$ 且 $\Delta T \geqslant 35K$	农村或远郊区	0.784	3/5	2/5
	城 区	0.690	3/5	2/5

2）当 $Q_H < 2100kJ/s$ 或 $\Delta T < 35K$ 时

$$\Delta H = 2(1.5u_2 D_2 + 0.04Q_H)/u_a \tag{2-62}$$

例 2-7 已知标准状态下某反射炉烟量 $Q_{v0} = 5400m^3/h$，从炉膛出口至烟囱底部的总阻力 $\Delta p_f = 163.8Pa$，标准状态下烟气密度 $\rho_0 = 1.3kg/m^3$，当地夏季最高平均气温为 30℃，烟囱底部的烟气温度为 $T_1 = 873K$。试计算该砖抽吸烟囱尺寸。

解： 由于确定烟囱直径与高度的计算过程要求知道烟气出口温度，而后者又与烟囱高度有关。为简便起见，可采用试差法。

先假设烟囱高度，根据理论抽力公式

$$H_理 = \frac{h_抽}{(\rho_a - \rho)g}$$

查得：30℃空气密度 $\rho_a = 1.165kg/m^3$，873K（600℃）下烟气密度为

$$\rho \approx \frac{T_0}{T_1}\rho_0 = \frac{273}{873} \times 1.3 = 0.41kg/m^3$$

则

$$H = \frac{1.3 \times 163.8}{(1.165 - 0.41) \times 9.81} = 28.6m$$

初设烟囱高度 $H' = 30m$。对砖烟囱，取 $\Delta t/\Delta H = 1.5℃/m$。

$$t_2 = t_1 - (\Delta t/\Delta H)H' = 600 - 1.5 \times 30 = 555℃（828K）$$

考虑到烟道系统吸入冷空气，进入烟囱的烟气量取为出炉烟量的 1.5 倍，即标准状态下 $Q_{V0} = 1.5 \times 5400 = 8100 \text{m}^3/\text{h}$，在出口状态下

$$Q_V = 8100 \times 828/273 = 24567 \text{m}^3/\text{h}$$

设当地平均风速为 5m/s，取出口风速 $u_2 = 10 \text{m/s}$，则烟囱出口直径按式（2-54）为

$$D_2 = \sqrt{\frac{4Q_V}{3600\pi u_2}} = \sqrt{\frac{4 \times 24567}{3600 \times 3.14 \times 10}} = 0.93 \text{m}$$

取 $D_1/D_2 = 1.5$，则底部内直径为　　　$D_1 = 1.5 \times 0.93 = 1.4 \text{m}$

按式（2-55）计算烟囱高度，其中

$$u_{01} = \frac{8100}{3600 \times 0.785 \times 1.4^2} = 1.46 \text{m/s}$$

$$u_{02} = \frac{8100}{3600 \times 0.785 \times 0.93^2} = 3.31 \text{m/s}$$

$$\frac{u_1^2}{2}\rho_1 = \frac{u_{01}^2}{2}\rho_0(1 + \beta t_1) = \frac{1.46^2}{2} \times 1.3 \times \left(1 + \frac{600}{273}\right) = 4.43 \text{N/m}^2$$

$$\frac{u_2^2}{2}\rho_2 = \frac{u_0^2}{2}\rho_0(1 + \beta t_2) = \frac{3.31^2}{2} \times 1.3 \times \left(1 + \frac{555}{273}\right) = 21.6 \text{N/m}^2$$

烟囱内平均流速　　$u_{0均} = \dfrac{u_{01} + u_{02}}{2} = \dfrac{1.46 + 3.31}{2} = 2.385 \text{m/s}$

平均直径　　　　　$D_均 = \dfrac{D_1 + D_2}{2} = \dfrac{1.4 + 0.93}{2} = 1.165 \text{m}$

平均温度　　　　　$t_均 = \dfrac{t_1 + t_2}{2} = \dfrac{600 + 555}{2} = 577.5℃$

取 $\lambda = 0.04$，则

$$\lambda \frac{H}{D_均} \frac{u_{0均}^2}{2}\rho_0(1 + \beta t_均) = 0.04 \times \frac{30}{1.165} \times \frac{2.385^2}{2} \times 1.3 \times \left(1 + \frac{577.5}{273}\right) = 11.87 \text{Pa}$$

故　　　　　$H = \dfrac{1.3 \times 163.8 + (21.6 - 4.43) + 11.87}{(1.165 - 0.41) \times 9.81} = 32.67 \text{m}$

与原假设 30m 相差 8.7%，须再次试算。再设 $H'' = 33 \text{m}$，重复上述计算，得 $H = 32.97 \text{m}$ 与假设相符，故取 $H = 33 \text{m}$。

习　题

2-1　某离心泵以 15℃ 水进行性能实验，体积流量为 540m³/h，泵出口压强表读数为 350kPa，泵入口真空表读数为 29.33kPa。若压强表和真空表测压截面间的垂直距离为 350mm，吸入管和压出管内径分别为 350mm 及 310mm，试求对应此流量泵的压头。

2-2　原来用于输送水的离心泵现改为输送比重为 1.4 的水溶液，其他性质可视为与水相同。若管路状况不变，泵前后两个开口容器的液面间的高度不变，试说明：

（1）泵的压头有无变化；（2）若在泵出口装一压力表，其读数有无变化；（3）泵的轴功率有无变化。

2-3　在海拔为 2000m 的高原上，使用一台离心泵输送水，已知吸入管路中全部阻力损失为 $3 \times 10^{-2} \text{MPa}$，

在操作条件下泵的允许汽蚀裕量为 2.5mm。今拟将该泵安装于水源水面之上 3m 处，问此泵能否正常操作？该处夏季水温为 20℃。

2-4 在一化工生产车间，要求用离心泵将冷却水由贮水池经换热器送到另一高位槽。已知高位槽液面比贮水池液面高出 10m，管路总长（包括局部阻力的当量长度在内）为 400m，管内径为 75mm，换热器的压头损失为 $\dfrac{16u^2}{g}$，在上述条件下摩擦系数可取 0.03，离心泵在 2900r/min 转速下的特性参数如下表所示。

$Q/m^3 \cdot s^{-1}$	0	0.001	0.002	0.003	0.004	0.005	0.006	0.007	0.008
H/m	26	25.5	24.5	23	21	18.5	15.5	12	8.5

试求：（1）管路特性曲线；（2）泵的工作点及其相应流量及压头；（3）泵转速提高 20% 时的工作点及其相应流量及压头。

2-5 若习题 2-4 改为两个相同的泵串联或并联操作，且管路特性曲线不变。试分别求串联或并联时泵的工作点及其相应流量与压头。

2-6 某厂为节约用水，用一离心泵将常压热水池中 60℃ 的废热水经 $\phi89mm \times 3.5mm$ 的管子输送至晾水塔顶，并经喷头喷出而落入凉水池，以达冷却目的。水的输送量为 $42m^3/h$，喷头入口处需维持 0.05MPa 的表压，喷头入口的位置较热水池液面高 5m，吸入管和排出管的阻力损失分别为 1×10^{-2} MPa 和 4×10^{-2} MPa。试选用一台合适的离心泵，并确定泵的安装位置（当地大气压为 98642Pa）。

2-7 通过对某离心式风机性能的测定，得到以下数据：气体出口处的压强为 200Pa，入口处的压强为 -150 Pa，送风量为 $3700m^3/h$，吸气管道及排气管道的直径相同，风机的转速为 960r/min，轴功率为 0.7kW。试求该风机的效率。如果此风机的转速增至 1150r/min，试求此时风机的风量与轴功率（以上压强均为表压）。

2-8 某燃烧室需助燃风 $24000m^3/h$，操作条件下管路需要的风压为 2535Pa，试选择一离心通风机。已知空气温度为 20℃，大气压为 0.1MPa。

2-9 已知某炉子的排烟系统总能量损失为 420Pa，烟气流量 $Q_{V0} = 11m^3/s$，烟囱底部烟气温度为 440℃，空气室温 20℃，烟气密度 $\rho_0 = 1.3kg/m^3$，计算砖砌抽吸烟囱的直径和高度（烟气出口速度取 $u_2 = 2.9m/s$）。

参 考 文 献

[1] 周漠仁. 流体力学泵与风机. 第 2 版. 北京：中国建筑工业出版社，1990.

[2] 张士芳. 泵与风机. 北京：机械工业出版社，1996.

[3] 中国化工装备总公司. 中国化工设备产品手册. 第 2 版. 北京：化学工业出版社，2001.

[4] 化工部热工设计技术中心站. 热能工程设计手册. 北京：化学工业出版社，1998.

[5] 中国化工机械设备编委会. 中国化工机械设备大全. 成都：成都科技大学出版社，1993.

[6] 国家医药管理局上海医药设计院. 化工工艺设计手册. 第 2 版. 北京：化学工业出版社，1994.

[7] 谭天恩，等. 过程工程原理. 北京：化学工业出版社，2004.

[8] 何潮洪，冯霄. 化工原理（上册）. 第 2 版. 北京：科学出版社，2007.

[9] 钟秦，陈迁乔，等. 化工原理. 第 2 版. 北京：国防工业出版社，2007.

[10] 机械工程手册、电机工程手册编辑委员会编. 机械工程手册，第 2 版，11 通用设备卷，第 1 篇通风机、鼓风机、第 2 篇泵，第 3 篇真空设备. 北京：机械工业出版社，1997.

[11] 国家机械工业局编. 中国机电产品目录，第 4 册泵、喷射设备，第 5 册风机，第 6 册真空设备. 北京：机械工业出版社，2000.

3 非均相混合物的分离

凡物系内部有隔开两相的界面存在而界面两侧的物料性质截然不同的混合物，称为非均相混合物。非均相混合物可分为固体非均相混合物、气体非均相混合物和液体非均相混合物 3 种。本章讨论的非均相混合物只限于气体非均相混合物和液体非均相混合物。

气体非均相混合物指气体中含有悬浮的固体颗粒或液滴所形成的混合物。液体非均相混合物指液体中含有分散的固体颗粒（称悬浮液）或与液体互不溶的液滴（称乳浊液）或气泡（称泡沫液）所形成的混合物。

非均相混合物中，处于分散状态的物质（如固体、液滴等）称为分散相（或分散物质）；包围着分散物质而处于连续状态的流体称为连续相（或分散介质）。

非均相混合物分离是将其中的分散相与连续相进行分离。其目的在于回收有用的物质（如冶炼气中的金属烟尘）和除去对生产或环境有害的物质（如某些催化反应原料气中对触媒有毒的灰尘和某些冶炼厂烟气中的酸雾等）。

由于非均相混合物中的两相具有不同的物理性质（如密度等），故它们的分离可用物理方法来进行。要实现这种分离，必须使两相之间发生相对运动。按两相运动方式的不同，物理分离可分为沉降和过滤两种操作方式。

沉降是颗粒在外力作用下向指定沉积位置（器壁、器底或其他表面）相对于流体（静止或运动）运动的过程。依据外力的不同，沉降又可分为重力沉降、离心沉降和电力沉降。过滤是流体在外力作用下相对于固体颗粒床层运动而实现两相分离的过程，依据外力的不同，过滤可分为重力过滤、加压过滤、真空过滤和离心过滤。另外，过滤还可依据非均相混合物的不同分为悬浮液的过滤、乳浊液的过滤和含尘气体的过滤。依据过滤机理的不同亦可分为表面过滤、深床过滤、膜过滤等。膜过滤与传统的过滤不同，它是最近发展起来的一门新型分离技术。

3.1 重 力 沉 降

受重力作用而发生的沉降过程称为重力沉降。工业上重力沉降主要用于气固混合物的预分离，液液混合物的澄清，固液混合物的增稠和固体颗粒的分级。

3.1.1 重力沉降速度

在沉降方向上作用在颗粒上的力达到平衡时，颗粒在沉降方向上相对于流体的运动速度称为沉降速度或终端速度。颗粒的沉降速度与颗粒的大小、形状和浓度等因素有关，现分别讨论如下。

3.1.1.1 球形颗粒的自由沉降速度及其计算

单一颗粒的沉降，或者在浓度很低时，各颗粒之间互不干扰的沉降过程，均称为自由沉降。

A 沉降过程

现以光滑刚性球形颗粒在静止流体中的沉降为例，考察单个颗粒的自由沉降过程。将直径为 d_p、密度为 ρ_p 的球形颗粒置于静止的密度为 ρ 的流体中，颗粒就受到重力 F_g 与流体浮力 F_b 的作用，如果颗粒的密度大于流体的密度，则颗粒所受的重力（$F_g = \frac{1}{6}\pi d_p^3 \rho_p g$）大于浮力（$F_b = \frac{1}{6}\pi d_p^3 \rho g$），于是颗粒受到向下的净力 $F(F = F_g - F_b)$ 的作用。根据牛顿第二定律，颗粒将产生向下运动的加速度 $\frac{du}{dt}$，使颗粒与流体间产生相对运动，于是颗粒将受到方向与其运动方向相反的流体阻力 F_d 的作用。F_d 的计算式可仿照管内流动阻力的计算式写成如下形式：

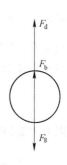

图 3-1　沉降颗粒
受力情况

$$F_d = \zeta A_p \frac{\rho u^2}{2}$$

式中　ζ——阻力系数，无因次；

　A_p——颗粒在垂直于其运动方向的平面上的投影面积，对于球形颗粒 $A_p = \frac{\pi}{4}d_p^2$，m^2；

　u——颗粒与流体间的相对运动速度，m/s。

此时颗粒向下所受的净力 F 为：

$$F = F_g - F_b - F_d = m\frac{du}{dt}$$

或

$$\frac{\pi}{6}d_p^3\rho_p g - \frac{\pi}{6}d_p^3\rho g - \zeta\frac{\pi}{4}d_p^2\frac{\rho u^2}{2} = \frac{\pi}{6}d_p^3\rho_p\frac{du}{dt} \tag{3-1}$$

当颗粒开始沉降的瞬间，u = 0，因而 $F_d = 0$，此时颗粒所受的向下的力最大，颗粒的加速度最大。随着颗粒的下落，u 值增大，F_d 增大，颗粒所受的净力减小，加速度减小，所以此时的沉降运动为减加速运动。当 u 增至某一数值 u_t 时，作用在颗粒上的力达到平衡，即作用在颗粒上的净力为零，颗粒的加速度为零，颗粒开始匀速沉降运动。可见，颗粒的沉降过程分为两个阶段，起初为加速阶段，而后为等速阶段。等速阶段里颗粒相对于流体运动的速度 u_t 即为"沉降速度"。沉降速度就是加速阶段终了时颗粒相对于流体的速度，因此亦称为"终端速度"。

虽然从理论上计算加速阶段的时间很长，但实际上由于工业上沉降操作所处理的颗粒的粒径较小，其沉降的速度达到接近终端速度 u_t，例如达到 $0.99u_t$ 的时间很短。因此实际上可以认为颗粒在流体中始终以终端速度下降。对于流动的流体，则可以认为颗粒与流体始终以终端速度作相对运动。

B 沉降速度的计算公式

沉降速度的基本计算公式可由式（3-1）导出。当 $\frac{du}{dt} = 0$ 时，$u = u_t$，则

$$\frac{\pi}{6}d_p^3\rho_p g - \frac{\pi}{6}d_p^3\rho g - \zeta\frac{\pi}{4}d_p^2\frac{\rho u_t^2}{2} = 0$$

整理得

$$u_t = \sqrt{\frac{4gd_p(\rho_p - \rho)}{3\rho\zeta}} \tag{3-2}$$

量纲分析和实验都证明，球形颗粒的阻力系数 ζ 是颗粒雷诺数 $Re\left(=\dfrac{d_\mathrm{p}u\rho}{\mu}\right)$ 的函数。具体的函数关系，如图3-2中 $\Phi_S=1.0$ 的实验曲线所示。该曲线可按 Re 值大致分为 3 个区域。

（1）滞流区：$10^{-4}<Re<1$，此时

$$\zeta=\frac{24}{Re} \tag{3-3}$$

阻力主要为摩擦阻力。

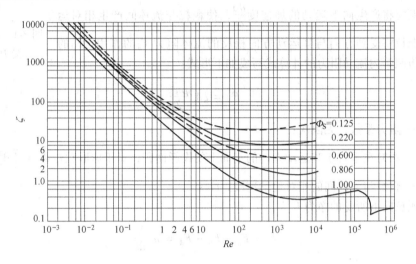

图 3-2 ζ-Re 关系曲线

有必要指出上述划定纯系人为，在有的书上定为 Re 小于 2 或 0.3，这类根据实验所得曲线区域划分的差异，在实际应用时对计算结果不会造成显著的影响。

（2）过渡区：$1<Re<10^3$，此时

$$\zeta=\frac{1.85}{Re^{0.6}} \tag{3-4}$$

阻力为摩擦阻力和形体阻力之和。

（3）湍流区：$10^3<Re<2\times10^5$，此时

$$\zeta=0.44 \tag{3-5}$$

阻力主要为形体阻力。

当 $u=u_t$ 时，则式（3-3）、式（3-4）及式（3-5）中相应的颗粒雷诺数应换成以沉降速度 u_t 计算的 Re_t，即

$$Re_\mathrm{t}=\frac{d_\mathrm{p}u_\mathrm{t}\rho}{\mu}$$

将上述各式分别代入式（3-2），可得到各区域内的沉降速度公式，即：

滞流区
$$u_\mathrm{t}=\frac{d_\mathrm{p}^2(\rho_\mathrm{p}-\rho)g}{18\mu} \tag{3-6}$$

过渡区
$$u_\mathrm{t}=0.27\sqrt{\frac{d_\mathrm{p}(\rho_\mathrm{p}-\rho)g}{\rho}Re_\mathrm{t}^{0.6}}$$

或
$$u_t = 0.78 \frac{d_p^{1.143}(\rho_p - \rho)^{0.714}}{\rho^{0.286} \mu^{0.428}}$$
(3-7)

滞流区
$$u_t = 1.74 \sqrt{\frac{d_p(\rho_p - \rho)g}{\rho}}$$
(3-8)

式中　u_t——颗粒的沉降速度，m/s；

　　　d_p——颗粒的直径，m；

　　　ρ_p——颗粒的密度，kg/m^3；

　　　ρ——流体的密度，kg/m^3；

　　　μ——流体的黏度，$Pa \cdot s$；

　　　g——重力加速度，m/s^2。

　　式（3-6）至式（3-8）为表面光滑的刚性球形颗粒在流体中的自由沉降速度计算公式。式（3-6）、式（3-7）及式（3-8）分别称为斯托克斯（Stokes）公式、艾仑（Allen）公式及牛顿（Newton）公式。它们虽然是在流体静止的情况下得到的，但也可用于球形颗粒在水平方向作滞流流动的流体中和在垂直方向上流动的流体中作自由沉降时沉降速度的计算。

　　密度大于流体密度的颗粒在垂直方向上流动的流体中作自由沉降时，其运动方向取决于 u_t 和流体流速 u 的大小。

　　上升流：若 $u > u_t$，则颗粒以 $u - u_t$ 的速度相对于器壁作向上运动；若 $u < u_t$，则颗粒以 $u_t - u$ 的速度相对于器壁作向下运动；若 $u = u_t$，则颗粒悬浮于流体中静止不动。利用这一特性可将大小不同的颗粒分离开来。

　　下降流：颗粒以 $u + u_t$ 的速度相对于器壁作向下运动。

　　C　沉降速度的计算方法

　　a　试差法

　　根据式（3-6）、式（3-7）及式（3-8）计算 u_t 时，需要先知道 Re_t 值以判断流型，而后才能选用计算式。但由于 u_t 未知，故 Re_t 未知，因而无法选用相应的公式来计算 u_t 值。此时可采用试差法来计算 u_t 值，其计算步骤如下：先假设沉降属于某一区，按此区的公式计算 u_t，然后按计算所得的 u_t 求颗粒的雷诺数 Re_t 以校验最初的假设是否正确。如果正确，则计算所得 u_t 即为正确的结果；否则需重新试算直至 Re_t 与最初的假设相一致为止。

　　例 3-1　用试差法求直径为 $40\mu m$ 的球形颗粒在30℃大气中的自由沉降速。已知固体颗粒密度为 $2600kg/m^3$，大气压强为 $0.1MPa$。

　　解： 设沉降属于层流，应用斯托克斯公式计算。30℃，$0.1MPa$ 下空气的密度 $\rho = 1.165kg/m^3$，空气的黏度 $\mu = 1.86 \times 10^{-5}Pa \cdot s$，根据式（3-6）：

$$u_t = \frac{(40 \times 10^{-6})^2 \times 9.81 \times (2600 - 1.165)}{18 \times 1.86 \times 10^{-5}} = 0.12 \text{m/s}$$

校核流型

$$10^{-4} < Re_t = \frac{\rho d_p u_t}{\mu} = \frac{40 \times 10^{-6} \times 0.12 \times 1.165}{1.86 \times 10^{-5}} = 0.3 < 1$$

故初始假设正确，沉降速度为 0.12m/s。

　　b　非试差法

　　由于试差法计算 u_t 较烦琐，为此有人提出了不用试差求解 u_t 的方法，其中有计算图法、摩擦数群法和阿基米德数 Ar 判别法。这里只介绍阿基米德数 Ar 判别法，其他两种方法可参考有关文献。

所谓阿基米德数 Ar 判别法是将颗粒的 3 个沉降区的判别由原先用颗粒的雷诺数改用不含 u_t 的颗粒的阿基米德数 Ar 来判别。由于 Ar 值可不必事先已知 u_t，而可由颗粒和流体的物性及颗粒的直径直接计算出。因此由计算出的 Ar 值与 3 个沉降区对应的 Ar 值的范围进行比较，即可判别沉降属于什么区，然后选用相应的公式直接计算出 u_t 而不需试差。

Ar 的定义式为：$Ar = \dfrac{d_p^3 g \rho \ (\rho_p - \rho)}{\mu^2}$，其与 Re_t 的关系可由式（3-2）导出，为

$$Ar = \frac{3}{4} Re_t^2 \zeta \tag{3-9}$$

式中　Ar——颗粒的阿基米德数，量纲为一。

将各区 ζ 的计算式及 Re_t 的极限值代入式（3-9）可求出各区 Ar 值的范围如下：

滞流区：$18 \times 10^{-4} < Ar < 18$

过渡区：$18 < Ar < 3.3 \times 10^5$

湍流区：$3.3 \times 10^5 < Ar < 1.32 \times 10^{10}$

例 3-2　用阿基米德数 Ar 判别法求例 3-1 的沉降速度。

解：　$Ar = \dfrac{d_p^3 g \rho (\rho_p - \rho)}{\mu^2} = \dfrac{(40 \times 10^{-6})^3 \times 9.81 \times 1.165 \times (2600 - 1.165)}{(1.86 \times 10^{-5})^2}$

$= 5.5 < 18$，为滞流

故选用斯托克斯公式计算 u_t。结果与例 3-1 相同，即 $u_t = 0.12 m/s$。

另外，最近通过实验发现，对于球形颗粒，当 $Re_t \leq 2 \times 10^5$ 时，有

$$Re_t = \frac{Ar}{18 + 0.6Ar} \tag{3-10}$$

式（3-10）比式（3-6）、式（3-7）和式（3-8）更能准确反映实际情况。

3.1.1.2　非球形颗粒的自由沉降

非球形颗粒的自由沉降速度，仍可用式（3-2）来计算，只不过此时阻力系数除了和 Re_t 有关外，还和颗粒的形状系数（或称球形度）有关。

球形度的定义式为：

$$\Phi_S = \frac{S}{S_p} \tag{3-11}$$

式中　Φ_S——颗粒的球形度，无量纲；

　　　S_p——一个颗粒的表面积，m^2；

　　　S——与该颗粒体积相等的一个圆球的表面积，m^2。

而颗粒雷诺数 Re_t 的定义式为：

$$Re_t = \frac{d_e u_t \rho}{\mu}$$

式中，d_e 为颗粒等体积当量直径，即为与一个颗粒体积相等的圆球的直径。设一个任意形状的颗粒的体积为 V_p，则有

$$d_e = \sqrt[3]{\frac{6}{\pi} V_p} \tag{3-12}$$

几种 Φ_s 值下的阻力系数与颗粒雷诺数的关系曲线，已根据实验结果标绘在图 3-2 中。另外，非球形颗粒的阻力系数也可根据等体积球形颗粒的阻力系数求出，即 $\zeta' = \phi\zeta$。其中，ζ' 为非球形颗粒的阻力系数，ζ 为与非球形颗粒体积相等的球形颗粒的阻力系数，ϕ 为形状修正系数。形状修正系数 ϕ 的实验测定值见表 3-1。

表 3-1　形状修正系数 ϕ 值

形　状	球形尘粒	表面粗糙的圆形尘粒	椭圆形尘粒	片状尘粒	不规则形尘粒
ϕ	1	2.42	3.03	4.97	2.75 ~ 3.5

利用式 (3-2) 和图 3-2 来求解非球形颗粒的 u_t，一般需试差，若采用摩擦数群法（见姚玉英编《化工原理（上册）》）则可避免试差。

3.1.1.3 影响沉降速度的其他因素

以上讨论的是颗粒作自由沉降时沉降速度计算，实际沉降操作中颗粒的沉降速度尚需考虑下列各因素的影响。

A　干扰沉降

当流体中颗粒的含量较大时，颗粒沉降时彼此影响，这种情况称为干扰沉降。当颗粒浓度高时，由于颗粒下沉而被置换的流体作反向运动，使作用于颗粒上的阻力增加。此外，悬浮物的有效密度和黏度也较纯流体为大，故干扰沉降的沉降速度较自由沉降时为小。一般颗粒的浓度不超过 0.2% 时，沉降速度降低不超过 1%。

对于均匀球粒的悬浮液，可用 Maude 与 Whitmore 的经验式估算干扰沉降速度 u_{ts}：

$$u_{ts} = u_t (1 - \varphi)^n \tag{3-13}$$

式中　φ——混合物中颗粒的体积分数，%；

$\quad\quad u_t$——颗粒的自由沉降速度；

$\quad\quad n$——与 Re_t 有关的指数（Re_t 为 0.1、1、10、10^2 和 10^3 时，对应 n 值为 4.8、4.3、3.7、3.0 和 2.5）。

当较大颗粒在很细固体颗粒组成的悬浮液中沉降时，必须应用细粒悬浮液的密度与黏度来计算较大颗粒的沉降速度，式 (3-13) 中的 φ 应取细颗粒的体积分数，而不是总颗粒体积分数。其中对选矿和湿法冶金中矿浆的悬浮液，悬浮液的黏度可按以下经验公式计算：

$$\mu_s = \mu (1 + 4.5\varphi) \tag{3-14}$$

或

$$\mu_s = \mu \exp(b\varphi) \tag{3-15}$$

式中　μ_s——悬浮液黏度，Pa·s；

$\quad\quad \mu$——清液的黏度，Pa·s；

$\quad\quad \varphi$——颗粒浓度（体积分数）；

$\quad\quad b$——系数，对镍红土矿和高钙镁矿，当 $\varphi < 0.26$ 时，$b = 4.86$。

式 (3-14) 和式 (3-15) 的适用条件为牛顿型流体。

B　壁效应

当颗粒直径 d_p 与容器直径 D 的比值（$\beta = d_p/D$）大于 0.01 时，容器的壁面将对颗粒的沉降产生明显的影响，使沉降速度减小。

对于固体球粒，考虑壁效应的沉降速度 u_{tw} 可按下式估算：

$$u_{tw} = k_w u_t \tag{3-16}$$

式中，k_w 为壁效应校正系数，小于 1。它是 Re_t 和 β 的函数。

滞流区：$\beta < 0.05$ 时，$k_{\mathrm{w}} = 1/(1 + 2.1\beta)$；

过渡区：$k_{\mathrm{w}} = 1/(1 + 2.35\beta)$；

湍流区：$k_{\mathrm{w}} = \dfrac{1 - \beta^2}{\sqrt{1 + \beta^4}}$。

C　流体分子运动的影响

当颗粒直径小到可与流体分子的平均自由程相比拟时，颗粒可穿过流体分子的间隙，其沉降速度大于斯托克斯定律计算的数值。另一方面，细颗粒（$d_{\mathrm{p}} < 0.5\,\mu\mathrm{m}$）的沉降将受流体分子碰撞的影响，当粒径小于 $0.1\,\mu\mathrm{m}$ 时，布朗运动的影响大于重力沉降。

3.1.2　重力沉降设备

利用重力沉降的原理来分离非均相混合物的设备称为重力沉降设备。根据非均相混合物的种类不同，重力沉降设备可分为降尘室和沉降槽。前者用于气固混合物的预分离，后者用于固液混合物的增稠或乳浊液的澄清。

3.1.2.1　降尘室

A　降尘室的结构和工作原理

分离气体中尘粒的重力沉降设备称为降尘室。图 3-3 是典型的降尘室示意图。它实质上是一个大的空室，气体从降尘室入口流向出口的过程中，气体中的颗粒随气体向出口流动，同时向下沉降。如果颗粒在抵达降尘室出口前已沉到室底而落入集尘斗中，则颗粒从气体中分出，否则颗粒将被气体带出。

降尘室结构简单，阻力小，但颗粒沉降时间长，体积庞大，分离效率即除尘效率低，只适用于分离直径大于 $50\,\mu\mathrm{m}$ 的颗粒，一般作预除尘器使用。

B　降尘室分离颗粒的条件与临界粒径

在计算中，常把降尘室简化成高为 H，宽为 b，长为 L 的长方体设备（图 3-4），并假定含尘气体进入室后，在入口端立刻均匀分布在降尘室的整个截面上，并以均匀的速度 u 平行流向出口。

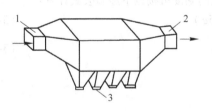

图 3-3　降尘室

1—气体入口；2—气体出口；3—集尘斗

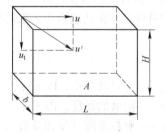

图 3-4　颗粒运动过程

现讨论处于入口端顶部直径为 d_{p} 的颗粒能够在降尘室中分离出来的条件。此颗粒有两种运动：一是在水平方向随气体流动，其速度与气体流速相同为 u，所以颗粒随气体从入口流到出口的时间，即颗粒在降尘室中的停留时间为 $\tau = \dfrac{L}{u}$；二是在竖直方向上作沉降运动，设该颗粒的沉降速度为 u_{t}，则室顶颗粒沉至室底所需的沉降时间为 $\tau_{\mathrm{t}} = \dfrac{H}{u_{\mathrm{t}}}$。

依前所述，颗粒能被分离出的条件是：$\tau \geqslant \tau_t$，即

$$\frac{L}{u} \geqslant \frac{H}{u_t} \tag{3-17a}$$

显然，若处于入口端顶部的颗粒能够被除掉，则处于其他位置的直径为 d_p 的颗粒都能被除掉，因此式（3-17a）是气体中直径为 d_p 的颗粒能完全被分离下来的必要条件。计算中 d_p 和 u_t 应取需要完全分离下来的最小颗粒的值。

由颗粒的沉降速度计算公式可知，颗粒的直径愈小，颗粒的沉降速度愈小，因而其沉降时间愈长。故当式（3-17a）取等号时，理论上能完全分离下来的颗粒的沉降时间最长，颗粒的粒径最小。我们把理论上能完全分离下来的最小颗粒的粒径称为临界粒径，用符号 d_{pc} 表示，把临界粒径颗粒的沉降速度称为临界沉降速度，用符号 u_{tc} 表示。因此，对临界粒径的颗粒有

$$\frac{L}{u} = \frac{H}{u_{tc}} \tag{3-17b}$$

C 降尘室的计算

降尘室的计算包括生产能力、结构尺寸和理论除尘效率的计算。

a 生产能力的计算

降尘室的生产能力，即为操作条件下通过降尘室含尘气体的流量。它的计算式，可通过流量与流速和横截面面积的关系及式（3-17b）推得，为

$$Q_{Vs} = bHu = bLu_{tc} = A_s u_{tc} \tag{3-18}$$

式中 A_s——沉降面积（n 层时，$A_s = nbL$），m^2；

Q_{Vs}——降尘室的生产能力，m^3/s。

由此可见，当气体的处理量一定时，要求把一定直径的颗粒完全除尽的条件只取决于降尘室的底面积（沉降面积），与其高度无关。这是降尘室的一个重要特性。因此理论上降尘室的高度应该小一些，即宜设计成扁平的形式。此外，为了节省占地面积可采用多层降尘室，即在降尘室中设置若干间距为 40～100mm 的水平隔板。但是降尘高度的降低将导致气速的增加，容易引起湍流而将已沉降下来的颗粒重新卷起，因此气流速度不应过高。据经验，多数尘粒（包括石棉、石灰、木屑等）的分离，可取 $u < 3m/s$，较易扬起的尘粒（如淀粉、炭墨等），可取 $u < 1m/s$。

b 降尘室的结构尺寸的计算

降尘室的结构尺寸主要是指降尘室的长、宽和高。它们的计算可根据临界粒径颗粒的沉降速度和生产要求的含尘气体处理量，先由式（3-18）计算出沉降面积，并设定气速 u（一般为 0.3～2m/s，或按 $u = (0.2 \sim 0.3)(k_f d_{pc} \rho_p g/\rho)^{0.5}$ 计算，其中，$k_f = 10 \sim 20$ 为流线系数，k_f 值随粒径减小而递增）和降尘室宽度 b（可按 $b = (1 \sim 2)(Q_{Vs}/u)^{0.5}$ 确定）；然后由流量和气速计算出降尘室的横截面积；最后由沉降面积和宽度计算出长度，由横截面积和宽度计算出高度。为了得到较高的除尘效率，设计时要减小气速和高度，而增大宽度和长度。

c 理论除尘效率的计算

理论除尘效率是指含尘气体通过降尘室后，理论上能够被分离下来的颗粒的质量分数。除尘效率可分为总效率（η_0）和粒级效率即分级效率（η_{pi}），它们的定义可分别见式（3-27）和式（3-29）。当颗粒分布均匀时，颗粒的理论粒级效率 η_{pi} 可由该颗粒满足被完全分离下来的条件所需的沉降高度 $h = Lu_t/u$ 和降尘室的实际高度 H 计算出，即 $\eta_{pi} = h/H = bLu_t/Q_{Vs}$。而总的理论除尘效率可由式（3-30）计算出。由于湍流等因素的影响，降尘室的实际粒级效率要小于理

论值，一般不超过理论粒级效率的 0.5 ~ 0.6 倍。实际的粒级效率和总除尘效率可根据实测的尘粒的进出口浓度分别按式（3-29）和式（3-27）进行计算。一般降尘室实际的总除尘效率只有 40% ~ 50%。

例 3-3 采用降尘室除去矿石焙烧炉出口炉气中含有的粉尘。在操作条件下炉气流量为 25000m³/h，密度为 0.6kg/m³，黏度为 2 × 10⁻⁵Pa·s，其中氧化铁粉尘的密度为 4500kg/m³，要求全部除掉直径大于 100μm 的粉尘，试计算：

（1）所需降尘室的尺寸；

（2）炉气中直径为 60μm 的尘粒能否除掉，并估算能被除去的百分率；

（3）用上述计算确定的降尘室，要求将炉气中直径 60μm 的尘粒完全除掉，降尘室最少应隔成几层？

（4）将（3）中的降尘室层数增加一倍，但临界粒径的要求仍为 60μm，生产能力如何变化？

解：（1）计算降尘室的尺寸：

根据分离要求，u_{tc} 按全部除掉颗粒中的最小粒径（100μm）的颗粒计算。

由 Ar 计算知该沉降在过渡区，故根据式（3-7）有：

$$u_{tc} = \frac{0.78(1 \times 10^{-4})^{1.143} \times (4500)^{0.714}}{(0.6)^{0.286} \times (2 \times 10^{-5})^{0.428}} = 1.02 \text{m/s}$$

降尘室底面积 $Lb = \dfrac{25000}{3600 \times 1.02} = 6.8 \text{m}^2$，取气体在降尘室中的流速为 2m/s，按 $b = (Q_{Vs}/u)^{0.5}$ 取宽为 1.9m，则长 L 为 $\dfrac{6.8}{1.9} = 3.58 \text{m}$，降尘室高为

$$H = \frac{Q_{Vs}}{bu} = \frac{25000}{3600 \times 1.9 \times 2} = 1.83 \text{m}$$

（2）直径 60μm 的尘粒的除尘效果：

按前述简化的降尘室模型在入口端处于顶部及其附近的直径 60μm 的尘粒，因其沉降速度小于粒径 100μm 尘粒的，在出口前不能沉至室底而被气流带出，故不能除掉。但在入口端处于较低位置的直径 60μm 的尘粒是可以在出口前沉至室底的。假设在入口端处于距室底为 h 的直径 60μm 的尘粒正好在气体流到出口时沉到室底，则尘粒的沉降时间

$$\tau_t = \frac{h}{u_{tc}} = \frac{L}{u} = \frac{3.58}{2} = 1.79 \text{s}$$

由 Ar 计算知，直径 60μm 的尘粒的沉降属滞流区，根据式（3-6）有：

$$u_{tc} = \frac{(60 \times 10^{-6})^2 \times 9.81 \times 4500}{18 \times 2 \times 10^{-5}} = 0.44 \text{m/s}$$

$$h = \tau_t u_{tc} = 1.79 \times 0.44 = 0.788 \text{m}$$

即入口端高度为 0.788m 以下的 60μm 的尘粒均能除去。若假定颗粒在入口处是均匀分布的，则 h 与降尘室高度 H 之比约等于被分离下来的百分率（除尘效率）。因此直径为 60μm 的颗粒被除去的百分率 η 约为：

$$\eta = \frac{h}{H} = \frac{0.788}{1.83} \times 100\% = 43.1\%$$

（3）要求 60μm 的尘粒完全被除掉时的最少层数 n：

$$n = \frac{H}{h} = \frac{1.83}{0.788} = 2.32 \text{ 层，取为 3 层，或 } n = \frac{\text{总的沉降面积}}{\text{单层的沉降面积}}, 60\mu m \text{ 尘粒完全被除掉需要}$$

的总沉降面积可由式（3-18）求得：

$$bL = \frac{Q_{Vs}}{u_{tc}} = \frac{25000}{3600 \times 0.44} = 15.78 m^2$$

单层的沉降面积由（1）知为 $6.8 m^2$，故 $n = \dfrac{15.78}{6.8} = 2.32$ 层，取为 3 层。

（4）生产能力的变化：

因完全除掉的最小颗粒的直径 d_{pc} 不变，故 u_{tc} 不变，由式（3-18）可知 $Q_{Vs} \propto A_s$，而 $A_s \propto n$，所以

$$Q'_{Vs} = \frac{n'}{n} Q_{Vs} = 2Q_{Vs} = 2 \times 25000 = 50000 m^3/h$$

3.1.2.2 沉降槽

依靠重力沉降分离悬浮液或乳浊液的设备称为沉降槽（此处只讨论分离悬浮液的沉降槽）。沉降槽通常只能用来分离颗粒不很细的稀悬浮液，得到的是清液与含 50% 左右固体颗粒的增稠液，故这种设备也称为增稠器或浓密机。

A　沉降槽的结构和工作原理

沉降槽有间歇式和连续式两类。间歇式沉降槽一般为带锥底的圆槽（也可以是任何形式的容器），要分离的稀悬浮液放入其中，令其静置，自然沉降，经一定时间后分为上下两层，即清液层与稠厚的沉渣层。从上部抽出清液层，下部排出稠厚的浆液。工业上一般使用连续式沉降槽，其构造如图 3-5 所示。主体为一底部稍带锥形的大直径浅槽，悬浮液经中央下料筒送至液面下 0.3~1m 处，并分散到槽的整个横截面上。在此，颗粒下降，清液上升并由槽顶四周溢出。颗粒沉至槽底，被缓缓转动的耙（转速约为 0.1~1r/min）集拢到底部中央的卸渣口后而排出。

沉降槽直径大，高度小。槽径小的数米，大的可达百米以上，为了节省占地面积，增大沉降面积，有时将几个（5 个以下）沉降槽叠在一起构成多层沉降槽或在槽中增加一些倾斜板。

B　平衡式多层槽渣面的调节

图 3-6 所示的多层槽是平衡式三层沉降槽。其工作特点是各层单独进料与溢流，但各层的

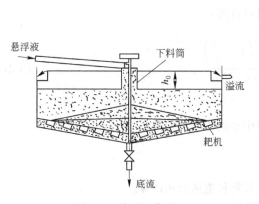

图 3-5　单层沉降槽

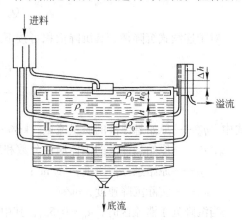

图 3-6　平衡式三层沉降槽

底流均下降到底层排出。操作时相邻两层沉渣面之间的高度 h 可以通过调节该相邻两层溢流管出口高度差 Δh 来调节。这是因为由静力学平衡方程可得

$$h_0\rho_0 + h\rho_{\mathrm{m}} = (h + h_0 + \Delta h)\rho_0$$

由此可得

$$h = \Delta h \frac{\rho_0}{\rho_{\mathrm{m}} - \rho_0}$$

对同一悬浮液清液密度 ρ_0 和沉渣密度 ρ_{m} 不变，若各相邻层的 Δh 相同，则各 h 相同，若各相邻层的 Δh 不同，则各 h 不同。因此调整 Δh 就能改变 h。

当 Δh 增大时，h 增大，意味着上层渣面升高，下层渣面降低；当 Δh 减小时，h 减小，意味着上层渣面下降，下层渣面升高。因此，实际操作中，当第一层的溢流因渣面升高而跑浑时，可将其他各层的溢流管等速降低来使其恢复清澈；当其他某层溢流跑浑时，可通过升高该层的溢流管出口来恢复该层溢流的清澈。

　　C　沉降槽生产能力和沉降面积的计算

沉降槽的生产能力一般以澄清液溢流量来表示。在沉降槽中，如澄清液层高度为 h_0，则沉降槽澄清的生产能力可用下式计算：

$$Q_0 = \frac{Ah_0}{t} \tag{3-19}$$

式中　Q_0——沉降槽的生产能力，$\mathrm{m^3/h}$；

　　A——沉降槽的沉降面积，一般为沉降槽的横截面积，$\mathrm{m^2}$；

　　h_0——澄清液层高度，m；

　　t——澄清时间，h。

而

$$t = \frac{h_0}{3600u_{\mathrm{t}}}$$

将 t 值代入式（3-19）可得：

$$Q_0 = 3600u_{\mathrm{t}}A \tag{3-20}$$

对于连续式沉降槽，其沉降面积可按下式进行计算：

$$A = \frac{1.33q_{\mathrm{m}}\left(1 - \dfrac{c_0}{c_1}\right)}{\rho u_{\mathrm{ts}}} \tag{3-21}$$

式中　q_{m}——原始悬浮液的质量流量，$\mathrm{kg/s}$；

　　c_0，c_1——原始悬浮液的固体质量分数和底流中的固体质量分数；

　　ρ——原始悬浮液密度，$\mathrm{kg/m^3}$；

　　u_{ts}——实际沉降速度，$\mathrm{m/s}$。

当沉降处于滞流区时，$u_{\mathrm{ts}} = 0.5u_{\mathrm{t}}$，其中，$u_{\mathrm{t}}$ 按斯托克斯公式计算。

表3-2为各种悬浮液所需沉降槽截面积的经验值。

表 3-2　各种悬浮液所需沉降槽的截面积的经验值

悬浮液种类		固体浓度（质量分数）/%		每天处理 1t 固体所需的截面积/m²
		原　液	底　流	
氧化铝生产中赤泥（Bayer 法）	赤泥（第一沉降槽）	3 ~ 4	10 ~ 25	1.9 ~ 2.8
	赤泥（洗涤槽）	6 ~ 8	15 ~ 20	0.9 ~ 1.4
	赤泥（最终段沉降槽）	6 ~ 8	20 ~ 25	0.9 ~ 1.4
	晶种沉降槽	2 ~ 8	30 ~ 50	1.1 ~ 2.8
水泥（窑法）		9 ~ 10	45 ~ 55	0.3 ~ 1.7
氢氧化镁（从海水中）		8 ~ 10	25 ~ 50	5.6 ~ 9.3
石灰泥		8 ~ 15	30 ~ 45	1.3 ~ 3.1
镍	浸出残渣	20	60	0.7
	硫化物沉淀	3 ~ 5	65	2.3
煤　泥		0.5 ~ 6	20 ~ 40	(0.0455 ~ 0.136)
铜精矿		15 ~ 30	50 ~ 75	(0.0190 ~ 0.056)
选铜尾矿		10 ~ 30	45 ~ 65	(0.0372 ~ 0.0910)
铁精矿		15 ~ 25	50 ~ 65	(0.0190 ~ 0.0910)
选铁尾矿		10 ~ 20	40 ~ 60	(0.136 ~ 0.60)
氢氧化镁		3 ~ 10	15 ~ 30	(0.463 ~ 1.910)
磷矿石		1 ~ 5	10 ~ 16	(0.0929 ~ 0.260)
苏打灰泥		1 ~ 2	10 ~ 20	(0.282 ~ 0.563)
酸浸后的铀矿		15 ~ 25	40 ~ 60	(0.0279 ~ 0.084)
碱浸后的铀矿		15 ~ 25	40 ~ 60	(0.019 ~ 0.047)

注：括号内数字是国外高效浓密机浓缩标准数据。

式（3-20）表明，沉降槽的生产能力与沉降槽的槽帮高度无关，而仅取决于沉降速度和沉降面积。所以，现代沉降槽都做成浅槽，并且为了增大沉降面积又不增大占地面积，往往将几个槽叠在一起做成多层沉降槽。但试验研究表明，实际上，沉降槽的生产能力在一定范围内与槽体高度有关，适当增加槽帮高度有利于提高生产能力。如沉降槽面积不变，增加槽体高度，在不影响澄清度的情况下，清液溢流速率可以增加 4 ~ 6 倍；将五层槽的第二、四层隔板拆除，改为三层，其他条件不变，能使溢流产量增加 30% ~ 50%。

当进料量增加使相应的生产能力需增大时，可通过增加槽体高度来保证澄清的质量。增加的槽体高度可按下式估算，即：

$$H_j = (n - 1)u_t \tag{3-22}$$

式中　H_j——槽体增加的高，m；

　　　n——进料量增加的倍数；

　　　u_t——颗粒的自由沉降速度，m/s。

另外，在实际生产中，为了提高沉降槽的生产能力，加快沉降速度，还可向悬浮液中添加适量的絮凝剂，使悬浮液中呈胶体状分散的颗粒凝聚成絮团以促使其快速沉降。目前絮凝剂种类基本有 3 类：无机絮凝剂，有石灰、硫酸、明矾、硫酸亚铁、苛性钠、盐酸和氯化锌等；天然高分子絮凝剂，有淀粉和含淀粉的蛋白质物质，如马铃薯、玉米粉、红薯粉及动物胶等；合成高分子絮凝剂，有离子和非离子型高分子聚合物，如聚丙烯酰胺、羧基纤维素和聚乙烯基乙醇等。实践表明，絮凝剂的配制，以溶解温度为 15 ~ 30℃，阴离子型和非离子型浓度为 0.05% ~ 0.2%，阳离子型浓度为 0.1% ~ 0.3% 的新鲜溶液为较佳。为此可先将絮凝剂配制成高浓度（阴离子和非离子型聚合物的最高溶解度为 0.5%，阳离子型为 0.5% ~ 1%）库存溶液待用；然后在加入到料浆前，再将其临时稀释到所要求的浓度以避免存放时间对絮凝效果的影响。

3.2 离 心 沉 降

依靠离心力的作用实现沉降的过程叫离心沉降。当流体做圆周运动时，便形成了离心力场。离心力场与重力场不同，任何质量为 m 的物体在重力场中都受到一个向下的重力，即：

$$F_g = mg$$

而质量为 m 的物体在与转轴距离为 r、切向速度为 u_T 的位置上所受到的离心力为

$$F_c = m \frac{u_T^2}{r}$$

同一个颗粒所受离心力与重力之比称为离心分离因素，即

$$K_c = F_c/F_g = u_T^2/(gr) \tag{3-23}$$

离心分离因素 K_c 是离心分离设备的重要性能指标。K_c 值可达几千，甚至几万、几十万。因此，离心沉降比重力沉降效果好得多。

3.2.1 离心沉降速度

颗粒在离心力场沉降时，在径向上相对于流体的速度称为离心沉降速度，常以符号 u_r 表示。

用推导重力沉降速度计算式的方法可以推导出忽略重力影响下的离心沉降速度计算式为：

$$u_r = \sqrt{\frac{4}{3} \frac{d_p(\rho_p - \rho)}{\rho \zeta} \cdot \frac{u_T^2}{r}} \tag{3-24}$$

式（3-24）与式（3-2）相比，可知颗粒的离心沉降速度 u_r 与重力沉降速度 u_t 具有相似的关系式，只是式（3-2）中的重力加速度 g 换为离心加速度 u_T^2/r 而已。但重力沉降速度在颗粒的沉降过程中为常数，而离心沉降速度则是随旋转半径而变的变数。

离心沉降常用于重力沉降速度较小的颗粒（即小颗粒）的分离。小颗粒的沉降，一般处于斯托克斯区，即阻力系数 $\zeta = \frac{24}{Re}$，代入式（3-24）得

$$u_r = \frac{d_p^2(\rho_p - \rho)}{18\mu} \frac{u_T^2}{r} = u_t \frac{u_T^2}{gr} = K_c u_t \tag{3-25}$$

即离心沉降速度 u_r 为重力沉降速度的 u_t 的 K_c 倍。

3.2.2 离心沉降设备

3.2.2.1 旋风分离器

旋风分离器是利用离心力从含尘气体中分离固体尘粒的设备，又称旋风除尘器。由于它结

构简单，造价低，没有活动部件，可用多种材料制造，分离效率较高，适用范围广，所以被广泛用作化工、冶金、轻工等生产部门中的气体除尘设备。

A 旋风分离器的结构和工作原理

常见的旋风分离器如图3-7所示，其结构包括主体、进气口、排气管、排灰口和灰斗（未画出）。

主体为除尘的主要部件，分为上、下两部分，上部为圆筒形，下部为圆锥形（如标准型等形式的旋风分离器的下部）或倒圆锥形（如扩散型的下部）等。进气口为含尘气体进入旋风分离器的入口。其形式有轴向进口和侧向进口两种。侧向进口又分为切向进口、螺旋面进口及蜗壳进口（见图3-9）。

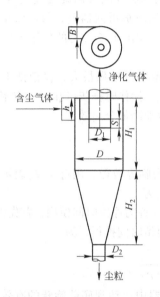

图 3-7　标准型旋风分离器

图 3-8　旋风分离器内的气体流动

$$\left(h = \frac{D}{2}; B = \frac{D}{4}; D_1 = \frac{D}{2}; D_2 = \frac{D}{4}; H_1 = 2D; H_2 = 2D; S = \frac{D}{8}\right)$$

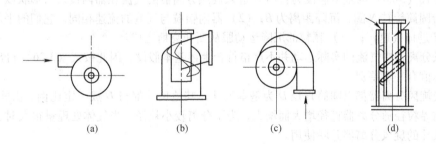

图 3-9　旋风分离器进口形式

（a）切向进口；（b）螺旋面进口；（c）蜗壳形进口；（d）轴向进口

切向进口结构简单、紧凑，使用较多。螺旋面进口有利于气流向下作倾斜的螺旋运动，可避免相邻两螺旋圈的气流互相干扰，减少湍流。蜗壳形进口可减少进口气流对筒体内气流的撞击和干扰，有利于提高除尘效率。与其他侧向进口形式相比，蜗壳形进口处理气体量大，压头损失小，是较理想的一种进口形式。

轴向进口常用于多管式旋风除尘器，它可以最大限度地避免进入气体与旋转气流之间的干扰，以提高效率，是最好的进口形式。为使进口气体产生旋转。一般多在进口处设置各种形式的叶片。

进口截面形式有矩形和圆形两种。圆形用于轴向进口，矩形多见于侧向进口。

排气管有两种形式：一种为等径直管式；另一种是下端收缩的直管式。收缩型排气管阻力损失比等径直管的小，多用于分离较细粉尘的旋风除尘器中。

含尘气流约以 $15 \sim 20m/s$ 的速度由进气管以切线方向进入旋风分离器，首先在器壁与排气管间的圆环内形成一个向下旋转运动的外层气流（外旋流），当外旋流到达分离器底部以后，折而向上形成一个向上旋转（转向与外旋流同）运动的内层气流（内旋流或气芯），由排气管排出（如图 3-8 所示）。外旋气流中颗粒在离心力的作用下被甩向器壁，与器壁相撞后，沿器壁落至锥形底的排灰口进入灰斗；内旋气流中残存的尘粒由于离心力的作用被抛入外旋气流中，内旋气流对除尘也起着积极的作用。

实验证明压强在旋风分离器中的分布规律是：器壁附近压强最大，仅稍低于进口处的压强；往中心压强逐渐降低，在轴芯附近成为负压。因此，操作时排灰口和灰斗应密封良好，否则，将吸入空气，使已被捕集的粉尘重新回到气流中从而降低分离效率。

    B   旋风分离器的性能

    a   临界粒径 d_{pc}

分离器理论上能够完全除去的最小颗粒的直径称为临界粒径，用符号 d_{pc} 表示。它是判断旋风分离器分离性能的重要指标。d_{pc} 愈小，分离性能愈好。

临界粒径 d_{pc} 的理论计算公式可根据以下基本假设（称为停留时间模型，首先由 Rosin 等人在 1932 年提出），按尘粒所需的沉降时间等于尘粒的停留时间推得，为

$$d_{pc} = \sqrt{\frac{9\mu B}{\pi N u_i (\rho_p - \rho)}} \tag{3-26}$$

式中，u_i 为气体入口速度，m/s；N 为颗粒在旋风分离器中运动到底部旋转的有效圈数。对一般的旋风分离器，N 约为 $0.5 \sim 3$；对细长型旋风分离器，N 为 $5 \sim 10$；对标准型旋风分离器，$N = 5$。N 也可按式 $N = 6.1 \times [1 - \exp(-0.066u_i)]$ 估算。

推导式（3-26）的基本假设为：（1）进入旋风分离器的气流在器内按入口形状以平均旋转半径 r_m 沿圆筒旋转 N 圈，沉降距离为 B；（2）器内颗粒与气流的流速相同，它们的平均切向流速 u_T 等于进口气速 u_i；（3）颗粒的沉降运动服从斯托克斯定律。

旋风分离器中气流的实际运动并不严格符合上述基本假设，因此按式（3-26）得出的理论值和实际值有一定差别。

一般旋风分离器都以圆筒直径 D 为基本尺寸，其他尺寸都与 D 成一定比例。由式（3-26）可知，临界粒径随分离器直径增大而增大，为了分离较小粒径，当气体处理量很大时，常将若干个小尺寸的旋风分离器并联使用。

    b   分离效率

分离效率又称除尘效率，可直接反映旋风分离器的除尘能力。分离效率有两种表示方法：一种是总效率用 η_0 表示；另一种是分效率，或称粒级效率，用 η_{pi} 表示。

总效率是指进入旋风分离器的全部颗粒中能被分离下来的质量分数，即：

$$\eta_0 = \frac{Q_{V_1} c_1 - Q_{V_2} c_2}{Q_{V_1} c_1} \tag{3-27}$$

式中 c_1，c_2——分别表示旋风分离器进口与出口的气体含尘浓度，g/m^3；

Q_{V_1}，Q_{V_2}——分别表示旋风分离器进口与出口的气体体积流量，m^3/s。

当分离器不漏风或吸风时，$Q_{V_1} = Q_{V_2}$，故式（3-27）可简化为

$$\eta_0 = \frac{c_1 - c_2}{c_1} \tag{3-28}$$

总效率易于测定，工程上常被用来表示旋风分离器的分离效率，但不能表明对各种不同尺寸的颗粒的分离效果。

粒级效率是指含尘气体被分离器分离下来的某粒径的颗粒质量占进口气体中该粒径颗粒总质量的分数，即（在不漏风或吸风条件下）：

$$\eta_{pi} = \frac{c_{i1} - c_{i2}}{c_{i1}} \tag{3-29}$$

式中 c_{i1}，c_{i2}——分别表示粒径为 d_{pi} 的颗粒在旋风分离器进、出口气体中的浓度，g/m^3。

粒级效率能反映各种不同尺寸的颗粒的分离效果，它与总效率的关系为：

$$\eta_0 = \frac{\sum c_{i1} - \sum c_{i2}}{c_1} = \sum \frac{c_{i1} - c_{i2}}{c_1} \cdot \frac{c_{i1}}{c_{i1}} = \sum w_i \eta_{pi} \tag{3-30}$$

式中，w_i 为进口气体中粒径为 d_{pi} 的颗粒的质量分数，即 $w_i = c_{i1}/c_1$。

提高进口风速，缩小旋风分离器直径，加长锥体部分高度，都有利于提高分离效率。

c 压降 Δp

压降是指气体通过旋风分离器的压头损失，是评价旋风分离器性能的重要指标，要求压降尽可能小。压降包括了进口扩大损失、与器壁的摩擦损失、气流旋转造成的损失以及涡流损失等。压降一般用进口气体动压的倍数来表示：

$$\Delta p = \zeta \frac{u_i^2 \rho}{2} \tag{3-31}$$

式中，ζ 为阻力系数，常用下式计算：

$$\zeta = k_d \frac{Bh}{D_1^2} \tag{3-32}$$

式中，k_d 为比例系数，标准切向进口，$k_d = 16$；轴向进口（有叶片时），$k_d = 7.5$；螺旋面进口，$k_d = 12$。对于同一结构形式及尺寸比例的旋风分离器，ζ 为常数，不因设备大小而变。

压降与进口气速有关。旋风分离器的进口气速在 $15 \sim 25m/s$ 范围。过低则离心力小，分离效率不高，过大则压降增大，消耗操作费用多，而且涡流加剧，不利于分离。

旋风分离器的压降一般为 $1 \sim 2kPa$。为克服压降消耗的功率为 $N_e = Q_V \Delta p$。

C 旋风分离器的类型

旋风分离器的分离效果，与含尘系统的物理性质、含尘浓度、粒度分布以及操作条件有关，也与本身的结构尺寸密切相关。已在标准式旋风分离器的基础上，改进而得到多种不同结构形式的旋风分离器。由于它是很多工业生产中的通用设备，我国对若干定型旋风分离器已制定标准系列，如 CLT、CLT/A、CLP 等。符号 C 表示除尘器，L 表示离心式，T 为倾斜顶切线进口，P 为蜗壳式进口，A，B 为产品类别，根据使用场合不同，分为 X 型（吸出式）和 Y 型（压入式），并有左旋（N）、右旋（S）、单筒及多筒之分。例如 CLT/A-2×2.0 表示双筒，直径为 200mm。

　　各类型旋风分离器的结构尺寸及性能参数可查阅有关手册。常见的旋风分离器有以下 4 种。

　　(1) CLT 型。CLT 型为普通型旋风分离器，它结构简单，阻力较小，$\zeta = 2.5 \sim 2.8$，但分离效率低。适用于捕集重度和颗粒较大的、干燥的非纤维性粉尘。CLT/A 型 (见图 3-10) 的除尘效率较 CLT 型有所提高，但阻力也较大，$\zeta = 5.0 \sim 5.5$。

　　(2) CLP 型。CLP 型旋风分离器采用蜗壳式进气口，进气口上沿稍低于器体顶盖，因而气体进入器体后，有一部分在顶盖附近形成环状涡流，此涡环可促使细粒聚结。再沿旁路下行进入主体下部，粉尘沿壁落入灰斗，气体与主流汇合。因消除了上涡环的不利影响，从而提高了分离效率并降低了压降，尤其对 $5\mu m$ 以上的尘粒分离效果较好。

　　CLP/A 型为双锥体，CLP/B 型 (见图 3-11) 为单锥体，二者分离效率相近，B 型的压降较小 ($\zeta = 4.8 \sim 5.8$)，故应用更广泛。

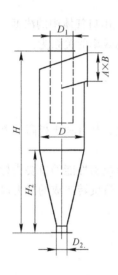

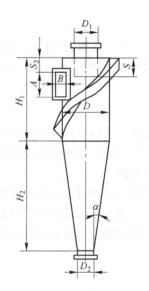

图 3-10　CLT/A 型旋风分离器

($A = 0.66D$；$B = 0.26D$；$D_1 = 0.6D$；$D_2 = 0.3D$；

$H_2 = 2D$；$H = (4.5 \sim 4.8) D$)

图 3-11　CLP/B 型旋风分离器

($A = 0.6D$；$B = 0.3D$；$D_1 = 0.6D$；$D_2 = 0.43D$；

$H_1 = 1.7D$；$H_2 = 2.3D$；$S = 0.28D + 0.3A$；

$S_2 = 0.28D$；$\alpha = 14°$)

　　(3) 扩散式。扩散式旋风分离器如图 3-12 所示，其特点是器体下部为倒圆锥形，内有一锥形反射屏，可防止返回的气流将粉尘重新卷起，从而提高了分离效率。扩散式旋风分离器具有除尘效率高、结构简单、加工制造容易、投资低和压头损失适中等优点，适用捕集 $5 \sim 10\mu m$ 以下的颗粒，其阻力系数可取 $6 \sim 7$。

　　(4) 多管式 CLG 型。CLG 型为并联的多管式旋风分离器组，用于气体处理量较大的场合。此时，若采用一台旋风分离器，器体尺寸将过大。CLG 型包括有 9、12、16 管 3 种。适用于捕集 $10\mu m$ 以上非黏结性的干燥粉尘。

　　近年来，由于环境保护和资源减少问题日趋重要，烟气的除尘和有价物质回收成为工业企业的迫切任务，出现了各种改进式的旋风分离器。如其中 B 型旋风除尘器是一种新型的高效旋风除尘器，如图 3-13 所示。其结构特点是采用了 180°蜗壳进口，入口面积较大，并设有旁路通道结构和采用了收缩形排气管。因此使它具有处理气量大、压头损失适中、对较细粉尘的除

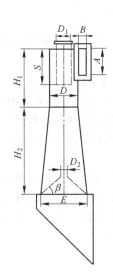

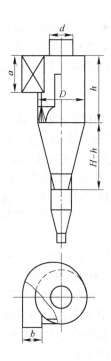

图 3-12　扩散式旋风分离器

($A=D$；$B=0.26D$；$D_1=0.5D$；$D_2=0.05D$；$H_1=2D$；

$H_2=3D$；$S=1.11D$；$E=1.65D$；$\beta=45°$)

图 3-13　B 型旋风分离器

尘效率高、体形较短的优点。适用于石油、冶金、化工等生产中的除尘，尤其适于用作流化床装置中的内旋风除尘器捕集昂贵的催化剂微粒。

D　旋风分离器的选用和设计

选用旋风分离器可按下列步骤进行：

（1）根据含尘气体的物性和主要工艺参数（气体处理量、允许压降和分离效率）确定旋风分离器的结构形式。

（2）根据允许压降和气体处理量确定具体型号。原则是在满足气体处理量下，压降不超过允许值。当气体处理量过大时也可选用多台并联使用。性能表 3-3 中所列压降是气体密度为 1.2kg/m³ 时的数值，选用时应将实际条件下的压降换算成气体密度为 1.2kg/m³ 时的数值。

表 3-3　扩散旋风分离器的生产能力　　　　　　　　　　（m³/h）

型　号	圆筒直径 D /mm	进口气速 u_i/ m·s⁻¹			
		14	16	18	20
		压降 Δp/Pa			
		785	1020	1324	1570
1	250	820	920	1050	1170
2	300	1170	1330	1500	1670
3	370	1790	2000	2210	2500
4	455	2620	3000	3380	3760
5	525	3500	4000	4500	5000
6	585	4380	5000	5630	6250
7	645	5250	6000	6750	7500
8	695	6130	7000	7870	8740

注：压降是指气体密度为 1.2kg/m³ 时的值。

例 3-4 已知气体处理量为 $1500m^3/h$，气体密度为 $0.524kg/m^3$，允许压降为 $600Pa$，试选择一台合适型号的扩散式旋风分离器。

解：将实际条件下的允许压降值换算成气体密度为 $1.2kg/m^3$ 的压降值。

$$\Delta p = 600 \times \frac{1.2}{0.524} = 1374Pa$$

根据气体处理量 $1500m^3/h$ 和允许压降为 $1374Pa$，查表 3-4 得 2 号扩散式旋风分离器能满足要求，该型号圆筒直径为 $300mm$，其进口气速为 $18m/s$。

有时无合适型号选用需另行设计，此时可按下面步骤进行设计：

1）由所选定结构形式的旋风分离器确定出阻力系数 ζ，并由允许压降算出进口气速 u_i；

2）根据气体处理量和进口气速计算出主体圆筒直径，再按比例确定其他尺寸；

3）根据圆筒直径估算其分离性能是否达到要求，若达不到要求应适当调整旋风分离器尺寸或改用多台直径较小的分离器并联使用。

例 3-5 气流中所含尘粒的密度为 $2000kg/m^3$，标准状态下气体的流量为 $5000m^3/h$，温度为 $550℃$，密度为 $0.43kg/m^3$，黏度为 $3.6 \times 10^{-5}Pa \cdot s$。拟采用图 3-7 所示的标准型旋风分离器进行除尘，要求分离效率不低于 90%，已知相应的临界粒径不大于 $10\mu m$，并要求压降不超过 $660Pa$，试决定旋风分离器的尺寸和台数。

解：本题属设计型问题，现按设计步骤计算如下：

（1）确定 u_i

已知标准型的 $\zeta = 8$，由

$$\Delta p = \zeta \frac{\rho u_i^2}{2}$$

可得

$$u_i = \sqrt{\frac{2\Delta p}{\xi \rho}} = \sqrt{\frac{2 \times 660}{8 \times 0.43}} = 19.59m/s$$

（2）计算筒体直径 D 和尺寸

先按一台设计。因标准型的 $h = \frac{D}{2}$，$B = \frac{D}{4}$，所以 $Q_V = hBu_i = \frac{D^2}{8}u_i$

由此解得

$$D = \sqrt{\frac{8Q_V}{u_i}}$$

式中，$Q_V = \frac{5000}{3600} \times \frac{273 + 550}{273} = 4.19m^3/s$，代入上式算得 $D = 1.31m$。

（3）估算分离性能是否达到要求

$$d_{pc} = \sqrt{\frac{9\mu B}{\pi N u_i (\rho_p - \rho)}} \approx \sqrt{\frac{9\mu B}{\pi N u_i \rho_p}}$$

$$= \sqrt{\frac{9 \times 3.6 \times 10^{-5} \times \frac{1.31}{4}}{3.14 \times 5 \times 19.59 \times 2000}}$$

$$= 1.31 \times 10^{-5}m = 13.1\mu m > 10\mu m$$

故不能满足分离要求，可采取多台直径较小的分离器并联使用。假设 n 台可满足要求，则通过每台的气体量为 $\frac{Q_V}{n}$，故筒体直径为

$$D = \sqrt{\frac{8Q_V}{n u_i}} = \sqrt{\frac{8 \times 4.19}{19.59n}} = 1.31\sqrt{\frac{1}{n}}$$

临界粒径为

$$d_{pc} = \sqrt{\frac{9\mu B}{\pi N u_i \rho_p}} = \sqrt{\frac{9\mu \times \frac{D}{4}}{\pi N u_i \rho_p}} = \sqrt{\frac{9 \times 3.6 \times 10^{-5} \times 1.31 \times \frac{1}{\sqrt{n}}}{4 \times 3.14 \times 5 \times 19.59 \times 2000}} = 1.31 \times 10^{-5} n^{-0.25}$$

即

$$n = \frac{2.95 \times 10^{-20}}{d_{pc}^4}$$

因为要求 $d_{pc} \leqslant 10\mu m$

所以要求

$$n \geqslant \frac{2.95 \times 10^{-20}}{(10 \times 10^{-6})^4} = 2.95$$

因此采用 3 台即可满足要求，但考虑实际操作和安排上的方便，常采用双数，即用 4 台并联使用。采用 4 台时可得

$$d_{pc} = 1.31 \times 10^{-5} (4)^{-0.25} = 9.26 \times 10^{-6} = 9.26\mu m < 10\mu m$$

故

$$D = 1.31 \frac{1}{\sqrt{n}} = \frac{1.31}{\sqrt{4}} = 0.655m$$

旋风分离器其他尺寸可据图 3-7 中所示标准型的尺寸比例算得，为：

$$h = 0.328m, B = 0.164m, D_1 = 0.328m,$$

$$H_1 = 1.31m, H_2 = 1.31m, S = 0.0819m, D_2 = 0.164m$$

当选定或设计成的一台旋风分离器用于操作条件发生了变化的场合时，其收尘效率将发生变化。变化后的效率可由下面的经验公式确定。式中下标 a、b 表示两种操作条件。

当气体流量变化时，

$$\frac{100 - \eta_a}{100 - \eta_b} = \left(\frac{Q_{Vb}}{Q_{Va}}\right)^{0.5} \tag{3-33}$$

当流量恒定时，效率与气体密度的关系为

$$\frac{100 - \eta_a}{100 - \eta_b} = \left(\frac{\rho_p - \rho_b}{\rho_p - \rho_a}\right)^{0.5} \tag{3-34}$$

当气体尘粒浓度有中等程度变化时

$$\frac{100 - \eta_a}{100 - \eta_b} = \left(\frac{c_{1b}}{c_{1a}}\right)^{0.183} \tag{3-35}$$

3.2.2.2 旋液分离器

旋液分离器是一种利用离心沉降原理分离悬浮液的设备，其结构及操作原理与旋风分离器相类似，只是外形上直径较小，圆锥部较长，如图 3-14 所示。

悬浮液经入口管由切向进入圆筒，向下做螺旋运动，固体颗粒受惯性离心力作用被甩向器壁，并随旋流降至锥底。由底部排出的稠厚悬浮液为底流，清液或含较小颗粒的液体则形成螺旋上升的内旋流，由器顶的溢流管排出，称为溢流。旋液分

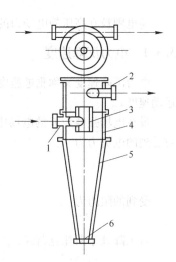

图 3-14　旋液分离器
1—悬浮液入口；2—溢流出口；
3—中心溢流管；4—筒体；
5—锥体；6—底流出口

离器可用于悬浮液的增稠，也可用于悬浮液中固体粒子的分级，即由底流中获得尺寸较大或密度较大的颗粒，由溢流中获得尺寸较小或密度较小的颗粒。它还可以用于液-液萃取操作中两种不互溶液体的分离，但由于剪切力很容易引起两相的乳化，故分离效率不高。

旋液分离器内固体颗粒沿壁面快速运动会造成壁面严重磨损，故应采用耐磨材料制造壁面。

旋液分离器的圆筒直径一般为 75～300mm。悬浮液进口速度一般为 5～15m/s。压头损失约为 50～200kPa。分离的颗粒直径约为 10～40μm。

3.2.2.3　管式离心机

如图 3-15 所示，管式离心机有内径为 75～150mm，长度约为 1500mm、转数约为 1500r/min 的管式转鼓。其离心分离因数可达 $K_c \approx 13000$，也有高达 $K_c \approx 10^5$ 的超速离心机。它可在澄清和分离两种工况下操作。

用作乳浊液分离时，料液在 25～30kPa（表压）下由底部加料管进入空心转鼓内。转鼓上装有 3 块纵向平板，以使料液迅速达到与转鼓相同的角速度。在料液自下而上流动的过程中，将轻、重液体分成两个同心环状液层。轻液和重液分别在上部轻液出口及重液出口排出。

若将重液出口用垫片堵住，管式高速离心机也可用作悬浮液的分离。此时细小颗粒沉积在转鼓内壁，运转一段时间后，可停车卸渣并清洗机器。

管式高速离心机结构较简单，运转可靠，缺点是容量小。

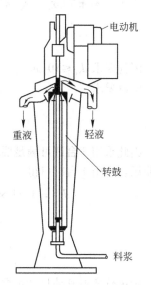

图 3-15　管式高速离心机

3.3　电　力　沉　降

荷电颗粒在高压静电场力的作用下产生的沉降过程称为电力沉降。

3.3.1　电力沉降速度

电力沉降速度又称驱进速度，是指作用在颗粒上的电场力和阻力达平衡时，颗粒向电极的运动速度。

设在电场强度为 E 的电场中有一直径为 d_p，荷电量为 q_p 的颗粒，其驱进速度为 u_e，则颗粒受到的电场力为

$$F = q_p E$$

受到的阻力为

$$F_d = \zeta \frac{\pi}{4} d_p^2 \frac{u_e^2}{2} \rho$$

若沉降处于斯托克斯区，$\zeta = \dfrac{24}{Re}$，代入阻力表达式有

$$F_d = 3\pi\mu d_p u_e$$

所以当两力达平衡时有

$$u_e = \frac{q_p E}{3\pi\mu d_p} \tag{3-36}$$

式中 u_e——颗粒驱进速度，m/s；

q_p——颗粒荷电量，C；

E——电场强度，V/m；

μ——气体黏度，Pa·s；

d_p——颗粒直径，m。

对直径 $d_p < 1\mu m$ 的颗粒，由于分子滑动的影响，其驱进速度应修正为

$$u'_e = k_m u_e \tag{3-37}$$

式中，k_m 为修正系数，与粒径大小有关。球形颗粒的 k_m 实测值如表3-4所示。

表 3-4 球形尘粒 k_m 实测值

尘粒半径/μm	k_m	尘粒半径/μm	k_m
0.07	2.4	0.4	1.22
0.10	1.94	0.6	1.15
0.20	1.45	0.8	1.11
0.30	1.28	1.00	1.09

以上计算出的驱进速度都为理论值。实际中，由于粒子的运动十分复杂，影响因素很多，因此理论值与实际值有较大的差别。

3.3.2 电力沉降设备

用于电力沉降的设备称为电力沉降设备。由于通常将利用电力沉降原理将颗粒从气流中分离出来的过程称为电收尘，因此电力沉降设备又称为电收尘器。

3.3.2.1 电收尘器的工作原理

当含尘气体通过电收尘器时，首先气体产生电离，使颗粒荷电，然后荷电颗粒向收尘电极运动，到达收尘电极后进行放电并吸附在收尘电极上而被捕集下来。

A 气体的电离

气体分子失去电子而产生自由电子、阳离子和阴离子的过程称为气体的电离。

气体的电离分为两类：非自发性电离和自发性电离。

气体的非自发性电离是在外界能量作用下（如受到 X 光、紫外线或其他辐射线照射下）产生的；而气体的自发性电离则是在高压电场作用下产生的，无需特殊的外加能量。气体在电收尘器中的电离主要属于自发性电离。

气体在电场中的电离过程可用图3-16来说明。当电压较低时气体不发生自发性电离，此时电场中的电流仅仅是由大气中存在一些气体的非自发性电离产生的少量自由电子的定向迁移造成的，因此其电流很小。其后随着电压的增大，这部分电流增大，如图中 AB 线段所示。当电压增至 B' 点时，电流不再增加（对应的电流称为饱和电流），外加电压的增加只是使电子或离子获得更高的能量。如电压增至 C' 点时，气体开始产生自发性电离，这是因为此时电子所具有的能量足以使它在与中性气体分子碰撞时使气体分子发生电离，产生新的自由电子和阳离子，这些新自

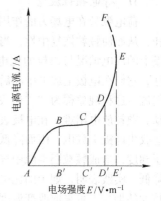

图 3-16 气体电离过程

由电子又与其他中性气体分子结合成新的阳离子和阴离子，从而开始了气体离子传送电流，故C点的电压称为临界电离电压。当电压继续升高到D'点时，由于气体电离加剧，出现了大量自由电子、阳离子和阴离子，此时，在黑暗中可以观察到在放电极周围的电离区有淡蓝色的光点，并听到丝丝和噼啪响的放电声。这些蓝色的光点或光环称为电晕。故这一气体电离过程称为电晕电离过程，此时的电压称为临界电晕电压，其电流称为电晕电流，而其放电则称为电晕放电。当电压升至E'点时，由于电晕范围扩大，使电极间产生火花，在极短的时间内有大量电流从阳极流到阴极，使其间的气体介质全部被击穿，从而造成两极间短路，这种放电称为火花放电。E'点的电压称为火花放电电压。火花放电时，会产生高温，极间会出现电弧，损坏设备。故在电收尘中应避免火花放电的发生。若极间电压在临界电晕电压之下，气体电离过程不强，收尘效果不好。因此应经常使电场保持在电晕放电状态。为此，电收尘都采用非均匀电场，使电晕控制在电场强度较大的区域内。如图3-17所示，电收尘器的电晕电极（又称为放电电极）用导线做成，而收尘电极采用板式或管式电极，其目的就是为了产生非均匀电场。电收尘器的操作电压一般在50～70kV，均以负极作电晕电极。

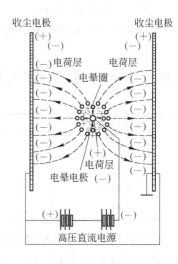

图 3-17　电收尘原理示意图

B　颗粒荷电

含尘气体中的尘粒在电收尘器内电场中的荷电，有电场荷电和扩散荷电两种。

电场荷电是在电场作用下，沿着电力线运动的负离子与颗粒碰撞而使颗粒得到电荷的过程。扩散荷电与电场无关，它是离子在作热运动扩散时与颗粒碰撞而使颗粒带电的过程。气流中，粒径大于$0.5\mu m$的颗粒的荷电主要是电场荷电；粒径小于$0.2\mu m$的颗粒的荷电主要是扩散荷电。

C　荷电颗粒的运动

在电场中，荷电尘粒受电场力作用而运动。带负电荷的尘粒，驱向收尘极形成高速离子流（也称电风）。带正电荷的尘粒，少数在电晕电极附近，将会沉降在电晕电极上，而绝大多数的带正电荷尘粒，受电场力作用而向电晕电极运动，在运动过程中被电风中和并带上负电荷，最后驱向收尘极。因此电场中大部分颗粒是向着收尘电极运动的。

D　荷电颗粒放电

荷电颗粒在场力的作用下，到达收尘电极以后，颗粒上的电荷便与收尘电极上的电荷中和，从而使颗粒恢复中性，当电极振打时便落于灰斗，此即颗粒放电过程。荷电颗粒在收尘电极上的放电情况与颗粒的比电阻大小有关。当颗粒的比电阻小于$10^4\Omega\cdot cm$时，因导电性太好，它们在电极上放电中和后，又会立即获得与收尘电极电性相同的电荷，被电极排斥而重返气流。这种现象称为"二次飞扬"。当颗粒的比电阻大于$5\times10^{10}\Omega\cdot cm$，电荷很难在颗粒上流动，颗粒放电困难，在电极表面堆积的荷电颗粒层增厚，使新来的荷电颗粒受到排斥而不能到达收尘电极上放电，因而降低了收尘效果。如果颗粒层过厚，则在收尘电极附近形成很大的电压梯度，造成颗粒层空隙中气体电离，即发生电晕放电，称之为"反电晕"，使收尘效率大大降低。实践表明，烟尘的比电阻在$10^4\sim5\times10^{10}\Omega\cdot cm$范围内最适于电收尘分离。对于比电阻较大的烟尘，可采取改变温度、增大湿度和添加化学试剂等方法来改善收尘操作。

颗粒的正常荷电和放电还与气体中颗粒的浓度有关。若颗粒浓度过大，大部分由气体电离产生的电荷将附着在颗粒上。由于荷电颗粒迁移速度比气体离子和电子的小得多，所以滞留在空间的电荷增大，削弱了原来的电场强度以致电晕电流大大减小，甚至为零。结果没有足够的电荷来使颗粒进行正常荷电，因而也就不可能有正常的颗粒放电，最后电晕现象消失，电收尘器失去除尘作用，出现所谓"电晕封闭"现象。为了防止这种现象发生，应先将含尘气体经重力沉降与旋风分离器进行预处理，使气体含尘浓度降低到$60g/m^3$以下。

3.3.2.2　电收尘器的结构和特点

电收尘器主要由两大部分组成，一部分是产生高压直流电的供电机组和低压控制装置，另一部分是电收尘器本体。烟气在本体内完成净化过程。

电收尘器本体主要部件包括：电晕电极、收尘电极、气流分布装置、清灰装置、外壳等。

电收尘按电极在电除尘器内的配置可分成单区和双区电收尘器。单区电收尘器，颗粒的荷电与放电是在同一个电场中进行，一般采用负电晕电极，现在工业上一般都采用这种形式。双区电收尘器，颗粒的荷电和放电是在两个不同的电场区内完成的，在前一个电场区内装有电晕电极，颗粒在此进行荷电，在后一个电场区内装有收尘极，颗粒在此进行放电而被捕集。双区电收尘器多用于空调，一般采用正电晕电极以减少臭氧。另外，按收尘极的结构形式分，电收尘器还可分成板式和管式电收尘器，其中管式电收尘器多用于捕集气体中的液体雾沫。图3-18所示为板式电收尘器。图3-19所示为管式电收尘器。

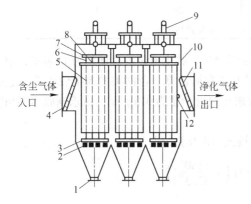

图 3-18　板式电收尘器示意图

1—排灰装置；2—电晕电极吊锤；3—电晕电极下部支架；
4—进口分流板；5—收尘电极；6—电晕电极；7—电晕
电极上部支架；8—收尘电极上部支架；9—电晕电极
振打装置；10—外壳；11—出口分流板；
12—收尘电极振打装置

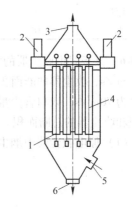

图 3-19　管式电收尘器示意图

1—电晕电极；2—绝缘箱；3—净化气体出口；
4—收尘电极（圆管）；5—含尘气体入口；
6—烟尘出口

含尘气体从入口进入，经分流板分别流入各个分电场，尘粒沉积于电极，经振打或冲洗落入灰斗，净化气体从出口排出。

电收尘器能有效地捕集$0.1\mu m$甚至更小的烟尘与雾滴，分离效率可高达99.99%，阻力较小，气体处理量可以很大。缺点是设备费和运转费都较高，安装、维护、管理要求严格。

3.3.2.3　电收尘器的性能

收尘效率是电除尘器性能的重要标志，也是设计计算、分析比较电除尘器的重要依据。

1922年多依奇（Deutsch）提出了电收尘的一维模型。根据该模型，多依奇从理论上推导出了计算电收尘效率的公式为：

$$\eta_0 = 1 - \exp\left(-\frac{A_c}{Q_V}u'_e\right) \tag{3-38}$$

式中 Q_V——气体流量，$Q_V = Au$，m^3/s；

A_c——收尘电极面积，$A_c = PL$（P 为横截面周长，L 为收尘极长），m^2。

电收尘器的实际效率与理论计算值往往差别很大，其原因在于影响电收尘的因素太多，一维模型不能正确反映实际情况。因此，长期以来人们多用有效驱进速度来代替理论驱进速度 u'_e。有效驱进速度是在一些技术参数和几何参数已知的情况下借多依奇公式由实测的收尘效率反算得到的。它是一个综合指标，概括进了模型未涉及到的其他所有影响因素。粉尘的有效驱进速度如表 3-5 所示。

表 3-5　粉尘的有效驱进速度　　　　　　　　　　(cm/s)

名　称	平均值	范围值	名　称	平均值	范围值
锅炉飞灰	13	4 ~ 20	熔炼炉	2.0	
纸浆及造纸	7.5	6.5 ~ 10	平　炉	6.0	
硫酸（酸雾）	7.0	6 ~ 8.5	冲天炉	3.5	3 ~ 4
水泥（湿法）	11.0	9 ~ 12	高　炉	11	
（干法）	6.5	6 ~ 7	催化剂	8	
酸雾（T_iO_2）	7	6 ~ 8	红　磷	3	
石　膏	18	16 ~ 20	多层床式熔烧炉	8	

例 3-6　某板式电收尘器的实测收尘效率为 97.5%，收尘电极的总面积为 1180m^2，总烟气量为 33.3m^3/s，收尘器的断面积为 25m^2。根据上述数据计算一台同类的新电收尘器，它处理的烟气量为 70m^3/s，入口含尘量为 15g/m^3，要求出口含尘量为 0.3g/m^3。试求新收尘器所需电极总面积和收尘器的总断面积。

解：（1）原电收尘器中烟尘的驱进速度，按式（3-38），得

$$0.975 = 1 - \exp\left(-\frac{1180}{33.3}u'_e\right)$$

故

$$u'_e = \frac{\ln(1 - 0.975)}{-35.4} = 0.104 \text{m/s}$$

（2）新设计的电收尘器的收尘效率，按式（3-28）可得

$$\eta_0 = \frac{15 - 0.3}{15} = 0.98 = 98\%$$

（3）新设计的电收尘器的电极总面积，按式（3-38），即

$$0.98 = 1 - \exp\left(-\frac{0.104}{70}A_c\right)$$

解得：

$$A_c = \frac{\ln(1 - 0.98)}{-0.00149} = 2626 \text{m}^2$$

（4）新设计的电收尘器的断面面积。因为原电收尘器气流速度为 $u = 33.3/25 = 1.34$m/s，新电收尘器采用同样的气速，故其断面积

$$A = \frac{70}{1.34} = 52.2\text{m}^2$$

虽然在工程设计中其他因素对收尘效率的影响可以用有效驱速度来反映，但它毕竟失去了理论对实践的指导意义。因此先后有学者提出了其他模型，如张国权 1984 年提出的三维数学模型（实际上简化成了二维模型）。根据该模型，张国权推导出的收尘效率的理论计算公式为：

$$\eta_0 = 1 - 1.718\exp\left(-\frac{A_c}{Q_V}u'_e\right) \tag{3-39}$$

与多依奇公式相比，第二项多了一个 1.718 的系数，因此同条件的计算结果要小于多依奇公式的计算结果，与实际更接近但仍有误差。

3.3.2.4 电除尘器的基本参数计算与选型

电除尘器的基本参数主要有电场风速、收尘极板间距、电晕极间距、粉尘有效驱进速度、电场数等。下面分别介绍这些参数的计算。

（1）电场风速。主要由收尘极形式、除尘器规格大小和被处理的烟气特性而定。工业电除尘器常用的电场风速见表 3-6。

表 3-6　电除尘器常用风速

收尘极形式	电场风速 $u/\text{m} \cdot \text{s}^{-1}$	收尘极形式	电场风速 $u/\text{m} \cdot \text{s}^{-1}$
棒帷式、网式、板式	0.4 ~ 0.8	袋式、鱼鳞式	1 ~ 2
槽式、C 式、Z 式	0.8 ~ 1.5	圆管、蜂窝式	0.6 ~ 1

（2）收尘极板间距。对于管式电除尘器一般为 250 ~ 300mm，板式为 250 ~ 350mm。

（3）电晕极间距。对于板式电除尘器，圆形或星形的电晕线，当收尘极板间距为 250 ~ 300mm 时，电晕极间距为 160 ~ 200mm；当收尘极板间距为 400mm 时，电晕极间距为 240mm。对于芒刺线，其线距最小值为 110mm。

（4）粉尘的有效驱进速度。可按表 3-6 经验值选取或由中试实验测得。

（5）收尘极比表面积 $\dfrac{A_c}{Q_V}$。可由式（3-38）计算。

（6）电场数。按表 3-7 选择、确定。

表 3-7　电场数 n 的选择

$u_e/\text{cm} \cdot \text{s}^{-1}$	$-u\ln(1-\eta_0)/\text{m} \cdot \text{s}^{-1}$		
	<3.6 ~ 4	>4 ~ 7	>7 ~ 9
≤5	3	4	5
>5 ~ 9	2	3	4
≥9 ~ 13	—	2	3

（7）电场断面积 $A = \dfrac{Q_V}{3600u}$。其中，Q_V 单位为 m^3/h，u 单位为 m/s。

（8）极板高度。

当 $A \leqslant 80\text{m}^2$ 时，取极板高度 $h \approx \sqrt{A}$；

当 $A > 80\text{m}^2$ 时，取极板高度 $h = \sqrt{A/2}$。

（9）通道数。

$$Z = \frac{A}{(2b - k')h} \tag{3-40}$$

式中 Z——通道数；

    $2b$——相邻相极板中心距，m；

    k'——收尘极板阻流宽度，按表 3-8 取，m。

表 3-8   收尘极板阻流宽度

极板形式	k'	极板形式		k'
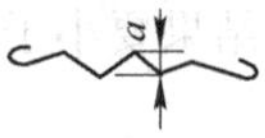	a	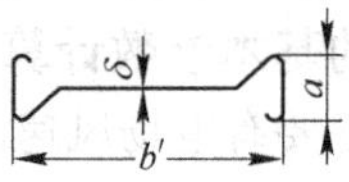 $\frac{b'}{a} \leqslant 4.5$		$a/2$
	a	$\frac{b'}{a} > 4.5$		δ
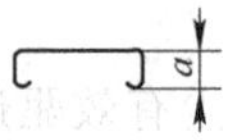	a			

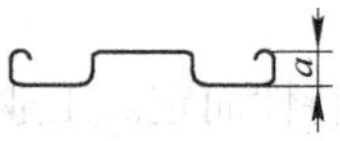

（10）电场长度。按下式计算

$$L = \frac{A_c}{2nZh}$$

根据以上参数计算可选电除尘器形式，并进行校核计算。

3.4   过   滤

流-固两相混合物的过滤，按流体种类不同可分成悬浮液的过滤和含尘气体的过滤。

3.4.1   悬浮液的过滤

3.4.1.1   过滤操作的基本概念

过滤是分离悬浮液的有效方法。沉降分离往往需要很长时间，因此当悬浮液不能在适当时间内用沉降方法得到分离，或由于沉降操作不能满足脱水要求时，常采用过滤操作。

    A   过滤的基本原理和类型

过滤的基本原理系利用一种具有许多细孔物质作为过滤介质，在介质两侧存在压力差的情况下，使液体通过过滤介质的孔隙，而将悬浮液中的固体粒子截留，从而实现固、液分离。过滤操作所处理的悬浮液称为滤浆或料浆，通过介质孔道的液体称为滤液，被截留的物质称为滤饼或滤渣。

工业上的过滤类型主要有两种：滤饼过滤（或表面过滤）和澄清过滤。澄清过滤又可分成粒状过滤（或深层过滤）、膜过滤等。

滤饼过滤及其机理如图 3-20（a）、（b）所示。大于孔隙的以及与孔隙大小相等的颗粒聚积于介质表面，形成滤饼。过滤开始时，很小的颗粒能通过孔道，故滤液常是浑浊的。但随着过滤的继续进行，由于发生"架桥"现象，通道变小，使后来的颗粒不能通过，同时滤饼形成后，由于滤饼中的通道通常比介质的通道细小，更能起到截留颗粒的作用，所以一般过滤进行一段时间后，便可得到澄清的滤液。表面过滤通常用来处理固体浓度较高（体积分数高于1%）、粒径大于1μm的悬浮液。

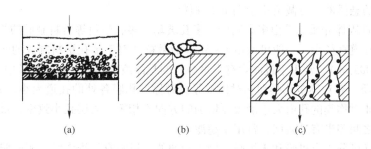

图 3-20　过滤操作过程示意图

（a）滤饼过滤；（b）"架桥"现象；（c）深层过滤

深层过滤及其机理如图 3-20（c）所示。由于固体颗粒的直径远远小于过滤介质的孔道，因而固体颗粒并不形成滤饼，而是沉积在介质床层的内部。即当颗粒在过滤介质床层的曲折通道中穿过时，由于惯性力、表面力、静电力的综合作用而黏附在过滤介质上。

此类过程的过滤介质可以是较厚的织物层或纤维层，也可以是颗粒状物质的堆积层或素烧（不上釉）陶瓷筒或板。由于滤渣会引起过滤介质有效孔道堵塞，所以深层过滤只适用于含固体颗粒很少（体积分数低于 0.1%）的悬浮液，如饮用水的砂滤净化。

膜过滤的过滤介质是膜。根据膜的种类和孔径的不同，膜过滤可分成微孔过滤（Macro Filtration，简称 MF，微滤）、超滤（Ultra Filtration，简称 UF）、纳滤（Nano Filtration，简称 NF）、反渗透（Reverse Osmosis，简称 RO）等。其中，用于悬浮液过滤的有微滤和超滤两种。

微滤是以静压差为推动力，利用膜的筛分作用进行分离的膜过程。其截留微粒机理有机械拦截、架桥、吸附、孔内停留（阻塞）以及膜内部的网络截留。微滤多用于粒径范围约为 0.05~10μm 的悬浮液的过滤。微滤的操作压强一般为 0.1~0.3MPa。

超滤是介于微滤和纳滤之间的一种膜过程。超滤截留粒子的机理与微滤的类似，两者的主要差别在于超滤膜的皮层要致密得多，因此流动阻力比微滤膜要大得多。超滤主要用于粒径范围约为 1~20nm 的悬浮液的过滤。超滤的操作压强一般为 0.3~1.0MPa。

B　滤饼过滤过程

过滤时滤液克服流动阻力而通过过滤介质，固体颗粒则被截留在过滤介质表面上形成滤饼，当滤饼尚未形成时，流动阻力主要是介质阻力；滤饼形成后则主要是滤饼阻力。当过滤操作进行一定时间后，随着滤饼层的增厚，过滤阻力大大增加，过滤速度就变得很慢，于是便需将滤饼移走。但由于滤饼层中还有一部分滤液，因此常需对滤饼进行洗涤，洗涤完毕后有时还需用空气使滤饼去湿。所以，一个完整的过滤过程包括过滤、洗涤、去湿及卸饼四个阶段，但若滤饼及滤饼中的滤液不必回收，那么就可简化为过滤和卸饼两个阶段。

C　过滤介质

当滤饼形成后，过滤介质只起着支承滤饼的作用，所以它除了应具有多孔性及合适的孔径外，还需有足够的机械强度和对流体尽可能小的流动阻力。此外，还要求它具有相应的化学稳定性、耐热性、耐腐蚀性等特点。

工业上常用的过滤介质有：

（1）织物状介质，一般称为滤布，用棉、麻、丝、毛等天然纤维及合成纤维、玻璃纤维、金属丝等编织而成。由于其来源广泛、价格便宜，所以用得最多。这类介质所能截留的最小微粒直径约为 10μm。

（2）粒状介质包括细砂、石砾、玻璃渣、木炭、骨炭及酸性白土等的堆积层，通常用以过滤含滤渣极少的悬浮液。可截留小于 $1\mu m$ 的颗粒。

（3）多孔性固体介质，是由多孔陶瓷、多孔玻璃、多孔塑料等材料制成的管或板，其优点是耐蚀性好、孔道直径小，一般可截留 $1\sim3\mu m$ 的微粒（对于多孔塑料制成的薄膜，截留的最小颗粒可达 $0.005\mu m$），常用于过滤含有少量微粒的悬浮液的间歇式过滤设备中。

（4）膜介质，有对称多孔膜和非对称膜等。对称多孔膜各处的孔道大小、分布基本相同，多用于微滤；非对称膜的孔道大小沿膜厚增加的方向不相等，表层孔小致密，最下层孔大，为支撑层，两层之间多半有过渡层，常用于超滤。

膜按材料又可分为有机膜和无机膜。用于微滤的有机膜有纤维素膜、明胶膜、芳香聚酰胺膜、聚醚膜、聚四氟乙烯膜等，无机膜有金属（不锈钢、钯、钨银等）膜、陶瓷（主要为氧化铝和氧化锆陶瓷）膜和玻璃膜；用于超滤的有机膜有聚酰亚胺膜、聚丙烯腈膜、聚偏氟乙烯膜（为最常用的膜）等，无机膜有陶瓷膜。与有机膜相比，无机膜具有耐热性好，化学稳定性高，抗微生物能力强，机械强度高，不易污染分离体系，不会老化，使用寿命长，易控制孔径大小和孔径尺寸分布的优点。但无机膜脆，易碎，需特殊构型和组装，设备费相对较高，高温应用和密封较复杂。

微滤用膜的孔径为 $0.1\sim10\mu m$，可截留 $0.05\sim10\mu m$ 的颗粒。超滤用膜的孔径为 $1\sim50nm$，可截留 $1\sim20nm$ 的微粒。

D　滤饼种类及助滤剂

滤饼可分为可压缩及不可压缩两类。当滤饼由坚硬不变形的颗粒如硅藻土等组成时，各个颗粒间相互排列的位置，以及颗粒之间的孔道均不因床层所受压力的增加而有所改变，这种滤饼称为不可压缩滤饼。反之，若组成滤饼的固体颗粒的形状以及滤饼颗粒间的孔道随操作压力的增加而变化，使单位厚度滤饼层的阻力也相应增大，这种滤饼称为可压缩性滤饼，如氢氧化铝、染料等。

对于可压缩性滤饼，由于通过滤饼层的流动阻力随操作压力的增加而增加，更由于沉积的第一层滤饼常常使过滤介质的通道堵塞，所以过滤速度急剧下降。此时，我们可以用加入助滤剂的办法，来改变滤饼中固体颗粒的粒度分布情况及堆积状况，从而提高滤饼的孔隙度。可以将助滤剂直接加入料浆，以使其形成较疏松的滤饼，这种方法称为预混。也可以先使只含助滤剂颗粒的料浆过滤，在滤布上形成一层助滤剂饼层，从而防止过滤介质孔道的堵塞，这种方法称为预涂。

对助滤剂的基本要求是多孔、价廉、不可压缩和化学性质稳定。常用的助滤剂有硅藻土、活性炭、石棉、纤维素等，由于硅藻土化学性质稳定、价格便宜，用得最多。

助滤剂的加入量应当适量，预涂所用助滤剂的量，每平方米过滤面积上一般为 $250\sim700g$；对助滤剂直接加入料浆过滤时，需要加入的助滤剂的量约为悬浮液质量的 $0.1\%\sim0.5\%$，在有大量悬浮固体存在的情况下，所需加入助滤剂的量更大。

E　过滤推动力

滤液通过过滤介质和滤饼时，必须克服介质及滤饼对流体流动的阻力。因此，过滤必须在推动力存在情况下才能进行。过滤的推动力是介质和滤饼两侧的压力差，而不是所受压力的绝对值。压力总的来源有4种：（1）悬浮液本身的液柱压强差，一般不超过 $0.05MPa$；（2）在悬浮液上面加压，一般可达 $0.5MPa$ 以上；（3）在过滤介质下面抽真空，通常不超过 $0.085MPa$；（4）利用离心力。推动力是影响过滤强度的一个很重要的因素。同时推动力的选择对过滤设备的结构有决定性的影响。

F　过滤速率与过滤速度

单位时间内滤过的滤液体积，称为过滤速率，单位为 m^3/s。单位过滤面积的过滤速率称为过滤速度，单位为 m/s。设过滤面积为 A，过滤时间为 $d\tau$，滤液体积为 dV，则过滤速率为 $dV/d\tau$，而过滤速度（膜过滤中称为渗透通量）为 $dV/(Ad\tau)$。

3.4.1.2 常用过滤设备

过滤操作是借外力使悬浮液通过一多孔介质的过程。根据过滤类型不同，过滤设备可以分成过滤机和膜过滤器等。其中，过滤机又可根据外力（即推动力）的不同，分为重力过滤机、加压过滤机、真空过滤机及离心过滤机；根据操作方式的不同，分为间歇式及连续式两类。膜过滤器又可根据膜器件外形的不同，分为板框式膜过滤器、圆管式膜过滤器等。现将常用的过滤设备介绍如下。

A 板框压滤机

板框压滤机是间歇式过滤机中应用最广泛的一种。它主要由尾板、滤框、滤板、头板、主梁和压紧装置等组成。两根主梁把尾板和压紧装置连在一起构成机架。机架上靠近压紧装置端放置头板，在头尾板之间依次交替排列着滤板和滤框，板框间夹着滤布。滤板和滤框的大小根据生产任务决定，板和框的数目则可在一定范围内自由调节。

板和框大多做成正方形，四角开有小孔，当板、框叠合时即形成滤浆、滤液及洗涤液的进出通道。滤板两侧表面做成纵横交错的沟槽，形成凹凸不平的表面，凸部用来支撑滤布，凹槽是滤液的通道。滤板右上角的小孔，是滤浆通道；左上角的小孔，是洗涤液（工业上常用清水作为洗涤液，故洗涤液又常称为洗水。）通道。滤板有两种，一种是左上角的洗涤液通道与两侧表面的凹槽相通，使洗涤液流进凹槽，这种滤板称为洗涤板；而另一种，洗涤液通道与两侧表面的凹槽不相通，称为非洗涤板。为了避免这两种板和框的安装次序有错，在铸造时常在板与框的外侧面分别铸有一个、两个或三个小钮。非洗涤板为一钮板，框带两个钮，洗涤板为三钮板。三者的排列顺序如图 3-21（a）所示。操作开始前，将四角开孔的滤布盖在框的两边，并用手动、液压等方式使板、滤布、框压紧。滤浆从通道 5 进入滤框，滤液穿过框两边的滤布，从滤板左下角进入通道 7 排出。当框内充满滤饼后，停止过滤，将洗涤液由通道 6 进入洗涤板两侧，并穿过滤饼层，从非洗涤板下角进入通道 7 排出。洗涤完毕后即可卸饼，清洗滤框

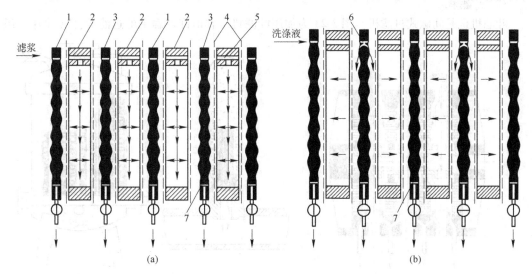

图 3-21　板框压滤机操作示意图

（a）过滤；（b）洗涤

1—非洗涤板；2—框；3—洗涤板；4—滤布；5~7—通道

和滤布。工业上常用清水作为洗涤液，故洗涤液又常称为洗水。

过滤及洗涤操作时液体的流动途径如图3-21所示。对于板框压滤机来说，从图中可以看出：

（1）洗涤液所遇到的流动阻力是过滤终了时滤液所遇到的阻力的两倍。

（2）洗涤时的洗涤面积是过滤面积的二分之一。

板框压滤机的操作压强，一般为0.3~0.8MPa，也可高达1.5MPa。板框可用各种材料制造，如碳钢（在型号中代号G）、铸铁（代号Z，可省略）、耐蚀钢（代号N）、铝合金（代号L）、铜（代号T）、木材（代号M）、塑料（代号U）、橡胶或衬胶（代号X）、阿斯拉克复合材料（由石棉和ABS树脂制成的新材料，它既有ABS树脂耐冲击的优点，又克服了刚性低的缺点，尺寸稳定、耐热性好、化学性能稳定）等。滤框厚度约为20~75mm，板框边长为0.1~1m。滤液的排出方式有明流和暗流之分。明流便于观察，暗流则可减少空气污染。

我国已有板框压滤机产品的系列标准。如型号为BMS20/635-25（或BMS20-635/25），其中，B—板框式（防腐型用FB表示）；M—明流（A表示暗流）；S—手动压紧（Y表示液压压紧，可省略；J表示机械压紧；Z表示自动压滤机）；该机过滤面积20m²，空框内每边长为635mm；框厚25mm。25后字母为与分离物料相接触部分材料代号，此处无字母，材料为铸铁。

板框压滤机结构简单、制造方便、辅助设备少、占地小，而且过滤面积大，推动力大，对各种物料的适应能力强。但因为是间歇操作，故生产效率低，劳动强度大，滤布损耗较多。目前国内已生产出BAJZ151800-50、BAJA20/800-50和BAJ30/100-60等多个型号的自动操作的板框压滤机。

B 凹板型厢式压滤机

凹板型厢式压滤机的操作与板框压滤机相类似，但不再需要滤框，而靠两块凹板上的凸棱形成滤室，见图3-22。它仅由滤板组成，带有中心孔的滤布覆盖在滤板上。其造价一般比等效的板框过滤机低15%，但由于滤布更易磨损和折裂，其操作成本比板框式更高。其优缺点和适用范围与板框式相似，现已有自动厢式压滤机。厢式压滤机在型号中用字母X表示，型号中的其他字母与数字意义与板框式的相同。

C 叶滤机

叶滤机也是间歇式过滤机。图3-23为加压叶滤机。它由许多扁平的过滤元件（叶片）组

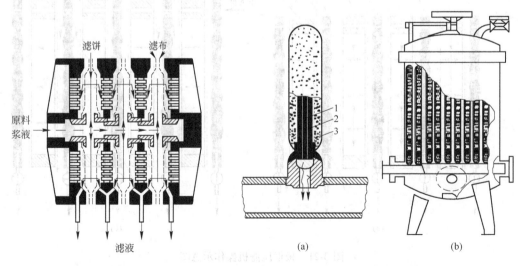

图3-22 厢式压滤机

图3-23 叶滤机

1—金属网；2—滤布；3—滤饼

装而成。叶片为圆形、扁圆形或矩形。它的两面都是过滤表面，故也称为滤叶。滤叶可由金属多孔板或金属网制造，内部具有空间，外罩滤布。过滤时滤叶安装在能承受压力的密闭壳体内，壳体有圆筒形和锥形两种。滤浆用泵压送到机壳内，滤液穿过滤布进入滤叶内，汇集至总管后排出机外，颗粒积于滤布外侧形成滤饼。过滤完毕后，若要洗涤，可通入洗涤水，洗涤水的路径与滤液相同。洗涤过程结束后打开壳盖，卸下滤饼。

叶滤机型号表示为EY××××-×，其各项含义为：第1位字母E表示叶滤机；第2位字母Y表示加压式；第3位表示滤叶形式，C为垂直滤叶型，S为水平滤叶型；第4位表示卸料方式，C为冲洗卸料，Z为振荡卸料，Y为滤叶移动卸料，L为离心力卸料；第5位表示机器形式，L为立式，N为卧式；第6位数字，表示过滤面积，m^2，"-"后面的字母表示材料，材料代号与板框压滤机的相同。

叶滤机的优点是密闭操作，适宜于处理易汽化以及有味、有毒的物质；操作稳定，过滤速度快，滤饼的洗涤效果好。缺点是造价高，更换滤布尤其是圆形滤叶，比较费时。

D 回转真空过滤机

回转真空过滤机是连续操作的过滤机，已广泛应用于各工业部门。回转真空过滤机的主体是一个水平转鼓，表面为多孔金属板，上覆金属丝网及滤布。转鼓的内部空间被径向分隔为若干扇形格，称过滤室，每室都有单独通道通至分配头。分配头的作用是使各扇形格可以同吸走滤液的真空管、吸走洗涤液的真空管以及压缩空气管顺序相通。转鼓下部浸在滤浆槽中，上部有洗涤液喷头及卸料刮刀。因而转鼓的不同部分同时进行着过滤、洗涤、吹干、卸饼、滤布再生等操作，转鼓回转一周即完成了一个操作循环（参见图3-24）。分配头由固定盘及转动盘组成，两盘互相叠合，盘上开孔，见图3-25。

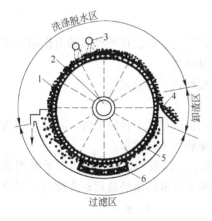

图 3-24 回转真空过滤机的操作
1—转鼓；2—分配头；3—洗液喷头；
4—刮刀；5—悬浮液槽；6—搅拌器

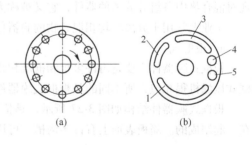

图 3-25 分配头
（a）转动盘；（b）固定盘
1，2—与滤液贮槽相通的孔；3—与洗液
相通的孔；4，5—与压缩空气相通的孔

转鼓转速一般为0.15～2r/min（高转速适用于容易过滤的物料，低转速适用于难过滤的物料），转鼓直径为0.3～4.5m，长度为0.3～6m，长径比，外滤式为0.8～1.6，内滤式为0.35～1.2，浸入滤浆的面积约占总面积的30%～40%，若不需洗涤，可增至60%。真空度约为33～790kPa。

我国已有回转真空过滤机产品标准系列。如型号GSD10/1.6-N，其中，G—外滤面真空转鼓式（内滤面真空转鼓式用GN表示）；S—深浸型（P表示普通型，可省略；W表示无格型；

F 表示预敷型；H 表示上部加料型；M 表示密闭型；C 表示永磁型）；D—折带卸料（U 表示绳索卸料；I 表示钢丝卸料；G 表示辊子卸料；刮刀卸料省略字母代号）；该机过滤面积为 $10m^2$，转鼓直径为 1.6m；N—与物料接触部分材料代号，为耐蚀钢，其他材料代号与板框式过滤机的相同。

回转真空过滤机的优点是操作完全自动，需人力少、生产能力大，滤饼厚度可自由调节，适用于量大而易过滤的物料。缺点是附属设备多，投资费用高；过滤推动力小，滤饼含液体量大。

E　活塞推料连续离心机

这是一种连续操作的离心过滤机。它与回转真空过滤机相似，过滤、洗涤、沥干、卸料等各操作同时在转鼓的不同部位进行，其结构如图 3-26 所示。卧式的转鼓内装有一个活塞卸料器，它和转鼓一起旋转，同时又与加料斗一起作轴向往复运动。活塞可将滤饼逐步推向转鼓的右边，滤饼在此处进行洗涤、沥干，最后被推出转鼓外。活塞的冲程可以调节至约为鼓长的 $\frac{1}{10}$，往复次数约 30 次/min。每小时可得 0.3~25t 滤饼，对过滤含固量小于 10%、粒径大于 0.15mm 的悬浮液比较合适，在卸料时晶体也较少受到破损。

除了上述几种常用过滤机外，还有带式过滤机等。由于篇幅所限，不再一一介绍。

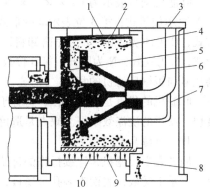

图 3-26　活塞推料连续离心机
1—转鼓；2—滤网；3—进料口；4—滤饼；
5—活塞推送器；6—进料斗；7—冲洗管；
8—固体排出口；9—洗涤液出口；
10—滤液出口

F　膜过滤器

膜过滤器是一种将膜以某种形式组装在一个基本单元设备内，然后在外界驱动力作用下实现对混合物中各组分分离的器件，它又被称为膜组件或膜分离器。

工业上常用于分离非均相混合物的膜器件形式主要有板框式、圆管式等。

a　板框式

板框式膜器件主要是由许多板和框堆积组装在一起的问世最早的一种膜器件。其外观与板框式压滤机很相似，所不同的是板框式膜器件的过滤介质是膜而不是滤布。

板框式膜器件结构如图 3-27 所示，是依次以隔板、膜、支撑板、膜的顺序多层重叠组装在一起制成的。隔板表面上有许多沟槽，可用作原料液和未透过液的流动通道；支撑板上有许

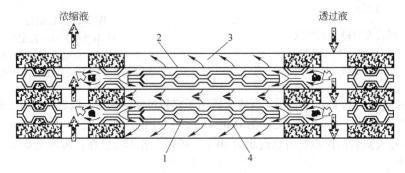

图 3-27　板框式膜器件
1—湍流促进器；2—膜；3—刚性多孔支持板；4—透过液

多孔，可用作透过液的通道。当原料液进入系统后，沿沟槽流动，一部分从膜的一面渗透到膜的另一面，并经支撑板上的小孔流向其边缘上的导流管排出。

板框式膜器件组装简单，操作方便，阻力损失小，原料液流速高（可达 1～5m/s），但要求膜的机械强度高，主要用于微滤、超滤等。

b 圆管式

圆管式膜器件是在圆管形支撑体的内侧或外侧配置滤膜，再将一定数量的这种膜管以一定方式连成一体而组成，外形与列管式换热器相似。

图 3-28 为单根管子的圆管式膜过滤器示意图。用泵输送料液进管内，透过膜的滤液通过多孔支撑管排出；浓缩液从管子的另一端排出，完成分离过程。为了使原料液流动通畅，要求管子的内直径不小于料液中最大颗粒粒径的 10 倍。

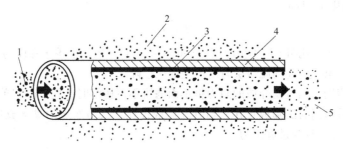

图 3-28 圆管式膜器件示意图
1—原料液；2—透过液；3—膜；4—刚性支撑管；5—浓缩液

圆管式膜过滤器安装和拆卸方便、不易结垢、清洗容易、阻力损失较小、适合处理含有较大颗粒和悬浮物的料液，但设备和操作费用较高，与其他膜器件相比，单位体积器件具有的过滤面积最小。主要应用于微滤、超滤等。

此外，用于超滤的膜器件还有螺旋卷式，此处不详述。

3.4.1.3 滤饼过滤的过滤基本方程式及其应用

A 过滤基本方程式

滤饼过滤的基本方程式是反映滤饼过滤过程中任一瞬间的过滤速率与过滤面积、滤液量、过滤介质与滤饼两侧总压强差 Δp 等因素之间关系的方程式。其可按下法推导出。

为使问题简化，先假设滤饼中孔道分布均匀，其当量直径均为 d_e，长度均等于滤饼厚度 L；并设滤液在孔道中的流速为 u'，滤饼横截面积为 A，滤饼两侧压强差为 Δp_c。在滤饼两侧列伯努利方程并忽略位能可得：

$$\Delta p_c = \lambda \frac{L}{d_e} \frac{u'^2}{2} \rho$$

因滤液在滤饼中流动缓慢，属层流型。利用式（1-46）和上式可求得

$$u' = \frac{2d_e^2 \Delta p_c}{C \mu L} \tag{3-41}$$

若滤饼的孔隙率$\left(=\dfrac{孔隙体积}{滤饼体积}\right)$为 ε，则过滤速度 u 与 u' 的关系为

$$u = \varepsilon u' \tag{3-42}$$

将式（3-41）代入式（3-42）有

$$u = \frac{dV}{Ad\tau} = \frac{2\varepsilon d_e^2 \Delta p_c}{C\mu L} \tag{3-43}$$

由于滤饼中实际的孔道和上述假设的并不一样，因此对式（3-43）进行修正。将式（3-43）右边乘以修正系数 k''，并令 $\frac{1}{r} = \frac{2k'\varepsilon d_e^2}{C}$ 后可得

$$u = \frac{dV}{Ad\tau} = \frac{\Delta p_c}{\mu r L} = \frac{\Delta p_c}{\mu R} \tag{3-44}$$

式中　r——滤饼的比阻（它反映了滤饼颗粒床层特性，床层越致密则 r 越大），$1/m^2$；

　　　R——滤饼阻力，$1/m$。

$$R = rL \tag{3-45}$$

由此可见，滤饼的比阻 r 是单位厚度滤饼的阻力。它在数值上等于黏度为 $1Pa \cdot s$ 的滤液以 $1m/s$ 的流速通过厚度为 $1m$ 的滤饼层时所产生的压强降。

式（3-44）表明，当过滤介质的阻力很小而滤饼不可压缩时，任一瞬间单位面积上的过滤速率与滤饼层前后两侧的压降成正比，与其厚度成反比，又与滤液的黏度成反比。式中，Δp_c 称为过滤推动力；$\mu r L$ 称为过滤阻力。

同理，对过滤介质有

$$\frac{dV}{Ad\tau} = \frac{\Delta p_m}{r_m \mu L_m} = \frac{\Delta p_m}{\mu R_m} \tag{3-46}$$

式中　Δp_m——过滤介质两侧的压强差，Pa；

　　　L_m——过滤介质厚度，m；

　　　r_m——过滤介质比阻，$1/m^2$；

　　　R_m——过滤介质阻力（$R_m = r_m L_m$），$1/m$。

由式（3-44）和式（3-46）可得

$$\frac{dV}{Ad\tau} = \frac{\Delta p_c + \Delta p_m}{\mu(R + R_m)} = \frac{\Delta p}{\mu(R + R_m)} \tag{3-47}$$

式中，$\Delta p = \Delta p_c + \Delta p_m$ 为滤饼与介质两侧的总压强降；$\mu(R + R_m)$ 表示过滤的总阻力。

若得到 $1m^3$ 滤液所生成的滤饼体积为 υm^3，则当滤饼厚度为 L 时对应的滤液体积为 V，它们之间的关系为：

$$LA = \upsilon V$$

故

$$L = \frac{\upsilon V}{A} \tag{3-48}$$

因此得滤饼阻力

$$R = rL = \frac{r\upsilon V}{A} \tag{3-49}$$

过滤介质的阻力与其材料、结构、厚度等均有关。为方便计算，设想过滤介质的阻力等于一层厚度为 L_e 的滤饼所具有的阻力，若与 L_e 对应的滤液量为 V_e，则

$$L_e = \frac{\upsilon V_e}{A} \tag{3-50}$$

$$R_m = r_m L_m = rL_e = \frac{rvV_e}{A} \tag{3-51}$$

式中 L_e——过滤介质的当量滤饼厚度，或虚拟滤饼厚度，m；

　　V_e——过滤介质的当量滤液体积，或虚拟滤液体积，m^3。

将式（3-49）、式（3-51）代入式（3-47）得

$$\frac{dV}{Ad\tau} = \frac{\Delta p}{\mu rv(V + V_e)/A} \tag{3-52a}$$

或

$$\frac{dV}{d\tau} = \frac{A^2 \Delta p}{\mu rv(V + V_e)} \tag{3-52b}$$

此式中的 r 是两侧压强差的函数，可用下列经验公式来粗略计算压强差增大时比阻的变化，即：

$$r = r'(\Delta p)^s \tag{3-53}$$

式中 r'——单位压强差下滤饼的比阻，$1/m^2$；

　　Δp——过滤压强差，Pa；

　　s——滤饼的压缩指数，无量纲，一般 $s = 0 \sim 1$，对于不可压缩滤饼，$s = 0$。

表 3-9 列出了一些物料形成的滤饼的压缩指数。

表 3-9　一些物料形成的滤饼的压缩指数

物　料	硅藻土	碳酸钙	钛白（絮凝）	高岭土	滑　石	黏　土	硫酸锌	氢氧化铝
s	0.01	0.19	0.27	0.33	0.51	0.56 ~ 0.6	0.69	0.9

将式（3-53）代入式（3-52a），得：

$$\frac{dV}{d\tau} = \frac{A^2 \Delta p^{1-s}}{\mu r'v(V + V_e)} \tag{3-54}$$

式（3-54）称为滤饼过滤的基本方程式，表示任一过滤瞬间的过滤速率与其他因素间的关系，是进行过滤计算的基本依据，对不可压缩滤饼与可压缩滤饼皆适用。式（3-54）为一微分式，应用时还需根据过程的具体操作条件进行积分。

连续式过滤机一般都是在恒压条件下进行过滤。间歇式过滤机的操作可以在恒压、恒速及先恒速后恒压等不同条件下进行。恒压过滤是最常见的过滤方式。

B　过滤基本方程式的应用

a　恒压过滤

若过滤操作是在恒定压强差下进行的，则称为恒压过滤。恒压过滤时推动力 Δp 恒定，随着过滤进行，滤饼增厚而使过滤阻力增大，故过滤速率逐渐变小。对一定的悬浮液，μ、r'、v 均为常数。Δp 恒定，压缩指数 s 亦为常数。若令 $k = (\mu r'v)^{-1}$，$K = 2k\Delta p^{1-s}$，将式（3-54）分离变量并在积分条件 $\begin{matrix} 0 \to \tau + \tau_e \\ 0 \to V + V_e \end{matrix}$ 下积分后可得

$$(V + V_e)^2 = KA^2(\tau + \tau_e) \tag{3-55a}$$

或

$$(q + q_e)^2 = K(\tau + \tau_e) \tag{3-55b}$$

式（3-55a）和式（3-55b）均为恒压过滤方程，为一抛物线方程。式中，$q = V/A$，$q_e = V_e/A$ 分别为单位过滤面积上的滤液量和当量滤液量，单位为 m^3/m^2；τ_e 为获得 V_e 滤液量需要的虚拟过滤时间，单位为 s；k 为滤浆特性常数，单位为 $m^4/(N \cdot s)$，K 为过滤常数，单位为 m^2/s。

当 $\tau = 0$ 时，$V = 0$，代入式（3-55a）和式（3-55b）有

$$V_e^2 = KA^2 \tau_e \tag{3-56a}$$

或

$$q_e^2 = K \tau_e \tag{3-56b}$$

当过滤介质阻力可忽略，即 $V_e = 0$，$\tau_e = 0$ 时有

$$V^2 = KA^2 \tau \tag{3-57a}$$

或

$$q^2 = K \tau \tag{3-57b}$$

b　恒速过滤与先恒速后恒压过滤

恒速过滤是指单位时间内加料量不变，因而过滤速率也不变的情况，如用容积式泵向压滤机供料就属于恒速过滤。在操作过程中，由于滤饼层不断增厚，过滤阻力不断增加，为保持过滤速率不变，过滤压差需不断提高。

恒速过滤时

$$\frac{dV}{Ad\tau} = \frac{V}{A\tau} = 常数 \tag{3-58}$$

将式（3-58）代入过滤基本方程式（3-54），可得

$$V^2 + V_e V = kA^2 \Delta P^{1-s} \tau = \frac{KA^2}{2} \tau \tag{3-59a}$$

或

$$q^2 + q_e q = k\Delta P^{1-s} \tau = \frac{K}{2} \tau \tag{3-59b}$$

式（3-59a）和式（3-59b）均为恒速过滤方程式。由于 V/τ 为常数，所以累计滤液量 V 与时间 τ 的关系在 V-τ 坐标上是一条通过原点的直线。

恒速过滤操作中，由于操作压强随滤液量增加而上升，所以在过滤后期，压强必然很高。而恒压过滤操作中，在过滤刚开始时，由于滤饼刚形成，而介质阻力一般很小，所以总阻力也很小，若一开始就用较高的压强过滤，往往会使固体颗粒通过介质。因此工业上常把二者结合起来，即在过滤开始阶段，维持较低的等速过滤速率，此时压差是逐渐增加的；当经一定时间 τ_1，压差升到某个指定值 Δp 后，再进行恒压操作，直到过滤终了。

设时间从 $0 \rightarrow \tau_1$、滤液量从 $0 \rightarrow V_1$ 为恒速过滤阶段；时间从 $\tau_1 \rightarrow \tau$、滤液量从 $V_1 \rightarrow V$ 为恒压过滤阶段。对于恒速过滤阶段 τ_1、V_1 满足式（3-58）至式（3-59b）。

对于恒压过滤阶段的 V-τ 关系，仍可通过对过滤基本方程在积分上、下限为 $\tau_1 \sim \tau$ 及 $V_1 \sim V$ 下积分求得，即

$$\int_{V_1}^{V} (V + V_e) dV = k\Delta P^{1-s} A^2 \int_{\tau_1}^{\tau} d\tau$$

上式积分后可得：

$$V^2 - V_1^2 + 2V_e(V - V_1) = KA^2(\tau - \tau_1) \tag{3-60a}$$

或

$$q^2 - q_1^2 + 2q_e(q - q_1) = K(\tau - \tau_1) \tag{3-60b}$$

式（3-60a）和式（3-60b）均为恒压阶段的过滤方程式。式中，$(V - V_1)$、$(\tau - \tau_1)$、K 分

别代表转入恒压阶段获得的滤液量、过滤时间和过滤常数。

C 恒压过滤常数的测定

恒压过滤需确定的常数包括 K、q_e、τ_e、k 及 s，当过滤方程式应用于工业设计时，必须先测定这些常数。测定一般是用同一悬浮液在小型实验设备中进行的。用平底漏斗进行吸滤，可以大致得出一定真空度下此种滤饼的生成速率，得到设计转筒真空过滤机的初步数据。若悬浮液需进行加压过滤时，应先在小型板框压滤机或加压过滤机上进行试验以取得初步数据。由于小型设备与大型设备之间存在滤饼沉积方式、流动状态等差别，所得数据用作设计时需采用一定的安全系数。

恒压过滤常数 K、q_e、τ_e 可通过恒压过滤试验测定。

由式（3-56b）和式（3-55b）得

$$q^2 + 2q_e q = K\tau$$

上式两边各除以 qK 得

$$\frac{\tau}{q} = \frac{1}{K}q + \frac{2}{K}q_e \qquad (3-61)$$

式（3-61）为一直线方程式，直线的斜率为 $\frac{1}{K}$，截距为 $\frac{2}{K}q_e$。

在一定的压强差下，对某种悬浮液进行试验，测出在不同时间 τ 内所得的滤液量 q，然后在直角坐标纸上进行标绘。以 τ/q 为纵坐标，以 q 为横坐标，可得一条直线，由此可求得斜率 $\frac{1}{K}$ 和截距 $\frac{2q_e}{K}$ 的值，从而得到 K 和 q_e。应用式（3-55b）可计算 τ_e 之值。

为求得滤饼的压缩指数 s，需在不同的压强差下对指定物料进行试验，以得到若干过滤压强差下的 K 值。由于 $K = 2k\Delta p^{1-s}$，将其两边取对数，可得

$$\lg K = (1 - s)\lg\Delta p + \lg 2k \qquad (3-62)$$

当 $k = \frac{1}{\mu r'\nu}$ 在过滤压力差变化范围内为常数时，若以 K 为纵坐标，以 Δp 为横坐标，在双对数坐标纸上进行标绘，可得一直线，直线斜率为 $1 - s$，截距为 $\lg 2k$，从而可得 s 及 k 的值。

例 3-7 在一恒定压力下对某种悬浮液进行过滤，得到一些试验数据，见表 3-10，试求过滤常数 K、q_e、τ_e 的值。

表 3-10 例 3-7 附表

τ/s	0	38.2	114.4	228.0	379.0
$q/m^3 \cdot m^{-2}$	0	0.1	0.2	0.3	0.4
$(\tau/q)/s \cdot m^{-1}$		382	572	760	947.5

解：在直角坐标纸上作出 $\frac{\tau}{q}$ 与 q 的关系曲线，如图 3-29

所示为一直线。其斜率为 $\frac{1}{K} = 1870 s/m^2$，截距为 $\frac{2q_e}{K} = 200 s/m$，

可得 $K = 5.34 \times 10^{-4} m^2/s$，$q_e = 0.0534 m$，将 K 及 q_e 之值代入式（3-56b）得 $\tau_e = 5.4 s$。因此该悬浮液的过滤方程式可写为：

$$(q + 0.0534)^2 = 0.000534(\tau + 5.4)$$

例 3-8 将同一种悬浮液在 3 种压强差下进行了 3 次过滤试验，所测得的数据列表 3-11 中，试求滤饼的压缩指数 s。

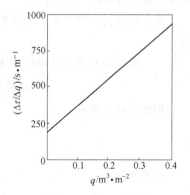

图 3-29 例 3-7 附图

表 3-11　例 3-8 附表

试验序号	过滤压力差 Δp/Pa	过滤常数 K/m²·s⁻¹
Ⅰ	0.463×10^5	4.08×10^{-5}
Ⅱ	1.95×10^5	1.133×10^{-4}
Ⅲ	3.39×10^5	1.678×10^{-4}

解：将附表中 3 次试验的 K-Δp 数据在对数坐标纸上进行标绘，得到图 3-30 的 Ⅰ 、Ⅱ 、Ⅲ 3 个点，联结 3 点得一条直线，此直线的斜率为：

$$1 - s = 0.7$$

则

$$s = 1 - 0.7 = 0.3$$

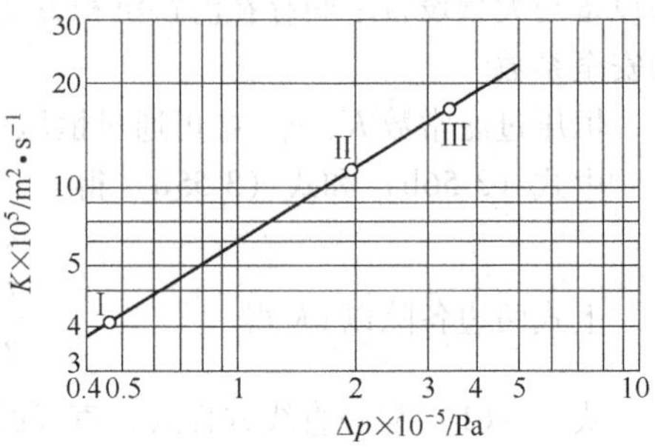

图 3-30　例 3-8 附图

3.4.1.4　恒压过滤计算

A　物料衡算

物料衡算的目的是为了求出过滤一定量的悬浮液所能得到的滤液量和滤饼量，以便能够计算出所需的过滤时间和确定所选过滤机的台数。

物料衡算的原理是物质守恒原理，即

$$过滤前物质质量 = 过滤后物质质量$$

对总物料衡算有：

$$过滤前悬浮液的质量 = 过滤后滤饼质量 + 滤液质量$$

而

$$滤饼质量 = 滤饼中固体质量 + 滤饼中液体质量$$

对液体衡算有：

$$悬浮液中液体的质量 = 滤饼中液体质量 + 滤液质量$$

对固体衡算有：

$$悬浮液中的固体质量 = 滤饼中固体质量$$

下面举例加以说明。

例 3-9　今有一含固体颗粒 15%（质量分数）的水悬浮液，固体的密度为 1900kg/m³，现用过滤法进行分离，若获得 10m³ 滤液，求所生成的滤饼体积和质量。已知滤饼中含有固体 60%（体积分数），其余为水。

解：设滤饼体积为 V_e，则其中固体体积为 $0.6V_e$，水体积为 $0.4V_e$。对悬浮液作物料衡算有：

$$悬浮液质量 = 1900 \times 0.6V_e + 1000 \times 0.4V_e + 10 \times 10^3 = 10^4 + 1.54 \times 10^3 V_e$$

$$其中固体质量 = 1900 \times 0.6V_e = 1.14 \times 10^3 V_e$$

根据已知条件有：

$$\frac{1.14 \times 10^3 V_e}{10^4 + 1.54 \times 10^3 V_e} = \frac{15}{100}$$

由此解得

$$V_e = 1.65 m^3$$

因此滤饼的质量 $= 1.54 \times 10^3 \times 1.65 = 2.54 \times 10^3 kg$

例 3-10 用一台 BMS20/635-25 板框压滤机（总框数 26 个）在恒压 0.339MPa 下对温度 25℃，1kg 水中含 25g 颗粒的悬浮液进行过滤，求滤饼充满滤框时所得的滤液为多少？已知，滤饼和固体的密度分别为 1905kg/m³ 和 2900kg/m³。

解： 充满滤框时滤饼的体积 $= 0.635^2 \times 0.025 \times 26 = 0.262 \text{m}^3$

设滤饼中固体体积为 V_p，对滤饼进行物料衡算有

$$滤饼质量 = 滤饼中固体质量 + 滤饼中液体质量$$

即

$$0.262 \times 1905 = 2900 V_p + (0.262 - V_p)\rho$$

由附录查得 25℃ 水的密度为 996.95kg/m³，

代入上式求得

$$V_p = 0.125 \text{m}^3$$

故

$$滤饼中固体质量 = 0.125 \times 2900 = 362.5 \text{kg}$$

$$滤饼中水的体积 = 0.262 - 0.125 = 0.137 \text{m}^3$$

又设滤饼充满滤框时可得滤液 $V\text{m}^3$，据已知条件有

$$\frac{362.5 \times 10^3}{996.5 \times (V + 0.137)} = \frac{25}{1}$$

由此可解得

$$V = 14.41 \text{m}^3$$

所以滤饼充满滤框时可得滤液 14.41m³。

B 过滤时间计算

当由物料衡算求出滤液量后，若已知过滤常数和过滤面积，则可利用恒压过滤方程式求出过滤时间。

例 3-11 在例 3-10 中，若已知过滤常数 $K = 1.678 \times 10^{-4} \text{m}^2 \cdot \text{s}^{-1}$，$q_e = 0.0217 \text{m}^3 \cdot \text{m}^{-2}$，求滤饼充满滤框所需的时间。

解： 例 3-10 中板框过滤机的过滤面积 $= 0.635^2 \times 2 \times 26 = 20.97 \text{m}^2$

$$V_e = 0.0217 \times 20.97 = 0.455 \text{m}^3$$

故其恒压过滤方程式为

$$V^2 + 2 \times 0.455 V = 1.678 \times 10^{-4} \times 20.97^2 \tau$$

由例 3-10 知 $V = 14.41 \text{m}^3$ 代入上式可求得：$\tau = 2.992 \times 10^3 \text{s} = 0.831 \text{h}$，故所需的过滤时间为 0.831h。

C 洗涤时间计算

a 洗涤速率

洗水的流量称为洗涤速率，即单位时间内所得的洗液量，以 $\left(\dfrac{\text{d}V}{\text{d}\tau}\right)_w$ 表示。由于洗涤是在过滤完成后进行，此时不再有滤饼沉积，故滤饼厚度不变。若在恒定的压强差下洗涤，则洗水的体积流量不变。

对于连续式过滤机与叶滤机，洗水与过滤终了时的滤液流过的路径基本相同，而且洗涤面积与过滤面积也相同，若洗涤压强差与过滤压强差相同，洗液与滤液的黏度相同，则洗涤速率大致等于过滤终了时的过滤速率，即：

$$\left(\frac{\text{d}V}{\text{d}\tau}\right)_w = \left(\frac{\text{d}V}{\text{d}\tau}\right)_E = \frac{KA^2}{2(V + V_e)} \tag{3-63}$$

式中，$\left(\dfrac{\mathrm{d}V}{\mathrm{d}\tau}\right)_E$ 为过滤终了时的过滤速率。

板框压滤机采用的是横穿洗涤法，洗水横穿两层滤布及整个滤框厚度的滤饼，洗水流通的面积仅为过滤面积的一半，故在洗涤压力差与过滤压力差相同和洗液与滤液黏度相同的情况下，板框过滤机的洗涤速率约为过滤终了时过滤速率的四分之一，即

$$\left(\frac{\mathrm{d}V}{\mathrm{d}\tau}\right)_w = \frac{1}{4}\left(\frac{\mathrm{d}V}{\mathrm{d}\tau}\right)_E = \frac{KA^2}{8(V+V_e)} \tag{3-64}$$

b　洗涤时间计算

若每次过滤终了以体积为 V_w 的洗水洗涤滤饼，则所需洗涤时间为

$$\tau_w = \frac{V_w}{\left(\dfrac{\mathrm{d}V}{\mathrm{d}\tau}\right)_w} \tag{3-65}$$

式中　τ_w——洗涤时间，s；

　　　V_w——洗水用量，m^3。

例 3-12　若例 3-10 的过滤机每次过滤完毕后用清水洗涤滤饼，洗水温度及表压与过滤相同，其体积为滤液体积的 8%，其他条件与例 3-11 相同，求洗涤时间。

解：由例 3-11 知 $V = 14.41 m^3$，$V_e = 0.455 m^3$，$K = 1.678 \times 10^{-4} m^2/s$，$A = 20.97 m^2$。

对板框过滤机有

$$\tau_w = \frac{V_w}{\dfrac{1}{4}\left(\dfrac{\mathrm{d}V}{\mathrm{d}\tau}\right)_E} = \frac{V_w}{\dfrac{KA^2}{8(V+V_e)}} = \frac{0.08 \times 14.41 \times 8 \times (14.41 + 0.455)}{1.678 \times 10^{-4} \times 20.97^2}$$

$$= 1.86 \times 10^3 s = 0.52 h$$

D　过滤机生产能力的计算

过滤机的生产能力通常以两种方法表示，一种是以单位时间内所得的滤液量来表示；一种是以单位时间内单位面积所得滤饼量来表示。多数情况下用前者表示。

a　间歇式过滤机生产能力的计算

间歇式过滤机的整个操作过程包括过滤、洗涤、卸渣、清洗、重装等操作，是依次分阶段进行的。过滤以外的操作所占用的时间也必须计入生产时间内。因此，应以整个操作过程（即一个循环）所需的总时间（操作周期）为计算生产能力的依据。操作周期为

$$T = \tau + \tau_w + \tau_D$$

式中　T——操作周期，s；

　　　τ——一个操作周期内的过滤时间，s；

　　　τ_w——一个操作周期内的洗涤时间，s；

　　　τ_D——一个操作周期内的卸渣、清洗、重装等辅助操作时间，s。

则生产能力的计算式为

$$Q = \frac{3600V}{T} = \frac{3600V}{\tau + \tau_w + \tau_D} \tag{3-66}$$

式中　V——一个操作周期内所得滤液体积，m^3；

　　　Q——生产能力，m^3/h。

一个操作周期中，过滤机的辅助操作时间是固定的，与产量无关；而过滤与洗涤所占的时

间都因产量（滤液体积或滤饼体积）的增加而增加。若一个操作周期中过滤时间短，则生成的滤饼薄，过滤的平均速率大，但辅助操作时间所占的比例大。反之，过滤时间长则滤饼厚，过滤的平均速率小，但辅助操作时间所占的比例减小。所以一个操作周期中过滤所占的时间应有一个最佳值，它使生产能力达到最大。这一过滤时间所对应的滤饼厚度，是设计压滤机时决定最适宜框厚的根据，也是决定叶滤机内两叶片之间的距离的根据。

可以证明，当过滤介质阻力可忽略时，一个操作周期中，过滤时间与洗涤时间之和等于辅助操作时间时，则达到一定产量所需的总时数最少。过分的延长过滤时间并不能提高过滤机的生产能力。

例 3-13 若辅助操作时间为 15min，求例 3-12 中过滤机的生产能力。

解： 由例 3-11 和例 3-12 知，$V = 14.41m^3$，$\tau = 0.831h$，$\tau_w = 0.52h$。根据本题条件 $\tau_D = 15min = 0.25h$。

由间歇式过滤机生产能力计算式（3-66）可得

$$Q = \frac{14.41}{0.831 + 0.52 + 0.25} = 9.0m^3/h$$

b 连续式过滤机生产能力计算

以转筒真空过滤机为例，这类设备的过滤、洗涤、卸饼等操作在转筒表面的不同区域内同时进行，连续式过滤机计算也应以一个操作周期为基准。

若转筒的转速为 n（r/min），则转筒回转一周所需时间（操作周期）为

$$T = \frac{60}{n}$$

过滤机在操作中，并非全部转筒表面都在过滤，只有浸入悬浮液中的那部分面积在进行过滤。转筒浸入悬浮液中的浸没表面与整个表面之比称为浸没度，以 ψ 表示，即：

$$\psi = \frac{浸没表面}{整个表面} = \frac{浸没角}{360°} \tag{3-67}$$

转筒的任一部分面积在一个操作周期里，从开始浸入悬浮液到离开悬浮液所经历的时间，即过滤时间 τ 为：

$$\tau = \psi T = \frac{60\psi}{n}$$

转筒转一周的过滤面积为整个转筒的表面积 A，转筒真空过滤机的过滤属恒压过滤，因此将上式代入恒压过滤方程式可得转筒转一周所得滤液体积为：

$$V = \sqrt{KA^2(\tau + \tau_e)} - V_e = \sqrt{KA^2\left(\frac{60\psi}{n} + \tau_e\right)} - V_e$$

则生产能力（每小时获得的滤液体积）为

$$Q = \frac{3600V}{T} = 60nV = 60\left[\sqrt{KA^2(60\psi n + \tau_e n^2)} - V_e n\right] \tag{3-68a}$$

当滤布阻力可以忽略时，式（3-68a）可写成：

$$Q = 60n\sqrt{KA^2 \cdot \frac{60\psi}{n}} = 465A\sqrt{Kn\psi} \tag{3-68b}$$

由式（3-68b）可见，连续式过滤机的生产能力与 $\sqrt{n}$ 成正比，n 大则 Q 大。但若转速太大，

转一周的过滤时间很短，使滤饼很薄，难于卸除，也使滤饼中含液量增多，影响滤饼质量及滤液收率，同时也使功率消耗增大。故须根据实验找出合适的转速。

例 3-14 一台连续操作的真空过滤机，直径为 2m，长 2m，在任何瞬间总有 $\frac{1}{6}$ 的过滤表面浸没在悬浮液中，悬浮液的压强为 100kPa，转筒内压强为 45kPa，过滤机转速为 $\frac{1}{3}$ r/min，试计算滤液的产量。滤布阻力可以忽略不计。滤饼是可以压缩的。过滤方程为：

$$q = 1.47 \times 10^{-7} \frac{\Delta p^{0.48}}{u}$$

解：

$$\psi = \frac{1}{6} \quad n = \frac{1}{3} \text{r/min}$$

$$\Delta p = 1 \times 10^5 - 0.45 \times 10^5 = 0.55 \times 10^5 \text{Pa}$$

因忽略滤布阻力，$V_e = 0$；$q = \dfrac{V}{A}$

$$u = \frac{\mathrm{d}V}{A\mathrm{d}\tau} = \frac{KA}{2(V + V_e)} = \frac{KA}{2V} = \frac{K}{2q}$$

由已知条件，

$$u = 1.47 \times 10^{-7} \frac{\Delta p^{0.48}}{q}$$

则

$$K = 2qu = 2q \times 1.47 \times 10^{-7} \frac{\Delta p^{0.48}}{q}$$

$$= 2 \times 1.47 \times 10^{-7} \Delta p^{0.48}$$

由式(3-68b)

$$Q = 465A \sqrt{Kn\psi}$$

$$= 465 \times \pi \times 2 \times 2 \times \sqrt{2 \times 1.47 \times 10^{-7} \times (0.55 \times 10^5)^{0.48} \times \frac{1}{6} \times \frac{1}{3}}$$

$$= 10.26 \text{m}^3/\text{h} = 2.85 \times 10^{-3} \text{m}^3/\text{s}$$

例 3-15 有一固相质量分数为 9.3% 的水悬浮液，固相的密度为 3000kg/m³，水的密度为 1000 kg/m³，于一小型过滤机中测得此悬浮液的滤浆特性常数 $k = 1.1 \times 10^{-3} \text{m}^2/(\text{s} \cdot \text{MPa})$，滤饼的孔隙率为 40%，现用一台 GP5-1.75 型回转真空过渡机进行生产（此过滤机的转鼓直径为 1.75m，长度为 0.98m，过滤面积为 5m²，浸没角度为 120°）。生产时采用的转速为 0.5r/min，真空度为 0.079MPa，试求此过滤机的生产能力（以滤液量计）和滤饼的厚度（设滤饼为不可压缩的，过滤介质的阻力可忽略不计）。

解：（1）生产能力

过滤推动力 $\Delta p = 0.079 \text{MPa}$

转筒的浸没度 $\psi = \frac{120}{360} = 0.333$

对不可压缩滤饼

$$K = 2k\Delta p = 2 \times 1.1 \times 10^{-3} \times 0.079 = 1.738 \times 10^{-4} \text{m}^2/\text{s}$$

由于过滤介质阻力可忽略，故由式（3-68b）可得

$$Q = 465A\ \sqrt{Kn\psi} = 465 \times 5 \times \sqrt{1.738 \times 10^{-4} \times 0.5 \times 0.333}$$

$$= 12.5 m^3/h$$

（2）滤饼厚度

设转一周所得滤液体积为 V，则根据已知条件有

悬浮液中固体质量 = 滤饼中的固体量 = 固体密度 × 固体体积 = $3000 \times 0.6Vv$

悬浮液质量 = 滤液质量 + 滤饼中的固体质量 + 滤饼中滤液质量

$$= 10^3 V + 3000 \times 0.6Vv + 10^3 \times 0.4Vv$$

由已知条件有

$$\frac{3000 \times 0.6Vv}{10^3 V + 3000 \times 0.6Vv + 10^3 \times 0.4Vv} = \frac{1800v}{10^3 + 1800v + 400v} = \frac{9.3}{100}$$

由此解得

$$v = 0.0583 m^3/m^3$$

回转一周生产的滤液体积为：

$$V = \frac{Q}{60n} = \frac{12.51}{60 \times 0.5} = 0.417 m^3$$

回转一周生产的滤饼体积为：

$$0.0583 \times 0.417 = 0.0243 m^3$$

$$滤饼厚度 = \frac{0.0243}{5} = 0.00486 m = 4.86 mm$$

3.4.1.5 过滤机的选型与台数及功率的确定

A 过滤机的选型

过滤机可按料浆性质、操作周期、过滤机推动力、滤饼剥离情况、过滤目的及滤饼洗涤效果来选择。选择时应遵循以下一般原则。

a 按料浆性质选择过滤机

表 3-12 列出了料浆的种类及其过滤特性。

表 3-12 料浆分类

过滤特性	料 浆 种 类				
	过滤性良好	过滤性中等	过滤性差	稀 薄	极稀薄
料浆体积分数/%	>20	20~10	10~1	<1	<0.1
滤饼形成速度/mm·min^{-1}	>1500	>25	6~1	<1	不形成滤饼
料浆沉降速度	非常快	快	慢	非常慢	几乎不沉降
过滤速度（滤饼）/kg·(m²·h)$^{-1}$	>2500	2500~250	250~25	<25	
过滤速度（滤液）/L·(m²·min)$^{-1}$	200	200~8	0.8~0.4	80~0.4	80~0.4
对应料浆示例	如矿石细粒、石英砂、结晶生成物及煤浆等固液混合物	如淀粉、磷酸石膏、碳粉、氢氧化铝、硫酸精矿等的固液混合物	如碳酸钙、水泥、锌精矿、硫酸锌、氟化钠及氢氧化钠等的固液混合物	如废活性炭、发酵培养液、陶土、蛋白质及氢氧化钛等的固液混合物	如胶体分散系

按料浆性质选择过滤机时，可按以下原则进行。

（1）过滤性良好的料浆。大规模生产时应选用真空转鼓型。其中滤饼多孔时或滤饼需充分洗涤，洗液与渣须严格分开时，选水平真空型。

（2）过滤性中等的浆料。大规模生产时应选有格式转鼓真空过滤机；小规模生产时选板框压滤机；当洗液和渣须严格分开时，应选带式过滤机或其他连续性过滤机。

（3）过滤性差的浆料。大规模生产时应选用有格式转鼓真空过滤机；小规模生产时选用间歇压滤机；当滤饼形成速度等于 0.7mm/min 时，可选用连续过滤机；当滤饼需洗涤时应选用真空叶滤机或立式板框压滤机。

（4）对稀薄浆料。大规模生产时应选用预涂层过滤机中过滤面积大的间歇压滤机；小规模生产时选用间歇叶滤机。

（5）对极稀薄浆料。当颗粒尺寸大于 $5\mu m$，黏度低时，选预涂层间歇压滤机，黏度高时则选预涂层板框压滤机。

（6）对黏度高的浆料或温度高，蒸气压也高的浆料，最好选用加压过滤机。此外若浆料还有毒或易挥发和易爆炸时，应选密封性好的加压过滤机。

（7）对有腐蚀性的浆料应选用具有耐腐蚀性的过滤机。

（8）当浆料由饱和溶液组成时，因有结晶析出易堵塞滤布和管道，应选用带加热保温设备的过滤机。

（9）浆料中固体尺寸大时，宜选用在水平介质上形成滤饼的过滤机；若尺寸非常小，则应选用预涂层真空式或加压式过滤机。

b 按操作周期选择过滤机

操作周期与生产规模有关。过滤机的操作周期有间歇式和连续式两类，大规模生产时宜选用连续式过滤机，它不但节省人力，而且过滤面积有效利用率高。无论采用连续式还是间歇式，在选型时都应同时考虑前、后工序的平衡问题。

c 按推动力选择过滤机

过滤机的推动力包括加压、真空和离心 3 类，按推动力选择过滤机的原则如下。

若要求单位过滤面积占地少，过滤速度较高时，应选用加压式过滤机；若操作时浆料性质稳定，要求过滤速度不高，卸饼容易，则可选真空过滤机；若悬浮液中固相浓度较高，颗粒是刚体或晶体，且粒径较大时，可选用离心过滤机。无论是选用真空式还是加压式过滤机，对不可压缩滤饼宜选用连续式加压过滤机，反之则应选用连续式或间歇式预涂层过滤机或考虑预先加助滤剂。当选用离心过滤机时，可按颗粒是否允许破碎和滤饼固有渗透率的大小进一步选择过滤机的形式。如果颗粒允许破碎，当固有渗透率大于 $20 \times 10^{-10} m^4/(N \cdot s)$ 时，应选用卧式活塞推料离心机，当固有渗透率为 $(1 \sim 20) \times 10^{-10} m^4/(N \cdot s)$ 时，应选用卧式刮刀卸料离心机，当固有渗透率为 $(0.02 \sim 1) \times 10^{-10} m^4/(N \cdot s)$ 时，应选用三足式离心机；如果颗粒不允许破碎，可选用卧式活塞推料离心机（固有渗透率大于 $20 \times 10^{-10} m^4/(N \cdot s)$ 时）或离心力卸料离心机。另外，无论颗粒是否允许破碎，当固有渗透率小于 $0.02 \times 10^{-10} m^4/(N \cdot s)$ 时，应以离心沉降代替离心过滤。

d 根据滤饼的剥离情况选择过滤机

为了保证过滤操作的正常进行，滤饼必须从滤布上完全剥离下来。因此滤饼能否满意地剥离，是影响过滤机操作的关键。

滤饼剥离的难易程度同滤饼的厚度有关。当滤饼的最小厚度为 $6 \sim 10mm$ 时，可选用刮刀卸料式的有格式转鼓过滤机；当最小厚度为 $2 \sim 5mm$ 时，可选用其他卸料式的有格式转鼓过滤机或带式过滤机；当最小厚度为 1mm 时，可选用无格式转鼓型过滤机；当最小厚度为 10 ~ 13mm 时，可选用圆盘型过滤机。

　　e　根据过滤目的及滤饼洗涤效果选择过滤机

　　从洗涤效果看，一般真空过滤机的洗涤效果比加压过滤机好；而在真空过滤机中，水平型的又比转鼓型的好。所以当过滤的目的是为了获得高纯度的固体产品时，应选用连续真空水平型过滤机。

　　由于影响过滤机合理操作的因素很多，实际选型时可按一种主要的要求来选或先按几种要求来选，然后再综合考虑后加以选择。

　　表 3-13 和表 3-14 列出了一些过滤机的适用范围，供选型时参考。

表 3-13　某些真空过滤机和加压过滤机的适用范围

过滤方式	机 型		适用的滤浆	适用范围及注意事项
连续式真空过滤	转鼓过滤机	带卸料式	φ_s 为 2% ~65% 的中、低过滤速度的料浆，5min 内必须在转鼓表面上形成超过 3mm 的均匀滤饼	是用途最广的机型，适用于冶金、矿山、化学工业、废水等领域 对于固体颗粒在滤浆槽内几乎不能悬浮的滤浆，滤饼通气性太好及滤饼在自重下易从转鼓上脱落的滤浆不适宜 滤饼的洗涤效果不如水平型过滤机
		刮刀卸料式	φ_s 为 5% ~60% 的中、低过滤速度的料浆，滤饼不黏，且厚度超过 5 ~6mm	
		辊卸料式	φ_s 为 5% ~40% 的低过滤速度的料浆，滤饼有黏性，且厚度为 0.5 ~2mm	
		绳索卸料式	φ_s 为 5% ~60% 的中、低过滤速度的料浆，滤饼厚 1.6 ~5mm	
		预涂层式	φ_s 为 2% 以下的稀薄料浆	用于各种稀薄滤浆的澄清过滤。适用于糊状、胶质、橡胶质和稀薄滤浆的过滤；适用于细微颗粒易堵塞过滤介质的难过滤滤浆，但滤饼中含有少量助滤剂，所以不宜用于获得滤饼场合
	圆盘过滤机		过滤速度快的料浆，1min 内至少要形成 15 ~20mm 厚的滤饼	用于矿石、微粉煤、水泥原料等的过滤，由于过滤面垂直，所以滤饼不能洗涤
	带式过滤机		φ_s 为 5% ~70% 的过滤速度快的料浆，滤饼厚 4 ~5mm	用于磷酸工业、铝工业、各种无机化学工业、石膏以及纸浆等方面。适用于沉降性好的粗粒料浆，滤饼洗涤效果好
连续式加压过滤	转鼓过滤机，圆盘过滤机		用于各种浓度的高黏性料浆	各种化工、石油化工等工业因过滤推动力比真空式大，所以处理量大，适用于挥发性物料的过滤
	预涂层转鼓过滤机		稀薄料浆	适用于真空过滤机难处理料浆的澄清过滤
间歇式加压过滤	板框式，凹板型过滤机		适用于各种料浆	用于冶金工业、食品工业、颜料和染料工业、采矿工业、石油化学工业及医药工业等
	加压叶滤机		适用于各种料浆	用于大规模过滤和澄清过滤，后者需借助预涂层

　　注：φ_s 为原料浆液中固相的体积分数。

表 3-14　各种过滤式离心机的使用范围

性　能	间歇式		半连续式		连续式		
	三足式上悬式	卧式刮刀卸料，三足自动卸料，上悬机械卸料	单级活塞卸料	双级活塞卸料	离心惯性力卸料	振动卸料	螺旋卸料
分离因素	500~1500	约2500	300~700	300~1000	1500~2500	400	1500~2500
进料质量分数/%	10~60	10~60	30~70	20~80	≤80	≤80	≤80
生产能力(干渣)/t·h⁻¹	约5	约8	约10	约14	约10	—	约6
能分离的最小粒径/mm	0.05~5	0.05~5	0.1~5	0.1~5	0.04~1	0.1	0.04~1
分离效果	优	优	优	优	优	优	优
滤液含固量	少	少	较少	较少	部分小颗粒会漏入滤液中		
滤饼洗涤	优	优	可	优	可	可	可
颗粒磨损度	小	大	中~小	中~小	中~小	中~小	中
应用场合	过滤、洗涤、甩干				过滤、甩干		

B　过滤机台数及功率的确定

a　台数的确定

当过滤机型号选定后，过滤机台数可用下式确定

$$n = \frac{Q_c}{A q_c} \tag{3-69}$$

式中　n——过滤机台数；

　　　A——一台过滤机的过滤面积，m^2；

　　　Q_c——需处理的干渣量，kg/h；

　　　q_c——过滤机单位时间内单位过滤面积过滤的干渣量，$kg/(m^2 \cdot h)$。

表 3-15 列出了部分过滤设备过滤的 q_c 经验值，可供计算参考。

表 3-15　某些过滤设备过滤的 q_c 经验值

过滤设备形式		物料名称	料浆质量分数/%	滤饼水分/%	真空度/MPa	q_c 值 /t·(m²·h)⁻¹
转鼓真空过滤机	外滤式	铜精矿	50~60	6~7	0.073~0.08	0.2
			50~65	16~17	0.067~0.08	0.18
			40	8	0.053~0.067	0.3~0.4
			10~15	13~15	0.06~0.073	0.34
		硫精矿	10~15		0.073~0.087	0.4
			76~82	8~9	0.08~0.087	0.392
		镍精矿	40~50	18~20		0.2~0.3
			55	20	0.053~0.067	0.3~0.6
			50~65	23	0.053~0.067	0.12~1.2
			50	10	0.053~0.067	0.3~0.4

过滤设备形式		物料名称	料浆质量分数/%	滤饼水分/%	真空度/MPa	q_c 值 /t·(m²·h)⁻¹
转鼓真空过滤机	外滤式	铅精矿	46	12	0.067 ~ 0.08	0.283
			50 ~ 70	8	0.067	0.203
		锌精矿	65 ~ 80	8	0.067	0.52
		铝酸钠溶液与赤泥分离	70 ~ 75	38 ~ 40	0.04 ~ 0.06	0.1 ~ 0.15
		硅渣分离	65 ~ 70	38 ~ 40	0.04 ~ 0.06	0.17 ~ 0.2
		铝酸钙分离	75 ~ 80	43 ~ 45	0.047 ~ 0.06	0.34 ~ 0.4
		氢氧化铝分离	65 ~ 70	11 ~ 16	0.06 ~ 0.067	2.14 ~ 2.8
	内滤式	磷精矿	68 ~ 72	12 ~ 13	0.053 ~ 0.08	0.46
		焙烧铁精矿	50	11	0.06 ~ 0.08	0.75
		浮选磁铁精矿	50	9.7 ~ 11	0.053 ~ 0.067	0.5 ~ 0.6
			65	12.3 ~ 13	0.06 ~ 0.067	0.25 ~ 0.5
		磁铁精矿	45 ~ 55	8.6	0.053 ~ 0.067	1.0 ~ 1.2
		浮选铁精矿	65	12.3 ~ 13	0.06 ~ 0.067	0.25 ~ 0.5
真空吸滤盘	用于铊生产的[1]	氧化沉淀工序物料（微酸性）				0.00024 ~ 0.0006
		氧化中和沉淀工序物料（弱酸性）				0.0004 ~ 0.0012
		盐酸溶解工序物料（弱酸性）				0.0005 ~ 0.001
		还原沉淀工序物料（弱酸性）				0.015 ~ 0.028
	用于镉生产的[2]	置换铜砷渣				0.0024 ~ 0.0125
		置换铜镉渣				0.001 ~ 0.006
		铜镉渣浸出工序物料				0.03 ~ 0.048
		降酸除铜工序物料				0.008 ~ 0.015
		氧化中和沉淀工序物料				0.00064 ~ 0.0024
圆盘真空过滤机[3]		焙烧矿框式过滤后浆化渣	17.0 ~ 21.8（滤渣含全锌）	35 ~ 40	0.047 ~ 0.067（温度 70 ~ 85℃）	0.03875 ~ 0.05417
		氧化锌框式过滤后浆化渣	10 ~ 18（滤渣含全锌）	45	0.047 ~ 0.067（温度 20 ~ 85℃）	0.02042 ~ 0.025

续表 3-15

过滤设备形式	物料名称	料浆质量分数/%	滤饼水分/%	真空度/MPa	q_c 值 /t·(m²·h)⁻¹
转台真空过滤机	氢氧化铝（贵州铝厂）			0.033~0.047	0.4
	氢氧化铝（德国 K. H. P. 公司）			0.072	3.2
	氢氧化铝（日本小牧氧化铝厂）			0.07~0.075	0.93
	氟化盐（湘乡铝厂）			0.053	0.2857
PF-10 翻斗真空过滤机	磷酸料浆	28.57		0.053~0.06（温度65±5℃）	0.4~0.45
LAROXPF 型立式自动压滤机	焙砂浸出渣（株洲冶炼厂）			1.6（最大工作压强）	0.09
	氧化锌浸出渣（株洲冶炼厂）			1.6（最大工作压强）	0.072
ISD 厢式高压压榨全自动压滤机	铅银渣（西北铅锌冶炼厂）		<20	0.5~2.0	0.025
KDF 型压滤机	管道煤浆		<20	<0.6	0.4~0.8
带式压滤机	JS-121 冶炼厂尘泥等料浆	>45	30	0.4~1.0	(4~8)/A A—过滤面积（下同），m²
	YD-10 冶炼厂尘泥等料浆	>45	25~35	0.4~1.0	(4~8)/A
	YD-20 冶炼厂尘泥等料浆	>45	25~35	0.4~1.0	(7~15)/A
	CPF2200S7 冶炼厂尘泥等料浆	320~465g/L（料浆含水）	23.93~31.78	0.4~1.0	(18~20)/A
	CPF3500S7 冶炼厂尘泥等料浆	320~465g/L（料浆含水）	23.93~31.78	0.4~2.0	(28~35)/A

注：A—过滤面积，m²。

①吸滤盘规格为 φ1400mm×900mm，钢板衬胶，采用 SZ-2 型水环式真空泵。

②吸滤盘规格为滤浆澄清后过滤，采用 W5 往复式真空泵。

③过滤盘转速 0.5~13.7r/min。

b 转鼓真空过滤机功率的确定

转鼓真空过滤机功率的确定包括转鼓回转所需轴功率和搅拌器功率的确定。

转鼓所需轴功率可采用以下经验公式来确定：

对于外滤式

$$N_1 = (1.2 \sim 1.5)\sqrt{0.1A} \tag{3-70}$$

对于内滤式

$$N_1 = (1.7 \sim 2.0)\sqrt{0.1A} \tag{3-71}$$

式中 A——过滤面积，m²；

N_1——转鼓轴功率，kW。

当过滤机的传动效率高，过滤效率低时，式（3-70）和式（3-71）中系数取小值，反之取大值。

为防止固体颗粒沉淀而设置的搅拌器，其功率可按下述经验公式确定：

$$N_2 = (1.0 \sim 1.3)N_1 \tag{3-72}$$

式中　N_2——搅拌器电机功率，kW。

3.4.1.6　改善过滤性能的途径

对于很难分离成固液两相的悬浮液，除了前述添加助滤剂外，可通过以下途径来改善其过滤性能。

A　改变液体的物性

影响过滤性能的液体物性有密度、黏度和表面张力。密度、黏度和表面张力小的颗粒易沉降，另外黏度小滤液流动阻力小，过滤速度快。因此降低液体的密度、黏度和表面张力，可改善过滤的性能。

降低液体密度的有效方法是向悬浮液中加入可溶合的低密度液体，例如向水中加入易溶合的密度更小的酒精。降低液体黏度的有效方法是提高悬浮液的温度或用低黏度的液体去稀释需要过滤的高黏度液体，例如添加表面活性剂，可显著降低煤泥脱水后得到的泥饼中的含水率。

B　除去细粒子

细粒子易堵塞过滤介质中的孔道，从而降低过滤的速度，因此，预先将悬浮液中的细粒子分离出来再过滤，可改善滤饼的过滤性能。除去细粒子的方法有淘析和分级法及浮选法。

淘析和分级法，即利用沉降原理用分级器将细粒子和粗粒子分离开来的方法。

浮选法，即利用细小粒子易附着于气泡上的特性，借助某种方法，在悬浮液中制备出适合小粒子附着的气泡。附着在气泡上的细小粒子，随气泡上升到液面与粗粒子相分离。

有时还可特意向含有难过滤的微细粒子的悬浮液中添加粗粒子，以形成像预涂层一样的初始的粗粒子滤饼层来捕捉住细粒子。

C　增大粒子的尺寸

粒子尺寸愈大愈不易堵塞孔道，愈易形成疏松的滤饼，愈有利于过滤。因此可以通过增大粒子的尺寸来改善过滤的性能。

增大粒子尺寸的方法有结晶、老化、絮凝、冻结和融化、超声波辐射和电离辐射等。

结晶是将分级出来的微细粒子溶解后或不经溶解直接送入结晶器结晶变成大粒子晶体。

老化是让料浆在过滤之前停置一段时间，以便晶粒有时间长大，同时在其表面吸附液体，从而达到改变粒子尺寸和密度的目的。

絮凝是通过向料浆中添加药剂，来形成由众多细粒子形成的疏松絮团。絮凝法得到絮团沉降速度充其量能达到10mm/min，得到的滤饼含水率高。若絮凝后再造粒，却能将原本疏松含水多的絮团滚动成致密的球状物，其沉降速度为普通絮团的20~100倍。经过造粒的料浆，再进行过滤压榨脱水后，其泥饼的含水率可降低很多。另一方面，当需要得到好的泥饼洗涤效果时，又必设法将絮团破坏。为此而添加的药剂，应具有反絮凝作用。通过改变被处理物的pH值，可促进反絮凝。

冻结和融化处理是采用先缓慢冻结，然后融化的处理方法。冻结产生的冰晶体，增大了未冻结液体的固相浓度，并挤压冰晶周围的固体粒子，使之易聚集长大。冰晶融化后，聚集长大的粒子易实现重力过滤分离。污水处理产生的污泥和放射性污泥可采用此法处理。此外，冻结还能将污泥中微生物的细胞壁胀破，使胞内的水分容易排出，从而降低了泥饼的含水率。

　　超声波辐射是利用超声波的能量，使粒子形成絮团，尺寸变大。超声波辐射的效果取决于悬浮液的特性、声波强度、声波频率以及辐射时间等参数。参数配伍的不同，效果也不同，甚至得到相反的效果，如使粒子聚集体破碎，造成微粒化。微粒化，有利于提高产品的纯度、吸附性、分散性以及反应性。

　　电离辐射有利于颗粒聚集，提高沉淀速度。电离辐射在经济上也是可行的。

3.4.2　含尘气体的过滤

　　工业上含尘气体的过滤一般采用布袋过滤的方法，故又称为布袋收尘。布袋收尘是使含尘气体穿过做成袋状而支撑在适当骨架上的滤布，以滤去气体中的尘粒，这种设备称为袋滤器。布袋收尘的优点是收尘效率高（可达99%以上），操作稳定可靠，缺点是过滤介质受温度及腐蚀性限制，不适用于分离黏性及吸湿性强的粒子。

3.4.2.1　袋滤器的结构和操作原理

　　袋滤器主要由滤袋及其骨架、壳体、清灰装置、灰斗和排灰阀等部分构成。常用在旋风分离器后作末级除尘设备。

　　布袋有扁袋和圆袋两种。扁袋结构紧凑，但清灰复杂。目前工业上大多采用圆袋。织成滤布的材料有棉、丝、毛及纤维等，它们的性能见表3-16，选择时应尽可能选择过滤效率高、阻力小、容尘量大、透气率高、吸湿性小、耐湿性和机械性能好、耐化学腐蚀、尺寸稳定和造价低的材料。

表3-16　常用滤布材料的性能

材料名称	直径/μm	耐受温度/K		吸水率/%	耐酸性	耐碱性	强度[1]/g·紪$^{-1}$[2]
		长期	最高				
棉	$10 \sim 20$	$348 \sim 358$	368	8	很差	稍好	$3.0 \sim 4.9$
蚕丝	18	$353 \sim 363$	373	$16 \sim 22$			$3.4 \sim 4.0$
羊毛	$5 \sim 15$	$353 \sim 363$	373	$10 \sim 15$	稍好	很差	$1.0 \sim 1.7$
短纤维尼龙		$348 \sim 358$	368	$4.0 \sim 4.5$	稍好	好	$4.5 \sim 7.5$
奥纶		$398 \sim 408$	423	6	好	差	$2.5 \sim 5.0$
短纤维涤纶		413	433	6.5	好	差	$4.7 \sim 6.5$
玻璃纤维	$5 \sim 8$	523		4.0	好	差	$6.0 \sim 7.3$
芳香族聚酰胺		493	533	$4.5 \sim 5.0$	差	好	74.6[3]
聚四氟乙烯		$493 \sim 523$		0	很好	很好	$1.20 \sim 1.8$

①为干态下断裂强度。

②紪为纤维粗细度的单位，其数值为9000m长纤维的质量（g）。

③其单位为 $kg \cdot cm^{-1}$。

　　含尘气体穿越滤袋的方向可分为由内向外和由外向内两种。前者为内滤式，后者为外滤式。内滤式适用于机械清灰及逆气流清灰袋滤器，外滤式适用于脉冲喷吹清灰及扁袋过滤器。

　　气流进出袋滤器的位置有下进上出（称为下进风）、上进下出（称为上进风）和左（右）进右（左）出（称为直流式）3种。下进风气流由袋滤器下部灰斗部分进入，结构简单；上进风气流和尘粒下落方向一致，分离效率较高；直流式多用于扁袋过滤器。

　　袋滤器内的压强，可为负压或正压。负压的特点是风机安装在袋滤器后面，可避免风机的磨损；正压则相反，虽结构简单，但风机易磨损，适用于处理含尘量小于 $3g/m^3$ 的气体。

清灰装置有机械振动式、逆气流式、脉冲喷吹式等。机械振动式主要包括人工敲打、机械振打等，其方法简单，造价低，可用于要求不高的场合；逆气流式清灰时其气流方向与过滤时相反，滤袋发生胀缩变形的振动，而使沉积于滤袋上的粉尘层破坏、脱落，特别适用于粉尘黏性小和玻璃纤维滤袋的情况；脉冲喷吹式是利用压强为 $4 \times 10^5 \sim 7 \times 10^5 \text{Pa}$ 的压缩空气反吹时，脉动产生的冲击波使滤袋振动，致使附在滤袋上的粉尘层脱落，具有处理能力大、效率高、滤袋寿命长及维护简单等优点，是普遍采用的一种清灰装置。

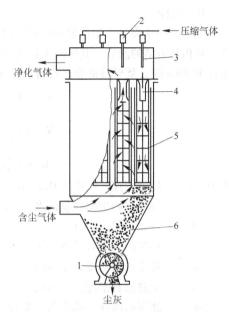

图 3-31 所示为一脉冲式袋滤器。含尘气体自下部进入袋滤器，气体由外向内穿过支撑于骨架上的滤袋，洁净气体汇集于上部出口管排出，颗粒被截留于滤袋外表面上。清灰操作时，开动压缩空气反吹系统，脉冲气流从布袋内向外吹出，使尘粒落入灰斗。按规格组成的若干排滤袋，每排用一个电磁阀控制喷吹清灰，各排循序轮流进行。每次清灰时间很短（约 $0.1 \sim 0.2 \text{s}$），每分钟内便有多排滤袋受到喷吹。

图 3-31 脉冲式袋滤器
1—排灰阀；2—电磁阀；3—喷嘴；4—文丘里管；5—滤袋骨架；6—灰斗

布袋收尘主要靠筛分、勾住、惯性碰撞、静电和布朗扩散等效应的综合作用对颗粒进行捕集。其机理如图 3-32 所示。

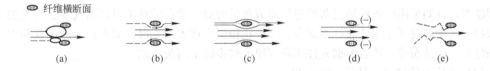

图 3-32 过滤机理示意图

（a）筛分效应；（b）勾住效应；（c）惯性碰撞；（d）静电效应；（e）扩散效应

3.4.2.2 袋滤器的性能

A 分离效率

袋滤器的分离效率可用式（3-27）或式（3-28）计算。其中粉尘的出口浓度 c_2 可用丹尼斯（Dennis）和克莱姆（Klemm）公式（3-73）确定。

$$c_2 = [P_{ns} + (0.1 - P_{ns}) \exp(-\alpha W)] c_1 + c_R \tag{3-73}$$

$$P_{ns} = 1.5 \times 10^{-7} \exp\{12.7[1 - \exp(1.03u)]\}$$

$$\alpha = 3.6 \times 10^{-3} u^{-4} + 0.094$$

式中　u——表面过滤速度，m/min；

P_{ns}——无量纲常数；

c_1——粉尘入口质量浓度，g/m^3；

c_R——脱落质量浓度，g/m^3，为 $0.5 \times 10^{-6} \text{g/m}^3$；

W——粉尘负荷，g/m^3；

α——系数。

B　压降

袋滤器的压降是一个重要的技术经济指标，它同时决定着能耗、除尘效率及清灰间隔时间等。对相对清洁的滤袋，其压降大约为 $100 \sim 130Pa$，随着粉尘层的形成压降增大，当压降增至接近 $1000Pa$ 时，就要对滤袋进行清灰。压降的计算公式为：

$$\Delta p = R_p u^2 c \tau + \Delta p_m \tag{3-74}$$

$$R_p = \frac{3 + 2\beta^{5/3}}{3 - 4.5\beta^{1/3} + 4.5\beta^{5/3} - 3\beta^2}$$

$$\beta = \rho_c / \rho_p$$

式中　u——过滤气速，一般为 $0.6 \sim 0.8 m/min$；

c——气体中粉尘的质量浓度，g/m^3；

τ——过滤时间，min；

R_p——粉尘的比阻力系数，$N \cdot min/(g \cdot m)$；

ρ_c——粉尘层的密度，kg/m^3；

ρ_p——尘粒的真密度，kg/m^3；

Δp_m——滤布的压降，基本为一常数，为 $100 \sim 130Pa$。

3.4.2.3　袋滤器的选择或设计

袋滤器的选择或设计可按以下步骤进行。

（1）收集基础性设计资料，如气体处理量、气体性质、粉尘种类、净化指标及各种经济性能指标的综合分析等。

（2）选定袋滤器形式、滤布及清灰方式。若要求除尘效率高、占地面积少，可选用脉冲喷吹袋滤器，否则采用机械振动清灰或逆气流清灰袋滤器。滤布的种类可依据气温、粉尘类型等来选择。气温高时可选用玻璃纤维滤布；纤维状粉尘应选表面光滑的滤布；一般工业粉尘，可用涤纶布、棉绒布等。然后根据允许压降等便可初步确定清灰方式。

（3）选定过滤速度，计算过滤面积。

$$A = \frac{V_n}{60u} \tag{3-75}$$

式中　A——总过滤面积，m^2；

V_n——气体处理量，m^3/h；

u——过滤气速，简单清灰取 $0.20 \sim 0.75 m/min$，机械振动清灰取 $1.0 \sim 2.0 m/min$，逆气流反吹清灰取 $0.5 \sim 2.0 m/min$，脉冲喷吹清灰取 $2.0 \sim 4.0 m/min$。

（4）袋滤器规格的选择或设计。根据处理气体量和总过滤面积，即可选定袋滤器的型号规格；若自行设计，主要步骤为：

1）确定滤袋尺寸（直径和长度），滤袋的直径一般为 $120 \sim 300mm$，长度为 $2 \sim 3.5m$；

2）计算每条滤袋面积（$= \pi DL$）；

3）计算滤袋条数，$n = \dfrac{A}{\pi DL}$，式中 D、L 分别为单个滤袋直径（m）和长度（m）；

4）确定滤袋间净距，一般取 $50 \sim 70mm$，如果是简单清灰袋滤器，一般为 $600 \sim 800mm$。

（5）计算清灰气流用量。对脉冲喷吹清灰耗用的压缩空气量可用式（3-76）确定。

$$V = \alpha \frac{nV_0}{T} \tag{3-76}$$

式中 *V*——脉冲喷吹耗气量，m^3/s；

α——安全系数，一般取 1.5；

n——滤袋总个数；

V_0——每个滤袋喷吹一次耗气量（m^3），在喷吹压强大于 6.078×10^5 Pa 时为 0.002 ~ 0.0025m^3；

T——脉冲周期，30 ~ 60s，通常为 60s。

袋滤器已系列化、标准化，表 3-17 列出了其中某些型号的性能。利用该表可选择袋滤器的型号。脉冲型袋滤器中常用的为 MC 型。

表 3-17 袋滤器性能

形式	项目 / 规格	过滤面积 /m^2	处理气量 /$m^3 \cdot h^{-1}$	滤袋条数	滤袋规格 直径×长度 /$mm \times mm$	过滤气速 /$m \cdot s^{-1}$	压降 /Pa	含尘浓度 /$g \cdot m^{-3}$	除尘效率 /%
ZX 型 机械 振动式	ZX50-28	50	3000	28	210 × 2820	0.017	686	>70	—
	ZX75-42	75	4500	42					
	ZX125-70	125	7300	70					
	ZX150-84	150	9000	84					
	ZX200-112	200	12000	112					
QH 型 气环 反吹风式	QH-24	23	5760 ~ 8290	24	120 × 2540	0.067 ~ 0.1	981 ~ 1177	5 ~ 15	99
	QH-36	34.5	8290 ~ 12410	36					
	QH-48	46	11050 ~ 16550	48					
	QH-72	69	16550 ~ 24810	72					
MC 型 中心喷吹 脉冲式	MC-24	18	2160 ~ 4300	24	I 型: 120 × 2000 II 型: 125 × 2050	0.033 ~ 0.067	1177 ~ 1471	5 ~ 10	99
	MC-48	36	4320 ~ 8630	48					
	MC-72	54	6450 ~ 12900	72					
	MC-96	72	8650 ~ 17300	96					
	MC-120	90	10800 ~ 20800	120					
LSB 型 顺喷 脉冲式	LSB-35	33	3960 ~ 9900	35	120 × 2500	0.033 ~ 0.0833	500 ~ 1200	3 ~ 20	99.5
	LSB-70	6	7920 ~ 19800	70					
	LSB-105	99	11880 ~ 29700	105					
	LSB-140	132	15840 ~ 39600	140					

注：MC 型每排滤袋 6 条，LSB 型每排 7 条，每排 1 个脉冲阀。

习 题

3-1 用落球法测定某液体的黏度，将待测液体置于玻璃容器中，测得直径为 6.35mm 的钢球在此液体中沉降 200mm 所需的时间为 7.32s。已知钢的密度为 7900kg/m^3，液体密度为 1300kg/m^3，计算液体的黏度。

3-2 取含泥沙的水（20℃）静置 1h，然后吸取水面下 5cm 处的试样，问可能存在于试样中的最大微粒直径是几微米？泥沙的密度为 2500kg/m^3，水的密度为 1000kg/m^3，水的黏度为 10^{-3} Pa · s。

3-3 有一重力沉降器，长 4m，宽 2m，高 2.5m，内部用隔板分成 25 层。炉气进入除尘器时的密度为 0.5kg/m^3，黏度为 0.035 × 10^{-3} Pa · s。炉气所含尘粒密度为 4500kg/m^3。现要用此除尘器分离

100μm 以上的颗粒，试求可处理的炉气流量。

3-4　拟用长 4m、宽 2 m 的降尘室，净化 3000m³/h 的常压空气，气温为 25℃，空气中含有密度为 2000kg/m³ 的尘粒，欲要求净化后的空气中所含尘粒小于 10μm，试确定降尘室内需设多少块隔板？

3-5　温度为 200℃、压强为 0.10MPa 的含尘空气，用标准旋风分离器收尘。尘粒密度为 2000kg/m³。若旋风分离器直径为 0.65m，进口气速为 21m/s，试求：（1）气体处理量（标准状态），m³/s；（2）气体通过旋风分离器的压强损失，kPa；（3）尘粒的临界直径，μm。

3-6　在 100℃的热空气中含砂粒之粒度分布（质量分数）为：

粒径范围/μm	10 以下	10 ~ 20	20 ~ 30	30 ~ 40	40 以上
质量分数/%	10	10	20	20	40

已知砂粒的密度为 2200kg/m³，若此含尘气流在一降尘室中分离，其分离效率为 60%；在另一旋风分离器中分离，其分离效率可达 90%，现将流量降低 50%。问新的情况下两种分离器的分离效率各为多少？设砂粒的沉降均符合斯托克斯定律。

3-7　用标准型旋风分离器除去气流中所含固体颗粒。已知颗粒密度为 1100kg/m³，气体密度为 1.2kg/m³、黏度为 1.8×10^{-5} Pa·s、流量为 0.40m³/s，允许压强为 1.275kPa。已测得颗粒直径为 4.5μm。试估算采用以下方案时的设备尺寸及分离效率：（1）1 台旋风分离器；（2）5 台相同的旋风分离器串联；（3）5 台相同的旋风分离器并联。

标准旋风分离器的 η_{pi}-$\dfrac{d_{pi}}{d_{50}}$ 曲线如附图所示，其中，$d_{50} \approx 0.27 \sqrt{\dfrac{\mu D}{u_i (\rho_p - \rho)}}$ 称为分割粒径。

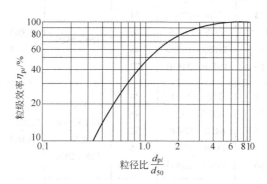

习题 3-7　附图　标准旋风分离器的 η_{pi}-$\dfrac{d_{pi}}{d_{50}}$ 曲线

3-8　某炼锌电炉排气系统的排气量为 10000m³/h。现拟回收排气中所含的氧化锌粉尘，要求其收尘效率为 90%，已知氧化锌粉尘的有效驱进速度为 0.04m/s，试求收尘极的总面积。

3-9　一静电除尘器用于含粒径为 1.0μm 灰尘的标准状态空气，除尘器形状为管式，管径为 0.3m，长为 2.0m，流动速率为 0.075m³/s。如在外径处 $E_{cm} = 100000$V/m，且 $q_p = 0.3 \times 10^{-15}$C（库仑）。试计算除尘效率（$k_m = 1.168$）。

3-10　悬浮液中固体颗粒浓度为 0.0025kg/kg，滤液密度为 1120kg/m³，湿滤渣与其中干固体的质量比为 2.5kg/kg，求与 1m³ 滤液相对应的干滤渣质量，kg/m³。

3-11　在实验室中以小型板框过滤机过滤含碳酸钙的水悬浮液，温度为 20℃，于 1.05×10^5Pa（表压）下，获得下列数据。

过滤时间/s	50	660
滤液体积/m³	2.45×10^{-3}	9.8×10^{-3}

过滤机只有一个框，过滤面积为 0.1m²。求过滤常数。

3-12 现有一温度为20℃含$CaCO_3$13.9%（质量分数）的水悬浮液，在0.105MPa（表压）下用板框过滤机进行过滤。已知框厚60mm，框横截面积为0.05m^2，过滤常数$q_e = 3.8 \times 10^{-3} m^3/m^2$，$K = 1.57 \times 10^{-6} m^2/s$，所得滤饼含水50%（质量分数），$CaCO_3$的密度$\rho_p = 2710kg/m^3$，求使滤框全部充满滤饼时所需时间。

3-13 用一板框过滤机过滤某种悬浮液，滤框空处的长、宽各为1m，滤框厚度为30mm。过滤压强为$1.75 \times 10^5 Pa$（表压）。已在此压强下用实验室型压滤机进行试验，求得下列过滤方程式

$$(q + 0.00147)^2 = 0.00206(\tau + 0.00105)$$

式中，q的单位为m^3/m^2；τ的单位为h；悬浮液中含固相10%（质量分数）；滤饼中含固相50%（质量分数），其余为液体水；滤渣密度为1500kg/m^3；水的密度为1000kg/m^3。现在要在一个操作周期的5h内获得9m^3滤液，问需要几个框？

3-14 某加压叶滤机过滤面积为1m^2，已测得在恒压过滤时，得到1L滤液需时2′25″，得到3L滤液需时14′30″，则：（1）获得10L滤液需要多少过滤时间？（2）若在获得10L滤液后，用2.4L水洗涤滤饼，设滤液性质与水的性质相似，洗涤时的操作压强与过滤时相同，所需洗涤时间为多少？（3）若卸饼、清洗等辅助时间为45min，以滤液量表示的生产能力为多少？

3-15 若转筒真空过滤机转筒的浸没度$\psi = \frac{1}{8}$，转速为2r/min，每小时得滤液量为15m^3，试求所需过滤面积。已知过滤常数为$K = 2.7 \times 10^{-4} m^2/s$，$q_e = 0.08 m^3/m^2$。

3-16 有一转筒过滤机，每分钟回转2周，每小时可得滤液4m^3，若滤布阻力可以忽略，问每小时要获得5m^3滤液，转筒每分钟应回转几周？此时转鼓表面滤饼的厚度为原来的多少倍？所用的真空度不变。

参 考 文 献

[1] 姚玉英，等. 化工原理：上册. 天津：天津大学出版社，1999.

[2] 郭年祥，等. 化工过程及设备. 北京：冶金工业出版社，2003.

[3] 金国淼. 化工设备设计全书-除尘设备. 北京：化学工业出版社，2003.

[4] 有色金属冶炼设备编委会. 火法冶炼设备. 北京：冶金工业出版社，1994.

[5] 有色金属冶炼设备编委会. 湿法冶炼设备. 北京：冶金工业出版社，1994.

[6] ［丹］霍夫曼A C，［美］斯坦因L E. 旋风分离器：原理、设计和工程应用. 彭维明，姬忠礼译. 北京：化学工业出版社，2004.

[7] ［苏］古尔维茨A A. 冶金除尘手册. 顾仁，等译. 北京：冶金工业出版社，1991.

[8] ［英］斯瓦罗夫斯基L. 固液分离. 朱企新，金鼎五，等译. 北京：化学工业出版社，1990.

[9] 杨守志，等. 固液分离. 北京：冶金工业出版社，2003.

[10] ［英］拉什顿A，沃德A S，霍尔迪奇R G. 固液两相过滤及分离技术. 第2版. 朱企新，许莉，谭蔚，等译. 北京：化学工业出版社，2005.

[11] 丁启圣，王维一，等. 新型实用过滤技术. 第2版. 北京：冶金工业出版社，2005.

[12] 中国石化集团上海工程有限公司. 化工工艺设计手册：上册. 第3版. 北京：化学工业出版社，2003.

[13] Mulder M. Basic Principles of Membrane Technology. Kluner：Academic Publishers，1996.

4 传　　热

4.1 概　　述

化工及冶金单元过程，大都需要进行加热或冷却。化学反应通常是在一定的温度和压强下才能顺利进行，温度是控制反应进行的极重要条件。例如，氮、氢合成氨，由氨氧化制硝酸，由于催化剂的活性和反应的要求，反应的温度需控制在一定范围，否则会导致原料反应率降低，又如氧化铝生产中的晶种分解过程，分解温度及降温制度对过程的技术经济指标和产品氢氧化铝的质量有很大影响。为了维持和达到一定的反应温度，就需向反应器供给热量或移出热量。许多单元操作，如蒸发、精馏、干燥、吸收、萃取等，都直接或间接与传热有关。由此可见，传热过程普遍存在于化工及冶金生产过程中，并具有极重要的作用。

传热过程所涉及的主要问题包括：加热与冷却物料；回收与利用热能；设备与管道的保温等。因此，生产中对传热过程的基本要求为：一方面要求强化传热，即要求高的传热速率，以减小设备尺寸；另一方面要求削弱传热，即隔绝热的传递，如低温设备的绝热和窑炉的保温。两者虽目的不同，但传热机理和设备基本结构是相同的。

本章将讨论传热的基本规律、传热过程及传热设备的计算，并研究强化传热过程的方法及途径。

4.1.1　传热过程的基本概念

4.1.1.1　传热推动力与热量传递方向

热量的传递是以温度差为推动力。热力学第二定律指出，热量总是从高温物体传到低温物体，因此，凡是有温度差存在的系统，就必定有热量的传递。并且在一定的换热系统中，温差越大，传递的热量也就越多。

4.1.1.2　传热速率

一般可用下列两种方式来表示热量传递的速率：

（1）热流量 Q，J/s 或 W，即单位时间内，在总传热面积上所传递过的热量；

（2）热流密度（或热通量）q，J/(m² · s) 或 W/m²，即单位时间内，通过单位传热面积所传递的热量。

由上述热流量 Q 与热流密度 q 的定义可知，$q = \dfrac{Q}{S}$，S 为传热面积。

显然，热流密度 q 与传热面积的大小无关，完全取决于冷、热流体之间的传热速率。它是反映具体传热过程速率大小的特征量。

4.1.1.3　稳态传热过程与非稳态传热过程

传热过程有稳态与非稳态之分。稳态传热过程是指该系统中各点的温度及其传热速率均不随时间而变；而非稳态传热过程，则是指该系统中各点的温度及其传热速率均随时间而变。

在连续操作的冶金化工生产过程中的传热，大都属于稳态传热过程。本章仅讨论稳态传热过程。

4.1.1.4 热量传递的方式

热量传递的方式有3种：热传导（导热）、对流与辐射。热传导是在宏观静止的物体内，或是在垂直于热流方向的滞流内层中，由于相邻分子之间能量的交换而传递热量的方式，其特点是物体内部质点不发生宏观的相对位移。对流是由于流体质点变动位置并相互碰撞，能量较高的质点将热量传递给能量较低的质点而进行热量传递的方式。流体质点位置变动而形成对流有两种原因：因流体本身各点温度不同引起密度差异而形成的流体质点移动，称自然对流；借助于机械搅拌或机械作用而引起的流体质点移动，称为强制对流。因此，对流传热可分为自然对流传热和强制对流传热两种。后者比前者的传热效果好。在同一种流体中，自然对流传热与强制对流传热可能同时发生。辐射是依靠电磁波传播能量的方式。任何物体，只要其绝对温度不为零度，都会以电磁波的形式向外界辐射能量，而不需要任何介质。热辐射不仅产生能量的转移，而且伴随着能量形式的转换，即热能和辐射能的转换。

实际上，上述3种传热方式很少单独存在，往往是2种或3种同时出现的。如冶金中的火焰炉，主要是以辐射和对流相结合的方式进行传热；化工生产中应用的间壁式热交换器，主要是以对流和热传导相结合的方式进行传热。

4.1.2 传热过程中冷热流体的接触方式

在两流体间的热交换过程中，冷、热流体的接触方式有3种，即直接接触式、间壁式及蓄热式。与这3种方式所对应的换热器的结构也完全不同。

（1）直接接触式传热。冷流体与热流体直接接触而进行传热，如凉水塔中水与空气接触而冷却。这种传热设备构造简单，传热面积大。

（2）间壁式传热。在常见的两流体间的热交换中，冷、热流体被固体壁面隔开，它们分别在壁面的两侧流动，实现这种换热方式的间壁式换热器，类型很多，详见本章第七节。

（3）蓄热式传热。在这种传热方式中，首先使热流体流过蓄热式换热器（结构详见本章第七节）中的固体壁面，而将固体填充物加热，然后切断热流体，并使冷流体流过该固体壁面，借固体填充物所积蓄的热量加热冷流体。冷、热流体如此交替流过壁面，以进行冷、热流体间的换热。

4.2 热 传 导

4.2.1 傅里叶定律

4.2.1.1 温度场、等温面和等温线、温度梯度

A 温度场

在任一时间，物体（或空间）各点温度的分布状况称为温度场。一般

$$t = f(x, y, z, \tau) \tag{4-1}$$

式中 x, y, z——直角坐标系的坐标；

τ——时间。

若
$$t = f(x, y, z) \tag{4-2}$$

则称为稳态温度场。当稳态温度场仅和两个或一个坐标有关时，则分别称为二维或一维稳态温度场。

B　等温面和等温线

在某一时刻，将温度场中具有相同温度的点连接起来所形成的线或面称为等温线或等温面。因为空间任一点在某一瞬间不能同时有两个不同的温度，故温度不同的等温线（或等温面）彼此不能相交。

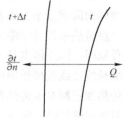

在同一个等温面上没有温度变化，因此也就没有热量的传递，即热量只发生在不同的等温面之间。

C　温度梯度

两相邻等温面的温差 Δt 与该两面间的垂直距离 Δn 之比值的极限称为温度梯度。温度梯度的数学定义式为：

$$\mathrm{grad}t = \lim_{\Delta n \to 0} \frac{\Delta t}{\Delta n} = \frac{\partial t}{\partial n} \qquad (4\text{-}3)$$

图 4-1　温度梯度与热流
方向示意图

温度梯度是向量，正向为温度增加的方向，与热流方向相反。

4.2.1.2　傅里叶定律

傅里叶通过大量实验证明，对于一维稳态热传导可用下式来描述：

$$q = -\lambda \frac{\partial t}{\partial n} \qquad (4\text{-}4)$$

式中　q——热流密度，W/m^2；

$\dfrac{\partial t}{\partial n}$——法向温度梯度，℃/m 或 K/m；

λ——比例系数，称为热导率，$W/(m \cdot ℃)$ 或 $W/(m \cdot K)$。

负号表示热流方向总是和温度梯度的方向相反。

式（4-4）称为导热基本方程式，也可称为傅里叶定律。它表示传导的热流密度与传热面的法向温度梯度成正比，而热流方向却与温度梯度相反。

4.2.2　热导率

由式（4-4）不难看出，热导率 λ 值相当于单位温度梯度时的热流密度。即当 $\dfrac{\partial t}{\partial n} = -1$ 时，$q = \lambda$。故热导率 λ 值是表征各类物质导热能力的重要物理量，物质的 λ 值越大，其导热能力也就越强。热导率 λ 值实质上只是各类物质由于内部粒子微观运动而引起热传导的宏观表现的度量。

热导率的数值与物质的组成、结构、密度、温度、湿度等因素有关。一般金属的热导率最大，非金属固体次之，液体的较小，而气体的最小。各种物质的热导率可从有关手册中查得。

4.2.2.1　固体的热导率

大多数均一的固体，其热导率与温度约呈直线关系，可用下式表示：

$$\lambda = \lambda_0(1 + at) \qquad (4\text{-}5)$$

式中　λ——固体在温度为 t℃时的热导率，$W/(m \cdot ℃)$ 或 $W/(m \cdot K)$；

λ_0——固体在温度为 0℃时的热导率，$W/(m \cdot ℃)$ 或 $W/(m \cdot K)$；

a——温度系数，对大多数金属材料为负值，而对大多数非金属材料则为正值，1/℃ 或 1/K。

式（4-5）表明，大多数非金属材料的热导率随温度升高而增大，而纯金属的热导率一般随温度升高而减小。这是由于金属的导热主要依靠自由电子，而当温度升高时，晶格的振动阻碍了自由电子的运动，以致热导率下降。在纯金属中以银的热导率最大，常温下其值可达 427W/(m·K)。但是，如果纯金属中掺有少许杂质，其热导率将降低很多，因此，合金的热导率比纯金属的低。

在工程计算中，经常遇到的是固体壁面两侧温度不同，其热导率应采用平均值。当热导率随温度作线性变化时，其平均值等于算术平均温度下的值。在以后的热传导计算中，一般都采用平均热导率。

各类固体材料热导率的数量级为：

金　属	$10 \sim 10^2$W/(m·K)
建筑材料	$10^{-1} \sim 10$W/(m·K)
绝热材料	$10^{-2} \sim 10^{-1}$W/(m·K)

4.2.2.2　液体的热导率

液体分成金属液体和非金属液体两类。液态金属的热导率比一般液体的高。大多数液态金属的热导率随温度升高而降低。

在非金属液体中，水的热导率最大，有机液体的一般较小，多在 0.1 ~ 0.2W/(m·K) 范围内。除水和甘油外，绝大多数液体的热导率随温度升高略有减小。

绝大多数液体（水除外）的热导率随温度的变化关系可用式（4-5）来表示。除少部分液体（如甘油、乙二醇等）的 a 为正值外，其他液体的 a 都为负值。

液体的热导率与压强无关。

4.2.2.3　气体的热导率

在很大的压强变化范围内，气体的热导率仅仅是温度的函数，而与压强无关。只有当压强很低（小于 2.7kPa）或很高（大于 200MPa）时，气体的热导率才随压强增加而增大。气体的热导率随温度升高而呈线性增加。

气体的热导率很小，对导热不利，但对保温、绝热有利。

气体中以氢气和氦气的热导率值最大。

4.2.3　平壁的一维稳态导热

4.2.3.1　单层平壁的一维稳态导热

单层平壁的稳态导热如图 4-2 所示。设有一厚度为 δ 的单层平壁，两侧表面温度恒定，各为 t_1 及 t_2，且 $t_1 > t_2$。平壁内的温度只沿与表面垂直的方向变化，即为一维稳态温度场。单位时间内通过此平壁所传递的热量 Q 为定值，根据傅里叶定律：

$$Q = -\lambda S \frac{\mathrm{d}t}{\mathrm{d}x} \qquad (4-6)$$

若平壁的热导率不随温度而变化，则

$$\frac{\mathrm{d}t}{\mathrm{d}x} = -\frac{Q}{\lambda S} = 常数$$

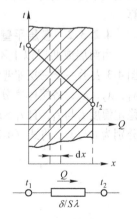

图 4-2　单层平壁的一维稳态导热

说明平壁内的温度呈线性分布。

利用边界条件：

$$x = 0 时, \quad t = t_1$$

$$x = \delta 时, \quad t = t_2$$

将式（4-6）积分，可得

$$Q = \frac{\lambda}{\delta} S(t_1 - t_2) \tag{4-7a}$$

或

$$Q = \frac{t_1 - t_2}{\dfrac{\delta}{\lambda S}} = \frac{\Delta t}{R} = \frac{推动力}{热阻} \tag{4-7b}$$

或

$$q = \frac{Q}{S} = \frac{\Delta t}{\dfrac{\delta}{\lambda}} = \frac{\Delta t}{R'} = \frac{推动力}{单位面积热阻} \tag{4-7c}$$

式中　δ——平壁厚度，m；

　　　Δt——温度差，导热推动力，K；

$R = \dfrac{\delta}{\lambda S}$——总面积导热热阻，K/W；

$R' = \dfrac{\delta}{\lambda}$——单位面积导热热阻，$m^2 \cdot K/W$。

式（4-7a）表明热流量 Q 与导热推动力 Δt 成正比，与热阻 R 成反比，和欧姆定律类似。因此，单层的导热可用类似于电路的导热网络单元表示，如图 4-2 所示。

式（4-7a）虽然是从平壁的热导率不随温度而变化的情况下导出的，但也可用于热导率随温度按式（4-5）而变化的情况，只不过此时公式中的热导率应取平均值，即平均壁温下的值。

实践表明，当长度、宽度是厚度的 10 倍的平板或曲率半径远大于壁厚的薄壳时，其导热均可按一维平壁导热公式计算。

4.2.3.2　多层平壁的一维稳态导热

由两层或两层以上不同材料组成的平壁叫做多层平壁。图 4-3 表示一个三层平壁。设各层平壁的平均热导率分别为 λ_1，λ_2，λ_3；各层厚度分别为 δ_1，δ_2，δ_3；两表面各保持均匀稳定温度 t_1 与 t_4，且 $t_1 > t_4$；假定各层间紧密接触，界面温度分别为 t_2 与 t_3。将式（4-7b）用于各层平壁，可得

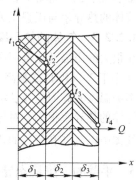

图 4-3　多层平壁的
一维稳态导热

$$Q_1 = \frac{t_1 - t_2}{\dfrac{\delta_1}{\lambda_1 S}} = \frac{\Delta t_1}{R_1} \tag{4-8}$$

$$Q_2 = \frac{t_2 - t_3}{\dfrac{\delta_2}{\lambda_2 S}} = \frac{\Delta t_2}{R_2} \tag{4-9}$$

$$Q_3 = \frac{t_3 - t_4}{\frac{\delta_3}{\lambda_3 S}} = \frac{\Delta t_3}{R_3} \qquad (4\text{-}10)$$

对于这样的一维稳态导热，在平壁内部没有热量积聚，所以通过各层平壁的热流量应相等，即

$$Q_1 = Q_2 = Q_3 = Q$$

或

$$Q = \frac{\Delta t_1}{R_1} = \frac{\Delta t_2}{R_2} = \frac{\Delta t_3}{R_3} = \frac{\Delta t_1 + \Delta t_2 + \Delta t_3}{R_1 + R_2 + R_3} = \frac{\sum \Delta t}{\sum R} = \frac{总推动力}{总阻力} \qquad (4\text{-}11)$$

从式（4-11）可看出，通过多层平壁的稳态导热是一个串联导热过程，其总推动力等于各层推动力之和，总热阻等于各层热阻之和。据此，可以直接写出 n 层平壁导热速率公式

$$Q = \frac{t_1 - t_{n+1}}{\sum_{i=1}^{n} \frac{\delta_i}{\lambda_i S}} = \frac{\Delta t_i}{\frac{\delta_i}{\lambda_i S_i}} \qquad (4\text{-}12)$$

或

$$q = \frac{Q}{S} = \frac{t_1 - t_{n+1}}{\sum_{i=1}^{n} \frac{\delta_i}{\lambda_i}} = \frac{\Delta t_i}{\frac{\delta_i}{\lambda_i}} \qquad (4\text{-}13)$$

例 4-1　锅炉钢板厚度 $\delta_1 = 20\text{mm}$，热导率 $\lambda_1 = 58.1\text{W}/(\text{m} \cdot \text{K})$，锅炉壁上水垢层厚度 $\delta_2 = 1\text{mm}$，其热导率 $\lambda_2 = 1.162\text{W}/(\text{m} \cdot \text{K})$，已知锅炉钢板外表面温度 $t_1 = 250℃$，水垢内表面温度 $t_3 = 200℃$，求锅炉每平方米表面积，每秒所通过的热流量，并求钢板内表面（与水垢接触的一面）温度 t_2。

解：先求每平方米表面积，每秒所通过的热流量 q。此为双层平壁热传导，$n = 2$，由式（4-13）得

$$q = \frac{Q}{S} = \frac{t_1 - t_3}{\frac{\delta_1}{\lambda_1} + \frac{\delta_2}{\lambda_2}} = \frac{250 - 200}{\frac{0.02}{58.1} + \frac{0.001}{1.162}} = \frac{50}{0.001204} = 41500\text{W}/\text{m}^2$$

再由式（4-13）最后等式求 t_2，即

$$t_2 = t_1 - q \frac{\delta_1}{\lambda_1} = 250 - 41500 \times \frac{0.02}{58.1} = 235.75℃$$

例 4-2　反应釜的釜壁为钢板，厚 5mm，$\lambda = 50\ \text{W}/(\text{m} \cdot \text{K})$，黏附在内壁的污垢厚 0.5mm，$\lambda = 0.5\ \text{W}/(\text{m} \cdot \text{K})$。反应釜附有夹套，用饱和蒸汽加热。釜体钢板外表面（与蒸汽接触）为 150℃，内表面为 130℃。试求热流密度。并与没有污垢层和釜壁为不锈钢板（有污垢）、铜（有污垢）的情况相比较（设壁面温度不变）。

解：

$$q = \frac{Q}{S} = \frac{\Delta t}{\sum \frac{\delta}{\lambda}} = \frac{150 - 130}{\frac{0.005}{50} + \frac{0.0005}{0.5}} = 18.2\text{kW}/\text{m}^2$$

没有污垢时，若壁温不变，解得：

$$q = 200\text{kW}/\text{m}^2$$

若材料为不锈钢（$\lambda = 14\text{W}/(\text{m} \cdot \text{K})$）并有污垢，解得：

$$q = 14.7 \text{kW/m}^2$$

若材料为铜（$\lambda = 400\text{W}/(\text{m} \cdot \text{K})$）并有污垢，解得：

$$q = 19.8 \text{kW/m}^2$$

计算表明：热阻主要在污垢层；即使金属材料的热导率有几倍的变化，对热传导的影响也不大。

例 4-3　有一炉墙大平壁，内层为硅砖 $\delta_1 = 0.46\text{m}$，外层为硅藻土砖 $\delta_2 = 0.23\text{m}$，已知下列条件：

$$t_1 = 1500℃, \ t_3 = 120℃$$

$$\lambda_1 = 1.05(1 + 0.89 \times 10^{-3}t)\text{W}/(\text{m} \cdot \text{K})$$

$$\lambda_2 = 0.198(1 + 1.17 \times 10^{-3}t)\text{W}/(\text{m} \cdot \text{K})$$

求热流密度及中间温度 t_2。

解： 用式（4-13）计算热流密度时，须先知道各层的平均热导率。而各层平均热导率与各层的温度有关，由于本例中间温度 t_2 未知，故为了求出各层平均温度须先假设 t_2，算出热流密度后，再核算 t_2，若两者一致，则可，若不一致须重设 t_2 直至一致为止。假设中间温度 $t_2 = 1000℃$，则各层的平均热导率为

$$\lambda_1 = 1.05\left[1 + 0.89 \times 10^{-3} \times \left(\frac{1500 + 1000}{2}\right)\right] = 2.22\text{W}/(\text{m} \cdot \text{K})$$

$$\lambda_2 = 0.198\left[1 + 1.17 \times 10^{-3} \times \left(\frac{1000 + 120}{2}\right)\right] = 0.33\text{W}/(\text{m} \cdot \text{K})$$

按式（4-13），对于两层平壁，$n = 2$

$$q = \frac{t_1 - t_3}{\dfrac{\delta_1}{\lambda_1} + \dfrac{\delta_2}{\lambda_2}} = \frac{1500 - 120}{\dfrac{0.46}{2.22} + \dfrac{0.23}{0.33}} = 1526\text{W/m}^2$$

验算中间温度，由式（4-13）最后等式得：

$$t_2 = t_1 - q\frac{\delta_1}{\lambda_1} = 1500 - 1526 \times \frac{0.46}{2.22} = 1184℃$$

或

$$t_2 = t_3 + q\frac{\delta_3}{\lambda_3} = 120 + 1526 \times \frac{0.23}{0.33} = 1184℃$$

与原假设 1000℃ 相差太大，须再次试算。

再设 $t_2 = 1180℃$，重复上述计算

$$\lambda_1 = 1.05\left[1 + 0.89 \times 10^{-3} \times \frac{1500 + 1180}{2}\right] = 2.3\text{W}/(\text{m} \cdot \text{K})$$

$$\lambda_2 = 0.198\left[1 + 1.17 \times 10^{-3} \times \frac{1180 + 120}{2}\right] = 0.35\text{W}/(\text{m} \cdot \text{K})$$

$$q = \frac{1500 - 120}{\dfrac{0.46}{2.3} + \dfrac{0.23}{0.35}} = 1610\text{W/m}^2$$

再验算中间温度

$$t_2 = 1500 - 1610 \times \frac{0.46}{2.30} = 1178℃$$

与假设值很接近，即认为第二次试算结果有效。

4.2.4　圆筒壁的一维稳态导热

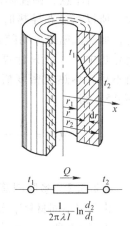

在冶金化工生产中，经常遇到通过圆筒壁的导热。与平壁中的导热不同，当热流径向穿过圆筒壁时，传热面积随半径变化，而热流密度也随半径变化，不为定值。

4.2.4.1　单层圆筒壁的一维稳态导热

设有内、外半径分别为 r_1、r_2 的圆管，内外表面分别维持恒定的温度 t_1、t_2，管长 l 足够大，如图 4-4 所示，则该圆筒壁内的传热属稳态一维导热。

在此圆筒壁内距离中心 r 处，取厚度为 dr 的圆筒，此时，傅里叶定律可写为：

$$Q = -\lambda \frac{dt}{dr} \cdot 2\pi r l$$

图 4-4　单层圆筒壁的
一维稳态导热

分离变量并积分（λ 取平均值）

$$\frac{Q}{2\pi l}\int_{r_1}^{r} \frac{dr}{r} = -\lambda \int_{t_1}^{t} dt$$

得
$$t = t_1 - \frac{Q}{2\pi \lambda l}\ln \frac{r}{r_1} \tag{4-14}$$

在 $r = r_2$ 处，$t = t_2$，则

$$Q = \frac{2\pi \lambda l(t_1 - t_2)}{\ln \dfrac{r_2}{r_1}} \tag{4-15}$$

式（4-14）表明，圆筒壁内温度分布为对数曲线。

令 $r_m = \dfrac{r_1 - r_2}{\ln \dfrac{r_2}{r_1}}$，$S_m = 2\pi r_m l$，则式（4-15）可改写成类似于平壁的导热计算式：

$$Q = \frac{2\pi \lambda l(t_1 - t_2)}{r_2 - r_1} \cdot \frac{r_2 - r_1}{\ln \dfrac{r_2}{r_1}} = \frac{2\pi \lambda l r_m(t_1 - t_2)}{r_2 - r_1} = \frac{t_1 - t_2}{\dfrac{\delta}{\lambda S_m}} = \frac{\Delta t}{R} \tag{4-16}$$

式中，S_m 称为圆筒壁的对数平均表面积，其值也可按下式计算

$$S_m = \frac{S_2 - S_1}{\ln \dfrac{S_2}{S_1}}$$

式中，S_1、S_2 为圆筒壁的内、外表面积。在工程计算中，当 $S_2/S_1 \leqslant 2$ 时，S_m 可用算术平均值 $\dfrac{S_1 + S_2}{2}$ 代替，其误差小于 4%，在一般工程计算中是允许的。

比较式（4-15）及式（4-16），可知圆筒壁的热阻为

$$R = \frac{\delta}{\lambda S_m} = \frac{\ln \dfrac{r_2}{r_1}}{2\pi \lambda l} = \frac{\ln \dfrac{d_2}{d_1}}{2\pi \lambda l}$$

应当注意，圆柱体的侧表面积随着半径 r 的增大而增大，所以在稳态导热时，通过圆筒壁的热流量 Q 沿途不变，而热流密度 q 则随着 r 的增大而减少。因此，在圆筒壁导热中，一般只计算热流量 Q 或单位长度热流量 Q_l，而不用导热热流密度概念。若按单位长度计算时，由式（4-15）得

$$Q_l = \frac{Q}{l} = \frac{t_1 - t_2}{\frac{1}{2\pi\lambda}\ln\frac{r_2}{r_1}} = \frac{t_1 - t_2}{\frac{1}{2\pi\lambda}\ln\frac{d_2}{d_1}} \tag{4-17}$$

4.2.4.2 多层圆筒壁的一维稳态导热

由几层不同材料紧密结合所构成的圆筒壁称为多层圆筒壁。如图4-5所示。多层圆筒壁导热公式的推导与多层平壁导热公式推导的方法完全相同，利用串联热阻叠加原理，即可得出任意层数圆筒壁的导热公式。设层数为 n，则热流量

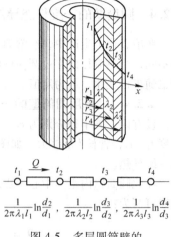

图 4-5 多层圆筒壁的
一维稳态导热

$$Q = \frac{t_1 - t_{n+1}}{\sum_{i=1}^{n} \frac{\delta_i}{\lambda_i S_{mi}}} = \frac{\Delta t_{总}}{\sum_{i=1}^{n} \frac{\delta_i}{\lambda_i S_{mi}}} = \frac{\Delta t_i}{\frac{\delta_i}{\lambda_i S_{mi}}} \tag{4-18a}$$

或

$$Q = \frac{2\pi l \Delta t_{总}}{\sum_{i=1}^{n} \frac{1}{\lambda_i}\ln\frac{d_{i+1}}{d_i}} = \frac{2\pi l \Delta t_i}{\frac{1}{\lambda_i}\ln\frac{d_{i+1}}{d_i}} \tag{4-18b}$$

单位长度的热流量

$$Q_l = \frac{t_1 - t_{n+1}}{\sum_{i=1}^{n} \frac{1}{2\pi\lambda_i}\ln\frac{d_{i+1}}{d_i}} = \frac{\Delta t_i}{\frac{1}{2\pi\lambda_i}\ln\frac{d_{i+1}}{d_i}} \tag{4-19}$$

例4-4 $\phi60\text{mm} \times 35\text{mm}$ 的钢管外包有两层绝热材料，里层为40mm的氧化镁粉，平均热导率 $\lambda = 0.07\text{W}/(\text{m}\cdot\text{K})$，外层为20mm的石棉层，其平均热导率 $\lambda = 0.15\text{W}/(\text{m}\cdot\text{K})$。现用热电偶测得管内壁温度为500℃，最外层表面温度为80℃，管壁的热导率 $\lambda = 45\text{W}/(\text{m}\cdot\text{K})$。试求每米管长的热损失，两层保温层界面的温度及氧化镁层的温度分布。

解：

$$Q_l = \frac{2\pi(t_1 - t_4)}{\frac{1}{\lambda_1}\ln\frac{d_2}{d_1} + \frac{1}{\lambda_2}\ln\frac{d_3}{d_2} + \frac{1}{\lambda_3}\ln\frac{d_4}{d_3}}$$

$$d_1 = 60 - 2 \times 3.5 = 53\text{mm} = 0.053\text{m}$$

$$d_2 = 0.06\text{m}$$

$$d_3 = 0.06 + 2 \times 0.04 = 0.14\text{m}$$

$$d_4 = 0.14 + 2 \times 0.02 = 0.18\text{m}$$

$$Q_l = \frac{2 \times 3.14 \times (500 - 80)}{\frac{1}{45}\ln\frac{0.06}{0.053} + \frac{1}{0.07}\ln\frac{0.14}{0.06} + \frac{1}{0.15}\ln\frac{0.18}{0.14}} = 191.4\text{W/m}$$

设两层保温层交界面温度 t_3

则
$$Q_1 = \frac{2\pi(t_1 - t_3)}{\frac{1}{\lambda_1}\ln\frac{d_2}{d_1} + \frac{1}{\lambda_2}\ln\frac{d_3}{d_2}}$$

即
$$191.4 = \frac{2 \times 3.14 \times (500 - t_3)}{\frac{1}{45}\ln\frac{0.06}{0.053} + \frac{1}{0.07}\ln\frac{0.14}{0.06}}$$

由此解得
$$t_3 = 131.2℃$$

设管外壁与保温层交界面温度为 t_2

则
$$Q_1 = \frac{2\pi(t_1 - t_2)}{\frac{1}{\lambda_1}\ln\frac{d_2}{d_1}} = 191.4$$

即
$$\frac{2 \times 3.14 \times (500 - t_2)}{\frac{1}{45}\ln\frac{0.06}{0.053}} = 191.4$$

由此解得
$$t_2 = 499.9℃$$

以上计算结果表明，管壁两侧温度差只有 $0.1℃$，石棉层两侧温度差为 $51.2℃$，而氧化镁粉保温层两侧温度差高达 $368.7℃$，因此氧化镁层热阻是导热过程的主要热阻。

氧化镁层的温度分布

$$Q = -\lambda(2\pi rl)\frac{\mathrm{d}t}{\mathrm{d}r}$$

$$\frac{\mathrm{d}t}{\mathrm{d}r} = -\frac{Q}{2\lambda\pi rl} = -\frac{191.4}{0.07 \times 2\pi r} = \frac{-435.4}{r}$$

上式分离变量积分

$$\int_{t_2}^{t}\mathrm{d}t = -435.4\int_{r_2}^{r}\frac{\mathrm{d}r}{r}$$

得温度分布为：
$$t - t_2 = -435.4(\ln r - \ln r_2)$$

即
$$t = t_2 + 435.4\ln r_2 - 435.4\ln r$$

$$= 499.9 + 435.4\ln 0.03 - 435.4\ln r$$

$$= -1026.8 - 435.4\ln r$$

可见温度分布不为直线关系。

4.3 对 流 传 热

4.3.1 对流传热过程机理

对流传热是在流体流动过程中发生的热量传递现象，它是依靠流体质点的移动进行热量传递的，故与流体的流动情况密切相关。

工业上常见的对流传热是热量从器壁到流体主体的传热，或者反过来热量从流体主体向器壁的传热。在流体与壁面间进行对流传热时，必然伴随着流体质点间的热传导，将它们合并处理时，这种传热称为对流给热或对流传热。

在第 1 章中曾经指出，流体沿固体壁面流动时形成流动边界层。即使流体呈湍流流动，在靠近壁面处总有一滞流内层存在，在此滞流层中，流体做平行于壁面的流动，在法线方向上没有相对位移。但是在传热过程中，当热量以导热方式通过此滞流层时，在法线方向上必定造成温度差，也即必定产生自然对流。而在湍流主体中，因为充满了各种大小旋涡，热量的传递主要是由于对流即质点的相互混杂实现的。所以我们说流体与壁面间的传热过程同时包括了流体的对流传热和导热。

用实验方法可以测出在与流动方向垂直的横截面上温度的分布情况，如图4-6所示。

可以看出，温差主要集中在滞流底层内，即传热过程的热阻主要是在滞流底层内，因此减薄滞流底层的厚度可以提高对流传热过程的速率。

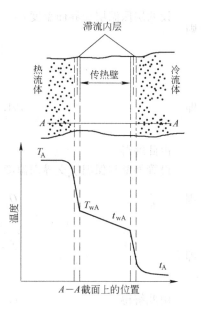

图 4-6 对流传热过程的温度分布情况

4.3.2 牛顿冷却定律

壁面与流体间的对流传热过程，由于既有对流又有传导而变得很复杂，影响因素也很多，难以进行严格的数学计算。工程上根据传递过程的普遍规律，认为热流量应与传热推动力及传热面积成正比，而把许多复杂的影响因素都归纳在比例系数内。即当热流体向壁面传热时，由热流体向微元壁面积 dS 传递的热量 dQ 为：

$$dQ = \alpha_{1A}(T_A - T_{wA})dS \qquad (4-20)$$

式中　T_A——$A—A$ 截面处热流体温度，℃；

　　　T_{wA}——$A—A$ 截面处热流体侧壁面温度，℃；

　　　α_{1A}——$A—A$ 截面处比例系数，称为（热流体的）对流给热系数或对流传热系数，$W/(m^2 \cdot K)$。

当壁面向冷流体传热时，由微元面积 dS 向冷流体对流传递的热量 dQ 为：

$$dQ = \alpha_{2A}(t_{wA} - t_A)dS \qquad (4-21)$$

式中　t_{wA}——$A—A$ 截面处冷流体侧壁面温度，℃；

　　　t_A——$A—A$ 截面处冷流体温度，℃；

　　　α_{2A}——$A—A$ 截面处冷流体与壁面间的对流给热系数或对流传热系数，$W/(m^2 \cdot K)$。

式（4-20）和式（4-21）称为牛顿冷却定律。

应当指出，在换热器中，沿着流体的流动方向，流体和壁面的温度一般都是变化的。在换热器间壁的不同位置上，其单位面积上的热流量以及传热系数也是变化的。所以对整个换热器来说，若流体与壁面的温度均取平均值，那么牛顿冷却定律可表示为：

$$Q = \alpha_1 S_1(T_f - T_w) = \frac{T_f - T_w}{\dfrac{1}{\alpha_1 S_1}} = \frac{\Delta T}{R_1} \qquad (4-22)$$

$$Q = \alpha_2 S_2(t_w - t_f) = \frac{t_w - t_f}{\dfrac{1}{\alpha_2 S_2}} = \frac{\Delta t_2}{R_2} \qquad (4-23)$$

式中　α_1，α_2——热、冷流体的平均对流传热系数，$W/(m^2 \cdot K)$；

S_1，S_2——热、冷流体侧壁面的传热面积，m^2；

T_f，t_f——热、冷流体平均温度，℃；

T_w，t_w——热、冷流体侧壁面平均温度，℃。

4.3.3 影响对流传热的因素

由牛顿冷却定律的表达式可以看出，影响对流传热的因素有传热面积，流体与壁面的温差以及对流传热系数。当传热面积和温差一定时，对流传热只受对流传热系数的影响。因此凡是影响对流传热系数的因素也必将影响对流传热。

对流传热系数 α 受下列因素的影响：

（1）流体流速 u。流体流速 u 增高，滞流底层厚度就变薄，因此在滞流底层中的流体导热热阻也就减小，导热增强；此外，当流体流速 u 增高时，流体内部相对位移加剧，因此流体内部的对流也较激烈，由于对流传热是由滞流底层的导热和流体内部对流所组成，所以当流体流速 u 增高时，对流传热就激烈，对流传热系数 α 就大。由于流体的流动状态与流速有关，因此，在其他条件一定的情况下，流动状态不同，其对流传热系数也不同，湍流的要比层流的大。

（2）流体的物理性质。主要影响因素是：

1）流体热导率 λ。流体热导率 λ 大的流体，在滞流底层厚度相同时，滞流底层的导热热阻就小，因而对流传热系数 α 就大。如水的热导率是空气的 20 多倍，因而水的对流传热系数远比空气的高。

2）流体的比热容 c_p 和密度 ρ。ρc_p 一般称为单位容积质量热容量，用以表示单位容积的流体当温度改变 1℃ 所需的热量。ρc_p 愈大，单位容积流体温度变化 1℃ 所需的热量就愈多，也就是它载热的能力就愈强，因而增强了流体与壁面之间的热交换，提高了对流传热系数。

3）流体的黏度。流体的黏度愈大，则流体流过壁面的滞止作用就大。在相同的流速下，黏度大的流体，其滞流底层的厚度就较厚，因此减弱了对流传热，即对流传热系数低。

（3）壁面的状况（粗糙程度、几何尺寸、形状和位置）。在对流传热时，流体沿着壁面流过，所以壁面的状况对流体的流动有很大影响，从而也影响对流传热。例如在自然对流传热时，流体受热上升，所以若热表面朝下，就会抑制自然对流传热，流体对流传热系数 α 就要减小。因此，暖气片一般都垂直于地面放置，其筋片顺着气流方向。

4.3.4 对流传热系数关联式

根据流体在传热过程中的状态，对流传热可分两类：流体无相变的对流传热和有相变的对流传热。前者如前所述，又可分成强制对流传热和自然对流传热两种；后者也可分成蒸气冷凝和液体沸腾两种。

各类对流传热系数的一般函数关系式可以根据其影响因素用量纲分析法或根据相似原理得出。具体的关联式最后必须通过实验或由半经验得出。在使用这些关联式时，除了要注意其适用范围外，还必须注意其定性温度和特征尺寸选取的规定。

所谓定性温度即是确定关联式中各物性量的温度。定性温度一般有以下几种取法：取流体的进出口平均温度 t_f；取壁面的平均温度 t_w；取流体和壁面的算术平均温度（称为膜温）t_m。实际中到底采用何种定性温度要看各公式的具体规定。

所谓特征尺寸即是关联式中各准数所包含的传热面的线性尺寸。特征尺寸一般取对流体流动和传热发生主要影响的尺寸。例如圆管内强制对流时取管内径，水平圆管外自然对流时取管外径。

4.3.4.1　流体无相变时的对流传热系数

A　流体作强制对流

a　流体在圆形管内作强制对流

（1）湍流时的换热。对一般流体湍流时对流传热系数可用下式计算：

$$Nu = mRe^{0.8}Pr^n\varepsilon_L\varepsilon_R\varepsilon_\mu \tag{4-24}$$

式中，$Nu = \dfrac{\alpha d_i}{\lambda}$ 为努塞尔数；$Pr = \dfrac{c_p\mu}{\lambda}$ 为普朗特数。两者皆无量纲。特征尺寸取管内径 d_i，定性温度除黏度 μ_w 取壁温外，均取流体进、出口温度的算术平均值。公式中 m、n 及其他修正系数的取值和式（4-24）适用范围见表4-1。计算中各物理量单位采用法定计量单位。

表 4-1　m、n、ε_L、ε_R、ε_μ 取值及式（4-24）应用范围

流　体	m	n 流体被加热	n 流体被冷却	ε_L 长径比 $L/d_i > 60$	ε_L $L/d_i < 60$	ε_R 直管	ε_R 弯管	ε_μ	Re	Pr
低黏度流体 $\mu \leqslant 2\mu_{水20℃}$	0.023	0.4	0.3	1	$1 + \left(\dfrac{d_i}{L}\right)^{0.7}$	1	$1 + 1.77\dfrac{d_i}{r'}$ r' 为弯管轴弯曲半径	1	$> 10^4$	0.7~120
高黏度流体	0.027	1/3	1/3					$\left(\dfrac{\mu}{\mu_w}\right)^{0.14}$		0.7~16700

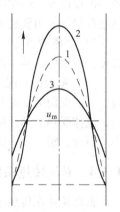

图 4-7　热流方向对速度分布的影响

应指出，式（4-24）中对高黏度流体引入修正项 ε_μ 和对低黏度流体 n 采用不同的数值，都是为了修正热流方向对对流传热系数 α 的影响。当液体流经管道被管壁冷却时，因管壁处液体的温度低于管中心处液体的温度，管壁附近的液体黏度就要比管中心处的高，这时管内速度分布如图 4-7 曲线 2 所示。当液体被加热时，情况恰相反，管内速度分布变成如图4-7中曲线3 所示。与没有传热时的定温流动的速度分布曲线 1 相比，液体被冷却时壁面附近边界层中的速度梯度减小，层流底层厚度增加，致使对流传热系数减小。液体被加热时情况正相反。对于气体，因其黏度随温度的变化规律正好与液体的相反，所以热流方向对速度分布及对流传热系数的影响与液体恰相反。由于式（4-24）的定性温度取流体进、出口的平均温度，故只要流体进出口温度保持相同，不论是加热还是冷却其 Pr 相同，与热流方向无关。因此为了考虑热流方向对 α 的影响，便将 Pr 值的指数取不同的数值。对大多数液体，$Pr > 1$，则 $Pr^{0.4} > Pr^{0.3}$，故液体被加热时 n 取 0.4 得到的 α 就大；冷却时 n 取 0.3 得到的 α 就小；对大多数气体，$Pr < 1$，则 $Pr^{0.4} < Pr^{0.3}$，故加热气体时 n 仍取 0.4 得到的 α 较小，冷却时 n 仍取 0.3 得到的 α 就大。

对 ε 可作类似的分析。流体被加热时，壁温高于流体平均温度，对液体 $\mu_w < \mu$，$\varepsilon_\mu > 1$，考虑热流方向影响后 α 增大；对气体 $\mu_w > \mu$，$\varepsilon_\mu < 1$，考虑热流方向影响后 α 减小。流体被冷却时，壁温小于流体平均温度，对液体则有 $\varepsilon_\mu < 1$，考虑热流方向影响后 α 减小，对气体则相反。

由于一般情况下壁温未知，计算 ε_μ 时往往要用试差法。工程计算时可取近似值。液体被加热时取 $\varepsilon_\mu \approx 1.05$，被冷却时取 $\varepsilon_\mu \approx 0.95$。由于气体黏度受温度影响比液体的小些，故对气

体不论是被加热还是被冷却，均取 $\varepsilon_\mu = 1.0$。

例 4-5 常压空气以 5m/s 的平均流速流过内径为 60mm，长为 2.1m 的直管道。已知空气的进口温度为 120℃，出口温度为 80℃，求空气的对流传热系数。

解： 特征尺寸 $d_i = 60$mm，定性温度 $t_f = \dfrac{120 + 80}{2} = 100℃$，由附录查得定性温度下空气的物性为

$$\lambda = 3.21 \times 10^{-2} \text{W/(m · K)}, \quad Pr = 0.688$$

$$\mu = 2.19 \times 10^{-5} \text{Pa · s}, \quad \rho = 0.946 \text{kg/m}^3$$

所以
$$Re = \frac{d_i u \rho}{\mu} = \frac{0.06 \times 5 \times 0.946}{2.19 \times 10^{-5}} = 12959 \text{（湍流）} > 10^4$$

可用式（4-24）计算 α，因空气被冷却取 $n = 0.3$，$\dfrac{L}{d_i} = \dfrac{2.1}{0.06} = 35 < 60$，由表 4-1 知 $\varepsilon_L = 1 + \left(\dfrac{d_i}{L}\right)^{0.7} = 1 + (35)^{-0.7} = 1.08$，空气为低黏度液体 $\varepsilon_\mu = 1.0$，$m = 0.023$，直管 $\varepsilon_R = 1.0$，所以

$$\alpha = 0.023 \frac{\lambda}{d_i} Re^{0.8} Pr^{0.3} \varepsilon_L \varepsilon_R \varepsilon_\mu$$

$$= 0.023 \times \frac{3.21 \times 10^{-2}}{0.06} (12959)^{0.8} (0.688)^{0.3} \times 1.08 \times 1 \times 1$$

$$= 23.17 \text{W/(m}^2 \text{ · K)}$$

计算结果表明，气体的对流传热系数一般都比较小。

对金属（有色金属、碱金属及其合金）熔融体在圆形直管中强制湍流的对流传热系数可用下式计算

$$Nu = \left[C + 0.014 (RePr)^{0.8} \right] \varepsilon_L \tag{4-25}$$

特征尺寸为管内径 d_i；

定性温度取流体的平均温度；

适用范围为 $Re = 10^4 \sim 10^6$，$Pr = 0.004 \sim 0.032$。

对光滑清洁管 $C = 4.5$，氧化的不锈钢管 $C = 3.0$。长径比 $\dfrac{L}{d_i} \geq 30$ 时，$\varepsilon_L = 1.0$；$\dfrac{L}{d_i} < 30$ 时，$\varepsilon_L = 1.72 \left(\dfrac{d_i}{L}\right)^{0.16}$。

（2）层流时的换热。强制层流时，除了应考虑热流方向的影响外，还应考虑自然对流的影响。流体在圆形直光滑管内作强制层流换热，考虑上述两者影响后，其对流传热系数可由下式计算

$$\alpha = 0.15 \frac{\lambda}{d_i} Re^{0.33} Pr^{0.43} \left(\frac{Pr}{Pr_w}\right)^{0.25} Gr^{0.1} \varepsilon_L \tag{4-26}$$

$$Gr = \frac{\beta d_i^3 g \Delta t}{\nu^2}$$

式中　α——层流时的对流传热系数，W/(m² · K)；

　　　Gr——格拉晓夫（Grashof）数，是表示自然对流影响的准数，无量纲；

　　　β——流体的体积膨胀系数（对理想气体 $\beta = 1/(273.15 + t_f)$），1/K；

　　　g——重力加速度，m/s²；

Δt——流体与壁面的温差,℃ ;

ν——流体运动黏度, m^2/s ;

ε_L——管长修正系数,其值按表 4-1 选取。

特征尺寸为管内径 d_i ;

定性温度除 Pr_w 取壁温外,其他均取流体进出口温度的算术平均值;

适用范围为 $Re \leqslant 2300$, $Gr = 10^0 \sim 10^6$。

(3) 过渡流时的换热。当 $Re = 2300 \sim 10^4$ 时,对流传热系数可先用湍流时的公式计算,然后乘以修正系数 ϕ,即得到过渡流下的对流传热系数。

$$\phi = 1 - \frac{6 \times 10^5}{Re^{1.8}} \tag{4-27}$$

或用以下经验关联式直接计算。

$$Nu = 0.116 \left(Re^{2/3} - 125 \right) Pr^{1/3} \left[1 + \left(\frac{d_i}{L} \right)^{2/3} \right] \left(\frac{\mu}{\mu_w} \right)^{0.14} \tag{4-28}$$

特征尺寸为管内径 d_i ;

定性温度,除 μ_w 取壁温外,其他均取流体进出口温度的算术平均值;

适用范围为 $Re = 2100 \sim 10^4$, $Pr > 0.6$。

b 流体在非圆形管中强制对流

此时,仍可用上述各关联式,只要将管内径改为当量直径即可。传热中对当量直径的定义有两种:一种是第 1 章流体力学里定义的当量直径;另一种是传热当量直径 d_e',其定义为 $d_e' = \dfrac{4 \times \text{流通截面积}}{\text{传热周边长}}$。两者有所差别。除特别规定外,建议采用传热当量直径,因由此计算出的对流传热系数较小,设计更安全可靠。

c 流体在管外强制对流

(1) 流体横向流过单根圆管的换热。流体在单根圆管外横向流过时,由于边界层的发展和分离,使圆周上各不对称点的对流传热系数不同,工程计算中一般取整个圆周的平均值。平均对流传热系数一般用以下经验公式计算。

$$\alpha = C \frac{\lambda}{d_0} Re^n Pr^{1/3} \varepsilon_\varphi \tag{4-29}$$

$$Re = \frac{d_0 u_\infty \rho}{\mu}$$

式中 α——平均对流传热系数, $W/(m^2 \cdot K)$;

d_0——管外径, m ;

u_∞——来流速度, m/s。

特征尺寸取管外径;定性温度为来流温度和壁温的算术平均值。系数 C 和指数 n,随 Re 而变,见表 4-2。

表 4-2   式 (4-29) 中 C 和 n 值

Re	$0.4 \sim 4$	$4 \sim 40$	$40 \sim 4000$	$4000 \sim 40000$	$40000 \sim 400000$
C	0.989	0.991	0.683	0.193	0.027
n	0.33	0.385	0.466	0.618	0.805

ε_φ 为流向与管轴线不垂直的修正系数，其大小与流向与管轴线的夹角（冲击角）有关。当 $\varphi = 80° \sim 90°$ 时，$\varepsilon_\varphi = 1.0$；当 $\varphi < 80°$（见图 4-8）时，则流体流过圆管，如同绕流椭圆管一样，将使旋涡区缩小，而且正对来流的冲击减弱，这些都会促使平均对流传热系数降低，即 $\varepsilon_\varphi < 1.0$。不同冲击角下 ε_φ 的取值见表 4-3。

（2）流体强制绕过管束外的换热。管束有两种排列方式，即直列和错列，如图 4-9 所示。其每排的平均对流传热系数可用式（4-30）计算

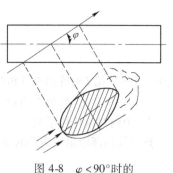

图 4-8 $\varphi < 90°$ 时的流动情况

$$Nu = CRe^{0.6}Pr^{0.33}\varepsilon_N\varepsilon_\varphi \qquad (4\text{-}30)$$

式中 ε_N——管排数修正系数，其值见表 4-4；

ε_φ——冲击角修正系数，见表 4-3；

C——排列方式系数，直列 $C = 0.26$，错列 $C = 0.33$。

表 4-3 流向与管轴线不垂直的修正系数

	φ 冲击角/（°）	90 ~ 80	70	60	45	30	15
ε_φ	单管或直列管束	1.0	0.97	0.94	0.83	0.70	0.41
	错列管束	1.0	0.97	0.94	0.78	0.53	0.41

表 4-4 ε_N 值

排 数	1	2	3	4	5	6	7	8	9	10
直 列	0.64	0.80	0.83	0.90	0.92	0.94	0.96	0.98	0.99	1.0
错 列	0.48	0.75	0.83	0.89	0.92	0.95	0.97	0.98	0.99	1.0

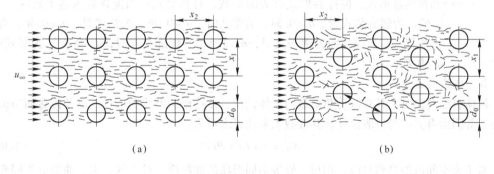

图 4-9 管束的排列

（a）直列；（b）错列

适用范围为 $Re > 3000$。

特征尺寸为管外径 d_0，流速取通过管束中最狭窄通道处的速度。其中错列管距最窄处的距离应在 $(x_1 - d_0)$ 和 $2(t - d_0)$ 两者中取较小者。

定性温度为流体进出口算术平均温度。管束的平均对流传热系数

$$\alpha = \frac{\sum_{i=1}^{n} \alpha_i S_i}{\sum_{i=1}^{n} S_i} \tag{4-31}$$

式中　S_i——第 i 列管的全部传热面积，m^2；

　　　α_i——第 i 列管的平均对流传热系数，$W/(m^2 \cdot K)$。

　　d　炉内对流传热系数

　　热空气循环电阻炉内的对流传热系数：

$$\alpha = 7.6 u_0^{0.8} \tag{4-32}$$

式中　u_0——炉气在标准状态下的流速，m/s。

　　火焰炉内炉气对裸露物料表面的对流传热系数

$$\alpha = 125 \lambda c_t u_0 \tag{4-33}$$

式中　λ——炉气与金属料面之间的摩擦阻力系数，一般取 $0.04 \sim 0.05$；

　　　c_t——炉气比热容，$kJ/(m^3 \cdot K)$。

　　回转窑内炉气对裸露料面的对流传热系数

$$\alpha = 10.4 u_0 \tag{4-34}$$

　　e　搅拌容器中的对流传热系数

　　为了强化传热，可在夹套式和沉浸式蛇管换热器（它们的结构见本章第七节）中加装搅拌器。此时器内流体和器壁或蛇管壁间的对流传热系数可用下式计算：

$$\alpha = a \frac{\lambda}{D} \left(\frac{d^2 n \rho}{\mu} \right)^m Pr^{1/3} \left(\frac{\mu}{\mu_w} \right)^{0.14} \tag{4-35}$$

式中　D——容器直径，m；

　　　d——搅拌器桨叶直径，m；

　　　n——搅拌器转速，r/s；

　　　m——和换热器形式有关的系数，夹套式，$m = 0.67$，沉浸蛇管式，$m = 0.62$；

　　　a——和换热器形式、搅拌器形式有关的系数，对夹套式：当搅拌器为透平式时，$a = 0.62$，为螺旋桨式时，$a = 0.54$，为桨式时，$a = 0.36$，为锚式时，$a = 0.46$；对沉浸蛇管式：当搅拌器为透平式时，$a = 1.5$，为螺旋桨式时，$a = 0.83$，为桨式时，$a = 0.87$。

　　B　自然对流

　　流体自然对流时，其对流传热系数与流体性质、传热面的形状和位置，以及传热面与流体间温差等因素有关。对一般流体，其准数关系式可表示为：

$$Nu = C(Gr \cdot Pr)^n \tag{4-36a}$$

　　对于大空间内的自然对流，用板、管等不同形状的加热面，对空气、水、油类等不同介质进行实验测得的 C 和 n 值列于表 4-5 中。式 (4-36a) 中的定性温度取膜温 t_m，即壁温与流体温度的算术平均值，Gr 中的 Δt 取壁温与流体温度之差。表 4-5 适用于均温壁面的自然对流传热。

　　表 4-5 中对于垂直圆筒，只有当 $\dfrac{d}{L} \geqslant \dfrac{35}{\sqrt[4]{Gr}}$ 时，才能按垂直平壁处理，误差在 5% 以内，否则按下式计算：

$$Nu = 0.686 (Gr \cdot Pr)^{\frac{1}{4}} \tag{4-36b}$$

表 4-5　式（4-35a）中的 C 和 n 值

表面形状及位置	C、n 值			特征尺寸	适用范围 ($Gr \cdot Pr$)
	流 态	C	n		
垂直平壁及圆筒 $h < 1\text{m}$	层 流	1.36	1/5	高度 h	$< 10^4$
		0.59	1/4		$10^4 \sim 10^9$
	紊 流	0.10	1/3		$10^9 \sim 10^{13}$
水平圆筒 $d < 0.2\text{m}$	层 流	1.09	1/5	外径 d_0	$1 \sim 10^4$
		0.53	1/4		$10^4 \sim 10^9$
	紊 流	0.13	1/3		$10^9 \sim 10^{13}$
热面朝上或冷面朝下的水平壁	层 流	0.54	1/4	平板取面积与周长之比值，圆盘取 $0.9d$	$2 \times 10^4 \sim 8 \times 10^6$
	紊 流	0.15	1/3		$8 \times 10^6 \sim 10^{11}$
热面朝下或冷面朝上的水平壁	层 流	0.58	1/5	矩形取两个边长的平均值，圆盘取 $0.9d$	$10^5 \sim 10^{11}$

对于有色重金属、碱金属及其合金，其融体在容器中自然对流时：

$$Nu = CGr^n Pr^{0.4} \tag{4-36c}$$

式（4-36c）的特征尺寸与定性温度的取法与式（4-35a）相同。在 $Gr = 10^2 \sim 10^9$ 层流时，$C = 0.52$，$n = 0.25$；$Gr = 10^9 \sim 10^{12}$ 紊流时，$C = 0.106$，$n = 0.33$。

例 4-6　求裸露水平蒸气管表面每小时向周围散发的热量。管外径 $d_0 = 100\text{mm}$，管长 $L = 4\text{m}$，管壁温度 $t_w = 130℃$，环境温度 $t_f = 30℃$。

解： 在定性温度 $t_m = \dfrac{1}{2}(t_f + t_w) = \dfrac{130 + 30}{2} = 80℃$ 时，由附录查得空气的物性数据：

$$\rho = 1.00\text{kg/m}^3; \quad \lambda = 0.0305\text{W/(m} \cdot \text{K)};$$

$$\mu = 2.11 \times 10^{-5}\text{N} \cdot \text{s/m}^2; \quad \beta = \frac{1}{273 + 80} = 2.83 \times 10^{-3}\text{1/K};$$

$$Pr = 0.692$$

所以

$$Gr = \frac{\beta g \Delta t d^3 \rho^2}{\mu^2} = \frac{2.83 \times 10^{-3} \times 9.81 \times (130 - 30) \times 0.1^3 \times 1^2}{(2.11 \times 10^{-5})^2} = 6.24 \times 10^6$$

$$Gr \cdot Pr = 6.24 \times 10^6 \times 0.692 = 4.32 \times 10^6$$

从表 4-5 查得 $C = 0.53$，$n = \dfrac{1}{4}$，于是

$$Nu = 0.53(Gr \cdot Pr)^{\frac{1}{4}} = 0.53 \times (4.32 \times 10^6)^{\frac{1}{4}} = 24.2$$

$$\alpha = \frac{\lambda}{d_0} Nu = \frac{0.0305}{0.10} \times 24.2 = 7.37\text{W/(m}^2 \cdot \text{K)}$$

$$Q = \alpha(t_w - t_f)S = 7.37 \times (130 - 30) \times 3.14 \times 0.1 \times 4 = 926\text{W}$$

4.3.4.2　流体有相变时的对流传热系数

A　蒸气冷凝对流传热系数

a　蒸气的冷凝过程

冶金化工生产中经常用饱和水蒸气来加热物料,有时又需将某物料的饱和蒸气冷凝作为产品。当饱和蒸气与低于饱和温度的壁面接触时,蒸气放出潜热并凝结成液体的过程称为冷凝放热。

若蒸气和壁面都比较清洁,液体对壁面的附着力大于表面张力,则冷凝液能够润湿壁面并在壁面上形成一层完整的下降液膜,这种情况称为膜状冷凝(见图4-10)。由于蒸气的继续冷凝只能在液膜表面进行,冷凝时放出的潜热必须以导热方式通过液膜后才能传给壁面,因此膜状冷凝的热阻较大。若蒸气中混有油脂类物质,或者壁面被油脂沾污时,冷凝液因不能润湿壁面而形成许多珠状液滴,并沿壁面落下,这种情况称为滴状(或珠状)冷凝。在滴状冷凝对流时,由于大部分壁面直接暴露在蒸气中,热阻要小得多,所以滴状冷凝的传热系数比膜状冷凝时大几倍到十几倍。但是滴状冷凝往往是暂时的或局部的,在工业生产中遇到的冷凝过程大多是膜状冷凝。

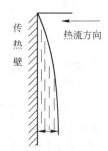

图 4-10　膜状冷凝

b　膜状冷凝对流传热系数的计算

蒸气膜状冷凝给热过程中的热阻主要在液膜中,因此对整个壁面的平均对流传热系数来说,液膜的物性、厚度和流动状态、壁面的形状和高度都是重要的影响因素。

(1)蒸气在垂直管外壁或垂直平壁的冷凝对流传热系数的计算。

当 $Re < 1800$,液膜为滞流流动时

$$\alpha = 1.13\left(\frac{r\rho^2 g\lambda^3}{\mu L\Delta t}\right)^{1/4} \tag{4-37}$$

当 $Re > 1800$,液膜为紊流流动时

$$\alpha = 0.068\left(\frac{r\rho^2 g\lambda^3}{\mu L\Delta t}\right)^{1/3} \tag{4-38}$$

式中　α——蒸气冷凝对流传热系数,$W/(m^2 \cdot K)$;

　　　　L——垂直管或板的高度,m;

　　　　λ——冷凝液的热导率,$W/(m \cdot K)$;

　　　　ρ——冷凝液的密度,kg/m^3;

　　　　μ——冷凝液的黏度,$N \cdot s/m^2$;

　　　　r——饱和蒸气的冷凝潜热,J/kg;

　　　　Δt——蒸气饱和温度 t_s 与壁面温度 t_w 之差,℃。

应用式(4-37)和式(4-38)时,定性温度除冷凝潜热 r 一般按其饱和温度 t_s 取值外,其余物性均取液膜的平均温度,即 $t_m = \frac{1}{2}(t_w + t_s)$。

考虑到冷凝液膜内温度由 t_s 降到 t_w 的显热传递,可用下式的 r' 代替 r。

$$r' = r + 0.68c_p(t_s - t_w) \tag{4-39}$$

在高压下,由于冷凝热减小,而液体的比热容 c_p 增大,这项修正尤为重要。

用来判断液膜流动类型的 Re 可由其定义式根据液膜的特点表达,如

$$Re = \frac{d_e u\rho}{\mu} = \frac{4A\rho u}{\Pi\mu} = \frac{4\frac{W}{\Pi}}{\mu} = \frac{4\frac{W}{\Pi}}{\mu} = \frac{4M}{\mu}$$

式中，d_e 为当量直径；A、Π、u 和 M 为液膜在某截面上的截面积、湿周、平均流速和单位湿周上冷凝液的质量流量（称为冷凝负荷）。

对于竖壁，Π 等于壁宽；对于外直径 d_0 的竖圆管，$\Pi = \pi d_0$；对水平管，Π 等于 2 倍管长。

（2）蒸气在水平单管外的冷凝对流传热系数的计算。

层流时（$Re < 1800$）

$$\alpha = 0.725\left(\frac{r\rho^2 g\lambda^3}{d_0\mu\Delta t}\right)^{1/4} \tag{4-40}$$

式中，d_0 为管外径，单位为 m；其他符号含义和单位及取值与式（4-38）的相同。

（3）蒸气在水平管束外的冷凝对流传热系数的计算。

层流时（$Re < 1800$）

$$\alpha = 0.725\left(\frac{r\rho^2 g\lambda^3}{nd_0\mu\Delta t}\right)^{1/4} \tag{4-41}$$

式中，n 为水平管束在垂直列上的管子数，其他符号含义和单位及取值与式（4-40）的相同。

在常用的列管式冷凝器中，由于壳体是圆筒形，当冷凝器水平放置时，管束的各垂直列上的管子数目不等，若分别为 n_1、n_2、n_3、$\cdots$，则上式中的 n 应取平均值，即：

$$n = \left(\frac{n_1 + n_2 + n_3 + \cdots}{n_1^{0.75} + n_2^{0.75} + n_3^{0.75} + \cdots}\right)^4$$

例 4-7 常压水蒸气在单根圆管外冷凝，管外径 $d_0 = 100\mathrm{mm}$，管长 $L = 2\mathrm{m}$，壁温为 98℃。试求：1）管子垂直放置时的冷凝对流传热系数；2）管子水平放置时的冷凝对流传热系数。

解：因 $t_m = \dfrac{100 + 98}{2} = 99$℃，由此查得水的物性为：

$$\rho = 959.1\mathrm{kg/m^3}; \quad \mu = 28.56 \times 10^{-5}\mathrm{Pa \cdot s}; \quad \lambda = 0.6819\mathrm{W/(m \cdot K)}$$

常压水蒸气：$t_s = 100$℃，$r = 2258\mathrm{kJ/kg}$。

1）管子垂直放置时，先假定液膜为滞流，由式（4-37）得

$$\alpha = 1.13\left(\frac{r\rho^2 g\lambda^3}{\mu L\Delta t}\right)^{1/4} = 1.13 \times \left[\frac{2258 \times 10^3 \times 959.1^2 \times 9.81 \times 0.6819^3}{28.56 \times 10^{-5} \times (100 - 98) \times 2}\right]^{1/4}$$

$$= 9.99 \times 10^3\mathrm{W/(m^2 \cdot K)}$$

校验 Re 数：

$$M = \frac{W}{\Pi} = \frac{Q/r}{\Pi} = \frac{as\Delta t/r}{\pi d_0} = \frac{aL\Delta t}{r}$$

$$Re = \frac{4M}{\mu} = \frac{4aL\Delta t}{r\mu}$$

$$= \frac{4 \times 9.799 \times 10^3 \times 2 \times 2}{2258 \times 10^3 \times 28.56 \times 10^{-5}} = 243 < 1800$$

故假定冷凝液膜为滞流是正确的。

2）设管子水平放置时的冷凝对流传热系数为 α'，先假定液膜为层流，则由式（4-37）及式（4-40）可得管子垂直放置及水平放置时传热系数的关系为：

$$\frac{\alpha'}{\alpha} = \frac{0.725}{1.13}\left(\frac{L}{d_0}\right)^{1/4} = \frac{0.725}{1.13}\left(\frac{2}{0.1}\right)^{1/4} = 1.36$$

故 $\quad \alpha' = 1.36\alpha = 1.36 \times 9.799 \times 10^3 = 1.36 \times 10^4\mathrm{W/(m^2 \cdot K)}$

核算 Re，设水平放置的雷诺数为 Re'，垂直放置时为 Re，则有

$$\frac{Re'}{Re} = \frac{\dfrac{2\pi d_0 \alpha' \Delta t}{\gamma\mu}}{\dfrac{4L\alpha\Delta t}{\gamma\mu}} = \frac{\pi d_0 \alpha'}{2L\alpha} = \frac{3.14 \times 0.1 \times 1.36}{2 \times 2} = 0.11$$

即 $Re' = 0.11 \times 242 = 26.73 < 1800$，说明原假设为层流正确。

以上计算说明，在其他条件相同情况下，水平管的冷凝对流传热系数比垂直管的更大，故蒸气冷凝器一般采用卧式较为有利。

（4）蒸气在倾斜管内冷凝对流传热系数的计算。蒸气在水平管内一边流动一边冷凝时，冷凝液沉积在底部，沿流向使管子略为下斜，可使冷凝液加速流动，从而液膜变薄，有利于传热。沿流向略为倾斜的管内冷凝通常优于水平管和垂直管，其中倾斜度以 20° 为最好。对倾斜度为 5°～30° 的管内冷凝，仍可用单根水平管外冷凝的公式计算。

c　影响冷凝传热的因素

影响冷凝传热的因素除了有以上公式中所涉及的如流体物性、温差、壁面位置、尺寸等因素外，还有以上公式未考虑的其他因素如蒸气速度、流动方向、不凝性气体含量、表面粗糙度等，这些因素也在一定程度上影响着冷凝传热强度。

（1）蒸气速度和流动方向。若流速与液膜流动方向相反，则液膜的流动受到阻滞而变厚，导致换热减弱；若与流动方向一致时，液膜变薄，易形成紊流，促使换热增强。实验证明，蒸气流速 $u_0 < 10\text{m/s}$ 时影响不大，而 $u_0 = 40～50\text{m/s}$ 时，传热系数会提高 30% 左右。当 $u_0 = 70\text{m/s}$ 时，传热系数会增加 40%。

（2）不凝性气体含量。若蒸气中含有空气，壁面附近将因蒸气凝结而使空气浓度增加，形成空气夹层，传热系数降低。实验证明，蒸气中空气的含量即使只有 1%，传热系数也下降一半，因此必须设法排除冷凝设备中的不凝性气体。

（3）冷凝表面粗糙度。若凝结表面粗糙，当凝结雷诺数 Re 较低时，凝液易于积存在壁面上，从而加厚了液膜，传热系数低于光滑壁。但有实验证明，当 $Re > 140$ 后，传热系数可高于光滑壁。

总之，凡有利于加速液膜厚度减薄的因素都能增强冷凝传热，反之，则使冷凝传热减弱。实践中往往在冷凝壁上开槽、加肋或采用低频振动等办法来提高冷凝效率。

在所有的物质中，水蒸气的冷凝对流传热系数最大，通常可达 $10^4 \text{W/(m}^2 \cdot \text{K)}$ 左右，而某些有机物的冷凝对流传热系数可低至 $10^3 \text{W/(m}^2 \cdot \text{K)}$ 以下。

B　液体沸腾对流传热系数

当液体与热的壁面相接触，液体发生相变，在壁面上产生气泡的传热过程，称为液体的沸腾。

液体在受热面上的沸腾可分为大容器沸腾和受迫对流沸腾（或称管内沸腾）。所谓大容器沸腾，是指加热面被浸在无强制对流的液体中时发生的沸腾。此时，从加热面产生的气泡能脱离壁面自由浮升，因此液体的运动是由自然对流和气泡的扰动所引起的。管内沸腾是指液体以一定的速度通过加热管时，在管内表面上发生的沸腾。此时，在加热面上产生的气泡不能自由浮升，而是被迫与液体一起流动。

a　饱和沸腾曲线

当液体的主体温度等于饱和温度 t_s 时的沸腾称为饱和沸腾。此时加热壁面与液体主体的温度差称为沸腾温差 $\Delta t = t_w - t_s$。饱和沸腾时对流传热系数和热流密度与沸腾温差的关系曲线称

为饱和沸腾曲线。大容器内液体饱和沸腾情况随温度差 Δt 而变，有 3 种类型的沸腾状态。图 4-11 为常压下在大容器内水的饱和沸腾曲线。该图表明沸腾温度差 Δt 对对流传热系数 α 和热流密度 q 的影响。当 $\Delta t \leqslant 5℃$ 时，加热表面上液体轻微过热，水仅在液体表面蒸发而无气泡逸出液面，水主要靠密度的差别进行自然对流。此阶段的 α 和 q 都较低，如图 4-11 中 AB 段所示。

当 Δt 升至 $5 \sim 25℃$ 时，随着 Δt 增大，会有大量的气泡在放热壁面上不断生成、不断跃离，当气泡离开壁面后，它原来所占的位置就由周围流过来的水填充，激烈的气泡运动，促使 α 和 q 都急剧增大，如图 4-11 中 BC 段所示，此段称为泡核沸腾或泡状沸腾区。

当 $\Delta t > 25℃$ 时，由于沸腾温差很大，产生的气泡多而且大，以致气泡在放热壁面上汇合连成一片，使

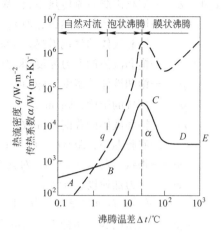

图 4-11 水在大容器沸腾曲线

部分放热面被一层不稳定的气膜所覆盖，把水和壁面隔离。由于蒸汽的导热性能差，气膜的附加热阻使 α 和 q 都急剧下降。此阶段称为不稳定的膜状沸腾。如图 4-11 中 CD 段所示。由泡核沸腾向不稳定膜状沸腾过渡的转折点 C 称为临界点。临界点上的温度差、沸腾对流传热系数和热流密度分别称为临界沸腾温度差 Δt_c、临界沸腾对流传热系数 α_c 和临界热流密度 q_c。当达到 D 点时，放热面几乎全部被气膜所覆盖，开始形成稳定的气膜。以后随着 Δt 的增加，α 基本不变，q 又上升，这是由于壁温升高，辐射传热的影响显著增加所致，如图 4-11 中 DE 段所示。实际上一般将 CDE 段称为膜状沸腾。

其他液体的饱和沸腾曲线与水的饱和沸腾曲线类似，只是临界点的数值有所不同。

由上可知，泡核沸腾的对流传热系数比膜状沸腾大，生产上应控制在泡核沸腾区操作，防止加热表面过烧，以保证设备安全、经济地运行。因此，确定临界点数值具有重要的实际意义。

b 影响沸腾传热的因素

（1）液体性质的影响。一般情况下，α 随 λ、ρ 增加而增大，而随 μ 和 σ（表面张力）增加而减小。

（2）温度差 Δt 的影响。温度差是控制沸腾给热的重要参数，应尽量在泡核沸腾阶段操作。

（3）操作压强的影响。提高操作压强亦即提高液体的饱和温度，从而使液体的黏度及表面张力下降，有利于气泡的生成与脱离壁面，强化了对流传热过程。

（4）加热面的影响。加热壁面的材料、粗糙度、清洁度和使用时间对沸腾传热影响很大。因气泡核心发生在表面上的凹凸不平处，该处受热面大，吸收热量多，因此，用机械加工的方法使金属表面粗糙化，可提高传热系数 80%，或采用多孔金属表面，可使 α 提高十几倍。

c 大容器沸腾对流传热系数的计算

（1）大容器饱和泡核沸腾对流传热系数的计算。由于沸腾传热机理极为复杂，曾经提出了各种沸腾理论，并推导出相应的计算式，但计算结果往往差别较大。对于大容积泡核沸腾，有下列关系式：

$$\alpha = \mu \gamma \sqrt{\frac{g(\rho_l - \rho_v)}{\sigma}} \left(\frac{c_{pl}}{\gamma Pr^n C_{wl}} \right)^3 \cdot \Delta t^2 \tag{4-42}$$

式中　α——泡核沸腾对流传热系数，$W/(m^2 \cdot K)$；

　　　c_{pl}——饱和液体的比热容，$J/(kg \cdot K)$；

　　　γ——饱和液体的汽化潜热，J/kg；

　　　μ——饱和液体的动力黏度，$kg/(m \cdot s)$ 或 $Pa \cdot s$；

　　　ρ_l——饱和液体的密度，kg/m^3；

　　　ρ_v——蒸气的密度，kg/m^3；

　　　Pr——饱和液体的普朗特准数；

　　　Δt——沸腾温差，$\Delta t = t_w - t_s$，℃；

　　　n——指数，对水 $n = 1.0$，对其他液体 $n = 1.7$；

　　　g——重力加速度，m/s^2；

　　　σ——气-液界面的表面张力，N/m；

　　　C_{wl}——与壁面和液体种类有关的系数。

系数 C_{wl} 和水的表面张力 σ 的值见表 4-6 和表 4-7。

表 4-6　系数 C_{wl} 的值

液-壁面组合	C_{wl}	液-壁面组合	C_{wl}
水-黄铜	0.006	酒精-铬	0.027
水-铜	0.013	35% KOH-铜	0.0054
水-铂	0.013	50% KOH-铜	0.0027
水-不锈钢	0.0132	四氯化碳-铜	0.007

表 4-7　水的表面张力

饱和温度/℃	80	100	150	200	250	300	350	374.15
表面张力/mN·m⁻¹	62.6	58.84	48.7	37.8	36.2	4.4	3.8	0

在热力设备中，水是广泛采用的工质。对于水，计算泡核沸腾传热系数 α 的经验公式：

$$\alpha = C(t_w - t_s)^n \left(\frac{p}{p_a}\right)^{0.4} \tag{4-43}$$

式中，p 和 p_a 分别表示沸腾系统的实际压强和标准大气压强，α 的单位为 $W/(m^2 \cdot K)$。系数 C 和指数 n 与加热面位置及热流密度 q 有关，见表 4-8。

表 4-8　式（4-43）中的 C 和 n 值

加热面位置	$q/W \cdot m^{-2}$	C	n
水平面	$q < 15800$	1040	1/3
	$15800 < q < 23600$	5.56	3
垂直面	$q < 3150$	539	1/7
	$3150 < q < 63100$	7.95	3

（2）大容器饱和沸腾临界沸腾对流传热系数的计算。与临界点 C 对应的对流传热系数称为临界沸腾对流传热系数。其可用下列关系式计算。

$$\alpha_c = 0.18\rho_v\gamma\left[\frac{\rho(\rho_l - \rho_v)g}{\rho_v^2}\right]^{\frac{1}{4}}\left(\frac{\rho_l}{\rho_l + \rho_v}\right)^{\frac{1}{2}}\frac{1}{\Delta t} \tag{4-44}$$

式中，除 Δt 为临界沸腾温差外，各项的含义和单位与式（4-42）的相同。

例4-8 不锈钢管平浸在水中，外壁温度为 105.56℃，试计算在标准大气压下，沸腾传热时的 α 值。

解: $\Delta t = 105.56 - 100 = 5.56℃$，由沸腾曲线知，在此 Δt 下，可能是泡核沸腾，所以选用式（4-42）计算 α，即

$$\alpha = \mu\gamma\sqrt{\frac{g(\rho_1 - \rho_v)}{\sigma}}\left(\frac{c_{pl}}{\gamma Pr^n C_{wl}}\right)^3 \cdot \Delta t^2$$

根据水在标准大气压下的饱和沸腾温度 100℃，由附录和表4-6查得：

$$\gamma = 2.25 \times 10^6 J/kg; \qquad \rho_1 = 958.4 kg/m^3;$$
$$\rho_v = 0.5970 kg/m^3; \qquad \mu = 28.38 \times 10^{-5} Pa \cdot s;$$
$$\sigma = 0.05884 N/m; \qquad c_{pl} = 4.22 \times 10^3 J/(kg \cdot ℃);$$
$$Pr = 1.76; \qquad C_{wl} = 0.0132$$

对水，$n = 1$

故有

$$\alpha = 28.24 \times 10^{-5} \times 2.25 \times 10^6 \times \sqrt{\frac{9.81 \times (958.4 - 0.5970)}{0.05884}} \times$$
$$\left(\frac{4.22 \times 10^3}{2.2584 \times 10^6 \times 1.76 \times 0.0132}\right)^3 \times 5.56^2$$
$$= 4206 W/(m^2 \cdot K)$$

$$q = \alpha\Delta t = 4120 \times 5.56 = 22907 W/m^2$$

校验是否处于泡核沸腾区：

将各物理量已知值代入式（4-44）可算得

$$\alpha_c = 0.18\rho_v\gamma\left[\frac{\sigma(\rho_1 - \rho_v)g}{\rho_v^2}\right]^{\frac{1}{4}}\left(\frac{\rho_1}{\rho_v + \rho_1}\right)^{\frac{1}{2}}\frac{1}{\Delta t} = 1.523 \times 10^6 W/(m^2 \cdot K)$$

故 $q < q_c$。由图4-11可知，在泡核沸腾区有 $q < q_c$，所以假定处于泡核沸腾区是正确的，$\alpha = 4206 W/(m^2 \cdot K)$ 即为所求。

下面列出几种对流传热情况下的传热系数 α 值的范围，以供参考。

表4-9 α 值的范围

换热方式	空气自然对流	气体强制对流	水自然对流	水强制对流	水蒸气冷凝	水沸腾
$\alpha/W \cdot (m^2 \cdot K)^{-1}$	5 ~ 25	20 ~ 100	200 ~ 1000	1000 ~ 15000	5000 ~ 15000	2500 ~ 25000

4.4 辐 射 换 热

辐射是高温炉膛内的主要传热方式，在多数工业炉内辐射热交换具有决定性意义。

4.4.1 辐射换热的基本概念

4.4.1.1 热辐射的物理本质

任何物体，包括固体、液体和气体，不论其温度高低如何（只要在绝对零度以上），都会不停地向外界放出或多或少的辐射能。这种辐射能是由物体的热能转变而来的，故称为热辐射

能。当物体受热时，内部电子的激动增加，放出的辐射能也随之增加，温度是原子内部电子激动的主要原因，所以热辐射主要取决于温度。

从近代物理学知道，辐射线的本质，既是电磁波，又是一粒一粒的具有运动质点特性的光子流，即具有波、粒二相性。辐射线的波长可以包括整个电磁波谱的范围，即 X 射线、紫外线、可见光、红外线、无线电波等。辐射线的波长不同，其具有的能量和热效应也就不相同。辐射线的热效应指的是能够被物体吸收后又重新转化为热能的特性。这种特性最显著的是波长 λ 约为 $0.4 \sim 0.7\mu m$ 的可见光和 $0.7 \sim 100\mu m$ 的红外线，即热辐射线波长介于 $0.4 \sim 100\mu m$ 之间，且大部分能量位于红外线波长区间内的 $0.7 \sim 25\mu m$ 之间，而可见光所占比重较少。但温度高达 5800K 的太阳则不同，太阳热辐射线波长主要集中在 $0.2 \sim 2\mu m$ 范围内，其中可见光占很大比重，且包括部分紫外线（$0.2 \sim 0.38\mu m$）。因此，为考虑太阳热辐射，通常将热辐射线波长范围加宽为 $0.1 \sim 100\mu m$，即包括红外线、可见光以及部分紫外线，统称为热辐射线，见图 4-12。

4.4.1.2 物体对热辐射的吸收、反射和透过

可见与不可见的热射线的本质相同，所以可见光线的传播、反射和折射等规律，对热射线也同样适用。

如图 4-13 所示，当热辐射能 Q 投射到物体上以后，和可见光一样，一部分能量 Q_A 被吸收，一部分能量 Q_R 被反射，另一部分能量 Q_D 透过该物体。

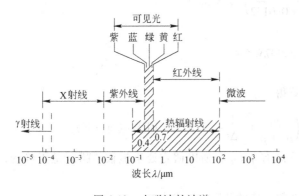

图 4-12　电磁波的波谱

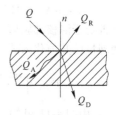

图 4-13　投射到物体
上辐射能分配

$$Q = Q_A + Q_R + Q_D$$

或

$$\frac{Q_A}{Q} + \frac{Q_R}{Q} + \frac{Q_D}{Q} = 1$$

式中，$\frac{Q_A}{Q} = A$，称为该物体的吸收率；$\frac{Q_R}{Q} = R$，称为该物体的反射率；$\frac{Q_D}{Q} = D$，称为该物体的透过率。

由此可得

$$A + R + D = 1 \tag{4-45}$$

若 $A = 1$，则 $R = D = 0$，表明物体能全部吸收外来热辐射，没有反射和透过。这样的物体称为"绝对黑体"，简称"黑体"。

若 $R = 1$，则 $A = D = 0$，表明物体能全部反射外来的热辐射，既不吸收也不透过。这样的

物体称为"白体"。如果反射角等于入射角，则称为镜体。

若 $D=1$，则 $A=R=0$，表明物体能全部透过热辐射，既不吸收也不反射。这样的物体称为"透热体"。

若 A 不随波长而变，且 $D=0$，则这样的物体称为"灰体"。

自然界中并不存在"黑体"、"白体"和"透热体"。液体和绝大部分固体对于热射线来说，实际都是不透热体，即 $D=0$，或 $A+R=1$。气体对热射线几乎不能反射，即 $R=0$，或 $A+D=1$。另外，对单、双原子气体还有 $A\approx0$，即近似为透热体。

应注意，"黑体"、"白体"的概念，不同于光学上的"黑"与"白"。因为这里所指的热辐射主要是红外线，对于红外线来说，白颜色不一定就是白体，如雪对可见光吸收率很小，反射率很高，可以说是光学上的白体，但对于红外线，雪的吸收率 $A\approx0.985$，接近于黑体。由此可见不能按物体的颜色来判断它对红外线的吸收和反射能力。

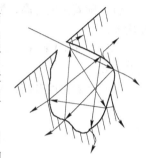

图 4-14　人工黑体模型

黑体对研究热辐射具有重要意义。它可以用人工的方法制造出来，如图 4-14 所示。投射到小孔上的射线进入空腔后经多次反射和吸收，可以认为全部被吸收了。例如，用吸收率等于 0.6 的非透明体材料制成的空腔体，当小孔面积小于空腔体内壁面积的 0.6% 时，空腔体小孔的吸收率大于 0.996。因此，空腔壁上的小孔具有黑体的特征，这是建立人工标准黑体的原理。

为了表达明确，凡属于黑体的一切物理量，都用下角码"b"标注。

4.4.1.3　辐射力和单色辐射力

辐射力（又称全辐射力）。物体在单位时间内，由单位表面积向半球空间发射的全部波长（$0\sim\infty$）的辐射能量称为辐射力，用符号 E 表示，单位为 W/m^2。黑体的辐射力用 E_b 表示。

单色辐射力。物体在单位时间内，由单位表面积向半球空间发射的某一波长的辐射能量称单色辐射力，用符号 E_λ 表示，单位为 $W/(m^2\cdot\mu m)$。黑体的单色辐射力用 $E_{b\lambda}$ 表示。物体辐射能量按波长的分布是不均匀的，如果物体在波长为 λ 至 $\lambda+\Delta\lambda$ 范围内辐射力为 ΔE，则其单色辐射力为

$$E_\lambda = \lim_{\Delta\lambda\to0}\frac{\Delta E}{\Delta\lambda} = \frac{\mathrm{d}E}{\mathrm{d}\lambda}$$

辐射力和单色辐射力的关系为：

$$E = \int_0^\infty E_\lambda \mathrm{d}\lambda \tag{4-46}$$

4.4.2　物体辐射力的计算

4.4.2.1　黑体辐射力的计算

黑体辐射力计算包括单色辐射力和辐射力的计算。

A　黑体单色辐射力的计算公式——普朗克定律

1900 年，普朗克（M. Planck）在量子理论的基础上，得到了黑体的单色辐射力与波长和绝对温度关系，即普朗克定律，其数学表达式如下：

$$E_{b\lambda} = \frac{C_1 \lambda^{-5}}{e^{\frac{C_2}{\lambda T}} - 1} \tag{4-47}$$

式中 λ——波长，μm；

T——黑体表面的绝对温度，K；

C_1——普朗克第一常数，$C_1 = 3.743 \times 10^8 \text{W} \cdot \mu\text{m}^4/\text{m}^2$；

C_2——普朗克第二常数，$C_2 = 1.4387 \times 10^4 \mu\text{m} \cdot \text{K}$。

式（4-47）代表的曲线可表示为图4-15，由该图可看出：

（1）随着温度升高，黑体的单色辐射力 $E_{b\lambda}$ 和辐射力（即图中每条曲线下的面积）E_b 都迅速增大；

（2）在 $\lambda = 0$ 和 $\lambda = \infty$ 时，$E_{b\lambda} = 0$，而且每一条 $E_{b\lambda}$ 分布曲线都有一峰值，即有一最大单色辐射力 $E_{b\lambda max}$；

（3）随着温度升高，黑体的最大单色辐射力 $E_{b\lambda max}$ 向短波方向移动。

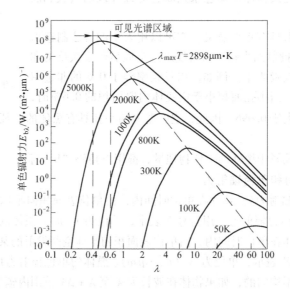

图 4-15 黑体的 $E_{b\lambda}$ 随 λ 和 T 的变化关系

若将式（4-47）对 λ 求导，并令其等于零，即

$$\frac{dE_{b\lambda}}{d\lambda} = 0$$

则得

$$\lambda_{max} T = 2897.6 \mu\text{m} \cdot \text{K} \tag{4-48}$$

式（4-48）称为维恩（Wien）定律，它表明对应于 $E_{b\lambda max}$ 的波长 λ_{max} 与绝对温度成反比，两者乘积为一常数。

B 黑体辐射力的计算公式——斯忒藩-玻耳兹曼定律

黑体在某一温度下的辐射力的计算公式可通过将普朗克定律沿整个波长积分求得，即

$$E_b = \int_0^\infty E_{b\lambda} d\lambda = \int_0^\infty \frac{C_1 \lambda^{-5}}{e^{\frac{C_2}{\lambda T}} - 1} d\lambda = \sigma_b T^4 \tag{4-49}$$

式（4-49）称斯忒藩-玻耳兹曼（J. Stefan-D. Boltzman）定律。其中，σ_b 称黑体辐射常数，其值 $\sigma_b = 5.67 \times 10^{-8} \, \text{W}/(\text{m}^2 \cdot \text{K}^4)$。

为了便于工程计算，式（4-49）通常写成

$$E_b = C_b \left(\frac{T}{100} \right)^4 \tag{4-50}$$

式中，$C_b = 5.67 \, \text{W}/(\text{m}^2 \cdot \text{K}^4)$，称为黑体的辐射系数。

斯忒藩-玻耳兹曼定律说明黑体的辐射力同它的绝对温度四次方成正比，故该定律又称四次方定律。

4.4.2.2 实际物体辐射力的计算

实验证明，只有黑体才严格遵守四次方定律，实际物体的辐射力 E 与四次方定律多少有些偏差。为了便于运算，在传热计算中将实际物体的辐射力也表示成四次方定律的形式，并在黑度中考虑实际物体的辐射力与黑体辐射力的偏差。

实际物体的单色辐射力 E_λ 与同温度下黑体的辐射力 $E_{b\lambda}$ 的比值称为单色黑度，用 ε_λ 表示，即

$$\varepsilon_\lambda = \frac{E_\lambda}{E_{b\lambda}} \tag{4-51}$$

实际物体的辐射力 E 与同温度下黑体的辐射力 E_b 的比值称为黑度，用 ε 表示，即

$$\varepsilon = \frac{E}{E_b} \tag{4-52a}$$

这样，实际物体的辐射力就可以用下式来计算：

$$E = \varepsilon E_b = \varepsilon C_b \left(\frac{T}{100} \right)^4 \tag{4-52b}$$

实际物体的黑度 ε 均小于1，且不是一个常数，它与温度、表面状况等因素有关。工程上常用材料的黑度由实验测定，常用材料的黑度 ε 值可由附录查取。黑体的 $\varepsilon = 1$。

灰体的单色黑度与波长无关，只与温度和表面状况有关。

4.4.2.3 物体辐射力与吸收率的关系——克希荷夫定律

克希荷夫（Kirchhoff）定律确定了物体辐射力与吸收率之间的关系。它由两个平行平板相互辐射而得出。

图 4-16 表示两块面积 S 很大、相距很近的平行平板，其中平板 2 为任意物体，平板 1 为黑体。它们的温度、辐射力和吸收率分别为 T、E、A 和 T_b、E_b、A_b。因为平板面积很大，相距很近，故可认为每块平板的辐射线全部落在另一块上。于是，黑体表面投射到任意表面上辐射能为 $E_b S$，被任意表面吸收的部分为 $A E_b S$，余下的部分 $E_b S (1-A)$ 反射回黑体表面被全部吸收。同时，任意表面投向黑体表面的辐射能为 ES，全部被黑体表面吸收。两表面辐射换热的结果为，任意表面吸收的能量为 $A E_b S$，而失去的能量为 ES，两者的差额就是辐射换热量。

$$Q = A E_b S - ES$$

若 $T = T_b$，则系统处于热平衡状态，两表面间的辐射换热量为零，因此

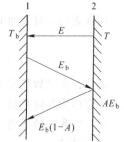

图 4-16 克希荷夫定律推导

$$AE_b = E$$

或

$$E_b = \frac{E}{A} \tag{4-53}$$

式（4-53）对任何物体都成立，则有

$$\frac{E_1}{A_1} = \frac{E_2}{A_2} = \cdots = E_b = f(T) \tag{4-54}$$

式（4-54）即是克希荷夫定律的表达式。它说明任何物体的辐射力与其吸收率之比恒等于同温度下黑体的辐射力，且只与温度有关，而与物体的本性无关。同时也表明物体的吸收率越大，它的辐射力也越大。因为所有物体中以黑体的吸收率最大，$A_b = 1$，所以在相同温度下，黑体的辐射力也最大。

把式（4-53）与式（4-52a）相比，可得

$$\varepsilon = A \tag{4-55}$$

式（4-55）表明，在平衡辐射条件下，物体的黑度与其同温下的吸收率相等。但必须指出，这一结论是在系统处于热平衡（$T = T_b$），投射辐射来自黑体的条件下导出的。所以，严格地说，对于实际物体，上述结论只有在满足导出条件的前提下才是正确的。这是因为实际物体的单色吸收率和单色黑度都随波长而变化。而且，吸收率与黑度不同，它不仅与物体本身温度和表面状态有关，还与投射辐射源的温度和投射辐射的光谱分布有关。但对于灰体，由于其吸收率与波长无关，温度一定时，吸收率为定值，因此，不论投射辐射来自何种物体，也不论系统是否处在热平衡条件，其吸收率总是等于同温度下的黑度。

与黑体一样，灰体也是一种理想物体。但是，在工程上涉及的红外线波长（$0.76 \sim 20\mu m$）范围内，大部分工程材料可近似看作灰体。

4.4.3 物体表面间辐射换热量的计算

4.4.3.1 角度系数

在计算任意两表面间的辐射换热时，除了要知道这两个表面的辐射性质和温度外，还需考虑它们的几何因素对辐射换热的影响。表面的几何因素对辐射换热的影响可用角系数来表示。

A   角系数的定义

由表面 1 投射到表面 2 的辐射能量 Q_{1-2} 占离开表面 1 的总辐射能量 Q_1 的份数称为表面 1 对表面 2 的角系数；用符号 φ_{12} 表示，即

$$\varphi_{12} = \frac{Q_{1 \to 2}}{Q_1} = \frac{Q_{1 \to 2}}{E_1 S_1} \tag{a}$$

同理表面 2 对表面 1 的角系数为

$$\varphi_{21} = \frac{Q_{2 \to 1}}{Q_2} = \frac{Q_{2 \to 1}}{E_2 S_2} \tag{b}$$

显然，角系数只取决于两表面形状、尺寸及物体相对位置等几何因素，与表面性质和温度无关，应称为几何系数。因此，角系数定义对任何物体表面都适用。

B   角系数的性质

a   互换性

设两黑体表面 1、2，各自维持 T_1 和 T_2 恒温，并设 $T_1 > T_2$。由式（a）和式（b）可知，单位时间内表面 1 投射到表面 2 的辐射能为 $E_{b1} S_1 \varphi_{12}$，由表面 2 投射到表面 1 的为 $E_{b2} S_2 \varphi_{21}$。因两

表面皆为黑体，落到其上的辐射能全部被吸收，故表面 1 辐射给表面 2 净热量 $Q_{12} = E_{b1}S_1\varphi_{12} - E_{b2}S_2\varphi_{21}$。如 $T_1 = T_2$，两表面处于热平衡状态，则 $Q_{12} = 0$，$E_{b1} = E_{b2}$，由上式可得

$$S_1\varphi_{12} = S_2\varphi_{21} \tag{4-56}$$

这称为角系数的互换性。此特性虽由黑体在热平衡条件下导出，但角系数为纯几何参数，故式 (4-56) 对任何实际物体表面无论是否处于热平衡状态都适用。

b 完整性

设有 n 个表面所组成的封闭辐射系统，其中任一表面发射的能量必按照不同的百分比全部投落到封闭系统内各个表面上。按能量守恒关系，可得

$$\varphi_{i1} + \varphi_{i2} + \varphi_{i3} + \cdots + \varphi_{in} = 1 \tag{4-57}$$

式 (4-57) 称为角系数的完整性。式中 i 代表 1 至 n 个表面中的任何一个。当表面 i 为凸表面时，$\varphi_{ii} = 0$，即表面 i 不能自我投射。

c 和分性

见图 4-17，若

$$S_{(1+2)} = S_1 + S_2$$

则

$$\varphi_{3(1+2)} = \varphi_{31} + \varphi_{32} \tag{4-58a}$$

和

$$S_{(1+2)}\varphi_{(1+2)3} = S_1\varphi_{13} + S_2\varphi_{23} \tag{4-58b}$$

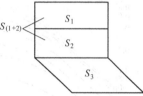

图 4-17 和分性原理

式 (4-58a) 和式 (4-58b) 称为角系数的和分性。

C 辐射传热中常见情况角系数的确定

a 两个彼此平行且十分靠近的大平面角系数的确定

如图 4-18 (a) 所示，因两平面彼此很靠近，表面的任一边尺寸相对于两表面间的距离来说都很大，按辐射线直线传播的原理，两表面向外辐射不可能投射到自身表面，而投向第三表面的射线可以忽略不计，因此可以认为每一表面的辐射能全部投射到对方表面上。由角系数的定义可以直接写出

$$\varphi_{12} = \varphi_{21} = 1, \quad \varphi_{11} = \varphi_{22} = 0$$

b 一个凹面与一个凸面或平面组成的封闭空间角系数的确定

如图 4-18 (b)、(c) 所示。由角系数的完整性得

$$\varphi_{12} = 1(因 \varphi_{11} = 0), \quad \varphi_{21} + \varphi_{22} = 1$$

由互换性得

$$\varphi_{21} = \frac{S_1}{S_2}\varphi_{12} = \frac{S_1}{S_2} \quad \varphi_{22} = 1 - \varphi_{21} = 1 - \frac{S_1}{S_2}$$

c 两个凹面组成的封闭空间角系数的确定

如图 4-18 (d)、(e) 所示。在两凹面的交界处作一假想平面，其面积设为 f，这样就将问题转化成一个凹面和一个平面的情况。而其中任一个面对 f 面的角系数也就是它对另一个面的角系数，

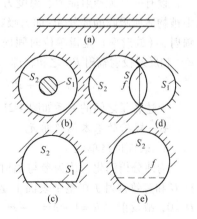

因此 $\varphi_{12} = \varphi_{1f} = \dfrac{f}{S_1}$，$\varphi_{21} = \varphi_{2f} = \dfrac{f}{S_2}$

由角系数的完整性有 $\varphi_{11} + \varphi_{12} = 1$，所以

图 4-18 两表面构成的封闭体系

$$\varphi_{11} = 1 - \frac{f}{S_1}$$

同理
$$\varphi_{22} = 1 - \frac{f}{S_2}$$

对比较复杂的系统，很多研究者进行过详细的研究和推导，其结果可从有关手册中查到。常见的两个平行平面以及彼此相交的两个平面（不是封闭体系）的角度系数可分别由图 4-19 和图 4-20 查取。

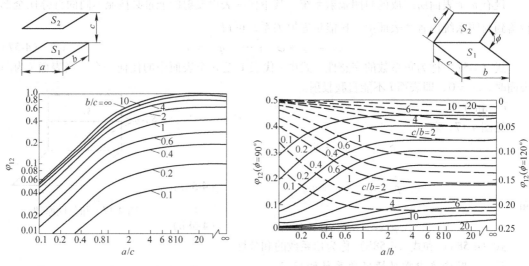

图 4-19　两平行平面的角度系数　　　　　图 4-20　两相交平面的角度系数

实线为 $\phi = 90°$，虚线为 $\phi = 120°$

4.4.3.2　物体表面的有效辐射和辐射计算的基本网络单元

在工业炉中遇到的表面辐射换热多属于由两表面构成的封闭体系。辐射换热的分析研究，此处运用网络法，这种方法是基于热量传递与电量传递的类似性，把辐射换热系统比拟成等效电路，并借助电网络原理解答。在讨论表面间的辐射换热时，通常假定：（1）两表面均为漫辐射灰表面；（2）各表面的温度和黑度都是均匀的。

A　有效辐射

设有一个无透射能力、黑度为 ε 的物体，周围诸物体对该物体的投射辐射为 G。投射辐射中被物体所吸收的部分 AG 称为吸收辐射，其余反射部分 RG 称为反射投射辐射。物体的有效辐射 J（放射率）是指单位时间内由单位面积所射离的总能量，它等于其本身辐射（辐射力 E）和反射投射辐射 RG 之和，即

$$J = E + RG = \varepsilon E_b + RG \qquad (4-59)$$

上述各量之间的关系如图 4-21 所示。

B　辐射的基本网络单元

a　表面网络单元

为使分析简化，认为参与辐射换热的物体表面的温度、投射辐射 G 和有效辐射 J 在整个表面上是均匀一致的。这样，因为透射率 $D = 0$，故反射率 $R = 1 - A = 1 - \varepsilon$，代入式（4-59）得投射辐射的表达式

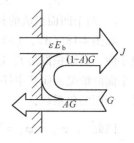

图 4-21　有效辐射示意图

$$G = \frac{J - \varepsilon E_{\mathrm{b}}}{1 - \varepsilon} \qquad (\text{a})$$

由图 4-21 可见，物体失去的能量为面积 S 乘以有效辐射 J 与投射辐射 G 之差，

$$Q = (J - G)S \qquad (\text{b})$$

式（a）代入式（b）得

$$Q = \frac{E_{\mathrm{b}} - J}{\dfrac{1 - \varepsilon}{\varepsilon S}} \qquad (4\text{-}60)$$

式中，Q 为辐射热流，单位为 W；$E_{\mathrm{b}} - J$ 为辐射势差；$(1 - \varepsilon)/(\varepsilon S)$ 为表面辐射热阻，简称表面热阻。表示式（4-60）的网络单元如图 4-22 所示，称为表面网络单元。它是辐射换热网络法中的一个基本网络单元。任一进行辐射换热的物体表面都具有这种表面热阻。对于黑体，因 $\varepsilon = 1$，故表面辐射热阻为零，因而 $J = E_{\mathrm{b}}$。

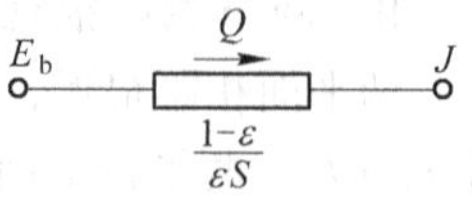

图 4-22　表面网络单元

b　空间网络单元

设任意放置的两物体表面在它们之间进行辐射换热时，其相互辐射的表面积分别为 S_1 和 S_2，角度系数为 φ_{12} 和 φ_{21}。则离开 S_1 和 S_2 的总辐射能为 $J_1 S_1$ 和 $J_2 S_2$ 中投射在 S_2 和 S_1 上的部分，分别为 $J_1 S_1 \varphi_{12}$ 和 $J_2 S_2 \varphi_{21}$，因而两表面之间的净辐射换热量必为

$$Q = J_1 S_1 \varphi_{12} - J_2 S_2 \varphi_{21}$$

由角度系数互换性 $S_1 \varphi_{12} = S_2 \varphi_{21}$，则

$$Q = (J_1 - J_2)S_1 \varphi_{12} = (J_1 - J_2)S_2 \varphi_{21}$$

或

$$Q = \frac{J_1 - J_2}{\dfrac{1}{S_1 \varphi_{12}}} = \frac{J_1 - J_2}{\dfrac{1}{S_2 \varphi_{21}}} \qquad (4\text{-}61)$$

式中，$J_1 - J_2$ 称为两表面的有效辐射势差；$1/(S_1 \varphi_{12})$ 称为 J_1 和 J_2 间的空间辐射热阻，简称空间热阻，仅与辐射表面的形状、大小、距离和相互位置等几何特征有关。表示式（4-61）的网络单元如图 4-23 所示，称为空间网络单元。

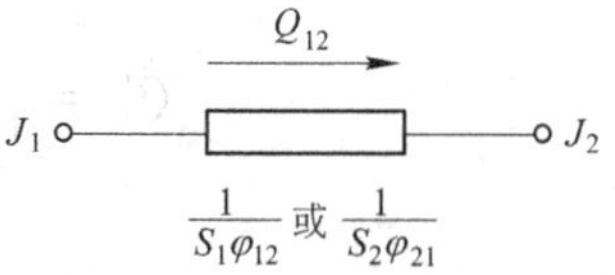

图 4-23　空间网络单元

表面网络单元和空间网络单元反映了物体表面之间辐射换热网络法的要素。对于物体表面间的换热现象，只要把每一表面的表面辐射热阻和有效辐射热间的空间辐射热阻连接起来，就成为该辐射系统的网络图。

4.4.3.3　表面间辐射换热量的计算

A　两个任意表面构成封闭体系时的辐射换热量计算

假定表面 1 和 2 构成的封闭体系之间充满着透热介质，表面 1 和 2 的温度、黑度、面积分别为 T_1、ε_1、S_1 和 T_2、ε_2、S_2，且 $T_1 > T_2$。它们之间的辐射换热可以看成是由表面 1 的"表面辐射过程"，表面 1 和 2 空间中的"传递辐射的过程"以及表面 2 的"表面辐射过程"所组成，其中每一个"过程"都可用一个相应的网络单元来表示，如图 4-24 所示。

网络图 4-24 相当于电流为 Q_{12}，电压降为 $(E_{\mathrm{b1}} - E_{\mathrm{b2}})$ 和电阻为 $\left(\dfrac{1 - \varepsilon_1}{\varepsilon_1 S_1} + \dfrac{1}{S_1 \varphi_{12}} + \dfrac{1 - \varepsilon_2}{\varepsilon_2 S_2} \right)$ 的等

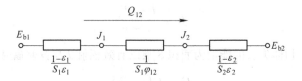

图 4-24 二灰表面辐射系统的辐射换热网络

效电路，故表面 1 和 2 间的辐射换热量为

$$Q_{12} = \frac{E_{b1} - E_{b2}}{\dfrac{1 - \varepsilon_1}{\varepsilon_1 S_1} + \dfrac{1}{S\varphi_{12}} + \dfrac{1 - \varepsilon_2}{\varepsilon_2 S_2}} = \frac{C_b\left[\left(\dfrac{T_1}{100}\right)^4 - \left(\dfrac{T_2}{100}\right)^4\right]}{\dfrac{1 - \varepsilon_1}{\varepsilon_1 S_1} + \dfrac{1}{S\varphi_{12}} + \dfrac{1 - \varepsilon_2}{\varepsilon_2 S_2}} \tag{4-62}$$

B 两个相距很近的平行平面间的辐射换热量计算

两平面相距很近，彼此平行，它们的温度、黑度、面积分别为 T_1、ε_1、S_1 和 T_2、ε_2、S_2，且 $T_1 > T_2$。两平行平面相互辐射的网络图也如图 4-24 所示。此时，$S_1 = S_2 = S$，$\varphi_{12} = \varphi_{21} = 1$，故式（4-62）可简化为

$$Q_{12} = \frac{C_b\left[\left(\dfrac{T_1}{100}\right)^4 - \left(\dfrac{T_2}{100}\right)^4\right]S}{\dfrac{1 - \varepsilon_1}{\varepsilon_1} + 1 + \dfrac{1 - \varepsilon_2}{\varepsilon_2}} \tag{4-63}$$

C 两表面间有隔热屏时的辐射换热量的计算

在实际工程问题中，为了减少表面间的辐射换热量，除了减小换热表面黑度外，亦可在表面间增设隔热屏，以增加系统热阻。如图 4-25 所示，在两块平行板 1 和 2 之间放置一块面积相同的隔热屏 3。它们的温度和黑度分别为 T_1、ε_1，T_2、ε_2 和 T_3、ε_3，面积为 S。假定隔热屏很薄，且热导率很大，它既不增加也不带走换热系统的热量，则该系统的辐射网络如图 4-26 所示。

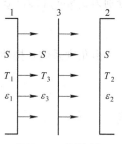

图 4-25 隔热屏

因此，平板 1 和 2 间的辐射换热量为

$$Q'_{12} = \frac{C_b\left[\left(\dfrac{T_1}{100}\right)^4 - \left(\dfrac{T_2}{100}\right)^4\right]S}{\dfrac{1 - \varepsilon_1}{\varepsilon_1} + \dfrac{1}{\varphi_{13}} + \dfrac{1 - \varepsilon_3}{\varepsilon_3} + \dfrac{1 - \varepsilon_3}{\varepsilon_3} + \dfrac{1}{\varphi_{32}} + \dfrac{1 - \varepsilon_2}{\varepsilon_2}} \tag{4-64}$$

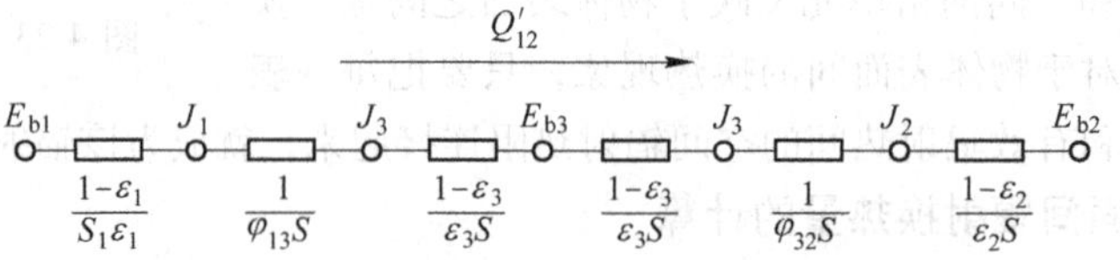

图 4-26 两块平行板间有一块隔热屏时的辐射网络

为便于比较，假定 $\varepsilon_1 = \varepsilon_2 = \varepsilon_3 = \varepsilon$，且考虑到 $\varphi_{13} = \varphi_{32} = 1$，则式（4-64）可简化为

$$Q'_{12} = \frac{C_b\left[\left(\dfrac{T_1}{100}\right)^4 - \left(\dfrac{T_2}{100}\right)^4\right]S}{2\left(\dfrac{1 - \varepsilon_1}{\varepsilon_1} + 1 + \dfrac{1 - \varepsilon_2}{\varepsilon_2}\right)} = \frac{1}{2}Q_{12} \tag{4-65}$$

由此可见，两平板间加入一块黑度与其相同的隔热屏后，两平板间的辐射热量将减少为原来的二分之一，若放置 n 块黑度同为 ε 的隔热屏，则同样可以证明辐射热量将减少到原来的 $\dfrac{1}{n+1}$，即

$$Q'_{12} = \frac{1}{n+1} Q_{12} \tag{4-66}$$

例 4-9 黑度 $\varepsilon_1 = 0.3$ 和 $\varepsilon_2 = 0.8$ 的两块平行大平板之间进行辐射辐热，当它们中间设置一块 $\varepsilon_3 = 0.04$ 的磨光铝制隔热屏后，试计算辐射热减少的百分率。

解：在未加隔热屏时，单位面积的辐射换热量为

$$q_{12} = \frac{Q_{12}}{S} = \frac{C_{\mathrm{b}}\left[\left(\dfrac{T_1}{100}\right)^4 - \left(\dfrac{T_2}{100}\right)^4\right]}{\dfrac{1-\varepsilon_1}{\varepsilon_1} + 1 + \dfrac{1-\varepsilon_2}{\varepsilon_2}} = \frac{C_{\mathrm{b}}\left[\left(\dfrac{T_1}{100}\right)^4 - \left(\dfrac{T_2}{100}\right)^4\right]}{3.583}$$

设置隔热屏后，单位面积辐射换热量由式（4-64）得

$$
\begin{aligned}
q'_{12} = \frac{Q'_{12}}{S} &= \frac{C_{\mathrm{b}}\left[\left(\dfrac{T_1}{100}\right)^4 - \left(\dfrac{T_2}{100}\right)^4\right]}{\dfrac{1-\varepsilon_1}{\varepsilon_1} + \dfrac{1}{\varphi_{13}} + 2\left(\dfrac{1-\varepsilon_3}{\varepsilon_3}\right) + \dfrac{1}{\varphi_{32}} + \dfrac{1-\varepsilon_2}{\varepsilon_2}} \\
&= \frac{C_{\mathrm{b}}\left[\left(\dfrac{T_1}{100}\right)^4 - \left(\dfrac{T_2}{100}\right)^4\right]}{\dfrac{1-0.3}{0.3} + 1 + 2\left(\dfrac{1-0.04}{0.04}\right) + 1 + \dfrac{1-0.8}{0.8}} \\
&= \frac{C_{\mathrm{b}}\left[\left(\dfrac{T_1}{100}\right)^4 - \left(\dfrac{T_2}{100}\right)^4\right]}{52.583}
\end{aligned}
$$

辐射热减少百分率为

$$\frac{q_{12} - q'_{12}}{q_{12}} \times 100\% = \frac{52.583 - 3.583}{52.583} \times 100\% = 93.2\%$$

D 3 个表面构成封闭系统时辐射换热量的计算

图 4-27（a）表示由 3 个表面构成的封闭辐射系统，各表面的温度、黑度、面积分别为 T_1、ε_1、S_1，T_2、ε_2、S_2 和 T_3、ε_3、S_3。

这 3 个表面都相互进行辐射、吸收和反射，它们两两之间的辐射换热网络，如图 4-27（b）

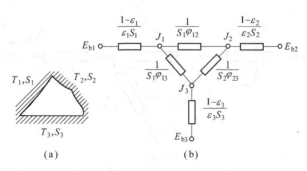

图 4-27 三定温灰体表面组成的辐射系统的辐射换热网络

所示。在这种情况下，任一表面与其他两个表面间都同时在进行辐射换热。例如 S_1 对 S_2 和 S_3 的辐射换热量各为

$$Q_{12} = \frac{J_1 - J_2}{\dfrac{1}{S_1 \varphi_{12}}}$$

$$Q_{13} = \frac{J_1 - J_3}{\dfrac{1}{S_1 \varphi_{13}}}$$

由基尔霍夫直流电路定律知，流入电路网络中任一节点的电流之和为零。同样，在辐射网络中流入任一节点的热流量之和也为零。因此，对图 4-27（b）的 3 个节点 J_1、J_2 和 J_3 可以分别列出 3 个节点方程式

$$\left. \begin{array}{l} 对 J_1 节点： \quad \dfrac{E_{b1} - J_1}{\dfrac{1 - \varepsilon_1}{\varepsilon_1 S_1}} + \dfrac{J_3 - J_1}{\dfrac{1}{S_1 \varphi_{13}}} + \dfrac{J_2 - J_1}{\dfrac{1}{S_1 \varphi_{12}}} = 0 \\[4mm] 对 J_2 节点： \quad \dfrac{J_1 - J_2}{\dfrac{1}{S_1 \varphi_{12}}} + \dfrac{E_{b2} - J_2}{\dfrac{1 - \varepsilon_2}{\varepsilon_2 S_2}} + \dfrac{J_3 - J_2}{\dfrac{1}{S_2 \varphi_{23}}} = 0 \\[4mm] 对 J_3 节点： \quad \dfrac{J_1 - J_3}{\dfrac{1}{S_1 \varphi_{13}}} + \dfrac{J_2 - J_3}{\dfrac{1}{S_2 \varphi_{23}}} + \dfrac{E_{b3} - J_3}{\dfrac{1 - \varepsilon_3}{\varepsilon_3 S_2}} = 0 \end{array} \right\} \qquad (4\text{-}67)$$

由式（4-67）可以解出有效辐射 J_1、J_2 及 J_3，从而求得 Q_{12} 和 Q_{13}。

上述由 S_1、S_2 及 S_3 所构成的 3 表面辐射系统中，有时会遇到 S_1 和 S_2 间相互进行辐射换热，而 S_3 却为绝热或处于辐射平衡中的表面，亦即它从其他两个表面吸收的热量又重新全部辐射出去，因而 $Q_{31} + Q_{32} = 0$，即 $J = G$。通常称这类表面为重辐射表面（或绝热壁）。重辐射表面与其他表面间的净辐射换热量的总和虽然为零，但它的存在却会影响其他表面间的辐射换热。

例 4-10 有一炉顶隔焰加热熔锌炉，炉顶温度为 900℃，熔池液态锌温度保持 600℃，炉膛空间高度 0.5m。炉顶为碳化硅砖砌成，其面积 S_1 与熔池 S_2 相等，即 $S_1 = S_2 = 1 \times 3.8 \text{m}^2$，已知碳化硅黑度 $\varepsilon_1 = 0.85$，熔锌表面黑度 $\varepsilon_2 = 0.2$，假定炉墙散热损失可忽略，求在稳定热态下炉顶与炉墙向熔池的辐射换热量及炉墙内表面温度。

解： 因炉墙散热损失可忽略，因此其内壁 S_3 可视为绝热壁，即重辐射表面。由于通过重辐射表面的净辐射热流量为零，故必有 $E_{b3} = J_3$，即其表面辐射热阻必为零。因此该辐射换热系统的辐射网络图 4-27（b）可简化成图 4-28 的情形。故炉顶和炉墙与熔池间的辐射换热量的计

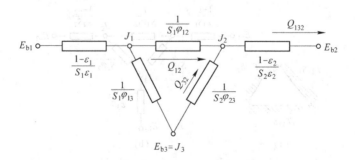

图 4-28　有重辐射面时两灰表面间辐射系统网络图

算公式为

$$Q_{132} = \frac{E_{b1} - E_{b2}}{\frac{1 - \varepsilon_1}{\varepsilon_1 S_1} + R_{eq} + \frac{1 - \varepsilon_2}{\varepsilon_2 S_2}}$$

式中，$R_{eq} = \dfrac{1}{\varphi_{12} S_1 + \dfrac{1}{\dfrac{1}{\varphi_{13} S_1} + \dfrac{1}{\varphi_{23} S_2}}}$ 为 J_1 和 J_2 间的当量热阻。

已知：$a = 3.8$，$b = 1.0$，$c = 0.5$，由图 4-19 得：$\varphi_{12} = 0.55$，$\varphi_{13} = 1 - \varphi_{12} = 1 - 0.55 = 0.45$；根据互换性 $\varphi_{12} S_1 = \varphi_{21} S_2$ 和完整性有：$\varphi_{21} = \varphi_{12} \dfrac{S_1}{S_2} = 0.55$，$\varphi_{23} = 1 - \varphi_{21} = 1 - 0.55 = 0.45$；

$$T_1 = 900 + 273 = 1173 \mathrm{K}$$

$$T_2 = 600 + 273 = 873 \mathrm{K}$$

$$S_1 = S_2 = 1 \times 3.8 \mathrm{m}^2$$

将上述已知条件代入炉顶和炉墙与熔池间辐射换热的计算公式，可得

$$Q_{132} = 51723 \mathrm{W}$$

T_3 可由 E_{b3} 求出。因为

$$Q_{132} = \frac{E_{b1} - J_1}{\frac{1 - \varepsilon_1}{S_1 \varepsilon_1}} = \frac{J_2 - E_{b2}}{\frac{1 - \varepsilon_2}{S_2 \varepsilon_2}} = 51723 \mathrm{W}$$

代入有关数据可求得：

$$J_1 = 104941 \mathrm{W/m}^2，\quad J_2 = 87379 \mathrm{W/m}^2$$

又因为

$$\frac{J_1 - E_{b3}}{\frac{1}{S_1 \varphi_{13}}} = \frac{E_{b3} - J_2}{\frac{1}{S_2 \varphi_{23}}}$$

由此可解得

$$E_{b3} = 96160 \mathrm{W/m}^2$$

所以

$$E_{b3} = 5.67 \left(\frac{T_3}{100} \right)^4 = 96160$$

由此解得

$$T_3 = 1141 \mathrm{K} \quad 或 \quad t_3 = 868 \mathrm{℃}$$

4.4.4 气体辐射

4.4.4.1 气体辐射与吸收的特点

气体的辐射和吸收与固体、液体的辐射和吸收相比较，具有以下特点：

（1）气体的辐射和吸收能力与气体的分子结构有关。在工业常用温度范围内，单原子气体和对称双原子气体（如 H_2、N_2、O_2 和空气等）的辐射和吸收能力很小，可以忽略不计，视为透明体；多原子气体（如 CO_2、H_2O 和 SO_2 等）以及不对称的双原子气体（如 CO）具有一定的辐射和吸收能力，因此，在分析计算辐射换热时，必须予以考虑。

（2）气体的辐射和吸收对波长有明显的选择性。固体和液体能辐射和吸收全部波长（$0 \sim \infty$）的辐射能，它们的辐射和吸收光谱是连续的。而气体的辐射和吸收光谱则是不连续的，

它只能辐射和吸收一定波长范围（称做光带）内的辐射能，在光带以外的波长既不能辐射也不能吸收。不同的气体，光带的波长范围不同。对于二氧化碳和水蒸气，其主要光带的波长范围如表4-10 所示。从表4-10 可以看出，两种气体的光带都位于红外线区域，并有部分互相重叠。

表 4-10　CO_2 和 H_2O 的辐射和吸收光带　　　　　（μm）

光带序号	CO_2		H_2O	
	$\lambda_1 - \lambda_2$	$\Delta\lambda$	$\lambda_1 - \lambda_2$	$\Delta\lambda$
1	2.64 ~ 2.84	0.2	2.55 ~ 2.84	0.29
2	4.13 ~ 4.49	0.36	5.6 ~ 7.6	2.0
3	13 ~ 17	4	12 ~ 25	13.0

（3）固体及液体的辐射和吸收属于表面辐射和表面吸收，而气体的辐射和吸收是在整个气体容积中进行的，属于体积辐射和体积吸收。辐射线穿透整个体积时逐渐被吸收而减弱。减弱的程度取决于射线在穿透中碰到的气体分子的数目，碰到的分子数目越多，被吸收的辐射能也越多。因此气体的吸收能力 A_g 与热射线经历的行程长度 L、气体分压 p 和温度 T_g 等因素有关，即 $A_g = f(T_g, L, p)$。

4.4.4.2　气体辐射力及黑度的计算

根据黑度的定义，气体的黑度可定义为气体的辐射力与同温度下黑体的辐射力之比，即 $\varepsilon_g = E_g/E_b$。因此，气体的辐射力为

$$E_g = \varepsilon_g C_b \left(\frac{T_g}{100}\right)^4 \tag{4-68}$$

由实验可知，气体黑度 ε_g 是气体分压 p 和有效射线平均行程 L 的乘积 pL 及气体温度 T_g 的函数，即

$$\varepsilon_g = f(T_g, pL)$$

利用试验得出的线图4-29、图4-30 和图4-31 可以分别查得 ε_{CO_2}、ε_{H_2O} 和 ε_{SO_2}。对于水蒸气

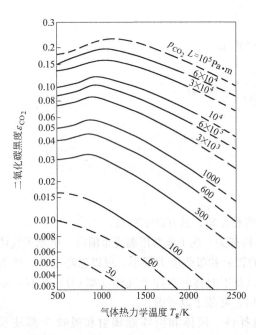

图 4-29　CO_2 黑度 $\varepsilon_{CO_2} = f(T_g, pL)$ 图

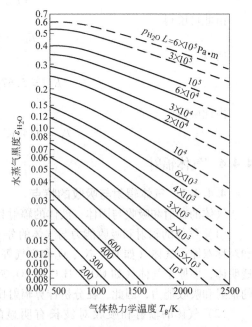

图 4-30　水蒸气黑度 $\varepsilon_{H_2O} = f(T_g, pL)$ 图

来说，由于分压对黑度 ε_{H_2O} 的影响比有效平均行程对黑度的影响更大些，所以用乘积 pL 查得的水蒸气黑度 ε_{H_2O} 须加以修正，修正系数 β 可从图 4-32 查得。

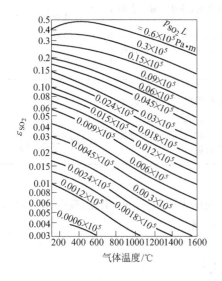

图 4-31　SO_2 黑度 $\varepsilon_{SO_2} = f(T_g, pL)$ 图　　　　图 4-32　ρ_{H_2O} 分压影响的修正系数

冶金炉烟气中，具有辐射和吸收能力的气体主要是 CO_2、H_2O（汽）、SO_2，而其他多原子气体含量很少，可不予考虑，此时气体总黑度为

$$\varepsilon_g = \beta\varepsilon_{H_2O} + \varepsilon_{CO_2} + \varepsilon_{SO_2} - \Delta\varepsilon \tag{4-69a}$$

式中，$\Delta\varepsilon$ 是考虑到 CO_2 和 H_2O（汽）的吸收光带有部分重叠而使烟气的总辐射能量比单种气体分别辐射时的总能量要少些，因此式（4-69a）中要减去 $\Delta\varepsilon$。但 $\Delta\varepsilon$ 值通常很小可以忽略不计，式（4-69a）可近似写成

$$\varepsilon_g = \beta\varepsilon_{H_2O} + \varepsilon_{CO_2} + \varepsilon_{SO_2} \tag{4-69b}$$

实际上，高温炉内烟气或火焰中除含有辐射气体分子外，还或多或少地含有悬浮的固体微粒（如灰尘、炭黑以及油或煤燃烧出现的焦粒等）。这些固体微粒的存在不仅增大了气体的辐射与吸收能力，而且改变了纯净气体辐射的特性。

工程上采用以下经验公式来计算火焰黑度：

$$\varepsilon_{焰} = \varphi(\varepsilon_{CO_2} + \beta\varepsilon_{H_2O} + \cdots) = \varphi\varepsilon_g \tag{4-70}$$

式中，φ 为考虑火焰中悬浮微粒附加辐射的系数，一般气体燃料无焰燃烧时，$\varphi = 1$，重油火焰 $\varphi = 1.30$，天然气火焰 $\varphi = 1.10 \sim 1.25$，粉煤火焰 $\varphi = 1.30$。

在确定 ε_g 时，首先必须确定有效平均射线行程 L，它与气体容积的形状和尺寸有关。对各种不同形状的气体容积，有效平均射线行程可查表 4-11，或近似按下式计算

$$L = 0.9\frac{4V}{S} = 3.6\frac{V}{S} \tag{4-71}$$

式中　V——气体所占容积，m^3；

　　　S——周围壁表面积，m^2。

表 4-11　有效平均射线行程

空间的形状	L	空间的形状	L
直径为 D 的球,对球表面的辐射	$0.60D$	直径与高均为 D 的正圆柱,对全表面辐射	$0.60D$
直径为 D 的长圆柱,对侧表面的辐射	$0.90D$	边长为 a 的正立方体,对每个侧面辐射	$0.60a$
直径为 D 的长圆柱,对底面中心的辐射	$0.90D$	厚度为 δ 的气体薄层,对其表面辐射	1.80δ
直径与高均为 D 的正圆柱,对底面中心的辐射	$0.77D$	外径为 d,横向节距与纵向节距分别为 x_1 与 x_2 的光滑管束	$0.9d\left(\dfrac{4x_1 x_2}{\pi d^2} - 1\right)$

4.4.4.3　气体与围壁间辐射换热量的计算

设温度与成分均匀的气体或火焰充满容器或通道,器壁内表面积、温度、黑度、吸收率分别为 S_w、T_w、ε_w、A_w,气体或火焰的温度、黑度、吸收率分别为 T_g、ε_g、A_g。

投落到围壁表面的投射辐射为

$$G = E_g + J_w \varphi_{ww}(1 - A_g) \tag{a}$$

射离围壁的有效辐射为

$$J_w = E_w + J_w \varphi_{ww}(1 - A_g)(1 - A_w) + E_g(1 - A_w)$$

即

$$J_w = \frac{E_w + E_g(1 - A_w)}{1 - (1 - A_g)(1 - A_w)} \tag{b}$$

围壁获得的净热量为

$$Q_w = (G - J_w)S_w \tag{c}$$

将式(a)和式(b)代入式(c),并注意到 $\varphi_{ww} = 1$ 及 $A_w = \varepsilon_w$,经整理得

$$Q_w = \frac{C_b\left[\dfrac{\varepsilon_g}{A_g}\left(\dfrac{T_g}{100}\right)^4 - \left(\dfrac{T_w}{100}\right)^4\right]S_w}{\dfrac{1}{\varepsilon_w} + \dfrac{1}{A_g} - 1} \tag{4-72}$$

当气体或火焰与壁面温度相差不太大时,可粗略认为 $\varepsilon_g(T_g) \approx A_g(T_g)$,于是式(4-72)简化为

$$Q_w = \frac{C_b\left[\left(\dfrac{T_g}{100}\right)^4 - \left(\dfrac{T_w}{100}\right)^4\right]S_w}{\dfrac{1}{\varepsilon_w} + \dfrac{1}{\varepsilon_g} - 1} \tag{4-73}$$

若火焰与壁面温度相差太大,可取 $A_g(T_g) \approx \varepsilon_g(T_w)$ 或用下式计算气体的吸收率 A_g:

$$A_g = A_{CO_2} + A_{SO_2} + \beta A_{H_2O} - \Delta A \approx A_{CO_2} + A_{SO_2} + \beta A_{H_2O} \tag{4-74}$$

式中, A_{CO_2}、A_{SO_2}、A_{H_2O} 和 ΔA 及 β,分别为 CO_2、SO_2、水蒸气的吸收率和吸收率修正值及水蒸气黑度修正系数。

CO_2、H_2O 和 SO_2 的吸收率可按下列经验公式计算

$$
\left.\begin{array}{l}
A_{CO_2} = \varepsilon'_{CO_2} \left(\dfrac{T_g}{T_w} \right)^{0.65} \\[3mm]
A_{H_2O} = \varepsilon'_{H_2O} \left(\dfrac{T_g}{T_w} \right)^{0.45} \\[3mm]
A_{SO_2} = \varepsilon'_{SO_2} \left(\dfrac{T_g}{T_w} \right)^{0.5}
\end{array}\right\}
\tag{4-75}
$$

式中，ε'_{CO_2} 和 ε'_{H_2O} 的值可用壁温 T_w 作横坐标，用 $p_{CO_2} \cdot L \cdot (T_w/T_g)$ 和 $p_{H_2O} \cdot L \cdot (T_w/T_g)$ 作参变量，由图 4-29 和图 4-30 确定。ε'_{SO_2} 用 T_w 作横坐标，$p_{SO_2} \cdot L \cdot (T_w/T_g)^{1.5}$ 作参变量，由图 4-31 确定。

例 4-11 常压下流过换热器圆筒形通道的烟气，其平均温度为 950℃，烟气含 CO_2 15%，水蒸气 10%；通道表面进出口处温度分别为 625℃ 和 575℃，通道直径 $d = 1\text{m}$，内表面黑度 $\varepsilon_2 = 0.8$。求烟气对壁的辐射换热速率。

解： 将换热器通道近似地视为无限长圆筒，按表 4-11 查得有效平均射线行程为

$$
L = 0.9d = 0.9 \times 1 = 0.9\text{m}
$$

因常压即为 $1.013 \times 10^5 \text{Pa}$，故

$$
p_{CO_2} L = 1.013 \times 10^5 \times 0.15 \times 0.9 = 0.137 \times 10^5 \text{Pa} \cdot \text{m}
$$

$$
p_{H_2O} L = 1.013 \times 10^5 \times 0.1 \times 0.9 = 0.091 \times 10^5 \text{Pa} \cdot \text{m}
$$

由图 4-29 ~ 图 4-32 分别查得在 950℃ 下烟气各组分的黑度及 β 为

$$
\varepsilon_{CO_2} = 0.115, \quad \varepsilon_{H_2O} = 0.105, \quad \beta = 1.07
$$

不考虑烟气中灰分的影响，则烟气黑度为

$$
\varepsilon_g(T_g) = \varepsilon_{CO_2} + \beta\varepsilon_{H_2O} = 0.115 + 1.07 \times 0.105 = 0.227
$$

同理求得平均壁温 $t_w = \dfrac{1}{2}(625 + 575) = 600℃$ 下的烟气黑度为

$$
\varepsilon_g(T_w) = 0.120 + 1.07 \times 0.135 = 0.265 \approx A_g(T_g)
$$

按式（4-72）精确计算，得

$$
q_w = \frac{Q_w}{S_w} = \frac{5.675}{\dfrac{1}{\varepsilon_w} + \dfrac{1}{A_g} - 1} \left[\frac{\varepsilon_g(T_g)}{A_g(T_g)} \left(\frac{T_g}{100} \right)^4 - \left(\frac{T_w}{100} \right)^4 \right]
$$

$$
= \frac{5.675}{\dfrac{1}{0.8} + \dfrac{1}{0.265} - 1} \left[\frac{0.227}{0.265} \left(\frac{950 + 273}{100} \right)^4 - \left(\frac{600 + 273}{100} \right)^4 \right]
$$

$$
= 1.88 \times 10^4 \text{W/m}^2
$$

若近似认为 $A_g(T_g) = \varepsilon_g(T_g)$，按简化式（4-73）计算，有

$$
q_w = \frac{Q_w}{S_w} = \frac{5.675}{\dfrac{1}{0.8} + \dfrac{1}{0.227} - 1} \left[\left(\frac{950 + 273}{100} \right)^4 - \left(\frac{600 + 273}{100} \right)^4 \right] = 2.02 \times 10^4 \text{W/m}^2
$$

与前一结果比较，简化公式的计算值大 6.7%。

4.5 稳态综合换热

生产实际中的传热过程是几种传热方式同时存在的传热过程。如一般气体与表面间的传热

及火焰炉内火焰与物料表面间的传热，通常是对流与辐射两种传热方式；工业换热器中高温流体与低温流体间的传热，则是三种传热方式同时发生。这种两种或三种传热方式同时存在的传热过程，称为综合换热。

4.5.1 对流与辐射同时存在的综合换热

一般换热装置中气体与壁面间的传热通常是辐射与对流作用同时存在。在这种情况下，总的传热量等于辐射传热量与对流传热量之和，即

$$Q = Q_c + Q_r \tag{a}$$

对流传热量为

$$Q_c = \alpha_c(t_g - t_w)S \tag{b}$$

气体与通道壁表面间的辐射传热量为

$$Q_r = \alpha_r(t_g - t_w)S \tag{c}$$

式中

$$\alpha_r = \frac{C_b\left[\dfrac{\varepsilon_g}{A_g}\left(\dfrac{T_g}{100}\right)^4 - \left(\dfrac{T_w}{100}\right)^4\right]}{\left(\dfrac{1}{\varepsilon_w} + \dfrac{1}{A_g} - 1\right)(t_g - t_w)}$$

称为辐射换热系数。

将式（b）及式（c）代入式（a），整理后得

$$Q = \alpha_\Sigma(t_g - t_w)S \tag{4-76}$$

式中，$\alpha_\Sigma = \alpha_c + \alpha_r$ 称为气体对表面的表面传热系数（或称总换热系数），$W/(m^2 \cdot K)$。

对于有保温层的设备，管道的外壁对周围环境的表面传热系数 α_Σ 可用下列各式进行估算。

（1）空气自然对流时：

在平壁保温层外：

$$\alpha_\Sigma = 9.8 + 0.07(t_w - t_g) \tag{4-77}$$

在管或圆筒壁保温层外：

$$\alpha_\Sigma = 9.4 + 0.052(t_w - t_g) \tag{4-78}$$

式（4-77）和式（4-78）适用于 $t_w < 150℃$ 的场合。

（2）空气沿粗糙壁面强制对流时：

空气的流速 $u \leqslant 5m/s$ 时：

$$\alpha_\Sigma = 6.2 + 4.2u \tag{4-79}$$

空气的流速 $u > 5m/s$ 时：

$$\alpha_\Sigma = 7.8u^{0.78} \tag{4-80}$$

炉体外壁对空气的表面传热系数可按表4-12所列的经验数据选取。

表4-12 炉体外壁对空气表面传热系数的经验数据

外壁温度/℃		40	60	80	100	120	140	160	180	200
$\alpha_\Sigma/kJ \cdot m^{-2} \cdot h^{-1} \cdot K^{-1}$	炉 墙	41.0	43.5	48.1	52.3	56.0	60.6	64.8	68.6	72.7
	炉 顶	44.2	50.6	55.0	60.4	64.9	69.2	73.6	77.7	82.0
	架空炉底	30.1	35.1	39.1	42.2	46.4	50.2	54.2	58.0	62.3

4.5.2　火焰炉内的综合换热

在加热或熔化金属的火焰炉炉膛中，炉气、炉墙和金属三者之间不仅存在辐射换热，还存在着对流换热和导热。为了便于研究火焰炉炉膛内的综合换热，导出金属吸热量的计算公式，现作如下简化：

（1）火焰充满炉膛，火焰的温度和黑度各处均分别为 T_g 和 ε_g，且 $\varepsilon_g = A_g$；

（2）炉料布满炉底，其表面为平面并且各处温度和黑度均分别为 T_m 和 ε_m；

（3）炉壁内表面温度与黑度均匀，设为 T_w 和 ε_w，且炉壁面为重辐射面，即 $E_{bw} = J_w$。

现用辐射网络来推导火焰炉内火焰与炉壁对炉料辐射的净热量 Q_m。

4.5.2.1　气体辐射的网络原理

A　气体的有效辐射

在辐射换热系统中，某一物体的有效辐射系指单位时间内离开该物体单位表面积的全部射线（热量）的总和。因为气体对投入射线几乎无反射能力，因此可以认为，气体的有效辐射包括气体的本身辐射和透过辐射两部分，即

$$J_g = E_g + DG = \varepsilon_g E_{bg} + (1 - A_g)G \tag{a}$$

B　气体辐射的基本网络单元

（1）气体辐射的表面网络单元。气体与周围受热面进行辐射换热时，气体失去的热量为气体的有效辐射 J_g 和投入辐射 G 之差乘以受热面积 S，即

$$Q_g = (J_g - G)S \tag{b}$$

由式（a）解得 G 后代入式（b）可得

$$Q_g = \frac{\dfrac{\varepsilon_g}{A_g}E_{bg} - J_g}{\dfrac{1 - A_g}{A_g S}}$$

若 $\varepsilon_g = A_g$，则

$$Q_g = \frac{E_{bg} - J_g}{\dfrac{1 - \varepsilon_g}{\varepsilon_g S}} \tag{c}$$

式中，Q_g 为辐射热流，W；$E_{bg} - J_g$ 为辐射势差；$(1 - \varepsilon_g)/(\varepsilon_g S)$ 为表面辐射热阻。表示式（c）的网络单元与固液体的相类似，称为气体辐射的表面网络单元。

（2）气体与壁面间辐射的空间网络单元。气体与周围受热面进行辐射换热时，其辐射换热量必为两者有效辐射之差乘以换热面积，即

$$Q_{gw} = (J_g - J_w)S$$

或

$$Q_{gw} = \frac{J_g - J_w}{\dfrac{1}{S}} \tag{d}$$

其网络单元如图 4-33 所示，称为气体与壁面间辐射的空间网络单元。

（3）两表面透过气体辐射换热的空间网络单元。设表面 S_1 对表面 S_2 的角度系数为 φ_{12}，则离开 S_1 透过气体投入到 S_2 的热量为

$$Q_{1 \to 2} = J_1 S_1 \varphi_{12}(1 - A_g)$$

与此类似，离开 S_2 透过气体投入到 S_1 的热量为

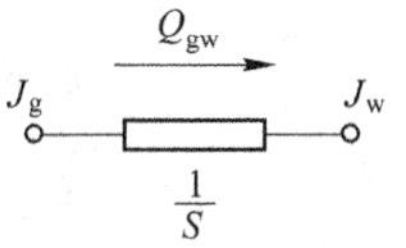

图 4-33　气体辐射的
空间网络单元

$$Q_{2\to1} = J_2 S_2 \varphi_{21} (1 - A_g)$$

所以两表面透过气体的辐射换热量为

$$Q_{12} = J_1 S_1 \varphi_{12} (1 - A_g) - J_2 S_2 \varphi_{21} (1 - A_g)$$

若 $\varepsilon_g = A_g$，由角系数互换性可得

$$Q_{12} = \frac{J_1 - J_2}{\dfrac{1}{S_1 \varphi_{12} (1 - \varepsilon_g)}} = \frac{J_1 - J_2}{\dfrac{1}{S_2 \varphi_{21} (1 - \varepsilon_g)}} \tag{e}$$

式中，$J_1 - J_2$ 为两表面的有效辐射势差；$\dfrac{1}{S_1 \varphi_{12} (1 - \varepsilon_g)}$ 或 $\dfrac{1}{S_2 \varphi_{21} (1 - \varepsilon_g)}$ 为两表面透过气体辐射间的空间辐射热阻，其空间网络单元如图 4-34 所示，称为两表面透过气体辐射换热的空间网络单元。

4.5.2.2 火焰炉膛内辐射换热量的计算

在火焰炉膛内，进行着十分复杂的传热过程。一般而言，辐射换热是主要传热方式。火焰炉膛内传热过程的简化模型如图 4-35 所示。

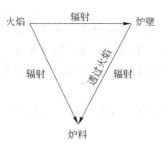

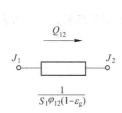

图 4-34 两表面透过气体辐射换热
的空间网络单元

图 4-35 火焰炉膛内
传热简化模型

根据辐射网络原理，火焰、炉壁和炉料都有各自的表面网络单元，同时两两之间有空间网络单元，其中炉壁与炉料间为透过气体辐射换热的空间网络单元。按简化模型，火焰炉膛内辐射换热的网络如图 4-36 所示。据该网络图可得火焰与炉墙对炉料的辐射换热量的计算公式为

$$Q_m = \frac{E_{bg} - E_{bm}}{\dfrac{\left[\dfrac{1 - \varepsilon_g}{\varepsilon_g S_w} + \dfrac{1}{S_w} + \dfrac{1}{S_w \varphi_{wm}(1 - \varepsilon_g)}\right]\left(\dfrac{1 - \varepsilon_g}{\varepsilon_g S_m} + \dfrac{1}{S_m}\right)}{\dfrac{1 - \varepsilon_g}{\varepsilon_g S_w} + \dfrac{1}{S_w} + \dfrac{1}{S_w \varphi_{wm}(1 - \varepsilon_g)} + \dfrac{1 - \varepsilon_g}{\varepsilon_g S_m} + \dfrac{1}{S_m}} + \dfrac{1 - \varepsilon_m}{\varepsilon_m}}$$

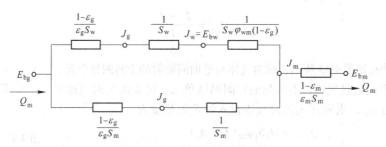

图 4-36 火焰炉膛内辐射网络

注意到 $E_{bg} = C_b \left(\frac{T_\theta}{100} \right)^4$，$E_{bm} = C_b \left(\frac{T_m}{100} \right)^4$，$S_m / S_w = \varphi_{wm}$，则上式可化简为

$$Q_m = \frac{C_b \varepsilon_g \varepsilon_m [1 + \varphi_{wm} (1 - \varepsilon_g)]}{\varepsilon_g + \varphi_{wm} (1 - \varepsilon_g) [\varepsilon_m + \varepsilon_g (1 - \varepsilon_m)]} \left[\left(\frac{T_g}{100} \right)^4 - \left(\frac{T_m}{100} \right)^4 \right] S_m$$

$$= C_D \left[\left(\frac{T_g}{100} \right)^4 - \left(\frac{T_m}{100} \right)^4 \right] S_m \tag{4-81}$$

式中，C_D 称为"导来辐射系数"，也称炉墙、炉气对金属的综合辐射系数。

$$C_D = \frac{5.67 \varepsilon_g \varepsilon_m [1 + \varphi_{wm} (1 - \varepsilon_g)]}{\varepsilon_g + \varphi_{wm} (1 - \varepsilon_g) [\varepsilon_m + \varepsilon_g (1 - \varepsilon_m)]} \tag{4-82}$$

由式（4-81）可知，要提高火焰炉内对炉料的辐射传热量 Q_m，途径有：

（1）增大 C_D。ε_m 增加，C_D 增加，但 ε_m 不能人为改变。提高炉气黑度 ε_g（小于 0.4 时）可增大 C_D。通常采用向火焰中喷油加碳的办法提高 ε_g。但是要掌握适当的喷油量，使其能完全燃烧，这样还可以提高炉气温度 T_g，强化传热。否则，反而达不到应有的效果。另外，在 S_m 一定时，适当提高炉膛空间高度，即加大 S_w 以降低 φ_{wm} 也可以使 C_D 值提高。尤其当 $\varepsilon_g < 0.5$ 时，效果更为显著。但是过多的增加炉墙面积 S_w 也带来一些不利因素，如炉膛造价提高，炉墙热损失增加以及炉气不易充满炉膛，不利于加热金属或物料等。

（2）增大 S_m。这是提高 Q_m 的常用手段。如金属扁锭由单面加热改为双面加热，圆锭采用滚动加热等，都可增大受热面积，提高加热速度。

（3）增大温度四次方差。显然，不允许降低炉料温度 T_m，只能设法提高炉气温度 T_g，在 T_m 一定情况下，Q_m 随 $(T_g / 100)^4$ 的上升而激烈增大。故尽可能提高 T_g 是强化对炉料辐射传热很有效的技术措施。

火焰炉内火焰温度实际上是不均匀的，利用式（4-81）时，只能近似地取某种平均温度来代替 T_g。从获得相同的辐射传热效果出发，一般按下式计算火焰平均温度

$$\left(\frac{T_g}{100} \right)^4 = \sqrt{ \left[\left(\frac{T_g'}{100} \right)^4 - \left(\frac{T_m'}{100} \right)^4 \right] \left[\left(\frac{T_g''}{100} \right)^4 - \left(\frac{T_m''}{100} \right)^4 \right] } + \left(\frac{\overline{T}_m}{100} \right)^4 \tag{4-83}$$

式中　T_g'，T_g''——始端及末端的火焰或炉气温度，K；

　　　T_m'，T_m''——始端及末端的物料温度，K；

　　　$\overline{T}_m$——物料的平均温度，K。

温度分布比较均匀的熔炼炉，物料平均温度可按下式计算

$$\overline{T}_m = \left\{ \frac{1}{2} [(T_m')^4 + (T_m'')^4] \right\}^{1/4} \tag{4-84}$$

温度沿炉长变化较大的炉（如连续加热炉）内，则宜分成若干小的区段，分别求取算术平均值计算各段的传热量。分区越小，计算结果越接近于实际情况。在粗略计算这种炉内物料平均温度时，可取抛物平均值法，即

$$\overline{T}_m = T_m' + \frac{2}{3} (T_m' - T_m'') \tag{4-85}$$

4.5.3 通过间壁的换热

火焰炉炉壁向外散热，隔焰炉以及各种换热器内的传热，都是由某种介质通过一间壁传给另一个介质。工程中这种传热情况十分普遍。

4.5.3.1 通过平壁传热

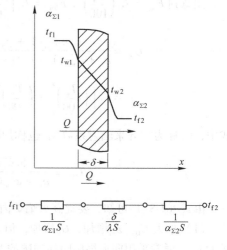

如图4-37所示，设平壁两侧不存在污垢，热沿着单层平壁厚方向传递（一维传热），平壁厚度为δ，面积为S，其平均热导率为λ，平壁两侧壁面温度分别为t_{w1}及t_{w2}，两侧流体温度分别为t_{f1}及t_{f2}，设$t_{f1} > t_{f2}$，在这种情况下，传热过程是高温流体以辐射和对流的方式向壁面"1"传热，壁面"1"以传导方式向壁面"2"导热，壁面"2"再以对流及辐射的方式传热给低温流体。根据前面介绍过的公式，可分别写出各段的传热量。

图4-37 通过平壁的传热

$$Q_1 = \alpha_{\Sigma1}(t_{f1} - t_{w1})S = \frac{t_{f1} - t_{w1}}{\dfrac{1}{\alpha_{\Sigma1}S}} \quad\quad (a)$$

$$Q_2 = \frac{\lambda}{\delta}(t_{w1} - t_{w2})S = \frac{t_{w1} - t_{w2}}{\dfrac{\delta}{\lambda S}} \quad\quad (b)$$

$$Q_3 = \alpha_{\Sigma2}(t_{w2} - t_{f2})S = \frac{t_{w2} - t_{f2}}{\dfrac{1}{\alpha_{\Sigma2}S}} \quad\quad (c)$$

稳态传热时，$Q_1 = Q_2 = Q_3 = Q$，利用比例定律，则

$$Q = \frac{t_{f1} - t_{f2}}{\dfrac{1}{\alpha_{\Sigma1}S} + \dfrac{1}{\lambda S} + \dfrac{1}{\alpha_{\Sigma2}S}} \quad\quad (4\text{-}86)$$

或写成
$$Q = KS\Delta t \quad\quad (4\text{-}87)$$
式（4-87）称为总传热速率方程式，其中

$$K = \frac{1}{\dfrac{1}{\alpha_{\Sigma1}} + \dfrac{\delta}{\lambda} + \dfrac{1}{\alpha_{\Sigma2}}} \quad\quad (4\text{-}88)$$

称为总传热系数，单位为$W/(m^2 \cdot K)$。总面积的传热热阻为

$$R = \frac{1}{KS} = \frac{1}{\alpha_{\Sigma1}S} + \frac{\delta}{\lambda S} + \frac{1}{\alpha_{\Sigma2}S} \quad\quad (4\text{-}89)$$

从传热热阻的组成可以看出，这种条件下的传热可视为3段热传递过程的串联，其传热热阻与串联电路类似，即总热阻为各段热阻之和。据此，可直接写出通过多层平壁传热公式，即

$$Q = \frac{t_{f1} - t_{f2}}{\dfrac{1}{\alpha_{\Sigma1}S} + \sum_{i=1}^{n}\dfrac{\delta_i}{\lambda_i S} + \dfrac{1}{\alpha_{\Sigma2}S}} = KS\Delta t \quad\quad (4\text{-}90)$$

4.5.3.2 通过圆筒壁的传热

A 换热量计算

参阅4.2节。对于单层圆筒壁（设平壁两侧无污垢），设内、外壁的半径分别为r_1、r_2，

面积分别为 S_1 和 S_2，如图 4-38 所示。参照上述平壁综合传热推导方法，可得高温流体通过圆筒壁传给另一低温流体的稳态综合传热量的计算公式为

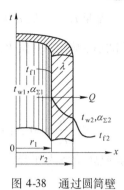

$$Q = \frac{t_{f1} - t_{f2}}{\dfrac{1}{\alpha_{\Sigma 1} S_1} + \dfrac{1}{2\pi\lambda L}\ln\dfrac{r_2}{r_1} + \dfrac{1}{\alpha_{\Sigma 2} S_2}} = \frac{t_{f1} - t_{f2}}{\dfrac{1}{\alpha_{\Sigma 1} S_1} + \dfrac{\delta}{\lambda S_m} + \dfrac{1}{\alpha_{\Sigma 2} S_2}} \qquad (4\text{-}91)$$

图 4-38 通过圆筒壁的传热

将式（4-91）改写为传热通式的形式

$$Q = K_i S_i (t_{f1} - t_{f2}) = K_i S_i \Delta t \qquad (4\text{-}92)$$

式中

$$\frac{1}{K_i S_i} = \frac{1}{\alpha_{\Sigma 1} S_1} + \frac{1}{2\pi\lambda L}\ln\frac{r_2}{r_1} + \frac{1}{\alpha_{\Sigma 2} S_2} = \frac{1}{\alpha_{\Sigma 1} S_1} + \frac{1}{\lambda S_m} + \frac{1}{\alpha_{\Sigma 2} S_2} \qquad (4\text{-}93)$$

其中，S_i 可以是 S_1 或 S_2 或 S_m；相应的 K_i，则分别是 K_1、K_2 和 K_m。工程计算中大都以外表面积 S_2 为计算基准，即一般计算 K_2 值。

对多层圆筒，仿平壁可类似写出

$$Q = \frac{t_{f1} - t_{f2}}{\dfrac{1}{\alpha_{\Sigma 1} S_1} + \displaystyle\sum_{i=1}^{n} \dfrac{1}{2\pi\lambda_i L}\ln\dfrac{r_{i+1}}{r_i} + \dfrac{1}{\alpha_{\Sigma 2} S_2}} \qquad (4\text{-}94)$$

相应有

$$Q = K_i S_i (t_{f1} - t_{f2}) = K_i S_i \Delta t$$

其中

$$\frac{1}{K_i S_i} = \frac{1}{\alpha_{\Sigma 1} S_1} + \sum_{i=1}^{n} \frac{1}{2\pi\lambda_i L}\ln\frac{r_{i+1}}{r_i} + \frac{1}{\alpha_{\Sigma 2} S_2} = \frac{1}{\alpha_{\Sigma 1} S_1} + \sum_{i=1}^{n} \frac{\delta_i}{\lambda_i S_{mi}} + \frac{1}{\alpha_{\Sigma 2} S_2} \qquad (4\text{-}95)$$

B 临界绝热半径

平壁上敷设绝热层，必然是热阻与绝热层厚度成正比，但圆筒壁却有不同的情况。

图 4-39 表示敷设在圆筒壁外的绝热层，其内壁温度 t_{w1} 保持一定，温度为 t_{w2} 的外壁与温度为 t_f 的流体相接触，其间的对流传热系数为 α，根据圆筒壁导热和对流传热的计算式，通过绝热层的导热量为

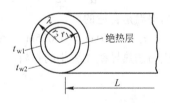

图 4-39 圆筒壁外的绝热层

$$Q = \frac{t_{w1} - t_{w2}}{\dfrac{1}{2\pi\lambda L}\ln\dfrac{r_2}{r_1}} = \frac{t_{w1} - t_{w2}}{R_\lambda} \qquad (\text{a})$$

绝热层外壁与周围流体间的对流传热量为

$$Q = \frac{t_{w2} - t_f}{\dfrac{1}{\alpha 2\pi r_2 L}} = \frac{t_{w2} - t_f}{R_a} \qquad (\text{b})$$

式（a）中的 R_λ 为绝热层内部的导热热阻，式（b）中的 R_a 为绝热层外壁与流体之间的对流热阻。总热阻为

$$R_t = \frac{\ln(r_2/r_1)}{2\pi\lambda L} + \frac{1}{2\pi L r_2 \alpha} \qquad (\text{c})$$

如果 r_1、λ、L、α 为定值，当绝热层增厚即 r_2 增大时，R_λ 增大而 R_a 减小。R_λ 的增大率和 R_a 的减小率确定总热阻 R_t 是减小还是增大。将 R_t 对 r_2 求导，并令 $\dfrac{\mathrm{d}R_t}{\mathrm{d}r_2} = 0$ 得

$$\frac{\alpha r_2}{\lambda} = 1 \tag{4-96}$$

又因 $\dfrac{\mathrm{d}^2 R_t}{\mathrm{d}r_2^2} > 0$，因而可以判定当 $r_2 = \dfrac{\lambda}{\alpha}$ 时，R_t 最小，或者说热损失 Q 最大。这时的 r_2 称为绝热层的临界半径，用 r_c 表示，即

$$r_2 = r_c = \frac{\lambda}{\alpha} \tag{4-97}$$

图 4-40 列出了 R_λ、R_a、R_t、r_c 及 Q 的关系。由图可见，在敷设绝热层时，若绝热层外半径 r_2 小于 r_c，则随着绝热层厚度增加，总热阻 R_t 减小，散热损失增加，若绝热层外半径 r_2 大于 r_c，则随着绝热层厚度增加，总热阻 R_t 增加，散热损失 Q 减小。因此，只有在这种情况下，绝热层才能起保温作用。临界绝热半径 r_c 与绝热材料的热导率有关，故可选用不同的绝热材料来改变临界半径 r_c 的值。

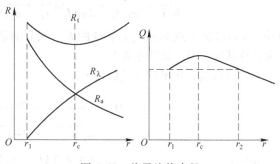

图 4-40　临界绝热半径

例 4-12　有一外半径 $r = 0.012\mathrm{m}$ 的圆管，如果用石棉制品作为绝热材料是否合适？已知石棉制品的 $\lambda = 0.12\mathrm{W/(m \cdot K)}$，对流传热系数 $\alpha = 12\mathrm{W/(m^2 \cdot K)}$。若外半径 $r = 0.006\mathrm{m}$，又如何？

解：$r_c = \dfrac{\lambda}{\alpha} = \dfrac{0.12}{12} = 0.01\mathrm{m} < 0.012\mathrm{m}$，管子半径大于临界半径 r_c，所以该条件下用石棉制品保温是合适的。

$r_c = 0.01\mathrm{m} > 0.006\mathrm{m}$，管子半径小于临界半径，所以此时用石棉制品保温是不合适的，应另选热导率 λ 更小的材料。

4.6　传热过程计算

传热计算的目的有两个：根据生产任务确定换热器的传热面积；或对已有的换热器进行校核，计算其传热量、流体量或进、出口温度等。计算的内容包括传热量的计算、传热平均温差计算、传热系数的计算和传热面积计算等。进行传热计算的主要公式是热量衡算方程式及总传热速率方程式。

4.6.1　传热量的计算

传热量的大小除了可用总传热速率方程计算外，还可通过对传热过程的热量衡算来确定。这里只介绍用热量衡算来确定传热量大小的方法。

4.6.1.1　无相变化时的传热量计算

设换热器两侧流体在换热过程中不发生相变化，若热损失可忽略，则单位时间内热流体放出的热量应等于冷流体吸收的热量，并且等于传热量，即：

$$Q = W_h c_{ph} (T_1 - T_2) = W_c c_{pc} (t_2 - t_1) \tag{4-98}$$

式中　W_h，W_c——热、冷流体的质量流量，kg/s；

　　　c_{ph}，c_{pc}——热、冷流体的平均定压比热容，J/(kg·℃)；

　　　T_1，T_2——热流体进、出口温度，℃；

　　　t_1，t_2——冷流体进、出口温度，℃；

　　　Q——单位时间内通过间壁的换热量或换热器的热负荷（传热速率），W。

4.6.1.2　有相变化时的传热量计算

换热过程中一侧流体有相变化时，若忽略热损失，同样传热量等于冷流体吸收的热或热流体放出的热，即

对热流体冷凝放热过程为

$$Q = W_h r_h = W_c c_{pc} (t_2 - t_1) \tag{4-99}$$

对冷流体汽化吸热过程为

$$Q = W_c r_c = W_h c_{ph} (T_1 - T_2) \tag{4-100}$$

式中　r_h，r_c——热、冷流体的相变热，J/kg。

式（4-99）适用于饱和蒸气在饱和温度时冷凝且冷凝液在饱和温度及时排除的情况。式（4-100）适用于饱和液体在饱和温度时汽化的情况。若冷凝液或汽化液的温度低于饱和温度，则还应计入冷凝液放出或汽化液吸收的显热。

以上各式均未考虑热损失。若换热器的热损失不可忽略时，单位时间内热流体放出的热量应等于冷流体吸收的热量与热损失之和（热流体向周围环境损失热时），工程计算时，损失的热量视保温情况和被保温流体温度的高低，一般可取放热量的5%~10%。

4.6.2　传热平均温差计算

当冷、热两流体通过间壁进行换热时，根据两流体间的温度差是否沿传热面变化，可将传热过程分为恒温差传热和变温差传热。在进行传热计算时总传热速率方程式的传热温差 Δt 应使用传热平均温差，传热平均温差用 Δt_m 表示。

4.6.2.1　恒温差传热时的平均温差

恒温差传热是指冷、热两流体的温度均不沿传热面变化，因而传热温度差也保持恒定的情况。如蒸发器中，间壁的一侧为饱和水蒸气冷凝，另一侧为饱和液体沸腾，间壁两侧流体温度沿传热面无变化，两流体的温度差始终不变，因此，恒温差下的传热平均温差就等于任一处的传热温差，即

$$\Delta t_m = \Delta t = T - t$$

此时　　　　　　　　$$Q = KS(T - t) = KS\Delta t_m$$

4.6.2.2　变温差传热时的平均温度差

当间壁一侧或两侧流体的温度沿传热面变化时，传热温度差也将沿传热面而变化，这样的传热过程称为变温差传热。

变温时，流体传热的平均温度差值与两流体流动方向有关。通常两流体的流向有4种情况：并流、逆流、错流和折流。其平均温度差的计算现分别介绍如下。

　A　逆流和并流时的平均温度差计算

参与热交换的两流体以相同的方向流动，称为并流，如图4-41（a）所示，若两流体以相

反的方向流动，称为逆流，如图 4-41
（b）所示。

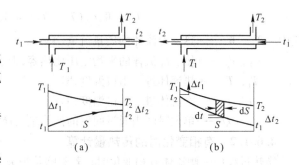

图 4-41　流体沿换热面的温度变化
（a）并流；（b）逆流

由图可见，温度差是沿管长而变化
的，故需求出平均温度差。下面以逆流
为例来计算平均温度差。

假设热损失可以不计，温度只沿传
热面变化，但各点温度不随时间变化，
总传热系数 K 为一常量，即 K 不随换热
器的管长变化；两流体的比热容为常量。

在微小传热面积 $\mathrm{d}S$ 上的热流量为
$\mathrm{d}Q$，由热量衡算方程式知：

$$\mathrm{d}Q = - W_h c_{ph} \mathrm{d}T = - W_c c_{pc} \mathrm{d}t$$

式中，负号表示 T 随面积 S 的增加而减小。

在任意位置上

$$\Delta t = T - t$$

则　　　　$\mathrm{d}(\Delta t) = \mathrm{d}T - \mathrm{d}t = - \dfrac{\mathrm{d}Q}{W_h c_{ph}} + \dfrac{\mathrm{d}Q}{W_c c_{pc}} = - \mathrm{d}Q\left(\dfrac{1}{W_h c_{ph}} - \dfrac{1}{W_c c_{pc}} \right) = - m\mathrm{d}Q$

对上式积分后得：

$$\Delta t_1 - \Delta t_2 = mQ$$

对 $\mathrm{d}S$ 微元面积，总传热速率方程式为

$$K\mathrm{d}S\Delta t = \mathrm{d}Q = - \dfrac{\mathrm{d}(\Delta t)}{m}$$

对上式分离变量进行积分

$$- mK\int_0^S \mathrm{d}S = \int_{\Delta t_1}^{\Delta t_2} \dfrac{\mathrm{d}(\Delta t)}{\Delta t}$$

得

$$- mKS = - \ln(\Delta t_1 / \Delta t_2)$$

因为

$$\Delta t_1 - \Delta t_2 = mQ = mKS\Delta t_m = \Delta t_m \ln \dfrac{\Delta t_1}{\Delta t_2}$$

所以　　　　　　　　　　$\Delta t_m = \dfrac{\Delta t_1 - \Delta t_2}{\ln \dfrac{\Delta t_1}{\Delta t_2}}$　　　　　　　　　　　（4-101）

$$Q = KS\Delta t_m = KS \dfrac{\Delta t_1 - \Delta t_2}{\ln \dfrac{\Delta t_1}{\Delta t_2}}　　　　　　　　（4-102）$$

式（4-102）是适用于整个换热器的总传热速率方程式。由该式可知，平均温度差 Δt_m 等于
换热器两端温度差的对数平均值。故 Δt_m 又称为对数平均温度差。

在工程计算中，当 $0.5 \leqslant \dfrac{\Delta t_1}{\Delta t_2} \leqslant 2$ 时，可以用算术平均温度差 $\left(\dfrac{\Delta t_1 + \Delta t_2}{2} \right)$ 代替对数平均温度差。

对于两流体并流流动时，导出的 Δt_m 计算式仍然为式（4-101），故该式是计算逆流和并流时的平均温差 Δt_m 的通式。

如图 4-41 所示，对逆流，式中 $\Delta t_1 = T_1 - t_2$，$\Delta t_2 = T_2 - t_1$；对并流，$\Delta t_1 = T_1 - t_1$，$\Delta t_2 = T_2 - t_2$。

B 错流及折流时的平均温度差计算

参与热交换的两流体以相互垂直的方向流动，称为错流，如图 4-42（a）所示。若两流体在换热过程中反复改变流向，热流体与冷流体有并流也有逆流，这种情况称为折流，如图 4-42（b）所示。

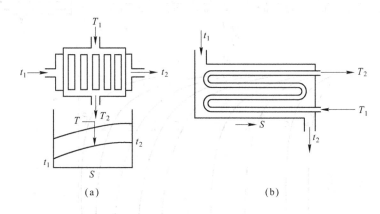

图 4-42 错流和折流
（a）错流；（b）折流

错流及折流时的平均温度差计算可按以下步骤进行：

（1）根据冷、热流体的进、出口温度，算出逆流下的对数平均温度差；

（2）按下式计算温度变化比 R 和传热效率 P

$$R = \frac{T_1 - T_2}{t_2 - t_1} = \frac{\text{热流体温度变化}}{\text{冷流体温度变化}}$$

$$P = \frac{t_2 - t_1}{T_1 - t_1} = \frac{\text{冷流体温度变化}}{\text{冷热流体最初温差}}$$

（3）根据 R 和 P 之值，从相应图中查出校正系数 $\varphi_{\Delta t}$；

（4）将逆流条件下的对数平均温度差乘以校正系数 $\varphi_{\Delta t}$，即为所求的 Δt_m。

$$\Delta t_m = \varphi_{\Delta t} \Delta t_{m逆} \tag{4-103}$$

某些情况下的 $\varphi_{\Delta t}$ 值如图 4-43（a）至图 4-43（c）所示。$\varphi_{\Delta t}$ 值恒小于 1，因此，一般相同进出口温度条件下逆流的 Δt_m 最大，并流的 Δt_m 最小，故生产中多采用逆流。

通常 $\varphi_{\Delta t}$ 值应不小于 0.8，否则 Δt_m 太小，经济上不合理。当 $\varphi_{\Delta t} < 0.8$ 时，可考虑采用多壳程，或者将多台换热器串联使用。

例 4-13 在一单壳程、两管程的列管换热器中，用水冷却热油。冷水在管内流动，进口温度为 15℃，出口温度为 32℃。油的进口温度为 95℃，出口温度为 40℃。试求两流体间的平均温度差 Δt_m。

解： 先按逆流计算流体的平均温度差 $\Delta t_{m逆}$

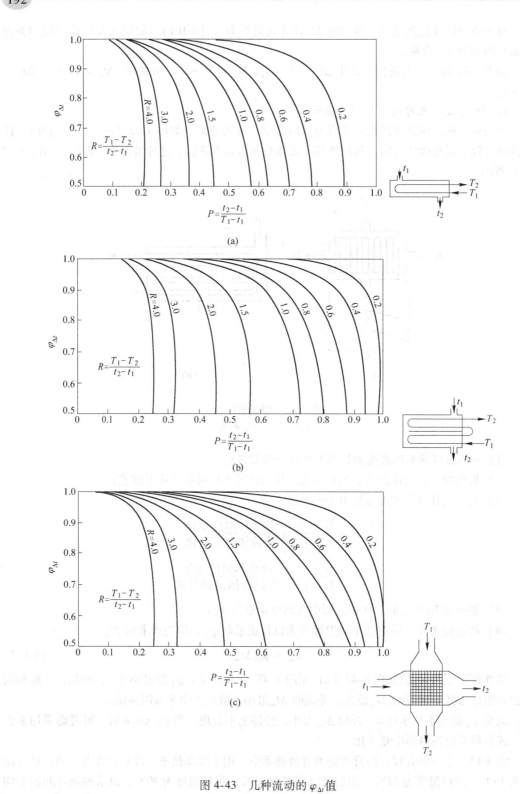

图 4-43　几种流动的 $\varphi_{\Delta t}$ 值

（a）单壳程，两管程或两管程以上；（b）双壳程，四管程或四管程以上；（c）错流（两流体不混合）

$$\Delta t_{m逆} = \frac{\Delta t_1 - \Delta t_2}{\ln \dfrac{\Delta t_1}{\Delta t_2}} = \frac{(95 - 32) - (40 - 15)}{\ln \dfrac{95 - 32}{40 - 15}} = 41.1℃$$

$$R = \frac{T_1 - T_2}{t_2 - t_1} = \frac{95 - 40}{32 - 15} = 3.24$$

$$P = \frac{t_2 - t_1}{T_1 - t_1} = \frac{32 - 15}{95 - 15} = 0.213$$

据 R、P 值，由图 4-43（a）中查得

$$\varphi_{\Delta t} = 0.9$$

故

$$\Delta t_m = \varphi_{\Delta t} \Delta t_{m逆} = 0.9 \times 41.1 = 37℃$$

4.6.3　总传热系数的确定及其影响因素

总传热系数 K 是表征换热器性能的一个重要参数，它表示换热器在单位时间、单位传热面积、单位温度差时的传热能力。K 值越大，换热器的性能越好。

4.6.3.1　总传热系数 K 值的确定

在传热计算中，如何合理地确定 K 值，是设计换热器中的一个重要问题。目前 K 值可用 3 种方法获得。

第一种方法是选取经验值，即选取工艺条件相仿、类似设备上所得较为成熟的生产数据。工业生产用列管式换热器中总传热系数 K 值的大致范围见表 4-13。

表 4-13　工业换热器传热系数 K 值范围

介　质	$K/W \cdot (m^2 \cdot K)^{-1}$	介　质	$K/W \cdot (m^2 \cdot K)^{-1}$
气体-气体	10 ~ 30	水-水	800 ~ 1700
气体-水	10 ~ 60	冷凝蒸气-水	300 ~ 5000
煤油-水	350	冷凝蒸气-油	60 ~ 350

第二种方法是实验测定 K 值。其主要的方法是根据传热总速率方程式（也称传热基本方程式）$Q = KS\Delta t_m$，由于换热面积 S 已知，故只需测定热流体或冷流体的流量，以及测定冷、热流体的进、出口温度，然后通过运算，即可获得该台换热器在该操作条件下的 K 值。

第三种方法是根据前面推导的式（4-89）和式（4-93）计算 K 值。当辐射热和管壁污垢热阻可忽略时：

对单层平壁有：

$$\frac{1}{KS} = \frac{1}{\alpha_1 S} + \frac{\delta}{\lambda S} + \frac{1}{\alpha_2 S} \tag{4-104}$$

对单层圆筒壁有：

$$\frac{1}{K_i S_i} = \frac{1}{\alpha_1 S_1} + \frac{1}{2\pi\lambda L}\ln\frac{r_2}{r_1} + \frac{1}{\alpha_2 S_2} = \frac{1}{\alpha_1 S_1} + \frac{\delta}{\lambda S_m} + \frac{1}{\alpha_2 S_2} \tag{4-105a}$$

利用 $S = 2\pi L d$，式（4-105a）还可写成

$$\frac{1}{K_i d_i} = \frac{1}{\alpha_1 d_1} + \frac{\delta}{\lambda d_m} + \frac{1}{\alpha_2 d_2} \tag{4-105b}$$

对管壁较薄或管径较大者，即对 $d_2/d_1 < 2$ 者，可近似取 $S_1 = S_2 = S_m$，则圆筒壁可近似当成平壁计算。

如前所述圆筒壁的 K 值与所取什么传热面为计算基准有关，工程上一般以外表面作为基准。因此，当辐射热和管壁污垢热阻可忽略时有：

$$\frac{1}{K_2 S_2} = \frac{1}{\alpha_1 S_1} + \frac{\delta}{\lambda S_m} + \frac{1}{\alpha_2 S_2} \tag{4-105c}$$

4.6.3.2　影响 K 值的主要因素

A　污垢热阻

以上所列出的 K 值计算式，均未考虑到污垢的影响。实践证明，换热器所处理的物料大多易于在热壁上形成污垢层。污垢层虽不厚，但热阻很大，其存在可大大降低 K 值。故计算 K 值时，必须考虑污垢层热阻的影响。但污垢层的厚度及其热导率难以测定，因此常选用污垢热阻的经验值，作为计算 K 值的依据。常见的污垢热阻值列于表 4-14 中。

表 4-14　常见流体的垢层热阻

流　　体	垢层热阻 /m² · K · kW⁻¹	流　　体	垢层热阻 /m² · K · kW⁻¹
1. 水（1m/s，$t < 50℃$）		2. 气体	
蒸馏水	0.09	空气	0.26 ~ 0.53
海水	0.09	溶剂蒸气	0.14
清洁河水	0.21	3. 水蒸气	
未处理的凉水塔用水	0.58	优质（不含油）	0.052
已处理的凉水塔用水	0.26	劣质（不含油）	0.09
已处理的锅炉用水	0.26	4. 液体	
硬水、井水	0.58	处理过盐水	0.264
		有机物	0.176

若管壁内、外侧表面上的污垢热阻分别用 R_1 和 R_2 表示，则 K 可由下式计算

$$K_i = \frac{1}{\dfrac{d_i}{\alpha_1 d_1} + R_1 \dfrac{d_i}{d_1} + \dfrac{\delta d_i}{\lambda d_m} + R_2 \dfrac{d_i}{d_2} + \dfrac{d_i}{\alpha_2 d_2}} \tag{4-106}$$

对于平壁或薄管壁，则

$$K = \frac{1}{\dfrac{1}{\alpha_1} + R_1 + \dfrac{\delta}{\lambda} + R_2 + \dfrac{1}{\alpha_2}} \tag{4-107}$$

B　对流传热系数

对流传热系数对 K 值的影响可由下面讨论加以说明。

为便于讨论，设 K 值的计算可应用平壁计算式，且可忽略辐射、管壁热阻和污垢热阻（如新的薄壁管）。对单层平壁，由式（4-107）可得

$$K = \frac{1}{\dfrac{1}{\alpha_1} + \dfrac{1}{\alpha_2}} = \frac{\alpha_1 \alpha_2}{\alpha_1 + \alpha_2} \tag{4-108}$$

式（4-108）表明：

（1）当 α_1、α_2 二者之值相差不大时，K 值总是小于两者中较小的 α 值。

（2）当 α_1、α_2 二者之值相差很大时，K 值近似等于其中小的 α 值。如若 $\alpha_1 \ll \alpha_2$，则 $K = \alpha_1$，因为式（4-108）分母中的 α_1 项可忽略不计。

由以上讨论可知，K 值总是接近于热阻大的一侧（也即 α 值小的一侧）流体的 α 值，故为了提高 K 值，就必须首先提高较小的 α 值。若 α_1 与 α_2 相差不大，为提高 K 值，α_1 与 α_2 必须同时提高。

例 4-14 某单程列管式换热器，由直径为 $\phi 25mm \times 2.5mm$ 的钢质列管束组成。苯在列管内流动，流量为 $1.25kg/s$，由 $80℃$ 冷却到 $30℃$。冷却水在管间和苯逆向流动，进口水温为 $20℃$，出口水温不超过 $40℃$。已知水侧和苯侧的对流传热系数分别为 $1.70kW/(m^2 \cdot K)$ 和 $0.85kW/(m^2 \cdot K)$，污垢热阻分别为 $0.21(m^2 \cdot K)/kW$ 和 $0.176(m^2 \cdot K)/kW$。若换热器的热损失可以忽略，试求换热器的传热面积（苯的平均比热容为 $1.9kJ/(kg \cdot K)$，钢的热导率为 $45W/(m \cdot K)$。

解： 以管壁外表面积为基准的传热速率方程式为

$$Q = K_2 S_2 \Delta t_m$$

$$Q = W_h c_{ph}(T_1 - T_2) = 1.25 \times 1900(80 - 30) = 118800W = 118.8kW$$

$$
\begin{array}{cc}
热流体温度 & 80 \to 30 \\
- 冷流体温度 & 40 \leftarrow 20 \\
\hline
两端温差 & 40 \quad 10
\end{array}
$$

则

$$\Delta t_m = \frac{\Delta t_1 - \Delta t_2}{\ln \dfrac{\Delta t_1}{\Delta t_2}} = \frac{40 - 10}{\ln \dfrac{40}{10}} = 21.6℃$$

由式（4-106）可得（此时 $d_i = d_2$）：

$$K_2 = \cfrac{1}{\dfrac{d_2}{\alpha_1 d_1} + R_1 \dfrac{d_2}{d_1} + \dfrac{\delta d_2}{\lambda d_m} + R_2 + \dfrac{1}{\alpha_2}}$$

$$= \cfrac{1}{\dfrac{0.025}{0.85 \times 0.02} + 0.176 \times \dfrac{0.025}{0.02} + \dfrac{0.0025 \times 0.025}{0.045 \times 0.0225} + 0.21 + \dfrac{1}{1.7}}$$

$$= 0.4kW/(m^2 \cdot K)$$

所以

$$S_2 = \frac{Q}{K_2 \Delta t_m} = \frac{118.8}{0.4 \times 21.6} = 13.75m^2$$

例 4-15 热空气在冷却管外流过，$\alpha_2 = 90W/(m^2 \cdot K)$；冷却水在管内流动，$\alpha_1 = 1000W/(m^2 \cdot K)$。管外径 $d_2 = 16mm$，管壁厚 $\delta = 1.5mm$，管材热导率 $\lambda = 40W/(m \cdot K)$。试求：

（1）传热系数 K（设不计污垢热阻与热损失）；

（2）管外对流传热系数 α_2 增加一倍，传热系数有何变化？

（3）管内对流传热系数 α_1 增加一倍，传热系数有何变化？

解：（1）由于管壁很薄，可近似看成平壁，当污垢热阻可忽略时据式（4-104）有

$$K = \frac{1}{\dfrac{1}{\alpha_1} + \dfrac{\delta}{\lambda} + \dfrac{1}{\alpha_2}} = \frac{1}{\dfrac{1}{1000} + \dfrac{0.0015}{40} + \dfrac{1}{90}} = 82.3\,\mathrm{W/(m^2 \cdot K)}$$

（2）$\alpha_2' = 2\alpha_2 = 2 \times 90 = 180\,\mathrm{W/(m^2 \cdot K)}$，则

$$K' = \frac{1}{\dfrac{1}{\alpha_1} + \dfrac{\delta}{\lambda} + \dfrac{1}{\alpha_2'}} = \frac{1}{\dfrac{1}{1000} + \dfrac{0.0015}{40} + \dfrac{1}{180}} = 151.7\,\mathrm{W/(m^2 \cdot K)}$$

（3）$\alpha_1' = 2\alpha_1 = 2 \times 1000 = 2000\,\mathrm{W/(m^2 \cdot K)}$，则

$$K'' = \frac{1}{\dfrac{1}{\alpha_1'} + \dfrac{\delta}{\lambda} + \dfrac{1}{\alpha_2}} = \frac{1}{\dfrac{1}{2000} + \dfrac{0.0015}{40} + \dfrac{1}{90}} = 85.9\,\mathrm{W/(m^2 \cdot K)}$$

上列两种情况下，传热系数 K 值的增加率各为

$$\frac{K' - K}{K} \times 100\% = 84.3\%$$

$$\frac{K'' - K}{K} \times 100\% = 4.4\%$$

可见，提高 K 值的有效途径应当是提高较小的 α_2 值。

4.6.4　壁温的估算

在计算某些对流传热系数以及设备的热损失时，都需要知道壁面温度。

对于稳态传热过程有

$$Q = \alpha_1 S_1 (T_\mathrm{f} - T_\mathrm{w}) = \frac{\lambda}{\delta} S_\mathrm{m} (T_\mathrm{w} - t_\mathrm{w}) = \alpha_2 S_2 (t_\mathrm{w} - t_\mathrm{f})$$

所以

$$T_\mathrm{w} = T_\mathrm{f} - \frac{Q}{\alpha_1 S_1} \tag{4-109}$$

$$t_\mathrm{w} = t_\mathrm{f} + \frac{Q}{\alpha_2 S_2} \tag{4-110}$$

$$t_\mathrm{w} = T_\mathrm{w} - \frac{Q\delta}{\lambda S_\mathrm{m}} \tag{4-111}$$

当 α_1、α_2 为未知值时，必须用试差法求解。即先假设一个壁温，求出 α 值后再核算壁温。在假定壁温时，可根据热阻与温度降成正比的关系，即壁温总是接近于 α 值较大一侧的流体温度。

例 4-16　在一由 $\phi 25\mathrm{mm} \times 2.5\mathrm{mm}$ 钢管构成的废热锅炉中，管内通入高温气体，进口 $500\,℃$，出口 $350\,℃$。管外为 $p = 981\mathrm{kPa}$ 压强的水沸腾。已知高温气体对流传热系数 $\alpha_1 = 250\,\mathrm{W/(m^2 \cdot K)}$，水沸腾的对流传热系数 $\alpha_2 = 10000\,\mathrm{W/(m^2 \cdot K)}$，钢管的热导率为 $45\,\mathrm{W/(m \cdot K)}$。忽略污垢热阻。试求管内壁平均温度 T_w 及管外壁平均温度 t_w。

解：先求单位面积传热量。

水在 $p = 981\mathrm{kPa}$ 的饱和温度为 $179\,℃$。由于 $0.5 \le \Delta t_1 / \Delta t_2 \le 2$，对数平均温差可用算术平均温差代替，即

$$\Delta t_\mathrm{m} = \frac{321 + 171}{2} = 246\,℃$$

以管子外表面积为基准，当管壁的污垢热阻可忽略时，由式（4-105b）可得

$$K_2 = \cfrac{1}{\cfrac{d_2}{\alpha_1 d_1} + \cfrac{\delta}{\lambda}\cfrac{d_2}{d_m} + \cfrac{1}{\alpha_2}} = \cfrac{1}{\cfrac{25}{250 \times 20} + \cfrac{0.0025}{45} \times \cfrac{25}{22.5} + \cfrac{1}{10000}} = 194\text{W}/(\text{m}^2 \cdot \text{K})$$

故

$$\frac{Q}{S_2} = K_2 \Delta t_m = 194 \times 246 = 47626\text{W}/\text{m}^2$$

再求管壁温度

据式（4-110）和式（4-111）有

$$t_w = t_f + \frac{Q}{S_2 \alpha_2} = 179 + \frac{47626}{10000} = 183.8\text{℃}$$

和

$$T_w = t_w + \frac{\delta}{\lambda}\frac{Q}{S_m} = t_w + \frac{\delta}{\lambda}\frac{Q}{S_2}\frac{S_2}{S_m}$$

$$= 183.8 + \frac{0.0025}{45} \times 47626 \times \frac{25}{22.5} = 186.8\text{℃}$$

例 4-17　一容器内装有 $\phi51\text{mm} \times 2.5\text{mm}$ 的钢质蛇管，蛇管内为饱和水蒸气冷凝，蒸汽温度为 115℃。蛇管外的重油在自由流动的条件下由 15℃ 加热到 80℃。试求其平均总传热系数。已知：（1）蒸汽冷凝对流传热系数 $\alpha = 10000\text{W}/(\text{m}^2 \cdot \text{K})$；（2）污垢热阻不计；（3）钢热导率 $\lambda = 45\text{W}/(\text{m} \cdot \text{K})$。

解：重油被加热属于自然对流传热过程，应先求出管壁对重油的对流传热系数后再求总传热系数。

自然对流传热系数用式（4-36a）计算

$$Nu = C(GrPr)^n$$

故应先算出 Gr 和 Pr 的值。定性温度是膜温，而膜温中的外表面平均壁温未知，所以先假设蛇管外表面的温度进行计算，最后再作核算。

设蛇管的外表面温度为 $t_w = 110\text{℃}$。重油的平均温度 t_f 为

$$t_f = \frac{15 + 80}{2} = 47.5\text{℃}$$

定性温度

$$t_m = \frac{110 + 47.5}{2} = 79\text{℃}$$

79℃ 重油的物性数据查得如下

$$\rho = 900\text{kg}/\text{m}^3, \quad c_p = 1.88 \times 10^3\text{J}/(\text{kg} \cdot \text{K})$$

$$\lambda = 0.181\text{W}/(\text{m} \cdot \text{K}), \quad \beta = 0.0003\ 1/\text{K} \quad \mu = 0.18\text{Pa} \cdot \text{s}$$

则

$$Pr = \frac{c_p \mu}{\lambda} = \frac{1.88 \times 10^3 \times 0.18}{0.181} = 1870$$

$$Gr = \frac{\beta g \Delta t d^3 \rho^2}{\mu^2} = \frac{0.0003 \times 9.81 \times (110 - 47.5) \times (0.051)^3 \times (900)^2}{(0.18)^2} = 610$$

$$(Gr \cdot Pr) = 610 \times 1870 = 1.14 \times 10^6$$

查表 4-5 得　$C = 0.53, n = 1/4$

将各值代入式（4-36a）有

$$Nu = 0.53 \times (1.14 \times 10^6)^{1/4}$$

则　　　　　$\alpha_2 = \dfrac{\lambda Nu}{d_2} = 0.53 \times \dfrac{0.181}{0.051} \times (1.14 \times 10^6)^{1/4} = 61.5 \, W/(m^2 \cdot K)$

总传热系数（可按平壁计算）

$$K_2 = \cfrac{1}{\cfrac{1}{\alpha_1} + \cfrac{\delta}{\lambda} + \cfrac{1}{\alpha_2}} = \cfrac{1}{\cfrac{1}{1000} + \cfrac{0.0025}{45} + \cfrac{1}{61.5}} = 60.9 \, W/(m^2 \cdot K)$$

则

$$Q = K_2 S_2 \Delta t_m = \alpha_2 S_2 (t_w - t_f)$$

即

$$K_2 \Delta t_m = \alpha_2 (t_w - t_f)$$

因为　　　$\Delta t_m = \dfrac{\Delta t_1 - \Delta t_2}{\ln \dfrac{\Delta t_1}{\Delta t_2}} = \dfrac{100 - 35}{\ln \dfrac{100}{35}} = 61.9 \, ℃$ 　$\begin{array}{c} 115 \rightarrow 115 \\ \underline{-15 \rightarrow 80} \\ 100 \quad\ 35 \end{array}$

所以

$$t_w = t_f + \dfrac{K_2 \Delta t_m}{\alpha_2} = 47.5 + \dfrac{60.9 \times 61.9}{61.5} = 109 \, ℃$$

与假设温度 110℃ 相接近，故不需再计算。

4.6.5　传热面积计算

传热面积可由传热基本方程式来计算，即 $S_2 = \dfrac{Q}{K_2 \Delta t_m}$。

例 4-18　在例 4-17 中，若水蒸气的冷凝量为 36kg/h，求所需的传热面积和蛇管的长度。

解：由附录查得 115℃ 饱和水蒸气的冷凝潜热 r_h 为 2219kJ/kg，故传热量为：

$$Q = 2219 \times \dfrac{36}{3600} \times 10^3 = 22190 \, W$$

由例 4-17 知 $\Delta t_m = 61.9 ℃$，$K_2 = 60.9 \, W/(m^2 \cdot K)$
所以

$$S_2 = \dfrac{Q}{K_2 \Delta t_m} = \dfrac{22190}{60.9 \times 61.9} = 5.9 \, m^2$$

所需管长　　　$L = \dfrac{S_2}{\pi d_2} = \dfrac{5.9}{3.14 \times 0.051} = 36.8 \, m$

4.7　换　热　设　备

4.7.1　换热器的结构形式

工业生产中使用的换热器形式很多而且仍在不断发展。

换热器按其用途分为加热器、冷却器和冷凝器等，按传热原理和实现热交换的方法，换热器可分为间壁式、混合式及蓄热式 3 类，其中以间壁式换热器应用最普遍。

4.7.1.1　间壁式换热器

间壁式换热器种类很多，其常用的有如下几种。

A 夹套式换热器

夹套式换热器是在容器外部安装夹套，器壁与夹套之间的密闭空间即为载热体的通道，如图4-44所示。夹套式换热器主要用于反应器及贮槽的加热或冷却。当用蒸汽进行加热时，蒸汽由上部接管进入夹套，冷凝水由下部接管排出。冷却时，则冷却水由下部进入，上部流出。

夹套式换热器结构简单，但传热面积受到限制，传热系数也不高，所以在需要移走大量热时，需在容器内加设蛇管等以扩大传热面和在容器内安装搅拌器，使容器内液体作强制对流以提高传热系数。

B 套管式换热器

套管式换热器的结构见图4-45，它是由两种不同管径的管子组成同心套管，并由U形弯头连接而成。每一段套管称为一程，程数可根据要求而增减。内管和管间环隙为冷热两流体的通道，流体在其中可以呈高速逆流流动，因而对数平均温差和传热系数都可以较大。

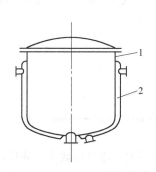

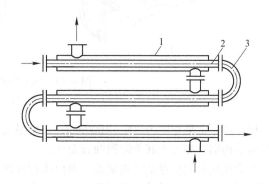

图 4-44 夹套式换热器
1—容器；2—夹套

图 4-45 套管式换热器
1—外管；2—内管；3—U形肘管

套管式换热器结构简单，能承受高压，应用方便，但由于管间接头较多，易发生泄漏，并且单位传热面积的金属消耗量大。

C 蛇管式换热器

蛇管式换热器可分为沉浸式和喷淋式两种。

（1）沉浸式蛇管换热器。蛇管就是弯制成螺旋状、盘状或其他形状的管或管排。把蛇管沉浸在容器内的液体中，向管内通入载热体即可将容器内的液体加热或冷却。

该换热器的优点是结构简单、易于制造，耐压，可用非金属材料制造，便于防腐；缺点是容器管外的对流传热系数小，故常需增设搅拌装置。

（2）喷淋式蛇管换热器。喷淋式蛇管换热器多用于冷却器，其构造如图4-46所示。冷水由最上面管子的喷淋装置中淋下，沿管表面下流，热流体在管内自下而上地流动，与管外的冷流体进行热交换。由于蛇管外的液膜湍动程度较高，其传热效果较沉浸式的为好。另外其检修和清洗方便。但占地面积大，喷淋不易均匀。

D 板式换热器

板式换热器是一种高效、紧凑的新型换热器，在化工、冶金等工业中已被广泛采用。

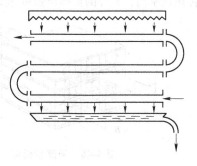

图 4-46 喷淋式换热器

板式换热器是由一组长方形压有波纹的薄金属板叠合而成。板间边缘装有垫片，压紧后可达到密封的目的；板的四周冲有圆孔，孔的周围可以根据需要放置垫片，从而起到允许或阻止流体进入板间的作用。冷、热流体交替地在板片两侧通过，每一个板片都是传热面。板上压制的凹凸波纹不仅增强了板的刚度，还增大了流体的湍动程度和传热面积，有利于流体分布的均匀。

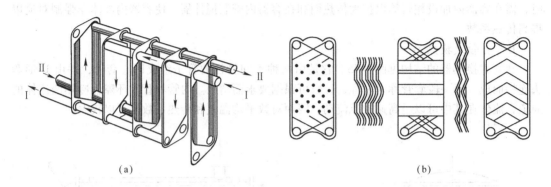

图 4-47 板式换热器示意图

（a）流向示意图；（b）几种新型板片

板片尺寸常见宽度为 $200\sim1000mm$，高度最大可达 2m。板间距通常为 $4\sim6mm$。板片材料通常为不锈钢，亦可用其他耐腐蚀合金钢。

板式换热器的优点是结构紧凑，单位体积设备提供的传热面积大，传热系数高，并且可根据需要调整板数目以增减传热面积，检修和清洗也较方便。缺点是易泄漏，只适于小容量，压强小于 1500kPa，温度小于 250℃ 的情况。

E 板翅式换热器

板翅式换热器是一种轻巧、紧凑、高效换热器。最早用于航空工业，现已逐渐应用于其他工业。

板翅式换热器的基本结构，是由平隔板和各种形式的翅片构成板束组装而成。如图 4-48 至图 4-50 所示。在两块平行薄金属板（平隔板）间，夹入波纹状或其他形状的翅片，两边以侧条密封，即组成为一个单元体。各个单元体又以不同的叠积和适当的排列，并用钎焊固定，成为常用的逆流或错流板翅换热器组装件，称为芯部或板束。再将带有集流出口的集流箱焊接到板束上，即为板翅式换热器。

板翅式换热器的主要优点：结构高度紧凑，单位体积的传热面积可高达 $2500\sim4000m^2/m^3$；传热效率高；允许的操作压强可达 5000kPa。此外，板翅式换热器一般用铝合金制造，重量较

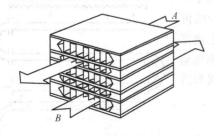

图 4-48 逆流型板束

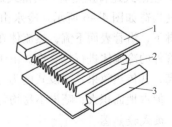

图 4-49 单元体

1—平板（一次表面）；2—翅片（二次表面）；3—封条

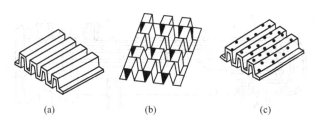

图 4-50 翅片形式

（a）光直翅片；（b）锯齿翅片；（c）多孔翅片

轻，在相同的传热面积下，其重量仅为列管式换热器的十分之一，并且操作温度范围广，可在200℃至绝对零度范围内使用，适用于低温和超低温的场合。板翅式换热器的适应性也较强，既可用于各种情况下的热交热，也可用于蒸发或冷凝。操作方式可采用逆流、并流、错流或错流、逆流同时并进等。并且还可实现在同一设备内同时使多种介质进行换热的目的。

板翅式换热器的缺点：结构复杂，造价高；流道小，易阻塞。清洗困难，要求物料清洁对换热器无腐蚀性，流体阻力亦较大。

F 列管式换热器

列管式换热器又称管壳式换热器，是目前应用最广泛的一种换热器。它主要由壳体、管束、管板和顶盖等部件构成。进行热交换时，一种流体在管内流动，其行程称为管程；另一种流体在管束与壳体的空隙中流动，其行程称为壳程，管束的壁面即为传热面。管子可以是光管也可以是在管子轴向或径向上装有翅片的翅片管。翅片管的传热效率可以比光管的高。

按照有无温度补偿及补偿方法的不同，列管式换热器主要有下列 3 种：

（1）固定管板式（见图 4-51）。其管束两端的管板是与壳体焊接在一起的。它具有结构简单、造价低的优点，但是壳程不易清洗，故要求走壳程的流体是干净、不易结垢的。这种换热器常用于管束及壳体的温差小于 50℃ 的场合。当温差较大但壳程内流体压强不高（小于588kPa）时，可在壳体上安装补偿圈（或称膨胀节）。

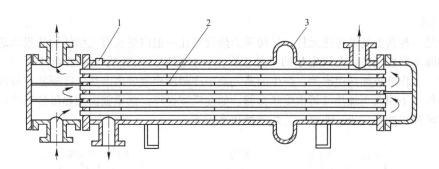

图 4-51 固定管板式换热器

1—放气嘴；2—挡板；3—补偿圈

（2）浮头式。这种换热器中两端的管板有一端不与壳体相连，可以沿管长方向自由浮动，如图 4-52 所示。当壳体与管束因温度不同而引起热膨胀时，管束连同浮头可在壳体内沿轴向自由伸缩，所以可以完全消除热应力。清洗和检修时整个管束可从壳体中拆出。由于有上述特

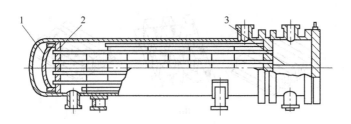

图 4-52　浮头式换热器
1—浮头；2—浮动管板；3—管程隔板

点，尽管这种形式换热器结构比较复杂，金属耗量多，造价也较高（高于 U 形管式），但仍是应用较多的一种结构形式。

（3）U 形管式。U 形管换热器如图 4-53 所示。列管束由弯成 U 形的管子组成。管束的两端固定在同一管板上，每根 U 形管均可自由伸缩，与其他管子及壳体无关。

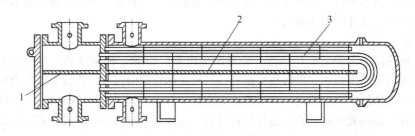

图 4-53　U 形管换热器
1—管程隔板；2—壳程隔板；3—U 形管

U 形管换热器的结构简单，重量较轻，适用于高温和高压的场合。主要缺点是 U 形管具有一定的弯曲半径，故管板的利用率较差，管内不易清洗，U 形管更换困难，价格高于固定管板式。

G　热管

热管是一种新型高效传热元件。最简单的热管是在一根内壁装有毛细结构的吸液芯网的金属管内抽除不凝性气体，充以定量的某种工作液体，然后封闭而成，如图 4-54 所示。当加热段受热时，工作液被加热而沸腾，产生的蒸气流至冷却段冷凝放出潜热。冷凝液在吸液芯网的毛细管力作用下回流至加热段再次受热沸腾。如此反复循环，热量就由加热段传至冷却段。

工作液体可选择：水、液氨、乙醇、钠和水银等。

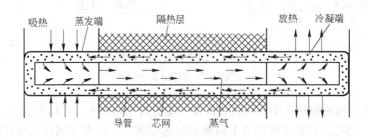

图 4-54　热管

在一般管式换热器内，冷、热流体与壁面间的传热是在管子的内、外表面进行的，而热管则把冷、热流体与壁面间的传热都转到管子的外表面进行；因此，在加热段和冷却段都可以采用外装翅片的办法来强化传热过程。另外，由于沸腾和冷凝的传热系数都很大，由热管的传热量和两端管壁温度差折算而得到的表观热导率很大，是铜、银的 $10^2 \sim 10^3$ 倍。所以，热管换热器特别适用于两侧传热系数都很小的气-气传热过程。近年来，用热管换热器将锅炉废热来预热进入炉膛的冷空气，取得很大的经济效益。

热管的优点在于：不需动力设备来输送工作液体；体积小、结构简单、工作可靠；在较小的温度差下具有较高的传热速率；热管的热源不受限制，可以采用电、火焰、日光辐射等热源。

4.7.1.2 混合式换热器

混合式换热器属于直接接触式传热设备，主要用于蒸气的冷凝及气体的冷却，故称为混合式冷凝器或冷却器。

因冷却水直接喷洒于蒸气（或气体）之中，传热效率高，所得冷凝液全部与冷水混合而流出，一般用于水蒸气的冷凝。

图 4-55 所示为混合式冷凝器。其中，图（a）为干式逆流高位冷凝器，顶部用冷却水喷淋，使之与被冷凝的蒸气逆流接触，蒸气的冷凝液和冷却水沿气压管向下流动。冷凝器一般都在负压下（器内压强 10 ~ 20kPa）操作。因此，为使气压管中的水排入大气中，冷凝器必须安装足够高，气压管必须有足够的高度，一般为 10 ~ 11m。气压管又称为大气腿。

如果冷凝器的安装高度受到限制，则可采用图 4-55（b）的并流低位冷凝器，但冷凝液必

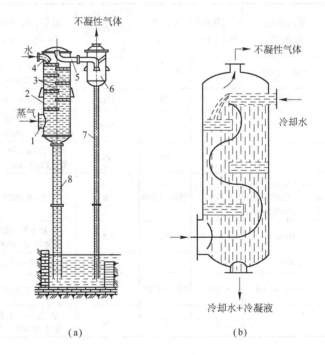

图 4-55　混合式冷凝器
（a）干式逆流高位冷凝器；（b）并流低位冷凝器
1—蒸气进口；2—外壳；3—淋水板；4—进水口；5—不凝性气体出口；
6—分离器；7，8—气压管

须用泵抽出。

4.7.1.3　蓄热式换热器

蓄热式换热器又称蓄热器，主要由热容量较大的蓄热室构成，室中可充填耐火砖等填料，如图 4-56 所示。其热交换原理见本章第一节。这类换热器结构较为简单，且可耐高温，故常用于高温气体热量的利用或冷却。其缺点是体积较大，也难免两种流体在一定程度上相互混合。

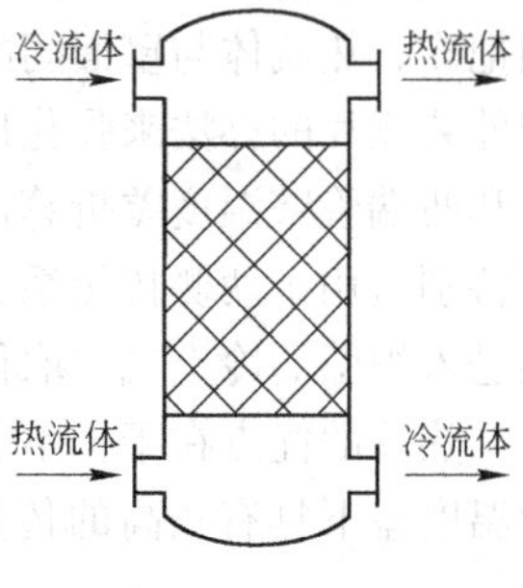

图 4-56　蓄热式换热器
示意图

4.7.2　换热器的选型

换热器的类型很多，每种类型都有其优缺点，在设计中究竟选用哪种形式，应视具体情况而定，如换热介质、压强、温度、温差、压强降、流量、结垢情况、堵塞情况、清洗、维护检修及制造、供应情况等。在选型时，既不要单纯追求某种换热器的传热效率而不顾清洗和维护检修的消耗，也不应过于保守而习惯地只采用某一种换热器。一般说来，管式换热器不受压强和温度的限制，制造及维护检修也较方便，但传热效率低，换热面积小。板式换热器虽具有换热面积大，传热效率高的突出优点，但其操作温度和压强都有一定的限制，且制造及清洗维修均不如管式换热器方便，设计时必须全面分析，正确选用。

表 4-15 列出了部分换热器的技术、经济指标，供设计选型时参考。

表 4-15　各类换热器主要技术经济指标

换热器形式	最高操作压强/MPa	最高使用温度/℃	最大处理量/m³·h⁻¹	紧凑性/m²·m⁻³	单位面积的金属消耗量/kg·m⁻²	最佳总传热系数/W·m⁻²·K⁻¹	清洗维修性	制造成本
管壳式	84.0	1000 ~ 1500		40 ~ 150	30	水-水 1400 ~ 2800 蒸气-水 1200 ~ 3900	方便	低
套管式	100.0	800		20	150	液-液 360 ~ 1400		低
蛇管沉浸式	100.0			15	100	水-水 560 ~ 1000（铜） 水-水 500 ~ 2000（铅）		低
蛇管喷淋式	10.0			16	60	液体冷却 270 ~ 920 蒸气冷凝 360 ~ 1200	方便	低
平板式	2.8	150（橡胶垫） 260（石棉纤维垫） 360（石棉橡胶垫）	570	250 ~ 1500	16	水-水 6900	困难	
螺旋板式	4.0	1000		100	50	液-液 690 ~ 2300 蒸气-水 3800	方便	低
板壳式	6.4	800				蒸气冷凝 3500	困难	高
翅片板式	5.7	-260 ~ +500	15300	250 ~ 4370		空气强制对流 33 ~ 350		高
夹套式	0.5		小	差	大	水-水 160（钢） 蒸气-水 800（铜）		低

4.7.3　换热器传热过程的强化

强化传热过程就是指提高冷、热流体间的传热量。从传热基本方程

$$Q = KS\Delta t_{\mathrm{m}}$$

可以看出，凡是能使传热系数 K、传热面积 A 和平均传热温度差 Δt_m 增大的因素都可以使热流量 Q 提高。因此，在设计新的换热器或提高现有换热器的生产能力时，大多从这 3 方面来考虑强化措施。

(1) 增大平均温度差 Δt_m。平均温度差的大小主要取决于两流体的温度条件，而流体的温度一般由生产工艺条件所规定，因此，Δt_m 的可变动范围是有限的。当换热器中冷、热流体均变温时，采用逆流操作可获得较大的平均温度差，如螺旋板式和套管式换热器。

(2) 增大传热面积。增大传热面积不是指增加换热设备的尺寸或台数，而是要提高设备的单位体积内的传热面积，即要从提高设备的紧凑性着手；而且要求金属的消耗量不增加或增加不多。因此，合理布置受热面，采用各种异形管、板式及板翅式换热器都是有利的。

(3) 增加传热系数。要提高 K 值，必须设法减小对 K 值影响较大的热阻，如：

1) 增大流速，增强流体湍动程度，减小传热边界层中滞流内层的厚度，以提高 α。例如列管式换热器采用多管程，壳程加折流挡板。在圆管周围加设螺旋状的扰动促进体，或在圆管内插入扰流器麻花铁，与此同时应考虑因流速增大而引起的阻力增加，及设备的检修、清洗困难等问题。

2) 防止结垢和及时清洗垢层，以减小垢层热阻。

3) 尽量采用有相变化的载热体，可得到大的对流传热系数，如蒸气冷凝过程，使其维持滴状冷凝，并使冷凝液膜及时从壁面排除。

习　题

4-1　厚度为 Δx 的平板，一侧温度保持为 t_1，另一侧温度为 t_2。假如热导率随温度变化关系为：$\lambda = a + bt$。其中 a、b 为常数。试导出一维热流密度 q 的表达式。

4-2　一高为 30cm 的铝制锥台，顶面直径 7.5cm，底面直径 12.5cm。底面温度保持 93℃，顶面温度保持 540℃，侧面是绝热的。假设热流是一维的，求热流量是多少？

4-3　在平壁设备外表面加了一层厚度为 260mm 的保温材料。已知保温层表面的温度为 35℃。若将温度计插在保温层的 50mm 深度处时，其读数为 70℃。试确定保温材料与设备壁面交界处的温度。

4-4　某燃烧炉的平壁由下列 3 种砖依次砌成：

耐火砖：热导率 $\lambda_1 = 1.05\text{W/(m·K)}$；厚度 $\delta_1 = 0.23\text{m/块}$；

绝热砖：热导率 $\lambda_2 = 0.15\text{W/(m·K)}$；厚度 $\delta_2 = 0.23\text{m/块}$；

普通砖：热导率 $\lambda_3 = 0.93\text{W/(m·K)}$；厚度 $\delta_3 = 0.24\text{m/块}$。

若已知耐火砖内侧温度为 1000℃，耐火砖与绝热砖接触处温度为 940℃，而绝热砖与普通砖接触处的温度不得超过 138℃，试问：

(1) 绝热层需几块绝热砖？

(2) 此时普通砖外侧温度为多少？

4-5　有一炉墙大平壁，内层为硅砖 $\delta_1 = 0.46\text{m}$，外层为硅藻土砖 $\delta_2 = 0.23\text{m}$，已知下列条件：

$$t_1 = 1200℃；\quad t_3 = 100℃；$$

$$\lambda_1 = 1.05(1 + 0.89 \times 10^{-3}t)\text{W/(m·K)}；$$

$$\lambda_2 = 0.198(1 + 1.17 \times 10^{-3}t)\text{W/(m·K)}$$

求导热速率及中间温度。

4-6　蒸汽管道的内外直径各为 160mm 和 170mm，管壁热导率 $\lambda_1 = 58\text{W/(m·K)}$；管外包扎两层隔热材料，第一层厚 30mm，热导率为 0.17W/(m·K)，第二层厚 50mm，热导率为 0.093W/(m·K)，蒸汽管内的内表面温度为 300℃，保温层外表面温度为 50℃。求：(1) 各层热阻；(2) 每米长管道的热损失;(3)各层接触界面温度。

4-7 直径为 $\phi60mm\times3mm$ 的钢管用 30mm 厚的软木包扎,其外又用 40mm 厚的保温灰包扎以作为绝热层。现已测得管外壁的温度为 $-110℃$,绝热层外表面的温度为 $10℃$。已知软木和保温灰的热导率分别是 $0.043W/(m\cdot K)$ 和 $0.07W/(m\cdot K)$。试求每米管长的冷损失量。

如果将软木和保温灰调换一下顺序,而维持各自的厚度不变。若假设温差不变,试求此时每米管长的冷损失量。

4-8 常压下,空气以 $15m/s$ 的流速在长为 4m,$\phi60mm\times3.5mm$ 的钢管中流动,温度由 $150℃$ 升至 $250℃$。试求管壁对空气的对流传热系数。

4-9 一套管换热器,套管为 $\phi89mm\times3.5mm$ 钢管,内管为 $\phi25mm\times2.5mm$ 钢管。环隙中为 $p=100kPa$ 的饱和水蒸气冷凝,冷却水在内管中流过,进口温度为 $15℃$,出口温度为 $35℃$。冷却水流速为 $0.4m/s$,试求管壁对水的对流传热系数。

4-10 温度为 $12℃$,压强为 $98.1kPa$ 的空气,以 $10m/s$ 的流速在列管式换热器间管长方向流动,空气出口温度为 $30℃$。列管换热器尺寸如下:外壳内径为 190mm,37 根 $\phi19mm\times2mm$ 的钢管。试求空气对管壁的对流传热系数。

4-11 甲苯在一蛇管冷凝器中由 $70℃$ 冷至 $30℃$,蛇管由 $\phi45mm\times3.5mm$ 的钢管 3 组并联而成,平均圈径为 0.6m。已知甲苯的流量为 $3m^3/h$,密度为 $830kg/m^3$。试求甲苯对管壁的对流传热系数。

4-12 油缸中装有水平放置的蒸汽管,以加热缸中的重油。重油的平均温度为 $20℃$,蒸汽管外壁的平均温度为 $120℃$,管外径为 60mm。已知 $70℃$ 时的重油物性数据如下:

$$\rho=900kg/m^3 ; \lambda=0.175W/(m\cdot℃);$$

$$c_p=1.88kJ/(kg\cdot℃); \nu=2\times10^{-3}m^2/s;$$

$$\beta=3\times10^{-4}℃^{-1}$$

试问蒸汽管对重油每小时每平方米的传热量为多少?

4-13 有光滑钢管 5 排,每排 20 根,长 1.5m,管外直径 $d=25mm$,$x_1=50mm$,$x_2=37.5mm$,管壁温度 $t_w=110℃$,空气平均温度 $t_f=15℃$,标准状态下空气流量 $V_0=5000m^3/h$。试比较顺排与叉排的平均对流传热系数。

4-14 常压的苯蒸气在一 $\phi25mm\times2.5mm$,长为 3m 的垂直管外冷凝,冷凝温度为 $80℃$,管外壁温度为 $60℃$,试求苯蒸气的冷凝对流传热系数。若此管改为水平放置,苯蒸气的冷凝对流传热系数又为多少?

4-15 平行放置的两块铜板,温度分别保持 $t_1=500℃$,$t_2=20℃$,其黑度相同,均为 0.8,铜板的尺寸比两板之间的距离大得多,求此两板的本身辐射、有效辐射、反射辐射以及它们之间的辐射换热量。

4-16 两个相距很近彼此平行的大平面,已知 $t_1=527℃$,$t_2=27℃$,黑度 $\varepsilon_1=\varepsilon_2=0.8$,求:(1)两表面的辐射能力;(2)辐射换热速率。若在上述平面中分别放入一块黑度为 0.8 和 0.04 的隔热屏,则换热速率又各为多少?

4-17 输送热空气的管中用热电偶测温,仪表指示温度为 $t_a=400℃$,热电偶热端黑度 $\varepsilon=0.8$,管壁内表面温度为 $t_w=380℃$,气流对热电偶热端的对流传热系数 $46.52W/(m^2\cdot K)$,计算由于热电偶热端辐射引起的测温误差。

4-18 沸腾炉汽化冷却烟管内径 $d=0.5m$,内壁平均温度 $140℃$,黑度 0.9,烟气入口温度 $890℃$,出口 $680℃$,气体成分为 SO_2 8.5%,H_2O 7.7%,求烟气对管壁的辐射传热速率(由于烟气含尘较多,其黑度可近似地取为纯气体的 1.3 倍),并比较精确公式与简化公式的结果。

4-19 炉壁由 3 层组成,内层是厚度 $\delta=0.23m$,$\lambda_1=1.2W/(m\cdot K)$ 的黏土砖;外层是 $\delta_3=0.24m$,$\lambda_3=0.5W/(m\cdot K)$ 的红砖;两层中间填以厚度 $\delta_2=0.03m$,$\lambda_2=0.1W/(m\cdot K)$ 的石棉作为隔热层。炉墙内侧烟气温度 $t_{f1}=1200℃$,烟气侧表面传热系数 $\alpha_{\Sigma1}=40W/(m^2\cdot K)$;厂房室内空气温度 $t_{f2}=20℃$,空气侧表面传热系数 $\alpha_{\Sigma2}=15W/(m^2\cdot K)$,试求通过该炉墙的散热损失和炉墙内、外表面的

温度 t_1 和 t_4。

4-20 外径 d_1 为 50mm 的管子，其外包扎一层厚度为 40mm，热导率 λ_1 为 0.13W/(m·K) 的绝热材料。管子外表面平均温度为 800℃。现拟在绝热材料外面再增加一层氧化镁绝热层，以使该层外表面平均温度 t_3 降为 87℃。环境温度 t_a 为 20℃。氧化镁的热导率 λ_2 为 0.09W/(m·K)。已知保温层外表面对环境的表面传热系数 α_Σ 的计算式为 $a_\Sigma = 9.4 + 0.052(t_w - t_a)$ (W/(m²·K)) 式中的 t_w、t_a 分别为壁温及环境温度，℃。假定加氧化镁保温层后管子外表面温度仍保持 800℃。试求氧化镁绝热层的厚度 δ。

4-21 外直径为 0.03m 的管子，需要覆盖一层绝热材料以减少散热，已知热绝缘的外表面与周围空气间的表面传热系数 $\alpha_\Sigma = 14$W/(m·K)。现有热导率 $\lambda = 0.05$W/(m·K) 的矿渣棉和 $\lambda = 0.302$W/(m·K) 的水泥两种绝热材料，试问选何种合适？

4-22 在套管换热器中用冷水将 100℃ 的热水冷却到 60℃。热水流量为 3500kg/h。冷却水在管内流动，温度从 20℃ 升至 30℃。已知基于内管外表面积的总传热系数 $K_2 = 2320$W/(m²·K)。试求：

(1) 冷却水用量；

(2) 两流体作并流时的平均温差和所需管子长度；

(3) 两流体作逆流时的平均温差和所需管子长度；

(4) 根据上面计算比较并流和逆流换热效果。

4-23 一列管式换热器，由 $\phi25$mm × 2.5mm 的钢管组成。管内为 CO_2，流量为 6000kg/h，由 55℃ 冷却到 30℃。管外为冷却水，流量为 2700kg/h，进口温度为 20℃。CO_2 与冷却水呈逆流流动。已知水侧的对流传热系数为 3000W/(m²·K)，CO_2 侧的对流传热系数为 40W/(m²·K)。试求总传热系数 K 和传热面积（分别用内表面积 S_1，外表面积 S_2 表示）。CO_2 侧污垢热阻可取 $0.53 × 10^{-3}$ (m²·K)/W，水侧污垢热阻可取 $0.21 × 10^{-3}$ (m²·K)/W。

4-24 有一列管换热器，由 $\phi25$mm × 2.5mm 的钢管组成。CO_2 在管内流动，冷却水在管外流动。已知管外的 $\alpha_1 = 2500$W/(m²·K)，管内的 $\alpha_2 = 50$W/(m²·K)。(1) 试求总传热系数 K；(2) 若 α_1 增大一倍，其他条件与前相同，求总传热系数增大的百分率；(3) 若 α_2 增大一倍，其他条件同 (1)，求总传热系数增大的百分率；(4) 以上计算结果说明了什么？

4-25 在传热面积为 50m² 的某换热器中，用温度为 20℃、流量为 33000kg/h 的冷却水冷却进口温度为 110℃ 的醋酸，两流体呈逆流流动。换热器清洗后刚投入使用时，冷却水和醋酸的出口温度分别为 45℃ 和 40℃。运转一段时间后，冷、热流体的流量和进口温度不变，冷却水的出口温度降为 38℃，试求此时换热器的污垢热阻为多少？

4-26 有一套管换热器，热流体走内管，其进、出口温度分别为 120℃ 和 70℃；冷流体走环隙，其进、出口温度分别为 20℃ 和 60℃；逆流操作。现把换热器加长，使传热面积增大一倍，若两流体的流量及进口温度保持不变，求冷、热流体的出口温度为多少？设在前、后工况下，流体的物性数据和换热器的 K 值均没有变化。

4-27 用一单管程立式列管换热器将 46℃ 的 CS_2 饱和蒸气冷凝后再冷却到 10℃。CS_2 走壳程，流量为 252kg/h，其冷凝潜热为 355kJ/kg，液相 CS_2 的比热容为 1.05kJ/(kg·℃)。冷却水走管程，由下而上和 CS_2 呈逆流流动，其进、出口温度分别为 5℃ 和 30℃。换热器中有 $\phi25$mm × 2.5mm 的钢管 30 根，管长 3m。设此换热器在 CS_2 蒸气冷凝和液体冷却时的传热系数分别为 232W/(m²·K) 和 116W/(m²·K)，问此换热器能否满足生产要求？

参 考 文 献

[1] 孟柏庭. 有色冶金炉. 长沙：中南工业大学出版社，1989.

[2] 刘人达. 冶金炉热工基础. 北京：冶金工业出版社，1980.

[3] [美] 霍尔曼 J P. 传热学. 马庆芳，等译. 北京：人民教育出版社，1979.

[4]　杨世铭，陶文铨．传热学．第3版．北京：高等教育出版社，1998.

[5]　成都科技大学化工原理编写组．化工原理：上册．第2版．成都：成都科技大学出版社，1991.

[6]　[德]德意志联邦共和国工程师学协会与化学工程学会．传热手册．化学工业部第六设计院，译．北京：化学工业出版社，1983.

[7]　[美]博德 R B，斯图沃特 W E，茉特富特 E N．传递现象．戴干策，戎顺熙，石炎福，译．北京：化学工业出版社，2004.

[8]　陈文修．工业炉．长沙：中南工业大学出版社，1992.

[9]　有色冶金炉设计手册编委会．有色冶金炉设计手册．北京：冶金工业出版社，2000.

[10]　沈颐身，李保卫，吴懋林．冶金传输原理基础．北京：冶金工业出版社，2000.

[11]　杨贤荣，等．辐射换热角系数手册．北京：国防工业出版社，1982.

[12]　KUPPAN T．换热器设计手册．钱颂文，等译．北京：中国石化出版社，2004.

[13]　阎皓峰，甘永平．新型换热器与传热强化．北京：宇航出版社，1991.

[14]　秦叔经，叶文邦等．化工设备设计全书-换热器．北京：化学工业出版社，2003.

[15]　张亦．传热学．南京：东南大学出版社，2004.

[16]　杨世铭．传热学基础，第2版．北京：高等教育出版社，2004.

[17]　Octave Levenspiel. Engineering flow and heat exchange，Revised Edition. New York：Plenum Press，1998.

[18]　Welty J R，Wicks C E，Wilson R E. Fundamentals of Momentum，Heat and Mass Transfer，4th edition. New York：John wiley & Sons，Inc，2000.

5 蒸 发

5.1 概 述

蒸发是采用加热的方法，使溶液中的溶剂在沸腾状态下部分汽化、并将其移除的一种单元操作。蒸发所用的设备称为蒸发器。蒸发操作的目的，一是为了提高溶液的浓度，例如稀碱液、蔗汁等的浓缩；一是为了回收溶剂或脱除杂质，例如有机磷农药苯溶液中苯的回收，海水淡化等。蒸发操作的实质是挥发性溶剂与不挥发性溶质之间的物理分离过程。

蒸发分离溶剂与溶质的条件是：溶剂挥发而溶质不挥发；有不断供热的热源；不断移除产生的蒸气。

蒸发操作的热源，一般为饱和水蒸气，称加热蒸汽或生蒸汽。如遇高沸点溶液，可选用其他高温载热体、电热源或融盐。由于被蒸发的溶液多为水溶液，故从溶液中汽化出来的也是水蒸气，为了与加热蒸汽相区别，特将溶液汽化所产生的蒸汽称为二次蒸汽。移去二次蒸汽的方法多采用冷凝法。

本章只讨论热源为蒸汽，溶液为水溶液的连续稳态蒸发过程。

蒸发操作按二次蒸汽的利用情况可分为单效与多效蒸发。若一台蒸发器所产生的二次蒸汽直接被冷凝或引作他用，称为单效蒸发，若所产生的二次蒸汽被引至另一蒸发器作为加热蒸汽使用，此种串联两台以上蒸发器的操作，则称为多效蒸发。

蒸发操作若按蒸发的压强大小不同可分为减压、常压及加压蒸发。在减压下的蒸发操作称为真空蒸发。溶液的沸点随着压强升高而升高，所以加压蒸发因提高了溶液的沸点，随之也提高了二次蒸汽的温度，从而增加了热能利用价值。减压蒸发可降低溶液的沸点，适宜热敏性物料的蒸发。同时减压蒸发可采用低压蒸汽、余热蒸汽或热水等低温热源作为加热剂，这对节能也有很大的意义。但是，无论是加压蒸发还是真空蒸发，对设备的要求都较高，动力消耗也增加，若无特殊要求，单效蒸发还是以常压操作为宜。

图 5-1 所示为单效真空蒸发流程示意图。蒸发器主要由加热室和蒸发室两大部分组成。加热室通常由许多加热管组成，管外通加热蒸汽，它放出的冷凝潜热通过金属管壁传给管内料液，使之沸腾，所以加热室是管外蒸汽冷凝和管内溶液沸腾的热交换器。加热蒸汽的冷凝水，由疏水器排出。需要蒸发的原料液自蒸发室加入，经蒸发浓缩后的完成液从蒸发器底部排出。蒸发所产生的二次蒸汽，经分离所夹带的液沫后，至冷凝器与冷水相混合而被冷凝并排出。不凝性气体先后经过分离器、缓冲罐，最后由真空泵抽入大气。为能在负压下使冷凝水排出，冷凝器的排水管（称气压管）应有足够高度，才能依靠重力使水排出。

5.2 单效蒸发计算

单效蒸发的工艺计算包括：确定蒸发器的蒸发量、热负荷和加热蒸汽消耗量，计算传热温

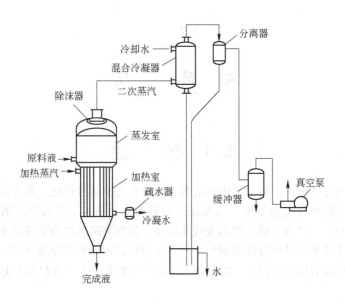

图 5-1　单效蒸发流程

度差、估计传热系数，进而决定蒸发器的传热面积。

给定的条件：原料液的流量、浓度和温度；完成液的浓度；加热蒸汽及二次蒸汽的压强。

计算的依据是蒸发器的物料衡算、热量衡算以及传热基本方程。

5.2.1　物料衡算

通过物料衡算可以确定蒸发器的蒸发量或完成液的浓度。

物料衡算的依据是质量守恒定律。对一稳态操作的系统，单位时间内进入该系统的物料量恒等于离开该系统的物料量。衡算时必须确定系统包括的范围及选定计算基准。

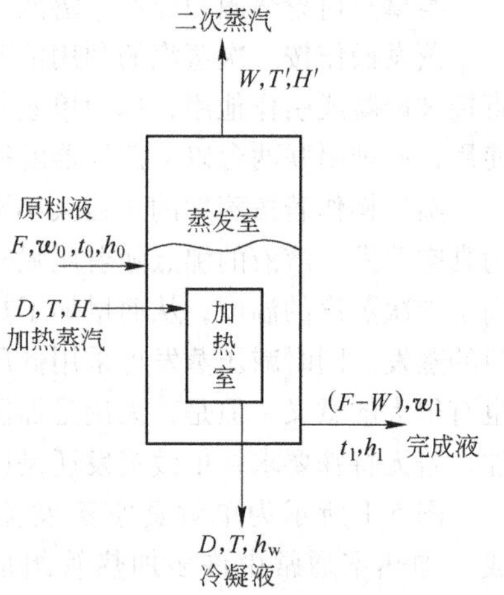

如图 5-2 所示的单效蒸发器，以每小时的物料质量为计算基准，对溶质（基本不挥发）作物料衡算，可得

$$Fw_0 = (F - W)w_1$$

由此可求得蒸发量及完成液的质量分数，即

$$W = F\left(1 - \frac{w_0}{w_1}\right) \tag{5-1}$$

及

$$w_1 = \frac{Fw_0}{F - W} \tag{5-2}$$

图 5-2　单效蒸发示意图

式中　F——进料量，kg/h；

　　　W——蒸发水量，亦为二次蒸汽量，kg/h；

　　　w_0——原料液溶质的质量分数，%；

　　　w_1——完成液溶质的质量分数，%。

5.2.2 热量衡算

由热量衡算可以确定加热蒸汽消耗量和蒸发器的热负荷。

参见图5-2，设加热蒸汽的冷凝液在饱和温度下排除，蒸发器的热量（或焓）衡算为：

$$D(H - h_w) + Fh_0 = WH' + (F - W)h_1 + Q_L$$

或

$$Q = D(H - h_w) = WH' + (F - W)h_1 - Fh_0 + Q_L \tag{5-3}$$

由此可求得加热蒸汽消耗量为：

$$D = \frac{WH' + (F - W)h_1 - Fh_0 + Q_L}{H - h_w} \tag{5-4}$$

式中　D——加热蒸汽消耗量，kg/h；

　H，h_w——分别为加热蒸汽和冷凝水的焓，kJ/kg；

　h_0，h_1——分别为料液和完成液的焓，其值可由该溶液的焓浓图查取，kJ/kg；

　H'——二次蒸汽的焓，kJ/kg；

　Q_L——蒸发器的热损失，kJ/h。

当溶液的浓缩热可忽略时，溶液的焓可由比热容和温度算出。若取0℃的液体为基准，则

$$h_w = c_{pw}T$$

$$h_0 = c_{p0}t_0$$

$$h_1 = c_{p1}t_1$$

$$c_p = c_{pw}(1 - w) + c_{ps}w \tag{5-5a}$$

式中　w——溶液中溶质的质量分数，%；

c_p，c_{pw}，c_{ps}——分别为溶液、纯水和溶质的比热容，kJ/(kg·K)。

当$w < 0.2$时，溶液比热容c_p计算式可简化成

$$c_p = c_{pw}(1 - w) \tag{5-5b}$$

由此可得

$$D = \frac{Fc_{p0}(t_1 - t_0) + Wr' + Q_L}{r} \tag{5-6a}$$

式中，$r' = H' - h_1$，$r = H - h_w$分别为二次蒸汽及加热蒸汽的汽化潜热，kJ/kg。若为沸点进料，并忽略热损失，则

$$D = \frac{Wr'}{r} \tag{5-6b}$$

或

$$e = \frac{D}{W} = \frac{r'}{r} \tag{5-7}$$

式中，e称为单位蒸汽消耗量，即蒸发1kg水分，需要e kg蒸汽。由于蒸汽的汽化潜热随压强变化不大，可认为$r' \approx r$，即$e \approx 1$。实际上由于有热损失等原因，e约为1.1或稍多。

当浓缩热不能忽略时，加热蒸汽消耗量除用式（5-4）计算外，还可用下式计算：

$$D = \frac{\dfrac{W}{\eta}r' + Fc_{p0}(t_1 - t_0)}{r}$$

式中，η 为热利用系数，对浓缩热不太大的物料，$\eta = 0.96 \sim 0.98$；对浓缩热较大的物料，如 NaOH 水溶液，可取 $\eta = 0.98 - 0.007\Delta w$；其中 Δw 为该效溶液的质量分数变化值，%。

蒸发器的热负荷，当不考虑热损失时，即为加热蒸汽所放出的冷凝潜热，即

$$Q = Dr \tag{5-8a}$$

考虑热损失时，上式右边应减去热损失，即

$$Q = Dr - Q_L \tag{5-8b}$$

例 5-1 单效蒸发器中，将 10000kg/h，质量分数为 20% 的 NaOH 水溶液浓缩到 50%，原料液温度为 40℃，比热容为 3.6kJ/(kg·K)，在蒸发室的真空度为 0.87×10^5Pa 时，溶液的沸点为 91℃。采用 1.96×10^5Pa（绝压）的饱和水蒸气作加热蒸汽，设蒸发器的热损失为加热蒸汽放热量的 5%，试计算下列两种情况的加热蒸汽用量：（1）考虑浓缩热；（2）不考虑浓缩热。

解：（1）考虑浓缩热计算加热蒸汽用量 D，可用下式

$$Dr = WH' + (F - W)h_1 - Fh_0 + Q_L$$

据题意：$Q_L = 0.05Dr$，故

$$D = \frac{WH' + (F - W)h_1 - Fh_0}{0.95r} \tag{a}$$

先用物料衡算计算水分蒸发量 W：

$$W = F\left(1 - \frac{w_0}{w_1}\right) = 10000\left(1 - \frac{0.2}{0.5}\right) = 6000\text{kg/h}$$

蒸发室绝对压强为 $1.0133 \times 10^5 - 0.87 \times 10^5 = 1.43 \times 10^4$Pa。查得此时二次蒸汽的饱和温度为 51.5℃，相变潜热为 2375kJ/kg，焓为 2590kJ/kg。1.96×10^5Pa 的饱和水蒸气的相变潜热为 2206kJ/kg。

由 NaOH 水溶液的焓浓图（见图 5-3）查得

$$t_0 = 40℃, \quad w_0 = 0.2 \text{ 时}, \quad h_0 = 140\text{kJ/kg}$$

$$t_1 = 90℃, \quad w_1 = 0.5 \text{ 时}, \quad h_1 = 510\text{kJ/kg}$$

把上述数据代入式（a）可得

$$D = 7721\text{kg/h}$$

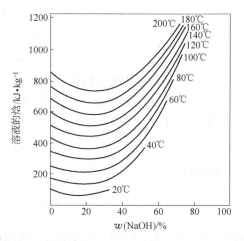

图 5-3 氢氧化钠水溶液的焓浓图

（2）忽略浓缩热计算加热蒸汽用量，可由式（5-6a）得到

$$D = \frac{Fc_{p0}(t_1 - t_0) + Wr'}{0.95r}$$

$$= \frac{10000 \times 3.6(91 - 40) + 6000 \times 2375}{0.95 \times 2206} = 7676\text{kg/h}$$

由于忽略了实际存在的浓缩热，所以（2）的计算值小于（1）的值。

5.2.3 传热面积计算

蒸发器也是一种换热设备，它的传热面积 S 可由传热基本方程求出：

$$S = \frac{Q}{K\Delta t_m}$$

式中　K——蒸发器的总传热系数，$W/(m^2 \cdot K)$；

　　Δt_m——传热的平均温度差，℃；

　　Q——蒸发器的热负荷（或传热速率），可由热量衡算求，W。

为了计算出传热面积，首先必须计算出蒸发器的热负荷、传热平均温差和总传热系数。

5.2.3.1　热负荷的计算

通过传热面的传热量或称热负荷 Q，可由热量衡算求得，其计算公式见式（5-8a）和式（5-8b），通常按式（5-8a）计算。

5.2.3.2　传热平均温度差 Δt_m 计算

蒸发操作属于蒸汽冷凝和溶液沸腾间的恒温传热过程，故

$$\Delta t_m = T - t_1$$

式中，$T - t_1$ 称为传热有效温度差。

由于在操作中，测定二次蒸汽的压强远较测定溶液温度方便，若已知进入冷凝器的二次蒸汽饱和温度为 T_k，则把 $(T - T_k)$ 称为显示温度差（或称为理论传热温度差）。实际表明，溶液沸点 t_1 较冷凝器中二次蒸汽饱和温度 T_k 为高，其差值以 Δ 表示，称为蒸发器中传热温度差损失。或者说显示温度差比有效温度差高 Δ。即

$$\Delta t_m = T - T_k - \Delta$$

引起温度差损失的原因有：（1）因溶质存在引起溶液沸点升高，其温差损失以 Δ' 表示；（2）因液柱静压头引起溶液温度升高，其温差损失以 Δ'' 表示；（3）因蒸汽流动阻力引起温度差损失，以 Δ''' 表示。总的温度差损失应为以上 3 项的总和。

$$\Delta = \Delta' + \Delta'' + \Delta''' \tag{5-9}$$

下面分别讨论 Δ'、Δ'' 和 Δ''' 的计算方法。

（1）溶液沸点升高而引起的温度差损失 Δ' 的计算。在溶液中，因溶质的存在使溶液的蒸气压在同一温度下较纯溶剂蒸气压为小，因此溶液沸点较纯溶剂为高。溶液沸点与纯溶剂沸点温度之差（在同一压强下）就是 Δ'。

强电解质溶液的沸点升高一般较大，而有机物溶液的沸点升高则较小。Δ' 的大小与溶液种类、浓度及操作压强等有关。根据 Δ' 的定义，可知

$$\Delta' = t_1 - t_w \tag{5-10}$$

式中　t_w——相同压强下纯溶剂的沸点，℃。

Δ' 的计算，目前常用以下两种方法：

1）吉辛科法。任何压强下溶液沸点升高 Δ' 可由对常压下的沸点升高 Δ'_0 进行校正而得：

$$\Delta' = f\Delta'_0 \tag{5-11}$$

式中　Δ'_0——常压下由于溶液蒸气压下降引起的温差损失，可以由实验测定或查表而得到；

　　f——校正系数，无量纲，

$$f = 0.0162 \frac{(273 + t_w)^2}{r_w} \tag{5-12}$$

　　t_w——操作压强下水的沸点，℃；

　　r_w——t_w 下蒸汽的汽化潜热，kJ/kg。

工程计算中 $273+t_w$ 可近取 $T_k(K)$，r_w 可取 T_k 下饱和二次蒸汽的汽化潜热。

常压时 $f=1$，加压时 $f>1$，减压时 $f<1$。

2）杜林经验法则。认为在相当宽的压强范围内，溶液的沸点与同压强下溶剂的沸点呈线性关系。图 5-4 和图 5-5 分别为不同浓度 NaOH 水溶液和某些无机盐水溶液的杜林线图。由图可以直接查出各种浓度的溶液在不同压强下的沸点及 Δ'。只要根据压强先查出水的沸点，在横坐标上找到一点，然后垂直向上与等浓度线相交，所得交点的纵坐标即是溶液在该压强下的沸点。

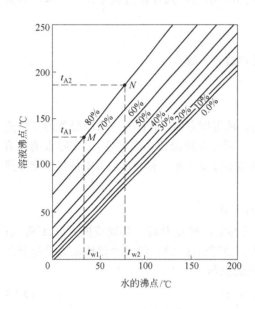

图 5-4　NaOH 水溶液沸点　　　　　　　图 5-5　某些无机盐溶液的沸点

若无杜林线图，根据杜林法则，只要测得某一浓度的溶液与水在两个不同压强下的沸点，即可算出在其他压强下的沸点。因为若以水为标准溶液，杜林法则认为溶液的沸点和相同压强下水的沸点呈直线关系，直线斜率为：

$$k = \frac{t_{A2} - t_{A1}}{t_{w2} - t_{w1}} \tag{5-13}$$

式中　t_{A1}，t_{A2}——某溶液在两种压强下的沸点，℃；

　　　t_{w1}，t_{w2}——标准液（一般为水）在同样两种压强下的沸点，℃。

例 5-2　已知质量分数为 25% $CaCl_2$ 水溶液在常压和 49.3kPa（绝压）下的沸点分别为 107.5℃ 和 87.5℃，试求该溶液在操作压强为 35.2kPa（绝压）时因溶质存在引起的沸点升高 Δ'。

解：由附录查得水在常压、49.3kPa 和 35.2kPa 时的沸点分别为 $t_{w1}=100℃$，$t_{w2}=80.9℃$ 和 $t_{w3}=72.7℃$。

已知：$t_{A1}=107.5℃$，$t_{A2}=87.5℃$

设溶液在 35.2kPa 时的沸点为 t_{A3}，按式（5-13）得：

$$k = \frac{t_{A1} - t_{A2}}{t_{w1} - t_{w2}} = \frac{107.5 - 87.5}{100 - 80.9} = 1.05$$

又

$$k = \frac{t_{A1} - t_{A3}}{t_{w1} - t_{w3}}$$

故有

$$t_{A3} = t_1 = t_{A1} - k(t_{w1} - t_{w3}) = 107.5 - 1.05(100 - 72.7) = 78.8℃$$

所以

$$\Delta' = 78.8 - 72.7 = 6.1℃$$

本题也可用吉辛科法计算：

已知质量分数为 25% 氯化钙水溶液在常压下的沸点为 107.5℃，常压下沸点升高值 $\Delta'_0 = 107.5 - 100 = 7.5℃$。

又查得 35.2kPa（绝压）下饱和水蒸气温度为 72.7℃，汽化潜热为 2325kJ/kg，由式 (5-12) 得：

$$f = 0.0162 \times \frac{(273 + 72.7)^2}{2325} = 0.833$$

在 35.2kPa（绝压）下，溶液沸点升高值为：

$$\Delta' = f\Delta'_0 = 0.833 \times 7.5 = 6.25℃$$

溶液的沸点

$$t_1 = T' + \Delta' = 72.7 + 6.25 = 78.95℃$$

（2）因液柱静压头引起的温度差损失 Δ''。操作时，蒸发器的加热室有一定深度的溶液，处于液面以下的溶液所承受的压强必高于液面处。设操作压强为 p，根据流体静力学，液柱高为 L 处所受的静压强应为 $(p + \rho g L)$。静压强增高会导致溶液沸点增加，此差值称为因静压头引起的温差损失 Δ''。

Δ'' 的计算应根据溶液在加热管中所受静压影响作具体分析。例如对标准式蒸发器，液柱高度可取液体平均深度的一半来计算，平均静压强差 Δp 为：

$$\Delta p = \frac{\rho g L}{2} \tag{5-14}$$

式中　ρ——溶液的密度，kg/m³；

　　　L——加热室内液柱高度，m。

当蒸发室的操作压强为 p，则溶液深度一半处的静压强为 $(p + \Delta p)$，在这两压强下对应的溶液沸点温度之差值，就是 Δ''：

$$\Delta'' = t_{(p + \Delta p)} - t_p = t_1 - t_p \tag{5-15}$$

实际上因溶液沸腾时形成气液混合物，其密度比纯溶液低，按上式计得的 Δ'' 要偏高。

实际计算时，一般气液混合物的密度可粗略地取溶液密度的 50% ~ 70% 或 Δ'' 可近似取相同两压强下纯水沸点的差值。

（3）因蒸汽流动阻力引起的温差损失 Δ'''。二次蒸汽在从前一效流入下一效（或冷凝器）的过程中，因克服流动阻力引起其温度降低（由于压强降低）的值称为因流动阻力引起的温度差损失 Δ'''。一般 $\Delta''' = 0.5 ~ 1.5℃$，常取为 1℃。

例 5-3 采用某垂直长管蒸发器将稀 NaOH 水溶液蒸发浓缩至质量分数为 50%。蒸发器内液面高度为 1.5m，加热蒸汽压强为 294kPa（表压），冷凝器真空度为 53.3kPa。试求总温度差损失及有效传热温差。

解： 由附录查得 294kPa（表压）饱和水蒸气的温度 $T = 142.9℃$；在 101.3 - 53.3 = 48kPa

绝对压强下，二次蒸汽的温度 $T_k = 80.3℃$。

已知液面高 $L = 1.5m$，取 $\Delta''' = 1℃$，则液面上二次蒸汽的饱和温度为 81.3℃，相应的压强：

$$p = 49.896\text{kPa} = 4.9896 \times 10^4 \text{Pa}$$

设蒸发器内溶液质量分数近于完成液质量分数，即为 50%，查得 $\rho = 1500\text{kg/m}^3$（液柱密度取完成液密度），则溶液所受静压强为

$$(p + \Delta p) = 4.9896 \times 10^4 + \frac{1500 \times 9.81 \times 1.5}{2} = 6.09 \times 10^3 \text{Pa}$$

查得此压强下水的沸点为 86.39℃

则

$$\Delta'' = 86.39 - 81.3 = 5.09℃$$

由图 5-4 查得对应于水的沸点为 86.39℃时，50% NaOH 水溶液的沸点为 127.5℃。溶液沸点升高值为：

$$\Delta' = 127.5 - 86.39 = 41.11℃$$

总温差损失 $\quad\quad \Delta = \Delta' + \Delta'' + \Delta''' = 41.11 + 5.09 + 1 = 47.2℃$

有效传热温差为

$$\Delta t_\text{m} = T - (T_\text{k} + \Delta) = 142.9 - (80.3 + 47.2) = 15.4℃$$

5.2.3.3 传热系数 K 的计算及经验值

蒸发为管内沸腾，管间（外）蒸汽冷凝的传热过程，基于管外表面积的传热系数 K_2 可按第四章介绍的公式计算。其中，管间（外）蒸汽冷凝传热系数 α_2，可由第四章有关公式计算；管内溶液沸腾传热系数 α_1 计算的经验公式与蒸发器的形式有关，现介绍如下。

A 中央循环管式（标准式）蒸发器

$$\alpha_1 = 0.008 \frac{\lambda}{d_i} \left(\frac{d_i u_\text{m} \rho}{\mu}\right)^{0.8} \left(\frac{c_p \mu}{\lambda}\right)^{0.6} \left(\frac{\sigma_\text{w}}{\sigma}\right)^{0.38} \quad\quad (5\text{-}16)$$

式中　λ——溶液的热导率，W/(m·K)；

μ——溶液的黏度，Pa·s；

d_i——加热管内直径，m；

c_p——溶液的定压比热容，kJ/(kg·K)；

u_m——溶液平均流速，m/s；

σ_w——水的表面张力，N/m；

ρ——溶液的密度，kg/m³；

σ——溶液的表面张力，N/m。

此式适用于压强或真空度较低的场合，即用于常压时较为准确。

B 强制循环式蒸发器

溶液在此种蒸发器内沸腾时，因其循环速度大，故相似于强制湍流传热，可使用无相态变化时管内强制湍流的公式作粗略计算，即：

$$\alpha_1 = 0.023 \frac{\lambda}{d_i} Re^{0.8} Pr^{0.4} \quad\quad (5\text{-}17)$$

C 升膜式蒸发器

当热负荷小时：

$$\alpha_1 = (1.3 + 128d) \frac{\lambda}{d_i} Re_{\mathrm{L}}^{0.23} Re_{\mathrm{v}}^{0.24} \left(\frac{\rho}{\rho_{\mathrm{v}}}\right)^{0.25} Pr^{0.9} \left(\frac{\mu_{\mathrm{v}}}{\mu}\right) \quad (5\text{-}18)$$

式中　Re_{v}——气膜的雷诺数，无量纲，$Re_{\mathrm{v}} = \dfrac{d_i u_{\mathrm{v}} \rho_{\mathrm{v}}}{\mu_{\mathrm{v}}} = \dfrac{d_i q}{r \mu_{\mathrm{v}}}$；

　　　　Re_{L}——液膜雷诺数，无量纲，$Re_{\mathrm{L}} = \dfrac{d_i u_{\mathrm{L}} \rho_{\mathrm{L}}}{\mu_{\mathrm{L}}}$；

　　u_{v}，u_{L}——蒸汽、液体的流速，m/s；

　　　　　q——热流密度，又称热负荷，W/m^2；

　　μ_{v}，μ_{L}——蒸汽、液体的黏度，Pa·s；

　　　　　r——溶液的汽化潜热，kJ/kg；

　　ρ_{v}，ρ_{L}——蒸汽、液体的密度，kg/m^3。

当热负荷大时：

$$\alpha_1 = 0.225 \frac{\lambda}{d_i} Pr_{\mathrm{L}}^{0.69} Re_{\mathrm{v}}^{0.69} \left(\frac{p d_i}{\sigma}\right)^{0.31} \left(\frac{\rho}{\rho_{\mathrm{v}}} - 1\right) \quad (5\text{-}19)$$

式中　p——绝对压强，Pa。

D　降膜式蒸发器

当 $\dfrac{M}{\mu} \leqslant 0.61 \left(\dfrac{\mu^4 g}{\rho \sigma^3}\right)^{-\frac{1}{11}}$ 时，

$$\alpha_1 = 1.163 \left(\frac{\lambda^3 g \rho^2}{3\mu^2}\right)^{\frac{1}{3}} \left(\frac{M}{\mu}\right)^{-\frac{1}{3}} \quad (5\text{-}20)$$

当 $0.61 \left(\dfrac{\mu^4 g}{\rho \sigma^3}\right)^{-\frac{1}{11}} < \dfrac{M}{\mu} \leqslant 1450 \left(\dfrac{c_p \mu}{\lambda}\right)^{-1.06}$ 时，

$$\alpha_1 = 0.705 \left(\frac{\lambda^3 g \rho^2}{\mu^2}\right)^{\frac{1}{3}} \left(\frac{M}{\mu}\right)^{-0.22} \quad (5\text{-}21)$$

当 $\dfrac{M}{\mu} > 1450 \left(\dfrac{c_p \mu}{\lambda}\right)^{-1.06}$ 时，

$$\alpha_1 = 7.69 \times 10^{-3} \left(\frac{\lambda^3 g \rho^2}{\mu^2}\right)^{\frac{1}{3}} \left(\frac{c_p \mu}{\lambda}\right)^{-0.65} \left(\frac{M}{\mu}\right)^{0.4} \quad (5\text{-}22)$$

式中，$M = \dfrac{W}{\pi d_i n}$ 为单位宽度的溶液流量，kg/(m·s)。

例 5-4　若传热系数 $K = 1395\mathrm{W}/(\mathrm{m}^2 \cdot \mathrm{K})$，试计算例 5-1 中两种情况下所需蒸发器的传热面积。

解：（1）考虑浓缩热。由例 5-1 知此时 $t_1 = 91\,℃$，$r = 2206\mathrm{kJ/kg}$，$D = 7721\mathrm{kg/h}$，压强为 $1.96 \times 10^5 \mathrm{Pa}$ 的饱和水蒸气的饱和温度 $T = 119.5\,℃$。故

$$Q = 0.95 Dr = 0.95 \times \frac{7721}{3600} \times 2206 \times 10^3 = 4494.7 \times 10^3 \mathrm{W}$$

$$\Delta t_{\mathrm{m}} = T - t_1 = 119.5 - 91 = 28.5\,℃$$

$$S = \frac{Q}{K \Delta t_{\mathrm{m}}} = \frac{4494.7 \times 10^3}{1395 \times 28.5} = 113\mathrm{m}^2$$

（2）不考虑浓缩热。由例 5-1 知，此时 $D = 7676\mathrm{kg/h}$。

故　　$$S = \frac{0.95 Dr}{K \Delta t_{\mathrm{m}}} = \frac{0.95 \times (7676/3600) \times 2206 \times 10^3}{1395 \times 28.5} = 112.4\mathrm{m}^2$$

计算结果表明，两种计算所需传热面积相差不大。在工程实际中，为保险起见，按以上方法算出的传热面积应乘上适当的安全系数。

蒸发器传热系数的经验值见表 5-1 及表 5-2。

表 5-1　各种蒸发器的传热系数　　　　　　　　　$(W \cdot (m^2 \cdot K)^{-1})$

蒸发器形式	盘管式	夹套式	水平管式（管内冷凝）	水平管式（管外冷凝）	标准式	标准式（强制循环）	升膜式 降膜式
传热系数	580～2900	350～2330	580～2330	580～4700	580～2900	1160～5800	580～1160 5800～3500

蒸发器形式	悬筐式	倾斜管式	外加热式	竖管强制循环式	刮板式（黏度 1～10mPa·s）		刮板式（黏度 1～10Pa·s）
传热系数	580～3500	930～3500	1160～5800	1160～7000	1750～7000		700～1160

表 5-2　各种物料在管壳式蒸发器内的传热系数

高温流体	低温流体	传热系数 /W·$(m^2 \cdot K)^{-1}$	备　注
水蒸气	液　体	1750～4600	强制循环，管内流速 1.5～3.5m/s
水蒸气	液　体	1160	水平管式
水蒸气	液　体	1160	
水蒸气	液　体	1400	垂直式短管
水蒸气	液　体	2900	垂直长管式（上升式），黏度 0.01Pa·s 以下
水蒸气	液　体	1160	垂直长管式（下降式），黏度 0.1Pa·s 以下
水蒸气	液　体	4600	强制循环速度 2～6m/s
水蒸气	液　体	2900	强制循环速度 0.8～1.2m/s
水蒸气	液　体	410～810	立式中央循环管式
水蒸气	浓缩结晶液（食盐、重铬酸钠）	1160～3500	标准式蒸发析晶器
水蒸气	浓缩结晶液（苛性钠中的食盐、芒硝等）	1160～3500	外部加热型蒸发析晶器
水蒸气	浓缩结晶液（硫酸铵、石膏等）	1160～3500	生长型蒸发析晶器
水蒸气	水	2270～5700	垂直管式
水蒸气	水	1970～4260	
水蒸气	水	1160～2900	传热面材料为不透性石墨
水蒸气	液　碱	690～760	带有水平伸出加热室（30～50m²）
水蒸气	20% 盐酸	1700～3500	传热面材料为不透性石墨20%盐酸温度为 110～130℃
水蒸气	21% 盐酸	1700～2900	传热面材料为不透性石墨，自然循环
水蒸气	金属氯化物	1200～1700	传热面材料为不透性石墨，金属氯化物温度 90～130℃
水蒸气	硫酸铜溶液	800～1400	传热面材料为不透性石墨
水	冷冻剂	430～850	
有机溶剂	冷冻剂	170～590	
水蒸气	轻　油	450～1020	
水蒸气	重油（减压下）	140～430	

5.2.4　蒸发器的生产能力和生产强度

5.2.4.1　蒸发器的生产能力

蒸发器的生产能力是用单位时间内蒸发的水分量来表示，其单位为 kg/h。蒸发器生产能力的大小取决于通过蒸发器传热面的传热速率 Q，因此也可以用蒸发器的传热速率来衡量其生产能力。

根据传热速率方程，单效蒸发时的传热速率为

$$Q = K \cdot S \cdot \Delta t_m = KS(T - t_1) \tag{5-23}$$

若蒸发器的热损失可忽略不计，且原料液在沸点下进入蒸发器，则由蒸发器的热量衡算可知，通过传热面所传递的热量全部用于蒸发水分，这时蒸发器的生产能力随传热速率的增大而增大。蒸发器的生产能力，还与原料液的入口温度有关，若原料液在低于沸点下进料，则需要消耗部分热量将冷溶液加热至沸点，因而降低了蒸发器的生产能力；若原料液在高于沸点下进入蒸发器，则由于部分原料液的自动蒸发，使得蒸发器的生产能力有所增加。

5.2.4.2　蒸发器的生产强度

蒸发器的生产强度是评价蒸发器性能的重要指标。蒸发器的生产强度 U 是指单位传热面积上单位时间内所蒸发的水量，其单位为 $kg/(m^2 \cdot h)$，即：

$$U = \frac{W}{S} \tag{5-24}$$

若为沸点进料，且忽略蒸发器的热损失，将式（5-6b）、式（5-8a）和式（5-23）代入式（5-24）得：

$$U = Q/(S \cdot r') = K \cdot \Delta t_m / r' \tag{5-25}$$

由式（5-25）可以看出，欲提高蒸发器的生产强度，必须设法提高蒸发器的总传热系数和传热温差。

5.3　多 效 蒸 发

5.3.1　多效蒸发流程

按加料方式的不同，多效蒸发流程可分为并流加料流程、逆流加料流程、平流加料流程和混流加料流程。

5.3.1.1　并流加料流程

以三效蒸发为例，由三个蒸发器组成的三效并流加料的蒸发流程如图 5-6 所示。溶液和蒸汽的流向相同，都由第一效依次流至末效，生蒸汽通入第一效加热室，蒸出的二次蒸汽引入第二效的加热室作加热蒸汽，第二效的二次蒸汽引入第三效的加热室作加热蒸汽，第三效（末效）的二次蒸汽则送入冷凝器全部冷凝。原料液进入第一效，浓缩后由底部排出，再依次流入第二效和第三效继续蒸浓，完成液由末效底部排出。对于

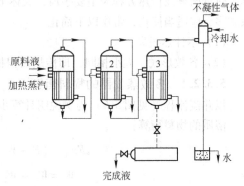

图 5-6　并流加料三效蒸发流程

多效蒸发，后一效的压强总是比前一效的低，采用并流加料法则有以下优点：

（1）溶液的输送可以利用各效间的压强差来完成，而不必另外用泵。

（2）后一效的沸点比前一效的低，故前一效的溶液流入后一效时，会因过热而自蒸发，因而可产生较多的二次蒸汽。

其流程的缺点是：由于后一效的溶液浓度较前一效的高，而温度又较前一效低，故溶液黏度沿流动方向逐效增高，传热系数则逐效下降。

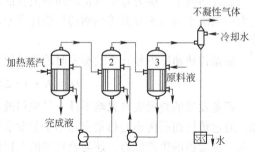

5.3.1.2　逆流加料流程

如图 5-7 所示，加热蒸汽的流向是由第一效顺次流向末效，而溶液的流向与蒸汽流向相反。即原料液由末效进入，通过泵把溶液由末效依次输送至前一效，完成液在第一效排出。

图 5-7　逆流加料三效蒸发流程

逆流法的优点在于随溶液浓度的增加，因溶液温度增高，溶液黏度变化不大，故各效传热系数比较均衡，有利于传热。此法特别适用于溶液黏度随浓度增加而迅速增大的场合。其缺点是要设置泵来输送溶液，增加了动力消耗。此外，各效（末效除外）均在低于沸点的温度下进料，与并流流程相比，所产生的二次蒸汽量较少。

5.3.1.3　平流加料流程

此法是把料液在各效中单独加入，完成液也在各效各自排出。而加热蒸汽还是由第一效进入，依次流向末效。它适于在蒸发过程有较多结晶析出时使用。

5.3.1.4　混流加料流程

混流法是针对并流法及逆流法的缺点改进得而。今以三效蒸发操作为例，说明混流法中溶液和蒸汽的流向。蒸汽流向是由第一效顺次流至末效（各效操作压强依次降低）；溶液流向可由第三效进料，然后流入第一效（设置泵来输送），再由第一效自动流入第二效，完成液在第二效排出。溶液的流向也可为 2→3→1（也需设置一个泵）。此法的实质是在各效间兼用并流和逆流法，但操作比较复杂。

5.3.2　多效蒸发计算

多效蒸发在工业上最为常见，因而多效蒸发的计算有更大的实用价值。计算仍以物料衡算、热量衡算及传热方程为主要手段，大体上遵循与单效蒸发器相似的步骤。计算中参数及关系式多，应适当简化，常作以下简化：

（1）不计热损失；

（2）各效形式、大小相同，即传热面积相同。

5.3.2.1　多效蒸发器的物料衡算

以并流流程（见图 5-6）为例说明计算步骤。

溶质的物料衡算：

$$Fw_0 = (F - W_1 - W_2 - \cdots - W_n)w_n \tag{5-26}$$

令

$$W = W_1 + W_2 + \cdots + W_n$$

则

$$Fw_0 = (F - W)w_n \tag{5-27}$$

$$W = F\left(1 - \frac{w_0}{w_n}\right) \tag{5-28}$$

各效完成液的质量分数可由下式得到：

$$w_i = \frac{Fw_0}{F - W_1 - W_2 - \cdots - W_i} \quad (i = 1 \sim n) \tag{5-29}$$

蒸发计算中，处理量 F 已知，w_0 及 w_n 多数也是已知的，故很易求得总蒸发水量 W，而各效的蒸发水量及质量分数尚需结合焓衡算才能求得。

5.3.2.2 多效蒸发的热量衡算

由第一效蒸发器作焓衡算

$$Fh_0 + D_0(H_0 - h_w) = (F - W_1)h_1 + W_1 H_1' \tag{5-30}$$

仿照单效蒸发器计算的变换，可得

$$Q_1 = D_0 r_0 = W_1 r_1' + Fc_{p0}(t_1 - t_0) \tag{5-31}$$

仿照第一效，可写出第二效的衡算式

$$Q_2 = D_1 r_1 = W_2 r_2' + (Fc_{p0} - W_1 c_{pw})(t_2 - t_1) \tag{5-32}$$

D_1 即 W_1，同样可写出第三效的衡算式及第 i 效的衡算式

$$Q_i = D_{i-1} r_{i-1} = W_i r_i' + (Fc_{p0} - W_1 c_{pw} - W_2 c_{pw} - \cdots - W_{i-1} c_{pw})(t_i - t_{i-1}) \tag{5-33}$$

$$D_{i-1} = W_{i-1}$$

$$r_{i-1} = r_{i-1}'$$

故 $$Q_i = D_{i-1} r_{i-1} = W_{i-1} r_{i-1}'$$

第 i 效蒸发量

$$W_i = D_i \frac{r_{i-1}}{r_i'} - (Fc_{p0} - W_1 c_{pw} - W_2 c_{pw} - \cdots - W_{i-1} c_{pw}) \frac{t_i - t_{i-1}}{r_i'} \tag{5-34}$$

若浓缩热及热损失不可忽略时，式（5-34）右边还需减去此两项，但常无适用的浓焓图及热损失数据，一般采用乘上一个系数的方法，有时取系数 $n_i = 0.96 \sim 0.98$。

5.3.2.3 有效温度差的分配

传热速率方程为

$$Q_i = K_i S_i \Delta t_i \quad (i = 1 \sim n)$$

假定各效传热面积与蒸发量相等，即各效蒸发用的 $Dr = Q$ 也相等，则

$$Q_1 = Q_2 = Q_3 = \cdots$$

$$S_1 = S_2 = S_3 = \cdots$$

故 $$\Delta t_1 : \Delta t_2 : \cdots : \Delta t_i = \frac{1}{K_1} : \frac{1}{K_2} : \frac{1}{K_3} : \cdots : \frac{1}{K_i}$$

$$\Delta t_i = (\Sigma \Delta t_i) \times \frac{\dfrac{1}{K_i}}{\Sigma \dfrac{1}{K_i}} \tag{5-35}$$

这可作为传热温差分配的原则。

5.3.2.4　多效蒸发器计算实例

例 5-5　并流加料三效蒸发器处理 NaOH 溶液。料液初浓度为 10%，终浓度为 40%，料液流率为 2000kg/h，料液温度 35℃，加热蒸汽压强为 270.3kPa，末效为 12.34kPa，各效传热系数 $K_1 = 3000W/(m^2 \cdot K)$，$K_2 = 1500W/(m^2 \cdot K)$，$K_3 = 750W/(m^2 \cdot K)$，各效冷凝水温度为加热蒸汽饱和温度，料液的比热容为 3.37kJ/(kg · K)。假定蒸发器液柱静压强引起的温度差损失、二次蒸汽管路的温度差损失及热损失均不计，求新鲜蒸汽耗量，各效完成液浓度，沸点及传热面积。

解：由蒸汽表查得第一效加热蒸汽温度 T_1 为 130℃，$r_1 = 2177kJ/kg$，冷凝器中与压强 $p_c = 12.34kPa$ 相应的温度为 50℃，$r_3 = 2378kJ/kg$。

（1）总蒸发水量：

$$W = F\left(1 - \frac{w_0}{w_3}\right) = 2000 \times \left(1 - \frac{0.1}{0.4}\right) = 1500kg/h$$

（2）估算各效浓度。设各效蒸发器面积及传热量相等，则

$$W_i = \frac{1}{3}W = 500kg/h$$

$$w_1 = \frac{Fw_0}{F - W_1} = \frac{2000 \times 0.1}{2000 - 500} = \frac{200}{1500} = 0.1333$$

$$w_2 = \frac{Fw_0}{F - W_1 - W_2} = \frac{200}{1000} = 0.20$$

$$w_3 = \frac{Fw_0}{F - W_1 - W_2 - W_3} = \frac{200}{500} = 0.40$$

（3）估算各效有效温度分布。由蒸气压下降引起的沸点升高值查附录得：13.33% NaOH 沸点升高 4.2℃；20% NaOH 沸点升高 8.5℃；40% NaOH 沸点升高 28℃。

故

$$\Delta t_m = 130 - 50 - (4.2 + 8.5 + 28) = 39.3℃$$

$$\Delta t_{m1} = 39.3 \times \frac{1}{3000}\bigg/\left(\frac{1}{750} + \frac{1}{1500} + \frac{1}{3000}\right) = 5.6℃$$

$$\Delta t_{m2} = 39.3 \times \frac{1}{1500}\bigg/\left(\frac{1}{750} + \frac{1}{1500} + \frac{1}{3000}\right) = 11.2℃$$

$$\Delta t_{m3} = 39.3 \times \frac{1}{750}\bigg/\left(\frac{1}{750} + \frac{1}{1500} + \frac{1}{3000}\right) = 22.4℃$$

（4）各效的沸点及压强如下：

1）一效饱和温度：$T_1 - (\Delta t_{m1} + \Delta_1) = 130 - (5.6 + 4.2) = 120.2℃$，其相对应的压强为 200kPa；

2）二效饱和温度：$120.2 - (11.2 + 8.5) = 100.5℃$，其相对应压强为 103.3kPa；

3）三效饱和温度：$100.5 - (22.4 + 28) = 50℃$，其相对应压强为 12.34kPa。

（5）热平衡计算：

一效

$$D_0 r_0 = Fc_{p0}(t_1 - t_0) + W_1 r_1'$$

式中，$t_0 = 35℃$，$t_1 = 120.2 + 4.2 = 124.4℃$，$r_1' = 2204.4kJ/kg$，$r_0 = 2177kJ/kg$，代入上式得

$$D_0 \times 2177 = 2000 \times 3.37 \times (124.4 - 35) + 500 \times 2204.4$$

由此解得

$$D_0 = \frac{602556 + 1102200}{2177} = 783 \text{kg/h}$$

二效 $\qquad D_1 r_1 = (F c_{p0} - W_1) c_{pw} (t_2 - t_1) + W_2 r_2'$

$D_1 = W_1$, $r_1 = r_1'$, $c_{pw} = 4.18 \text{kJ/(kg} \cdot \text{K)}$, $r_2' = 2257 \text{kJ/kg}$, $t_2 = 100.5 + 8.5 = 109℃$, $t_1 = 124.4℃$, 代入上式得

$$2204.4 \times D_1 = (2000 \times 3.37 - 500 \times 4.18) \times (109 - 124.4) + 2257 W_2$$

由此解得

$$W_2 = (1102200 + 71610)/2257 = 520.1 \text{kg/h}$$

三效 $\qquad D_2 r_2 = (F c_{p0} - W_1 c_{pw} - W_2 c_{pw})(t_3 - t_2) + W_3 r_3'$

$D_2 = W_2 = 520.1 \text{kg/h}$, $r_2 = r_2' = 2257 \text{kJ/kg}$, $r_3' = 2378 \text{kJ/kg}$, $t_3 = 50 + 28 = 78℃$, 代入上式得

$$2257 \times 520.1 = (2000 \times 3.37 - 500 \times 4.18 - 520.1 \times 4.18) \times (78 - 109) + 2378 W_3$$

由此解得

$$W_3 = (117366 + 76755.4)/2378 = 525.9 \text{kg/h}$$

(6) 传热面积计算:

$$S_1 = \frac{Q_1}{K_1 \Delta t_{m1}} = \frac{174591}{3000 \times 5.6} = 101.5 \text{m}^2$$

$$S_2 = \frac{Q_2}{K_2 \Delta t_{m2}} = \frac{1102200}{1500 \times 11.2} = 65.6 \text{m}^2$$

$$S_3 = \frac{Q_3}{K_3 \Delta t_{m3}} = \frac{1250590}{750 \times 22.4} = 74.4 \text{m}^2$$

(7) 调整有效温度差分布, 重新计算传热面积, 以求达到传热面积相等。试将 Δt_{m1} 调整为 7.3℃, Δt_{m2} 调为 9.5℃, Δt_{m3} 调为 21.4℃, 计算调整温度差后的传热面积

$$S_1 = \frac{1704591}{3000 \times 7.3} = 77.8 \text{m}^2$$

$$S_2 = \frac{1102200}{1500 \times 9.5} = 77.4 \text{m}^2$$

$$S_3 = \frac{1250590}{750 \times 21.4} = 77.9 \text{m}^2$$

如此, 可认为传热面积基本相等。

(8) 结果: $\qquad D = 783 \text{kg/h} \quad W_1 = 500 \text{kg/h}$

$$W_2 = 520.1 \text{kg/h} \quad W_3 = 525.9 \text{kg/h}$$

$$S_1 = S_2 = S_3 = 78 \text{m}^2$$

一般情况下, 多效蒸发的计算可编制成如图 5-8 所示的计算框图用计算机来计算。

5.3.3 多效和单效的比较

5.3.3.1 温差损失

当单效和多效在相同的操作条件下, 即加热蒸汽压强和末效冷凝器压强相同时, 多效温差

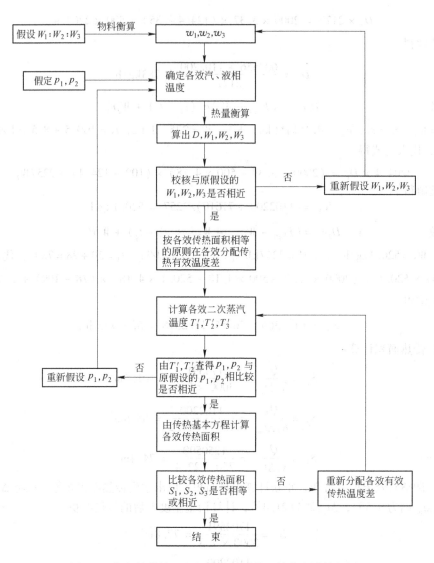

图 5-8　按各效传热面积相等的原则的三效蒸发计算框图

损失大。现以单效和两效作一比较，见图 5-9。

图中采用 130℃ 的加热蒸汽，冷凝器中二次蒸汽的温度为 50℃，图中阴影部分代表温差损失。由图可见，双效中温差损失大于单效，因此，有效温差，单效（60℃）大于双效（20℃ +30℃ =50℃）。随着效数增加，温差损失亦增加。

5.3.3.2　经济性和生产强度

多效蒸发有效地利用了二次蒸汽，所以在蒸发相同水量时，生蒸汽的耗用量远较单效少，见表 5-3。

从表中数据可知，效数越多，D/W 将越小，这是多效蒸发最突出的优点，采用多效蒸发是蒸发节能的最有效措施之一。因此，多效蒸发的经济性高于单效。

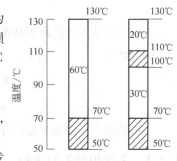

图 5-9　单效、双效装置中温差损失

表 5-3　不同效数蒸发装置的蒸汽耗用量

效　数	单　效	二　效	三　效	四　效	五　效
(D/W) 理论	1	0.5	0.33	0.25	0.2
(D/W) 实际	1.1	0.57	0.4	0.3	0.27

多效蒸发的生产强度大大小于单效。多效蒸发的生产强度依照单效的可近似表示成：

$$U_{多} = \frac{\Sigma W}{\Sigma S} = \frac{\Sigma \dfrac{Q}{r'}}{\Sigma S} = \frac{\Sigma \dfrac{KS\Delta t_{m}}{r'}}{\Sigma S}$$

可近似认为 $r_1' = r_2' = \cdots = r_n' = r'$。

假如多效中各效的传热面积相等，均为单效的传热面积 S，即 $S_1 = S_2 = \cdots = S_n = S$；

又假如多效中各效的传热系数相等，$K_1 = \cdots = K_n$；

把以上假定代入上式，则可得多效蒸发的生产强度近似式：

$$U_{多} = \frac{1}{r'}\frac{1}{n}K_i \sum_{i=1}^{n} \Delta t_{mi} = \frac{1}{r'}\frac{1}{n}K_i\Delta t_{多} \tag{5-36}$$

式中　$\Delta t_{多}$——多效总有效温差；

　　　n——多效蒸发的效数。

对比式(5-25)和式(5-36)，由于在相同操作条件下，多效温差损失大于单效，$\Delta t_m(单) > \Delta t_{多}$，一般情况下 K 和 K_i 相差不会太多，因此 $U_{单} > U_{多}$，而且随着效数的增加，$U_{多}$ 将更小。

由上述分析可知，多效是以降低生产强度换取蒸发经济性的提高，或者说以增加传热面，增加投资费用来换取生蒸汽用量（加热蒸汽）的节省，从而减少操作费用。

5.3.3.3　最佳效数

多效蒸发的主要优点是节省生蒸汽用量，而突出的缺点是生产强度低。随着效数的增加，其优点将不显著，但缺点变为突出。从表 5-3 可看出，随着效数的增加，实际 W/D 虽减少，但减少的比例却逐渐减少。又从式（5-36）可知，多效的生产强度是随着效数的增加而大幅度下降的。因此，多效蒸发的最佳效数应根据设备费和操作费用之和最小为原则来决定。实际中多采用 3~5 效。

5.4　蒸发设备及其辅助装置

5.4.1　蒸发器的结构形式和特点

蒸发器主要由加热室和蒸发室两部分组成。蒸发室主要起汽液分离作用，加热室有各种形式，以适应生产的不同要求。按照溶液在加热室中运动的情况，蒸发器大致可分为自然循环式、强制循环式和膜式蒸发器三大类。

5.4.1.1　自然循环蒸发器

在自然循环蒸发器内，溶液因受热程度不同而产生密度差，从而造成自然循环，这类蒸发器有以下几种主要形式。

A　中央循环管式（标准式）蒸发器

标准式蒸发器结构如图 5-10 所示。加热室类同于立式列管换热器，由直立的加热管（又称沸腾管）束所组成。在管束中间有一根直径较大的管子，称为中央循环管。由于各根列管单位体积的传热面积与管径成反比，即 $\dfrac{S}{V} = \dfrac{4\pi dL}{\pi d^2 L} = \dfrac{4}{d}$，故中央循环管的截面积较大，单位体积溶液所占有的传热面积远小于周围细管，因此加热时，中央循环管和沸腾管内溶液受热程度不同，同时因沸腾管内蒸汽上升的抽吸作用，使溶液产生由中央循环管下降，而由沸腾管上升的不断循环流动，从而提高了蒸发器的传热系数，强化了蒸发过程。中央循环管的直径越大，循环流动速度越快，对提高传热系数 K 值也越为有利，但是带来的缺点是使得加热室有效传热面积减小。通常，中央循环管的截面积为沸腾管总截面积的 $40\% \sim 100\%$，沸腾管的高度为 $0.6 \sim 2m$，直径为 $0.025 \sim 0.075m$，管长和管径之比为 $20 \sim 40$。溶液循环速度为 $0.4 \sim 0.5m/s$，传热系数 K 为 $580 \sim 2500W/(m^2 \cdot K)$。

这种蒸发器的优点是结构简单，操作可靠，造价低。缺点是清洗维修麻烦，溶液自然循环速度低。

B　悬筐式蒸发器

悬筐式蒸发器的结构如图 5-11 所示。因其加热室像悬挂在蒸发器壳内的筐子，故称悬筐式。溶液沿沸腾管上升，下降管为筐体与壳体之间的环隙。由于环隙截面积约为加热管总截面积的 $100\% \sim 150\%$，因此溶液循环速度较中央循环式为大，可达 $1.5m/s$。因其加热室可从蒸发器顶部取出进行检修或更换，故适用于易结晶、易生垢溶液的蒸发。常用于制糖、制盐、烧碱和硝酸铵等工业。主要缺点是结构复杂，单位传热面积的金属耗量较多。

C　外热式蒸发器

外热式蒸发器如图 5-12 所示。具有长管（管的长径比 $l/D = 50 \sim 100$）的加热室安装在分离室的外面，与循环管分开。循环管不受热，这样就更加有利于溶液循环速度的提高，可达

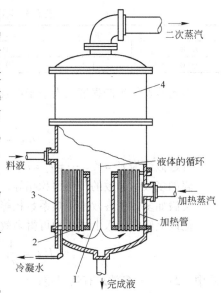

图 5-10　中央循环管式蒸发器
1—中央循环管；2—加热室；3—外壳；4—蒸发室

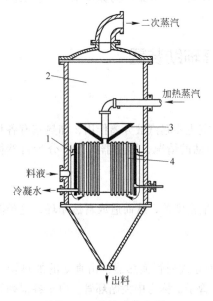

图 5-11　悬筐式蒸发器
1—环形循环通道；2—蒸发室；3—除雾器；4—加热室

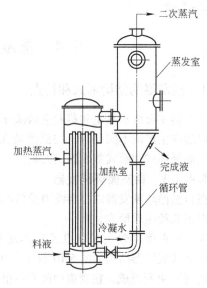

图 5-12　外热式蒸发器

1.5m/s。这种结构便于清扫积垢和更换加热管，可降低蒸发器的总高度，适于处理易结垢的溶液，氧化铝厂的蒸发器多采用这种形式。

D　列文蒸发器

列文蒸发器如图5-13所示。主要由加热室、沸腾室、循环管和分离室所组成。列文蒸发器的特点是在加热室上增设直管作为沸腾室。加热管的溶液经受较高的液柱静压强，沸点较高，因而在加热室不沸腾。当溶液升到沸腾室时所受压强降低，又为气液混合物，其密度小，能快速上升，并进行自蒸发，沸腾室上部装有纵向挡板以防止气泡增大。循环管的截面为加热管截面的200% ~350%，管高7~8m，其流体阻力小而静压头大，故循环速度可达2~3m/s，有利于避免在器壁上生成积垢。

列文蒸发器的优点是可以避免在加热管中析出晶体，且能减轻加热管表面上污垢的形成；传热效果较好，尤其适用于处理有晶体析出的溶液。其缺点是设备庞大，总高度往往超过13m，消耗的金属材料多，需要高大的厂房。此外，由于液柱静压强引起的温差损失较大，因此要求加热蒸汽的压强较高，以保持一定的传热温度差。

5.4.1.2　强制循环蒸发器

由于一般自然循环式蒸发器的溶液循环速度较低，欲使循环速度进一步提高，可采用在蒸发系统中安装送液泵的方法，迫使溶液沿一定的方向循环流动，如图5-14所示。溶液的循环速度一般为2~5m/s。

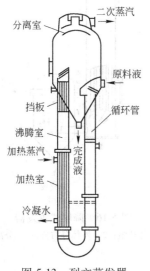

图5-13　列文蒸发器

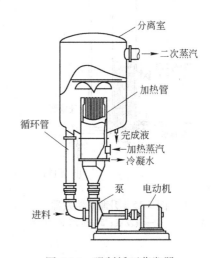

图5-14　强制循环蒸发器

强制循环蒸发器的优点是传热系数较自然循环蒸发器的大。其最主要缺点是动力消耗大（单位传热面积，通常消耗0.4~0.8kW能量）。

5.4.1.3　膜式蒸发器

膜式蒸发器的特点为，溶液沿加热管壁呈膜状流动而进行传热及蒸发，且溶液只通过加热室一次即达到浓缩要求（故又有单程型蒸发器之称）。由于蒸发速度快，溶液在蒸发器内停留时间短，故特别适用于处理热敏性溶液。

根据溶液在蒸发器内流动方向分类，膜式蒸发器又可分为以下几种形式。

A　升膜式蒸发器

升膜式蒸发器的结构类似于立式长管换热器，见图5-15。料液由底部进入列管，受热后沸腾，液体在二次蒸汽的带动下，沿管内壁被拉曳成膜。最后气液混合物进入分离室，完成液由分离室底部排出。为了能保证液体成膜，二次蒸汽的上升速度要足够大，一般为 20 ~ 50m/s，减压下可高达 100 ~ 160m/s 或更高，通常在 20 ~ 25m/s 范围最适宜。加热管的长径比常取 $l/d = 100 ~ 150$，管径一般取 25 ~ 50mm。液体在数秒钟内通过蒸发器一次即可蒸发掉 70% 左右的水分。

升膜式蒸发器的优点是结构简单，传热系数大，但不适用于浓度大、易结晶和黏度大（大于 50mPa·s）的溶液。

B　降膜式蒸发器

图 5-16 为降膜式蒸发器，料液从顶部进入，由分布器把料液均匀地分布在管内。料液在重力作用下沿管内壁呈膜状下降，受热后沸腾，并产生二次蒸汽，蒸汽和完成液降至底部，流入分离室。为了使溶液在加热管内成薄膜均匀流过，同时还要防止二次蒸汽向上流，需要有很好的液体分布器结构才能如愿。图5-17所示为几种常用的液体分布器结构，（a）为螺旋式，

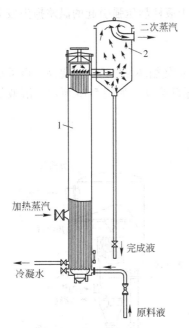

图 5-15　升膜式蒸发器
1—蒸发室；2—分离室

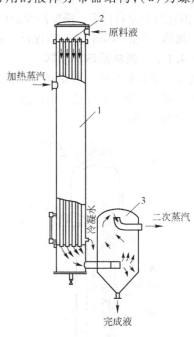

图 5-16　降膜式蒸发器
1—加热室；2—液体分布器；3—分离室

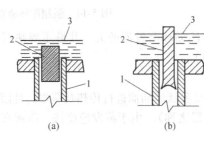
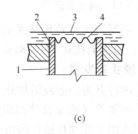

图 5-17　膜分布器
（a）螺旋式；（b），（c）溢流式
1—加热管；2—分布器；3—液面；4—齿缝

（b）与（c）为溢流式，其中（a），（b）是靠一个塞子状的零件起导向作用，（c）是靠锯齿形堰进行液体分布。

降膜式蒸发器可用于处理高浓度，高黏度的溶液，如 50 ~ 450Pa·s 范围的桔汁、水果汁及甘油等，也适用于处理热敏性物料，但不适于处理易结晶和易结垢的溶液。

C　刮板式薄膜蒸发器

图 5-18 所示为一刮板式薄膜蒸发器的结构简图，它主要由壳体、刮板及使刮板转动的传动装置等组成。在壳体下部装有夹套，内通加热蒸汽。在筒体内装有一立式转轴，轴上装有 3 ~ 8 片固定的刮板，转轴经传动装置由电动机带动旋转。刮板外缘与器内壁间的缝隙为 0. 25 ~ 1. 5mm。料液由进料口沿切线方向进入器内，或经固定于转轴上的料液分配盘，将料液均匀分布于内壁。在重力和刮板离心力的作用下使料液在器内壁形成旋转而下的液膜，同时在此过程中被蒸发浓缩。完成液由器底排出，生成的二次蒸汽上升至器顶，经分离器后进入冷凝器。

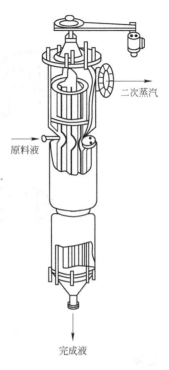

图 5-18　刮板式薄膜蒸发器

刮板式薄膜蒸发器的传热系数较大，特别适用于高黏度、易结晶的热敏性溶液的浓缩，有时可将溶液蒸发至干，由底部直接获得粉状固体产品。其缺点是结构复杂，造价高，制造和安装要求高，单位体积内的传热面积小（一般为 3 ~ 4m²/台），动力消耗大（单位传热面积消耗 3kW 能量）。

除上述几种形式外，在生产实际中，有时还采用闪蒸器及直接接触传热的浸没燃烧蒸发器等。

5.4.2　蒸发的辅助设备

蒸发装置的辅助设备主要包括除沫器、冷凝器和抽气装置等 3 种。

5.4.2.1　除沫器

除沫器的作用是把液滴、雾沫与二次蒸汽分离。除沫器的形式众多，根据捕沫、除沫的原理和结构特点，大致可分为碰撞型、气滤型和离心型等数种。常见的几种形式如图 5-19 所示。图中（a）、（b）、（e）属碰撞型，（c）为气滤型，其余为离心型。其中（a）和（b）安装于蒸发器顶部，（e）~（g）安装于蒸发器之外。

5.4.2.2　冷凝器和真空装置

冷凝器的作用是把二次蒸汽冷凝并排出，以达到减少抽气量和保护真空装置不受损坏的目的。当二次蒸汽是无回收价值的水蒸气时，应选用传热效率高的直接混合式冷凝器，否则需选用间壁式冷凝器。

常用的直接混合冷凝器为干式逆流高位冷凝器，其结构和工作原理可参阅第 4 章。

蒸发器采用减压操作时，无论选用哪种冷凝器，均需在冷凝器后安装真空装置，不断抽去冷凝器中的不凝性气体，才能维持蒸发操作所需的真空度。常用的真空装置有喷射泵、往复式真空泵及水环式真空泵，其结构和工作原理见第 2 章。

5.4.3　蒸发器的选型

蒸发器的结构形式很多，应按生产过程要求选择适宜的蒸发器形式。选型时一般应考虑以

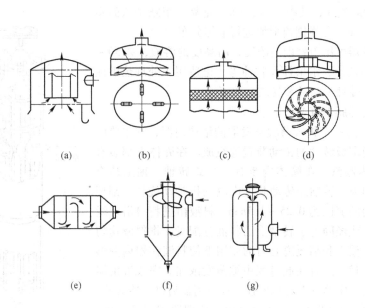

图 5-19　除沫器的主要形式

（a），（b），（e）碰撞型；（c）气滤型；（d），（f），（g）离心型

下原则：

（1）满足生产要求，保证产品质量；

（2）生产能力较大；

（3）构造简单，操作维修方便；

（4）经济。

实际选型时，常根据被蒸发溶液的工艺特性加以确定。一般来说，原料液多为稀溶液，具有与水相似的性质，而浓溶液的性质则差异较大，因而应考虑在增浓过程中溶液性质的变化。例如：是否有晶体生成，在传热面上是否易结垢，是否易起泡沫以及黏度变化，热敏性和腐蚀性等。若溶液在蒸发过程中有晶体析出或易结垢，宜采用循环速度较高的蒸发器；若溶液的黏度很高，则可考虑选用强制循环型或刮板式蒸发器；若为热敏性溶液，应降低操作温度，缩短溶液在蒸发器内的停留时间，可考虑选用膜式蒸发器。对于有腐蚀性的溶液，尚需考虑采用耐腐蚀材料。为了便于选型，现将综合各种因素的选型准则列于表 5-4。

表 5-4　蒸发设备选型的准则

蒸发器形式	制造价格	总传热系数		停留时间	料液循环与否	浓缩液浓度是否能恒定	浓缩比	设备处理量	料液的性质是否适合						
		稀薄溶液 0.001~0.05 Pa·s	高黏度溶液 1Pa·s左右						稀薄溶液	高黏度溶液	易产生泡沫	易结垢	有结晶析出	属热敏性	有腐蚀性
水平管式	廉	较高	较低	长	不循环	可	高	大	适	可	尚适	较差	较差	不适	尚适
标准式	廉	较高	较低	长	循环	可	高	大	适		适	适	尚适	较差	尚适
外热式	廉	高	低	较长	循环	可	良好	大	适	差	尚适	尚适	适	不适	尚适
列文式	高	高	低	较长	循环	可	良好	大	适	差	尚适	尚适	适	不适	尚适
强制循环式	高	高	高	较短	循环	尚可	高	大	适	可	适	好	好	尚适	不适

续表 5-4

蒸发器形式	制造价格	总传热系数		停留时间	料液循环与否	浓缩液浓度是否能恒定	浓缩比	设备处理量	料液的性质是否适合						
		稀薄溶液 0.001~0.05 Pa·s	高黏度溶液 1Pa·s左右						稀薄溶液	高黏度溶液	易产生泡沫	易结垢	有结晶析出	属热敏性	有腐蚀性
升膜式	廉	高	低	短	不循环	尚可	良好	大	适	差	好	较差	不适	适	适
降膜式	廉	高	较高	短	不循环	尚可	良好	大	较适	可	适	较差	不适	适	适
刮板式	高	高	高	短	不循环	尚可	良好	不大	较适	好	适	适	适	适	不适
甩盘式	较高	较高	低	短	不循环	尚可	不高	不大	适	差	适	较差	不适	适	不适
浸没燃烧式	廉	—	—	较长	不循环	较难	良好	较大	适	可	尚适	好	适	不适	好

习 题

5-1 已知 25% NaCl 水溶液在常压下的沸点为 107℃，在 0.2×10^5 Pa（绝压）下的沸点为 65.8℃，试估算此溶液在 0.5×10^5 Pa（绝压）下的沸点。

5-2 试计算密度为 1200kg/m³ 的水溶液在蒸发器内因液柱静压强引起的温度差损失。设器内溶液平均深度为 2m，操作压强为 0.3×10^5 Pa（绝压）。

5-3 浓缩 24.24% CaCl₂ 水溶液时，若二次蒸汽压强为 0.36×10^5 Pa（绝压），试求：（1）溶液因溶液的蒸汽压降低所引起的温度差损失；（2）若估计因液柱静压强所引起的温度差损失为 2℃，计算总的有效温差和溶液的沸点。加热蒸汽压力为 1.4×10^5 Pa（绝压）。

5-4 用一单效蒸发器将 10^3 kg/h 的 NaCl 水溶液由质量分数为 5% 浓缩至质量分数为 30%，加热蒸汽压为 1.2×10^5 Pa（绝压），蒸发器内溶液的沸点为 75℃。已知蒸发器的传热系数为 1500W/(m²·K)，NaCl 的比热容为 0.95kJ/(kg·K)，进料温度为 30℃，若不计浓缩热及热损失，试求完成液量，加热蒸汽消耗量及所需蒸发器的传热面积。

5-5 用一传热面为 10m² 的蒸发器将某溶液由质量分数为 15% 浓缩至质量分数为 40%，沸点进料，要求完成液量为 375kg/h。已知蒸发器的传热系数为 800W/(m²·K)。蒸发操作在 600×133.3Pa 真空度下进行，在此操作条件下的温度差损失总计为 8℃。若溶液浓度对其比热容的影响可忽略，热损失也可忽略，问加热蒸汽压强应为多大才能满足生产要求。设当地大气压为标准大气压。

5-6 在并流加料的双效蒸发器中蒸发某种水溶液。第一效中完成液浓度为 16%，流率为 500kg/h，标准大气压下溶液的沸点为 108℃。第二效中的溶液的沸点为 90℃，完成液浓度为 28%，当其离开蒸发器后即送往逆流换热器中以预热原料液。试求：（1）原料液浓度；（2）若离开预热器的浓溶液的温度为 32℃，比热容为 3.55kJ/(kg·K)，原料液温度可升高多少？假设热损失和温差损失可以忽略。

5-7 含质量分数为 10% 溶解固体的溶液 1.9kg/s，在 338K 时加往并流操作的双效蒸发器。产品中含质量分数为 25% 的固体和质量分数为 25% 的溶解固体的母液。进入第一效的干饱和生蒸汽压强为 240kPa，第二效蒸发器的压强为 20kPa。固体比热容不论是固态或是在溶液中均取为 2.5kJ/(kg·K)，溶解热可以忽略不计。母液沸点上升为 6℃。若第一效和第二效的传热系数分别为 1.7kW/(m²·K) 和 1.1kW/(m²·K)，且假定两效传热面积相等，试求所需热面积为多少。

参 考 文 献

[1] 谭天恩，麦本熙，丁惠华. 化工原理：上册. 第 2 版. 北京：化学工业出版社，1990.

[2] 陈敏恒，丛德滋，方图南，等. 化工原理：上册. 第 2 版. 北京：化学工业出版社，1999.

［3］时钧，汪家鼎，余国宗，等．化学工程手册．北京：化学工业出版社，1996.

［4］有色冶炼设备编委会．湿法冶炼设备．北京：冶金工业出版社，1993.

［5］化学工程师手册编委会．化学工程师手册．北京：机械工业出版社，2001.

［6］Foust A S, et al. Principles of Unit Operations. 2nd ed. New York：John Wiley and Sons, Inc.，1980.

［7］Perry J H, et al. Chemical Engineers' Handbook, 7th ed. New York：McGraw-Hill, Inc.，1997.

［8］何潮洪，窦梅等．化工原理习题精解（上册）．北京：科学出版社，2003.

6 吸 收

6.1 概 述

以适当的液体溶剂去处理气体混合物，使其中一个或几个组分溶于液体溶剂，将气体混合物分离的过程称为吸收。被吸收的气体组分称为溶质或吸收质，以 A 表示，其中溶解度较大的组分称为易溶组分，溶解度较小的称为难溶组分；不被吸收的组分称为惰性组分或载体，以 B 表示；所用的液体称为溶剂或吸收剂，以 S 表示；吸收后的溶液称为吸收液，其成分为 S 和 A；排出的气体称为吸收尾气，其主要成分为 B，还含有少量的 A。

吸收过程常在吸收塔中进行，图 6-1 为逆流操作的吸收塔示意图。

在冶金和化工生产中，气体的吸收常用于气体的净化、回收、分离和气液反应等。

在吸收过程中，若无显著的化学反应发生，可认为是单纯的物理过程，则称为物理吸收，如用水吸收氨或 SO_2 等。如有显著的化学反应发生则称为化学吸收，如用铝酸钠溶液吸收 CO_2 等。在物理吸收中，吸收所能达到的限度取决于在吸收条件下的气液平衡关系，吸收的速率则主要决定于组分从气相转移到液相的传质速率。但在化学吸收中，吸收的限度同时取决于气液平衡关系和化学反应的平衡关系，吸收的速率同时取决于传质速率和化学反应速率。

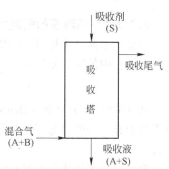

图 6-1 吸收操作示意图

在吸收中，若混合气中只有一种组分被吸收称为单组分吸收；如有两个或两个以上组分被吸收则称为多组分吸收。

在吸收中，液相温度发生明显变化的称为非等温吸收；使液相温度基本上维持不变的称为等温吸收。

混合气中溶质的体积分数低于 5% ~ 10% 时称为低浓度吸收；超过该数值时称为高浓度吸收。低浓度吸收时，气体总传质系数在进塔处和出塔处可认为相同。

在吸收中，气液两相的流动方向可以相同也可以相反，前者称为顺流（或并流）吸收，后者称为逆流吸收。逆流吸收比顺流吸收可达更低的气体出口浓度和更高的液相出口浓度，在相同吸收条件下需要的塔高也可降低。

本章讨论低浓度单组分等温物理吸收。

6.2 吸收过程的相平衡关系

在恒温恒压下，相互接触的气液两相中吸收质的浓度不再发生变化时的状态称为相平衡。在相平衡时两相中吸收质的浓度称为平衡浓度，两相中吸收质浓度间的相互关系称为相平衡关系。相平衡关系的形式与吸收质浓度的表示方法有关。

6.2.1 吸收中气、液相组成的表示方法

吸收中气相组成的表示方法主要有：分压（p）、质量分数（w）、摩尔分数（y）和比摩尔分数（摩尔比）（Y）。液相组成的表示方法主要有：物质的量浓度（c）、质量分数（w）、摩尔分数（x）和比摩尔分数（X）。

比摩尔分数即为混合物中某两组分的摩尔数之比。在吸收中，摩尔比对气相是指溶质与惰性气体的摩尔数之比，对液相是指溶质与吸收剂的摩尔数之比，即：

$$Y = \frac{气相中溶质的摩尔数}{气相中惰性组分的摩尔数} = \frac{y}{1-y} \tag{6-1}$$

$$X = \frac{液相中溶质的摩尔数}{液相中溶剂的摩尔数} = \frac{x}{1-x} \tag{6-2}$$

6.2.2 气液相平衡关系

6.2.2.1 稀溶液的气液相平衡关系——亨利定律

当总压不高（不超过 $5 \times 10^5 \text{Pa}$）时，在恒温下，稀溶液上方的气体溶质平衡分压 p_e 与该溶质在液相中的摩尔分数 x 之间存在如下关系。

$$p_e = Ex \tag{6-3}$$

式（6-3）称为亨利（Henry）定律。其中，E 为亨利系数，由实验测定，其值随物系特性和温度而异。一般情况下温度升高，E 值增大。对同一吸收剂，易溶气体的 E 小，难溶气体的 E 大。

常压下某些气体在水溶液中的亨利系数与温度的关系可用下列经验方程计算。

$$\lg E = A + B \lg T + C/T \tag{6-4}$$

式中　E——亨利系数，MPa；

　　　T——热力学温度，K；

A，B，C——方程系数，见表6-1。

表6-1　某些气体在式（6-4）中的方程系数

气体	A	B	C	温度范围/℃	气体	A	B	C	温度范围/℃
He	43.4330	−13.4708	−1769.9619	0～75	甲烷	77.7941	−24.6846	−3904.1497	0～100
H_2	37.6403	−11.3865	−1673.4548	0～100	乙烷	102.8565	−32.9747	−5300.9020	0～100
N_2	69.2209	−21.7907	−3386.6695	0～100	乙烯	92.3608	−29.7029	−4710.5959	0～30
空气	69.7530	−21.9781	−3431.2469	0～100	乙炔	83.9418	−27.6420	−4297.0626	0～30
O_2	67.8668	−21.3599	−3389.7068	0～100	CO_2	59.2759	−18.4217	−3421.1115	0～60
CO	71.5884	−22.6479	−3511.9668	0～100	H_2S	53.1476	−16.9588	−3113.1463	0～100

亨利定律表达式常因浓度表示法不同而有下列形式：

（1）p-c 关系式：
$$p_e = \frac{c}{H} \tag{6-5}$$

式中　p_e——气相中溶质的平衡分压，kPa；

c——液相中溶质的物质的量浓度，$kmol/m^3$；

H——溶解度系数，$kmol/(kN \cdot m)$。

（2）y-x 关系式： $$y_e = mx \tag{6-6}$$

式中 x——液相中溶质的摩尔分数；

　　 y_e——与液相成平衡的气相中溶质的摩尔分数；

　　 m——相平衡常数，无量纲。

（3）Y-X 关系式：

由式（6-1）和式（6-2）可得

$$x = \frac{X}{1+X} \quad 与 \quad y_e = \frac{Y_e}{1+Y_e}$$

代入式（6-6）整理后可得

$$Y_e = \frac{mX}{1+(1-m)X} \tag{6-7a}$$

对稀溶液因 X 很小，$(1-m)X \ll 1$，故式（6-7a）可简化为：

$$Y_e = mX \tag{6-7b}$$

例 6-1 含 CO_2 的某种混合气与水接触，达平衡时气相中 CO_2 的体积分数为 30%，系统温度为 30℃，总压为 101.3kPa。已知 30℃ 时 CO_2 在水中的亨利系数 $E = 1.88 \times 10^5 kPa$。试求：
（1）m 和 H；（2）液相中 CO_2 平衡浓度，分别以摩尔分数、比摩尔分数和物质的量浓度表示。

解：（1）求 m 和 H。

设系统总压为 p，则由分压定律可知溶质在气相中的平衡分压为：

$$p_e = py_e$$

将上式代入式（6-3）得

$$py_e = Ex$$

即 $$y_e = \frac{E}{p}x$$

与式（6-6）比较，可知： $$m = \frac{E}{p} \tag{6-8}$$

代入已知条件有： $$m = \frac{1.88 \times 10^5}{101.3} = 1856$$

另设溶液溶质的物质的量浓度为 c，溶液密度为 ρ，溶质和溶剂的摩尔质量分别为 M_A 和 M_S，则溶质在液相中的摩尔分数为

$$x = \frac{c}{c + \dfrac{\rho - cM_A}{M_S}} = \frac{cM_S}{\rho + c(M_S - M_A)} \tag{6-9}$$

将式（6-9）代入式（6-3）得

$$p_e = \frac{EcM_S}{\rho + c(M_S - M_A)}$$

与式（6-5）比较，可得

$$\frac{1}{H} = \frac{EM_S}{\rho + c(M_S - M_A)}$$

对稀溶液，因 c 很小，$c(M_S - M_A) \ll \rho \approx \rho_S$，故上式简化为：

$$H = \frac{\rho_S}{EM_S} \tag{6-10}$$

因 CO_2 难溶于水，故其水溶液为稀溶液。代入已知条件于式（6-10）有：

$$H = \frac{1000}{1.88 \times 10^5 \times 18} = 2.955 \times 10^{-4} \text{kmol}/(\text{kN} \cdot \text{m})$$

（2）求溶液中 CO_2 的平衡浓度

以 x 表示时有：

$$x = \frac{p_e}{E} = \frac{py_e}{E} = \frac{101.3 \times 0.3}{1.88 \times 10^5} = 1.62 \times 10^{-4}$$

以 X 表示时有：

$$X = \frac{x}{1-x} = \frac{1.62 \times 10^{-4}}{1 - 1.62 \times 10^{-4}} = 1.62 \times 10^{-4}$$

以 c 表示时有：

$$c = p_e H = py_e H = 101.3 \times 0.3 \times 2.955 \times 10^{-4}$$
$$= 8.98 \times 10^{-3} \text{kmol}/\text{m}^3$$

6.2.2.2　一般溶液的气液相平衡关系——气液平衡曲线

当液相中溶质的浓度发生变化时，气相中与之平衡的溶质的浓度也将发生变化。若以横坐标表示液相中溶质的浓度，纵坐标表示气相中溶质的浓度，将平衡时各溶质的浓度标绘在坐标图上，则可得平衡时两相溶质浓度的一条关系曲线称为气液相平衡曲线。

由于稀溶液 E、m 和 H，在温度和总压一定时为常数，故其平衡曲线为直线。其他溶液的 $Y\text{-}X$ 平衡曲线如图6-2所示。

6.2.3　吸收推动力

吸收推动力是某一相实际浓度与平衡浓度之差。因为两相浓度有各种表示方法，所以吸收推动力也有各种表示方法。设有一逆流操作的吸收塔，在某一横截面上相互接触的气相和液相浓度分别为 Y 及 X，如图6-2所示，则以气相浓度表示的吸收总推动力为

$$\Delta Y = Y - Y_e \tag{6-11}$$

以液相浓度表示的吸收总推动力为

$$\Delta X = X_e - X \tag{6-12}$$

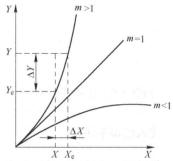

图6-2　$Y\text{-}X$ 平衡曲线和吸收推动力

式中　ΔY，ΔX——分别为以气、液相浓度表示的吸收总推动力；

　　　　Y，X——分别为气、液相溶质实际摩尔比浓度；

$Y_e(X_e)$——为与液相（气相）实际浓度 $X(Y)$ 成平衡的气相（液相）摩尔比浓度。

根据吸收推动力的数值可判别过程进行的方向和极限。

当 $\Delta Y > 0$ 或 $\Delta X > 0$ 时，溶质将由气相溶解于液相，为吸收；当 $\Delta Y < 0$ 或 $\Delta X < 0$ 时，溶质将由液相进入气相，为解吸；当 $\Delta Y = 0$ 或 $\Delta X = 0$ 时，吸收达极限——相平衡。

此外，当以 p-c 表示相平衡关系时，相应的吸收总推动力为

$$\Delta p = p - p_e$$

$$\Delta c = c_e - c$$

若以 y-x 表示相平衡关系时，相应的吸收总推动力为

$$\Delta y = y - y_e$$

$$\Delta x = x_e - x$$

例 6-2　在一气、液逆流接触的填料塔中，用清水吸收氨和空气混合物中的氨，入塔气体含氨 6%（体积分数），出塔气体含氨 0.4%（体积分数），塔底溶液的出口浓度为 $X_1 = 0.012$（摩尔比），操作在 30℃ 及 1×10^5 Pa 条件下进行，$E = 1.21 \times 10^5$ Pa，求吸收塔进、出口处的吸收总推动力，以摩尔比浓度表示。

解：操作条件下的氨-水系统相平衡关系为 $y_e = mx = \dfrac{E}{p}x = 1.21x$

即
$$Y_e = \frac{mX}{1 + (1 - m)X} = \frac{1.21X}{1 - 0.21X}$$

当 $X < 0.012$ 时，上式右端分母为 $1 - 0.21X = 1 - 0.21 \times 0.012 = 1 - 0.0025 \approx 1$，故以摩尔比浓度表示的相平衡关系可简化为 $Y_e = 1.21X$。

已知：$y_1 = 0.06$，$y_2 = 0.004$，则

$$Y_1 = \frac{y_1}{1 - y_1} = \frac{0.06}{1 - 0.06} = 0.0638$$

$$Y_2 = \frac{y_2}{1 - y_2} = \frac{0.004}{1 - 0.004} = 0.00401$$

因 $X_1 = 0.012$，$X_2 = 0$（清水），故

$$Y_{e1} = mX_1 = 1.21 \times 0.012 = 0.0145$$

$$Y_{e2} = mX_2 = 0$$

故塔底推动力为　　$\Delta Y_1 = Y_1 - Y_{e1} = 0.0638 - 0.0145 = 0.0493$

塔顶推动力为　　$\Delta Y_2 = Y_2 - Y_{e2} = 0.00401 - 0 = 0.00401$

6.3　吸收过程中的传质理论基础

6.3.1　气体吸收过程

吸收操作是气体溶质从气相转移到液相的过程，该过程可以分为下列 3 个阶段：

（1）溶质从气相主体向气、液界面的传递，即气相内的物质传递；

（2）溶质从界面气相侧进入界面液相侧，即界面上发生的溶解过程；

（3）溶质由气、液界面向液相主体的传递，即液相内的物质传递。

因此，吸收实际上为相内和相际传质的过程。

6.3.2　相内传质

6.3.2.1　相内传质方式和类型

物质在相内的传递靠两种方式来进行：一种是总体流动方式；另一种是物质扩散方式。总体流动方式就是由于微小的总压差引起的流体总体宏观上作定向流动，从而把一物质从一处迁移到另一处的传质方式。物质扩散方式是指由分子或涡流扩散引起的传质方式。分子扩散是在一相内部有浓度差异的条件下，由于分子的无规则热运动而造成的物质传递现象。涡流扩散是由于流体质点或涡团杂乱无章的运动所造成的物质传递现象。在静止的或滞流流体里的扩散属于分子扩散；在湍流流体中的扩散属涡流扩散。

工程上常见的传质类型有等分子对向扩散，一组分通过另一静止组分的扩散和对流扩散等。本章仅讨论一维稳定传质过程。

6.3.2.2　相内传质计算

A　相内传质速率计算的基本公式

单位时间内传过单位传质面积上的某物质总量称为该物质的传质速率或传质通量。i 物质的传质速率一般以 N_i 表示，单位为 $kmol/(m^2 \cdot s)$，在数值上等于 i 物质的扩散通量 J_{mi} 和总体流动传质通量 N_{mi} 之和，即

$$N_i = J_{mi} + N_{mi} = J_i + J_{Ei} + N_m \frac{c_i}{c_m} \tag{6-13}$$

式中　J_i——i 物质的分子扩散通量，即单位时间由于分子扩散传过单位传质面积上的 i 物质的量，$kmol/(m^2 \cdot s)$；

$\qquad J_{Ei}$——i 物质的涡流扩散通量，即单位时间内由于涡流扩散传过单位传质面积上的 i 物质的量，$kmol/(m^2 \cdot s)$；

$\qquad N_m$——总的总体流动传质通量，即单位时间内由于总体流动传过单位传质面积上的物质的总量，$kmol/(m^2 \cdot s)$；

$\qquad c_m$——物质的总量浓度，$kmol/m^3$；

$\qquad c_i$——i 物质的量浓度，$kmol/m^3$。

B　相内传质基本定律——费克定律

在恒定的温度、压强下及 c 为常数下，A、B 两组分均相混合物中的分子扩散服从费克（Fick）定律，即

$$J_A = -D_{AB} \frac{dc_A}{dz} \quad 及 \quad J_B = -D_{BA} \frac{dc_B}{dz} \tag{6-14}$$

式中　z——z 方向的距离，m；

$\qquad \dfrac{dc_A}{dz}$——A 的浓度梯度，$kmol/m^4$；

$\qquad \dfrac{dc_B}{dz}$——B 的浓度梯度，$kmol/m^4$；

$\qquad D_{AB}$——物质 A 在介质 B 中的分子扩散系数，m^2/s；

$\qquad D_{BA}$——物质 B 在介质 A 中的分子扩散系数，m^2/s；

负号表示扩散是沿着物质浓度降低的方向进行的。

后面将证明 $D_{AB} = D_{BA} = D$，故统一用符号 D 代表扩散系数。

扩散系数 D 对于气体混合物是一种物性常数，在给定的一对组分中，D 只与温度和压强有关。对于液体溶液，扩散系数不是物性常数，它与溶液的浓度有关，只有对于稀溶液才可大致视为与浓度无关的常数。这时，对给定的一对组分，扩散系数只与温度有关。组分在液体中的扩散系数比在气体中的扩散系数小得多，在数量级上，前者约为后者的十万分之一。

气体的分子扩散系数可用 Fuller 经验公式估算：

$$D = \frac{1.01325 \times 10^{-5} T^{1.75} (1/M_A + 1/M_B)^{\frac{1}{2}}}{p(V_{mA}^{\frac{1}{3}} + V_{mB}^{\frac{1}{3}})^2} \quad m^2/s \tag{6-15}$$

式中　　p——总压，kPa；

T——温度，K；

M_A，M_B——A、B 两物质的摩尔质量，g/mol；

V_{mA}，V_{mB}——A、B 两物质的摩尔体积，cm^3/mol。

该式适用于非极性气体混合物，或极性—非极性气体混合物系统。平均误差为 4% ~ 7%。

对一定的气体物系，扩散系数与压强及温度的关系如下式所示。

$$D = D_0 \left(\frac{p_0}{p}\right)\left(\frac{T}{T_0}\right)^{3/2} \tag{6-16}$$

气体（$M_A < 10^3$ g/mol，$V_{mA} < 500cm^3/mol$）在非电解质稀溶液中的分子扩散系数可用 Wilke-Chang 经验公式估算：

$$D = 7.4 \times 10^{-15} (\beta M_S)^{0.5} T / (\mu_S V_{mA}^{0.6}) \quad m^2/s \tag{6-17}$$

式中　T——温度，K；

M_S——溶剂的摩尔质量，g/mol；

μ_S——溶剂黏度，Pa·s；

V_{mA}——溶质 A 在正常沸点下的摩尔体积，cm^3/mol；

β——溶剂缔合参数，其值如下：水为 2.6，甲醇为 1.9，乙醇为 1.5，其他非缔合液体及非电解质为 1.0。

若水以溶质的形式存在于有机溶剂中，由于水分子发生缔合，其摩尔体积应取正常值的 4 倍，故由式（6-17）算得的结果需除以 2.3。

该式对稀水溶液中小分子溶质扩散系数的估算值平均误差为 10% ~ 15%；对非水溶液估算值的平均误差为 25% 左右。当温度超出 278 ~ 313K 的范围时，使用该式估算扩散系数时必须谨慎。式（6-17）不适用于大分子溶质的扩散。

对于 $M_A \geq 10^3$ g/mol，$V_{mA} > 500cm^3/mol$ 的非水合大分子溶质的扩散，当 $V_{mA} > 0.27$ $(\beta M_S)^{1.87}$ 时，可采用式（6-18）计算其分子扩散系数：

$$D = \frac{9.96 \times 10^{-15} T}{\mu V_{mA}^{\frac{1}{3}}} \tag{6-18}$$

式中　μ——溶液的黏度，Pa·s；

V_{mA}——溶质正常沸点下的摩尔体积，cm^3/mol；

其他符号意义、单位及取值与式（6-17）中的相同。

C　等分子对向扩散

在含有 A、B 两组分的静止流体内部，若总浓度（或总压）各处相等，但在某一方向上 A

和 B 却存在浓度梯度，当有一个 A 分子从某处沿 z 方向扩散出去时，必有一个 B 分子填补过来。因此产生组分 A 的扩散流的同时，必定伴有数量相等、方向相反的 B 组分的扩散流。这种情况称为等分子对向扩散。

由于混合气体内部总浓度各处相等，即 $c_m = c_A + c_B =$ 常数

因此
$$\frac{dc_A}{dz} = -\frac{dc_B}{dz}$$

又根据菲克定律：$J_A = -D_{AB}\dfrac{dc_A}{dz}$；$J_B = -D_{BA}\dfrac{dc_B}{dz}$，等分子对向扩散的 $J_A = -J_B$，故有 $D_{AB} = D_{BA} = D$。

在等分子对向扩散中因无总体流动和涡流扩散，因此由式（6-13）可得 A 的传质速率为

$$N_A = J_A = -D\frac{dc_A}{dz}$$

将上式分离变量、积分可得

$$N_A = \frac{D}{z}(c_{A1} - c_{A2}) \tag{6-19a}$$

式中　z——扩散距离，m；

c_{A1}，c_{A2}——1、2 两截面上 A 组分的物质的量浓度，$kmol/m^3$。

在总压不很高的情况下，组分 A 在气相中的物质的量浓度 c_A 与分压 p_A 的关系为 $c_A = n_A/V = p_A/RT$，代入式（6-19a），可得

$$N_A = \frac{D}{RTz}(p_{A1} - p_{A2}) \tag{6-19b}$$

式（6-19a）和式（6-19b）都表明在扩散方向上，A 组分的浓度分布为一直线，如图 6-3 所示。

D　一组分通过另一静止组分的扩散

如图 6-4 所示，假设在无涡流扩散的吸收操作中气液相界面只许气相中的溶质 A 通过，而不允许惰性气体 B 通过；气相主体 A 的浓度大于界面附近 A 的浓度且各处总浓度相等。吸收时一方面在浓度差的作用下 A、B 各自要以相同的分子扩散速率向相反的方向（A 向界面，B 向主体）进行分子扩散；另一方面从液体中无法补充界面处扩散了的 B，使界面处的总压必低于气相主体的总压，因而在两者间产生压差。在此压差作用下，A 和 B 将一起向界面流动，进行总体流动传质。因此在吸收中 A、B 的传质为分子扩散和总体流动传质两部分之和，即

$$N_A = J_A + N_m \frac{c_A}{c_m} \tag{6-20}$$

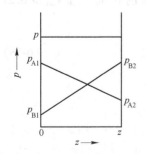

图 6-3　等分子对向扩散

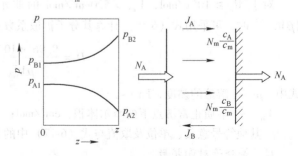

图 6-4　组分 A 通过静止组分 B 的扩散

$$N_B = J_B + N_m \frac{c_B}{c_m} \tag{6-21}$$

由于 B 宏观上静止，故有 $N_B = 0$，即

$$J_B = -N_m \frac{c_B}{c_m} = -N_m \frac{c_m - c_A}{c_m} = -J_A$$

由此可得 $\frac{N_m}{c_m} = \frac{J_A}{c_m - c_A}$，代入式（6-20）可得

$$N_A = J_A + J_A \frac{c_A}{c_m - c_A} = J_A \frac{c_m}{c_m - c_A} = -D \frac{c_m}{c_m - c_A} \frac{dc_A}{dz}$$

将上式分离变量积分

$$\int_0^z N_A dz = -\int_{c_{A1}}^{c_{A2}} \frac{Dc_m}{c_m - c_A} dc_A$$

后可得

$$N_A = \frac{Dc_m}{z c_{Bm}}(c_{A1} - c_{A2}) \tag{6-22}$$

式中，c_{Bm} 为 B 的对数平均浓度 $\left(= \dfrac{c_{B2} - c_{B1}}{\ln \dfrac{c_{B2}}{c_{B1}}} \right)$，对气体有

$$c_A = \frac{p_A}{RT} \qquad c_B = \frac{p_B}{RT} \qquad c_m = \frac{p}{RT}$$

代入 c_{Bm} 表达式和式（6-22）有

$$c_{Bm} = \frac{p_{B2} - p_{B1}}{RT\ln(p_{B2}/p_{B1})} = \frac{p_{Bm}}{RT}$$

和

$$N_A = \frac{Dp}{z RT p_{Bm}}(p_{A1} - p_{A2}) \tag{6-23}$$

式中，p/p_{Bm} 称为漂流因子，恒大于 1。当 A 的浓度很小时，$p_{Bm} \approx p$；当 $p_{B2}/p_{B1} < 2$ 时，

$$p_{Bm} \approx \frac{p_{B1} + p_{B2}}{2}$$

例 6-3 现有两容器的氨（A）和氮（B），通过连接两容器的接管相互扩散。已知接管长 100mm，总压 $p = 101.3$ kPa，温度 $T = 298$K，扩散系数 $D = 2.3 \times 10^{-5}$ m²/s，氨在两容器中的分压分别为 $p_{A1} = 10.13$ kPa 和 $p_{A2} = 5.07$ kPa，求传质速率 N_A 及 N_B。

解： 由题意可知，应按等分子反方向扩散计算传质速率 N_A，也即 J_A：

$$N_A = J_A = \frac{D}{RTz}(p_{A1} - p_{A2}) = \frac{2.3 \times 10^{-5}}{8134 \times 298 \times 0.1}(10.13 - 5.07) \times 10^3$$
$$= 4.7 \times 10^{-7} \text{kmol/(m}^2 \cdot \text{s)}$$

而 N_B 可由下式求得：$N_B = J_B = -J_A = -4.7 \times 10^{-7}$ kmol/（m² · s）

例 6-4 如图 6-5 所示，直立小管中盛有一些水，小管与空气导管相连，空气平稳地流过小管口。由于扩散很慢，可认为空气流经小管口前后，水蒸气分压不变，保持 $p_{A2} = 1$kPa，且导管中水蒸气分布均匀。如水及空气均为 25℃，此时水蒸气在空气中的扩散系数为 0.256cm²/s，系统总压为 101.325kPa，求：（1）$z = 0.1$m 时的水蒸气的传质速率。（2）管中水面由 $z = 0.1$m 处下降 0.01m

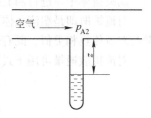

图 6-5 例 6-4 附图

所需的时间。

解：（1）求传质速率。本题属水蒸气通过静止组分空气的扩散，依式（6-23）

$$N_A = \frac{D}{RTz} \cdot \frac{p}{p_{Bm}}(p_{A1} - p_{A2})$$

查 25℃时水蒸气饱和蒸汽压为 $p_{A1} = 3168\,Pa$

$$p_{B1} = p - p_{A1} = 101325 - 3168 = 98157\,Pa,\ p_{B2} = p - p_{A2} = 100325\,Pa$$

由于 $p_{B2}/p_{B1} < 2$，故可用算术平均法求 p_{Bm}。

$$p_{Bm} = \frac{98157 + 100325}{2} = 99241\,Pa$$

又 $R = 8314\,J/(kmol \cdot K)$，$D = 0.256\,cm^2/s = 2.56 \times 10^{-5}\,m^2/s$

所以

$$N_A = \frac{2.56 \times 10^{-5} \times 101325 \times (3168 - 1000)}{8314 \times (273 + 25) \times 0.1 \times 99241} = 2.28 \times 10^{-7}\,kmol/(m^2 \cdot s)$$

（2）求时间。水蒸气通过静止空气的传质速率的计算式（6-23）可写成

$$N_A = \frac{p}{RT} \cdot \frac{D}{z} \ln\frac{p_{B2}}{p_{B1}} \qquad\qquad (a)$$

设 A 为细管的截面积，ρ_L 为 H_2O 的密度，在 $d\tau$ 时间内汽化的 H_2O 量应等于 H_2O 扩散出管口的量，即

$$AN_A d\tau = \frac{\rho_L A dz}{M_A}$$

或

$$N_A = \frac{\rho_L}{M_A}\frac{dz}{d\tau} \qquad\qquad (b)$$

将式（b）代入式（a）并分离变量积分

$$\int_{z_1}^{z_2} \frac{\rho_L}{M_A} z\,dz = D\frac{p}{RT}\ln\frac{p_{B2}}{p_{B1}}\int_0^\tau d\tau$$

可得

$$\tau = \frac{\rho_L RT}{2M_A Dp\ln\frac{p_{B2}}{p_{B1}}}(z_2^2 - z_1^2) = \frac{997 \times 8314 \times 298 \times 0.01 \times 0.21}{2 \times 18 \times 2.56 \times 10^{-5} \times 101325\ln 1.022}$$

$$= 2542707\,s = 706.31\,h$$

E　对流扩散

物质在湍流流体中的传递，主要是依靠流体质点的无规则运动即涡流扩散。

湍流流体中在进行涡流扩散的同时，也存在着分子扩散。

对流扩散即是湍流主体与两相界面间的涡流扩散与分子扩散两种传质作用的总称。对流扩散与对流传热相类似，既有热传导又有对流。

对流扩散通量可用下式表达，即：

$$N_A = -(D + D_e)\frac{dc_A}{dz} \qquad\qquad (6-24)$$

式中　D_e——涡流扩散系数，m^2/s。

涡流扩散系数与分子扩散系数 D 不同，它不是物性常数，其值与湍动程度和流体质点所处的位置有关，且很难直接测定。

吸收中的对流传质可简化成如图6-6所示情况。在湍流流动的气体中，在靠近两相界面处仍有一层层流膜，厚度以 z'_G 表示，湍流程度愈强烈，则 z'_G 愈小，层流膜以内为分子扩散，层流膜以外为涡流扩散。溶质 A 的分压分布线，在层流膜内为一斜率较大的直线，在主体区为一水平直线，在主体至层流膜的过渡区内为一曲线。在稳定状况下有

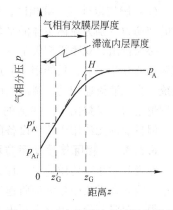

图6-6 对流传质的有效层流膜层

$$N_A = \frac{Dp}{RTp_{Bm}z'_G}(p'_A - p_{Ai}) = \frac{Dp}{RTp_{Bm}z_G}(p_A - p_{Ai}) \quad (6\text{-}25)$$

式中　N_A——气相对流传质速率，$\mathrm{kmol/(m^2 \cdot s)}$；

　　　　z_G——气相有效滞流膜层厚度，m。

同理，液相中的对流传质速率可写成

$$N_A = \frac{D}{z_L}\frac{c_m}{c_{Bm}}(c_{Ai} - c_A) \quad (6\text{-}26)$$

6.3.2.3　相内传质速率方程

由式(6-22)~式(6-26)可看出，所有相内传质速率的计算式对气体和液体可分别写成

$$N_A = k_G \Delta p = \frac{\Delta p}{\dfrac{1}{k_G}} = \frac{\text{气相传质推动力}}{\text{气相传质阻力}} \quad (6\text{-}27)$$

$$N_A = k_L \Delta c = \frac{\Delta c}{\dfrac{1}{k_L}} = \frac{\text{液相传质推动力}}{\text{液相传质阻力}} \quad (6\text{-}28)$$

式中　Δp——组分 A 在气相两截面处的分压差，对吸收为溶质 A 在气相主体与界面处的分压差，若忽略下标 A 即为 $p - p_i$，又称为气相传质推动力，$\mathrm{kN/m^2}$；

　　　　Δc——组分 A 在液相两截面处的浓度差，对吸收为溶质 A 在界面与液相主体中的浓度差，若忽略下标 A 即为 $c_i - c$，又称为液相传质推动力，$\mathrm{kmol/m^3}$；

　　　　k_G——气相传质分系数，$\mathrm{kmol/[m^2 \cdot s(kN \cdot m^{-2})]}$；

　　　　k_L——液相传质分系数，$\mathrm{kmol/[m^2 \cdot s(kmol \cdot m^{-3})]}$；

　　　　$\dfrac{1}{k_G}$——气相传质阻力，是与气相传质推动力 Δp 相对应的；

　　　　$\dfrac{1}{k_L}$——液相传质阻力，是与液相传质推动力 Δc 相对应的。

6.3.3　相际传质

6.3.3.1　相际传质的基本理论——双膜理论

关于相际传质，人们提出过种种描述其过程的理论，其中至今在吸收中仍被广泛应用的为刘易斯和惠特曼在1923年提出的双膜理论。其要点为：

（1）相互接触的气液流体间存在着稳定的相界面，界面上两相浓度总是互成平衡，界面上不存在任何扩散阻力。

（2）界面两侧各有一层作滞流流动的有效气膜和液膜，吸收质以分子扩散的方式通过此双层膜，全部浓度变化和扩散阻力都集中在这两层有效膜内。

（3）膜层以外气、液相区，由于流体的湍动，两相各自浓度处处相等。有效膜内物质的扩散的推动力分别为流体主体的平均浓度与界面上的浓度之差。

必须指出，双膜模型仅是一个简化的模型，因此有一定的局限性。双膜理论没有考虑到气液两相的互相影响，只能用于低速操作和具有固定传质表面的情况。对于具有自由界面的气液系统，当气液流速较高，湍流程度较激烈时，稳定相界面、有效膜等假设难以成立。因此继双膜理论之后，又提出了一些新的理论，如界面动力状态理论、溶质渗透理论、表面更新理论等，但目前尚无法用于传质设备的计算或解决某些实际问题。

6.3.3.2　相际传质速率方程

在吸收中相际传质速率又称为吸收速率，是指单位传质面积上在单位时间内吸收的吸收质的量。因此在吸收中相际传质速率方程也称为吸收速率方程。

根据双膜理论可以分别写出有效膜内的对流传质速率方程为

气膜
$$N_A = k_G(p - p_i) \tag{a}$$

液膜
$$N_A = k_L(c_i - c) \tag{b}$$

其中，p、p_i 分别为溶质在气相主体和相界面上的分压；c、c_i 分别为溶质在液相主体和相界面上的物质的量浓度。

在稳态情况下各膜内传质速率应该相等且等于相际传质速率，即

$$N_A = k_G(p - p_i) = k_L(c_i - c)$$

所以
$$\frac{p - p_i}{c - c_i} = -\frac{k_L}{k_G} \tag{6-29}$$

式（6-29）表明，在直角坐标系中，p_i-c_i 关系是一条通过定点 (c, p) 而斜率为 $-\dfrac{k_L}{k_G}$ 的直线。

当已知相平衡关系式时，可将其与式（6-29）联立求解或用图 6-7 所示的作图法求出界面上浓度 c_i 和分压 p_i，从而用式（a）或式（b）求得相际传质速率。

实际中 k_G 和 k_L 是由 p_i 和 c_i 确定的，而 p_i 和 c_i 的值不易直接测定，因此用式（a）和式（b）来计算相际传质速率是比较困难的。为此可仿照传热中用总传热系数的方法，消除界面浓度，用总传质系数（或称总吸收系数）和总推动力表达的相际传质速率方程来计算相际传质速率。

设气、液相间的平衡关系服从亨利定律，则

$$c_i = Hp_i, \quad c = Hp_e$$

式中　p_e——与液相主体浓度 c 成平衡的气相平衡分压。

将上两式代入式（b），得

$$N_A = k_L H(p_i - p_e)$$

或
$$\frac{N_A}{k_L H} = p_i - p_e \tag{c}$$

又由式（a）得

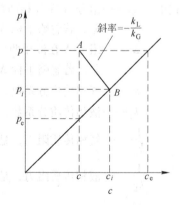

图 6-7　界面浓度的确定

$$\frac{N_A}{k_G} = p - p_i \tag{d}$$

由式（c）和式（d）得

$$N_A = \frac{1}{\dfrac{1}{k_L H} + \dfrac{1}{k_G}}(p - p_e) = K_G(p - p_e) \tag{6-30}$$

式中　K_G——以气相主体压差 $p - p_e$ 表示推动力的气相总传质系数，$kmol/(kN \cdot s)$。

式（6-30）即为以 $p - p_e$ 表示总推动力的相际传质速率方程。其与传热基本方程的形式十分相似，此时过程的总阻力为

$$\frac{1}{K_G} = \frac{1}{k_L H} + \frac{1}{k_G} \tag{6-31}$$

即总阻力由气膜阻力及液膜阻力串联而成。

同理，若将 $p_i = \dfrac{c_i}{H}$ 及 $p = \dfrac{c_e}{H}$ 代入式（a）并联立式（b）消除 c_i 后可得

$$N_A = \frac{1}{\dfrac{H}{k_G} + \dfrac{1}{k_L}}(c_e - c) = K_L(c_e - c) \tag{6-32}$$

式中　K_L——以液相主体浓度差 $c_e - c$ 表示推动力的液相总传质系数，m/s。

式（6-32）即为以 $c_e - c$ 表示总推动力的相际传质速率方程。此时过程的总阻力仍为气膜阻力与液膜阻力之和：

$$\frac{1}{K_L} = \frac{H}{k_G} + \frac{1}{k_L} \tag{6-33}$$

比较式（6-31）和式（6-33）知

$$K_G = HK_L \tag{6-34}$$

当溶质在两相中的浓度以摩尔比表示，气、液相平衡关系服从亨利定律并以 $Y_e = mX$ 表示时，相际传质速率方程有如下形式：

$$N_A = K_Y(Y - Y_e) \tag{6-35}$$

$$N_A = K_X(X_e - X) \tag{6-36}$$

$$\frac{1}{K_Y} = \frac{1}{k_Y} + \frac{m}{k_X} \tag{6-37}$$

$$\frac{1}{K_X} = \frac{1}{mk_Y} + \frac{1}{k_X} \tag{6-38}$$

$$K_X = mK_Y \tag{6-39}$$

式中　K_Y——以气相摩尔比浓度差 $Y - Y_e$ 表示推动力的总传质系数，$kmol/(m^2 \cdot s)$；

　　　　K_X——以液相摩尔比浓度差 $X_e - X$ 表示推动力的总传质系数，$kmol/(m^2 \cdot s)$。

6.3.3.3　气相阻力控制和液相阻力控制

由式（6-31）和式（6-33）分别可知，当 $\dfrac{1}{k_G} \gg \dfrac{1}{Hk_L}$ 时，$K_G \approx k_G$；当 $\dfrac{1}{k_L} \gg \dfrac{H}{k_G}$ 时，$K_L \approx k_L$。前者传质阻力集中于气相，称为气相阻力控制；后者传质阻力集中于液相，称为液相阻力控制。

气相阻力控制的条件是：

（1）$k_G \ll k_L$。此时 AB 线很陡，如图 6-8（a）所示；

（2）溶质在吸收剂中的溶解度很大，即 H 值很大，平衡线斜率很小。

液相阻力控制的条件是：

（1）$k_G \gg k_L$。即图 6-8（b）中的 AB 线较平坦；

（2）溶质在吸收剂中的溶解度很小，即 H 值很小，平衡线斜率很大。

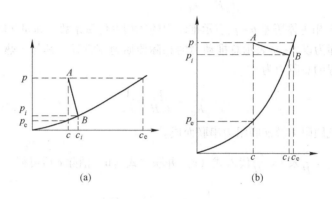

图 6-8　吸收传质阻力在两相中的分配

（a）气相阻力控制；（b）液相阻力控制

由图 6-8 可见，气相阻力控制时，$c_i \approx c$，界面浓度接近于液相主体浓度，而 $p - p_i \approx p - p_e$，即气相传质推动力接近于总推动力；液相阻力控制时，$p_i \approx p$，界面浓度接近于气相主体浓度，而 $c_i - c \approx c_e - c$，液相传质推动力接近于总推动力。

对易溶气体，其吸收过程通常为气相阻力控制，如用水吸收氯化氢和氨的过程即为气相阻力控制。要提高其吸收速率，应增大气体流量，降低气相阻力；对难溶气体，其吸收过程通常为液相阻力控制，如用水吸收 CO_2、O_2、H_2 等难溶气体时即属液相阻力控制。欲提高其吸收速率，必须增大液体流量，降低液相阻力；对于具有中等溶解度的气体，在吸收过程的总阻中，气相阻力和液相阻力均不可忽视，要提高吸收速率，必须同时增大气体和液体的流量，以降低气、液相的阻力。用水吸收 SO_2、丙酮蒸气即属中等溶解度的气体吸收。

例 6-5　已知服从亨利定律某低浓度气体被吸收，且生成的溶液浓度也很稀，其气膜吸收系数 $k_G = 9.87 \times 10^{-4}$ [kmol/($m^2 \cdot s \cdot kPa$)]，液膜吸收系数 $k_L = 0.25$ m/s，系统的总压强（绝压）为 1.5×10^2 kPa，气相溶质分压为 3kPa，液相溶质摩尔浓度为 0.9 kmol/m^3，溶解度系数 $H = 1.5$ [kmol/($m^3 \cdot kPa$)]。试求传质速率及气液界面上两相的浓度，并分析该气体为易溶还是难溶？

解：总传质系数

$$K_G = \cfrac{1}{\cfrac{1}{k_G} + \cfrac{1}{Hk_L}} = \cfrac{1}{\cfrac{1}{9.87 \times 10^{-4}} + \cfrac{1}{1.5 \times 0.25}}$$

$$= \frac{1}{1015.92} = 9.85 \times 10^{-4} \text{kmol/}(m^2 \cdot s \cdot kPa)$$

与实际液相浓度成平衡的气相分压为

$$p_e = \frac{c}{H} = \frac{0.9}{1.5} = 0.6 \text{kPa}$$

传质速率

$$N_A = K_G(p - p_e) = 9.85 \times 10^{-4} \times (3 - 0.6) = 2.36 \times 10^{-3} \, kmol/(m^2 \cdot s)$$

联立求解以下两式

$$k_G(p - p_i) = k_L(c_i - c)$$

$$p_i = \frac{c_i}{H}$$

可求出界面上两相浓度为

$$p_i = \frac{p + \frac{k_L}{k_G}c}{1 + \frac{k_L H}{k_G}} = \frac{3 + \frac{0.25}{9.87 \times 10^{-4}}}{1 + \frac{0.25 \times 1.5}{9.87 \times 10^{-4}}} = 0.61 \, kPa$$

$$c_i = p_i H = 0.61 \times 1.5 = 0.92 \, kmol/m^3$$

式中，$\frac{1}{k_G}$为气相阻力，其值为 $1013.25 \, (m^2 \cdot s \cdot kPa)/kmol$，$\frac{1}{k_L H}$为液相阻力，其值为 2.67 $(m^2 \cdot s \cdot kPa)/kmol$，$2.67$ 与 1013.25 相比，其值很小，可以忽略不计，故该系统为气相阻力控制，该气体属易溶气体。

表6-2 传质速率方程形式和各传质系数关系式

传质速率方程		各传质系数关系	
		相内、相际	相内与相际
相内	气膜 $N_A = k_Y(Y - Y_i) = k_y(y - y_i) = k_G(p - p_i)$ 液膜 $N_A = k_X(X_i - X) = k_x(x_i - x) = k_L(c_i - c)$	$k_Y = \dfrac{k_y}{(1+Y)(1+Y_i)}$ $\quad = \dfrac{pk_G}{(1+Y)(1+Y_i)}$ $k_X = \dfrac{k_x}{(1+X)(1+X_i)}$ $\quad = \dfrac{k_L c_m}{(1+X)(1+X_i)}$	$\dfrac{1}{K_G} = \dfrac{1}{k_G} + \dfrac{1}{Hk_L}$ $\dfrac{1}{K_L} = \dfrac{H}{k_G} + \dfrac{1}{k_L}$ $\dfrac{1}{K_Y} = \dfrac{1}{k_y} + \dfrac{m}{k_x}$ $\dfrac{1}{K_X} = \dfrac{1}{mk_Y} + \dfrac{1}{k_X}$
相际	以气相浓度表示： $N_A = K_Y(Y - Y_e) = K_y(y - y_e) = K_G(p - p_e)$ 以液相浓度表示： $N_A = K_X(X_e - X) = K_x(x_e - x) = K_L(c_e - c)$	$K_Y = \dfrac{K_y}{(1+Y)(1+Y_e)}$ $\quad = \dfrac{pK_G}{(1+Y)(1+Y_e)}$ $K_X = \dfrac{K_x}{(1+X)(1+X_e)}$ $\quad = \dfrac{K_L c_m}{(1+X)(1+X_e)}$ $K_G = HK_L$ $K_X = mK_Y$ $K_x = mK_y$	$\dfrac{1}{K_y} = \dfrac{1}{k_y} + \dfrac{m}{k_x}$ $\dfrac{1}{K_x} = \dfrac{1}{mk_y} + \dfrac{1}{k_x}$ 气相控制时 $K_G \approx k_G$，$K_Y \approx k_Y$ $K_y \approx k_y$ 液相控制时 $K_L \approx k_L$，$K_X \approx k_X$ $K_x \approx k_x$

例6-6 若例6-5 中吸收剂为20℃的水，求气膜吸收总系数 K_y、K_Y 及分系数 k_y、k_Y；液膜吸收总系数 K_L、K_x、K_X。

解：由例6-5 知 $K_G = 9.85 \times 10^{-4} \, kmol/(m^2 \cdot s \cdot kPa)$

系统总压 $\qquad\qquad\qquad\qquad p = 150 \, kPa$

根据表6-2传质系数关系有

$$K_y = pK_G = 150 \times 9.85 \times 10^{-4} = 0.148 \text{kmol}/(\text{m}^2 \cdot \text{s})$$

由于气相和液相均为低浓度，因此有

$$K_Y = \frac{K_y}{(1+Y)(1+Y_e)} \approx K_y = 0.148 \text{kmol}/(\text{m}^2 \cdot \text{s})$$

由例6-5知该系统为气相阻力控制，所以有：

$$k_y \approx K_y = 0.148 \text{kmol}/(\text{m}^2 \cdot \text{s})$$

$$k_Y \approx K_Y = 0.148 \text{kmol}/(\text{m}^2 \cdot \text{s})$$

由式（6-34）求 K_L

$$K_L = \frac{K_G}{H} = \frac{9.85 \times 10^{-4}}{1.5} = 6.57 \times 10^{-4} \text{m/s}$$

对稀溶液有

$$K_X = \frac{K_x}{(1+X)(1+X_e)} \approx K_x = K_L c_m$$

$$\approx \frac{K_L \rho_S}{M_S} = \frac{6.57 \times 10^{-4} \times 998.2}{18} = 3.64 \times 10^{-2} \text{kmol}/(\text{m}^2 \cdot \text{s})$$

6.4　吸收塔的计算

用于气体吸收操作的设备多为塔设备，有板式塔、湿壁塔和填料塔。现以填料塔为例，分析讨论吸收操作。填料塔内装有填料构成填料层，液体由填料表面呈液膜流下；气体在填料间隙的曲折通道中通过，气液连续接触实现传质过程。一般情况下塔内液体在重力作用下，自上而下流动，为分散相；气体在压差作用下流过全塔，气液呈逆流或并流流动，而吸收多采用逆流操作。

在一定吸收任务下，吸收塔的主要工艺计算是吸收剂用量、塔径和填料层高度的计算。本节主要讨论吸收剂用量和填料层高度的计算，塔径的计算放至6.6节讨论。

6.4.1　吸收剂用量的确定

确定吸收剂用量的方法有两种。一种是当出塔液浓度已知时，可由全塔物料衡算来计算；另一种是当出塔液浓度未知时，可用最小液气比来确定。

6.4.1.1　由全塔物料衡算确定吸收剂用量

现讨论图6-9所示的稳定操作的逆流吸收塔。由于惰性气体量和纯溶剂量在整个吸收过程是不变的，因此衡算时浓度用摩尔比浓度，流量用惰性气体摩尔流量和纯吸收剂摩尔流量比较方便。

设气相中惰性气体的摩尔流量为 $V(\text{kmol/h})$，进出塔气体溶质的摩尔比浓度分别为 Y_1 和 Y_2。

液相中吸收剂的摩尔流量为 $L(\text{kmol/h})$，进出塔液相中溶质的摩尔比浓度分别为 X_2 和 X_1。

在单位时间内，在全塔范围内，对溶质作物料衡算可得：

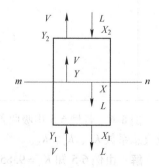

图6-9　逆流吸收塔的物料衡算

$$VY_1 + LX_2 = VY_2 + LX_1$$

或
$$V(Y_1 - Y_2) = L(X_1 - X_2) \quad (6\text{-}40)$$

由此可算出吸收剂用量为

$$L = \frac{V(Y_1 - Y_2)}{X_1 - X_2} = \frac{VY_1\eta}{X_1 - X_2} \quad (6\text{-}41)$$

其中,吸收率

$$\eta = \frac{Y_1 - Y_2}{Y_1} \quad (6\text{-}42)$$

当已知吸收剂用量时，也可利用式（6-40）求算塔底排出溶液的浓度 X_1。

6.4.1.2 用最小液气比确定吸收剂用量

A 操作线方程与操作线

如图 6-9 在截面 m—n 与塔底端面间作溶质 A 的物料衡算得：

$$VY_1 + LX = VY + LX_1 \quad (4\text{-}43a)$$

或
$$Y = \frac{L}{V}X + \left(Y_1 - \frac{L}{V}X_1\right) \quad (4\text{-}43b)$$

同理，在截面 m—n 与塔顶端面间作溶质 A 的物料衡算得：

$$Y = \frac{L}{V}X + \left(Y_2 - \frac{L}{V}X_2\right) \quad (6\text{-}43c)$$

式（6-43b）及式（6-43c）均称为逆流吸收塔的操作线方程，它表明塔内任一截面上的气、液相浓度成直线关系，直线的斜率为 $\frac{L}{V}$。该直线称为吸收的操作线。如图 6-10 所示，吸收的操作线通过代表塔顶和塔底状态的 $A(X_2、Y_2)$、$B(X_1、Y_1)$ 两点，其上任一点（如 M 点）的坐标值代表塔内某一截面上气液浓度。吸收操作线具有如下特点：

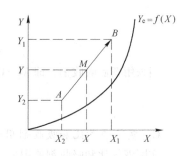

（1）与系统的平衡关系、操作温度和压强以及塔的结构无关；

（2）吸收过程的操作线总是位于平衡线的上方。

图 6-10 逆流吸收塔操作线

B 液气比与最小液气比

吸收剂与惰性气体的摩尔流量的比值称为液气比，它反映了单位气体处理量的溶剂耗用量，在数值上等于操作线的斜率。在气体处理量 V 一定的情况下，减少吸收剂用量 L，液气比减小即操作线斜率减小，操作线向平衡线靠近，液相出口浓度 X_1 增大（如图 6-11 所示）。当液相出口浓度在给定条件下达最大时，吸收剂用量达最小，此时的液气比称为最小液气比，用 $\left(\frac{L}{V}\right)_{min}$ 表示。

最小液气比可由液相出口浓度达最大时的操作线的斜率求得。如果平衡曲线为图 6-11（a）所示的一般情况，可用下式计算最小液气比，即

$$\left(\frac{L}{V}\right)_{min} = \frac{Y_1 - Y_2}{X_{e1} - X_2} \quad (6\text{-}44)$$

式中，X_{e1} 可由图中读取或由相平衡关系 $Y_1 = f(X_{e1})$ 求出。

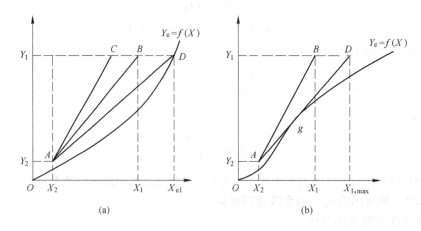

图6-11 吸收塔的最小液气比

如果平衡曲线呈图6-11（b）中所示的形状，则应先读得 D 点的横坐标 $X_{1,\max}$ 的数值，然后按下式计算最小液气比，即

$$\left(\frac{L}{V}\right)_{\min} = \frac{Y_1 - Y_2}{X_{1,\max} - X_2} \tag{6-45}$$

如果平衡关系为 $Y_e = mX$，则式（6-44）可改写成

$$\left(\frac{L}{V}\right)_{\min} = \frac{Y_1 - Y_2}{\dfrac{Y_1}{m} - X_2} \tag{6-46}$$

当采用新鲜吸收剂，即 $X_2 = 0$ 时，式（6-46）可进一步简化成

$$\left(\frac{L}{V}\right)_{\min} = m\eta \tag{6-47}$$

C 实际液气比和吸收剂用量的确定

实际液气比和吸收剂的用量，一般由吸收操作的总费用来确定，其原则是应该使总费用在最小范围内。总费用为设备费和操作费之和。

由图6-11和图6-12可知，在 $L = L_{\min}$ 时，液相出口浓度最大，所需填料层高度无限大，总费用最大；随后随着 L 的增大，液相出口浓度降低，操作费用增加，但设备费用却因所需填料层高度的急剧降低而急剧减少，结果总费用减少，至 $L = L_{适宜}$ 时，总费用达最小。此后继续增加 L，因填料层下降的高度不明显，使设备费减小的值小于操作费增大的值，结果使总费用开始增加。因此实际的液气比

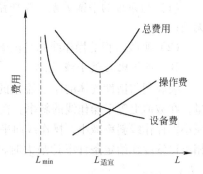

图6-12 适宜吸收剂用量

和吸收剂用量应取 $L_{适宜}$ 下的值。根据经验，其值约为最小液气比的 $1.1 \sim 2.0$ 倍，即

$$\frac{L}{V} = (1.1 \sim 2.0)\left(\frac{L}{V}\right)_{\min}$$

或

$$L = (1.1 \sim 2.0)\left(\frac{L}{V}\right)_{\min} V \tag{6-48}$$

例6-7 用清水吸收混合气体中某组分。已知入塔气体溶质的含量为9%（体积分数），吸收率为95%，混合气体的处理量为1000m³/h，操作压强为100kPa（绝压），温度为30℃，问：（1）当液相出口浓度 $X_1 = 0.004$ 时，吸收剂用量为多少？（2）当 $L = 1.2L_{min}$ 时，吸收剂用量为多少？又此时液相出口浓度 X_1 为多少（已知平衡方程为 $Y_e = 13.2X$）？

解：（1）求 $X_1 = 0.004$ 时的 L：

$$Y_1 = \frac{y_1}{1 - y_1} = \frac{0.09}{1 - 0.09} = 0.099 \qquad Y_2 = Y_1(1 - \eta) = 0.099 \times (1 - 0.95) = 0.00495$$

$$X_1 = 0.004 \qquad X_2 = 0（清水）$$

将混合气体的体积流量化成摩尔流量

$$混合气体摩尔流量 = \frac{1000}{22.4} \times \frac{273}{273 + 30} \times \frac{100 \times 10^3}{1.01325 \times 10^5} = 39.7 kmol/h$$

$$惰性气体摩尔流量 V = 39.7 \times (1 - 0.09) = 36.1 kmol/h$$

由式（6-41）计算 L

$$L = \frac{V(Y_1 - Y_2)}{X_1 - X_2} = \frac{36.1 \times (0.099 - 0.00495)}{0.004 - 0}$$

$$= 848.8 kmol/h = 15278 kg/h$$

（2）求 $L = 1.2L_{min}$ 时的 L 和 X_1：

由式（6-47）有 $\qquad \left(\dfrac{L}{V}\right)_{min} = m\eta = 13.2 \times 0.95 = 12.54$

故 $\qquad L = 1.2\left(\dfrac{L}{V}\right)_{min} V = 1.2 \times 12.54 \times 36.1 = 543.2 kmol/h = 9778 kg/h$

由式（6-40）可得

$$X_1 = \frac{V(Y_1 - Y_2)}{L} + X_2 = \frac{36.1 \times (0.099 - 0.00495)}{543.2} + 0 = 0.00625$$

6.4.2 填料层高度的计算

6.4.2.1 填料层高度基本计算式

要完成一定的吸收任务，则要求一定高度的填料层提供充分的气液接触面积。填料层高度 z 可通过联解吸收速率方程和物料衡算方程求得。

在填料塔内任取一微元填料层段 dz，如图6-13所示。微元层内气、液浓度变化极小，可认为 N_A 为定值。在单位时间内对微元层作溶质的物料衡算有

$$dG_A = VdY = LdX = N_A dS = N_A \cdot a \cdot \Omega dz \qquad (6-49)$$

式中　dS——微元层填料的气液传质面积，m^2；

$\qquad \Omega$——塔的横截面积，m^2；

$\qquad a$——每 $1m^3$ 填料的有效气液传质面积，其值总是小于单位体积填料的固体表面积（即比表面积），m^2/m^3。

吸收速率方程为

$$N_A = K_Y(Y - Y_e) = K_X(X_e - X)$$

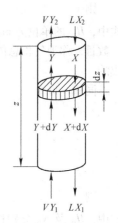

图6-13 微元填料层的物料衡算

代入式（6-49），得

$$V \mathrm{d}Y = K_{\mathrm{Y}} (Y - Y_{\mathrm{e}}) a \Omega \mathrm{d}z \tag{6-50}$$

或

$$V \mathrm{d}X = K_{\mathrm{X}} (X_{\mathrm{e}} - X) a \Omega \mathrm{d}z \tag{6-51}$$

则

$$z = \int_0^z \mathrm{d}z = \int_{Y_2}^{Y_1} \frac{V}{K_{\mathrm{Y}} a \Omega} \frac{\mathrm{d}Y}{Y - Y_{\mathrm{e}}} \tag{6-52}$$

$$z = \int_0^z \mathrm{d}z = \int_{X_2}^{X_1} \frac{V}{K_{\mathrm{X}} a \Omega} \frac{\mathrm{d}X}{X_{\mathrm{e}} - X} \tag{6-53}$$

对稳定操作的吸收塔，V、L、a、Ω 为定值。对低浓度气体吸收，K_{Y} 为定值。难溶或具有中等溶解度的气体吸收，K_{X} 也可取为定值。则

$$z = \frac{V}{K_{\mathrm{Y}} a \Omega} \int_{Y_2}^{Y_1} \frac{\mathrm{d}Y}{Y - Y_{\mathrm{e}}} \tag{6-54}$$

或

$$z = \frac{L}{K_{\mathrm{X}} a \Omega} \int_{X_2}^{X_1} \frac{\mathrm{d}X}{X_{\mathrm{e}} - X} \tag{6-55}$$

式（6-54）和式（6-55）即为计算填料层高度的基本公式。

式中，$K_{\mathrm{Y}} a$ 及 $K_{\mathrm{X}} a$ 分别称为气相体积总传质系数及液相体积总传质系数。这是由于 a 值不易直接测定，通常将它与传质系数一并测定，其单位均为 $\mathrm{kmol}/(\mathrm{m}^3 \cdot \mathrm{s})$，是当推动力为一个单位的情况下，单位时间单位体积填料层内所吸收的溶质的量。

6.4.2.2　传质单元高度与传质单元数

在式（6-54）中若令

$$H_{\mathrm{OG}} = \frac{V}{K_{\mathrm{Y}} a \Omega} \tag{6-56}$$

$$N_{\mathrm{OG}} = \int_{Y_2}^{Y_1} \frac{\mathrm{d}Y}{Y - Y_{\mathrm{e}}} \tag{6-57}$$

则

$$z = H_{\mathrm{OG}} \cdot N_{\mathrm{OG}} \tag{6-58}$$

式中，H_{OG} 的单位为 m，是个表示高度的量，称为气相总传质单元高度；N_{OG} 则无量纲，相当某一数目，称为气相总传质单元数。因此填料层高度可看成是由 N_{OG} 个高度为 H_{OG} 的传质单元组成的。

同理，可令

$$H_{\mathrm{OL}} = \frac{L}{K_{\mathrm{X}} a \Omega} \tag{6-59}$$

$$N_{\mathrm{OL}} = \int_{X_2}^{X_1} \frac{\mathrm{d}X}{X_{\mathrm{e}} - X} \tag{6-60}$$

则

$$z = H_{\mathrm{OL}} \cdot N_{\mathrm{OL}} \tag{6-61}$$

式中，H_{OL} 及 N_{OL} 分别称为液相总传质单元高度及液相总传质单元数。

此外，填料层高度还可用气相或液相传质分系数及相应的推动力表示，由此所得填料层高度的计算式列于表 6-3 中。

表6-3　传质单元高度与传质单元数

填料层高度计算式	传质单元高度	传质单元数	总传质单元高度与H_G和H_L的关系
$z = H_{OG} \cdot N_{OG}$	$H_{OG} = \dfrac{V}{K_Y a\Omega}$	$N_{OG} = \displaystyle\int_{Y_2}^{Y_1} \dfrac{dY}{Y - Y_e}$	$H_{OG} = H_G + \dfrac{mV}{L} H_L$
$z = H_{OL} \cdot N_{OL}$	$H_{OL} = \dfrac{L}{K_X a\Omega}$	$N_{OL} = \displaystyle\int_{X_2}^{X_1} \dfrac{dX}{X_e - X}$	H_G——气相传质单元高度
$z = H_G \cdot N_G$	$H_G = \dfrac{V}{k_Y a\Omega}$	$N_G = \displaystyle\int_{Y_2}^{Y_1} \dfrac{dY}{Y - Y_i}$	H_L——液相传质单元高度
$z = H_L \cdot N_L$	$H_L = \dfrac{L}{k_X a\Omega}$	$N_L = \displaystyle\int_{X_2}^{X_1} \dfrac{dX}{X_i - X}$	$H_{OL} = H_L + \dfrac{L}{mV} H_G$

　　气相总传质单元高度的物理意义如图6-14所示。假设某吸收过程所需填料层高度 z 等于一个气相总传质单元高度，即 $z = H_{OG}$。由式（6-57）知：

$$N_{OG} = \int_{Y_2}^{Y_1} \frac{dY}{Y - Y_e} = 1$$

　　在整个填料层中，吸收推动力 $Y - Y_e$ 是变量，但可找到一平均值 $(Y - Y_e)_m$ 代替积分中 $Y - Y_e$ 而使积分值不变，即

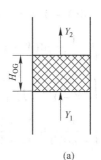
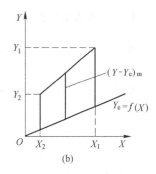

图6-14　气相总传质单元高度

$$N_{OG} = \int_{Y_2}^{Y_1} \frac{dY}{Y - Y_e} = \int_{Y_2}^{Y_1} \frac{dY}{(Y - Y_e)_m} = \frac{Y_1 - Y_2}{(Y - Y_e)_m} = 1$$

所以　　　　　　　　　　　　　$$Y_1 - Y_2 = (Y - Y_e)_m$$

　　由此可知，如果气体流经一段填料层前后浓度变化 $(Y_1 - Y_2)$ 恰好等于此段填料层内以气相浓度差所表示的总推动力的平均值 $(Y - Y_e)_m$（图6-14（b）），则这段填料层的高度即为一个气相总传质单元高度。

　　气相总传质单元高度 H_{OG} 的大小反映了传质阻力的大小、填料性能的好坏及填料润湿状况等。如果吸收过程传质阻力越大，单位体积填料层的有效传质表面积越小，每个传质单元所相当的填料层高度就越大。常用吸收设备传质单元高度约为 $0.15 \sim 1.5 m$，具体数值需由实验测定。

　　气相总传质单元数 N_{OG}，它反映吸收过程的难度，如吸收操作要求的气体浓度变化越大，过程平均推动力越小，即吸收过程难度越大，则所需的传质单元数也越多。

6.4.2.3　总传质单元数的计算

　　求填料层高度 z 的关键问题在于如何求算总传质单元数，即积分 $\displaystyle\int_{Y_2}^{Y_1} \frac{dY}{Y - Y_e}$ 或 $\displaystyle\int_{X_2}^{X_1} \frac{dX}{X_e - X}$。积分值的求法可分为解析法、图解积分法和梯级图解法。解析法适用于平衡线能用简单的数学式（例如直线）表示的情况；图解积分法则多用于平衡线不能用数学式表示或数学表达式太复杂，积分值不能用解析法求得的情况（如曲线情况）；而梯级图解法只适用于平衡线为直线或弯曲程度不大的曲线的情况。这里主要介绍前两种方法。

A 解析法

解析法多用于平衡线段为直线的情况，视解析式的形式不同又可分为基本方程式法，对数平均推动力法和吸收因子法。

设在所涉及的浓度范围内，平衡线可视为直线，且其形式为

$$Y_e = mX + B \tag{a}$$

因此
$$Y - Y_e = Y - mX - B \tag{b}$$

由操作线方程得：

$$X = (V/L)Y + [X_2 - (V/L)Y_2]$$

代入（b）整理后可得

$$Y - Y_e = (1 - mV/L)Y - m[X_2 - (V/L)Y_2] - B$$

对上式两边微分有
$$d(Y - Y_e) = (1 - mV/L)dY$$

或
$$dY = \frac{1}{1 - mV/L}d(Y - Y_e) \quad (mV/L \neq 1)$$

所以
$$N_{OG} = \int_{Y_2}^{Y_1} \frac{dY}{Y - Y_e} = \int_{Y_2 - Y_{e2}}^{Y_1 - Y_{e1}} \frac{1}{1 - mV/L} \cdot \frac{d(Y - Y_e)}{Y - Y_e}$$

$$= \frac{1}{1 - mV/L}\ln\frac{Y_1 - Y_{e1}}{Y_2 - Y_{e2}} = \frac{1}{1 - mV/L}\ln\frac{\Delta Y_1}{\Delta Y_2} \tag{6-62}$$

类似有
$$N_{OL} = \frac{1}{1 - L/mV}\ln\frac{X_{e2} - X_2}{X_{e1} - X_1} = \frac{1}{1 - L/(mV)}\ln\frac{\Delta X_2}{\Delta X_1} \tag{6-63}$$

式（6-62）和式（6-63）为用基本方程式法求算总传质单元高度的公式。若分别将 $mV/L = (Y_{e1} - Y_{e2})/(Y_1 - Y_2)$ 和 $Y_{e1} - Y_{e2} = (1 - mV/L)(Y_1 - Y_2) + (mV/L)(Y_2 - Y_2)$ 代入式（6-62），分别将 $L/(mV) = (X_{e1} - X_{e2})/(X_1 - X_2)$ 和 $X_{e2} - X_2 = [1 - L/(mV)](X_{e1} - X_2) + [L/(mV)](X_{e1} - X_1)$ 代入式（6-63）可分别得到对数平均推动力法的计算公式：

$$N_{OG} = \frac{Y_1 - Y_2}{(Y_1 - Y_{e1}) - (Y_2 - Y_{e2})}\ln\frac{Y_1 - Y_{e1}}{Y_2 - Y_{e2}}$$

$$= \frac{Y_1 - Y_2}{\Delta Y_1 - \Delta Y_2}\ln\frac{\Delta Y_1}{\Delta Y_2} = \frac{Y_1 - Y_2}{\Delta Y_m} \tag{6-64}$$

$$N_{OL} = \frac{X_1 - X_2}{(X_{e1} - X_1) - (X_{e2} - X_2)}\ln\frac{X_{e1} - X_1}{X_{e2} - X_2}$$

$$= \frac{X_1 - X_2}{\Delta X_1 - \Delta X_2}\ln\frac{\Delta X_1}{\Delta X_2} = \frac{X_1 - X_2}{\Delta X_m} \tag{6-65}$$

和吸收因子法的计算公式：

$$N_{OG} = \left(\frac{1}{1 - 1/A}\right)\ln\left[\left(1 - \frac{1}{A}\right)\left(\frac{Y_1 - Y_{e2}}{Y_2 - Y_{e2}}\right) + \frac{1}{A}\right] \tag{6-66}$$

$$N_{OL} = \left(\frac{1}{1 - A}\right)\ln\left[(1 - A)\left(\frac{Y_{e2} - Y_1}{Y_{e1} - Y_1}\right) + A\right] \tag{6-67}$$

在式（6-64）和式（6-65）中，ΔY_m 称为气相平均推动力，ΔX_m 称为液相平均推动力，其表达式各为

$$\Delta Y_{\mathrm{m}} = \frac{\Delta Y_1 - \Delta Y_2}{\ln \dfrac{\Delta Y_1}{\Delta Y_2}} \tag{6-68}$$

$$\Delta X_{\mathrm{m}} = \frac{\Delta X_1 - \Delta X_2}{\ln \dfrac{\Delta X_1}{\Delta X_2}} \tag{6-69}$$

当 $\dfrac{1}{2} < \dfrac{\Delta Y_1}{\Delta Y_2} < 2$ 或 $\dfrac{1}{2} < \dfrac{\Delta X_1}{\Delta X_2} < 2$ 时，相应的对数平均推动力也可用算术平均值代替，而不致带来大的误差。

式（6-66）和式（6-67）中的 $A = L/(mV)$ 是操作线斜率与平衡线段斜率的比值。在其他条件（Y_1，Y_2，X_2，m）相同的情况下，A 越大，操作线离平衡线越远，对吸收越有利，称为吸收因子。其倒数 $1/A = mV/L$ 则代表对吸收不利的条件，称为脱吸因子。

$L/(mV)$ 值越大，需要的传质单元数越小，从而需要的填料层高度越小。但对一定的 m，增大 $L/(mV)$ 意味着增大吸收剂用量，增加操作费用。一般认为选取 $L/(mV) = 1.5 \sim 2$ 时，在经济上是合理的。

例 6-8 用煤油从苯蒸气与空气的混合物中吸收苯，要求回收 99%。入塔的混合气中含苯 2%（摩尔分数，下同），入塔的煤油中含苯 0.02%，溶剂用量为最小用量的 1.5 倍。操作温度为 50℃，压强为 100kN/m²，平衡关系可以写成 $Y_e = 0.36X$，总体积吸收系数 $K_Y a = 0.015\,\mathrm{kmol}/(\mathrm{m}^3 \cdot \mathrm{s})$，入塔气体的摩尔流率为 $0.015\,\mathrm{kmol}/(\mathrm{m}^2 \cdot \mathrm{s})$。求填料层高度。

解：

$$Y_1 = \frac{y_1}{1 - y_1} = \frac{0.02}{1 - 0.02} = 0.0204$$

$$Y_2 = Y_1(1 - \eta) = 0.0204 \times (1 - 0.99) = 2.04 \times 10^{-4}$$

$$X_2 = \frac{x_2}{1 - x_2} = \frac{0.02 \times 10^{-2}}{1 - 0.02 \times 10^{-2}} = 0.0002$$

$$\left(\frac{L}{V}\right)_{\min} = \frac{Y_1 - Y_2}{\dfrac{Y_1}{m} - X_2} = \frac{0.0204 - 2.04 \times 10^{-4}}{\dfrac{0.0204}{0.36} - 2 \times 10^{-4}} = 0.36$$

$$X_1 = \frac{V(Y_1 - Y_2)}{L} + X_2 = \frac{Y_1 - Y_2}{1.5\left(\dfrac{L}{V}\right)_{\min}} + X_2$$

$$= \frac{0.0204 - 2.04 \times 10^{-4}}{1.5 \times 0.36} + 2 \times 10^{-4} = 0.0376$$

$$\Delta Y_2 = Y_2 - mX_2 = 2.04 \times 10^{-4} - 0.36 \times 2 \times 10^{-4} = 1.32 \times 10^{-4}$$

$$\Delta Y_1 = Y_1 - mX_1 = 0.0204 - 0.36 \times 0.0376 = 6.86 \times 10^{-3}$$

$$mV/L = 0.36 \times 1/(1.5 \times 0.36) = 0.67$$

现分别用 3 种方法求 N_{OG}。

基本公式法：

$$N_{\mathrm{OG}} = \frac{1}{1 - 0.67} \ln \frac{6.86 \times 10^{-3}}{1.32 \times 10^{-4}} = 11.9$$

对数平均推动力法：

$$N_{\mathrm{OG}} = \frac{0.0204 - 2.04 \times 10^{-4}}{6.86 \times 10^{-3} - 1.32 \times 10^{-4}} \ln \frac{6.86 \times 10^{-3}}{1.32 \times 10^{-4}} = 11.9$$

吸收因子法：$N_{OG} = \dfrac{1}{1 - 0.67} \ln\left[(1 - 0.67) \dfrac{0.0204 - 0.36 \times 2 \times 10^{-4}}{1.32 \times 10^{-4}} + 0.67 \right]$

$$= 11.9$$

$$H_{OG} = \dfrac{V}{K_Y a \Omega} = \dfrac{0.015 \times (1 - 0.02)}{0.015} = 0.98 \text{m}$$

$$z = H_{OG} \cdot N_{OG} = 0.98 \times 11.9 = 11.7 \text{m}$$

例 6-9　一填料吸收塔直径为 1.0m，填料层高 5m，每小时处理 2000m³（标准态）含丙酮 5%（体积分数，下同）的空气，用清水作吸收剂。出塔气体中含丙酮 0.26%，每 1kg 塔底流出的溶液中含丙酮 60g。已知在操作条件下丙酮-水系统的平衡关系为 $Y_e = 2.0X$，丙酮的摩尔质量为 58kg/kmol。

（1）根据以上实测数据，计算气相体积总传质系数 $K_Y a$；

（2）目前情况下，每小时可回收多少丙酮；

（3）若把填料层加高 3m，每小时可多回收丙酮多少？

解：（1）求 $K_Y a$　　　　　$Y_1 = \dfrac{y_1}{1 - y_1} = \dfrac{0.05}{1 - 0.05} = 0.0526$

$$Y_2 = \dfrac{y_2}{1 - y_2} = \dfrac{0.0026}{1 - 0.0026} = 0.00261 \qquad X_1 = \dfrac{n_A}{n_S} = \dfrac{60/58}{40/18} = 0.0198$$

$$X_2 = 0 \qquad Y_{e2} = mX_2 = 0 \qquad Y_{e1} = 2X_1 = 2 \times 0.0198 = 0.0396$$

$$\Delta Y_1 = Y_1 - Y_{e1} = 0.0526 - 0.0396 = 0.013 \qquad \Delta Y_2 = Y_2 - Y_{e2} = 0.00261 - 0 = 0.00261$$

$$\Delta Y_m = \dfrac{\Delta Y_1 - \Delta Y_2}{\ln \dfrac{\Delta Y_1}{\Delta Y_2}} = \dfrac{0.013 - 0.00261}{\ln \dfrac{0.013}{0.00261}} = 6.48 \times 10^{-3}$$

$$N_{OG} = \dfrac{Y_1 - Y_2}{\Delta Y_m} = \dfrac{0.0526 - 0.00261}{6.48 \times 10^{-3}} = 7.72$$

$$H_{OG} = \dfrac{z}{N_{OG}} = \dfrac{5}{7.72} = 0.648 \text{m}$$

$$V = \dfrac{2000 \times (1 - 0.05)}{22.4} = 84.82 \text{kmol/h}$$

$$K_Y a = \dfrac{V}{H_{OG} \Omega} = \dfrac{84.82}{0.648 \times \dfrac{\pi}{4} \times 1^2} = 166.7 \text{kmol/(m}^3 \cdot \text{h)}$$

（2）目前每小时可回收的丙酮

$$G_A = V(Y_1 - Y_2) = 84.82 \times (0.0526 - 0.00261) = 4.24 \text{kmol/h} = 246 \text{kg/h}$$

（3）当 $z' = 8$m 时，

$$N'_{OG} = \dfrac{z'}{H_{OG}} = \dfrac{8}{0.648} = 12.3$$

$$\dfrac{1}{A} = \dfrac{mV}{L} = \dfrac{m(X_1 - X_2)}{Y_1 - Y_2} = \dfrac{mX_1}{Y_1 - Y_2} = \dfrac{2 \times 0.0198}{0.0526 - 0.00261} = 0.792$$

所以　　　　　$N'_{OG} = 12.3 = \dfrac{1}{1 - 0.792} \ln\left[(1 - 0.792) \dfrac{Y_1}{Y'_2} + 0.792 \right]$

$$\ln\left[0.208 \times \frac{0.0526}{Y_2'} + 0.792\right] = 2.56$$

解得 $\qquad Y_2' = 0.000902$

可回收丙酮 $\qquad G_A' = V(Y_1 - Y_2') = 84.82 \times (0.0526 - 0.000902) = 4.385 \text{kmol/h}$

多回收的丙酮 $\qquad G_A' - G_A = 4.385 - 4.241 = 0.144 \text{kmol/h} = 8.35 \text{kg/h}$

B　图解积分法

按式（6-57）在直角坐标系中将 $\dfrac{1}{Y - Y_e}$ 与 Y 的对应关系进行标绘，所得的函数曲线与 $Y = Y_1$、$Y = Y_2$ 及 $\dfrac{1}{Y - Y_e} = 0$ 3 条直线间所包围的面积，便是定积分 $\displaystyle\int_{Y_2}^{Y_1} \frac{\mathrm{d}Y}{Y - Y_e}$ 的值，即 N_{OG}，如图 6-15（b）所示。图解积分法求 N_{OG} 的步骤如下：

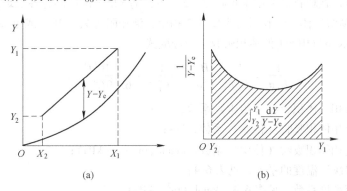

图 6-15　图解积分法求 N_{OG}

（1）在 Y-X 坐标图上画出操作线及相平衡线，如图 6-15（a）所示；

（2）在 Y_1 到 Y_2 间任取若干个 Y 值，读出相应的 $(Y - Y_e)$ 值，并计算出 $\dfrac{1}{Y - Y_e}$ 的值；

（3）以 Y 为横坐标，$\dfrac{1}{Y - Y_e}$ 为纵坐标，作出如图 6-15（b）所示曲线；

（4）量出曲线与 X 轴间的面积，此数值即为所求的积分值 N_{OG}。

同理也可用图解积分法求取 N_{OL}。

6.5　吸　收　系　数

吸收系数对于吸收计算具有十分重要的意义，如没有准确可靠的吸收系数数据，则吸收速率问题的计算将失去实际应用的价值。由于吸收过程影响因素很多，目前尚无通用计算公式。设计时吸收系数常用实验测定法、经验公式计算法及特征数关联式计算法求取。

6.5.1　吸收系数的实验测定法

在条件接近的生产装置或中间试验设备上，测取总吸收系数。测定的依据是填料层高度的计算式。由式（6-54）可得

$$K_Y a = \frac{V}{z\Omega} \int_{Y_2}^{Y_1} \frac{\mathrm{d}Y}{Y - Y_e}$$

对一定的装置（z、Ω已知），一定的吸收系统（相平衡关系已知），只要测出 V、Y_1、Y_2 就可算出体积吸收总系数 $K_Y a$。

6.5.2 吸收系数计算的经验公式

计算吸收系数的经验公式是根据特定系统及特定条件下的实验数据得出，只在一定范围内适用。下面是几个计算体积吸收系数的经验公式。

（1）计算水吸收氨的气膜体积吸收系数的经验公式。

$$k_G a = 6.52 \times 10^{-3} G_G^{0.9} G_L^{0.39} \tag{6-70}$$

式中　G_G——气相空塔质量速度，kg/(m^2·s)；

　　　G_L——液相空塔质量速度，kg/(m^2·s)。

适用条件：1）在填料塔中用水吸收氨；2）直径为 12.5mm 的陶瓷环形填料。

氨在水中属易溶气体，吸收阻力主要在气相中，液相阻力只占 10% 或更多些。

（2）用水吸收空气中 SO$_2$ 的体积吸收系数经验式。

$$\frac{1}{K_L a} = \frac{1}{k_L a} + \frac{H}{k_G a} = \frac{1}{b G_L^{0.82}} + \frac{10^4 H}{6.49 G_G^{0.7} G_L^{0.25}} \tag{6-71}$$

式中　$K_L a$——液相总体积吸收（传质）系数，1/s；

　　　$k_L a$——液相体积吸收（传质）系数，1/s；

　　　$k_G a$——气相体积吸收（传质）系数，kmol/(m^3·s·kPa)；

　　　b——取决于温度的系数，见表 6-4；

　　　H——溶解度系数，见表 6-4，kmol/(m^3·kPa)。

适用条件：1）$G_G = 0.9 \sim 1.1$kg/(m^2·s)，$G_L = 1.2 \sim 16.2$kg/(m^2·s)；2）直径为 25mm 的环形填料。

表 6-4　式（6-71）中的 b 和 H 之值

温度/℃	10	15	20	25	30	35
$10^3 b$	2.13	2.33	2.66	2.93	3.28	3.57
$10^2 H$	2.58	2.12	1.79	1.51	1.28	1.09

6.5.3 吸收系数的特征数关联式

6.5.3.1 气膜吸收分系数的特征数关联式

在湿壁塔中做实验得如下关联式：

$$k_G = a \frac{p D_G}{RT p_{Bm} l} (Re_G)^{\beta} (Sc_G)^{\gamma} \tag{6-72}$$

式中，$a = 0.023$，$\beta = 0.83$，$\gamma = 0.44$，特性尺寸 l 为湿壁塔塔径。适用范围：$Re_G = 2 \times 10^3 \sim 3.5 \times 10^4$，$Sc_G = 0.6 \sim 2.5$，$p = 10.1 \sim 303$kPa（绝压）。

6.5.3.2 液膜吸收分系数的特征数关联式

$$k_L = 0.00595 \frac{c D_L}{c_{sm} l} (Re_L)^{0.67} (Sc_L)^{0.33} (Ga)^{0.33} \tag{6-73}$$

式中　l——特性尺寸取填料直径，m；

Re——雷诺特征数，简称雷诺数，$Re = \dfrac{d_e u_0 \rho}{\mu}$；

Sc——施密特特征数，简称施密特数，$Sc = \dfrac{\mu}{\rho D}$；

Ga——伽利略特征数，简称伽利略数，$Ga = \dfrac{g l^3 \rho^2}{\mu^2}$；

下标 G、L 分别代表其中参数取气、液相的值。

吸收系数除了可用以上关联式计算外，还可利用其和传质单元高度的关系，通过传质单元高度将其计算出来。而传质单元高度可用以下一组较为常用的公式计算出。

$$H_G = C G_G^m G_L^n Sc_G^{0.5} \tag{6-74}$$

$$H_L = \beta (G_L/\mu_L)^g Sc_L^{0.5} \tag{6-75}$$

式中，C、m、n、β、g 为经验常数，其值列于表 6-5 和表 6-6 中；$Sc_G \left(\dfrac{\mu_G}{\rho_G D_G} \right)$、$Sc_L \left(\dfrac{\mu_L}{\rho_L D_L} \right)$ 分别为气相、液相的施密特数。施密特数中的 μ_G、μ_L 分别为气相、液相的黏度，单位为 Pa·s；ρ_G、ρ_L 分别为气相、液相的密度，单位为 kg/m³；D_G、D_L 分别为气相、液相的分子扩散系数，单位为 m²/s。

表 6-5　式（6-74）中的常数

填料规格		适用范围		常数值		
		G_G/kg·m⁻²·s⁻¹	G_L/kg·m⁻²·s⁻¹	C	m	n
拉西环	25mm	0.27~0.81	0.68~6.1	0.557	0.32	-0.51
	38mm	0.27~0.95	2.03~6.1	0.689	0.38	-0.4
	50mm	0.27~1.09	0.68~6.1	0.894	0.41	-0.45
弧鞍	38mm	0.27~1.36	0.54~6.1	0.652	0.32	-0.45

表 6-6　式（6-75）中的常数

填料规格		适用范围	常数值	
		G_L/kg·m⁻²·s⁻¹	β	g
拉西环	25mm	0.54~20.3	2.35×10⁻³	0.22
	38mm	0.54~20.3	2.61×10⁻³	0.22
	50mm	0.54~20.3	2.93×10⁻³	0.22
弧鞍	38mm	0.54~20.3	1.37×10⁻³	0.28

6.6　填 料 塔

6.6.1　填料塔与填料

6.6.1.1　填料塔构造与操作

如图 6-16 所示，填料塔为一直立圆筒形设备，塔内支承栅板上整砌或乱堆填料，一般气、液两相在塔内呈逆流接触。气体由塔底送入，液体经塔顶液体分布器均匀淋洒到填料表面，形成薄膜，由填料间的缝隙向下流动，填料被液体润湿了的表面，即为气液传质的接触面。两相组成沿塔高连续改变，溶液由塔底排出，吸收后的气体由塔顶排出。

6.6.1.2 填料

A 基本要求

塔用填料的作用是为气、液两相提供充分的接触面积，强化气体的湍动程度，以利于传质（包括传热）的进行。因而填料是填料塔的核心，填料塔操作性能的好坏，与所选用的填料有密切关系，故所选填料应符合以下主要要求：

（1）有较大的比表面积；

（2）有较高的孔隙率；

（3）有足够的机械强度；具有化学稳定性；单位体积重量轻；价廉耐用等。

B 类型

常用填料如图 6-17 所示。

拉西环是最早使用的一种填料。在塔内充填方式有乱堆和整砌两种。直径小于 50mm 的拉西环，一般采用乱堆，直径在 50mm 以上的采用整砌。拉西环构造简单，制造容易，价格低。但液体分布不均匀，容易产生壁流和沟流现象。

θ 环和十字格环是拉西环的衍生型，比表面积有所增加，但本质缺点没变。

鲍尔环是在拉西环基础上研制出来的一种性能优良的填料。与拉西环相比，其具有生产能力大，阻力低，操作弹性大等优点。

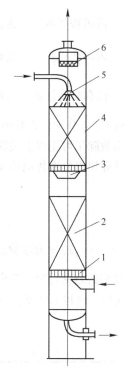

图 6-16　填料塔结构示意图
1—栅板；2—填料；3—液体再生分布器；
4—塔身；5—液体分布器；6—除沫器

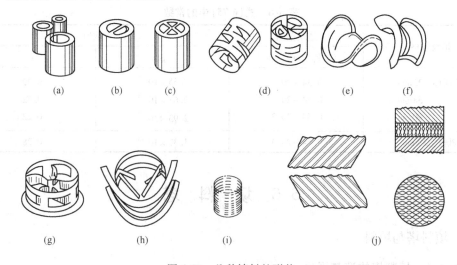

图 6-17　几种填料的形状
(a) 拉西环；(b) θ环；(c) 十字格环；(d) 鲍尔环；(e) 弧鞍；(f) 矩鞍；
(g) 阶梯环；(h) 金属鞍环；(i) θ网环；(j) 波纹填料

弧鞍形填料的性能优于拉西环但不如矩鞍环。缺点是壁薄，容易破碎和填料层中易相互重叠导致填料部表面不能充分利用。

矩鞍填料是在弧鞍形填料基础上发展起来的一种结构不对称的填料，这样堆积时相互重叠较少，填料层的均匀性得到改善。与同尺寸的拉西环相比，传质效率高，压强降小，且不易被悬浮物所堵塞。与鲍尔环相比，制造容易，强度较好，故国内外使用较广。

阶梯环是在鲍尔环填料基础上加以改进而发展起来的一种填料。阶梯环具有气体通量大、流动阻力小、传质效率高等优点，是目前使用的环形填料中性能最为良好的一种。

金属鞍环填料是综合了环形填料通量大及鞍形填料的液体再分布性能好的优点而研制和发展起来的一种新型填料。其性能优于目前常用的鲍尔环和矩鞍填料。

θ 网环属于颗粒型网体填料的一种（其他还有鞍形网、压延孔环等）。其特点是比表面积和孔隙率较大，液体分布均匀，液膜薄，传质效果好，传质单元高度小，属于高效填料。

波纹填料（有波纹板和波纹网两种形式），是一种整砌结构的新型高效填料。其主要缺点是不适用于有固体析出及黏度大的物系，并且为使全部填料润湿，对液体分布器的要求高。此外安装及清理比较困难，造价也高。

除了以上常用填料以外，还有一些其他新型填料，如共轭环填料、海尔填料、多面球形填料、泰勒花环填料、钠特环填料、脉冲填料等。它们的具体结构和性能可参考有关书籍。

6.6.2　填料塔的流体力学特性

6.6.2.1　气体通过填料层时的压强降 Δp

将实测的不同喷淋量时单位填料层的压强 $\Delta p/z$ 与空塔气速 u 的数据，标绘于双对数坐标上，得图 6-18。

由图 6-18 可知：当 $L=0$ 干填料时，$\Delta p/z \sim u$ 为一直线，其斜率为 1.8～2.0；喷淋量依次增大时得 $\Delta p/z \sim u$ 的一系列曲线，曲线下转折点称"载点"，如图中 A 虚线所示位置上转折点称"泛点"，如图中 B 虚线所示位置，将 $\Delta p/z \sim u$ 曲线分成 3 个区即：

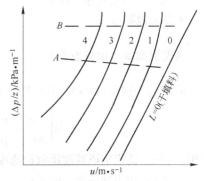

图 6-18　填料层 $\Delta p/z \sim u$ 关系图

（1）恒持液区。气速较低时，填料层内液体下流几乎与气速无关，当喷淋量恒定时，填料表面液膜厚度不变，填料层持液量不变。同一空塔气速下由于湿填料层内液体占一定体积故气体实际速度比干板时高，压降也较大，其 $\Delta p/z \sim u$ 关系在此区内为干板的左侧，二者相互平行。

（2）载液区。一定喷淋量下，气速增至某值，上升气流阻碍液体顺利下流，液体在填料层的量随气速增大而增多，称"拦液现象"。此时的空塔速度称载点气速，过此点后的 $\Delta p/z \sim u$ 关系线斜率大于 2。

（3）液泛区。在载液区内如持续增大气速，填料层内液体不断增多，液体无法下流，压强降剧升，塔内发生"液泛现象"。在 $\Delta p/z \sim u$ 曲线上为"泛点"，此时气速称泛点气速，为操作的上限，曲线斜率剧增，可达 10 以上。

实测的 $\Delta p/z \sim u$ 关系线斜率是逐渐变化的，"载点"、"泛点"并不明显。

6.6.2.2　泛点气速的影响因素

泛点气速的影响因素分析如下：

（1）填料的特性。填料的比表面积 a_t、空隙率 ε、几何形状等特性的影响，集中表现在填料因子上。填料因子分为干填料因子和湿填料因子。干填料因子是干填料的比表面积与填料孔隙率的三次方之比。湿填料因子（简称填料因子）指填料层内有液体流过时，润湿的填料实际比表面积与填料实际孔隙率的三次方之比。同一类型，材质同但尺寸不同的填料，填料因子取决于填料比表面积与孔隙率；而不同类型的填料，填料因子取决于填料的几何形状特征。填料因子的数值在某种程度上能反映填料流体力学性能的状况。同系物及同样液气比条件下不同填料的填料因子不同。

（2）流体的物性。当忽略气体浮力作用时，液体因其自身重量作用，能克服所受阻力而在填料层中向下流动。液体密度越大，液体越易向下流动，则泛点速度越大；气体密度 ρ_g 越大，同一气速下对液体阻力也越大，则泛点气速越低；液体黏度 μ_l 越大，填料表面对液体的摩擦阻力也越大，因而泛点气速也越低。

（3）液气比（质量流量之比）。$\dfrac{W_l}{W_g}$ 值大则泛点气速小。由于其他因素一定时，液体喷淋密度增大，填料层持液量也增加，因而孔隙率减小，故发生液泛的气速也变小。

6.6.3 填料塔径的计算

$$D_T = \sqrt{\frac{4q_{V_m}}{\pi u}} \tag{6-76}$$

式中　q_{V_m}——混合气体处理量，m^3/s；

　　　D_T——塔径，m；

　　　u——空塔气速，m/s。

不易发泡物系

$$u = (0.6 \sim 0.8)u_f \tag{6-77}$$

易发泡物系（如碱液等）

$$u \leqslant 0.45u_f \text{ 或更低} \tag{6-78}$$

u_f 为液泛速度（m/s），其可用以下经验式计算

$$\lg\left[\frac{a_t u_f^2}{g\varepsilon^3}\frac{\rho_g}{\rho_l}\mu_l^{0.2}\right] = B - 1.75\left(\frac{W_l}{W_g}\right)^{\frac{1}{4}}\left(\frac{\rho_g}{\rho_l}\right)^{\frac{1}{8}} \tag{6-79}$$

式中　u_f——泛点空塔速度即液泛速度，m/s；

　　　g——重力加速度，m/s^2；

　　a_t/ε^3——干填料因子，m^{-1}；

　　　a_t——填料比表面积，m^2/m^3；

　　　ε——填料孔隙率；

　ρ_g、ρ_l——气、液相密度，kg/m^3；

　W_g、W_l——气、液相质量流量，kg/h；

　　　μ_l——液相黏度，$mPa \cdot s$；

　　　B——常数，见表6-7。

表6-7　各类填料的 B 值

填料	金属鲍尔环	塑料鲍尔环	瓷矩鞍	塑料矩鞍	塑料阶梯环	瓷拉西环
B 值	0.10	0.0942	0.176	0.244	0.204	0.022

计算出的 D_T 须进行圆整，直径 1m 以下间隔为 100mm，直径 1m 以上间隔为 200mm。实际空塔气速可按圆整后的塔径，用式（6-76）计算。

此外，为使填料能获得良好的润湿，应保证塔内液体的喷淋密度不低于某一下限值，即

$$L > L_{min} = (L_w)_{min} \cdot a_t \tag{6-80}$$

式中　L——操作条件下喷淋密度$\left(=\dfrac{吸收剂体积流量}{塔横截面积}\right)$，$m^3/(m^2 \cdot s)$；

　　　L_{min}——最小喷淋密度，$m^3/(m^2 \cdot s)$；

　　　$(L_w)_{min}$——最小润湿速率，$m^3/(m \cdot s)$。

润湿速率是指塔横截面上，单位长度的填料周边上的液体体积流量。对直径 $d \leqslant 75mm$ 的填料，$(L_w)_{min} = 0.08m^3/(m \cdot h)$；直径 $d > 75mm$ 的环形填料，$(L_w)_{min} = 0.12m^3/(m \cdot h)$。

为避免壁流现象，还要求拉西环满足 $D_T/d > 20$；鲍尔环满足 $D_T/d > 10$；鞍形填料满足 $D_T/d > 15$。

习　题

6-1　常压 25℃时稀氨水的摩尔分数为 0.02，氨的平衡分压为 1.677kPa，在此浓度下相平衡关系服从亨利定律，氨水的密度可近似取为 1000kg/m³，试求亨利系数 E、H 和 m 的数值各为多少？

6-2　101.3kPa、10℃时，氧气在水中的溶解度可用下列关系式表示：$p_e = 3.31 \times 10^6 x$（p_e 的单位为 kPa）。试求在此温度及压强下与空气充分接触后的水中，每立方米溶有多少克氧？

6-3　CO_2 分压为 0.5×10^5 Pa 的混合气体分别与 CO_2 浓度为 0.01kmol/m³ 的水溶液和 CO_2 浓度为 0.05kmol/m³ 的水溶液接触，系统温度均为 25℃，压强为常压。气液平衡关系 $p_e = 1.66 \times 10^8 x$Pa。试求上述两种情况下两相的推动力（分别以 Δp、ΔY 和 Δc、ΔX 表示）。并说明 CO_2 在两种情况下属吸收还是解吸。

6-4　某水杯中初始水面离杯上缘 1cm，水温恒定为 20℃，水汽借扩散进入大气。杯上缘处的空气中水汽分压可设为零，总压为 10^5 Pa。扩散系数为 2.60×10^{-5} m²/s。求水面下降 4cm 需要多少天？

习题 6-5　附图

6-5　如图所示，在一个填料塔内，用水吸收氨，在塔内某点测得液相氨的浓度为 0.064kmol/m³，气相中氨的浓度为 0.08（体积分数），$k_G = 0.117$kmol/$(m^2 \cdot h \cdot kPa)$，$k_L = 0.625$m/h，在操作条件 101.3kPa、20℃下，求传质速率及界面浓度。$H = 1.06$kmol/$(m^3 \cdot kPa)$。

6-6　已知某低浓度气体吸收过程服从亨利定律。其气膜吸收传质分系数 $k_G = 2.7 \times 10^{-3}$ kmol/$(m^2 \cdot h \cdot kPa)$，液膜吸收传质分系数 $k_L = 0.42$m/h；其平衡线方程 $Y_e = 102X$。试求气相吸收传质总系数 K_G 及气相阻力占总阻力的百分数。设吸收剂为水，塔内总压强为 104.5kPa。

6-7　某吸收装置由两个吸收塔组成，其流程及气、液体出口组成（均以比摩尔分数表示）如图所示，又在操作条件下相平衡关系为 $Y_e = 0.50X$。试画出该装置的操作线和相平衡线，并算出两个塔塔顶和塔底的吸收推动力 ΔY_1 和 ΔY_2。

6-8　用水吸收丙酮-空气混合物中的丙酮，入塔混合气中含丙酮 7%（体积分数），混合气体流量为

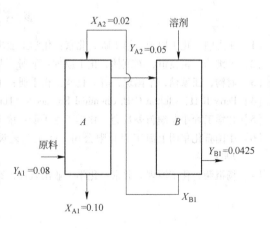

习题 6-7　附图

1500m³/h（标准状态），要求吸收率为97%，丙酮溶解于水的平衡关系可用 $Y_e = 1.68X$，计算：（1）每小时被吸收的丙酮量；（2）用水量为3200kg/h时，溶液的出口浓度；（3）溶液出口浓度为0.0305时的用水量；（4）水的最小用量。

6-9 在一填料塔内，用清水吸收空气-NH₃混合物中的NH₃。混合空气中NH₃的分压1333.2Pa，经处理后，降为133.32Pa。入塔混合气的流量为1000kg/h，塔内操作条件为20℃，101.325kPa。NH₃-H₂O系统的平衡关系为 $Y_e = 2.74X$，试求吸收剂用量为最小用量的两倍时的吸收剂用量和溶液出口浓度。

6-10 在总压为101325Pa，温度为20℃的吸收塔中，用纯水吸收SO₂-空气混合气体中的SO₂，入塔时SO₂浓度为5%（体积分数），要求在处理后的气体中，SO₂含量不超过1%（体积分数）。在101.325kPa和20℃时，平衡关系服从亨利定律并近似写为 $Y_e = 35X$。试问：（1）逆流操作与并流操作时的最小液气比 $(L/V)_{min}$ 为多少？（2）若操作总压增为303.975kPa时，采用逆流操作，其最小液气比 $(L/V)_{min}$ 为多少？并与常压下的值比较。

6-11 在直径为0.8m的填料吸收塔中，用清水吸收空气中的氨，操作压强为 10^5Pa，温度为20℃。混合气体的流量为1000m³/h，氨的分压为1333Pa。要求吸收率为99%，取水的用量为最小用量的1.4倍。已知氨-水系统的相平衡关系在低浓度时服从亨利定律，且可表示为 $Y_e = 0.755X$，气相体积总传质系数 $K_Y a = 314$kmol/(m³·h)。求所需填料层高度。

6-12 混合气含10%CO₂，其余为空气，于30℃及2.0MPa下用水吸收，使CO₂的浓度降到0.5%（均为体积分数），溶液出口浓度 $X_1 = 6 \times 10^{-4}$（摩尔比）。按标准状态计混合气体处理量为2240m³/h。塔径为1.5m。亨利系数 $E = 200$MN/m²，液相体积总传质系数 $K_L a = 50$h⁻¹。求每小时用水量及填料层高度。

6-13 某厂有一填料吸收塔，直径880mm，填料层高6m，所用填料为50mm拉西环，每小时处理200m³丙酮-空气混合气（气体体积为25℃，101.325kPa下的值），其中含丙酮5%（体积分数）。用水作溶剂。塔顶放出的废气含丙酮0.263%（体积分数），塔底排出的溶液每1kg含丙酮61.2g。根据上述测得的数据，计算气相体积总传质系数 $K_Y a$。在此操作条件下，平衡关系 $Y_e = 2.0X$。目前情况下每小时可回收多少丙酮？若保持气液流量 V 和 L 不变，将填料层加高3m，可以多回收多少丙酮？

6-14 有一吸收塔，填料层高度为3m，可以将含NH₃6%（体积分数）的空气和NH₃混合气中的NH₃回收99%，气体速率为600kg惰气/(m²·h)，吸收剂用水，其速率为900kg/(m²·h)，在操作条件范围内，氨-水平衡关系为 $Y_e = 0.9X$，$K_Y a \propto W_气^{0.7}$，受液体速率影响很小，而 $W_气$ 是单位时间内通过塔截面的气体质量，试计算将操作条件作下列变动，所需填料层高度分别有何增减。（1）气体速率增加20%；（2）液体速率增加20%。假设气、液速率变动后，塔内不会发生液泛。

参 考 文 献

[1] 王志魁. 化工原理. 第2版. 北京：化学工业出版社，1998.

[2] 蒋维钧，雷良恒，刘茂林. 化工原理：下册. 北京：清华大学出版社，2002.

[3] 时钧，汪家鼎，余国琮，等. 化学工程手册：上卷. 第2版. 北京：化学工业出版社，1996.

[4] Perry R H，Chilton C H. Chemical Engineers' Handbook. 7th ed. New York：McGraw-Hill, Inc.，1997.

[5] 化学工程手册编辑委员会. 化学工程手册：第12篇 吸收. 北京：化学工业出版社，1982.

[6] 中国石化集团上海工程有限公司. 化工工艺设计手册：上册. 第3版. 北京：化学工业出版社，2003.

[7] 杨祖荣. 化工原理. 北京：化学工业出版社，2004.

7 蒸　馏

蒸馏是利用液体混合物在一定压强下各组分挥发度不同（即在同温度下各自的蒸气压不同）的特性以达到分离目的的一种分离操作。这种操作一般是将混合液加热使其部分汽化，这样挥发度大的组分较挥发度小的组分易于从液相中气化出来而转入蒸气中，从而使混合液得到部分分离。

通常将挥发度大的即沸点低的组分称为易挥发组分（或轻组分），挥发度小的即沸点高的组分称为难挥发组分（或重组分）。

蒸馏按操作方式可分为间歇蒸馏和连续蒸馏。按原料中所含组分数目可以分为双组分蒸馏及多组分蒸馏。按蒸馏方法可分为简单蒸馏、平衡蒸馏、精馏、特殊精馏（如恒沸和萃取精馏）等。按操作压强可分为常压蒸馏、加压蒸馏及减压（真空）蒸馏。

在冶金工业中，真空蒸馏和精馏是制取高纯度金属的重要方法，广泛应用于镁、钛、锌、铟、锗和半导体材料的生产中。本章着重于讨论常压下双组分混合液的连续精馏。

7.1　双组分理想溶液的气液相平衡关系

蒸馏是气液两相间的传热和传质过程，此过程以两相达到平衡为极限，因此气液相平衡关系是分析蒸馏原理和进行设备计算的理论基础。

气液相平衡关系是指溶液与其上方蒸气达到相平衡时，气液相间组成、温度和压强的关系。

根据相律可知，平衡物系中自由度数 F，相数 Φ 及独立组分数 C 间的关系为：

$$F = C - \Phi + 2 \tag{7-1}$$

对双组分的气液平衡物系，组分数 $C = 2$，相数 $\Phi = 2$，故：

$$F = 2 - 2 + 2 = 2$$

由此可知，两组分气液平衡物系只有两个自由度，即在 t、p、x、y 4 个变量中，任意确定其中两个变量，此平衡状态也就确定了。因此恒压下的双组分平衡物系中，仅有一个独立变量，其他变量都是它的函数，于是必然存在着：液相（或气相）组成与温度间的对应关系；气、液相组成之间的对应关系。

此关系可用 p（分压）-x 或 t-x（或 y）或 x-y 的函数关系或相图来表示。

7.1.1　以拉乌尔定律表示的气液相平衡关系

理想溶液平衡时的相平衡关系，可由拉乌尔定律描述。在一定的温度下，溶液上方蒸气中任意组分的分压，等于此纯组分在该温度下的饱和蒸气压乘以它在溶液中的摩尔分数。即

$$p_A = p_A^0 x_A \tag{7-2a}$$

$$p_B = p_B^0 x_B = p_B^0 (1 - x_A) \tag{7-2b}$$

式中　p_A，p_B——溶液上方组分 A 及 B 的平衡分压，N/m^2；

$\quad\quad p_A^0$，p_B^0——同温下纯组分 A、B 的饱和蒸气压，N/m^2；

$\quad\quad x_A$，x_B——溶液中组分 A、B 的摩尔分数。

因此总压

$$p = p_A + p_B = p_A^0 x_A + p_B^0 x_B = p_A^0 x_A + p_B^0(1 - x_A) \tag{7-3}$$

7.1.2　以相平衡曲线图表示的相平衡关系

7.1.2.1　沸点-组成图（$t\text{-}x\text{-}y$ 图）

蒸馏操作通常在一定的外压下进行，根据相律，一定外压下，溶液沸点随组成而变。在总压 $p = 1 \times 10^5 Pa$ 下苯-甲苯、$TiCl_4$-$SiCl_4$ 体系的气液平衡组成与温度的数据，如表 7-1 和表 7-2 所示。

表 7-1　苯-甲苯在总压 $p = 1 \times 10^5 Pa$ 下的气液平衡数据

$t/℃$	80.2	82.8	85.1	87.5	90.0	92.6	95.4	98.4	101.9	105.9	110.7
x（苯）	1.000	0.875	0.773	0.673	0.578	0.486	0.393	0.303	0.207	0.107	0.000
y（苯）	1.000	0.945	0.893	0.835	0.769	0.696	0.609	0.509	0.381	0.219	0.000

表 7-2　$TiCl_4$-$SiCl_4$ 在总压 $p = 1 \times 10^5 Pa$ 下的气液平衡数据

$t/℃$	57.2	59.7	61.9	63.8	69.1	78.0	88.9	105.2	123.4	132.5	135.6	136.4
$x(SiCl_4)/\%$	100	94.18	85.0	80.2	66.4	49.5	30.4	17.0	5.5	0.81	0.19	0
$y(SiCl_4)/\%$	100	99.22	98.0	97.16	94.78	91.8	83.2	66.5	33.2	8.0	1.56	0

在直角坐标上将表 7-1 和表 7-2 的数据绘成曲线，得如图 7-1 和图 7-2 所示的 $t\text{-}x\text{-}y$ 图。图中上面曲线为饱和蒸气线，即 $t\text{-}y$ 线，表示平衡时气相组成与温度的关系；下面曲线为饱和液体线，即 $t\text{-}x$ 线，表示平衡时液相组成与温度的关系。两条曲线将 $t\text{-}x\text{-}y$ 图分成 3 个区域。饱和蒸气线上方的区域代表过热蒸气，称为过热蒸气区；饱和液体线以下的区域代表尚未沸腾的液体，称为液相区或过冷液体区；两曲线之间的区域为气液共存区。饱和蒸气线上的点代表不同组成的饱和蒸气状态，其相应的温度称为露点温度，因此饱和蒸气线又称为露点线。饱和液体线上的点代表不同组成的饱和液体，其相应的温度称为泡点温度（或沸点温度），因此饱和液体线又称为泡点线。

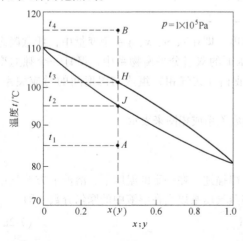

图 7-1　苯-甲苯混合液 $t\text{-}x\text{-}y$ 图

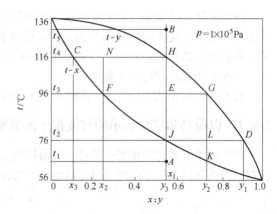

图 7-2　$TiCl_4$-$SiCl_4$ 混合液 $t\text{-}x\text{-}y$ 图

7.1.2.2　气-液相平衡图（y-x 图）

图 7-3 和图 7-4 分别为苯-甲苯混合液和 $TiCl_4$-$SiCl_4$ 混合液在 $p = 1 \times 10^5 Pa$ 下的 y-x 图。图中曲线表示液相组成与其平衡的气相组成间的关系。大多数溶液两相达平衡时，y 总是大于 x，平衡线位于对角线上方，如偏离对角线愈远，说明此溶液愈易分离。

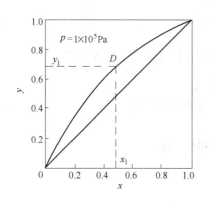

图 7-3　苯-甲苯混合液的 y-x 图　　　　图 7-4　$TiCl_4$-$SiCl_4$ 混合液的 y-x 图

实验表明，总压变化对平衡线的影响不明显，如总压变化 20% ~ 30% 时，y-x 的平衡线变化一般不超过 2%。因此总压变化不大时外压影响可忽略。但 t-x-y 图随压强变化较大，故蒸馏中使用 y-x 图更为方便。

y-x 图的获得可根据已知的 t-x-y 图找到相应的 y、x 关系作出或根据手册上的实测数据而作出。

7.1.3　以相对挥发度表示的气液相平衡关系——相平衡方程

7.1.3.1　挥发度与相对挥发度

通常以组分的挥发度来描述溶液中某组分的挥发性的大小。某组分的平衡蒸气分压与其液相摩尔分数的比值，称为该组分的挥发度。A、B 组分的挥发度可表示为：

$$v_A = \frac{p_A}{x_A}, \quad v_B = \frac{p_B}{x_B} \tag{7-4}$$

对纯液体有：$x_A = 1$，$v_A = p_A$；$x_B = 1$，$v_B = p_B$。即纯液体的挥发度等于该液体在指定温度下的饱和蒸气压。

混合液中两组分挥发度之比称为相对挥发度 a（常以难挥发组分的挥发度作分母）：

$$a = \frac{v_A}{v_B} = \frac{p_A/x_A}{p_B/x_B} \tag{7-5}$$

当气相服从道尔顿分压定律时，上式可改写为：

$$a = \frac{p \cdot y_A/x_A}{p \cdot y_B/x_B} = \frac{y_A/y_B}{x_A/x_B} \tag{7-6}$$

式（7-6）往往作为相对挥发度的定义式，它表示气相中两组分的浓度比为与之成平衡的液相中两组分浓度比的 a 倍。根据 a 值大小，可以判断某物系被分离的难易程度。当 $a = 1$ 时，气相组成与液相组成相等，称为恒沸物，表明不能用普通蒸馏方法分离；当 $a > 1$，表示气相组成中易挥发组分浓度高于与之平衡的液相浓度，可分离。a 值愈大，愈易分离。

一般情况下 a 是温度、压强和浓度的函数。对双组分理想溶液，因服从拉乌尔定律，则

$$a = \frac{p_A^0 \cdot x_A/x_A}{p_B^0 \cdot x_B/x_B} = \frac{p_A^0}{p_B^0} \tag{7-7}$$

虽然 p_A^0 与 p_B^0 均随温度沿相同方向而变化，但两者比值的变化通常不大，故一般可视为常数，计算时可取平均值。若在接近两纯组分沸点下物系的相对挥发度 a_1 与 a_2 相差较大，但其差别仍小于 30%，则各点的相对挥发度可取

$$a = a_1 + (a_2 - a_1)x_A \tag{7-8}$$

7.1.3.2　相平衡方程

对双组分物系，$y_B = 1 - y_A$，$x_B = 1 - x_A$，代入式（7-6）并略去下标 A 可得

$$y = \frac{ax}{1 + (a - 1)x} \tag{7-9}$$

此式表示互成平衡的气液两相组成间的关系，称为相平衡方程。

7.2　精　馏　原　理

7.2.1　精馏装置与流程

精馏是进行多次部分汽化和部分冷凝的蒸馏操作。图 7-5 为连续精馏装置流程图，其主要设备为直立圆筒形精馏塔，塔内装有若干层塔板或充填一定高度的填料。原料从塔的中部连续加入塔内，塔内上升蒸气由塔底再沸器 3（蒸馏釜）加热液体产生。塔顶设有冷凝器 2，将塔顶蒸气冷凝为液体，冷凝液的一部分送回塔内，称为回流液（即塔内液流）。因此塔内进行着上升蒸气和下降液体之间的逆流接触和物质传递。蒸馏釜排出液体（釜液）作为塔底产品，出冷凝器的馏出液作为塔顶产品。一般原料进入的塔板称为加料板，加料板 1 以上的塔段完成上升蒸气的精制称为精馏段，加料板以下的塔段（包括加料板）完成下降液体难挥发组分的提浓作用，称为提馏段。

7.2.2　精馏原理

精馏原理可利用双组分体系的温度组成图即 t-x-y 图加以说明。现将温度为 t_f 组成为 x_f 的溶液加热至 t_0，如图 7-6 所示，则原溶液分成平衡的两相，液相组成为 x_0，气相组成为 y_0。若把产生

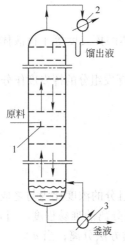

图 7-5　连续精馏装置流程图

1—加料板；2—冷凝器；3—再沸器

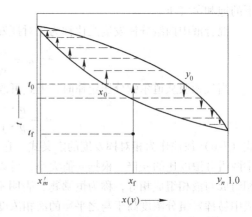

图 7-6　在 t-x-y 图上示出初、终组分

的气相多次地部分冷凝，最后则可得含易挥发组分极高（y_n）的蒸气 V_n。若把产生的液体多次地部分汽化，最终则可得几乎不含易挥发组分（图7-6x'_m）的液体产品 L'_m，如图7-7所示。

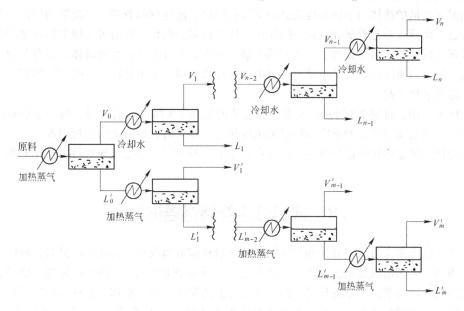

图7-7　多次部分汽化、部分冷凝示意图

虽然用图7-7所示方法可使混合物分离为几乎纯净的两个组分，但其存在两个致命的缺点：（1）要用很多的部分冷凝器和部分汽化器，使设备庞大，同时消耗大量的冷却剂和加热剂，因而消耗大量能源；（2）只能得到量很少的纯净产品（即 V_n 和 L'_m 很小）。为了克服上述缺点，可采用图7-8所示的流程，用加料级上部每一级温度更低的回流液体直接与前两级上升

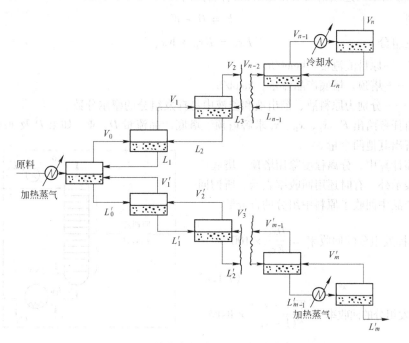

图7-8　有回流的多次部分汽化、部分冷凝示意图

的蒸气接触，只在最后一级保留一个冷凝器；用加料级下部每一级产生的蒸气直接与上两级下降的液体接触，只在最下一级保留一个加热器。由于由下至上各级的温度是逐级降低的，因此当上面温度更低的液体与下面温度更高的蒸气接触时，液体则起着部分冷凝器的作用，使蒸气部分冷凝，而蒸气却起着部分汽化器的作用，使液体部分汽化，因而可省掉中间各级的部分冷凝器或部分汽化器。另外，由于在两相的接触过程中有部分蒸气要变成液体，而有部分液体则要变成蒸气，结果除加料级外，其他各级的蒸气和液体量变化不是很大，因而可得到一定量的蒸气产品和液体产品。

实际生产中，将图 7-8 所示的釜重叠成塔状的如图 7-5 所示的塔设备，每一层塔板即相当于一个釜，当某块塔板上的浓度与原料的浓度相近或相等时，料液就由此板引入。

必须指出的是塔顶回流与塔底再沸器中产生的上升蒸气是精馏能连续稳定操作的两个必要条件。

7.3　双组分连续精馏塔的计算

当生产任务要求将一定数量和组成的原料通过精馏分离成指定组成的产品时，精馏塔的工艺计算内容有：馏出液及釜液的流量，塔板层数（或填料层高度）、进料口位置、塔径、塔高和加热蒸气及冷却剂消耗量的计算。馏出液及釜液的流量可由全塔物料衡算求得，塔板层数及进料口位置可由操作线方程，相平衡关系和塔板效率确定，塔径可由流量与流速间关系得到，塔高则由板间距和塔板层数定出，而加热蒸气和冷却剂消耗量则可通过对冷凝器和再沸器的热量衡算算出。

7.3.1　全塔物料衡算

对图 7-9 所示的连续精馏塔作全塔物料衡算即：

总物料

$$F = D + W \tag{7-10}$$

易挥发组分

$$Fx_F = Dx_D + Wx_W \tag{7-11}$$

式中　　F——原料液流量，kmol/h；

　　D，W——塔顶、塔底产品流量，kmol/h；

x_F，x_D，x_W——分别为原料液、馏出液和釜液中易挥发组分的摩尔分数。

通常由任务给出 F、x_F、x_D、x_W 求解塔顶、塔底产品流量 D、W。如果 D 及 W 已知，也可由方程式解出其他两个量。

在精馏计算中，分离程度除用塔顶、塔底产品的浓度表示外，有时还用回收率表示。所谓回收率是指产品中回收了原料中组分的百分数。

塔顶易挥发组分的回收率 $= \dfrac{Dx_D}{Fx_F} \times 100\%$

$$\tag{7-12a}$$

塔底难挥发组分的回收率 $= \dfrac{W(1 - x_W)}{F(1 - x_F)} \times 100\%$

$$\tag{7-12b}$$

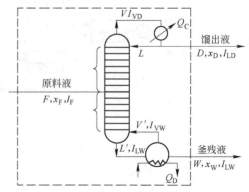

图 7-9　精馏塔物料衡算

例7-1 每小时将15000kg含苯40%的苯-甲苯的混合液，在连续精馏塔中进行分离。要求釜液中含苯量不高于2%（以上均为质量分数），塔顶易挥发组分的回收率为97.1%。试求馏出液及釜液的流量及组成，以千摩尔流量和摩尔分数表示。

解： 苯的相对分子质量为78；甲苯的相对分子质量为92

进料组成
$$x_F = \frac{40/78}{40/78 + 60/92} = 0.44$$

釜液组成
$$x_W = \frac{2/78}{2/78 + 98/92} = 0.0235$$

原料液平均摩尔质量为：

$$M_F = 0.44 \times 78 + 0.56 \times 92 = 85.8 \text{kg/kmol}$$

$$F = \frac{15000}{85.8} = 174.8 \text{kmol/h}$$

依题意要求知
$$\frac{Dx_D}{Fx_F} = 0.971$$

所以
$$Dx_D = 0.971 \times 174.8 \times 0.44 = 74.68$$

全塔总物料衡算为：

$$D + W = 174.8$$

全塔苯的衡算为：

$$Dx_D + 0.0235W = 174.8 \times 0.44$$

即
$$74.68 + 0.0235W = 76.91$$

解得
$$W = 94.9 \text{kmol/h}, \ D = 79.9 \text{kmol/h}, \ x_D = 0.935$$

7.3.2 理论塔板数及理论加料板位置的确定

7.3.2.1 基本假设

精馏塔板上的传热传质过程比较复杂，涉及因素多，为便于计算，简化问题，作如下假设：

（1）塔顶采用全凝器即 $y_1 = x_D$，塔釜为间接加热；

（2）塔板为理论板，即离开每一块塔板的气液相达到平衡；

（3）每一段各板上的气、液摩尔流量各自恒定，即

精馏段：
$$L_1 = L_2 = \cdots = L_n = L, \ V_1 = V_2 = \cdots = V_n = V$$

提馏段：
$$L_1' = L_2' = \cdots = L_m' = L', \ V_1' = V_2' = \cdots = V_m' = V'$$

但 L 与 L'，V 与 V' 不一定相等。这样的物流称为恒摩尔流，该假设称为恒摩尔流假设。当精馏系统基本符合下述条件：1）各组分的摩尔汽化潜热相等；2）气液接触时因温度不同而交换的显热可以忽略；3）塔设备保温良好，热损失可以不计时，塔内气液两相可视为恒摩尔流动。

7.3.2.2 操作线和操作线方程

反映精馏塔任意相邻两塔板上气、液相组成之间关系的方程式称为精馏的操作线方程。该方程代表的曲线称为精馏的操作线。由于精馏塔有精馏段和提馏段之分，所以精馏的操作线方程和操作线也有精馏的和提馏的之分。下面分别予以讨论。

A 精馏段操作线与操作线方程

在精馏段按图 7-10 虚线范围作物料衡算：

总物料　　　　　$V = L + D$　　　　　（7-13）

易挥发组分 $Vy_{n+1} = Lx_n + Dx_D$　　　（7-14）

式中　x_n——精馏段第 n 层板下降液体中易挥
　　　　　　发组分的摩尔分数；

　　　y_{n+1}——精馏段第 $n+1$ 层板上升蒸气中易
　　　　　　挥发组分的摩尔分数。

解式（7-13）和式（7-14）得：

$$y_{n+1} = \frac{L}{L+D}x_n + \frac{D}{L+D}x_D \quad （7-15）$$

如令 $R = \dfrac{L}{D}$，则得

$$y_{n+1} = \frac{R}{R+1}x_n + \frac{1}{R+1}x_D \quad （7-16）$$

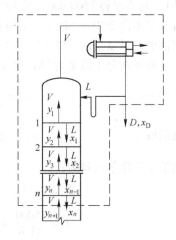

图 7-10　精馏段操作线方程式的推导

式（7-15）及式（7-16）均为精馏段操作线方程，表示一定操作条件下在精馏段内，任一塔板 n 的液体组成 x_n 与相邻下一板 $n+1$ 上升的蒸气组成 y_{n+1} 之间的关系。式中 R 称为回流比。该式在 y-x 直角坐标图上为直线，其斜率为 $R/(R+1)$，截距为 $x_D/(R+1)$，且通过对角线上坐标为（x_D，x_D）的 a 点，如图 7-12 线段 ab 所示。直线 ab 称为精馏段操作线。

B　提馏段操作线与操作线方程

在提馏段按图 7-11 虚线范围作物料衡算：

总物料　　　　　　　　　　　　$L' = V' + W$　　　　　　　　　　（7-17）

易挥发组分　　　　　　　　　$L'x_m = V'y_{m+1} + Wx_W$　　　　　（7-18）

式中　x_m——提馏段第 m 层板下降液体中易挥发组分的摩尔分数；

　　　y_{m+1}——提馏段第 $m+1$ 层板上升蒸气中易挥发组分的摩尔分数。

解式（7-17）和式（7-18）得：

$$y_{m+1} = \frac{L'}{L'-W}x_m - \frac{W}{L'-W}x_W \quad （7-19）$$

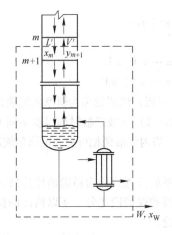

图 7-11　提馏段操作线方程式的推导

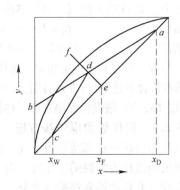

图 7-12　精馏的操作线

式（7-19）为提馏段操作线方程，表示一定操作条件下在提馏段内任一塔板 m 的液体组成 x_m 与相邻下一板 $m+1$ 上升的蒸气组成 y_{m+1} 之间的关系。式（7-19）在 y-x 直角坐标图上也为一条直线，其斜率为 $\dfrac{L'}{L'-W}$，截距为 $-\dfrac{W}{L'-W}x_W$，且通过对角线上坐标为 (x_W, x_W) 的 c 点，如图 7-12 线段 cd 所示。直线 cd 称为提馏段操作线。

例 7-2 四氯化硅（$SiCl_4$）和四氯化钛（$TiCl_4$）的混合液在一连续精馏塔中进行分离。要求馏出液中四氯化硅的浓度为 0.99（摩尔分数），馏出液流量为 0.413kmol/h。塔顶为全凝器。平均相对挥发度 $a=8.5$，回流比 $R=2$，求：（1）第二块塔板上升的蒸气组成 y_2；（2）精馏段各板上升蒸气量 V 及下降液体量 L。

解：（1）求 y_2。塔顶为全凝器时有 $y_1 = x_D = 0.99$。根据理论板的概念，x_1 与 y_1 成平衡应满足相平衡方程，即

$$y_1 = \frac{ax_1}{1+(a-1)x_1}$$

由此解出

$$x_1 = \frac{y_1}{a-(a-1)y_1} = \frac{x_D}{a-(a-1)x_D}$$

$$= \frac{0.99}{8.5-(8.5-1)\times 0.99} = 0.92$$

由精馏段操作线方程得

$$y_2 = \frac{R}{R+1}x_1 + \frac{x_D}{R+1} = \frac{2}{2+1}\times 0.92 + \frac{0.99}{2+1} = 0.94$$

（2）求 V、L。据题意 $R=2$，$D=0.413$，

由精馏段总物料衡算方程有：

$$V = L + D = (R+1)D = (2+1)\times 0.413 = 1.24\text{kmol/h}$$

$$L = RD = 2 \times 0.413 = 0.826\text{kmol/h}$$

例 7-3 某连续精馏塔在大气压下分离金属化合物 A、B 的混合液，此塔精馏段的操作线方程为：$y = 0.63x + 0.361$，提馏段操作线方程为：$y = 1.805x - 0.00966$，试求回流比 R 和进料量 F（已知 $x_F = 0.4$，$D = 120\text{kmol/h}$）。

解：求 R，由精馏段操作线方程形式知 $\dfrac{R}{R+1} = 0.63$，所以 $R = 1.703$。

求 F，由 $\dfrac{x_D}{R+1} = 0.361$ 和 $R = 1.703$ 解得 $x_D = 0.976$，又因为提馏段操作线经过点 (x_W, x_W)，代入提馏段操作线方程得

$$x_W = 1.805x_W - 0.00966$$

解得

$$x_W = 0.012$$

由物料衡算方程可得

$$F = \frac{D(x_D - x_W)}{x_F - x_W} = \frac{120(0.976 - 0.012)}{0.4 - 0.012} = 298.14\text{kmol/h}$$

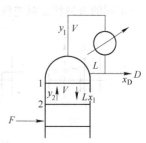

图 7-13　例 7-2 附图

7.3.2.3 q 线与 q 线方程

由于提馏段内的液体流量 L' 不如精馏段内的回流液流量 L 那样容易求得，因此提馏段操作线的截距不易直接求得。另外，由于 x_W 值一般很低，截距很小，与 c 点靠得很近，利用截距和 c 点作图不易准确。通常是找出提馏段操作线与精馏段操作线交点的轨迹，然后再作出提馏段操作线。

两操作线交点的轨迹可由联立求解两操作线方程而得到。因在交点处两操作线方程式中的变量相同，其下标可略去。式（7-18）减式（7-14）得：

$$(V' - V)y = (L' - L)x - (Dx_D + Wx_W) = (L' - L)x - Fx_F$$

所以

$$y = \frac{L' - L}{V' - V}x - \frac{F}{V' - V}x_F \tag{7-20}$$

对加料板作物料衡算（如图 7-14 所示）有

$$V' - V = L' - L - F \tag{7-21}$$

将式（7-21）代入式（7-20），并令

$$q = \frac{L' - L}{F} \tag{7-22}$$

可得

$$y = \frac{q}{q - 1}x - \frac{x_F}{q - 1} \tag{7-23}$$

式（7-23）称为 q 线方程或进料方程，即两操作线交点的轨迹方程。在 y-x 图上方程（7-23）为一条通过点 (x_F, x_F)，斜率为 $\frac{q}{q - 1}$ 的直线，称为 q 线。q 线与精馏段操作线的交点也就是精馏段操作线与提馏段操作线的交点。此交点与提馏段操作线上的点 $(y = x_W, x = x_W)$ 的连接线即为提馏段操作线。如图 7-12 所示，ef 线为 q 线。

由 q 的定义式（7-22）可看出，以 $1\,kmol/h$ 进料为基准时，提馏段中液体摩尔流量与精馏段中液体摩尔流量的差值即为 q 值。其可通过对加料板作热量和物料衡算求得。

对图 7-14 所示的加料板作热量衡算有

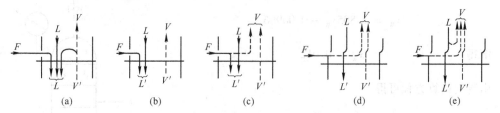

图 7-14   进料板上的物料衡算和热量衡算

$$FI_F + V'I_{V'} + LI_L = VI_V + L'I_{L'} \tag{7-24}$$

式中，I_F 为原料液的热焓，$kJ/kmol$；I_V 和 $I_{V'}$ 分别为加料板上、下塔段处饱和蒸气的焓，$kJ/kmol$；I_L 和 $I_{L'}$ 分别为加料板上、下塔段处饱和液体的焓，$kJ/kmol$。

不同的进料状况对进料板上、下各流股的影响见图 7-15。

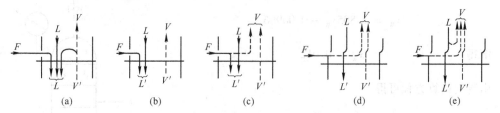

图 7-15   进料状况对进料板上、下各流股的影响

（a）冷液进料；（b）饱和液体进料；（c）气液混合物进料；（d）饱和蒸气进料；（e）过热蒸气进料

由于加料板上、下处的温度以及气、液组成均较接近，故 $I_V \approx I_{V'}$，$I_L \approx I_{L'}$，则式（7-24）可改写并整理得如下形式：

$$(V' - V)I_V = (L' - L)I_L - FI_F \tag{7-25}$$

将式（7-21）和式（7-22）代入式（7-25）可得：

$$q = \frac{L' - L}{F} = \frac{I_V - I_F}{I_V - I_L} \approx \frac{1\text{kmol 进料变为饱和蒸气所需的热量}}{\text{原料的千摩尔汽化潜热}} \tag{7-26}$$

由式（7-26）可计算不同进料状况下的 q 值。

例7-4 已知苯-甲苯料液组成 $x_F = 0.4504$，$F = 100\text{kmol/h}$，精馏段的 $V = 179.3\text{kmol/h}$，$L = 134.5\text{kmol/h}$，试求：（1）料液为泡点、露点和 47℃ 进料时，三种进料状况的 q 值；（2）三种进料状况下提馏段上升蒸气和下降液体的流量。

解：（1）求三种进料状况的 q：

泡点进料时，$I_F = I_L$，由式（7-26）知 $q = 1$；

露点进料时，$I_F = I_V$，由式（7-26）知 $q = 0$；

47℃ 进料时，$x_F = 0.4504$ 的苯-甲苯混合液，泡点 t_b 为 93℃，故料液为过冷液体。

因为 $I_V - I_L = r = $ 料液摩尔汽化潜热

$$I_V - I_F = I_V - I_L + I_L - I_F = r + c_p(t_b - t_F)$$

式中，c_p 为 t_F 到 t_b 的料液的平均摩尔比热容，kJ/（kmol·K）；t_F 为料液温度,℃。所以

$$q = \frac{r + c_p(t_b - t_F)}{r} = 1 + \frac{c_p(t_b - t_F)}{r}$$

在 93℃ 时，可查得

$$r_{苯} = 30737\text{kJ/kmol}$$

$$r_{甲苯} = 34668\text{kJ/kmol}$$

料液平均摩尔汽化潜热

$$r = r_{苯}x_F + r_{甲苯}(1 - x_F)$$

$$= 30737 \times 0.4504 + 34668 \times (1 - 0.4504) = 32734\text{kJ/kmol}$$

在平均温度 $t_m = \dfrac{93 + 47}{2} = 70℃$ 时，可查得

$$c_{p苯} = 146.96\text{kJ/（kmol·K）}$$

$$c_{p甲苯} = 173.34\text{kJ/（kmol·K）}$$

料液的平均摩尔比热容

$$c_p = 146.96 \times 0.4504 + 173.34 \times (1 - 0.4504) = 161.46\text{kJ/（kmol·K）}$$

故 $$q = \frac{r + c_p(t_b - t_F)}{r} = \frac{32734 + 161.46 \times (93 - 47)}{32734} = 1.227$$

（2）求三种进料状况时提馏段上升蒸气和下降液体量

$$L' = L + qF, \quad V' = V + (q - 1)F$$

泡点进料时 $$L' = 134.5 + 1 \times 100 = 234.5\text{kmol/h}$$

$$V' = 179.3 + (1 - 1) \times 100 = 179.3\text{kmol/h}$$

露点进料时

$L' = 134.5\text{kmol/h}, V' = 179.3 - 100 = 79.3\text{kmol/h}$

47℃ 进料时

$L' = 134.5 + 1.227 \times 100 = 257.2\text{kmol/h},$

$V' = 179.3 + 0.227 \times 100 = 202\text{kmol/h}$

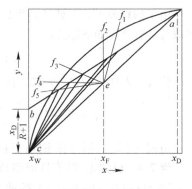

由上可知不同进料状况的 q 值不同。当 q 值不同时，q 线的斜率不同，q 线与精馏段操作线的交点位置变动，使提馏段操作线的位置也发生变动。当进料组成、回流比及分离要求一定时，进料热状况对 q 线及操作线的影响如图 7-16 所示。

图 7-16　进料状况对操作线的影响

不同的进料状况对 q 值及 q 线的影响列于表 7-3。

表 7-3　进料状况对 q 值及 q 线的影响

进料热状况	进料的焓	q 值	q 线的斜率 $\frac{q}{q-1}$	q 线上 y-x 图上的位置
冷液体	$I_F < I_L$	>1	$+$	ef_1
饱和液体	$I_F = I_L$	$=1$	∞	ef_2
气液混合物	$I_L < I_F < I_V$	$0 < q < 1$	$-$	ef_3
饱和蒸气	$I_F = I_V$	0	0	ef_4
过热蒸气	$I_P > I_V$	<0	$+$	ef_5

例 7-5　若例 7-3 中料液为饱和液体，则其组成 x_F 为多少？

解：因为饱和液体进料时，q 线为通过点 (x_F, x_F) 的垂直线，故两操作线交点的横坐标即为 x_F。联立求解两操作线方程得 $x_F = 0.3155$。

7.3.2.4　理论塔板数及理论进料位置的确定方法

理论塔板数及进料位置的求算法有逐板计算法、图解法和捷算法。前两种计算方法均以物系的气液关系和操作线方程为依据，后一种计算方法则以经验关联图（常用的为吉利兰图）为依据。逐板计算法比较精确，但计算烦琐；图解法计算较少，但须作图，不易准确；捷算法虽然最简单，但误差较大，一般用于初步估算理论塔板数及进料位置。

A　逐板计算法

逐板计算法通常从塔顶开始进行计算。参阅图 7-17，若塔顶采用全凝器有 $y_1 = x_D$。由 y_1 根据气液平衡方程求取与 y_1 成平衡的 x_1，将 x_1 再代入精馏段操作线方程，求取下一板（第二板）上升蒸气的组成 y_2。y_2 和 x_2 平衡，又可由平衡关系求得 x_2……，依此类推。即

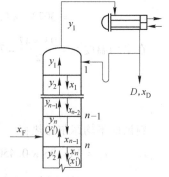

图 7-17　逐板计算法示意图

$$x_D = y_1 \xrightarrow{\text{用平衡关系}} x_1 \xrightarrow{\text{用操作线方程}} y_2 \xrightarrow{\text{用平衡方程}} x_2 \xrightarrow{\text{用操作线方程}} y_3 \cdots$$

当计算至 $x_n \le x_F$（仅指饱和液体进料情况）时，说明第 n 层理论板是加料板，应属提馏段因此精馏段所需的理论塔板数为 $n-1$。应予注意，计算过程中，每使用一次平衡关系，表示需要一层塔板。

此后可改用提馏段操作线方程，继续用同样的方法求理论板数，一直计算至 $x_m \leqslant x_W$ 为止。由于再沸器相当于一块理论板，故提馏段所需理论板数为 $m-1$。则全塔所需理论板层数 N_T 为：

$$N_T = n - 1 + m - 1$$

例 7-6 求例 7-2 的进料为饱和液体进料，进料组成 $x_F = 0.30$ 时精馏段的理论塔板数及理论加料板位置。

解： 由例 7-2 知 $y_2 = 0.94$ 代入相平衡方程有

$$0.94 = \frac{8.5x_2}{1 + 7.5x_2}$$

解得 $x_2 = 0.65$，再代入精馏段操作线方程得

$$y_3 = \frac{2}{3} \times 0.65 + \frac{1}{3} \times 0.99 = 0.76$$

再由相平衡方程可解得 $x_3 = 0.27 < x_F = 0.30$，所以精馏段有两块理论板。理论加料板为从塔顶往下数的第三块塔板。

B 图解法

图解计算理论板层数的基本原理和逐板计算法完全相同，只是以平衡曲线和操作线来代替相平衡方程和操作线方程，使数学运算简化为图解过程。

图解法中以直角梯级法最常用，此法由 Mccabe 与 Thiele 提出，故称为 M-T 法。

图解法求理论塔板数的步骤是（参见图 7-18）：

（1）在直角坐标图上绘制 y-x 平衡曲线和对角线；

（2）作精馏段操作线：作 $x = x_D$ 的直虚线与对角线交于点 a，再由精馏段操作线的截距 $x_D/(R+1)$ 值在 y 轴上定出点 b，连接 ab，即为精馏段操作线；

（3）作 q 线：作 $x = x_F$ 的直虚线与对角线交于点 e，从 e 点作斜率为 $q/(q-1)$ 的 q 线 ef，该线与 ab 线交于 d；

（4）作提馏段操作线：作 $x = x_W$ 的直虚线与对角线交于 c，连接 cd，即为提馏段操作线；

（5）作直角梯级：从点 a 开始，作水平线使之与平衡曲线相交，由交点 1 的坐标 (x_1, y_1) 可得知 x_1。再自交点 1 作垂直线，使之与精馏段操作线交于点 $1'$，相当于由 x_1 求 y_2。

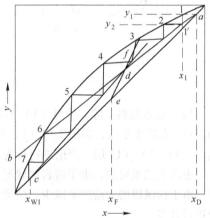

图 7-18 理论板数图解法

如此交替地在平衡线与精馏段操作线间作由水平线与垂直线组成的直角梯级。当某梯级跨过两操作线的交点 d 时，则应改为在提馏段操作线与平衡曲线之间画梯级，直至某梯级垂足达到小于 x_W 为止。每作一个梯级相当于应用了一次相平衡关系式，故每一个梯级代表一层理论板，所作梯级的总数即为所需理论板层数（包括塔釜在内）。跨过交点 d 的直角梯级即为最适宜理论加料板所在的位置。因为若以此板为进料板画出的直角梯级最少，即所需理论塔板数最少。

例 7-7 利用图解法求例 7-4 中苯-甲苯混合液在 47℃ 冷液进料及露点（饱和蒸气）进料状态时所需的理论板数及进料板位置（已知 $x_D = 0.98$，$x_W = 0.02$，$R = 3$）。

解：（1）47℃冷液进料：

1）根据表 7-1 给出的常压下苯-甲苯混合物的平衡数据在 y-x 图上绘出平衡曲线如图 7-19（a）所示。按已知条件：$x_F = 0.4504$，$x_D = 0.98$，$x_W = 0.02$，$R = 3$，$q = 1.227$，在图上定出点 $a(x_D, x_D)$，$e(x_F, x_F)$，$c(x_W, x_W)$ 3 点。

2）绘精馏段操作线：操作线截距 $= x_D/(R+1) = 0.98/(3+1) = 0.245$，在 y 轴上定出点 b，连接 a、b 得精馏段操作线。

3）绘 q 线及提馏段操作线：q 线斜率 $= q/(q-1) = 1.227/(1.227-1) = 5.35$。从 e 点作斜率 $= 5.35$ 的直线，即 q 线。q 线与精馏段操作线相交于 d 点。连接 d、c 得提馏段操作线。

4）自 a 点开始在平衡线与操作线之间绘梯级（见图 7-19（a）），得理论塔板数 $N_T = (11 - 1) = 10$ 层。从塔顶往下数第 5 层为理论进料板。

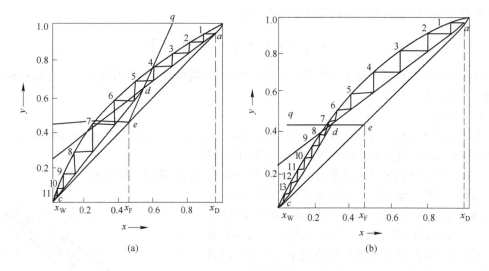

(a)   (b)

图 7-19   例 7-7 附图

（2）露点进料。除 q 线与（1）不同外，其他线均相同。此时，$q = 0$，q 线斜率为 0，q 线为通过 e 点的水平线，如图 7-19（b）所示。连接 d、c 即为提馏段操作线。绘梯级得理论板数 $N_T = (13 - 1) = 12$ 层。理论进料板为从塔顶向下数第 7 层。

由以上结果可知，由于进料热状况不同，所需理论板数及其进料板位置均不同。露点进料时，由于提馏段的回流速率减少，使提馏段操作线斜率增大，与平衡线靠近，故理论板数比冷液进料时多。

例 7-8 在 $1 \times 10^5 \mathrm{Pa}$ 下，于连续精馏塔中将甲醇含量为 0.45 的甲醇水溶液加以分离，以得到甲醇含量为 0.95 的馏出液及 0.05 的釜液（以上均为摩尔分数）。泡点进料，塔釜用水蒸气直接加热，回流比为 1.8。求所需理论板数（表 7-4 为 $1 \times 10^5 \mathrm{Pa}$ 下甲醇-水的平衡数据）。

表 7-4 $1 \times 10^5 \mathrm{Pa}$ 下甲醇-水的平衡数据

x	0	0.02	0.04	0.06	0.08	0.10	0.15	0.20	0.30	0.40	0.50	0.60	0.70	0.80	0.90	1.0
y	0	0.134	0.234	0.304	0.365	0.418	0.517	0.579	0.665	0.729	0.779	0.825	0.87	0.915	0.958	1.0

解： 当塔底通入蒸汽直接加热时，提馏段操作线与前述有所不同，可通过物料衡算得到（参阅图 7-20（a））。

对虚线范围作总物料衡算

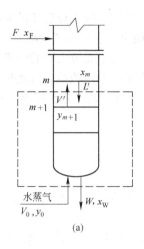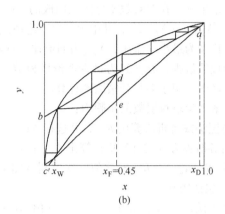

图 7-20　例 7-8 附图

$$L' + V_0 = V' + W$$

作易挥发组分（甲醇）的物料衡算

$$L'x_m + V_0y_0 = V'y_{m+1} + Wx_W$$

式中　V_0——直接加热蒸汽流量，kmol/h；

　　　y_0——水蒸气中含甲醇的摩尔分数。

认为符合恒摩尔流假定，则

$$V_0 = V'；L' = W$$

水蒸气不含甲醇，即 $y_0 = 0$，则

$$y_{m+1} = \frac{W}{V_0}x_m - \frac{W}{V_0}x_W$$

由上式可知，当 $x_m = x_W$ 时，$y_{m+1} = 0$，即提馏段操作线通过点（x_W, 0）（图 7-20（b）上的 c'），而不通过点（x_W, x_W），这是与间接蒸汽加热时的提馏段操作线所不同的。

由精馏段操作线方程的截距 $x_D/(R + 1) =$ 0.951/(1.8 + 1) = 0.34，在 y 轴上定 b 点，连接 a、b 两点，即得精馏段操作线。过 $x_F = 0.45$ 作 q 线（饱和液体为垂直线）与 ab 线交于 d 点。连接 d、c' 即为提馏段操作线。在平衡线与操作线间绘直角梯级，知理论塔板数为 6 块（不包括塔釜在内）。

C　捷算法

捷算法是一种利用经验关联图来大致求算理论塔板数的方法。其中所利用的关联图，多为吉利兰（Gilliland）关联图（如图 7-21 所示）。

吉利兰关联图是根据 8 种物系，在组分数目为 2～11，5 种进料状况，最小回流比为 0.53～7.0，相对挥发度为 1.26～4.05，理论板数为

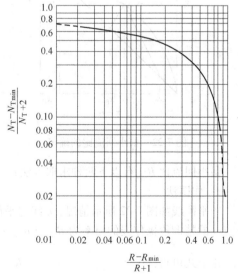

图 7-21　吉利兰关联图

2.4~43.1 的条件下，将逐板计算得到的回流比、最小回流比、理论板数及最少理论板数 4 个变量间的关系结果标绘在双对数坐标图上而成的。图的横坐标标值为 $(R - R_{min})/(R + 1)$，纵坐标标值为 $(N_T - N_{Tmin})/(N_T + 2)$，其中 R_{min} 为理论塔板数 N_T 趋于无穷大时的回流比，因此时回流比最小，故称其为最小回流比，N_{Tmin} 为回流比 $R \to \infty$ 时的理论塔板数，因此时达同样分离要求所需的理论板数最少，故称其为最少理论塔板数。N_T 和 N_{Tmin} 均不包括塔釜（或再沸器）在内。吉利兰关联图可用于多组分精馏的计算。

捷算法求解理论塔板层数的步骤为：

（1）用作图法或解析法算出 R_{min}，并选择 R；

（2）应用芬斯克方程式（7-32）算出 N_{Tmin}；

（3）计算 $(R - R_{min})/(R + 1)$ 之值，在吉利兰图上查出 $(N_T - N_{Tmin})/(N_T + 2)$ 之值，算出理论板数 N_T（不包括塔釜）。

为避免读图误差，对于常用的范围，算出 $(R - R_{min})/(R + 1)$ 之后，也可用下式计算出 $(N_T - N_{Tmin})/(N_T + 2)$ 之值。

$$Y = 0.545827 - 0.591422X + 0.002743/X \tag{7-27}$$

式中 $\qquad\qquad X = (R - R_{min})/(R + 1)$，$Y = (N_T - N_{Tmin})/(N_T + 2)$

式（7-27）的适用条件为 $0.01 < X < 0.9$。

7.3.2.5　最小回流比和最少理论塔板数的确定

A　最小回流比的确定

通过分析可知，当两操作线交点 d 正好位于平衡线上或某操作线正好与平衡线相切时，要达到预定的分离要求所需理论塔板数无穷多，与此对应的回流比为最小回流比。此时的 d 点和切点 g（如图 7-22 和图 7-23 所示）称为夹紧点，其前后各板间气液相组成保持不变，无分离作用。这个区域称为恒浓区（或称为夹紧区）。

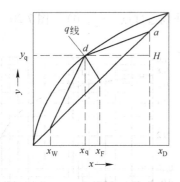　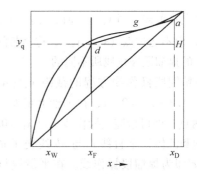

图 7-22　最小回流比的确定　　　　图 7-23　操作线与平衡线相切时 R_{min} 的确定

最小回流比 R_{min} 有以下两种求取方法：

a　作图法

若平衡线如图 7-22 所示情况，q 线与平衡线的交点，即夹紧点 d 的坐标为 x_q、y_q，则过夹紧点 d 的精馏段操作线的斜率为 $R_{min}/(R_{min} + 1) = (x_D - y_q)/(x_D - x_q)$。

由上式可得：

$$R_{min} = \frac{x_D - y_q}{y_q - x_q} \tag{7-28}$$

或可由过夹紧点 d 的精馏段操作线的截距 $x_D/(R_{min} + 1)$ 值，求得 R_{min}。

当气液平衡曲线向下凹时，如图 7-23 所示，操作线与 q 线交点未与平衡线相交前，操作线已与平衡线相切，如图 7-23 中的 g 点，这时 $R_{\min}$ 的求取方法是由对角线上点 a (x_D, x_D) 向平衡线作切线，然后由切线的截距或斜率求得 $R_{\min}$。此时 $R_{\min}$ 的计算式仍为式（7-28），只不过夹紧点变为切点 g 点，公式中的 x_q、y_q 应为 g 点的坐标值。

b 解析法

设图 7-22 和图 7-23 所示的两种情况夹紧点的坐标为 (x_q, y_q)，并已知该处物系的相对挥发度 a 值，则夹紧点的平衡关系式为：

$$y_q = \frac{ax_q}{1 + (a - 1)x_q}$$

将上式代入式（7-28）化简整理得：

$$R_{\min} = \frac{1}{a - 1}\left[\frac{x_D}{x_q} - \frac{a(1 - x_D)}{1 - x_q}\right] \tag{7-29}$$

对图 7-22 的情况，饱和液体进料有 $x_q = x_F$；饱和蒸气进料有 $y_q = x_F$。因此时 x_q 和 y_q 同时满足 q 线方程和相平衡方程，故当已知 a、q、x_F 时，也可通过联立求解 q 线方程和相平衡方程先求得 x_q 和 y_q 值，然后再用式（7-28）求出 $R_{\min}$。

式（7-28）和式（7-29）不适用于切点（夹紧点）为提留段操作线与平衡线的切点的情况。

例 7-9 已知 $x_F = 0.44$，$x_D = 0.958$，进料为四氯化硅和四氯化钛的气、液混合物，其中蒸气量占 1/3（摩尔比），$a = 10.8$，试求：（1）最小回流比；（2）原料中气相及液相的组成。

解：（1）求 $R_{\min}$。在夹紧点 d 的坐标应同时满足 q 线方程和相平衡方程，即

$$y_q = \frac{q}{q - 1}x_q - \frac{x_F}{q - 1}$$

$$y_q = \frac{ax_q}{1 + (a - 1)x_q}$$

已知 $a = 10.8$，$x_F = 0.44$，而 q 为气液混合物进料中液体所占的摩尔分数，即 $q = 1 - \frac{1}{3} = \frac{2}{3}$，将已知数代入上述各式并联立求解得

$$x_q = 0.181, \quad y_q = 0.705$$

代入式（7-28）有

$$R_{\min} = \frac{x_D - y_q}{y_q - x_q} = \frac{0.958 - 0.705}{0.705 - 0.181} = 0.482$$

（2）求混合物气、液相组成。对混合物易挥发组分进行物料衡算可知，气、液相组成满足 q 线方程，故气相组成 $y_q = 0.705$，液相组成 $x_q = 0.181$。

B 最少理论塔板数的确定

当操作线与对角线重合时，达一定分离要求所需理论板数最少。

最少理论板数可按前述逐板计算法或图解法求出。当气相服从道尔顿定律时，用下述的解析计算更为方便。

此时相平衡方程式为

$$\left(\frac{y_A}{y_B}\right)_n = a_n \left(\frac{x_A}{x_B}\right)_n$$

操作线与对角线重合时操作线方程式为

$$y_{n+1} = x_n$$

若塔顶采用全凝器，则 $y_1 = x_D$，即

$$\left(\frac{y_A}{y_B}\right)_1 = \left(\frac{x_A}{x_B}\right)_D$$

根据平衡方程，对塔顶第 1 板液相有

$$\left(\frac{x_A}{x_B}\right)_1 = \frac{1}{a_1}\left(\frac{y_A}{y_B}\right)_1 = \frac{1}{a_1}\left(\frac{x_A}{x_B}\right)_D$$

根据操作线方程，对塔顶第 2 板气相有

$$\left(\frac{y_A}{y_B}\right)_2 = \left(\frac{x_A}{x_B}\right)_1 = \frac{1}{a_1}\left(\frac{x_A}{x_B}\right)_D$$

根据平衡方程，对塔顶第 2 板液相有

$$\left(\frac{x_A}{x_B}\right)_2 = \frac{1}{a_2}\left(\frac{y_A}{y_B}\right)_2 = \frac{1}{a_1 \cdot a_2}\left(\frac{x_A}{x_B}\right)_D$$

若将塔釜视为第 $N_T + 1$ 层理论板，则依次此类推，可得塔釜的液体组成：

$$\frac{x_W}{1 - x_W} = \left(\frac{x_A}{x_B}\right)_{N_T+1} = \frac{1}{a_1, a_2, \cdots, a_{N_T+1}}\left(\frac{x_A}{x_B}\right)_D$$

若取平均相对挥发度 $a_m = \sqrt[N_T+1]{a_1, a_2, \cdots, a_{N_T+1}}$，则上式可改写为：

$$\left(\frac{x_A}{x_B}\right)_D = a_m^{N_T+1}\left(\frac{x_A}{x_B}\right)_W$$

因全回流时所需理论板数最少，以 $N_{T min}$ 代替上式中 N_T，并将该式等号两边取对数，经整理可得：

$$N_{T min} + 1 = \frac{\lg\left[\left(\frac{x_A}{x_B}\right)_D\left(\frac{x_B}{x_A}\right)_W\right]}{\lg a_m} \tag{7-30a}$$

式（7-30a）称为芬斯克方程（Fenske）方程。式（7-30a）亦适用于多组分精馏，对双组分溶液 $x_B = 1 - x_A$，则

$$N_{T min} + 1 = \frac{\lg\left[\left(\frac{x_D}{1 - x_D}\right)\left(\frac{1 - x_W}{x_W}\right)\right]}{\lg a_m} \tag{7-30b}$$

当塔顶、塔底相对挥发度相差不大时，式中 a_m 可近似取塔顶和塔底相对挥发度的几何平均值，即

$$a_m = \sqrt{a_顶 \cdot a_底} \tag{7-31}$$

若将式中的 x_W 换成 x_F，a_m 取塔顶和加料板处的平均值，则芬斯克方程也可近似用来计算精馏段的最少理论板数，从而可求得理论加料板位置。对于饱和液体进料也可用下列经验关系式来决定理论加料板的位置

$$\lg\frac{n}{m} = 0.206\lg\left[\left(\frac{W}{D}\right)\left(\frac{1 - x_F}{x_F}\right)\left(\frac{x_W}{1 - x_D}\right)^2\right] \tag{7-32}$$

其中
$$n + m - 1 = N_T$$

式中 n——精馏段理论塔板数;

　　m——提馏段理论塔板数(包括塔釜在内);

　　N_T——理论塔板数(不包括塔釜在内)。

7.3.2.6 进料状态和回流比的影响及选择

A　进料状态的影响及选择

由图 7-16 可看出,当回流比相同时,q 值不同,精馏段操作线的位置相同,但提馏段操作线的位置却不同。q 值越小,提馏段操作线越靠近平衡线,所需理论塔板数越多。不同进料状态的 q 值不同。当料液由过冷体变至过热蒸气时,其 q 值减小。因此,进料前将料液预热,所需理论板数反而增加,且预热程度越大,增加的越多。这是因为对全塔热量衡算(忽略塔的热损失)有:

$$Q_F + Q_B - Q_C = Q_D + Q_W$$

其中 Q_F——进料带入的热量;

　　Q_B——塔釜加入的热量,

　　Q_C——塔顶冷却剂带出的热量;

Q_D,Q_W——分别为塔顶、塔底产品带出的热量。

当 R、塔顶、塔底产量及组成一定时,Q_C、Q_D 和 Q_W 都一定,因而($Q_F + Q_B$)一定,因此,Q_F 增加(即进料带热增多),塔底供热 Q_B 必减少,即塔釜上升蒸气量相应的减少,因而提馏段操作线的斜率 L'/V' 将增大,操作线向平衡线靠近,需要的理论板数必增多。由此可知,在 R 及塔顶能量消耗不变的条件下,是以塔板数增多为代价换取塔釜加热量的减少。

当然,如果 Q_B 不变,进料带热增多,则塔顶冷却剂带出的热量 Q_C 必增大,回流比相应增大,精馏段操作线远离平衡线(提馏段操作线不变,因此时 V' 不变,当 D、F 一定时 L' 也不变,故提馏段操作线斜率 L'/V' 不变),所需理论板数减少。故以增大塔顶能量消耗为代价换取理论板数减少。

所以一般而言,在热耗不变的情况下,热量应尽可能在塔底输入,使所产生的气相回流能在全塔中发挥作用;而冷却量应尽可能施加于塔顶,使所产生的液体回流能经过全塔而发挥大的效能。

工业上有时采用热态甚至气态进料是为了减少塔釜的加热量以避免釜温过高时物料产生聚合或结焦。

B　回流比的影响及选择

a　回流比对精馏操作的影响

回流比是保证精馏塔连续稳定操作的重要条件之一,而回流比的大小直接影响着所需理论塔板数的多少和精馏生产费用的大小。精馏生产费用包括两大部分:一是设备投资(主要是精馏塔、塔釜和冷凝器等);二是操作费用(主要是加热剂、冷却剂、电力等项费用以及设备折旧、维修费)。

回流比对理论塔板数的影响为:回流比减小,操作线向平衡线靠近,每块塔板分离能力下降,达到一定分离要求所需理论塔板数增加,当回流比减少到最小回流比时,所需理论塔板数增至无穷多;回流比增加,操作线远离平衡线,每块塔板分离能力提高,达到一定分离要求所需理论塔板数减少,当回流比增至无穷大时,两操作线与对角线重合,离平衡线最远,所需理论塔板数达最少。

因回流比无穷大时相当于 D 等于零($R = L/D$),即塔顶产品全部返回塔内,故这种情况称为全回流。全回流时，停止进、出料。它只在精馏设备开工、调试、实验研究及后续工序出现故障时才采用。

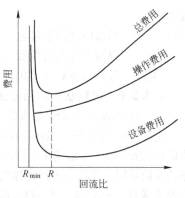

回流比对精馏生产费用的影响（见图 7-24）可分析如下：最小回流比时，所需理论塔板数无穷多，设备费用趋于无穷大，而操作费用，则因此时上升蒸气量 $V = (R_{min} + 1)D$ 和回流液量 $L = R_{min}D$ 达最小而为最小，由于此时设备费用无穷大使得生产费用最大；随着回流比的增加，所需理论板数迅速减少，设备费迅速减少，而操作费用则因 V 和 L 的增加而增加，由于设备费用减少的量远远超过操作费用增加的量，所以使生产费用迅速减少；当 R 增加到一定程度时，随着 R 的增大，设备费一方面因理论板数减

图 7-24 适宜回流比的确定

少不多而减少不多，另一方面因 V 和 L 增大使塔径、塔板面积、再沸器、冷凝器等尺寸相应增加而增加较多，结果使总的设备费用反而增加，而操作费用却继续增加，结果使生产费用开始增加。因此回流比对精馏生产费用的总影响为：当 $R = R_{min}$ 时；生产费用最大，随着 R 的增加，生产费用迅速降低，至 R 达某一值时，生产费用达最小；随后随着 R 的增加，生产费用反而增加，至 R 达无穷大时，生产用增至某一极限值。

　　b 适宜回流比的选择

适宜回流比即生产费用最低时的回流比（如图 7-24 所示）。

实际操作中，适宜回流比介于全回流与最小回流比这两种极限情况之间。适宜回流比应通过经济核算来确定。

在精馏设计中，通常根据下列经验范围选取适宜回流比：$R = (1.1 \sim 2)R_{min}$，对难分离物系，$R = (2 \sim 4)R_{min}$。

7.3.3 板效率和实际塔板数的确定

气液两相在实际板上接触时，由于两相接触时间短暂等原因，在气液接触传质离去时不能达到平衡，故完成一定的分离任务所需的实际板数往往比理论板数为多，因此引入"板效率"这个参数，来衡量板上气液两相间物质交换的完善程度。

7.3.3.1 单板效率

单板效率又称莫费里（Murphree）板效率。在相同操作条件下，实际塔板上进、出口浓度差与达到平衡时的浓度差之比称为莫费里板效率。如图 7-25 所示。

以气相表示的单板效率 $E_{MV} = \dfrac{y_n - y_{n+1}}{y_{ne} - y_{n+1}}$ （7-33）

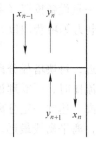
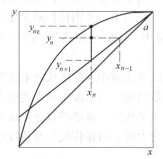
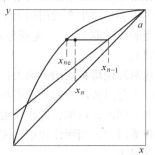

图 7-25 单板效率示意图

以液相表示的单板效率 $\qquad E_{ML} = \dfrac{x_{n-1} - x_n}{x_{n-1} - x_{ne}}$ （7-34）

式中 $\quad y_{n+1}$，y_n——进入和离开 n 板的气相组成；

$\qquad y_{ne}$——与板上液体浓度 x_n 成平衡的气相组成；

$\qquad x_{n-1}$，x_n——进入和离开 n 板的液相组成；

$\qquad x_{ne}$——与 y_n 成平衡的液相组成。

E_{MV} 与 E_{ML} 之间关系为：

$$E_{MV} = E_{ML} / [E_{ML} + \lambda(1 - E_{ML})]$$ （7-35）

式中，$\lambda = m/(L/V)$，即平衡线斜率与操作线斜率之比。

7.3.3.2 全塔效率

理论板数与实际板数之比称为全塔效率。

$$E_0 = \frac{N_T}{N_p} \times 100\%$$ （7-36）

式中 $\quad N_p$——实际塔板数。

已知一定结构的板式塔在一定操作条件下的全塔效率，便可按上式求实际塔板数。另外，若已知精馏段的效率和理论板数，也可依照式（7-36）求出精馏段的实际塔板数及实际进料板位置。

影响板效率的因素很复杂，目前还较难准确计算。比较可靠的数据通常来自生产及中间实验的测定。对双组分混合液，E_0 值多在 $0.5 \sim 0.7$ 左右。作为近似计算可采用如下经验式。

Drickamer-Bradford 经验式

$$E_0 = 0.17 - 0.616 \lg \mu$$ （7-37）

式中 $\quad \mu$——塔进料液体的平均摩尔黏度，$mPa \cdot s$。

式（7-37）是通过归纳大量烃类及非烃类工业装置的精馏塔数据得到的。

O'connell 经验式

$$E_0 = 49(\mu a)^{-0.25}$$ （7-38）

式中 $\quad \mu$——在塔顶、底算术平均温度下，进料液体平均摩尔黏度，$mPa \cdot s$；

$\qquad a$——相对挥发度。

式（7-38）是通过归纳 32 个工业塔和 5 个实验塔（泡罩和筛板塔）的塔板效率数据得到的。对于浮阀塔可参照应用。

7.3.4 塔高和塔径的计算

7.3.4.1 塔高的计算

精馏塔可分为 3 部分：有效段（气液接触段）、塔顶及塔釜。故其全塔高度应为有效段、塔顶和塔釜 3 部分高度之和。这里的塔高计算是指有效段高度的计算。

板式塔有效段高度由实际板数和板间距决定，即

$$Z = N_p H_T$$ （7-39）

式中 $\quad Z$——塔的有效段高度，m；

$\qquad H_T$——板间距，m。

板间距大小对塔的生产能力、操作弹性、塔板效率均有影响，一般按经验选取。但规定应选取整数，如200、250、300、350、400、500、600mm等。在决定板间距时还应考虑安装、检修的需要，例如塔体的人孔、手孔处应留有足够的工作空间。

填料式塔有效段高度按下式计算：

$$Z = N_\mathrm{T} HETP \tag{7-40}$$

式中 Z——填料层高度（即有效段高度），m；

     $HETP$——等板高度，m。

所谓等板高度是与一层理论板的传质作用相当的填料层高度。等板高度的数据可由工艺装置实验测定。表7-5中所列出的数据可供参考。

表7-5   等板高度

填料类型或应用情况	填料直径/mm			吸 收	小直径塔（直径小于0.6m）	真空塔
	25	38	50			
$HETP$/m	0.46	0.66	0.90	1.5 ~ 1.8	塔 径	塔径 +0.1

7.3.4.2   塔径计算

精馏塔的内直径，可由塔内上升蒸气的体积流量及空塔线速度求得，即：

$$D_\mathrm{T} = \sqrt{\frac{4V_\mathrm{S}}{\pi u}} \tag{7-41}$$

式中 D_T——精馏塔的内径，m；

     V_S——塔内上升蒸气的体积流量，$\mathrm{m^3/s}$；

     u——塔内上升蒸气的空塔速度，m/s。

显然，计算塔径的关键在于确定适宜的空塔气速。空塔气速小，塔径则大，金属消耗量大，设备投资高；反之则相反。但空塔速度若过小（小于漏点气速），塔板产生漏液，分离效果下降。若空塔速度过大（大于或等于液泛气速），将产生严重的液沫夹带或液泛，影响板效率。因此空塔气速必须选择得适宜。

此外，空塔气速还与板间距有关，板间距大，允许的空塔气速较高，塔径则小。反之，板间距大，允许的空塔气速较小，塔径则大。表7-6列出不同塔径所推荐的板间距，可供参考。

表7-6   不同塔径的板间距参考数据

塔径/mm	800 ~ 1200	1400 ~ 2400	2600 ~ 6600
板间距 H_T/mm	300、350、400、450、500	400、450、500、550、600、650、700	450、500、600、650、700、750、800

初步选定板间距以后，先用Souders-Brown半经验式计算出允许的最大有效空塔速度（有效空塔速度为以塔截面扣除一个降液管面积计算的速度），即：

$$u_\mathrm{max} = C\sqrt{\frac{\rho_\mathrm{L} - \rho_\mathrm{G}}{\rho_\mathrm{G}}} \tag{7-42}$$

式中 ρ_G，ρ_L——气相、液相的密度，$\mathrm{kg/m^3}$；

     C——经验系数，也称气体负荷因子，m/s。

C 可按下式计算

$$C = \left(\frac{\sigma}{20}\right)^{0.2} \exp[-4.531 + 1.6562H + 5.5496H^2 - 6.4695H^3 +$$

$$(-0.474675 + 0.079H - 1.39H^2 + 1.3212H^3)\ln L_V +$$

$$(-0.07291 + 0.088307H - 0.49123H^2 + 0.43196H^3) \times (\ln L_V)^2] \qquad (7\text{-}43)$$

$$H = H_T - h_L \qquad (7\text{-}44)$$

$$L_V = (L_S/V_S)(\rho_L/\rho_G)^{0.5} \qquad (7\text{-}45)$$

式中　H_T——板间距，m；

　　h_L——板上清液层高度，m（一般常压塔取 0.05 ~ 0.1m，减压塔取 0.025 ~ 0.03m）；

　　L_S，V_S——液相及气相负荷，m^3/s；

　　σ——系统操作条件下液相表面张力，N/km。

求出 u_{max} 后，再按下式确定适宜的空塔速度：

$$u = (0.6 \sim 0.8)u_{max} \qquad (7\text{-}46)$$

对于一般不易起泡的液体或常压操作条件，系数取 0.7 ~ 0.8，对易起泡液体或减压操作，系数取 0.6 ~ 0.7。

式（7-41）中的 V_S 可由各段上升蒸气的摩尔流量换算得。

对精馏段 $V = (R+1)D$

$$V_S = \frac{VM_m}{3600\rho_G} \qquad (7\text{-}47a)$$

式中　M_m——精馏段上升蒸气的平均摩尔质量，kg/kmol；

　　ρ_G——在平均操作压强和温度下的气相密度，kg/m^3。

在操作压强较低时，气相可视为理想气体混合物，则：

$$V_S = \frac{22.4V}{3600}\frac{Tp_0}{T_0 p} \qquad (7\text{-}47b)$$

式中　T，T_0——分别为操作时的平均温度和标准状况下的温度，K；

　　p，p_0——分别为操作时的平均压强和标准状况下的压强，Pa。

对提馏段　　　　　　$V' = V + (q-1)F$

由上式求得 V' 后，再换算成体积流量 V'_S。

精馏段和提馏段的上升蒸气体积流量可能不同，因而两段的塔径也可能不等。为便于设计与制造，若相差不太大时，两段宜采用相同的塔径。

塔径初算后，须圆整到系列值。当塔径小于 1m 时，间隔按 0.1m 进行圆整。塔径大于 1m 时，间隔按 0.2m 进行圆整。

式（7-43）不适合喷射型板式塔。

例 7-10　计算分离正戊烷与正己烷混合物的常压连续精馏塔的塔径。原料中含正戊烷 44%（摩尔分数，下同），要求馏出液含正戊烷 99%，釜液中含正戊烷不大于 2%。泡点进料。已知馏出液量为 24.6kmol/h，釜液量为 37.6kmol/h。操作回流比为 2.3。$\rho_L = 610kg/m^3$，$\rho_G = 2.85kg/m^3$，$\sigma = 14.5 \times 10^{-3}N/m$。

解：（1）确定上升蒸气体积流量 V_S

因泡点进料，故

$$V = V' = (R + 1)D = (2.3 + 1) \times 24.6 = 81.18 \text{kmol/h}$$

塔顶的平均摩尔质量

$$M_\text{m} = 0.99 M_{\text{C5}} + 0.01 M_{\text{C6}} = 0.99 \times 72 + 0.01 \times 86 = 72.14 \text{kg/kmol}$$

由式(7-47a) 得 $\quad V_\text{S} = \dfrac{V M_\text{m}}{3600 \rho_\text{G}} = \dfrac{81.18 \times 72.14}{3600 \times 2.85} = 0.57 \text{m}^3/\text{s}$

（2）确定气体负荷因子 C

$$L_\text{S} = \frac{L M_\text{m}}{3600 \rho_\text{L}} = \frac{RD M_\text{m}}{3600 \rho_\text{L}} = \frac{2.3 \times 24.6 \times 72.14}{3600 \times 610} = 0.00186 \text{m}^3/\text{s}$$

取板间距 $H_\text{T} = 0.35\text{m}$，清液层高度 $h_\text{L} = 0.06\text{m}$，则分离空间的高度为 $H = 0.35 - 0.06 = 0.29\text{m}$。

据式(7-45) 有

$$L_\text{V} = \left(\frac{L_\text{S}}{V_\text{S}}\right)\left(\frac{\rho_\text{L}}{\rho_\text{G}}\right)^{0.5} = \frac{0.00186}{0.57}\left(\frac{610}{2.85}\right)^{0.5} = 0.0477$$

由式（7-43）得

$$\begin{aligned}
C = &\left(\frac{14.5}{20}\right)^{0.2} \exp\bigl[-4.531 + 1.6562 \times 0.29 + 5.5496 \times 0.29^2 - 6.4695 \times \\
& 0.29^3 + (-0.474675 + 0.079 \times 0.29 - 1.39 \times 0.29^2 + 1.3212 \times \\
& 0.29^3)\ln 0.0477 + (-0.07291 + 0.088307 \times 0.29 - 0.49123 \times \\
& 0.29^2 + 0.43196 \times 0.29^3) \times (\ln 0.0477)^2 \bigr] \\
= &\, 0.9377 \exp(-3.74177 + 1.63229 - 0.72291) \\
= &\, 0.9377 \exp(-2.83239) \\
= &\, 0.05521
\end{aligned}$$

（3）计算塔径

先由式（7-42）计算出最大有效空塔速度

$$u_\text{max} = C\sqrt{\frac{\rho_\text{L} - \rho_\text{G}}{\rho_\text{G}}} = 0.05521 \times \sqrt{\frac{610 - 2.85}{2.85}} = 0.81 \text{m/s}$$

选取空塔气速为

$$u = 0.70 u_\text{max} = 0.70 \times 0.81 = 0.567 \text{m/s}$$

塔径按式（7-41）计算

$$D_\text{T} = \sqrt{\frac{4 V_\text{S}}{\pi u}} = \sqrt{\frac{4 \times 0.57}{3.14 \times 0.567}} = 1.132 \text{m}$$

圆整为 $\quad D_\text{T} = 1.2\text{m}$

7.3.5　加热剂和冷却剂消耗量的计算

7.3.5.1　加热剂消耗量的计算

设加热剂消耗量为 G_B，单位为 kg/h，再沸器热负荷为 Q_B，单位为 kJ/h，加热剂加热之前和加热之后的热焓分别为 I_B1 和 I_B2，单位为 kJ/kg，则有：

$$G_\text{B} = \frac{Q_\text{B}}{I_\text{B1} - I_\text{B2}} \tag{7-48a}$$

若用饱和水蒸气加热，且冷凝液在饱和温度下排出，则 $I_{B1} - I_{B2} = r$，有

$$G_B = \frac{Q_B}{r} \tag{7-48b}$$

式中 r——加热蒸汽的汽化潜热，kJ/kg。

Q_B 可通过热量衡算求出。对图 7-9 所示的再沸器作热量衡算，以单位时间为基准，可得：

$$Q_B = V'I_{VW} + WI_{LW} - L'I_{Lm} + Q_L \tag{7-49}$$

式中 Q_L——再沸器的热损失，kJ/h；

I_{VW}——再沸器上升蒸气的焓，kJ/kmol；

I_{LW}——釜残液的焓，kJ/kmol；

I_{Lm}——提馏段底层塔板下降液体的焓，kJ/kmol。

若近似取 $I_{LW} = I_{Lm}$，且因 $V' = L' - W$，则：

$$Q_B = V'(I_{VW} - I_{LW}) + Q_L \tag{7-50}$$

另从全塔考虑，有

$$V'I_{VW} - L'I_{Lm} = VI_{VD} - FI_F - LI_{LD} = (R + 1)DI_{VD} - FI_F - RDI_{LD} \tag{7-51}$$

7.3.5.2 冷却剂消耗量计算

设 G_C 为冷却剂消耗量，单位为 kg/h，Q_C 为塔顶全凝器的热负荷，单位为 kJ/h，c_{pC} 为冷却剂的平均比热容，单位为 kJ/(kg·K)，t_1、t_2 分别为冷却剂在冷凝器进、出口处的温度，单位为℃，则有：

$$G_C = \frac{Q_C}{c_{pC}(t_2 - t_1)} \tag{7-52}$$

对图 7-9 所示的全凝器作热量衡算，并忽略热损失，有：

$$Q_C = VI_{VD} - (LI_{LD} + DI_{LD}) = (R + 1)D(I_{VD} - I_{LD}) \tag{7-53}$$

式中 I_{VD}——塔顶上升蒸气的焓，kJ/kmol；

I_{LD}——塔顶馏出液的焓，kJ/kmol。

例 7-11 某常压精馏塔，用以分离含苯 0.44（摩尔分数，下同）的苯-甲苯混合液，料液温度为 20℃，要求塔顶产品中含苯不低于 0.975，塔底产品中含苯不高于 0.0235。操作回流比为 3.5，进料量为 18000kg/h。试求再沸器热负荷和加热蒸汽用量以及冷凝器热负荷和冷却水用量。已知：

（1）料液的 $q = 1.361$，塔顶蒸气的冷凝潜热为 30370kJ/kmol，釜液的汽化潜热为 33130kJ/kmol。

（2）加热蒸汽压为 200kPa，冷凝水在饱和温度下排出。

（3）冷却水进、出冷凝器的温度分别为 25℃ 和 35℃。

解：（1）由精馏塔的物料衡算求 D 和 W：

总物料 $\qquad\qquad\qquad F = D + W$

易挥发组分 $\qquad\qquad Fx_F = Dx_D + Wx_W$

进料的平均摩尔质量为 $\qquad 78 \times 0.44 + 92 \times 0.56 = 85.8 \text{kg/kmol}$

故 $\qquad\qquad\qquad F = D + W = \dfrac{18000}{85.8} = 210 \text{kmol/h}$

及 $\qquad\qquad 210 \times 0.44 = 0.975D + 0.0235W$

解得 $\qquad\qquad W = 118 \text{kmol/h}, \ D = 9.2 \text{kmol/h}$

（2）求取两段上升蒸气量：

精馏段上升蒸气量为：
$$V = (R + 1)D = (3.5 + 1) \times 92 = 414 \text{kmol/h}$$

提馏段上升蒸气量为：
$$V' = V + (q - 1)F = 414 + (1.361 - 1) \times 210 = 490 \text{kmol/h}$$

（3）再沸器热负荷及加热蒸汽消耗量：

再沸器热负荷为
$$Q_B = V'(I_{VW} - I_{LW}) + Q_L$$
$$Q_B' = 490 \times 33130 = 1.62 \times 10^7 \text{kJ/h（未计热损失）}$$

取热损失 Q_L 为 Q_B' 的 10%，则再沸器的热负荷为：
$$Q_B = Q_B' + Q_L = (1 + 0.1)Q_B = 1.1 \times 1.62 \times 10^7 = 1.78 \times 10^7 \text{kJ/h}$$

查得绝压为 200kPa 的饱和水蒸气的冷凝潜热为 2205kJ/kg。故加热蒸汽消耗量为：
$$G_B = \frac{Q_B}{r} = \frac{1.78 \times 10^7}{2205} = 8072 \text{kg/h}$$

（4）冷凝器热负荷及冷却水消耗量：

冷凝器热负荷为：
$$Q_C = (R + 1)D(I_{VD} - I_{LD}) = V(I_{VD} - I_{LD})$$

若回流液在饱和温度下进入塔内，则：
$$I_{VD} - I_{LD} = 30370 \text{kJ/kmol}$$

所以　　　　　　$$Q_C = 414 \times 30370 = 1.26 \times 10^7 \text{kJ/h}$$

冷却水消耗量为
$$G_C = \frac{Q_C}{c_{pC}(t_2 - t_1)}$$

查得平均温度 30℃ $\left(= \frac{35 + 25}{2} \right)$ 下水的比热容为 4.174kJ/(kg·K)，代入上式有：
$$Q_C = \frac{1.26 \times 10^7}{4.174 \times (35 - 25)} = 3.02 \times 10^6 \text{kg/h}$$

7.4　特殊精馏与反应精馏

7.4.1　特殊精馏

　　一般的精馏操作是根据液体混合物中各组分挥发度不同而分离的。组分间的挥发度差别越大，越易分离。如果两组分的挥发度很接近，要完成一定的分离任务所需板数很多，在操作上难以实现或不经济。又如欲分离的混合液为恒沸液，则也无法用普通精馏方法分离。对以上两种状况的混合液常采用萃取精馏和恒沸精馏的特殊精馏方法进行分离。其共同特点是在混合液中加入第三组分，提高各组分间挥发度的差别或与原混合液中某组分形成新的恒沸物，再用一般精馏方法分离。

7.4.1.1　恒沸液的相平衡关系

　　图 7-26 表示与理想溶液有正偏差的乙醇-水混合液的 t-$x(y)$ 图和 y-x 图。混合液有最低沸点（图中 M 点）称恒沸点，其气液组成相同。

　　图 7-27 为与理想溶液有负偏差的硝酸-水混合液的 t-$x(y)$ 图及 y-x 图。混合液有最高恒沸点

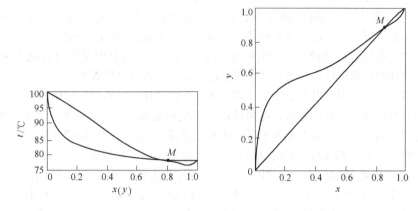

图 7-26　常压下乙醇-水混合液的 $t\text{-}x(y)$ 图及 $y\text{-}x$ 图

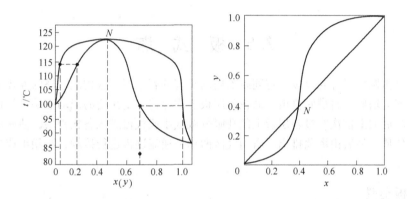

图 7-27　常压下硝酸-水混合液的 $t\text{-}x(y)$ 图及 $y\text{-}x$ 图

(图中 N 点)。

7.4.1.2　恒沸精馏

在欲分离的恒沸液中加入第三组分——挟带剂，它可与原液中一个或两个组分形成新的恒沸物（其沸点与原液中组分的沸点相差越大越利于分离），从而使原液可以用一般精馏方法分离。这种操作称恒沸精馏，用以分离恒沸液。

7.4.1.3　萃取精馏

在欲分离的混合液中加入第三组分——萃取剂，但与原液不能形成恒沸物。要求萃取剂具有高沸点，能与原液中某组分形成一沸点较高的溶液，因而加大被分离组分间的相对挥发度，使组分可用一般精馏方法分离。这种操作称萃取精馏，用以分离各组分沸点（挥发度）差别很小的混合液。

7.4.2　反应精馏

反应精馏是在 20 世纪 80 年代才被确立的一门新的反应分离工业技术。它是将反应和分离两者结合在一个装置中同时进行的过程。在装置中，使分离和反应同时进行又互相作用，从而能够达到同时提高反应转化率和装置的分离效率的目的。如 A、B 两组分反应生成 C 和 D 的可逆反应式为

$$A + B \longleftrightarrow C + D$$

当 C 为易挥发组分，D 为难挥发组分时，显然在反应精馏过程中，一旦反应生成 C、D，则可将 C 与 D 立即分离，使反应向有利于生成产物的方向移动。由于反应和分离两种设备结合在一起，不但可提高产率还可节省投资。又如当 A、B 混合物两组分的挥发性差异很小时，通过普通精馏很难将它们分离开。此时可通过反应精馏，先将其中某组分转化为另外一个组分，使它们的相对挥发度增大，然后再实现精馏分离，以提高分离效率。

反应精馏装置的类型可以分成以下 3 种：具有外部循环反应器的反应精馏塔，即釜液循环回塔外反应器与料液反应后再进入普通精馏塔的反应精馏塔；反应器为再沸器的反应精馏塔，即再沸器为反应器，而反应器上方为不带再沸器的普通精馏塔段的反应精馏塔；整个塔（包括冷凝器和再沸器在内）都为反应器的反应精馏塔，即完整的反应精馏塔。

反应精馏和普通精馏的主要区别在于：在反应精馏系统中除了物理过程，还存在化学反应过程；设计计算中除了物料平衡、热平衡和相平衡问题，还要考虑化学平衡问题。因此反应精馏过程的工艺设计和操作比普通精馏要复杂得多，而且每个物料体系均有各自的特殊性。

7.5 板 式 塔

板式塔是由圆柱形外壳及按一定间距沿塔高装有的若干层塔板构成。塔内液体靠重力作用由塔顶逐板流向塔底，自塔底排出，而在各层板上均保持一定深度的流动液层。气体在压强差推动下，由塔底向上依次穿过各层板上的孔眼分散成小股气流进入各板液层，使两相密切接触进行传热、传质，最后由塔顶排出。塔内气液两相呈逆流逐板进行接触，两相组成的浓度沿塔高呈梯式变化。

7.5.1 塔板类型

按照塔内气、液流动方式，板式塔塔板可分为两类，即有降液管式塔板（或称溢流式塔板、错流塔板）及无降液管式塔板（或称穿流式塔板、逆流塔板）。

图 7-28（a）为有降液管式塔板，板间有专供液体流通的降液管（又称溢流管）。各层板上一般均设控制液层高度的溢流堰。气液在板上呈错流接触。常见的板型有泡罩塔板、筛孔塔板、浮阀塔板及喷射型塔板等。

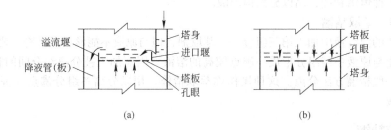

图 7-28 塔板类型

（a）有降液管塔板；（b）无降液管塔板

图 7-28（b）为无降液管式塔板，塔板间没有降液管。气、液两相同时自塔板上的孔眼逆向穿流而过，又称穿流塔板。板上液层高度是靠气体速度来维持的。常见板型有筛孔式、栅板式及波纹板式等。其应用远不及前者。

7.5.2　浮阀塔基本知识

7.5.2.1　浮阀

图7-29表示浮阀在塔板上的示意图。塔板上有按正三角形排列的阀孔，上装浮阀。浮阀有F1型，V-4型，T型等，其中以F1型应用最广，其结构与工艺尺寸等已列入部颁标准。

7.5.2.2　浮阀塔板的气液操作状况

浮阀塔板上的气液流程如图7-30所示。板面分5个区域：左侧弓形面1称承液区，右侧5称降液区（溢流区），中间部分3开若干阀孔装浮阀称气液接触区（鼓泡区），2为液体进口安定区，4为液体出口安定区。

A　气液流向

液体从上一塔板的降液管流入板面，经进口安定区2，横过鼓泡区3，翻越溢流堰进入降液管入下一塔板。

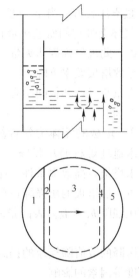

图7-30　塔板上气液流程
1—承液区；2—液体进口安定区；3—气液接触区；
4—液体出口安定区；5—降液区

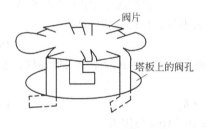

图7-29　浮阀

下一塔板的上升气体，经鼓泡区中的阀孔分散成小股气流进入板面，转向阀片边缘与塔板间形成的通道，以水平方向进入液层。由于阀片有斜边，气体沿斜边流动则有向下的惯性，进入液层一定深度后惯性消失再折转向上穿过液层，与液体密切接触进行传热与传质，然后，逸出液面向上一层塔板上升，故塔板上气液主体流向为错流。

B　操作状况

浮阀有一定重量，当气速（指空塔气速，下同）较小时，顶不开阀片，气体只能从阀的最小开度通过。当气体增加到一定数值时，阀片开始升起，且开度随气速增加而加大。在阀片全开之前随气速增加只能增大阀片的开度，阀孔气体速度变化很小。当阀片全开后，流通面积不再变化，阀孔气速才随气速增加而增加。阀片刚好达到全开时的阀孔气速称为临界阀孔气速。

随着气速的增大，气体夹带液沫量也随之增大，所取气体速度的上限是允许的液沫夹带量所对应的气速，气速的下限决定于塔板上的液体泄漏量，而允许的泄漏量所对应的气速为下限气速。正常操作时，气速应选在上下限气速之间。此时气体均匀分散于液层中，鼓泡形成泡沫层，在泡沫层中气液相剧烈的湍动，气泡不断破灭又不断产生新的气泡，为气液充分接触提供较大的接触面积。

C　不正常的操作现象

（1）漏液现象。当气速小时，不足以顶住板上液体由阀孔向下漏，致使塔板漏液，严重时使塔板上不积液，气液无法进行传热与传质。

塔板上液层厚度不一，气体在塔板上分布不均匀也造成漏液。

（2）液泛现象。直径一定的塔，供两相作逆流流动的自由截面当然有限度。两相中任一相的流量增大到某一数值，上、下两层塔板间的压力降便会增大到使降液管内液体不能顺利地下流，当管内液体满到上层板的溢液堰顶之后，便漫到上层板中去，这种现象称为液泛（又称淹塔）。液泛开始时，塔的压力降急剧加大，效率急剧减小，随之全塔的操作受到破坏。液泛是塔操作的极限条件。

（3）过量雾沫夹带。当下一板的气体进入上层塔板液层时，会将部分液体分散成微滴（即雾沫），气体夹带它们而逸出液面，如这些微滴在两板间的空间不能沉降分离，则随气体进入上层塔板，此现象称雾沫夹带。过量的雾沫夹带，使上一层塔板所含易挥发组分较高的溶液被稀释，导致塔板效率下降。

雾沫夹带量与气速和板间距有关，板间距越小，夹带量越大；相同板间距，如气速过大则夹带量也会增加。

7.5.2.3　塔板的流体力学计算

A　气体通过塔板的压强降

一般要求塔板在高效率条件下操作，力求减小压降，从而有利于降低能耗。

气体通过一层塔板的压强降称单板压降，以 h_p 表示，主要包括通过干板的压强降 h_c，通过板上液层的压强降 h_L，液体表面张力的影响很小，略去不计，则按加和法计算有

$$h_p = h_c + h_L \tag{7-54}$$

式中，干板压降的数值随气速的提高而增加。而通过板上液层的压强降则受气体速度，液体流量，堰的高度等因素的影响。

$$全塔压强降 = N_p \cdot h_p \tag{7-55}$$

工业用浮阀塔的单板压降 h_p，一般在 $(20 \sim 100) \times 10^{-5}$ MPa 范围内。

B　塔板流体力学条件的校核

（1）液泛的校核。如前所述，欲防止液泛发生，就必须保证降液管中液层的高度 H_d 不超过上层塔板的溢流堰高（降液管与上层塔板出口堰高之和）。即：

$$H_d \leqslant \varphi(H_T + h_W) \tag{7-56}$$

式中　φ——泡沫系数，无量纲；

h_W——出口堰高，m。

（2）过量雾沫夹带的校核。为使浮阀塔有较高的塔板效率，雾沫夹带量不能太大，故应校核设计点的夹带量，其计算可采用费尔等人提出的泛点率进行估算。通常应控制上升的每 1kg 气体中夹带一层塔板的液体量小于 0.1kg。

C　确定操作负荷的上下限

综上所述，浮阀塔的操作中，气量过小，产生严重漏液，使塔板效率急剧下降。气量过大，造成较大的雾沫夹带，使塔板效率明显降低，并引起液泛，破坏塔的正常操作。故应控制塔的负荷在允许的范围内。

允许负荷上下限通过作图求得。在直角坐标上，以气相负荷 V_S 为纵坐标，以液相负荷 L_S 为横坐标，标绘各种界限条件下的 V_S-L_S 关系线，从而得到允许的负荷波动范围图，称塔板的负荷性能图。如图 7-31 所示，塔板的负荷性能图由下列线段构成：

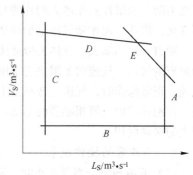

图 7-31　塔板负荷性能图

（1）液相负荷上限线——气泡夹带线 A；

（2）液相负荷下限线——液相均布线 C；

（3）气相负荷下限线——漏液线 B；

（4）气相负荷上限线——过量雾沫夹带线 D；

（5）液泛线 E。

由以上 5 条线所包围的区域，是一定物系在一定的结构尺寸塔板上的适宜操作区。

习　题

7-1　苯-甲苯混合物在总压 $p = 200 \times 133.3\,Pa$ 下的泡点为 $45\,℃$，求气相各组分的分压，气液两相的组成和相对挥发度。已知蒸气压数据：$t = 45.0\,℃$，$p_A^0 = 223.4 \times 133.3\,Pa$，$p_B^0 = 74.1 \times 133.3\,Pa$。

7-2　由 $SiCl_4$ 和 $TiCl_4$ 组成的溶液在常压连续精馏塔中进行分离。混合液的流量为 $5000\,kg/h$，其中 $SiCl_4$ 的含量为 30%（摩尔分数，下同），要求馏出液中能回收原料液中 88% 的 $SiCl_4$，釜液中含 $SiCl_4$ 不高于 5%。试求馏出液的流量及组成，分别以质量流量及质量分数表示。

7-3　要在常压操作的连续精馏塔中把含 A0.4 的 A-B 混合液加以分离，以便得到含 0.95A 的馏出液和 0.04A（以上均为摩尔分数）的釜液。回流比为 3，泡点进料，进料量为 $100\,kmol/h$。求从冷凝器回流入塔顶的回流液的摩尔流量及自再沸器升入塔底的蒸气的摩尔流量。

7-4　某连续精馏塔露点进料，已知进料量为 $1000\,kmol/h$，操作线方程为：

精馏段　　　$y = 0.6x + 0.38$

提馏段　　　$y = 1.2x - 0.01$

求：（1）原料液、馏出液、釜液组成及回流比；（2）馏出液产量和釜液产量；（3）精馏段和提馏段气液负荷。

7-5　含苯 0.45 及甲苯 0.55（摩尔分数）的混合溶液，在 $1 \times 10^5\,Pa$ 下的泡点为 $94\,℃$，求该混合液在 $55\,℃$ 时的 q 值及 q 线方程。此混合液的平均千摩尔比热容为 $167.5\,kJ/(kmol \cdot ℃)$，平均汽化潜热为 $30397.6\,kJ/kmol$。若原料为气液混合物，气液比为 $3:4$，其 q 值和 q 线方程又如何？

7-6　由 45%（摩尔分数，下同）的苯及 55% 的甲苯组成的二元混合液，在常压精馏塔内进行连续精馏，要求塔顶产品含苯 92%，塔釜产品含甲苯 85%。取回流比为 4.0，塔顶采用全凝器，求进料温度为 $55\,℃$ 时间接和直接蒸汽加热两种情况下，所需的理论板数。

7-7　有两股苯和甲苯混合液，摩尔流量之比为 $1:3$，浓度各为 0.5 和 0.2（皆为苯的摩尔分数），拟在同一精馏塔进行分离，要求塔顶产品浓度为 0.9，釜液浓度不高于 0.05。两股料液皆预热至泡点加入塔内，在操作条件下物系的平衡关系如表 7-1 所示，回流比取 2.5，试求按以下两种方式操作所需的理论板数：（1）两股物料各在适当位置分别加入塔内；（2）两股物料混合进料。

7-8　如图所示，在带有侧线出料的二元混合液精馏塔中，原料液流量为 $100\,kmol/h$，进料组成为 0.5（易挥发组分的摩尔分数，下同），进料状态为饱和液体。塔顶经全凝器馏出液流量为 $20\,kmol/h$，组成为 0.98，塔上部侧线产品为饱和液体，抽出量为 D_1，其组成为 0.9。釜液组成为 0.05。操作回流比为 5。系统的平均相对挥发度为 2.5。试求：

（1）抽出液量 D_1；

（2）中间段的操作线方程；

（3）由第三层理论板下降液体的组成（自塔顶往下数）。

7-9　如图所示，进料组成为 0.4（易挥发成分的摩尔分数，下同）的二元混合液由精馏塔顶加入塔中。进料温度为 $20\,℃$，料液泡点为 $98\,℃$，平均比热容为 $160\,kJ/(kmol \cdot ℃)$，汽化热为 $35000\,kJ/kmol$。塔顶产品馏出率 D/F 为 0.7，塔顶蒸气冷凝后全部作为产品。釜残液组成为 0.02，塔釜为间接蒸汽加热。已知料液的相对挥发度为 3。

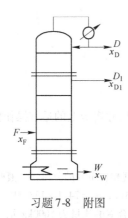

习题7-8　附图

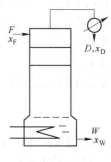

习题7-9　附图

假设塔内物流为恒摩尔流。试求：

(1) 塔内液气比为多少？

(2) 经第一层理论塔板的气相增浓多少？

7-10　用常压连续精馏塔分离含四氯化硅 0.4 的四氯化硅和四氯化钛的混合物。要求塔顶馏出液中含四氯化硅 0.95（以上均为质量分数）。进料为气、液混合物，其中蒸气量占 1/3（摩尔比）。四氯化硅对四氯化钛的相对挥发度为 10.5，试求：(1) 原料中气相及液相的组成；(2) 最小回流比。

7-11　某厂欲用常压连续精馏塔分离 $SiCl_4$ 和 $TiCl_4$ 的混合液。原料混合液含 $SiCl_4$ 40%（质量分数），每小时处理 2000kg，要求塔顶产品含 $SiCl_4$ 96%（质量分数），塔釜产品中含 $SiCl_4$ 不大于 6%（质量分数）。进料为饱和液体，塔顶采用全凝器。已知操作条件下平均相对挥发度为 9，实际回流比 $R = 4.69R_{min}$，全塔效率为 50%，试分别用图解法和捷算法确定：(1) 完成该分离任务所需的理论塔板数及理论加料板的位置；(2) 实际塔板数及实际加料板位置。

7-12　在常压连续精馏塔内分离苯-甲苯混合物。原料液中苯的浓度为 40%，要求塔顶馏出物中含苯 97%，塔底产品中含苯 98%（以上均为质量分数）。泡点进料，原料液流率为 1500kg/h，操作回流比为 3.5，采用全凝器，回流液为泡点液体，该塔保温良好，其散热损失可忽略，试求：(1) 以 0.14MPa（表压）的废气作为再沸器的热源时，加热蒸汽用量；(2) 冷却水进入全凝器时的温度为 27℃，离开时为 66℃时的冷却水量。已知馏出液在泡点下的汽化热为 354kJ/kg，操作条件下冷却水的平均比热容为 4.174kJ/(kg·K)。

7-13　现测得分离苯-甲苯的连续精馏塔精馏段第 n 块塔板上下的气液相组成如附图所示。试求：(1) 回流比 R 及馏出液组成 x_D；(2) 第 n 板的单板效率。

平衡数据为：

x	0.66	0.695
y	0.83	0.853

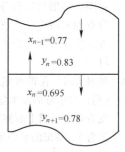

习题7-13　附图

7-14　需设计一筛板塔分离环乙醇-苯酚，已知其提馏段平均气相流量 $V_S = 0.69m^3/s$，平均液相流量 $L_S = 0.00156m^3/s$，平均气相密度 $\rho_G = 2.81kg/m^3$，液相密度 $\rho_L = 940kg/m^3$，液相表面张力 $\sigma = 32 \times 10^{-3}N/m$，清液层高度 $h_L = 0.06m$。试估算提馏段塔径。

参 考 文 献

[1] 孙佩极. 冶金化工过程及设备. 北京：冶金工业出版社，1980.

[2] 王志魁. 化工原理. 第2版. 北京：化学工业出版社，1998.

[3] 陈敏恒，丛德滋，方图南，等. 化工原理：下册. 第2版. 北京：化学工业出版社，1999.

［4］［美］博德 R B，斯图沃特 W E，莱特富特 E N. 传递现象. 原著第 2 版. 戴干崇，戎顺熙，石炎福，译. 北京：化学工业出版社，2004.

［5］阮奇，叶长，黄诗煌. 化工原理优化设计与解题指南. 北京：化学工业出版社，2001.

［6］MECABE W L，SMITH J C，HARRIOT P. Unit Operations of Chemical Engineering. 6th ed. New York：MeGraw-Hill，2001（英文影印版：化学工程单元操作. 北京：化学工业出版社，2003）.

［7］路秀林，王者相. 化工设备设计全书-塔设备. 北京：化学工业出版社，2004.

［8］化学工程师手册编委会. 化学工程师手册. 北京：机械工业出版社，2001.

［9］［德］松德马赫尔 K，金勒 A. 反应蒸馏. 朱建华，译. 北京：化学工业出版社，2005.

［10］Wankat P C. Equilibrium Stage Separations. New York：Elsevier Science Publishing Co.，Inc.，1988.

［11］Perry，R. H，Chilton，C. H. Chemical Engineers' Handbook. 7th edition. New York：McGraw-Hill，Inc，1997.

8 萃　取

8.1 概　述

8.1.1 萃取的基本原理

使混合液与适当的溶剂接触，经充分搅拌后，混合液中欲分离的组分溶于溶剂中，然后让溶剂与剩余的混合液分离，于是混合液的组分得以分离。这种利用各组分溶解度不同而分离液体混合物的操作，称为溶剂萃取，简称萃取。

萃取操作所处理的混合物是料液，其中，溶解的组分称为被萃物或溶质，常以 A 表示；不溶解或难溶解的组分称为惰性组分，常以 B 表示。萃取操作所用的溶剂称为萃取剂，用 S 表示。若 B 与 S 不互溶，则均可称载体。经过萃取操作所获得的溶剂 S 和溶质 A 组成的溶液称为萃取液；混合料液被萃取后的残液，称为萃余液。如图 8-1 所示。

在萃取操作中，若溶剂是有机物，则萃取剂和萃取液又称有机相；这时，料液是水溶液，萃余液亦为水溶液，均可称为水相。

萃取在工业生产中可用于提纯混合物中某物质；回收混合物中有价成分；分离性质上非常相似的金属（如 Ta 和 Nb，Ni 和 Co，稀土元素等）；净化污水，保护环境。

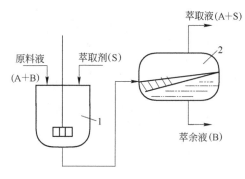

图 8-1　典型的萃取操作
1—混合室；2—澄清室

8.1.2 萃取的基本概念

8.1.2.1 分配比和相平衡的表示方法

A　分配比

在萃取平衡时，被萃取物在有机相的总浓度和在水相中的总浓度之比为分配比，以 D 表示。

$$D = c_o / c_w \tag{8-1}$$

式中　c_o——被萃物在有机相中的总浓度，kg/m^3；

　　　c_w——被萃物在水相的总浓度，kg/m^3。

分配比越大，表示被萃取物越容易被萃取到有机相。

B　相平衡的表示方法

萃取体系，常有 3 种组分，可用三元相图来描述平衡关系。但是，由于湿法冶金中的有关操作，常有两相不互溶或仅微溶，因此，可用直角坐标表示平衡关系。在一定温度下，被萃取物质在两相的分配达到平衡时，以该物质在有机相中的浓度和它在水相的浓度关系作图，可得

图 8-2 的曲线，称为萃取等温线，又称萃取平衡线。根据等温曲线，可以计算出不同浓度时的分配比，确定萃取级数以及萃取剂的饱和容量。

8.1.2.2　萃取速率

让萃取过程进行到最后极限，有时需要很长时间，而实际的操作，总是在一定的时间内进行的。由于时间的限制，过程常常没有达到平衡就停止了。萃取速率是被萃物在单位时间内由水相转入到有机相的数量，因此，讨论萃取速率问题，更具有实际意义。

萃取速率与浓度差有关，浓度差越大，其速率越大。萃取速率与相接触面积（传质面积）有关，相接触面积越大，其速率越大。此外，萃取速率还与溶剂、被萃物、水相的性质及两相接触的方式（设备结构）等有关。综合上述关系，萃取速率可表示为：

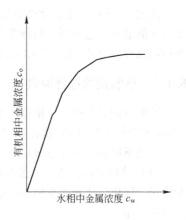

图 8-2　萃取等温线

$$G = KF\Delta \tag{8-2}$$

式中　G——萃取速率，kg/s；

　　　F——水相与有机相的接触面积，m^2；

　　　Δ——浓度差，即萃取传质推动力，kg/kg；

　　　K——比例系数，即萃取传质系数，$kg/(m^2 \cdot s)$。

式（8-2）为萃取速率方程式。其中，Δ 还可用其他单位表示，K 的单位相应变化。

8.1.2.3　萃取的基本参数

（1）相比 R：有机相体积 V_o（L 或 m^3）与水相体积 V_w（L 或 m^3）之比。

$$R = V_o/V_w \tag{8-3}$$

（2）萃取因子 e：萃取液中溶质的量与萃余液中溶质的量之比，即

$$e = \frac{c_o V_o}{c_w V_w} = DR \tag{8-4}$$

（3）萃取分数 q：被萃取物进入到有机相中的量与两相中被萃取物的总量的百分比，即

$$q = \frac{c_o V_o}{c_o V_o + c_w V_w} \times 100\% \tag{8-5}$$

将式（8-1）和式（8-3）代入式（8-5），可得

$$q = \frac{D}{D + 1/R} \times 100\% \tag{8-6a}$$

将式（8-4）代入式（8-6a），可得

$$q = \frac{e}{e + 1} \times 100\% \tag{8-6b}$$

（4）分离因素 $\beta_{A/B}$：又称分离系数。若在同一体系中有两种溶质 A 和 B，它们的分配比分别为 D_A 和 D_B，则分离系数 $\beta_{A/B}$ 为

$$\beta_{A/B} = \frac{D_A}{D_B} = \frac{c_{o,A}/c_{w,A}}{c_{o,B}/c_{w,B}} = \frac{c_{o,A}/c_{o,B}}{c_{w,A}/c_{w,B}} \tag{8-7}$$

由式（8-7）可见，分离系数为两种溶质在有机相中的平衡浓度之比与在水相中的平衡浓度之比的倍数。它表明了两种溶质的分离效率。显然，$\beta = 1$，两种溶质不能分离；β 接近于1，两种溶质难以分离；β 与1相差越大，则两种溶质越容易分离。

8.1.3　萃取剂的选择原则

萃取剂的种类很多，根据萃取机理大致可分为4类：（1）中性萃取剂；（2）酸性萃取剂（阳离子交换剂）；（3）螯合萃取剂；（4）碱性萃取剂（阴离子交换剂）。

所选萃取剂，应尽量满足如下要求：

（1）萃取方面性能。对被萃取的金属具有高的选择性，即分离系数要大；有较大的萃取饱和容量，即单位体积的萃取剂所能萃取的最大金属量要大；要求反萃取容易，不发生乳化，不生成第三相。

（2）物理方面性能。相对密度小，黏度低，表面张力大，以便于和水相分层；沸点高，蒸气压小，闪点高，保证安全生产，不易着火，减少挥发损失；在水中的溶解度要小，以减少溶解损失。

（3）化学方面性能。不易水解，能耐酸、碱、盐溶液及氧化剂、还原剂作用，具有一定的热稳定性；对设备的腐蚀性小；毒性要小。

（4）经济指标方面。要来源丰富，制备、纯化、再生容易，价格低廉。

8.1.4　萃取工艺流程

在萃取过程中，应根据过程的特点，结合具体情况，布置一个合理而又经济的工艺流程。萃取过程主要是有萃取和反萃取的两个操作过程，反萃取是使被萃取物质返回水相的过程；有时则为萃取、洗涤和反萃取的三个操作过程，洗涤是杂质的反萃取过程，而被萃取物则大部分仍在有机相中。因此，通常工业上萃取的原则流程如图8-3所示。

萃取、洗涤和反萃取均为液-液两相间的传质过程，其操作包括两相的混合和分离。两相仅接触一次，然后分别取出萃取液和萃余液的是单级萃取，这往往达不到有效的分离。在实际生产中，常常把若干个萃取器串联起来，使有机相与水相多次接触从而大大提高分离效果，这种多级接触常称为串级萃取。

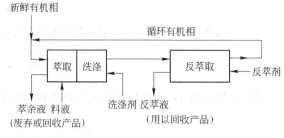

图8-3　液-液萃取原则流程

串级萃取按有机相与水相流动方式的不同，分为错流萃取、逆流萃取、分馏萃取、回流萃取等几种，其中在生产中应用较广的是逆流萃取和分馏萃取，分馏萃取常称为双溶剂萃取。各种串级萃取的流动方法和特点分述如下。

在各种串级萃取的流动方式中所用符号意义为：F表示水相料液；S表示有机相；W表示洗液；E_i 表示第 i 级萃取液；R_i 表示第 i 级萃余液；A表示易萃组分；n 表示萃取段级数；m 表示洗涤段级数。

8.1.4.1　错流萃取

错流萃取有机相和水相的流动方式见图8-4。其特点为 β 很大时可得纯B，但B的回收率低，有机相消耗大。

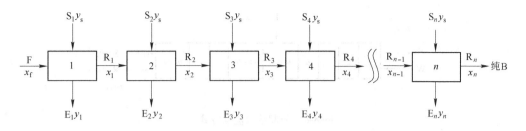

图 8-4　错流萃取流动方式

8.1.4.2　错流洗涤

其两相的流动方式见图 8-5。其特点为 β 很大时可得纯 A，但 A 的回收率低，洗液消耗大。

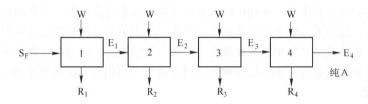

图 8-5　错流洗涤流动方式

8.1.4.3　逆流萃取

其两相流动方式见图 8-6。其特点为 β 不大也可得到纯 B，有机相消耗不大，但 B 的回收率不很高。

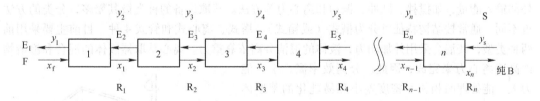

图 8-6　逆流萃取流动方式

8.1.4.4　逆流洗涤

其两相流动方式见图 8-7。其特点为 β 不大可得到纯 A，洗液节省，但 A 的回收率不很高。

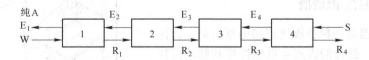

图 8-7　逆流洗涤流动方式

8.1.4.5　分馏萃取（又称双溶剂萃取）

过程同时采用两种溶剂，一是用作萃取的萃取剂 S，另一是用于洗涤某组分的洗涤剂 W。它们之间互不相溶，但各自能优先溶解原料液中某一种组分。流动方式见图 8-8，两种溶剂分别从系统的两端加入，以逆流方式通过整个系统，而含有 A、B 两溶质的原料从中间某一级加

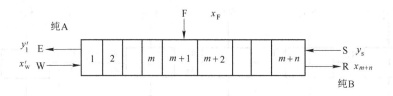

图 8-8　分馏萃取流动方式

入。位于料液入口处与萃取剂入口间的各级均称为萃取级，另一端各级称为萃洗级。其特点为 β 不大时也可同时得纯 A 和纯 B，收率很高，在实际生产中应用最广。

8.1.4.6　回流萃取

　　流动方式和分馏萃取相同，只是把 S 改为含纯 B 的有机相或把洗液改为含纯 A 的洗液，或两者都改。其特点为 β 很小时，可利用纯组分回流的方法来提高纯度，但产量要降低。

　　串级逆流萃取设备的接触方式根据两相组成在设备中的变化可有逐级接触设备和微分接触式设备。逐级接触式设备是两相组成逐级变化，在每级中进行充分的混合和分离，槽式设备属于此类。微分接触式设备是两相的接触和分离同时进行，两相组成在其中连续变化，大多数塔式设备属于此类。

8.2　萃　取　设　备

8.2.1　萃取设备简介

　　有机溶剂萃取过程需要将两液相混合而后分离。在萃取设备中为强化传质过程，多半采用外部输入能量，如搅拌、脉冲、振动和离心力等方法。萃取设备的种类极其繁多，分类的方法也不同。通常按结构特征可分为槽式（或箱式）、塔式、离心式和管式 4 种。目前主要采用前两种类型，其混合采用外加动力，液体的澄清分离依靠重力。离心萃取器液体的混合和澄清均由高速离心力来完成，因此，分离效率高，生产能力大，能处理两相相对密度差小和易乳化的萃取体系，但其结构复杂，制造困难，投资大，不易满足多级的要求，故很难普遍采用。管式只是为了降低塔高，用空气搅拌和输送，此外并无特殊优点。以下介绍几种典型萃取器的特性和应用。

8.2.2　箱式混合-澄清槽

　　这种萃取器是一种分级逆流接触萃取器，液体的混合靠搅拌，搅拌的方式有机械搅拌和脉冲搅拌两种。脉冲搅拌的混合-澄清槽不需复杂的机械传动装置，便于密封，易实现远距离控制，常用于裂变产物的分离。湿法冶金工业中多用机械搅拌的混合-澄清萃取槽。这种萃取槽每级包括混合室、澄清室和搅拌器。级间通过相口紧密相连，结构十分紧凑，图 8-9 为一般箱式混合-澄清槽的单级结构。

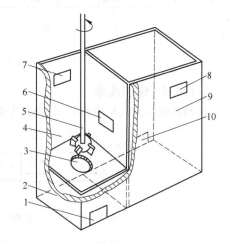

图 8-9　混合澄清槽的单级结构

1—水相入口；2—前室；3—前室圆孔；4—混合室；
5—搅拌器；6—混合相入口；7—有机相入口；
8—有机相出口；9—澄清室；10—水相出口

搅拌器的功用：一是完成两相的混合，二是保证级间水相和混合相的输送。设置在混合室下部的水相循环挡板，把混合室分为主室和前室两部分，前室能使水相连续、稳定地进入混合区。在混合相溢流口设置挡板或罩子，防止返混现象的出现，以保证高的级效率。由于搅拌器的旋转运动，使混合室液面和澄清室液面造成一个液位差，使轻相的有机相很容易溢流入下一级混合室中。

图 8-10 为箱式混合-澄清槽操作过程两相的流向图，就设备整体而言，两相的流动是逆流。在任一级中则是并流。有机相由 $n-1$ 级澄清室通过有机相溢流口进入 n 级混合室，水相由 $n+1$ 级澄清室底部入口进入前室，借搅拌器的抽吸作用进入 n 级混合室，两相在混合室内搅拌混合，进行萃取。混合相在搅拌离心力作用下，经混合相流通口进入澄清室中澄清。然后，两相分别逆流入相邻的两级。

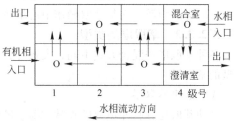

图 8-10　混合-澄清槽两相流向

箱式混合-澄清槽的优缺点如下。

优点：两相接触好，级效率高，易于实现多级操作；流速范围宽，操作稳定，停车启动不会打乱各级平衡；设备结构简单，制造容易，材料易于解决；不需要高厂房及复杂的辅助设备，扩大性能良好，易于比例放大。

缺点：依靠重力澄清，要求两相密度差 $\Delta\rho$ 不小于 0.1，而且设备的储液量大；动力消耗大；占地面积大。箱式混合-澄清槽属于混合-澄清萃取器的一种。其他的混合-澄清萃取器还有通用选矿公司（General Mills）混合-澄清器、戴维·麦基（Davy Mckee）混合-澄清器、IMI 混合-澄清器等。它们基本上属于上述箱式混合-澄清槽的改进型，此处不再详述。

8.2.3 塔式萃取设备

8.2.3.1 萃取塔中流体流动特性

A　纵向混合

在塔式设备中，由于两相逆流运动时会相互夹带，总有一部分液体朝着与原流的相反方向流动，使两相不能保持真正的逆流，这种现象称为纵向混合，也叫轴向混合。

纵向混合使两相的传质推动力降低，从而降低传质速度。纵向混合的程度与流体性质、相比及流速等有关，更重要的是与塔的类型、塔径、外加能量的大小有关。纵向混合随外加能量的增大而增大，随塔径的增大而增大。喷雾塔、填料塔和转盘塔之类的萃取设备，纵向混合较严重，而筛板塔和搅拌填料塔的则要小些。

B　分散相滞液量

分散相滞液量又称分散相液储，是指在稳定操作情况下分散相体积和设备有效体积之比，其量纲为 m^3/m^3，一般用% 表示。

分散相滞液量的大小对于传质过程速率有很大影响，因为两相接触面积和两相接触时均随分散相滞液量的增大而增大。实验表明

$$a = 6V_d/d_m \tag{8-8}$$

式中　a——单位体积液体混合物具有的相际接触面积，m^2/m^3；

　　　V_d——分散相滞液量，%（体积分数）；

　　　d_m——液滴平均直径，m。

分散相滞液量与流体性质，操作条件和设备结构有关。分散相在设备中走过的路线越长，其滞液量越大。

C 液泛

在萃取塔中，两相逆向流动，随着两相流速的加大，流体流动阻力也随之增加，当流速增加到某一定值时，一相会被另一相夹带而由进口端流出塔外，这种两相液体互相夹带的现象，称为萃取塔的液泛。它是萃取操作中流量达到了负荷的最大极限值的标志。

8.2.3.2 萃取塔的类型

各种萃取塔按混合方式不同，大致可分为脉冲塔、振动塔和机械搅拌塔 3 类。现列举各类典型的萃取塔。

A 脉冲萃取塔

脉冲萃取塔分脉冲填料塔和脉冲筛板塔两种。在长期的脉冲作用下，脉冲填料塔往往发生填料的有序性排列转正现象，造成沟流，致使塔效率降低，而且填料塔的清洗也极为不便。脉冲筛板塔塔身结构简单，易于清洗，还可用于稀薄的矿浆萃取。脉冲筛板塔常用参数如下：筛板孔径 3~4mm，孔隙自由度 23%~26%，筛板间距 50mm，脉冲频率 60~120 次/min，脉冲振幅 10~30mm。脉冲运动由往复式脉冲泵产生，一般采用正弦波型。脉冲的传递有 5 种方式（见图 8-11）。采用耐腐蚀、高强度的四氟乙烯塑料制成的波纹管作风箱传递脉冲，频率和振幅可调范围大，是较好的脉冲传递方式。目前冶金工业生产中多用此种塔。

B 振动筛板塔

这种塔也称为内脉冲萃取塔，它的脉冲运动是由塔顶的机械装置带动塔内筛板作往复运动（见图 8-12）。两液相在往复运动的筛孔切割下混合，进行萃取。塔身结构简单，制造容易，动力消耗低，塔效率较高。近年来，这种塔的应用和发展逐步赶上外脉冲萃取塔。

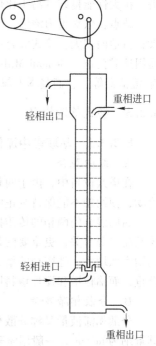

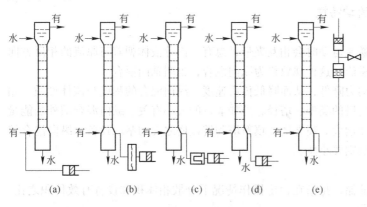

图 8-11　脉冲的传递方式

（a）脉冲加料型；（b）隔膜型；（c）风箱型；（d）活塞型；（e）空气垫型

图 8-12　振动筛板塔

C 转盘塔

这是一种最简单的搅拌塔，塔壁内装有固定的空心挡板，搅拌器为旋转的圆盘（见图 8-13）。中心轴转动时，液体在转盘与固定挡板之间造成径向环流。从而提高相际接触表面，强化了萃取过程。转盘塔没有沉降室，两相经逆流漂移而在塔顶和底部发生分相。这种塔的效

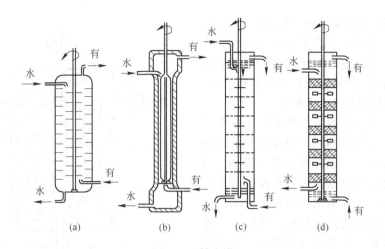

图 8-13　转盘塔

（a）转盘塔；（b）转筒塔；（c）搅拌筛板塔；（d）搅拌填料塔

率与挡板间距和固定环内径，转盘尺寸及搅拌器转速有关。通常塔径 D_K 与转盘直径 d 的比值应保持 $D_K/d = 1.5 \sim 3$，塔径与固定环间距 H_C 之比应为 $D_K/H_C = 2 \sim 6$。转盘直径应略大于固定环开口直径，转盘转速为 $80 \sim 150 r/min$。这种塔的内阻力小，生产能力大，理论级当量高度通常在 $0.3 \sim 0.5 m$，在早期的石油工业中应用最广。

塔式萃取设备的优缺点如下：

优点：易于密闭，液体挥发少，有利于防止放射性气溶胶挥发；占地面积小；设备生产能力大，储液量相对较少。

缺点：两相流量要求严格控制，操作不易稳定，放大性能差；多塔串联困难，不易满足多级萃取的要求；停车时平衡打乱，需重新平衡；需要高厂房及各种输液泵等辅助设备。

8.2.4　离心萃取器

8.2.4.1　波德式（POD）离心萃取器

波德式离心萃取器的结构如图 8-14 所示，它主要是由一个多孔的长带卷成的可以高速旋转的螺旋转子，装在一固定的外壳中组成，旋转速度为 $2000 \sim 5000 r/min$。操作时，轻液被送

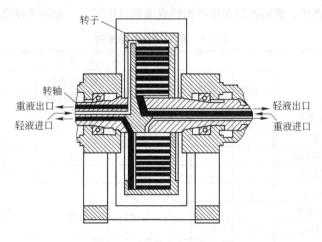

图 8-14　波德式离心萃取器

至螺旋的外圈，而重液则由螺旋的中心引入。在离心力场的作用下，重液相由里向外，通过小孔运动，两相发生密切接触，因而萃取的效率是较高的。但由于单机不能造得过大，故一般单机只能提供几个平衡级。

波德式离心萃取器的特点在于高速度旋转时，能产生 500～5000 倍于重力的离心力来完成两相的分离，所以即使密度差很小，容易乳化的液体，都可以在离心萃取机内进行高效率的萃取。离心萃取机的结构紧凑，可以节省空间，降低机内储液量，再加上流速高，使得料液在机内停留时间很短。但是结构复杂，制造较困难，设备投资高，消耗能量大，使其推广应用受到了限制。

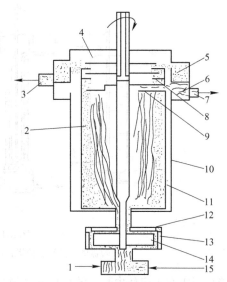

图 8-15　SRL 离心萃取器

1—轻相进口；2—澄清室；3—重相出口；4—水相出口挡板；
5—重相收集室；6—轻相收集室；7—轻相出口；
8—重相堰；9—轻相堰；10—套筒；11—转筒；
12—导向挡板（四条）；13—混合挡板（四条）；
14—搅拌桨（四叶）；15—重相进口

8.2.4.2　转筒型立式萃取器

如图 8-15 所示，主要由混合室、转筒、轴和外壳组成。混合室内有搅拌桨和混合挡板。转筒的上部为堰区，有控制两相溢流半径的圆形堰；转筒的下部为澄清室，内有一块折流挡板和数块径向叶板。搅拌桨和转筒都固定在轴上，可随轴转动。若采用空气堰控制，轴的上部还有空气引入通道和密封件。外壳上有两相液体的进出口管和收集室。

两相并流进入混合室进行充分混合，并由混合桨叶送入澄清室，在离心力作用下，重相甩到筒壁附近，轻相在轴附近。澄清后的两相分别经由溢流堰进入各自的收集室。可见圆筒立式离心萃取器就相当于一级混合-澄清槽。

8.2.5　萃取设备的选择

萃取设备的种类很多，对于具体的萃取分离任务，为能选择合适的设备，必须首先根据生产的要求和系统的性质，然后再结合设备的特点来加以选择。一般的选择原则如表 8-1 所示。

表 8-1　萃取设备选择原则

比 较 项 目		设 备 名 称						
		喷洒塔	填料塔	筛板塔	转盘塔	脉冲筛板塔 振动筛板塔	离心萃取器	混合-澄清槽
工艺条件	需理论级数	×	△	△	○	○	△	△
	处理量大	×	×	△	○	×	×	△
	两相流量比大	×	×	×	△	△	○	○
系统费用	密度差小	×	×	×	△	△	○	△
	黏度高	×	×	×	△	△	○	△
	界面张力大	×	×	△	△	△	○	△
	腐蚀性高	○	○	△	△	△	×	×
	有固体悬浮物	○	×	×	△	△	×	○

比 较 项 目		设 备 名 称						
		喷洒塔	填料塔	筛板塔	转盘塔	脉冲筛板塔 振动筛板塔	离心萃取器	混合-澄清槽
设备费用	制造成本	○	△	△	△	△	×	△
	操作费用	○	○	○	△	△	×	×
	维修费用	○	○	△	△	△	×	△
安装场地	面积有限	○	○	○	○	○	○	×
	高度有限	×	×	×	△	△	○	○

注:"○"表示适用;"△"表示尚可;"×"表示不适用。

必须注意:如果系统的性质未知,则应通过小型试验作出判断。

8.2.6 萃取设备的发展方向

湿法冶金萃取设备总的发展趋势是向高效率、大型化、自动化的方向发展。具体体现在以下两个方面:一是改进现有类型的萃取器以提高其效率和澄清速率,降低传质单元高度,对混合-澄清萃取器主要从结构设计(如新型泵混叶轮、辅助澄清器、多间隔串式混合室等)、材料选择(如具有亲水、疏水性能辅助澄清丝网材料的选择)和外场强化工程等方面来改进以减少其体积、增加澄清速率、减少溶剂夹带损失和更好地控制相的稳定性,对萃取塔主要是从几何结构的最佳设计和填料形状,亲、疏水性能的选择来达到同时强化传质和减少轴向混合的目的,对离心萃取器重点是从选择材质和优化结构设计来降低制造成本和维修费用,简化操作;二是研制新型高效萃取器,主要是从大幅提高单位体积的接触面积着手以提高混合过程的传质速度和澄清过程的澄清速率。具体表现在微型混合-澄清器的研制、具有促进液相接触的微通道装置的研制和中空纤维接触器的研制。

微型混合-澄清器由微混合器和澄清器集成,其微混合器能产生具有 $20000 \sim 50000 m^2/m^3$ 比表面积和小液滴尺寸分布的乳化液,使扩散距离很短,形成相间物质的快速传递,可把停留时间降低至秒级甚至毫秒级。其澄清器具有微细通道,形成大量具有亲水性或憎水性的接触器壁,因而可以控制液滴聚结和分相。

微通道装置的关键部件是具有商业微孔膜性能的微机械接触器平板。在微通道装置中,两相通过膜进行接触,流动分布均匀,传质和传热速率非常快。

中空纤维接触器的特点是具有非常大的接触面积和传质速率,两相不互相混合,因而不存在其他接触器要相分离的问题,故具有很大的应用前景。

8.3 多级萃取设计计算

8.3.1 物料衡算与操作线方程

8.3.1.1 错流萃取的物料衡算与操作线方程

如图 8-4 所示,设水相和有机相互不相溶。对第 1 级溶质作物料衡算有:

$$V_{o1}y_s + V_w x_f = V_w x_1 + V_{o1}y_1 \tag{8-9a}$$

即
$$y_1 = -\frac{V_w}{V_{o1}}(x_1 - x_f) + y_s = -\frac{1}{R_1}(x_1 - x_f) + y_s \quad (8\text{-}9b)$$

式中　V_{o1}——第 1 级有机相体积，m^3 或 L；

　　　y_s——第 1 级有机相中溶质的浓度，kg/m^3 或 g/L；

　　　y_1——第 1 级萃取相中溶质的浓度，kg/m^3 或 g/L；

　　x_f，x_1——料液、第 1 级萃余相中溶质的浓度，kg/m^3 或 g/L；

　　　R_1——第 1 级相比。

同理，对任意一个萃取级 n 作溶质的物料衡算可得：

$$y_n = -\frac{1}{R_n}(x_n - x_{n-1}) + y_s \quad (8\text{-}10)$$

式（8-10）称为错流萃取操作线方程，它表示离开任意一级的萃取相溶质浓度 y_n 与萃余相溶质浓度 x_n 之间的关系。在 y-x 直角坐标上标绘，式（8-10）为一直线，称为错流萃取操作线。它通过点（x_n，y_s），斜率为 $-1/R_n$。若离开萃取器的两相达到平衡，则点（x_n，y_s）必位于平衡线上，即该点为操作线与平衡线的交点。

8.3.1.2　逆流萃取的物料衡算与操作线方程

如图 8-6 所示，设有机相和水相互不相溶。从第 1 级到第 n 级对溶质作总物料衡算得：

$$V_w x_f + V_o y_s = V_w x_n + V_o y_1 \quad (8\text{-}11a)$$

即
$$y_s = \frac{V_w}{V_o}x_n + \left(y_1 - \frac{V_w}{V_o}x_f\right) = \frac{1}{R}x_n + \left(y_1 - \frac{1}{R}x_f\right) \quad (8\text{-}11b)$$

式中　x_n——第 n 级水相出口的溶质浓度，kg/m^3 或 g/L；

　　　y_s——第 n 级有机相进口的溶质浓度，kg/m^3 或 g/L。

若从第 1 级到任意第 $m-1$ 级对溶质 A 作物料衡算得：

$$y_m = \frac{1}{R}x_{m-1} + \left(y_1 - \frac{1}{R}x_f\right) \quad (8\text{-}12)$$

式中　y_m——第 m 级有机相出口的浓度，kg/m^3 或 g/L；

　　x_{m-1}——第 $m-1$ 级水相出口的浓度，kg/m^3 或 g/L。

式（8-12）称为逆流萃取操作线方程式。它表明了相邻两级有机相出口浓度和水相出口浓度之间的关系。按此式在 y-x 直角坐标图中作图，可得一条直线，称为逆流萃取操作线，该线过（x_n，y_s）和（x_f，y_1）两点。

8.3.2　理论级数的确定

实现萃取时，若两相混合充分，萃取达到平衡，两相分离又完全，这种萃取级称为理论级或平衡级。理论级数的确定方法有 3 种方法，即计算法、图解法和模拟实验法。这里仅介绍前两种方法。

8.3.2.1　错流萃取的理论级数的确定

A　公式计算法

设萃取级为理论级，各级加入的为新鲜有机溶剂，即 $y_s = 0$，水相和有机相互不相溶，且分配比 D 为一定值。则对图 8-4 所示错流萃取第一级的溶质 A 作物料衡算得：

$$V_w x_f = V_w x_1 + V_o y_1$$

又知 $D = \dfrac{y_1}{x_1}$，即：$y_1 = Dx_1$ 代入上式，得

$$V_w x_f = V_w x_1 + V_o D x_1$$

所以

$$x_1 = \frac{V_w x_f}{V_w + V_o D} = \frac{x_f}{1 + \dfrac{V_o}{V_w} D} \tag{8-13}$$

已知 $\dfrac{V_o}{V_w} D = e$ 为萃取因素，故

$$x_1 = \frac{x_f}{1 + e} \tag{8-14}$$

假如在第 1 级的萃余液中，加入同样量的有机溶剂 S，则得：

$$x_2 = \frac{x_1}{1 + e} = \frac{x_f}{(1 + e)^2} \tag{8-15}$$

同理，对各级均用同样量的溶剂 S，萃取 n 级，则得：

$$x_n = \frac{x_f}{(1 + e)^n} \tag{8-16}$$

或

$$n = \lg \frac{x_f}{x_n} / \lg(1 + e) \tag{8-17}$$

式中，$\dfrac{x_n}{x_f} = \varphi$ 为溶质未被萃取的分数，称为萃余率。

B 图解法

图解法是利用平衡线和操作线，通过作图来求取理论级数的一种方法。在直角坐标上，依系统的液液平衡数据绘出平衡线，如图 8-16 所示。依原料组成及溶剂的组成 y_s 确定 V 点，以 $-1/R_1$ 为斜率，自点 V 作直线与平衡线交于点 T，T 点的坐标 (x_1, y_1) 即为第 1 个理论级的萃取相与萃余相的组成。再从 T 点作垂线与 $y = y_s$ 线交于 U，自 U 点以 $-1/R_2$ 为斜率作直线与平衡线相交于 z，z 点的坐标 (x_2, y_2) 为第 2 个理论级的两相组成。依此继续作图，直到某直线与平衡线的交点 W 的横坐标 x_n 等于或小于生产指标为止。重复作图的次数即为所需的理论级数。图中，理论级数 n 为 6。图解法不要求水相和有机相互不相溶，也不要求 D 为一定值。适用范围比公式计算法更广。

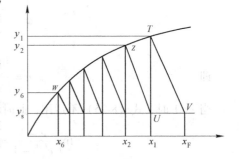

图 8-16 多级错流萃取直角坐标图解法

错流萃取由于每次都要用新的有机相，所以萃取剂消耗大，难萃组分的收率低，生产中应用不多。

8.3.2.2 逆流萃取理论级数的确定

A 公式计算法

设萃取级为理论级，水相和有机相互不相溶，且 D 为定值，即

$$D = \frac{y_1}{x_1} = \frac{y_2}{x_2} = \cdots = \frac{y_n}{x_n} \tag{8-18}$$

首先对图 8-6 所示的逆流萃取的第 1 级的溶质作物料衡算，有：

$$V_w x_f + V_o y_2 = V_w x_1 + V_o y_1$$

根据式（8-18）的平衡关系，上式即为：

$$V_w x_f + V_o D x_2 = V_w x_1 + V_o D x_1 \tag{8-19}$$

故

$$x_1 = \frac{D \dfrac{V_o}{V_w} x_2 + x_f}{D \dfrac{V_o}{V_w} + 1} = \frac{e x_2 + x_f}{e + 1} \tag{8-20}$$

或

$$x_1 = \frac{e(e-1)x_2 + (e-1)x_f}{e^2 - 1} \tag{8-21}$$

对第 2 级而言，得：

$$V_w x_1 + V_o y_3 = V_w x_2 + V_o y_2$$

$$V_w x_1 + V_o D x_3 = V_w x_2 + V_o D x_2$$

即

$$(e+1)x_2 = e x_3 + x_1$$

将式（8-21）代入上式，整理可得：

$$x_2 = \frac{e(e^2-1)x_3 + (e-1)x_f}{e^3 - 1} \tag{8-22}$$

同理，对第 n 级而言，则得：

$$x_n = \frac{e(e^n-1)x_{n+1} + (e-1)x_f}{e^{n+1} - 1} \tag{8-23}$$

由于新鲜的有机相不含有被萃取物质，故 $y_{n+1} = y_s = 0$，即 $x_{n+1} = 0$，因此

$$\varphi = \frac{x_n}{x_f} = \frac{e-1}{e^{n+1} - 1} \tag{8-24}$$

即

$$n = \frac{\lg\left(\dfrac{e-1}{\varphi} + 1\right)}{\lg e} - 1 \tag{8-25}$$

当 $e = 1$ 时，式（8-25）不适用，此时利用

$$\lim_{e \to 1} \frac{e-1}{e^{n+1} - 1} = \lim_{e \to 1} \frac{1}{(n+1)e^n} = \frac{1}{n+1}$$

即

$$\varphi = \frac{1}{n+1} \tag{8-26}$$

对难萃物质，即当萃取因素 e 小于 1，而 e^{n+1} 远小于 1 时，式（8-24）可近似写为：

$$\varphi \approx 1 - e \tag{8-27}$$

一般情况下，因多级萃取分配系数不同，故计算不准，所以此法较少应用。只有在被萃取物浓度较低时，才可以大致应用。

例 8-1　用 5% TBP 煤油溶剂，按相比 $V_0/V_A = 2/1$ 逆流萃取分离钍铀，已知料液成分 U_3O_8 为 $10 \mathrm{g/dm^3}$，ThO_2 $170 \mathrm{g/dm^3}$，$D = 3$，求欲使残液中 U_3O_8 达 $0.00642 \mathrm{g/dm^3}$，需要几级萃取。

解：

$$e = D\frac{V_o}{V_w} = 3 \times \frac{2}{1} = 6$$

$$\varphi = \frac{0.00642}{10} = 6.4 \times 10^{-4}$$

代入式（8-25），可得

$$n = \frac{\lg\left(\frac{6-1}{6.4 \times 10^{-4}} + 1\right)}{\lg 6} - 1 = 4$$

例 8-2 从 1.5N 的 HF 含铌液中，用乙酸胺采取逆流萃取的方法，萃取钽。在含铌液中，铌的浓度为 80g/L，钽的浓度为 20g/L，相比为 0.25，该体系中铌、钽的分配比分别为 0.2 和 5.0，萃取分离后，含铌液中的钽含量要求降至 0.1g/L，求所需理论级数和萃余液中铌的浓度。

解： 由钽的分配比和萃余率求理论级数

钽的分配比为 $\quad e_{钽} = RD_{钽} = 0.25 \times 1.5 = 1.25$

钽的萃余率为 $\qquad \varphi_{钽} = \frac{0.1}{20} = 0.005$

代入式（8-25），得

$$n = \left[\lg\left(\frac{1.25-1}{0.005} + 1\right) \Big/ \lg 1.25\right] - 1 = 16.62 \rightarrow 17 \text{ 级}$$

求萃余液中铌的浓度

$$e_{铌} = RD_{铌} = 0.25 \times 0.2 = 0.05, \quad n = 17$$

代入式（8-24），得

$$\varphi_{铌} = \frac{0.05 - 1}{(0.05)^{17+1} - 1} = 0.95$$

$$x_{n铌} = \varphi_{铌} x_{f铌} = 0.95 \times 80 = 76 \text{g/L}$$

B 图解法

当分配比不是定值时，可用图解法求取理论级数。具体方法如下：

（1）在 y-x 直角坐标图中分别画出平衡线和操作线。

（2）在平衡线和操作线间画出直角阶梯。具体作法如下：从点 $A(x_f, y_1)$ 作水平线与平衡线相交于点 $1(x_1, y_1)$，然后，通过点 1 作垂线与操作线相交于点 $1'(x_1, y_2)$，再由点 $1'$ 作水平线与平衡线交于点 $2(x_2, y_2)$，再过点 2 作垂线与操作线交于点 $2'$，依次类推，直至所画阶梯跨过点 (x_n, y_s) 为止。

（3）数出所画阶梯数，即为理论级数。

若各级的 V_o，V_w 不等，则每一级的 $\frac{V_w}{V_o}$ 不等，因此上述操作线方程所代表的操作线不为一直线而为一曲线。这时可在两曲线间作梯级而求出理论级数。

在生产实际中，离开各种萃取的萃取级的两相往往达不到相平衡，因此达到指定分离要求所需的实际级数要比理论级数多。实际级数可根据理论级数和级效率来确定，即

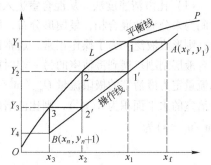

图 8-17　图解法求逆流萃取理论级数

$$实际级数 = \frac{理论级数}{级效率}$$

混合-澄清槽的级效率一般为 $80\% \sim 85\%$ 。

8.3.3　箱式混合-澄清槽的设计计算

箱式混合-澄清槽单元设计主要包括槽体设计和搅拌器设计两部分，现分别介绍如下。

8.3.3.1　槽体设计

槽体设计内容为混合主室、前室、澄清室和各相口的设计。

A　混合主室的设计

混合主室一般设计成横截面为正方形的长方体。它是两相在搅拌器的作用下完成传质的场所，两相在混合室中应有足够的接触时间。因此混合主室的容积可按下式计算：

$$V_{m} = (V_{o} + V_{w})t/\varphi_{m} = (1 + R)V_{w}t/\varphi_{m} \qquad (8-28)$$

式中　V_{w}——水相的体积流量，m^{3}/s 或 L/s；

　　　V_{o}——有机相体积流量，m^{3}/s 或 L/s；

　　　R——接触相比；

　　　t——两相在混合主室中的停留时间，s；

　　　φ_{m}——混合主室容积的有效系数，常为 $0.85 \sim 0.9$。

V_{m} 与 φ_{m} 的乘积称为混合主室的有效容积。

混合主室的长 l，宽 b，有效高度（即主室中液面高度）h_{m}（见图8-18），一般符合下列比例：

$$l : b : h_{m} = 1 : 1 : (1.1 \sim 1.5) \qquad (8-29)$$

通常取 $l : b : h_{m} = 1 : 1 : 1.3$

则　　　　　　$$b = l = \sqrt[3]{\frac{\varphi_{m}V_{m}}{1.3}}, \; h_{m} = 1.3\sqrt[3]{\frac{\varphi_{m}V_{m}}{1.3}} \qquad (8-30a)$$

实际高　　　　　　　　$$h'_{m} = h_{m}/\varphi_{m} \qquad (8-30b)$$

B　前室的设计

前室的横截面与主室的一样，高度 h_{p} 多为混合室边长 l 的 $1/4 \sim 1/5$。若要有机相为连续相时，则 h_{p} 取大值。隔板开孔直径 d' 取 $\frac{1}{2}b$。

C　澄清室的设计

澄清室的作用是使两相分层，应按非均相物系分离原理设计，实际上常采用下列方法。

（1）比澄清速度法。从混合室进入的混合液在室内分为3层，上层为轻相，下层为重相，中间为未分离的混合相，呈楔形分布，如图8-18所示。假如不分成3层，混合相充满整个澄清槽，则形成液泛。为了操作正常，通常以楔形混合液层刚刚扩展到澄清室的另一端时的两相总流量定为澄清室的极限流量 Q_{max}（m^{3}/s）。设澄清室的水平面积为 A（m^{2}），则比澄清速度 u_{s}（$m^{3}/m^{2} \cdot s$）为

$$u_{s} = \frac{Q_{max}}{A} \qquad (8-31)$$

澄清室的水平面积应保证比澄清速度不大

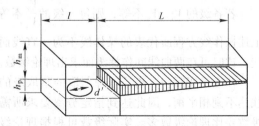

图8-18　混合-澄清槽的工艺尺寸

于 u_s。澄清室的宽度和高度，应与混合室相一致，澄清室的有效容积系数为 $0.85 \sim 0.9$。

（2）澄清时间法。在模拟实验中，测定澄清时间很方便，工程上也有按澄清时间来计算的。

$$V_s = (1 + R)V_w t_s / \varphi_s \tag{8-32}$$

式中　V_s——澄清室的容积，m^3；

　　　　t_s——澄清所需时间，s；

　　　　φ_s——澄清室容积的有效系数。

（3）边比法。澄清室长 L 与混合室的长 l 之比，根据经验，一般为

$$L : l = (2.0 \sim 3) : 1 \tag{8-33}$$

难分离体系可取

$$L : l = 4 : 1 \tag{8-34}$$

D　相口的设计

相口是混合室和澄清室及级间连接的通道，相口的设计必须保证液体连续逆流和操作稳定正常。因此，考虑的原则为：一是液体的流动阻力要小，结构力求简单，易于制造；二是要防止液体短路及返混，即防止在搅拌器的离心力作用下混合液的迅速排走和不应有轻相从澄清室返流回混合室。

（1）相口的形式。相口分混合相流通口，水相（重相）底流口和有机相（轻相）溢流口 3 种。混合相流通口有洞孔式、罩式和百叶窗式 3 种，如图 8-19 所示。

图 8-20 为有机相溢流口和水相底流口的形式。有机相溢流口要防止轻相短路和混合相倒流。水相底流口罩子或水堰能防止澄清室中的水相不被抽光，以保持界面稳定。

图 8-19　混合相流通口的形式

（2）相口的位置。水相底流口位置，一般都紧靠底板。对易产生污浊物的体系，开口位置取在底板处；对无污浊物和 R 较大的体系，开口取在离底板 $2 \sim 5$cm 处。

轻相溢流口位置，应使轻相能从澄清室自动溢流到相邻的混合室，因此，轻相进出口应高于混合室液面（$2 \sim 5$cm）。对 n 级澄清室和第 $n+1$ 级混合室按流体流动方向解剖，见图 8-21，通过混合相流通口建立的静压平衡关系为

$$h_1 \rho_s = h_2 \rho_M \tag{8-35}$$

由静压平衡关系可以确定混合相流通口的位置。

通过水相底流口建立的静压平衡关系为：

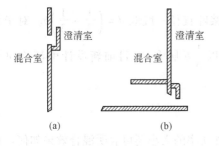

图 8-20　有机相溢流口和水相底流口

（a）有机相溢流口；（b）水相底流口

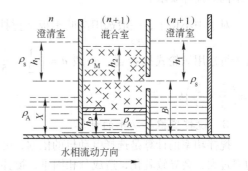

图 8-21　混合-澄清槽的静压平衡

$$h_1\rho_s + (B - X)\rho_s + X\rho_A = h_p\rho_A + h_2\rho_M + (B - h_p)\rho_M \tag{8-36}$$

将式（8-35）代入式（8-36）并移项得：

$$B(\rho_M - \rho_s) + h_p(\rho_A - \rho_M) = X(\rho_A - \rho_s) \tag{8-37}$$

式（8-37）必须符合 $B > X > h_p$ 的条件，才能保证萃取槽的正常操作。在设计时，假定一对混合相口的位置和前室高度，计算界面水位是否合适，通过试差计算，求得适于 $B > X > h_p$ 的要求。

在经验设计中，混合相口的位置常开在槽体有效高度的 1/2 ~ 2/3 处。

（3）相口的大小。混合相流通口根据锐孔或短管流体力学基本公式进行计算，即：

$$V_o + V_w = \zeta_e S_M \sqrt{2g\Delta H} \tag{8-38}$$

式中　V_o，V_w——分别为有机相和水相的流量，$\mathrm{m^3/s}$；

　　　　S_M——混合相流通口的截面积，$\mathrm{m^2}$；

　　　　ΔH——混合相流通口两边的压强降，m；

　　　　g——重力加速度，$9.81\mathrm{m/s^2}$；

　　　　ζ_e——锐孔或短管的阻力系数，一般取 0.6。

现用的较大的萃取器混合相孔的截面积常用下式根据经验数据计算：

$$S_M = \frac{V_o + V_w}{u_o + u_w} \tag{8-39}$$

式中　u_o，u_w——分别为有机相和水相的操作速度，一般取 0.1 ~ 0.3m/s。

有机相溢流口的大小按溢水公式计算：

$$V_o = \zeta_e b' \sqrt{2gH_0^{1.5}} \tag{8-40}$$

式中　ζ_e——流量系数，一般取 0.4；

　　　　b'——相口宽度，m；

　　　　H_0——溢流口液体深度，m，一般取 2 ~ 10mm。

在经验设计中，有机相溢流口的操作速度常取 0.1 ~ 0.2 $\mathrm{m^3/(m^2 \cdot s)}$，则：

$$b'H_0 = \frac{V_o}{u_o} \tag{8-41}$$

8.3.3.2　搅拌器的设计选择

A　搅拌器的类型和选用

机械搅拌器有多种，按工作原理可分为平桨式、螺旋桨式（又称推进式）及涡轮式 3 种类型，表 8-2 列出了几种常用的搅拌器形式。各种搅拌器有不同的特点，适用于不同的搅拌对象和不同的搅拌要求。

对于中小槽子，一般选用两叶平板桨搅拌器。桨叶直径一般取 $d = \left(\frac{1}{2} \sim \frac{1}{3}\right)b$。对于大型槽子可选用涡轮式搅拌器。一般 $d = \left(\frac{1}{2} \sim \frac{1}{5}\right)b$（以 $\frac{1}{3}b$ 居多）。目前新设计中都趋向采用 $d = \left(\frac{2}{3} \sim \frac{3}{4}\right)b$。

B　搅拌器搅拌功率的计算

搅拌功率的计算是选择电动机的依据，另外搅拌功率的大小还可表明混合效果如何。搅拌功率过大，会导致乳化，造成分相困难；搅拌功率太小，两相混合不充分，影响相际接触使级效率降低。因此，必须选择适宜的搅拌功率。搅拌功率的选择可以通过实验决定。

在液体搅拌器中，搅拌器的搅拌功率可由下式求之，即：

$$N_p = \zeta_m d^5 n^3 \rho \tag{8-42}$$

式中　N_p——搅拌器的搅拌功率，W；

　　　n——搅拌器的转数，r/min；

　　　d——搅拌器桨叶的直径，m；

　　　ρ——液体的密度，kg/m³；

　　　ζ_m——搅拌器的阻力系数。

ζ_m 系雷诺数（Re_M）的函数，而此时的雷诺数为：

$$Re_M = \frac{d^2 n \rho}{\mu} \tag{8-43}$$

各种搅拌器的阻力系数与雷诺数的关系有图表可查，并可写成下式：

$$\zeta_m = \frac{N_p}{d^5 n^3 \rho} = \frac{A}{Re_M^m} \tag{8-44}$$

式中，A 和 m 为由实验求得的常数。对于两叶平板桨，当图 8-22 中的 $\frac{H}{L} = 3$，$\frac{L}{D} = 3$，$\frac{y}{d} = 0.33$ 时，$A = 0.68$，$m = 0.2$。如果搅拌器的几何特性不符合这些条件时，按式（8-44）算得的功率数据应乘以校正系数 f。当几何特性符合 $\frac{H}{L} = 0.6 \sim 1.6$，$\frac{L}{D} = 2.5 \sim 4.0$，$\frac{w}{d} = \frac{1}{5} \sim \frac{1}{3}$ 时，则校正系数为：

$$f = \left(\frac{L}{3d}\right)^{1.1} \left(\frac{H}{L}\right)^{0.5} \left(\frac{4w}{d}\right)^{0.3} \tag{8-45}$$

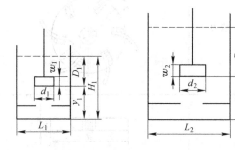

图 8-22　混合槽的放大

对于螺旋桨式或涡轮搅拌器，校正系数为：

$$f = \left(\frac{L}{3d}\right)^{0.93} \left(\frac{H}{L}\right)^{0.6} \tag{8-46}$$

对于互不相溶两相的混合，式（8-44）中的密度和黏度应代平均值，即：

$$\rho = \phi \rho_d + (1 - \phi) \rho_o \tag{8-47}$$

式中　ρ_d——分散相的密度，kg/m³；

　　　ρ_o——连续相密度，kg/m³；

　　　ϕ——分散相的容积分数。

对水和有机溶剂系统，当水的容积分数 ϕ_w 在 40% 以上时，平均黏度为：

$$\mu = \frac{\mu_w}{1 - \phi_w}\left[1 + \frac{6\phi_o \mu_o}{\mu_w + \mu_o}\right] \tag{8-48}$$

当水的容积分数在40%以下，以水作为分散相时，平均黏度为：

$$\mu = \frac{\mu_o}{\phi_o}\Big[1 + \frac{1.5\phi_w\mu_w}{\mu_o + \mu_w}\Big] \tag{8-49}$$

式中　μ_w——水相的黏度，Pa·s；

　　　μ_o——有机物的黏度，Pa·s；

　　　ϕ_o——有机相的容积分数。

多级萃取槽的总的搅拌功率应为单个搅拌器功率乘以级数。选择电机的功率时应以总的搅拌功率为依据。

表8-2　常用搅拌器的形式及主要数据

型　号		常见尺寸及外圆周速率	结构简图	常用介质黏度范围
涡轮式	圆盘平直叶	$d:L:w = 20:5:4$ $z=6$（叶片数） 外缘圆周速率一般为 $3\sim8\text{m/s}$	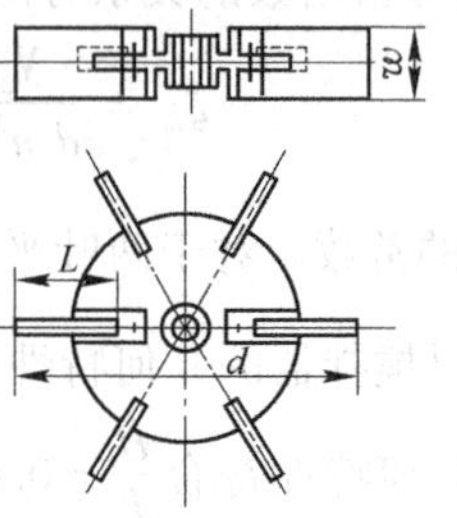	$<50\text{Pa·s}$
	圆盘弯曲叶	$d:L:w = 20:5:4$ $z=6$ 外缘圆周速率一般为 $3\sim8\text{m/s}$	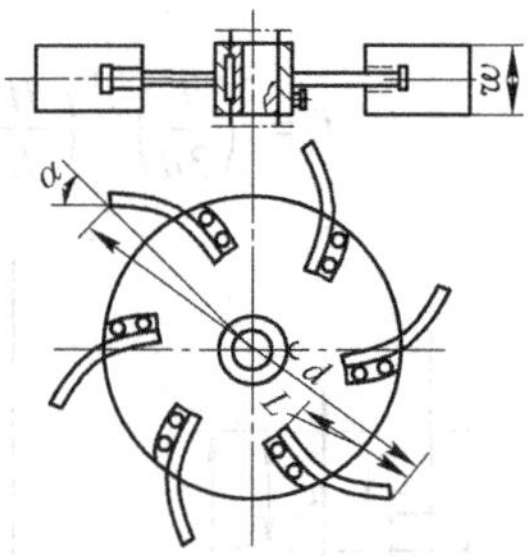	$<10\text{Pa·s}$
	开启平直叶	$\dfrac{d}{w}=5\sim8$ $z=6$ 外缘圆周速率一般为 $3\sim8\text{m/s}$	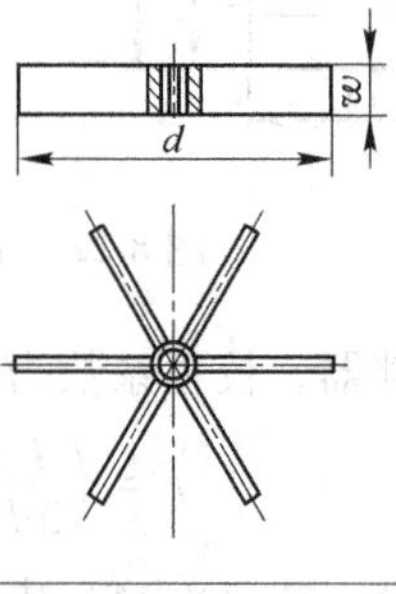	$<50\text{Pa·s}$
	开启弯叶	$\dfrac{d}{w}=5\sim8$ $z=6$ 外缘圆周速率一般为 $3\sim8\text{m/s}$	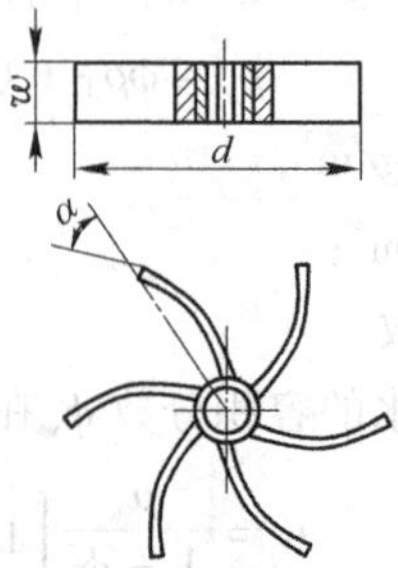	$<10\text{Pa·s}$

型　号		常见尺寸及外圆周速率	结构简图	常用介质黏度范围
推进式	螺旋桨叶	$\dfrac{S}{d}=1$　$z=3$ 外缘圆周速度一般 5 ~ 15m/s，最大 25m/s S—螺距 d—搅拌器直径 z—桨叶数		<2Pa·s
桨式	平直叶	$\dfrac{d}{w}=4\sim10$ $z=2$ 外缘圆周速率一般为 1.5 ~3m/s		
	折叶			
锚式		$\dfrac{d'}{D}=0.05\sim0.08$ $d'=25\sim50\text{mm}$ $\dfrac{w}{D}=\dfrac{1}{12}$　外缘圆周速率一般为 0.5 ~1.5m/s d'—搅拌器外缘与釜内壁的距离 D—釜内径		<100Pa·s
框式				
螺带式		$\dfrac{s}{d}=1$，$\dfrac{w}{D}=0.1$ $z=1\sim2$ （$z=2$ 指双螺带）外缘尽可能与釜内壁接近		

8.3.3.3　混合-澄清萃取槽的放大设计

混合-澄清萃取槽的放大设计一般按以下步骤进行。首先进行分液漏斗模拟实验确定级数和各种工艺参数；其次根据模拟实验结果设计小槽子进行试验；最后在小试验基础上进行工业性放大试验。

放大设计时应按以下原则进行：（1）几何相似；（2）比澄清速度不大于小槽子的；（3）输入给单位体积混合液体的功率相等。

A 混合主室的放大

现拟将混合主室放大 m 倍。设小槽子混合主室的有效容积为 V'_{m1}，大槽子的为 V'_{m2}；小槽子混合主室的长为 l_1，宽为 b_1，有效高度为 h_{m1}，大槽子的分别为 l_2、b_2 和 h_{m2}。按几何相似原则有：

$$\frac{l_2}{l_1} = \frac{b_2}{b_1} = \frac{h_{p2}}{h_{p1}} = k$$

即
$$l_2 = kl_1，\quad b_2 = kb_1，\quad h_{m2} = kh_{m1}$$

所以
$$V'_{m2} = l_2 b_2 h_{m2} = k^3 l_1 b_1 h_{m1} = k^3 V'_{m1}$$

已知 $V'_{m2}/V'_{m1} = m$，所以

$$k = \sqrt[3]{m} \tag{8-50}$$

式中，k 为混合主室的相似常数。

B 澄清室的放大

设小槽子澄清室的横截面积为 A_1（$A_1 = b_1 L_1$），大槽子的为 A_2（$A_2 = b_2 L_2$），则按原则（2）有

$$\frac{V_{o2} + V_{w2}}{A_2} \leqslant \frac{V_{o1} + V_{w1}}{A_1} \quad 或 \quad \frac{(1+R)V_{w2}}{A_2} \leqslant \frac{(1+R)V_{w1}}{A_1}$$

即
$$\frac{V_{w2}}{V_{w1}} \leqslant \frac{A_2}{A_1} = k\frac{L_2}{L_1} \tag{8-51}$$

若大小槽子的混合时间和有效容积系数相等，则 $\frac{V_{w2}}{V_{w1}} = m$，故有

$$\frac{L_2}{L_1} \geqslant k^2 \tag{8-52}$$

C 搅拌器的放大

如图 8-22 所示。按搅拌桨的几何相似有：

$$\frac{d_2}{d_1} = \frac{w_2}{w_1} = \beta \tag{8-53}$$

式中，β 为搅拌桨的相似常数。若大小搅拌桨的搅拌功率分别以 N_{p2} 和 N_{p1} 表示，则按放大原则（3）有

$$\frac{N_{p2}}{N_{p1}} = \frac{V'_{m2}}{V'_{m1}} = \frac{\zeta_{m2} d_2^5 n_2^3 \rho_2}{\zeta_{m1} d_1^5 n_1^3 \rho_1} = m \tag{8-54}$$

一般 $\rho_2 = \rho_1$。另外，只要保持流体力学条件相似就有 $\zeta_{m2} = \zeta_{m1}$。此时式（8-54）可简化成：

$$\frac{d_2^5 n_2^3}{d_1^5 n_1^3} = m \tag{8-55}$$

例 8-3 以脂肪胺作萃取剂，从硫酸溶液中萃铀。已知：水相流量 $V_w = 200\text{m}^3/\text{d}$，两相接触相比 $R = 2/1$，两相接触时间 $t = 1.5\text{min}$，比澄清速度 $u_s = 0.12\text{m}^3/(\text{m}^2 \cdot \text{min})$。计算混合澄清

槽的基本结构尺寸。

解：（1）混合室。按式（8-28），取 $\varphi_m = 0.85$，得其容积

$$V_m = (1 + R) V_w t / \varphi_m = (1 + 2) \times \frac{200}{24 \times 60} \times \frac{1.5}{0.85} = 0.74 \text{m}^3$$

按式（8-30a），$b = l = \sqrt[3]{\frac{\varphi_m V_m}{1.3}} = \sqrt[3]{\frac{0.85 \times 0.74}{1.3}} = 0.785 \text{m}$

$$h_m = 1.3b = 1.02 \text{m}$$

混合主室实际结构高度

$$h'_m = \frac{1.02}{0.85} = 1.2 \text{m}$$

取前室高度

$$h_p = \frac{1}{5} l = \frac{0.785}{5} = 0.157 \text{m} = 15.7 \text{cm}$$

萃取槽总高

$$H = h'_m + h_p = 1.2 + 0.157 \approx 136 \text{cm}$$

（2）澄清室。考虑与混合室协调，其宽度为 78.5cm，高度为 136cm。澄清室的水平面积为

$$A = \frac{(1 + R) V_w}{u_s} = \frac{(1 + 2) \times 200}{24 \times 60 \times 0.12} = 3.47 \text{m}^2$$

澄清室长

$$L = \frac{A}{b} = \frac{3.47}{0.785} = 4.42 \text{m}$$

8.4 新型萃取技术

8.4.1 超临界流体萃取

超临界流体萃取简称超临界萃取，是利用流体在临界点附近具有的特殊溶解性能来进行萃取混合物中欲分离的溶质的一种分离技术，其分离对象包括液体混合物和固体混合物。

所谓超临界流体又称超临界气体、高密度气体或超高压气体，是指物质的温度和压强分别超过其临界温度和临界压强时的流体。处于临界点状态的物质可实现液态到气态的连续过渡，两相界面消失，汽化热为零。超过临界点的物质，不论压强多大都不会液化，压强的变化只会引起流体密度变化。故超临界流体不同于液体和气体。

超临界流体萃取过程是建立在该流体在临界点附近温度或压强的微小变化会引起流体的溶解能力有很大变化的基础上。超临界流体具有接近液体的密度，即具有类似液体的溶解能力，而黏度和扩散速度接近气体。这就意味着萃取过程将有很高的传质速率和很快达到平衡的能力。

可用于超临界流体萃取的萃取剂很多，其中大部分碳氢化合物的临界压强在 5.0MPa 左右；低碳氢化合物的临界温度接近常温，环状的脂肪烃和芳香烃具有较高的临界温度；CO_2 由于具有温和的临界温度和适中的临界压强，故为最常用的超临界流体。

超临界流体萃取过程基本上由萃取阶段和分离阶段组成。其工艺流程按原理可分成以下具有代表性的 4 种：变压超临界流体萃取分离（等温法）；变温超临界流体萃取分离（等压法）；吸附超临界流体萃取分离（吸附法）和稀释超临界流体萃取分离（惰性气体法）。等温降压超

临界流体萃取过程是应用最方便的一种流程，其流程如图8-23所示。萃取剂经过压缩机压缩达超临界状态后进入萃取器，与原料混合进行萃取（由于压强降低，超临界流体的溶解能力减弱，溶质从流体中析出），所得萃取相经减压阀减压后进入分离器，经分离器分离出的萃取剂经压缩机压缩后重新进入萃取器使用。

与传统的液液萃取过程相比，超临界流体萃取的优点是：分离被萃物与萃取剂时能耗低；在不少情况下分离温度低，不会造成萃取物中低挥发组分或热敏性物质的损失；不会污染产品等。其主要缺点是萃取在高压下进行，设备的一次性投资较高。

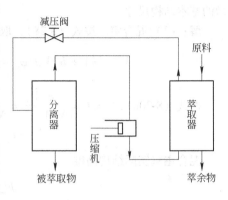

图 8-23　等温降压超临界流体萃取流程

8.4.2　膜萃取

膜萃取按膜的性质不同可分成液膜萃取和固体膜萃取两种。

8.4.2.1　液膜萃取

液膜萃取是应用黎念之（N. Z. Li）博士发明的液膜技术，从水溶液中分离和富集所需物质的一种技术，它具有溶剂萃取和膜分离两者的特点。

液膜是由悬浮在液体中的乳液微粒构成的一层很薄的液体。它能把两个互溶的组成不同的溶液隔开，通过这层液膜的选择性渗透作用达到分离的目的。

液膜通常由溶剂（水或有机溶剂）、表面活性剂（乳化剂）和添加剂组成。溶剂构成膜的基体；表面活性剂由于含有亲水和憎水基团，能够在油水界面定向排列，起到稳定液膜形状的作用；添加剂主要包括流动载体和膜增强剂，流动载体的作用是提高膜的选择性和渗透性，膜增强剂用于控制膜的稳定性。

液膜萃取体系按其形态和操作方式的不同主要可分为乳状液膜体系和支撑液膜体系两种。乳状液膜体系是将互不相溶的两相（膜相和内相）制成的乳状液滴分散在原料液中（外相），如图8-24所示；支撑液膜体系是将溶解了载体的膜相溶液牢固地吸附于多孔支撑体的微孔中，在膜的两侧是与膜互不相溶的料液相和反萃相，如图8-25所示。根据成膜材料即水膜和油膜的不同，有O/W/O（油包水包油）型和W/O/W（水

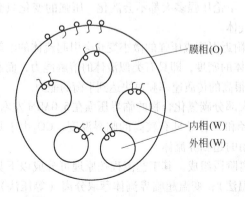

图 8-24　W/O/W 型乳状液膜示意图

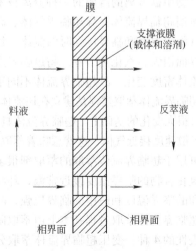

图 8-25　支撑液膜示意图

包油包水）型两种。湿法冶金中的液膜萃取多为后者。

在湿法冶金的液膜萃取中，通常将含有被分离组分的料液作为连续相（外水相或料液相）；接受被分离组分的液体作为接受相（内水相或反萃相）；与连续相和接受相互不相溶的成膜的液体（膜相或萃取相）介于连续相和接受相之间，构成液膜萃取系统。

液膜萃取时，被萃取物首先由料液相萃取到膜相，然后再由膜相反萃到反萃相中，从而达到分离的目的。对乳状液膜体系，最后还需通过破乳将萃取后的乳状液滴中的膜相与富集溶质的反萃相分离开来，使分离出来的膜相重新返回制乳。破乳的方法有两大类：一类是化学破乳（加破乳剂）法；另一类是物理破乳法，主要有离心法、加热法、施加静电场法以及采用聚集剂法等。其中采用静电破乳法的效果较好。

液膜萃取集萃取反萃于一体，过程简单，分离效率高，在湿法冶金、生物工程、化工及废水处理等领域有较广的应用前景。但其存在液膜稳定性等问题，目前尚未实现工业规模的应用。

8.4.2.2 固体膜萃取

固体膜萃取是膜过程与萃取过程结合的新萃取技术。与液膜萃取不同，它是利用固体微孔膜来实现有机相和水相的接触。萃取时，两相分别在膜的两侧流动，其中萃取剂（对疏水亲油膜）或水相（对疏油亲水膜）从膜的一侧渗入膜的微孔至另一侧表面。两相通过固定膜接触。料液（水相）中的溶质先溶入膜面上的萃取剂中或先扩散至膜面上的水中，然后经微孔扩散至膜另一侧的萃取剂中，从而实现萃取分离。若要实现同级萃取反萃时，可再在萃取剂和反萃相（水相）之间设置一微孔膜，此时萃取到萃取剂中的溶质可通过此膜反萃到水相当中，从而实现同级萃取和反萃取。由于两流体在膜的两侧流动，没有液滴的分散和互相混合过程，因此固体膜萃取可避免一般溶剂萃取过程中出现的乳化、液泛、返混和夹带损失的问题。同时也可避免液膜萃取中液膜稳定性和破乳的问题。

习 题

8-1 99% Y_2O_3 与 1% Nd_2O_3 的硝酸溶液，其总浓度为 2mol/L，用含 N235-TBP-磺化煤油的有机相，以相比 $R=3$ 萃取，测得：$D_Y=0.167$，$D_{Nd}=4.17$，试求：萃取因子和分离系数与萃取分数。

8-2 用 3 倍体积的 20% TBP-煤油有机相从铀浓度为 200g/dm³ 的水相中萃取铀。试求铀的分配比为 1 时，经单级萃取后两相平衡浓度 x_1，y_1。

8-3 若对 8-1 题所列的萃取体系进行两级（理论级）错流萃取，试计算最后萃余水相中钕（它的氧化物）的浓度为多少？钇（它的氧化物）的收率为多少？

8-4 采用 30% TBP 的煤油溶液，用多级错流萃取流程分离钍和稀土，已知原始料液内含钍 48g/dm³，原始有机相中不含钍，相比 $R=2$，钍的平均分配系数 $D=1.5$，要求萃余液中钍浓度小于 0.4g/dm³，试求理论级数。

8-5 用 5% TBP 煤油溶剂，按相比 2 进行逆流萃取来分离钍铀，已知料液成分 U_3O_8 为 10g/L，ThO_2 为 170g/L，U_3O_8 在两相的分配比为 3。若要使残液中 U_3O_8 的浓度不大于 0.00642g/L，试求所需理论级数。

8-6 用 25% TBP 煤油溶液通过多级逆流萃取过程提取钍。已知原料液内含钍为 48g/dm³，新鲜 TBP 萃取剂中不含钍，相比 $R=2$，现要求水相出口钍的浓度必须小于 0.4g/dm³，试用图解法求理论级数。
钍在各相的浓度分配如下：

有机相平衡浓度（g/dm³）	1.587	5.60	11.27	16.80	21.02	24.8
水相平衡浓度（g/dm³）	0.827	2.07	5.23	9.75	14.40	17.50

8-7 用某种有机溶剂按相比 2 进行逆流萃取来分离钍、铀，已知料液中 U_3O_8 的浓度为 10g/L，ThO_2 为

170g/L，ThO_2 在两相的分配比为 1，U_3O_3 的分配比为 3，试求经 4 个理论级萃取后 ThO_2 的纯度。

8-8   进行用仲辛醇分离 Ta 与 Nb 的试验，计划每天试车 20h，处理料液 36L，料液中含（Ta、Nb）$_2O_5$ 浓度为 100g/L，用 10 级混合-澄清槽逆流萃取后，其残相里含（Ta、Nb）$_2O_5$ 浓度小于 1.0g/L，所有萃取剂仲辛醇是不含钽、铌氧化物的新鲜有机相。流量为 23mL/min，混合时间 1min，澄清时间为 3.5min，若萃取过程中两相的体积变化可以忽略不计，试计算有机相的出口浓度，并设计该萃取槽的工艺尺寸。

参 考 文 献

[1] 吴炳乾. 稀土冶金学. 长沙：中南工业大学，1993.

[2] 朱屯. 现代铜湿法冶金. 北京：冶金工业出版社，2002.

[3] 唐谟堂. 湿法冶金设备. 长沙：中南大学出版社，2004.

[4] 张启修. 冶金分离科学与工程. 北京：科学出版社，2004.

[5] 王凯，虞军. 化工设备设计全书-搅拌设备. 北京：化学工业出版社，2003.

[6] 李洲，等. 液液萃取过程和设备. 北京：原子能出版社，1993.

[7] 陈家镛. 湿法冶金手册. 北京：冶金工业出版社，2005.

[8] 朱自强. 超临界流体技术. 北京：化学工业出版社，2000.

[9] 张瑞华. 液膜分离技术. 南昌：江西人民出版社，1984.

[10] 刘荣娥. 膜分离技术应用手册. 北京：化学工业出版社，2001.

[11] 王湛. 膜分离技术基础. 北京：化学工业出版社，2000.

[12] 时钧，袁权，高从谐. 膜技术手册. 北京：化学工业出版社，2001.

[13] 汪家鼎，陈家镛. 溶剂萃取手册. 北京：化学工业出版社，2001.

[14] Lo T C，Baird M H I，Hanson C. Handbook of Solvent Extraction，Pub. Wiley-Interscience Inc. ，New York，1983.

9 干 燥

干燥是利用加热使固体物料中的湿分汽化并除去的单元操作。工业生产中，干燥通常是继蒸发、结晶、沉降、压滤或离心分离等工序之后，获得最终产品的一道工序。

在干燥过程中，空气将热量传递给固体物料；水分从固体物料内部扩散到表面，在表面借热能汽化而至气相中，因此，干燥既是传热过程，又是传质过程。

干燥方法和干燥过程分成几种不同的类型。干燥过程可以分为间歇和连续两种；间歇干燥中，物料进入干燥器后，在一定时间内进行干燥；连续干燥中，物料不断加入干燥器内，干物料连续地从干燥器中取走。干燥过程如果按照除去水分所使用的物理条件来分类可分成：(1) 常压干燥。在常压下物料与热空气直接接触被加热，所形成的水分由空气带走，即空气既是载热体又是载湿体。(2) 真空干燥。利用水分在低压下较快汽化的原理进行干燥。(3) 冷冻干燥。水分从冷冻的物质中升华出去。按加热方式可分为传导干燥、对流干燥、辐射干燥和介电加热干燥。目前工业生产中使用最广泛的是对流干燥，因此本章重点讨论对流干燥。

9.1　湿空气的性质和湿度图

9.1.1　湿空气的性质

湿空气是干空气和水蒸气所组成的混合物，不饱和的热空气被用作干燥介质。在干燥过程中，湿空气中的水蒸气的质量是不断变化的，而干空气的质量是不变的，因此，为了计算方便起见，通常以单位质量的干空气为计算基准。

9.1.1.1　湿度（湿含量）H

单位质量干空气中所含水蒸气的质量，称为空气的湿度，或称为湿含量，单位为 kg/kg 绝干空气，它可用下式表示：

$$H = \frac{\text{湿空气中水蒸气的质量}}{\text{湿空气中绝干空气的质量}} = \frac{M_v n_v}{M_g n_g} = \frac{18 n_v}{29 n_g} \tag{9-1}$$

式中　M_v——水蒸气的摩尔质量，kg/kmol；

　　　M_g——绝干空气的摩尔质量，kg/kmol；

　　　n_v——水蒸气的物质的量，kmol；

　　　n_g——绝干空气的物质的量，kmol。

常压下，由理想气体状态方程可知，水蒸气与绝干空气的摩尔比等于其分压比，故式 (9-1) 可表示为：

$$H = \frac{18 p_v}{29 (p - p_v)} = 0.622 \frac{p_v}{p - p_v} \tag{9-2}$$

式中　p_v——水蒸气的分压，Pa；

　　　p——湿空气的总压，Pa。

由式（9-2）可知，在湿空气总压一定时，湿空气的温度只与水蒸气分压有关。

9.1.1.2　饱和湿度 H_s

当湿空气为水蒸气所饱和时，即湿空气中水蒸气分压 p 等于该温度下水的饱和蒸汽压 p_s 时，空气的湿度称为饱和湿度，即：

$$H_s = 0.622 \frac{p_s}{p - p_s} \tag{9-3}$$

因为水的饱和蒸汽压只与温度有关，所以空气的饱和湿度是湿空气的总压及温度的函数。

9.1.1.3　相对湿度百分数 φ

在一定的总压和温度下，湿空气中的水蒸气分压 p_v 与水的饱和蒸气压 p_s 之比的百分数，称为相对湿度百分数，简称相对湿度。它可用下式表示：

$$\varphi = \frac{p_v}{p_s} \times 100\% \tag{9-4}$$

由式（9-4）可知，$\varphi = 100\%$ 说明水蒸气已达饱和状态，可见相对湿度可以用来衡量湿空气的不饱和程度。φ 愈小，表示该空气偏离饱和程度愈远，所能容纳水蒸气的量愈大，即干燥能力愈大。相对湿度 φ 反映出湿空气吸收水汽的能力大小。

9.1.1.4　比容 v_H

单位质量绝干空气中所具有的空气及水蒸气的总容积，称为湿空气的比容，单位为 m^3/kg 绝干气，它可用下式表示：

$$
\begin{aligned}
v_H &= \frac{\text{湿空气体积}}{\text{绝干空气质量}} \\
&= \left(\frac{1}{29} + \frac{H}{18} \right) \times 22.4 \times \frac{t + 273}{273} \times \frac{1.0133 \times 10^5}{p} \\
&= (0.772 + 1.244H) \frac{t + 273}{273} \times \frac{1.0133 \times 10^5}{p}
\end{aligned} \tag{9-5}
$$

式中　H——湿空气的湿度，kg/kg；

　　　p——湿空气的总压，Pa；

　　　t——湿空气的湿度，$℃$。

9.1.1.5　比热容 c_H

常压下将单位质量的绝干空气及其所含的水蒸气的温度提高 $1℃$ 所需的热量，称为湿空气的比热容，单位为 $kJ/(kg \cdot K)$。它可用下式表示：

$$c_H = c_g + Hc_v = 1.01 + 1.88H \tag{9-6}$$

式中　c_g——绝干空气的比热容，其值约为 $1.01 kJ/(kg \cdot K)$；

　　　c_v——水蒸气的比热容，其值约为 $1.88 kJ/(kg \cdot K)$。

9.1.1.6　焓 I_H

湿空气的焓是其所含的绝干空气的焓及水蒸气的焓之和，单位为 kJ/kg 绝干空气。若取 $0℃$ 下的绝干空气及液态水的焓等于零为准则，则湿空气的焓可表示为：

$$I_H = I_g + HI_v \tag{9-7a}$$

$$= c_g t + H(c_v t + r_0)$$

$$= c_H t + Hr_0 \tag{9-7b}$$

$$= (1.01 + 1.88H)t + 2490H \tag{9-7c}$$

式中　I_g——绝干空气的焓，kJ/kg；

　　　I_v——水蒸气的焓，kJ/kg；

　　　r_0——0℃时水蒸气的汽化潜热，其值为2490kJ/kg。

9.1.1.7　干球温度 t

用一般温度计测得的湿空气温度，称为湿空气的干球温度，也就是通常所说的湿空气真实温度，干球温度是相对于湿球温度而言的。

9.1.1.8　湿球温度 t_w

用湿球温度计测定流速大于5m/s的湿空气的温度，称为湿空气的湿球温度。

图9-1表明了测量湿球温度的方法。用水保持充分润湿的纱布包裹一般温度计的感温部分（水银球），构成湿球温度计。将其放在温度为 t（干球温度），湿度为 H 的湿空气气流中。当湿空气流过湿球温度计的湿纱布的表面时，由于存在温度差，纱布中的水分就会不断向空气中汽化和扩散；同时，水分汽化需要潜热，这热量首先来自纱布中水分本身，从而使水分的温度下降，气体与水分间出现温度差；温差推动力使热量由空气传递给湿纱布中的水分。当达到稳定时，空气所供给的热量等于水分汽化所需的潜热，纱布中水分的温度保持不变。此时湿球温度计所指示的稳定温度就是湿空气的湿球温度。湿球温度是由湿空气的温度及湿度所决定的，它比干球温度小。

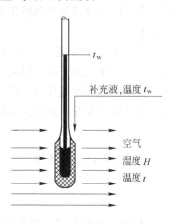

图9-1　湿球温度的测量

在稳态时，对湿球进行热量衡算，空气传给水分的显热可由下式表示：

$$Q = \alpha S(t - t_w) \tag{9-8}$$

式中　Q——传热速率，W；

　　　α——空气向湿纱布的对流传热系数，W/(m²·K)；

　　　S——湿纱布与空气接触的表面积，m²。

水分汽化量可表示为：

$$N = k_H \cdot (H_{s,t_w} - H)S \tag{9-9}$$

水分汽化所需热量为：

$$Q = N \cdot r_{t_w} \tag{9-10}$$

式中　N——水分传递速率，kg/s；

　　　k_H——以湿度差为推动力的传质系数，kg/(m²·s)；

　　　H_{s,t_w}——湿球温度时的饱和湿度，kg/kg；

　　　r_{t_w}——湿球温度时的汽化潜热，kJ/kg。

达到稳定时，则

$$Q = k_H(H_{s,t_w} - H)Sr_{t_w} = \alpha S(t - t_w) \tag{9-11}$$

整理得：

$$t_w = t - \frac{k_H r_{t_w}}{\alpha}(H_{s,t_w} - H) \tag{9-12}$$

　　实验证明，在一般情况下，k_H 和 α 都与空气流速的 0.8 次幂成正比，即 α/k_H 的比值与空气流速无关。就空气-水蒸气系统而言，α/k_H 值约为 1.09，由式（9-12）可见，湿球温度只与湿空气的温度和湿度有关。

9.1.1.9　绝热饱和温度 t_{as}

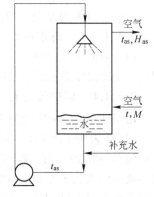

图 9-2　绝热饱和器

　　在图 9-2 所示的绝热饱和器中，空气和喷射的大量水相充分接触，水分不断地向空气中汽化，水相是循环的，还加入一些补充水。在绝热情况下，水分汽化所需热量完全由空气供给，因此空气的温度随过程的进行而逐渐下降，湿度则升高。这个过程称为绝热饱和过程或绝热增湿过程。在该过程中，空气将其显热传给水分，由水分汽化将其转化为潜热带回空气中，故空气的焓保持不变。

　　当空气被水所饱和，即达到稳定状态时，空气温度不再下降，气液两相达到了同一温度，称为绝热饱和温度。

　　由于绝热增湿过程是等焓过程，且 c_H 随湿度 H 变化很小，可视为不随湿度而变，则湿空气的焓变：

$$dI_H = c_H dt + r_0 dH = 0 \tag{9-13}$$

将式（9-13）整理得：

$$\frac{dH}{dt} = -\frac{c_H}{r_0} \tag{9-14}$$

因为 c_H/r_0 比值是一近似定值，故式（9-14）改写为差分形式得：

$$\frac{H_{as} - H}{t_{as} - t} = -\frac{c_H}{r_0} \tag{9-15}$$

整理式（9-15），可得：

$$t_{as} = t - \frac{r_0}{c_H}(H_{as} - H) \tag{9-16}$$

式中　H_{as}——绝热饱和温度下的饱和湿度，kg/kg。

　　由式（9-16）可知，绝热饱和温度 t_{as} 是湿空气初始状态下温度和湿度的函数。

　　绝热饱和温度是在绝热条件下，大量的水与进入的空气接触时最后达到的稳态平衡温度；而湿球温度是少量的水在绝热条件下与连续的空气接触最后达到的稳态的非平衡温度。由于液体的量很少，故空气的温度与湿度是不变的。绝热饱和过程则相反，气体温度与湿度是变化的。对于空气-水蒸气系统，实验结果证明，当空气流速较高时，c_H 值与 α/k_H 值甚为接近，比较式（9-12）和式（9-16），可得：

$$t_{as} \approx t_w \tag{9-17}$$

　　应予指出，只有空气-水蒸气系统可认为 t_{as} 和 t_w 值近似相等，而对其他体系，湿球温度远高于绝热饱和温度，且两者意义截然不同。

9.1.1.10　露点 t_d

　　将湿空气恒湿冷却，达到饱和状态结出露水时的温度，称为露点。

　　根据上述原理，湿空气中水蒸气分压就是露点温度下的饱和蒸气压。故可按式（9-2）算出的蒸汽分压，从饱和水蒸气压表中查得对应的露点温度。

　　对于湿空气的 3 个温度，即干球温度 t，湿球温度 t_w 和露点 t_d，它们之间的关系为：

对不饱和空气 $\qquad\qquad t > t_w > t_d$

对于饱和空气 $\qquad\qquad t = t_w = t_d$

例 9-1 测得在温度为 293K，压强 $p = 101.3\mathrm{kPa}$ 下，空气中水蒸气的分压为 $1.39\mathrm{kPa}$，试求该状态下空气的湿度，相对湿度、露点、比热容和焓。

解：（1）求湿度 H。由式（9-2）得

$$H = 0.622\, \frac{p_v}{p - p_v} = 0.622 \times \frac{1.39}{101.3 - 1.39} = 0.0087\mathrm{kg/kg}$$

（2）求相对湿度 φ。从饱和蒸气压表中查得水在 293K 时的饱和蒸气压 $p_s = 2.33\mathrm{kPa}$，则

$$\varphi = \frac{p_v}{p_s} \times 100\% = \frac{1.39}{2.33} \times 100\% = 60\%$$

（3）求露点 t_d。因 t_d 是将湿空气恒湿冷却而达到饱和时的温度，故从饱和蒸气压表中查得饱和蒸气压为 $1.39\mathrm{kPa}$ 时的温度即为露点 $t_d = 285\mathrm{K}$。

（4）求比热容 c_H。由式（9-6）可得：

$$c_H = 1.01 + 1.88H = 1.01 + 1.88 \times 0.0087 = 1.03\mathrm{kJ/(kg \cdot K)}$$

（5）求焓 I_H。由式 9-7b 可得：

$$I_H = c_H t + 2490H = 1.03 \times (293 - 273) + 2490 \times 0.0087 = 42.27\mathrm{kJ/kg}$$

9.1.2 湿空气的 *H-I* 图

使用数学公式来作干燥过程的计算及干燥设备的设计，往往比较复杂。如例 9-1 中要计算空气的湿球温度，利用式（9-12）计算时需要用试差法。为了简化计算，工程上多用湿空气的 *H-I* 图进行设计计算，如图 9-3 所示。

图 9-3 是采用斜角坐标系。横坐标为湿空气的 H，纵坐标为湿空气的焓 I，两者均以 1kg 绝干空气为基准。为了避免图中线条群拥挤难以读数，提高读数的精确度，坐标轴不是呈正交，而是呈 135° 角。由于湿空气的性质和总压大小密切相关，故该图是按湿空气的总压为 10.133kPa 制作的，当总压偏离常压较大时，就不能直接使用该图。

H-I 图包括以下 5 种曲线：

（1）等湿度线（等 H 线）　等湿度线是一组平行于纵轴的直线。无论湿空气的状态如何，等 H 线上的不同点具有相同湿度值。

（2）等焓线（等 I 线）　等焓线是一组平行于横轴的直线，它与等 H 线成 135° 角。由于绝热增湿过程是等焓过程，故等焓线即为绝热增湿过程线。等 I 线上的点具有相等的焓值。但代表不同的空气状态，其温度 t 随湿度 H 的增大而下降，即等 I 线的斜率是负值。

（3）等干球温度线（等 t 线）　前已述及，湿空气的焓是湿空气的干球温度 t 和湿度 H 的函数，即 $I = f(t, H)$。当干球温度 t 为定值时，I 与 H 之间成线性变化关系。在图中绘出 I 与 H 的线性关系，即为等 t 线。当 t 值不同时，线性斜率也不同。所以等干球温度线不是一组相互平行的直线。

（4）等相对湿度线（等 φ 线）　等相对湿度线是一组向上凸的曲线，表示湿空气的总压和相对湿度一定时，干球温度与湿度间的关系，其中 $\varphi = 100\%$ 的等 φ 线称为饱和空气线，此时空气被水蒸气所饱和。$\varphi = 100\%$ 的等 φ 线将 *H-I* 图分成两部分，只位于饱和空气线上方的区域是未饱和空气，可以作干燥介质。

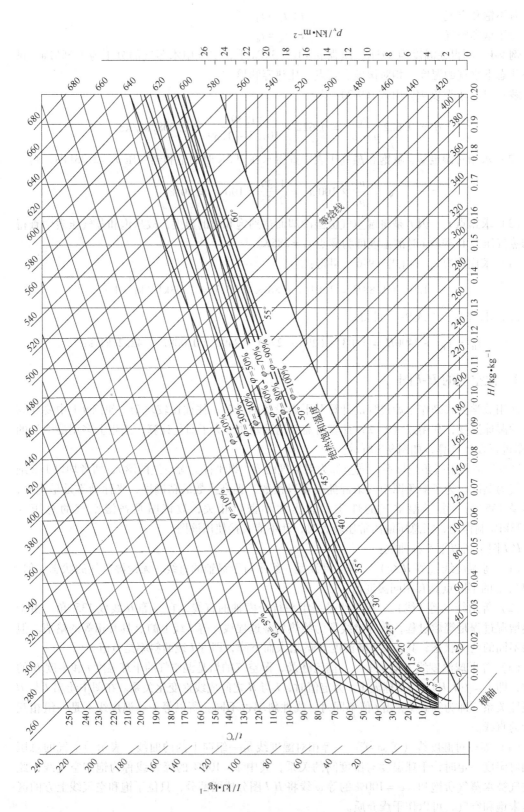

图 9-3 湿空气的 *H-I* 图

根据露点的定义，等 H 线与饱和空气线的交点温度即为露点，因等 I 线即是绝热增湿过程线，故等 I 线与饱和空气线的交点温度就是绝热饱和温度。对于空气和水蒸气系统，也等于湿球温度。

（5）蒸气分压线　蒸气分压线标绘于饱和空气线的下方，表示空气的湿度 H 和空气中水蒸气分压 p_v 之间的关系。

在湿空气的总压一定时，空气的湿度 H 只与空气中水蒸气分压 p_v 有关，将式（9-2）改写为：

$$p_v = \frac{Hp}{0.622 + H} \tag{9-18}$$

利用式（9-18），求出 p_v 与 H 之间的对应关系，标绘成 p_v 线。通常，$H \ll 0.622$，由式（9-18）可知，p_v 与 H 几乎成线性关系。

应予指出，蒸气分压和饱和蒸气压是含义不同的概念，不能混淆。

9.1.3 *H-I* 图的应用

利用 *H-I* 图可以确定湿空气的性质。确定方法主要是利用上述介绍的等 H 线、等 t 线、等 I 线和 p_v 线。根据湿空气已知的两个独立参数，确定空气的状态。如露点是在湿空气湿度 H 保持不变下冷却至饱和时的温度。因此由等 H 线与 $\varphi = 100\%$ 的饱和空气线的交点作等 t 线所示的温度为露点；湿球温度 t_w 和绝热饱和温度 t_{as} 近似相等，因此由过空气状态点的等 I 线与 $\varphi = 100\%$ 的饱和空气线相交，通过此交点的等 t 线所示的温度就是 t_w 或 t_{as}。由此可见，利用 *H-I* 图进行干燥的设计计算是比较简便的。

例 9-2　进入干燥器的空气温度为 65℃，露点为 15.6℃，使用湿度图，确定湿度、相对湿度、湿球温度、焓和水蒸气分压。

解：（1）由 $t = 15.6℃$ 的等 t 线与 $\varphi = 100\%$ 的等 φ 线相交的交点，读得 $H = 0.011 kg/kg$。

（2）由交点的等 H 线与 $t = 65℃$ 的等 t 线相交的交点即为湿空气的状态点，由图上读得：

$$\varphi = 7\% , \quad I = 95 kJ/kg$$

（3）由过空气状态点的等 I 线与 $\varphi = 100\%$ 的等 φ 线相交的交点，读得 $t_w = 28℃$；

（4）由过空气状态点的等 H 线与 p_v 线相交的交点，读得 $p_v = 1.8 kPa$。

9.2　物料湿分的性质和干燥特性

9.2.1　湿物料中含水量的表示方法

干燥过程进行的完善程度是以过程前后湿物料含水量的多少来衡量的。湿物料中的含水量一般有两种表示方法，即湿基含水量和干基含水量。

9.2.1.1　湿基含水量 *w*

湿基含水量 w 是以湿物料为基准的湿物料中所含水分的百分数，即：

$$w = \frac{湿物料中水分的质量}{湿物料的总质量} \times 100\% \tag{9-19}$$

9.2.1.2　干基含水量 *X*

干基含水量 X 是以绝干物料为基准的湿物料中所含水量的质量比，即：

$$X = \frac{湿物料中水分的质量}{湿物料中绝干物料的质量} \tag{9-20}$$

两种含水量之间的换算关系为

$$X = \frac{w}{1 - w} \tag{9-21}$$

及

$$w = \frac{X}{1 + X} \tag{9-22}$$

由于在干燥过程中绝干物料的质量是不变的，故计算中用干基含水量比较方便；而工业生产中物料含水量的湿基含水量表示更为常见。

9.2.2　物料湿分的性质

干燥过程中，湿分从固体物料内部表面迁移，再从物料表面向干燥介质中汽化。因此，湿分与物料的结合方式直接影响到湿分迁移速率，即湿分的性质决定了干燥过程的速率。

9.2.2.1　水分与物料的结合方式

湿物料性质在很大程度上取决于物料中所含水分与之结合的形式。通常可将水分与物料结合的形式分为4种。

（1）化学结合水。化学结合水是指与离子或结晶体的分子化合的水分。此种水分的除去，一般不属于干燥的范畴。

（2）吸附水分。吸附水分是指附着在物料表面和大孔隙内的水分。它的性质和纯态水相同，在任何温度下，其蒸气压等于同温度下纯水的饱和蒸气压，是极易用干燥方法除去的水分。

（3）毛细管水分。毛细管水分是指多孔性物料小孔隙中所含有的水分。在干燥过程中，这种水分是受毛细管的吸收作用而移到物料表面的，因此，干燥的难易程度取决于物料中孔隙的大小。孔隙越大，孔中的水分越易干燥除去。

（4）溶胀水分。溶胀水分是指渗入到物料细胞壁内的水分，它是物料组成的一部分，因此物料的体积相应增大。

9.2.2.2　平衡水分和自由水分

在物料的干燥中，含水的湿物料与湿含量 H 和温度 t 恒定的空气流相接触。若空气过量很多，以使其状态恒定，物料与空气接触足够长的时间后，最终达到平衡，则物料将有一固定的含水量。这个含水量常称为该空气状态下物料的平衡水分，或称平衡含水量。

平衡水分随物料的种类而异。对于同一物料，又因所接触的空气状况不同而不同。图9-4 表示某些物料在25℃下的平衡水分与空气相对湿度的关系。从图上可看出：与物料相接触的空气的相对湿度越大，平衡水分越大；相对湿度越小，即空气温度越高，平衡水分越小。

平衡水分是物料在一定的干燥条件下，能够用干燥方法除去所含水分的限度值。自由水分是指物料所

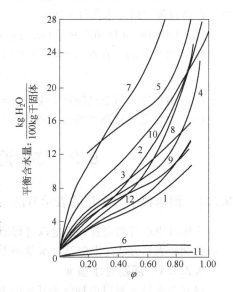

图9-4　某些物料在25℃下的平衡
水分与空气相对湿度的关系

1—新闻纸；2—毛织品；3—硝化纤维；

4—丝织品；5—皮革；6—高岭土；

7—烟叶；8—肥皂；9—皮胶；

10—木材；11—玻璃纤维；

12—棉花

含高出平衡水分的水分，是能够通过干燥方法除去的水分。

9.2.2.3　结合水分和非结合水分

在图9-4中，若将给定湿物料的平衡水分曲线延伸到与 $\varphi = 100\%$ 的相对湿度线相交，交点所示的含水量称为结合水。由于这部分水分与物料的结合力强，其蒸气压低于同温度下纯态水的饱和蒸气压，在干燥过程中较难除去。

非结合水分是指湿物料所含高于结合水的水分。主要包括物料中吸附的水分和孔隙中与物料的结合力较弱的水分，在干燥过程中极易除去。

几种水分的关系可以表示如下：

$$物料中的水分 \begin{cases} 自由水分 \begin{cases} 非结合水分 —— 首先除去的水分 \\ 能除去的结合水分 \end{cases} \\ 平衡水分 —— 不能除去的结合水分 \end{cases}$$

9.2.3　干燥特性曲线

前已述及，干燥过程中，水分在湿物料表面的汽化与物料内部水分的迁移是同时进行的。所以干燥速率的大小取决于这两个步骤。由于我们对干燥的基本机理了解很不充分，在多数情况下，必须用实验方法测定干燥速率。

干燥实验是在恒定的干燥条件下进行的。即在整个干燥过程中，空气的温度、湿度、流速以及与物料相接触的方式均保持不变，在干燥期间，记录不同时间 τ 时湿物料的总重量。整理绘出如图9-5所示的物料自由水分含量 X 对干燥时间 τ 的关系曲线（图9-5（a））和干燥速率 u 对物料水分含量 X 的关系曲线（图9-5（b））。其中干燥速率是指在单位时间内，单位干燥面积上汽化的水分质量，可由下式表示：

$$U = \frac{\mathrm{d}W'}{S\mathrm{d}\tau} \tag{9-23}$$

式中　U——干燥速率，$kg/(m^2 \cdot s)$；

　　　W'——汽化水分量，kg；

　　　S——干燥面积，m^2。

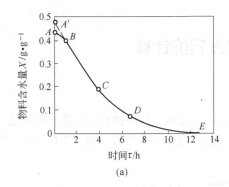
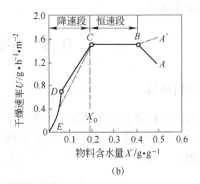

图9-5　恒定干燥条件下的特性曲线

由图9-5可见，在刚开始干燥的短暂时间 AB 段内，物料处于预热阶段，空气向物料传递的热量部分用于加热物料，故物料含水量及其温度随时间而变化。当达到 B 点时，空气向物料传递的显热正好等于水分从物料表面汽化所需的潜热，物料的温度达到稳定，等于空气的湿球温度。BC 段内，物料的非结合水分进行汽化，干燥速率为物料表面水分汽化速率所控制，干燥速率保持不变。故称恒速干燥阶段，或称表面汽化控制阶段。当达到 C 点时，物料开始升温，空气向物料传递的显热部分用于汽化水分，另一部分热量用于加热物料使其升温。在 CE 段，物料的部分结合水分被干燥，干燥速率受内部扩散速率控制，干燥速率随物料含水量的减少而降低，故称为降速干燥阶段，或内部扩散控制阶段，当物料中所含水分降至平衡水分 X^*，即 E 点，干燥过程即告终止。C 点是恒速干燥变为降速干燥的转折点，称为临界点。与该点对应的物料含水量 X_0 称为临界含水量。由于恒速干燥阶段和降速阶段中的干燥机理及影响因素各不相同，故下面分别予以讨论。

（1）恒速干燥阶段。在恒速干燥阶段，固体物料表面非常湿，这些水分全部是非结合水分，它们的行为与湿纱布中水分相似，水分汽化速率与固体物料无关。显然，干燥速率取决于物料表面水分的汽化速率。因此影响因素主要是物料外部的干燥条件，如空气的温度和湿度等因素，而与湿物料性质关系很小。

在恒定的干燥条件下，参照式（9-8）和式（9-9），恒速干燥阶段的干燥速率可表示为：

$$U = \frac{\mathrm{d}W'}{S\mathrm{d}\tau} = k_\mathrm{H}(H_{s,t_w} - H) \tag{9-24a}$$

$$= \frac{\mathrm{d}Q'}{r_{t_w}S\mathrm{d}\tau} = \frac{\alpha}{r_{t_w}}(t - t_\mathrm{w}) \tag{9-24b}$$

式中 Q'——空气传给物料的热量，kJ。

因为

$$\mathrm{d}W' = -G'_c\mathrm{d}X$$

所以

$$U = -\frac{G'_c\mathrm{d}X}{S\mathrm{d}\tau} \tag{9-25}$$

式中 G'_c——绝干物料的质量，kg。

（2）降速干燥阶段。在降速干燥阶段，物料内部的水分向表面迁移的速率低于物料表面水分的汽化速率，物料表面不能维持其饱和润湿状态，而逐渐变干，汽化面向固体内部移动。物料温度逐步上升，随着物料表面变干厚度的增大，物料内部水分迁移的阻力逐渐增大，因而干燥速率就逐渐降低。

9.3 干燥过程的计算

9.3.1 物料衡算

干燥器的物料衡算主要是为了解决两个问题：一是确定从湿物料中移除的水分量，或称水分蒸发量；二是确定带走这些水分所需的空气量。对连续干燥器，如图9-6所示，作水分的物料衡算得：

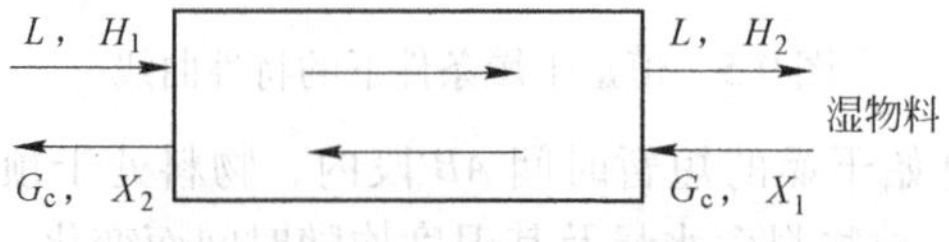

图9-6 连续干燥器的物料衡算

$$LH_1 + G_cX_1 = LH_2 + G_cX_2 \tag{9-26}$$

式中　L——绝干空气的质量流量，kg/s；

　　　G_c——绝干物料的质量流量，kg/s；

　H_1，H_2——分别为干燥器进、出口处空气的湿度，kg/kg；

　X_1，X_2——分别为干燥器进、出口处湿物料的干基含水量，kg/kg。

整理式（9-26），可得

$$W = L(H_2 - H_1) = G_c(X_1 - X_2) \tag{9-27}$$

式中　W——水分蒸发量，kg/s。而汽化 W(kg/s)水分所需的绝干空气量为：

$$L = \frac{W}{H_2 - H_1} \tag{9-28}$$

汽化单位质量水分所需的绝干空气量，称单位空气消耗量 l：

$$l = \frac{L}{W} = \frac{1}{H_2 - H_1} \tag{9-29}$$

由式（9-29）可知，单位空气消耗量只与空气最初，最终的湿度有关，而与所经历的过程无关。

9.3.2　热量衡算

对干燥器进行热量衡算的目的，是为了找出各项热量的分配关系和热量消耗的数值，以作为确定预热器加热面积，加热剂消耗量以及热效率等的依据。

如图9-7所示，状态为（t_0，H_0，I_0）、流量为 L(kg/s) 的新鲜空气经预热器后送入干燥器，空气经预热后的状态变为[t_1，H_1($H_1 = H_0$)，I_1]。在连续干燥器中热空气与湿物料进行直接接触，离开干燥器时空气的湿度增加而温度下降，空气的状态变为(t_2，H_2，I_2)。绝干物料流量为 G_c(kg/s) 的物料进、出干燥器时的状态分别为（θ_1，X_1，I_1'）和（θ_2，X_2，I_2'）。当过程达到稳定状态后，对该干燥系统作热量衡算得：

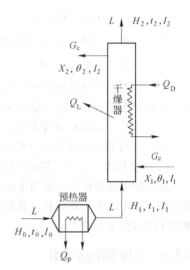

图 9-7　干燥器的热量衡算

$$LI_0 + Q_p = LI_1 \tag{9-30}$$

$$LI_1 + Q_D + G_cI_1' = LI_2 + Q_L + G_cI_2' \tag{9-31}$$

式中　Q_p——预热器的传热速率，kW；

　　　Q_D——向干燥器中补充热量的速率，kW；

　　　Q_L——干燥器的热损失速率，kW。

式（9-30）和式（9-31）是干燥过程热量衡算的基本关系式，整理该两式得：

$$Q_p = L(I_1 - I_0) \tag{9-32}$$

$$Q_D = L(I_2 - I_1) + G_c(I_2' - I_1') + Q_L \tag{9-33}$$

整个干燥系统所需的传热量 Q 为：

$$Q = Q_p + Q_D = L(I_2 - I_0) + G_c(I_2' - I_1') + Q_L \tag{9-34}$$

应予指出，式（9-34）中物料的焓是指以0℃为基温时单位质量绝干物料及其所含水分两者焓之和，可表示为：

$$I' = c_s\theta + Xc_w\theta = (c_s + Xc_w)\theta = c_m\theta \tag{9-35}$$

式中　I'——物料的焓，kJ/kg；

θ——物料的温度，℃；

X——物料的干基含水量，kJ/kg；

c_s——绝干物料的比热容，kJ/(kg·K)；

c_w——水分的比热容，其值约为 4.18kJ/(kg·K)；

c_m——湿物料的比热容，kJ/(kg·K)。

为了简化计算，式（9-34）还可以在下列的假设条件下变换成另一种较简单的形式，即假设：（1）新鲜空气中水蒸气的焓等于出干燥器时废空气中水蒸气的焓，即 $I_{v2} \approx I_{v0}$；（2）进出干燥器的湿物料比热容相等，即 $c_{m2} \approx c_{m1}$。前述的式（9-34）还可以写为：

$$Q = Q_p + Q_D = L\big[(c_g t_2 + H_2 I_{v2}) - (c_g t_0 + H_0 I_{v0})\big] + c_v(c_{m2}\theta_2 - c_{m1}\theta_1) + Q_L$$

将前述两个假设关系及 $L(H_2 - H_0) = W$ 和 $I_{v2} = r_0 + c_v t_2$ 代入上式并整理得：

$$Q = 1.01L(t_2 - t_0) + W(2490 + 1.88t_2) + G_c c_{m2}(\theta_2 - \theta_1) + Q_L \tag{9-36a}$$

若干燥器中不补充热量，即 $Q_D = 0$，则：

$$Q_p = Q = 1.01L(t_2 - t_0) + W(2490 + 1.88t_2) + G_c C_{m2}(\theta_2 - \theta_1) + Q_L \tag{9-36b}$$

通常，根据干燥过程中空气焓的变化情况，将其分为等焓和非等焓干燥过程。等焓干燥过程是个理想干燥过程。它应满足下述条件：

（1）不向干燥器内补充热量，即 $Q_D = 0$；

（2）干燥器的热损失可忽略不计，即 $Q_L = 0$；

（3）物料进、出干燥器时的焓相等，即 $I_1' = I_2'$。

在实际干燥操作中，等焓干燥过程是难以完全实现的，多是非等焓干燥过程，对干燥器绝热良好，又不向干燥器中补充热量且物料进、出干燥器时的温度十分接近的情况，可近似地按理想干燥过程来处理。

9.3.3　干燥器的热效率

干燥器的热效率 η 是指物料中水分汽化所消耗的热量（即有效热）与对干燥系统加入的总热量的比值，即：

$$\eta = \frac{\text{干燥系统中水分汽化所消耗的热量}}{\text{对干燥系统加入的总热量}} \times 100\% \tag{9-37a}$$

物料中水分汽化所需的热量可用下式计算，即：

$$Q_v = W(2490 + 1.88t_2 - 4.187\theta_1)$$

式中　Q_v——水分汽化所需的热量，kW；

W——水分汽化量，kg/s。

那么，热效率 η 可表示为：

$$\eta = \frac{Q_v}{Q_p + Q_D} \times 100\% \tag{9-37b}$$

热效率的高低表明了干燥器中热量利用的有效程度，效率越高，表示热量利用得越充分，干燥器的性能好。为了合理地利用能源，提高设备的热效率，除了应尽量将废气回收利用，用来预热冷空气、冷物料以及对湿物料进行预干燥等之外，还应注意干燥设备和管路的保温隔热，以减少干燥系统的热损失。此外，采用新技术、新工艺和新设备，例如现在比较普遍采用的气流干燥器和沸腾干燥器等，热效率也会大大提高。

例 9-3　在常压干燥器中，将某物料从含水量 5% 干燥到 0.5%（均为湿基）。干燥器生产能力为 1.5kg/s，热空气进干燥器的温度为 127℃，湿度为 0.007kg/kg，出干燥器时温度为 82℃，物料进、出干燥器时的温度分别为 21℃ 和 66℃，绝干物料的比热容为 1.8kJ/(kg·K)。若干燥器的热损失可忽略不计，试求绝干空气消耗量及空气离开干燥器时的温度。

解：物料的干基含水量为：

$$X_1 = \frac{w_1}{1 - w_1} = \frac{5\%}{1 - 5\%} = 0.0526 \text{kg/kg}$$

$$X_2 = \frac{w_2}{1 - w_2} = \frac{0.5\%}{1 - 0.5\%} = 0.005 \text{kg/kg}$$

水分汽化量 W 为：

$$W = G_c(X_1 - X_2) = 1.5 \times (0.0526 - 0.005) = 0.0714 \text{kg/s}$$

物料进、出干燥器的焓为：

$$I_1' = c_s\theta_1 + X_1 c_w\theta_1 = (1.8 + 0.0526 \times 4.187) \times 21 = 42.42 \text{kJ/kg}$$

$$I_2' = c_s\theta_2 + X_2 c_w\theta_2 = (1.8 + 0.0526 \times 4.187) \times 66 = 120.2 \text{kJ/kg}$$

空气进、出干燥器焓为：

$$I_1 = 1.01 t_1 + (1.88 t_1 + 2490)H_1$$

$$= 1.01 \times 127 + (1.88 \times 1.27 + 2490) \times 0.007 = 147.4 \text{kJ/kg}$$

$$I_2 = 1.01 t_2 + (1.88 t_2 + 2490)H_2$$

$$= 1.01 \times 82 + (1.88 \times 82 + 2490)H_2 = 82.82 + 2644H_2$$

空气消耗量 L 为：

$$L = \frac{W}{H_2 - H_1} = \frac{0.0714}{H_2 - 0.007}$$

向干燥系统加入热量 Q 为：

$$Q = L(I_2 - I_1) + G_c(I_2' - I_1') + Q_L$$

$$= L(82.82 + 2645H_2 - 147.4) + 1.5 \times (120.2 - 42.42) + 0$$

$$= 116.7 + L(2645H_2 - 64.58) = 0$$

联立上两式求解得：

$$H_2 = 0.0178 \text{kg/kg}, \quad L = 6.63 \text{kg/s}$$

9.3.4　干燥时间的计算

9.3.4.1　恒速干燥阶段

在干燥计算中最重要的因素也许是物料由初始的含水量 X_1 干燥到最终的含水量 X_2 所需时间的长短。对于恒速干燥阶段的干燥，可根据相同情况下所测定的干燥特性曲线或计算得到的传质和传热系数计算所需要的干燥时间。

A　使用干燥特性曲线的方法

为了计算某些物料的干燥时间，最好的方法是以在相同条件下得到的实验数据为基础进行计算。即干燥器形式、进料、相对暴露表面积、气速、空气的状况等实验条件基本与实际应用的干燥器的相同。在恒速阶段所需的干燥时间可以直接由自由水分对时间的干燥特性曲线来确定，从图上直接读得干燥时间 τ_1。

恒速干燥阶段的干燥速率 U_0 为常量，故由物料的初始含水量 X_1 降到临界含水量 X_0 所需的干燥时间 τ_1，可由式（9-25）积分得到，即：

$$\tau_1 = \int_0^{\tau_1} d\tau = -\frac{G'_c}{SU_0}\int_{X_1}^{X_0} dX = \frac{G'_c(X_1 - X_0)}{SU_0} \tag{9-38}$$

式中，SU_0/G'_c 是图9-5（a）中的干燥特性曲线中 BC 段斜率的绝对值。

　　B　使用计算的恒速阶段传递系数的方法

在恒速干燥阶段，和干燥空气流相接触的固体物料表面完全保持润湿。如前所述，在一定的空气状况下，水分的汽化速率基本上与相同条件下自液态水表面的汽化速率相同，与固体的结构无关。类似湿球温度计中的机理，故固体物料表面温度等于空气的湿球温度，并可由计算的传质系数 k_H 和对流传热系数 α，利用式（9-24a）和式（9-24b）对恒速干燥速率进行估算。值得指出的是应用对流传热系数 α 较为可靠，下面介绍两种气流接触方式的对流传热系数的经验计算公式。

　　（1）空气平行流过干燥平面时：

$$\alpha = 0.0204(L')^{0.8} \tag{9-39}$$

式中　α——对流传热系数，$W/(m^2 \cdot K)$；

　　　L'——湿空气的质量流量，$kg/(m^2 \cdot h)$。

应用条件：$L' = 2450 \sim 29300 kg/(m^2 \cdot h)$，空气平均温度为 $45 \sim 150℃$。

　　（2）空气垂直流向干燥平面时：

$$\alpha = 1.17(L')^{0.37} \tag{9-40}$$

应用条件为：　　　$L' = 3900 - 19500 kg/(m^2 \cdot h)$

式（9-39）和式（9-40）只适用于静止的物料层。对气流干燥器，α 可用式（9-65）进行计算。

9.3.4.2　降速干燥阶段

当干燥过程进行到临界含水量 X_0 以后，干燥速率 U 不再是常数而是逐渐降低。直到物料含水量达到平衡水分，干燥速率降低到零。在降速干燥阶段，干燥速率随物料中的自由水分而变化，因此降速干燥阶段所需的时间 τ_2 可表示为：

$$\tau_2 = \int_0^{\tau_2} d\tau = -\frac{G'_c}{S}\int_{X_1}^{X_2}\frac{dX}{U} = \frac{G'_c}{S}\int_{X_2}^{X_0}\frac{dX}{U} \tag{9-41}$$

通常可用图解积分法或解析法解式（9-41）。

　　A　图解积分法

由干燥速率曲线查出与不同 X 值相对应的 U 值。以 X 为横坐标，$1/U$ 为纵坐标，在直角坐标系中标绘 $1/U$ 和 X 的关系曲线，计算曲线下面的面积，得到式（9-41）的图解积分值。

　　B　解析法

在缺乏物料在降速阶段的干燥速率的详细数据时，可以假定其干燥速率与物料的自由水分成正比，如图9-5中虚线所示，将临界点 C 与平衡水分点 E 所连成的直线用来代替降速阶段的速率曲线，即：

$$U = aX + b \tag{9-42}$$

式中，a，b 分别为直线的斜率和截距。

微分式（9-42）可得 $\mathrm{d}U = a\mathrm{d}X$，将这一结果代入式（9-41），得

$$\tau_2 = \frac{G'_c}{aS}\int_{U_2}^{U_0}\frac{\mathrm{d}U}{U} = \frac{G'_c}{aS}\ln\frac{U_0}{U_2} \tag{9-43}$$

因为

$$a = \frac{U_0}{X_0 - X^*}, \frac{U_0}{U_2} = \frac{X_0 - X^*}{X_2 - X^*}$$

所以

$$\tau_2 = \frac{G'_c(X_0 - X^*)}{SU_0}\ln\frac{X_0 - X^*}{X_2 - X^*} \tag{9-44}$$

式中　X^*——平衡水分，kg/kg。

例 9-4　某批物料在恒定干燥条件下干燥。已知该批物料的质量为 485kg，最初含水量为 20%，要求最终含水量为 7.5%（均为湿基），临界含水量为 0.2kg/kg，平衡水分为 0.035kg/kg，临界干燥速率为 1.4kg/（m²·h），1kg 绝干料的干燥表面积为 0.025m²，装卸料的辅助时间为 1.2h，试确定每批物料的干燥周期。

解：绝干物料量 G'_c 为

$$G'_c = 485(1 - w_1) = 485 \times (1 - 0.2) = 388\mathrm{kg}$$

总干燥面积 S 为

$$S = 388 \times 0.025 = 9.7\mathrm{m}^2$$

物料含水量为

$$X_1 = \frac{w_1}{1 - w_1} = \frac{0.2}{1 - 0.2} = 0.25\mathrm{kg/kg}$$

$$X_2 = \frac{w_2}{1 - w_2} = \frac{0.075}{1 - 0.075} = 0.081\mathrm{kg/kg}$$

所以

$$\tau_1 = \frac{G'_c}{SU_0}(X_1 - X_0) = \frac{388}{9.7 \times 1.4} \times (0.25 - 0.12) = 3.7\mathrm{h}$$

$$\tau_2 = \frac{G'_c}{SU_0}(X_0 - X^*)\ln\frac{X_0 - X^*}{X_2 - X^*}$$

$$= \frac{388}{9.7 \times 1.4} \times (0.12 - 0.035)\ln \times \frac{0.12 - 0.035}{0.081 - 0.035} = 1.5\mathrm{h}$$

干燥周期　$\tau = 3.7 + 1.5 + 1.2 = 6.4\mathrm{h}$

9.4　干　燥　设　备

9.4.1　干燥设备的主要类型

工业上需要干燥的产品很多，产量大小不一，产品要求不尽相同，因此，产生了多种不同类型的干燥器，在这里只简单地介绍几种现代常用的干燥设备的结构和特点。

9.4.1.1　转筒干燥器

转筒干燥器的主要部件是一个与水平线略呈倾斜的旋转圆筒，如图 9-8 所示。物料自转筒较高的上端送入，由较低的下端排出。转筒缓慢地旋转，转筒内设置各种抄板，在旋转过

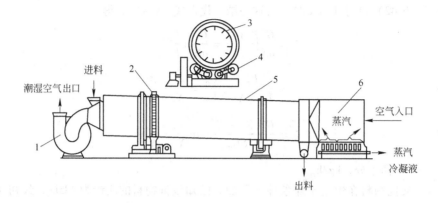

图 9-8　转筒干燥器
1—风机；2—齿轮（齿圈）；3—抄板；4—托轮；5—转筒；6—加热器

程中物料不断被卷起、撒下，使物料分散并与气流密切接触，同时促使物料向低处移动。抄板的形式很多，常用的如图 9-9 所示。其中直立式抄板适用于处理黏性和较湿的物料，45°和 90°抄板适用于处理散粒状或较干的物料。抄板基本纵贯整个圆筒的内壁，在物料入口端的抄板也可制成螺旋形的，以促使物料的初始运动并导入物料。转筒干燥器是一种连续操作的干燥器。

转筒干燥器的优点是生产能力大，流体阻力小，操作控制方便，产品质量均匀，适用范围广。其缺点是设备复杂庞大、笨重，耗金属材料多，占地面积大，热效率较低等。

对于不能受污染或极易引起大量粉尘的物料，还可采用间接加热的转筒干燥器。这种干燥器的传热壁面为装在转筒轴心处的一个固定的同心圆，内通以烟道气。也可在转筒内壁加入固定的加热蒸汽管。这种间接加热的转筒干燥器的传热效率更低，较少使用。

9.4.1.2　气流干燥器

气流干燥器是利用高温高速的干燥介质的流动，使湿物料的粉粒分散并悬浮于热气流中，达到边输送、边干燥的目的。

图 9-10 为气流式干燥器的简单流程图。物料由加料斗 4 经螺旋加热器 3 送入气流干燥管 5 的下部。空气由过滤器 1，经预热器 2 与加热至一定温度的物料一起进入干燥管。已干燥的物料颗

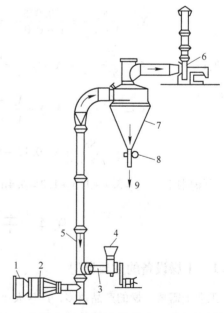

图 9-10　气流式干燥器
1—空气过滤器；2—预热器；3—螺旋加料器；
4—加料斗；5—气流干燥器；6—风机；
7—旋风分离器；8—气封；9—产品出口

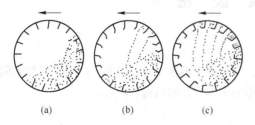

图 9-9　常用的抄板形式
（a）直立抄板；（b）45°抄板；（c）90°抄板

粒经旋风分离器 7 进行分离，固体产品由排出口卸出，废气通过湿式除尘器 6 后放空。在干燥管中，由于气流的流速为带出速度，即大于颗粒的自由沉降速度，因此物料随气流一起流动，物料在输送的过程中，与热气流进行传质和传热。干燥管的长度一般为 10～20m，也有高达 35～40m 的，干燥管内热气流的速度取决于湿物料颗粒的大小和密度，一般为 10～20m/s。因此，物料在干燥管内的停留时间很短，只有几秒。

气流干燥的特点是：

（1）湿物料均匀地分散在热气流中，强化了传热和传质，使物料在管内仅需极短的时间即达到了干燥的要求，故适用于热敏性物料。

（2）结构简单、占地面积小，易于建造和维修。

（3）生产能力大，热效率高，干燥非结合水时热效率可达 60%；但用于干燥结合水时，热效率仅为 20%。

（4）气速高，阻力大，动力消耗较大，物料易于磨损和粉碎，对粉尘的回收要求较高。

气流干燥器是比较成熟的干燥设备。目前应用也较广泛，它适用于干燥非结合水分及结团不严重，又不怕磨损的颗粒状物料，尤其适用于干燥热敏性物料或临界含水量低的细粒或粉末物料。

为了降低干燥管的高度，人们做了大量的研究工作，提出了许多改进方法。由实验得知，在加料口以上 1m 左右的干燥管内，干燥速度最快，气体传给物质的传热量占整个干燥管的 1/2～3/4。其原因不仅由于干燥管底部气、固间的温差大，更重要的是气、固间的相对运动和接触情况对传热和传质有利。此处气流与颗粒间的相对运动速度为最大，当物料进入干燥管底部的瞬间，其上升速度 u_m 为零，而气速为 u_g，当物料被气流吹动后，且被上升气流不断加速，相对速度逐渐降低，直到颗粒与气流间的相对运动速度等于颗粒在气流中的沉降速度时，颗粒不再被加速而维持恒速上升。由此可知，颗粒在干燥管中的运动情况可分为加速运动段和恒速运动段。实验证明，颗粒的加速在加料口上 1～3m 内完成。颗粒与气流的相对运动速度大，对流传热系数和传质系数也大；同时在干燥管底部颗粒浓度高，传热、传质的表面积大，即体积传热系数和传质系数大。由上分析可知，欲提高气流干燥器的干燥效率和降低干燥管的高度，应充分发挥干燥管底部加速段的作用及提高颗粒与气流间相对运动。为此，目前人们提出了以下改进措施：

（1）多级气流干燥器。将气流干燥器改为多级串联，则增加了干燥管底部加速段的数目，但需增加气体输送和分离设备，目前多用 2～3 级的。

（2）脉冲式气流干燥器。使用干燥管管径交替的缩小和扩大的办法，使颗粒交替的加速和降速，处于变速运动中，提高了干燥管内的传质和传热效果。

（3）旋风式干燥器。让气流夹带着物料以切线方向进入，沿壁产生旋转运动，有利传热和传质。它适用于不易磨碎的热敏性散粒状物料。

9.4.1.3 沸腾床干燥器

沸腾床干燥器又名流化床干燥器，是流态化技术在干燥操作中的应用。为了使物料和气体间有相对运动，在干燥中把气流速度控制在一定的范围内，使物料的颗粒悬浮在气流中，又不致被气流带出。这样，既保证了物料汽化表面不断更新，又使气固可以充分接触，进行传热和传质以达到干燥的目的。

图 9-11 所示为单层圆筒沸腾床干燥器。若在分布板上加入待干燥的颗粒物料，热空气由多孔板的底部送入，均匀地与物料接触，控制适宜的气速，使颗粒悬浮于上升的气流中而形成流化床。在流化床中颗粒在热气流中上下翻动，彼此碰撞和混合，与热气体进行传热和传质。

当床层膨胀到一定高度时，因床层孔隙率增大而孔隙中的气速下降，颗粒重新落下而不致被带走。

单层沸腾床干燥器适用于易干燥、处理量较大而对产品的要求又不太高的场合。对于干燥要求较高或所需干燥时间较长的物料，为防止物料的返混、短路和干燥不均等现象发生，常采用多层（多室）沸腾床干燥器。

图 9-12 所示为两层圆筒沸腾床干燥器。物料加入第 1 层，经溢流管流到第 2 层，然后由出料器排出。物料在每层中混合，但在层与层间不混合，分布均匀，停留时间长，产品含水量低，热利用率高。但操作不易控制，阻力也较大。

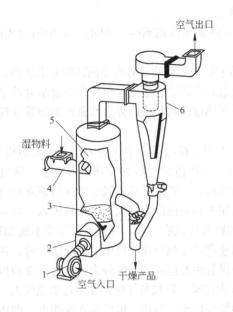

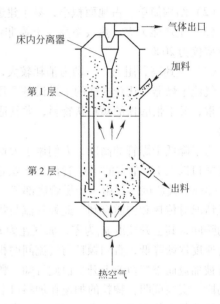

图 9-11　单层圆筒沸腾床干燥器

1—风机；2—加热器；3—分布板；4—进料器；
5—沸腾室；6—旋风分离器

图 9-12　多层圆筒沸腾床干燥器

图 9-13 所示为卧式多室沸腾床干燥器。干燥器四周垂直挡板分隔成 4~8 室，挡板与多孔分布板之间留有一定的间隙，使物料能逐室通过。湿物料依次由第 1 室流到最后一室，热气流自下而上地通过松散的物料层，气速保持在临界流化速度和带出速度之间。第 1 室所用空气量最大，而最后一室可通入冷空气将物料冷却，便于产品的收藏。各室的空气温度和气速可以进行调节。这种卧式沸腾床干燥器物料干燥均匀，操作稳定可靠，而流体阻力又小。

总之，沸腾床干燥器的优点为：具有较高的传热和传质速率，所以生产能力大；物料在器内的停留时间可由出料口控制，因此可改变产品的含水量或得到含水量较低的干燥产品；结构简单、活动部件少，操作维修方便；热效率高，物料、设备磨损及粉尘夹带程度均比气流式干燥器低，流体阻力也较小。但因它对物料的形状和粒径均有一定的要求，而且还要求物料不会因含水

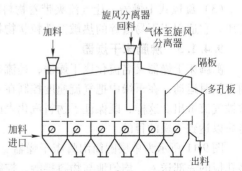

图 9-13　卧式多室沸腾床干燥器

量多而引起显著结块等，限制了它的应用范围。

9.4.1.4 喷雾干燥器

图 9-14 所示为一常压的喷雾干燥器。料液用送料泵压至喷雾器，在干燥室中喷成雾滴而分散在热气流中，水分迅速汽化而雾滴被干燥成为微粒或细粉落到器底，产品由风机吸入旋风分离器中被回收。空气预热后，与物料可以并流、逆流或混合流方式进入喷雾干燥器中与雾滴接触，使物料得以干燥，废气最后经风机排出。

通常雾滴直径为 $10\sim60\mu m$，每升溶液具有 $100\sim600m^2$ 的汽化面积，因此所需干燥时间较短，一般仅 $3\sim10s$。

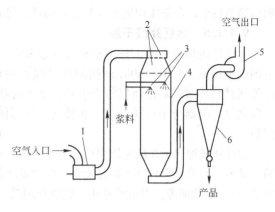

图 9-14　喷雾干燥器流程示意图
1—燃料炉；2—空气分布器；3—压力式喷嘴；
4—干燥塔；5—风扇；6—旋风分离器

常用的喷雾器有离心式、压力式和气流式 3 种形式，如图 9-15 所示。离心式喷雾器是将料液送入一高速旋转的圆盘的中央，圆盘上有放射形叶片，液体受离心力的作用而被加速，到达周边时呈雾状甩出，宜用于处理含有较多固体的物料；压力式喷雾器是用泵使料浆在高压下通入喷嘴，喷嘴内有螺旋室，液体在其中高速旋转，然后从出口处的小口呈雾状喷出。此种喷雾器优点较多，生产能力大，耗能少。目前应用最为广泛。气流式喷雾器是用压缩空气压送料液经过喷嘴成为较细的雾滴而喷出。适用于处理量较少，含有少量固体的溶液。

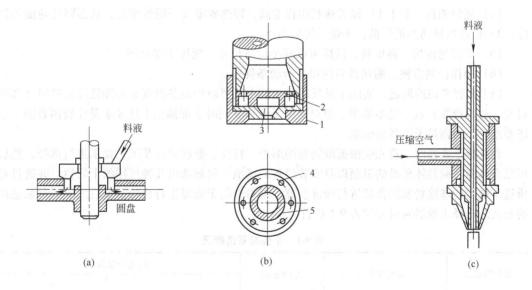

(a)　　　　　　　　　　(b)　　　　　　　　　　(c)

图 9-15　常用喷雾器的基本形式
（a）离心式喷雾器；（b）压力式喷雾器；（c）气流式喷雾器
1—外套；2—圆板；3—旋涡室；4—小孔；5—喷出口

喷雾干燥器的优点是干燥速度快，时间短，特别适用于热敏性物料的干燥；所得产品为松脆的空心颗粒或粉末，再溶性能好，质量高；操作稳定，能连续性、自动化生产，改善了劳动条件，可由低浓度的料液直接获得干燥产品，因而省去了蒸发、结晶分离等操作。其缺点是体积传热系数小，设备体积庞大，基建费用高，热效率低，能耗大。

9.4.1.5　远红外线干燥

远红外线加热干燥，是近年来发展起来的一项新技术。红外线是波长在 $0.72 \sim 1000 \mu m$ 范围的电磁波，$5.6 \sim 1000 \mu m$ 间的红外线称为远红外线，而 $5.6 \mu m$ 以下的称为近红外线。红外线被物体吸收后之所以能产生热，是因为物质分子能吸收一定波长的红外线能量，产生共振现象，引起分子原子的振动和转动，从而使物质变热。物体吸收红外线越多，就越容易变热。

远红外线加热干燥的应用很广，几乎可用于所有工业部门，代替原来的自然干燥、电热干燥、热风干燥等。它具有干燥速度快，生产效率高，干燥时间短（干燥时间约为热风干燥的十分之一），节约能源，设备尺寸小，建设费用低，制造简便等优点。

9.4.2　干燥设备的选择

不同类型的干燥器各自具有其适应性和局限性。选择干燥器时需要考虑以下因素：

（1）被干燥物料的性质及形态，如粉状、颗粒状、溶液状、浆状、膏糊状、块状、片状、纤维状等。

（2）产品产量，保证完成要求的生产任务。

（3）产品重量，包括5个方面：1）干燥程度：要求经过干燥之后能达到指定的含湿程度；2）质量均匀，即要求产品含水均匀；3）工艺特性，如直接作为商品的产品要求保持结晶光泽和不变形；4）物料的热敏性，决定了物料所能承受的最高温度，这是选择干燥介质的先决条件；5）产品的污染，对食品、医药来说，应特别注意产品的污染问题。

（4）能量消耗，要求1）设备热利用程度高，即热效率及干燥效率高，从而降低热能的消耗；2）输送机械动力消耗低；干燥系统阻力小。

（5）干燥速度快、强度高，这样可以减小设备尺寸，缩短干燥时间。

（6）操作控制方便，附属设备简单，劳动条件好。

以上需要考虑的问题，实际上是反映了经济上既要减少设备投资又要降低经常费用（如燃料费、动力费等）这一基本要求。但对某一干燥器要同时全部满足上述要求是比较困难的。上述要求可作为衡量干燥器的标准。

在选择干燥器时，首先应根据湿物料的形态、特性、处理量以及工艺要求进行选择。然后再结合热源、载热体种类的限制以及安装设备的场地等问题选出几种可用的干燥器，并通过对所选干燥器的基建费和操作费进行经济衡算、将参选的干燥器进行比较，最后确定一种最适用的形式。选择干燥器时可参照表9-1进行。

表9-1　干燥装置选择表

湿物料状态	物料实例	处理方式	适用干燥器[①]	
			A	B
溶液状或泥浆状物料	盐类溶液、植物提取液、洗涤剂、树脂溶液、明胶、牛奶	大量连续	喷雾式	
		小量连续	转鼓(真空转鼓)式	
冻结物料	医药品、食品(有一定形状、粉末)	小量间歇	冻结式	
		大量半连续		

湿物料状态	物料实例	处理方式	适用干燥器[①]	
			A	B
泥糊状物料	染料、硅胶、淀粉、黏土、三氧化二铁、颜料、二氧化钛、微粉碳、碳钙等的滤饼或沉淀物	大量连续	气流式；通风式(隧道)	并行流隧道式；喷雾式
		小量连续	间接传热圆管、槽型搅拌式；转鼓(真空转鼓)	
		小量间歇	间接传热圆筒、槽型搅拌式(包括真空式)；通风箱式	并行流箱式；真空箱式
粉粒状物料	石膏、钛铁矿、谷物、聚氯乙烯等合成树脂、活性炭、砂、合成肥料、熔炼磷肥	大量连续	气流式；热风给热槽型搅拌式；回转式；带水蒸气加热管的回转式；流化床；通风回转式、通风立式	通风带式隧道；多层圆盘；立式涡轮及立式
		小量连续	间接传热圆筒、槽型搅拌式；流化床	
		小量间歇	流化床；间接传热圆筒和槽型搅拌式(真空)	通风式；真空箱式
块状物料	经打碎的煤、焦炭、矿石、某滤饼、沉淀物	大量连续	回转式；通风回转和通风立式；带水蒸气加热管的回转式	并行流隧道(带式)；通风带式(隧道)
		小量间歇		并行流箱式；通风箱式
片状物料	压扁的大豆、薯类切片、烟叶	大量连续	通风带式；带水蒸气加热管的回转式；通风回转式	并行流隧道
		小量间歇	通风箱式	
短纤维物料	人造短纤维、棉绒、纤维性糊料、醋酸和硝酸纤维	大量连续	通风带式	
		小量间歇	通风箱式	
一定大小的物料	烟叶、陶瓷器、软线、壁板、卫生陶瓷、皮革、胶合板、木棒、厚板、薄板	大量连续	并行流隧道(带式)	通风隧道(带式)
		大量或小量间歇	并行流箱式	高频
		小量间歇		通风箱式
连续长幅状物料	织物、纸、印画纸、薄片	大量连续	喷射流式；并行流式；多圆筒式	
		小量连续	单个或几个圆筒	红外线
		连续或间歇	红外线；喷射流式	并行流式

①A 的适用性较 B 好。

9.4.3　常见干燥器主要尺寸设计计算

9.4.3.1　转筒干燥器的设计

转筒干燥器的设计主要是确定转筒的直径、长度、转速和倾角。

A 转筒直径的计算

转筒直径按下式计算

$$D = \sqrt{\frac{4V_g}{\pi(1-\beta)u}} \quad (9-45)$$

式中 D——转筒直径，m；

V_g——湿空气的体积流量，可由干燥的物料和热量衡算求得，m^3/s；

u——操作气速，m/s，其取值既要保证传热、传质系数有较大值，又要防止气体夹带现象严重，一般经验值为 $2\sim6m/s$，且要小于颗粒的沉降速度；

β——填充率或填充系数（转筒中存留的物料体积与转筒体积之比），其值和抄板形式及出口挡料圈的高度有关，一般取 $0.05\sim0.25$，筒体直径一般为 $0.5\sim3m$。

B 干燥器长度的计算

当转筒直径计算后可利用转筒的容积来计算其长度，即

$$Z = \frac{4V}{\pi D^2} \quad (9-46)$$

式中 Z——干燥器长度，m；

V——转筒干燥器的容积，m^3；

D——转筒直径，m。

转筒干燥器的容积，可由水分蒸发量和蒸发（或干燥）强度来计算，或由干燥过程中的传热量、体积传热系数和传热平均温差来计算。

当容积由水分蒸发量和蒸发强度来计算时，其计算式为：

$$V = \frac{W}{U_s} \quad (9-47)$$

式中 V——转筒干燥器容积，m^3；

W——水分蒸发量，kg/h；

U_s——干燥器蒸发或干燥强度，即单位时间内，单位转筒体积的水分蒸发量（某些情况下的蒸发强度的经验值见表9-2和表9-3），$kg/(m^3 \cdot h)$。

表9-2 各种精矿的干燥强度

精矿种类	细粒氧化铜精矿	一般铜精矿	铅精矿	锌精矿	锡精矿	硫化铁精矿
干燥强度 U_s/kg · m^{-3} · h^{-1}	$25\sim35$	约40	$35\sim40$	$35\sim50$	$18\sim25$①	$40\sim60$

①间接加热圆筒干燥窑数据。

表9-3 部分物料的操作数据

物料名称	w_1/%	w_2/%	t_1/℃	t_2/℃	粒度/mm	U_s/kg · m^{-3} · h^{-1}	备 注
磷酸盐	6.0	0.5	600	100	—	$45\sim60$	平行流动，上升叶片式
氯化钡	5.6	1.2	109	—	—	$1.0\sim2.0$	平行流动，上升叶片式
硝酸磷酸钾	—	~1	220	105	$0.5\sim4$	10	上升叶片式和扇形
氟化铝	$48\sim50$	$3\sim5.5$	750	$220\sim250$	—	18	平行流动
页 岩	38	12	$500\sim600$	100	$0\sim40$	$45\sim60$	平行流动，上升叶片式
石灰石	$10\sim15$	1.5	1000	80	$0\sim15$	$45\sim65$	对流，上升叶片式
锰 矿	15.0	2.0	120	60	2.5	12	分配式

续表 9-3

物料名称	w_1/%	w_2/%	t_1/℃	t_2/℃	粒度/mm	U_s/kg·m^{-3}·h^{-1}	备 注
硅藻土	40	15	550	120	—	50~60	分配式
磁 矿	6.0	0.5	730	—	0~50	65	上升叶片式
粒状过磷酸钙	14~15	3	550~750	110~120	1~4	60~80	并流，升举尾部格子式抄板
硝酸磷肥	5.5~6.5	1	170~180	85	1~4	6	并流，升举式抄板
磷酸铵	6	1	290	95	1~4	18	并流，升举式抄板
沉淀磷酸钙	38	4	550~700	120~130	0.35	35	并流，升举式抄板
钙镁磷肥	6~7	<0.5	550~600	110	1~2	20	并流，升举式抄板
重过磷酸钙	16~18	2.5~3.0	500~600	120	1~4	40	并流，格子式抄板
磷酸二铵	3~4	1	200	90	1~4	20	并流，升举式抄板
磷矿石	6~14	<1	500~750	100	—	45~65	并流，升举式抄板
安福粉	8~12	1.5	350	90	1~4	20	并流，升举式抄板
磷酸硝磷肥	35	3	160~170	80	1~4	13~15	并流,升举式抄板（喷浆造粒）
硝酸铵	25	1	290	90	1~4	18	并流,升举式抄板（喷浆造粒）
氮磷钾复肥	30	1	270	90	1~4	20	并流,升举式抄板（喷浆造粒）
氮磷复肥	20	1	220~270	—	—	18	并流,升举式抄板（喷浆造粒）
氮磷钾复肥	20~24	1	220~250	100~110	—	15~18	并流,升举式抄板（喷浆造粒）
硫铁矿	10~12	1~3	270~350	95~100	—	20~30	
煤	9	0.6	800~1000	65	—	32~40	升举式抄板
食 盐	4~6	0.2	150~200	—	—	7.2	逆流，升举式抄板
硫酸铵	3.5	0.4	82	—	—	4~5	并流，升举式抄板
砂	4.3~7.7	0.05	840	100	—	80~88	分格式抄板
普通黏土	22	5	600~700	81~100	—	50~60	升举式抄板

当容积由传热量、体积传热系数和传热平均温差来计算时，其计算式为

$$V = \frac{Q}{\alpha_a \Delta t_m} \tag{9-48}$$

式中 Q——热空气传给物料的热量，kW；

Δt_m——空气和颗粒物料间的对数平均温差，可按第四章介绍方法计算，℃；

α_a——体积传热系数，kW/(m^3·K)。

转筒干燥器的体积对流传热系数可按下式估算，即

$$\alpha_a = \frac{0.324(L')^{0.16}}{D} \tag{9-49}$$

式中 $L'[=(1-\beta)u\rho_g]$——湿空气的质量速度，一般为 0.55~5.5kg/(m^2·s)，对直径小于 500μm 的颗粒，可取 1.4kg/(m^2·s)；

ρ_g——空气的密度，kg/m^3；

D——转筒直径，m。

式（9-49）使用条件为 $D=1\sim3$m 和 $\beta=0.05\sim0.25$，α_a 的单位为 kW/(m^3·K)。

通常，$Z/D = 4 \sim 12$，但 Z 的最终取值还必须保证物料在筒内的停留时间大于物料的干燥时间。

物料在筒内的停留时间可按下面经验公式估算，即

$$\tau = 60\left(\frac{0.23Z}{n^{0.9}D\tan\psi} \pm \frac{10ZL}{G_c d_{pm}^{0.5}}\right) \tag{9-50}$$

式中　τ——物料在筒内的停留时间，s；

　　　G_c——绝干物料的质量速度，$kg/(m^2 \cdot s)$；

　　　L——空气的质量速度，$kg/(m^2 \cdot s)$；

　　　n——转筒的转速，r/min；

　　　d_{pm}——粒子的平均直径，μm；

　　　ψ——转筒轴线与水平线间的夹角。

物料与空气逆流时，式（9-50）中第二项前为正号，并流时为负号。

干燥时间的计算式为

$$\tau_d = \frac{7200\beta\rho_b(w_1 - w_2)}{U_s[200 - (w_1 + w_2)]} \tag{9-51}$$

式中　τ_d——干燥时间，s；

　　w_1, w_2——物料进、出干燥器的湿基百分含水量，%；

　　　ρ_b——物料在转筒内的平均堆积密度，kg/m^3；

　　　U_s——转筒的蒸发强度，$kg/(m^3 \cdot min)$。

要求 $\tau > \tau_d$，否则要重新调整参数，重新计算。

C　转筒转速 n 的确定

转筒的转速一般取 $1 \sim 8r/min$，大直径转筒的转速应取低些，通常取 $3 \sim 4r/min$。转速愈高，对流传热系数就愈大，但能耗也增加。

转速的取值必须保证转筒的圆周速度不大于 $1m/s$；否则要重新调整转速。调整时要注意 $\tau > \tau_d$ 的关系。

圆周速度按下式计算：

$$U_T = \frac{\pi Dn}{60} \tag{9-52}$$

式中　U_T——圆周速度（其推荐值为 $0.25 \sim 0.5$），m/s；

　　　n——转速，r/min；

　　　D——转筒直径，m。

D　转筒倾角 ψ 的确定

转筒轴线与水平线间的夹角称为转筒的倾角。倾角一般取 $0° \sim 8°$，相当于倾斜率 $\tan\psi = 0 \sim 0.14m/m$。

转筒干燥器设计完毕后应对其实际填充率和实际生产能力进行核算。

实际的填充率可按下式计算：

$$\beta = \frac{V_m}{V}\tau \tag{9-53}$$

式中　V_m——加料量，m^3/s；

　　　τ——物料停留时间，s；

V——转筒体积，m^3。

实际的 β 应在选择范围内，即在 $0.1 \sim 0.25$ 间。否则应调整 D 和 Z。

实际生产能力 G 可按下式计算：

$$G = \frac{900\pi D^2 Z \beta \rho_b}{\tau} \tag{9-54}$$

式中，G 的单位为 kg/h，其他符号意义和单位与前面相同。

由式（9-54）计算出的生产能力应能达到设计要求，否则必须重新调整参数，重新计算。

例 9-5 采用一台逆流操作的转筒干燥器干燥某种颗粒状物料。已知条件如下：

（1）干燥器的生产能力，干燥器每小时干燥 9000kg 绝干料。

（2）空气状况。新鲜空气 $t_0 = 27℃$，$H_0 = 0.0082kg/kg$；出预热器的 $t_1 = 150℃$；出干燥器的 $t_2 = 70℃$。

（3）物料状况。初始和终了的湿含量 $X_1 = 0.0525kg/kg$ 及 $X_2 = 0.001kg/kg$；进、出干燥器时温度 $\theta_1 = 27℃$，$\theta_2 = 100℃$；物料密度 $\rho_b = 850kg/m^3$，湿物料的平均比热容为 $0.884kJ/(kg \cdot K)$；颗粒平均粒径 400μm。

若物料所需的干燥时间为 0.6h，试设计一转筒干燥器。假设干燥器的热损失可以忽略，干燥操作为绝热冷却过程。

解：（1）干燥器的物料衡算和热量衡算。通过干燥器的物料衡算和热量衡算，可求得空气消耗量和空气出干燥器的状况。

水分蒸发量 $\quad W = G_c(X_1 - X_2) = \dfrac{9000}{3600} \times (0.0535 - 0.001) = 0.131kg/s$

由 $t_0 = 27℃$、$H_0 = 0.0082$ 在图 9-3 上查得 $I_0 = 48kJ/kg$。由 $t_1 = 150℃$、$H_1 = H_0 = 0.0082$ 在图 9-3 上查得 $I_1 = 174kJ/kg$ 及湿球温度 $t_{w1} = 39℃$。

由热量衡算式（9-32）及式（9-36a）知：

$$L(I_1 - I_0) = 1.01L(t_2 - t_0) + W(2490 + 1.88t_2) + G_c c_{m2}(\theta_1 - \theta_2)$$

即

$$L(174 - 48) = 1.01L(70 - 27) + 0.131 \times (2490 + 1.88 \times 70) + \frac{9000}{3600} \times 0.884(100 - 27)$$

解得 $\qquad\qquad\qquad\qquad L = 6.11kg/s$

由物料衡算可得

$$H_2 = H_1 + \frac{W}{L} = 0.0082 + \frac{0.131}{6.11} = 0.0296kg/kg$$

（2）求转筒直径 D。转筒直径可按干燥器出口的最大空气质量流量计算。出口空气最大质量流量为

$$V_g \rho_g = L(1 + H_2) = 6.11 \times (1 + 0.0296) = 6.29kg/s$$

根据经验取湿空气的质量速度 $L' = 1.4kg/(m^2 \cdot s)$，由此可求出转筒的截面积 A 和直径 D，即

$$A = \frac{V_g}{(1-\beta)u} = \frac{V_g \rho_g}{(1-\beta)u\rho_g} = \frac{L(1 + H_2)}{L'} = \frac{6.29}{1.4} = 4.49m^2$$

$$D = \sqrt{\frac{4 \times 4.49}{\pi}} = 2.39m^2，取 D = 2.4m。此时实际的 L' 应为 L' = \frac{6.29 \times 4}{\pi \times 2.4^2} = 1.39kg/(m^2 \cdot s)$$

（3）求转筒长度。为了简化计算，将转筒沿全长分为 3 段，即预热段、蒸发段和加热段，如图 9-16 所示。计算中假设物料中除去的水分都是在蒸发段内进行的，而在另两段中，物料获得的热量全部用于物料的升温。3 段的长度均可按式（9-48）计算，即

$$Q = \alpha_a V \Delta t_m = \alpha_a Z A \Delta t_m \quad 或 \quad Z = \frac{Q}{\alpha_a A \Delta t_m}$$

其中

$$A = \frac{\pi}{4} D^2 = 0.785 \times 2.4^2 = 4.52 \, \text{m}^2$$

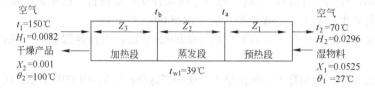

图 9-16 例 9-5 附图

转筒干燥器的对流传热系数按式（9-49）计算，即

$$\alpha_a = \frac{0.324 (L')^{0.16}}{D} = \frac{0.324 \times (1.39)^{0.16}}{2.4} = 0.142 \, \text{kW/(m}^3 \cdot \text{K)}$$

1）求预热段长度 Z_1。题设干燥操作为绝热饱和和冷却过程，故蒸发段内物料表面温度为空气初始状态的湿球温度（已查出 $t_{w1} = 39℃$），该温度即为预热段终端的物料表面温度。

预热段物料吸收的热量为

$$Q_1 = G_c c_{m1} (t_{w1} - \theta_1) = \frac{9000}{3600} \times 0.884 \times (39 - 27) = 26.52 \, \text{kW}$$

对预热段作热量衡算可求得预热段和蒸发段交界处的温度 t_a，即

$$Q_1 = L c_{H_2} (t_a - t_2)$$

其中预热段湿空气的平均比热容为

$$c_{H_2} = 1.01 + 1.88 H_2 = 1.01 + 1.88 \times 0.0296 = 1.07 \, \text{kJ/(kg} \cdot \text{K)}$$

故

$$t_a = \frac{Q}{L c_{H_2}} + t_2 = \frac{26.52}{6.11 \times 1.07} + 70 = 74.1℃$$

$$\Delta t_{m1} = \frac{(t_2 - \theta_1) + (t_a - t_{w1})}{2} = \frac{(70 - 27) + (74.1 - 39)}{2} = 39.1℃$$

$$Z_1 = \frac{26.52}{0.142 \times 4.52 \times 39.1} = 1.1 \, \text{m}$$

2）求蒸发段长度 Z_2。蒸发段传热速率为

$$Q_2 = W r_{t_{w1}}$$

由附录查得 39℃时水的汽化热为 2403 kJ/kg，故

$$Q_2 = 0.131 \times 2403 = 314.8 \, \text{kW}$$

对蒸发段作热量衡算可求得蒸发段末空气的温度 t_b，即

$$Q_2 \approx L c_{H_1} (t_b - t_a) \approx L (1.01 + 1.88 H_1)(t_b - t_a)$$

故

$$t_{\mathrm{b}} \approx \frac{Q_2}{L(1.01 + 1.88 H_1)} + t_a = \frac{314.8}{6.11 \times (1.01 + 1.88 \times 0.0082)} + 74.1 = 124.4\text{℃}$$

$$\Delta t_{\mathrm{m2}} \approx \frac{(t_{\mathrm{b}} - t_{\mathrm{w1}}) - (t_a - t_{\mathrm{w1}})}{\ln \dfrac{t_{\mathrm{b}} - t_{\mathrm{w1}}}{t_a - t_{\mathrm{w1}}}} = \frac{(124.4 - 39) \times (74.1 - 39)}{\ln \dfrac{124.4 - 39}{74.1 - 39}} = 56.6\text{℃}$$

$$Z_2 \approx \frac{314.8}{0.142 \times 4.52 \times 56.6} = 8.7\mathrm{m}$$

3）求加热段长度 Z_3。加热段传热速率为

$$Q_3 = G_c c_{\mathrm{m2}}(\theta_2 - t_{\mathrm{w1}}) = \frac{9000}{3600} \times 0.884 \times (100 - 39) = 134.8\mathrm{kW}$$

$$\Delta t_{\mathrm{m3}} = \frac{(t_{\mathrm{b}} - t_{\mathrm{w1}}) - (t_1 - \theta_2)}{\ln \dfrac{t_{\mathrm{b}} - t_{\mathrm{w1}}}{t_1 - \theta_2}} = \frac{(124.4 - 39) - (150 - 100)}{\ln \dfrac{124.4 - 39}{150 - 100}} = 66.1\text{℃}$$

$$Z_3 = \frac{134.8}{0.142 \times 4.52 \times 66.1} = 3.2\mathrm{m}$$

总长度 $\qquad Z = Z_1 + Z_2 + Z_3 = 1.1 + 8.7 + 3.2 = 13\mathrm{m}$

长径比 $\dfrac{Z}{D} = \dfrac{13}{2.4} = 5.4$ 在合适范围（4～12）内。

（4）确定转速。转筒直径较大，故取转速 $n = 2\mathrm{r/min}$，此时圆周速度 $U_{\mathrm{t}} = \dfrac{\pi D n}{60} = \dfrac{3.14 \times 2.4 \times 2}{60} = 0.251\mathrm{m/s}$，小于 $1\mathrm{m/s}$，且在推荐值范围（0.25～0.5m/s）内。

（5）选取倾角。取倾角 $\psi = 1.5°$，此时 $\tan\psi = 0.026$。

（6）核算停留时间和填充率。

1）核算停留时间。由式（9-50）可计算逆流时的停留时间，即

$$\tau = 60\left(\frac{0.23Z}{n^{0.9} D\tan\psi} + \frac{10ZL}{G_c d_{\mathrm{pm}}^{0.5}}\right) = 60 \times \left(\frac{0.23 \times 13}{2^{0.9} \times 2.4 \times 0.026} + \frac{10 \times 13 \times 6.11}{400^{0.5} \times 2.5}\right)$$

$$= 2492\mathrm{s} = 0.69\mathrm{h} > \tau_{\mathrm{d}} = 0.6\mathrm{h}，满足要求。$$

2）核算填充率。填充率可按式（9-53）计算，即

$$\beta = \frac{V_{\mathrm{m}}}{V}\tau$$

其中 $\qquad V = \dfrac{\pi}{4}D^2 Z = 0.785 \times 2.4^2 \times 13 = 58.8\mathrm{m}^3$

$$V_{\mathrm{m}} = \frac{G_c(1 + X_1)}{\rho_{\mathrm{b}}} = \frac{9000 \times (1 + 0.0525)}{3600 \times 850} = 0.0031\mathrm{m}^3/\mathrm{s}$$

故 $\qquad \beta = \dfrac{0.0031 \times 2492}{58.8} = 0.13$

β 值在合理范围（0.1～0.25）内。

故以上设计的转筒尺寸符合要求。

9.4.3.2　气流干燥器的设计

气流干燥器的设计包括有关参数的选定，干燥管直径的计算和干燥管高度的计算。

A　有关参数的选定

干燥管有关参数的选定一般应遵循下述原则：

（1）热风入口温度。热风入口温度决定于被干燥物料的允许温度。应采用尽可能高的温度，以提高热效率，使装置规模变小。热风入口温度一般为 150~500℃，最高可达 700~800℃。

（2）热风出口温度。热风出口温度选择的原则是避免在旋风分离器及袋式过滤器中出现返潮现象。通常，对一级旋风分离器的出口温度可取比露点高 20~30℃，多级旋风分离器的出口温度可取 60~80℃。

（3）产品温度。在气流干燥中，由于物料和热风为并流运动，因而物料温度不高。临界含水率通常为 1%~3%。如果产品的含水率高于这个数值，可以认为水分几乎以表面蒸发的形式被除掉。产品温度等于接触热风的绝热饱和温度。若在降速干燥阶段，产品温度比接触热风的绝热饱和温度高 10~15℃，也可以用下式进行估算：

$$\theta_2 = t_{w1} + (t_2 - t_{w1})\frac{X_0 - X_2}{X_0 - X^*} \qquad (9-55)$$

式中　　t_{w1}——热风进口初始状态的湿球温度，℃；

X_0，X^*，X_2——物料的临界、平衡及产品湿含量，均为干基。

式（9-55）是假定在降速阶段中物料的温度和湿含量为直线关系时导出的。

B　干燥管直径的计算

干燥管的直径可按下式计算，即：

$$D = \sqrt{\frac{Lv_H}{\frac{\pi}{4}u_g}} \qquad (9-56)$$

式中　　D——干燥管直径，m；

u_g——干燥管中湿空气的速度，m/s；

v_H——干燥管中湿空气的比容，m³/kg。

在气流干燥器中，湿空气的速度应比最大颗粒的沉降速度为大。但是究竟取大多少为宜，没有精确的计算方法。前已述及，气流干燥器中，颗粒运动分为加速段和等速段。在加速段中，气体与颗粒的相对速度大，故此段中的对流传热系数便大，因而强化了干燥过程，缩短了干燥时间，使干燥管的高度可以降低。在等速段中，对流传热系数与气体的绝对速度无关，此时只要求气体能将颗粒带走即可，采用过高的气速，反而要使干燥管增高。

目前，确定 u_g 有以下 3 种方法：

（1）选定的气速为最大颗粒沉降速度 u_t 的两倍，或比 u_t 大 3m/s 左右，即 $u_g = 2u_t$ 或 $u_g = u_t + 3$，u_t 的单位为 m/s。

（2）选用 $u_g = 10~25$m/s。此法多用于物料临界含水量不高或最终含水量 X_2 不很低的场合。

（3）加速段的气速选为 $u_g = 20~40$m/s，等速段的选为 $u_g = u_t + 3$。此法适用于处理难干燥的物料，即临界含水量较高且最终含水量很低的物料的干燥。

光滑球形粒子的自由沉降速度 u_t 可由 3.1 节中相应公式计算。

对于不规则粒子的沉降速度 u_t'，一般应按下式校正，即：

$$u_t' = (0.75 \sim 0.85) u_t \tag{9-57}$$

C 干燥管高度的计算

a 粒子在干燥管中的停留时间的计算

简化计算中，粒子在干燥管中的停留时间按气体和物料间的传热要求计算得到。由传热速率方程知：

$$Q = \alpha S \Delta t_m \tag{9-58}$$

式中 Q——空气传给物料的热量，kW；

S——干燥器中颗粒的总表面积，m^2；

α——对流传热系数，$kW/(m^2 \cdot K)$；

Δt_m——对数平均温度差，℃。

而

$$S = S_p \tau \tag{9-59}$$

式中 S_p——每秒钟颗粒提供的表面积，m^2/s；

τ——颗粒在干燥器中的停留时间，s。

将式（9-59）代入式（9-58），可得：

$$\tau = \frac{Q}{\alpha S_p \Delta t_m} \tag{9-60}$$

（1）S_p 的求法：

$$S_p = n' \pi d_{pm}^2$$

式中 n'——每秒钟通过干燥管的颗粒数。

对于球形粒子：

$$n' = \frac{G_c}{\frac{1}{6} \pi d_{pm}^3 \rho_p} \tag{9-61}$$

所以

$$S_p = \frac{G_c}{\frac{1}{6} \pi d_{pm}^3 \rho_p} \times \pi d_{pm}^2 = \frac{6 G_c}{d_{pm} \rho_p} \tag{9-62}$$

（2）Δt_m 的求法：

$$\Delta t_m = \frac{(t_1 - \theta_1) - (t_2 - \theta_2)}{\ln \dfrac{t_1 - \theta_1}{t_2 - \theta_2}} \tag{9-63}$$

当干燥过程仅有恒速干燥阶段时，即 $X_2 > X_0$，式（9-63）中的 $\theta_2 = t_{w2}$（出口气体状态的湿球温度）。

若 $X_2 > X_0$，且干燥操作作为等焓过程，上式中的 $\theta_2 = t_{w1}$（气体初始状态的湿球温度）。

（3）α 的求法：

对于空气-水系统，颗粒在等速运动段，α 可按下式估算，即：

$$Nu = 2 + 0.54 Re_t^{1/2} \tag{9-64}$$

或

$$\alpha = (2 + 0.54Re_t^{1/2}) \frac{\lambda_g}{d_{pm}} \tag{9-65}$$

式中　Re_t——物料颗粒的雷诺数，其表达式及各项单位和含义与 3.1 节的相同；

　　　λ_g——气体的热导率，W/(m·K)；

　　　d_{pm}——物料颗粒的直径，m。

（4）Q 的求法：

恒速阶段（包括预热段）的传热量 Q_c 为：

$$Q_c = G_c[(X_1 - X_0)r_{t_{w1}} + (c_s + c_w X_1)(t_{w1} - \theta_1)] \tag{9-66a}$$

降速阶段的传热量 Q_j 为：

$$Q_j = G_c[(X_0 - X_2)r_{av} + (c_s + c_w X_2)(\theta_2 - t_{w1})] \tag{6-66b}$$

式中　t_{w1}——空气初始状态的湿球温度，℃；

　　　$r_{t_{w1}}$——在 t_{w1} 下水的汽化潜热，kJ/kg；

　　　r_{av}——在 $(t_{w1} + \theta_2)/2$ 下水的汽化潜热，kJ/kg。

故　　　　　$Q = Q_c + Q_j \approx Wr_{t_{w1}} + G_c c_{m1}(t_{w1} - \theta_1) + G_c c_{m2}(\theta_2 - t_{w1}) \tag{9-66c}$

b　干燥管高度的计算

$$Z = \tau(u_g - u_t) = \tau u_m \tag{9-67}$$

或

$$Z = \frac{Q(u_g - u_t)}{\alpha S_p \Delta t_m} = \frac{Q d_{pm} \rho_p(u_g - u_t)}{6\alpha G_c \Delta t_m} \tag{9-68}$$

例 9-6　试设计一气流干燥器以干燥某种颗粒状物料。基本数据如下：

（1）干燥器的生产能力：干燥器每小时干燥湿物料 183kg。

（2）空气状况：进预热器 $t_0 = 15℃$，$H_0 = 0.0075$kg/kg，离开预热器 $t_1 = 90℃$，离开干燥器 $t_2 = 65℃$。

（3）物料状况：物料初湿含量 $X_1 = 0.22$kg/kg，物料终湿含量 $X_2 = 0.002$kg/kg；物料进出干燥器时温度 $\theta_1 = 15℃$，$\theta_2 = 50℃$；物料密度 $\rho_p = 1544$kg/m³；绝干物料比热容 $c_s = 1.26$kJ/(kg·K)；临界湿含量 $X_0 = 0.0044$kg/kg；平衡湿含量 $X^* = 0$；颗粒平均直径 $d_{pm} = 0.23 \times 10^{-3}$m。

（4）干燥器的热损失可取为有效热量（即用于蒸发水分的热量）的 10%。

解：（1）水分蒸发量 W

$$G_c = \frac{G_1}{1 + X_1} = \frac{183}{1 + 0.22} = 150\text{kg/h} = 0.0417\text{kg/s}$$

所以

$$W = G_c(X_1 - X_2) = 0.0417 \times (0.2 - 0.002) = 0.00909\text{kg/s}$$

（2）空气消耗量 L。空气消耗量可由热衡算式（9-32）及（9-36b）求得，即：

$$Q_p = L(I_1 - I_0) = 1.01L(t_2 - t_0) + W(2490 + 1.88t_2) + G_c c_{m2}(\theta_2 - \theta_1) + Q_L$$

由 $t_1 = 90℃$、$H_1 = 0.0075$ 查图得 $I_1 = 110$kJ/kg 及 $t_{w1} = 32℃$

由 $t_0 = 15℃$、$H_0 = 0.0075$ 查 H-I 图得 $I_0 = 34$kJ/kg

按式（9-55）计算 θ_2，即

$$\theta_2 = 32 + (65 - 32) \times \frac{0.0044 - 0.002}{0.0044 - 0}$$

$$= 50℃$$

而 $\qquad c_{m2} = c_s + c_m X_2 = 1.26 + 4.187 \times 0.002 = 1.27 \text{kJ/(kg} \cdot \text{K)}$

所以 $\qquad L(110 - 34) = 1.01L(65 - 15) + 0.00826 \times (2490 + 1.88 \times 65) \times$

$$1.1 + 0.0417 \times 1.27 \times (50 - 15)$$

解得 $\qquad L = 1.0 \text{kg/s}$

空气离开干燥器的湿度可由物料衡算求得，即：

$$L = \frac{W}{H_2 - H_0}$$

解得

$$H_2 = \frac{W}{L} + H_0 = \frac{0.00826}{1.0} + 0.0075 = 0.0158 \text{kg/kg}$$

（3）干燥器直径 D。采用等直径干燥管，根据经验取干燥管入口的空气速度 u_g 为 10m/s。干燥管直径可用下式计算，即

$$D = \sqrt{\frac{L\nu_H}{\frac{\pi}{4} u_g}}$$

其中，ν_H 可由式（9-5）计算得出，即

$$\nu_H = (0.772 + 1.244 \times 0.0075) \times \left(\frac{273 + 90}{273}\right) = 1.04 \text{m}^3/\text{kg}$$

所以 $\qquad D = \sqrt{\frac{1.0 \times 1.04}{\frac{\pi}{4} \times 10}} = 0.36 \text{m}$

（4）干燥管高度 Z。干燥管高度由下式计算，即：

$$Z = \tau(u_g - u_t)$$

设 $Re_t = 1 \sim 1000$ 范围内，则沉降速度 u_t 可用 3.1.1 节中式（3-7）计算。式（3-7）变形后可得：

$$u_t = \left[\frac{4(\rho_p - \rho_g)g d_{pm}^{1.6}}{55.5\rho_g \nu_g^{0.6}}\right]^{\frac{1}{1.4}}$$

空气的物性按绝干空气在平均温度 $t_m = (90 + 65)/2 = 77.5℃$ 下查取，由附录查得：

$$\lambda_g = 3.024 \times 10^{-5} \text{kW/(m} \cdot \text{K)}$$

$$\nu_g = 2.082 \times 10^{-5} \text{m}^2/\text{s}$$

所以 $\qquad u_t = \left[\frac{4 \times 1544 \times (0.23 \times 10^{-3})^{1.6} \times 9.81}{55.5 \times 1.0 \times (2.082 \times 10^{-5})^{0.6}}\right]^{\frac{1}{1.4}} = 1.04 \text{m/s}$

$$\rho_g = 1.0 \text{kg/m}^3$$

校核 $\qquad Re_t = \frac{d_{pm} u_t}{\nu_g} = \frac{0.23 \times 10^{-3} \times 1.04}{2.082 \times 10^{-5}} = 11.5$

即所设 Re_t 的范围正确，$u_t = 1.04 \text{m/s}$ 即为所求。

空气速度 u_g 应校核为平均温度下的速度，即：

$$u_g = 10 \times \frac{273 + 77.5}{273 + 90} = 9.65 \text{m/s}$$

$$\tau = \frac{Q}{\alpha S_p \Delta t_m}$$

其中

$$S_p = \frac{6G_c}{d_{pm}\rho_p} = \frac{6 \times 0.0417}{(0.23 \times 10^{-3}) \times 1544} = 0.71 \text{m}^2/\text{s}$$

$$\Delta t_m = \frac{(t_1 - \theta_1) - (t_2 - \theta_2)}{\ln \frac{t_1 - \theta_1}{t_2 - \theta_2}} = \frac{(90 - 15) - (65 - 50)}{\ln \frac{90 - 15}{65 - 50}} = 37.28 \text{℃}$$

$$\alpha = (2 + 0.54 Re_t^{0.5}) \frac{\lambda_g}{d_{pm}} = (2 + 0.54 \times 11.5^{0.5}) \times \frac{3.024 \times 10^{-5}}{0.23 \times 10^{-3}} = 0.50 \text{kW/(m·K)}$$

$$Q = Q_c + Q_t \approx W r_{t_{w1}} + G_c c_{m1}(t_{w1} - \theta_1) + G_c c_{m2}(\theta_2 - t_{w1})$$

由水蒸气表查得在 $t_{w1} = 32$℃下水的汽化潜热为 2419kJ/kg。

$$c_{m1} = c_s + c_w X_1 = 1.26 + 4.187 \times 0.22 = 2.18 \text{kJ/(kg·K)}$$

所以

$$Q = 0.00909 \times 2419 + 0.0417 \times 2.18 \times (32 - 15) + 0.0417 \times 1.27 \times (50 - 32) = 24.5 \text{kW}$$

故

$$\tau = \frac{22.4}{0.5 \times 0.71 \times 37.28} = 1.7 \text{s}$$

干燥管高度

$$Z = 1.7 \times (9.65 - 1.04) = 14.6 \text{m}$$

习 题

9-1 已知在 50℃，总压为 202.3kPa 下，空气的相对湿度为 55%。试求：（1）空气的湿度；（2）空气的密度；（3）空气的焓值；（4）空气的露点。

9-2 已知湿空气的总压为 101.3kPa，相对湿度为 30%，干球湿度为 65℃，试利用湿度图确定该空气的湿度、露点，湿球温度和水蒸气分压。

9-3 某天下午的天气条件为气压 0.0976MPa，温度 32℃，相对湿度 30%，当晚上天气条件为气压 0.0993MPa，温度 30℃时，下午的空气中有多少水凝结成露水。

9-4 丙酮（C_3H_6O）在 25℃时蒸气压为 30.55kPa，密度为 730kg/m³，今将 25℃，绝压为 95.33kPa 的干空气鼓泡通过 25℃丙酮而被饱和，有 0.0568m³ 的丙酮挥发了，问要多少干空气？

9-5 氮与苯蒸气的混合气体，在 297K 时相对湿度为 60%，总压强为 102.4kPa，如果将混合气体冷却至 283K，需对混合气体加多大压强才能回收 70% 的苯。苯的蒸气压可用下式计算 $\lg p = 6.0305 - 1211.033/(t + 220.79)$。

9-6 常压下，干球温度 70℃，湿球温度 33℃的热空气通入干燥器，出口废气的干球温度为 40℃，相对温度为 60%，现工艺要求将 30% 的废气循环使用，试求混合气的湿度和热焓。

9-7 有一空气预热器，将 25℃空气加热至 100℃，操作压强为 101.3kPa，空气中水分的分压为 7.5kPa，空气的流量为 120m³/h，求所需的热量和空气出口的相对湿度。

9-8 今有湿空气 2500kg/h，其中水蒸气含量为 60%（质量分数）。在操作压强（绝压）$p = 0.3$MPa 下，将该湿空气温度下降至 80℃，问水蒸气能有多少冷凝下来？

9-9 在操作压强（绝压）为 0.2MPa 与 50℃时，令氢气与大量的水相接触，求：

（1）混合气的湿度；

（2）若在混合气中插入一支湿球温度计，则温度计上的读数应等于、低于还是高于50℃。

（3）若混合气压强（绝压）增至0.3MPa，气体温度仍为50℃，此时，湿球温度计的读数如何改变？

9-10　常压下用空气干燥含水为50%的皮革（湿基），干燥器进口的空气的露点为4.4℃，出口的空气的露点为12.8℃，如果每小时有907.2kg的湿空气通入干燥器，那么每小时能除去多少水？

9-11　采用干燥器对某种盐类结晶进行干燥，一昼夜将10t湿物料由最初湿含量为10%干燥到最终湿含量1%（以上均为湿基），热空气的温度为100℃，相对湿度为5%，以逆流方式通入干燥器，空气离开干燥器时的温度为65℃，相对湿度为25%，试求每小时原空气用量和产品量。

9-12　用一干燥器来干燥硫铵，已知每小时处理的湿料量为12500kg，其湿含量由0.058kg/kg（干基），减至0.003kg/kg（干基），若进干燥器时空气的温度为127℃，湿度为0.007kg/kg，离开干燥器时温度为82℃。湿度为0.0176kg/kg，试求水分蒸发量，空气消耗量和单位空气消耗量。

9-13　设有一湿物料通过某干燥器，其量为300kg/h，物料的初始含水量为42%，最终含水量为11%（均为湿基），用空气干燥物料，其最初湿含量为0.0077kg/kg，温度为15℃，热含量为35.17kJ/kg绝干料，空气加热到某一温度后进入干燥器以干燥湿物料，空气沿绝热饱和线冷却，离开干燥器时，其湿含量为0.038kg/kg（干基），焓为144.9kJ/kg绝干气，试求：（1）每小时除去的水量；（2）定性地作 *H-I* 图表示空气经历的过程；（3）每小时所需的绝干空气量；（4）干燥湿物料所需热量。

9-14　有一气流干燥器，每小时干燥湿物料130kg，物料初湿含量为0.2kg/kg（干基），物料终湿含量为0.002kg/kg（干基），物料进出干燥器时温度分别为15℃和50℃，干球温度为15℃，湿度0.0075kg/kg的空气预热到90℃后通入干燥器，离开干燥器时65℃，若绝干物料比热容为1.26kJ/（kg·K），干燥器的热损失为有效传热量的10%，试求水分蒸发量，空气消耗量与空气离开干燥器时的湿度。

9-15　常压下用30℃、相对湿度为35%的空气干燥一含水量为0.4kg/kg绝干料的湿物料，已知在该条件下湿物料的临界含水量为0.02kg/kg（干基），平衡水分为0.005kg/kg（干基），问物料的自由含水量，结合水及非结合水的含量各为多少？

9-16　在常压干燥器中，将某物料从含水量5%干燥到0.5%（均为湿基）。干燥器干物料的生产能力为7200kg/h。已知物料进口温度为25℃，出口温度为65℃，热空气进干燥器的温度为120℃，湿度为0.007kg/kg，出干燥器的温度为80℃，空气最初温度为20℃。干物料的比热容为1.8kJ/（kg·K）。若不计热损失，试求：（1）干空气的消耗量；（2）空气离开干燥器时的湿度；（3）预热器的加热量；（4）预热器加热量用于空气加热、水分蒸发及物料加热的分配。

9-17　有一干燥器，将湿物料由含水量40%干燥至5%（均为湿基），干燥器干物料的生产能力为430kg/h。空气的干球温度为20℃，相对湿度为40%，经预热器加热至100℃进入干燥器饱和至 $\varphi = 60\%$ 排出。若干燥器中空气经等焓干燥过程，试求在不计热损失的条件下所需空气量及预热器供应之热量。

9-18　某板状物料的干燥速度与所含水分成比例，可用下式表示 $-\dfrac{\mathrm{d}X}{\mathrm{d}\tau} = KX$，设在某一干燥条件下，此物料在30min后，自初重60kg减到50kg，如欲将此物料在同一条件下，自原含水量干燥到原来含水量的50%的水分，需多长时间？已知此物料的绝对干物料质量为45kg。

9-19　采用热空气将某物料由最初湿含量1.0kg/kg（干基）干燥到最终湿含量0.1kg/kg（干基）。热空气的进口温度为135℃，湿度为0.01kg/kg，空气的出口温度60℃，干燥器按并流操作，干燥器为绝热干燥器。根据实验，被干燥物料在恒速干燥阶段的干燥速率可用下式表示：

$$-\frac{\mathrm{d}X}{\mathrm{d}\tau} = 0.5\Delta H \mathrm{kg}/(\mathrm{kg} \cdot \mathrm{min})（干基）$$

在降速阶段的干燥速率可用下式表示：

$$-\frac{\mathrm{d}X}{\mathrm{d}\tau} = 0.2X \ \mathrm{kg/(kg \cdot min)}（干基）$$

试计算完成上述干燥任务所需的干燥时间。

9-20　采用一台并流操作的转筒干燥器干燥某种颗粒状物料。已知条件如下：

（1）空气状况。新鲜空气 $t_0 = 27℃$，$H_0 = 0.008\mathrm{kg/kg}$，进干燥器的 $t_1 = 90℃$，出干燥器的 $t_2 = 45℃$。

（2）物料状况。进、出干燥器的湿含量 $w_1 = 6\%$，$w_2 = 0.3\%$（均为湿基）；进、出干燥器的温度 $\theta_1 = 25℃$，$\theta_2 = 40℃$；物料密度 $\rho_b = 1020\mathrm{kg/m^3}$；绝干料比热容 $c_s = 1.34\mathrm{kJ/(kg \cdot K)}$；

若物料所需干燥时间为 0.8h，干燥器热损失可取为空气传给物料量的 2%，试求转筒直径、长度、转速和倾斜率。

参 考 文 献

［1］谭天恩，等．化工原理：下册．第2版．北京：化学工业出版社，1998.

［2］陈敏恒，等．化工原理：下册．第2版．北京：化学工业出版社．1999.

［3］化学工程师手册编辑委员会．化学工程师手册．北京：机械工业出版社，2001.

［4］［美］基伊 R B．干燥原理及应用．王士璠，等译．上海：上海科技技术文献出版社．1986.

［5］曹恒武，田振山．干燥技术及其工业应用．北京：中国石化出版社，2003.

［6］潘永康，王喜忠．现代干燥技术．北京：化学工业出版社，1998.

［7］金国淼．化工设备设计全书-干燥设备．北京：化学工业出版社，2003.

［8］于才渊，王宝和，王喜忠．干燥装置设计手册．北京：化学工业出版社，2005.

［9］刘广文．干燥设备选型及采购指南．北京：中国石化出版社，2004.

［10］陈东，谢继红．热泵干燥装置．北京：化学工业出版社，2007.

［11］Mujumdar A S. Handbook of Industrial Drying. New York：Marcel Dekker Inc. 1987.

［12］Strumillo C，Kudra T. Drying：Principles，Applications and Desigh. New York：Gordon and Breach Science，1986.

10 工业燃料及燃烧

10.1 概　　述

凡是在燃烧时能够放出大量的热，并且此热量能够有效地被利用在工业和其他方面的物质统称为燃料。

工业上对燃料的要求为：

（1）在当前技术条件下，单位质量燃料燃烧时所放出的热量，在工业上能有效地加以利用；

（2）燃烧生成物呈气体状态，燃烧后的热量绝大部分含于其生成物中，而且还可以在放热地点利用生成物中所含的热量；

（3）燃烧产物的性质对冶炼过程及设备不起破坏作用，没有毒和没有侵蚀作用；

（4）燃烧过程易于控制；

（5）有足够的蕴藏量，便于开采。

并非所有在燃烧时能够放热的物质都可作为燃料，而只有以有机物为主要组成的物质才能同时满足上述各种要求。这是因为：（1）这类物质中的可燃成分主要是 O 和 H，它们在燃烧时都有很高的热效应，且燃烧后的产物是气态（CO_2、H_2O 等）；（2）燃烧产物在浓度不大的情况下，一般无害；（3）以有机物为主要组成的物质蕴藏量极为丰富。

在自然界中可用于工业的燃料种类很多，但按其来源和物态的一般分类如表 10-1 所示。

表 10-1　燃料的一般分类

燃料物态	来　源	
	天然燃料	人造燃料
固体燃料	木材、煤、硫化矿、可燃页岩等	木炭、焦炭、粉煤、团煤等
液体燃料	石　油	汽油、煤油、柴油、重油、焦油、酒精等
气体燃料	天然气	高炉煤气、焦炉煤气、发生炉煤气、转炉煤气、裂解气等

由表 10-1 可知，按燃料的形态，可将燃料分为固体燃料、液体燃料和气体燃料三类。其中每一类又可分成天然的和人造两种。以下分别对固体燃料、液体燃料和气体燃料加以介绍。

10.1.1　固体燃料

天然的固体燃料有各种煤、可燃页岩、木材等。人造固体燃料主要是煤与木材加工后制得的焦炭、半焦和木炭。其中只有煤和焦炭（包括半焦）被广泛用作工业燃料，不过，近年来由于环保意识的增强，正在大力推广生物质固体燃料。

煤是埋藏于地层内已炭化的可燃物。在我国，煤比较便宜且储藏量很大，是使用最广的一种固体燃料。根据储藏年代及煤化程度的差异，煤可分为泥煤、褐煤、烟煤、无烟煤四类。

泥煤多是由沼泽地带的植物沉积物在空气量不足和存在大量水分的条件下生存的。泥煤的炭化程度最低且含水量高达80%～90%左右，因而其需要干燥以后方可用于燃烧。

褐煤是泥煤经过进一步炭化形成的，但煤化程度仍较低，其颜色一般为褐色或暗褐色，无光泽，含木质构造。褐煤的水分与挥发分含量较泥煤低，含碳量较高。其挥发物析出温度较低，因此易于着火燃烧，在空气中自燃着火温度为250～450℃。由于其灰分熔点较低，燃烧时易结渣，故需采用低温燃烧等技术措施。因褐煤易裂散和氧化，故它不适宜远距离利用。褐煤可用作工业或生活燃料。

烟煤的煤化程度较高，其中已完全看不见木质构造。其外观为黑色或灰黑色，有沥青似的光泽。烟煤质硬，焦结性好，燃烧时出现红黄色火焰和棕黄色浓烟，带有沥青气味。它主要用作炼制冶金焦炭，也可以用作燃料和低温干馏与汽化用原料。

无烟煤的煤化程度最高，也称"白煤"，色黑质坚，有半金属似的光泽。它是由烟煤在炭化过程中进一步逸出挥发分与水分，相应增加碳分而形成的。无烟煤无结焦性，灰分量少，且熔点低，着火困难，不易燃烧，燃烧时几乎不产生煤烟和火焰。它通常用作动力和生活用燃料，也用于制取化工用气。

焦炭（包括焦炭和半焦）是人造固体燃料，为烟煤经干馏后的制成物。干馏是将天然固体燃料在隔绝空气的情况下加热至一定温度的一种热化学加工方法，有高温干馏与低温干馏之分。烟煤经高温干馏（900～1100℃）得到的固态产物即为焦炭（同时还得到焦炉煤气和高温煤焦油），经低温干馏（500～550℃）则得到半焦（同时还得到半焦煤气与低温煤焦油）。焦炭为多孔块状，呈银灰色或无光泽灰黑色，主要用作冶金工业的还原剂和燃料，也用于汽化过程的化工原料。半焦强度差，易碎，杂质多，主要用作燃料和汽化原料。

粉煤是用烟煤或烟煤与其他煤配合制得的一种人造粒状固体燃料。其粒度一般为0.05～0.07mm。它通常用作回转窑、反射炉的燃料，而且可用于高炉、闪速炉的喷吹燃料。

生物型煤是在煤粉中添加有机物、脱硫剂等，将其混合后经高压而制成具有易燃、脱硫效果显著、高热效率、未燃损失小等特点的型煤。煤可选择无烟煤、褐煤等。有机物质可用麦秸、稻草、玉米秸、锯末等。

生物质固体燃料是秸秆、谷壳等生物材料制成的燃料。目前主要用作某些热风炉和生活燃料。生物质固体燃料在燃烧过程中，可能发生烧结现象，影响热风炉的正常运行。烧结与温度、风速和气氛有关，但温度是影响烧结的最主要因素。稻草、玉米秸秆、高粱秆、玉米芯的烧结温度分别为680℃、740℃、680℃、790～815℃。

10.1.2　液体燃料

天然的液体燃料是石油。人造的液体燃料包括由石油加工而得的汽油、煤油、柴油和重油，以及由煤的焦化和汽化而产生的焦油等。汽油、煤油、柴油是石油常压蒸馏时分别于40～180℃、50～300℃、200～350℃馏出的产物。其中汽油和柴油多用于动力燃料，煤油一般用作干燥燃料。重油可分成直馏重油（又称渣油）、减压重油（又称减压渣油）和裂化重油（又称裂化渣油）。直馏重油是石油常压蒸馏提取汽油、煤油和柴油后剩余物。减压重油是直馏重油经减压蒸馏，分馏出各种润滑油和裂化原料后的剩余物。裂化重油是直馏重油或裂化原料经裂化处理制取裂化汽油、裂化煤油后的残余物。其中，直馏重油可直接作为炉用燃料油使用。而减压重油因含沥青较多，黏度太大，使用时需配上一部分柴油稀释。裂化重油更难直接作为燃料使用，因为它含有许多的不饱和烃和游离碳素，因此不容易燃烧，作燃料使用时需加入一部分轻质油进行调质。由于液体燃料具有可燃物多、灰分和水分少、发热量高、燃烧火焰辐射能力强、燃烧温度高、燃烧操作方便和控制调节较容易的特点，因此重油常用作冶金炉的燃料。

10.1.3　气体燃料

天然气体燃料包括天然气、液化石油气等。人造气体燃料主要有发生炉煤气、干馏煤气、高炉煤气、转炉煤气、裂解煤气和生物质气。

天然气是自然界作为气体燃料存在的唯一一种化石燃料。其主要成分是甲烷，是一种优良的气体燃料。城镇生活用天然气需经严格脱硫后才能使用。天然气可用作高炉、热风炉、平炉燃料。

液态的丙烷、丁烷称为液化石油气。液化石油气按标准分为工业丙烷、工业丁烷和丙烷-丁烷混合气体三种。液化石油气发热量很高，是优良的燃料与化工制气用原料。

将固体燃料置于煤气发生炉内汽化，使其可燃成分转移到气态产物中，制得的可燃气态产物统称为发生炉煤气。按生产工艺划分，发生炉煤气又可分为空气煤气、水煤气、混合煤气、氧-蒸汽煤气、高压汽化煤气等数种。利用向煤气发生炉炭层内鼓入不足量的空气，使之产生不完全燃烧反应生成一氧化碳制得的煤气称为空气煤气。空气煤气含氮量高达70%，故其发热量很低。向煤气发生炉内赤热的炭层通入水蒸气生成一氧化碳和氢气制得的煤气称为水煤气。水煤气发热量较高，但产生率太低。现在已很少将空气煤气和水煤气用作燃料。混合煤气已广泛用作工业燃料的发生炉煤气。它是以空气和水蒸气混合鼓风制得的煤气。通常不加说明地提到发生炉煤气，就是指这种混合煤气。氧-蒸汽煤气就是在制取混合煤气的过程中将空气换成氧气制得的煤气。氧-蒸汽煤气的理论成分接近水煤气，故发热量较高。但这种制气需要大量氧气，投资较高，目前应用不多。为了降低生产成本，实际中可用富氧空气代替氧气，制取"富氧-蒸汽煤气"。如使煤气发生炉内的汽化在高压下进行，则可制得"高压汽化煤气"。高压有利于甲烷生成并强化汽化进程，产物成分和发热量接近焦炉煤气。高压汽化是一项很有发展前途的汽化新技术。发生炉煤气可用作炉子、发动机燃料。

干馏煤气是烟煤经干馏得到的煤气，主要包括焦炉煤气、半焦煤气等。烟煤高温干馏时的气态产物即为焦炉煤气。焦炉煤气具有发热量高、易点火、燃烧性能好等优点，是一种较好的气体燃料。它可用作高炉喷吹、热风炉燃料和生活用燃料。烟煤低温干馏（半焦化）时的气态产物叫半焦煤气。半焦煤气的发热量较焦炉煤气的更高，但产气率低，不是实用的气体燃料。

高炉煤气是炼铁过程的副产品。其成分与空气发生炉煤气的相近，因而发热量较低。它主要用作热风炉、平炉燃料。高炉煤气常与焦炉煤气掺和使用以增加煤气的发热量和提高燃烧温度。这种掺和使用的煤气习惯上也称"混合煤气"，不过这是高-焦混合煤气，应与发生炉混合煤气加以区别。由于标准状态下煤气的发热量在达到8360kJ/m³以后燃烧温度就不会随着发热量的增加而明显提高，故在标准状态下，高-焦混合煤气一般是配制到发热量为8360kJ/m³左右时供人们使用。但有时也可将高-焦混合煤气配成数种发热量的混合煤气供不同的炉子使用，如标准状态下发热量为5020~6690kJ/m³的混合煤气供热处理炉用，7530~8360kJ/m³的作高温加热炉用，8360~9200kJ/m³的则供炼钢用。

转炉煤气是转炉炼钢的副产品。其发热量介于发生炉煤气和焦炉煤气之间，但产气率低，一般多用作均热炉、混铁炉燃料。

裂解气是将油料或某些烷烃气体在700℃以上高温条件下进行裂解所得到的人造气体燃料，主要有炼厂、热裂解气与裂解煤气等几类。炼厂气是炼油厂在进行各种处理时得到的各种副产气的总称。炼厂气发热量很高，因含丙烷以上的烷烃和乙烯以上的烯烃较多，故现在一般是将炼厂气先分离出烯烃与丙烷以上成分后把尾气输出作燃料。热裂解气是在 800℃ 以上，不用催化剂的裂解条件下得到的裂解气。它可作为其他煤气的增热成分或提取烯烃后将尾气输出作燃料。在制取裂解气的过程中，若应用以裂解为基础的水蒸气转化法、部分氧化法、加氢汽化法等方法制得的裂解气称为裂解煤气。裂解煤气经一氧化碳转换和脱二氧化碳后可作为城市煤气使用。城市煤气并非指单独某个气种，它是供城镇居民生活及生产用的所有气体燃料的习惯名称。

生物质气包括沼气和生物质汽化燃气两类。沼气是利用人畜粪便、植物秸秆、野草、城市垃圾和某些工业有机废料等，经过生物厌氧菌发酵而制得的一种可燃气体。生物质汽化燃气是利用农作物秸秆及木本生物质，如谷壳、花生壳、芦苇、树枝、木屑等作原料，经适当粉碎后，由螺旋式给料器加入到汽化器，通过不完全燃烧产生的粗煤气（发生炉煤气），在经过净化除尘和除焦油等操作得到的燃气。沼气的发热量高于焦炉煤气，约为生物质汽化燃气的 4 倍。目前生物质气主要用作生活用燃料。

由以上所述可知，一般，天然燃料不能满足工业对燃料品种和技术上的要求。另外，天然燃料若直接用来燃烧也极不经济。冶金工业是燃料的巨大消费者，为了合理地、综合地利用燃料，对煤和石油都应经过化学加工后再加以使用。随着我国石油工业的大发展，重油和天然气将在冶金工业中作为主要燃料加以广泛使用。

10.2 燃料的化学组成和发热量

燃料燃烧的主要目的是为了获得热能。而燃料的化学组成和发热量对燃料的燃烧过程和结果有着重要的影响，是评定燃料质量的两个主要指标。因此，为了合理地选择和使用燃料，我们必须了解各种燃料的化学组成和发热量。

10.2.1 燃料的化学组成

10.2.1.1 气体燃料的化学组成

A 气体燃料的化学成分

气体燃料简称煤气，它是由各种简单气体组成的混合物，其中一部分是可以燃烧的气体，有 CO、H_2、CH_4 和其他碳氢化合物，属煤气中可燃成分，而 CH_4 等碳氢化合物燃烧时放热能力最大，H_2 次之，CO 最低。另一部分是不燃烧的气体，有 N_2、CO_2、SO_2、O_2、H_2O 等，属于煤气中的不可燃成分。有的煤气中尚含有 H_2S，它虽然可以燃烧放热，但其燃烧物 SO_2 有毒，对人和设备都有极大的危害作用，是煤气中的有害成分。此外，煤气中尚含有微量的灰尘，它和煤气中的 N_2、CO_2、O_2 和 H_2O 的存在相对地降低了可燃物的含量，故亦可视为有害成分。

在煤气中有益成分的含量愈多，有害成分的含量愈少，则煤气的质量愈好。

B 气体燃料的化学组成表示方法

在分析和计算燃料中某一成分的含量时，所包含的项目不同，计算基准及组成的表示方法也不同。气体燃料的组成是用上述各种简单气体在气体燃料中所占的体积分数来表示，并有湿成分（亦称应用成分或实用成分或供用成分）和干成分两种表示方法。湿成分是指包括水分在内的成分，即湿煤气的组成为：

$$(CO^s + H_2^s + CH_4^s + C_nH_m^s + H_2S^s + CO_2^s + SO_2^s + O_2^s + N_2^s + H_2O^s)\% = 100\% \qquad (10-1)$$

式中，CO^s、H_2^s、$\cdots$、H_2O^s 分别代表 CO、H_2、$\cdots$、H_2O 成分在 $100m^3$（标准状态下的体积，以

下简称标态）湿煤气中所占体积。

干成分是指不包括水分在内的成分，即干煤气的组成为：

$$(CO^g + H_2^g + CH_4^g + C_nH_m^g + H_2S^g + CO_2^g + SO_2^g + O_2^g + N_2^g)\% = 100\% \qquad (10\text{-}2)$$

式中，CO^g、H_2^g、…、N_2^g分别表示 CO、H_2、…、N_2 成分在标准状态下 $100m^3$ 干煤气中所占之体积。

10.2.1.2　液体、固体燃料的化学组成

A　液体、固体燃料的化学成分

液体燃料和固体燃料都是来源于埋藏在地下的有机物质，它们是由古代的植物和动物在地下经长期物理和化学的变化而生成。因而它们的基本组成物是呈各种化合物形式存在的有机物质，这些有机物的组成元素有 C、H、O、N、S（分成有机硫和无机硫，其和称为全硫），除此之外还含有一些由 SiO_2、Al_2O_3、Fe_2O_3、CaO、MgO、Na_2O 等矿物杂质组成的灰分（以"A"表示）和水分（以"W"表示）。亦即液体燃料和固体燃料中一般都含有 C、H、O、N、S、A、W 等 7 种元素。

其中 C、H、有机 S 和 FeS 中的无机 S 能燃烧放热，属液体燃料和固体燃料中的可燃成分，其他（包括 O）属不可燃成分。而 C 和 H 是液体燃料和固体燃料的主要热能来源，因为在重油中 C 含量为 86% 以上，在煤中 C 含量为 50% ~ 90%。碳燃烧时能放出大量的热，大约为 $339.15 \times 10^2 kJ/kg$，所以它对发热量有很大的影响，含碳量愈高，发热量也愈高。但是无烟煤的含碳量虽高，但发热量并不比某些烟煤高，这是因为含碳量虽高，但含氢量很小，而氢的发热量要比碳高得多。H 燃烧时能放出大量的热量，约为 $1431.95 \times 10^2 kJ/kg$，比 C 大 3.5 倍。在液体燃料中 H 含量为 10% 左右，在固体燃料中其含量亦较少，一般在 6% 以下。所以它对固体燃料的发热量影响较小。显然，C 和 H 是液体燃料和固体燃料的有益成分。有机 S 是指与 C、H、O、N 结合在一起的 S，它和 FeS 中的无机 S（合称可燃硫）虽能燃烧放热，但发热量很低，约为 9211 ~ 10886kJ/kg，而且燃烧后生成的燃烧产物 SO_2 为有毒气体，故为有害成分，其含量愈少愈好。无机 S（亦称矿物硫）是指与矿物杂质混合在一起的 S，它与 O、N 等的存在相对地降低了可燃组成物的含量，故亦属有害成分。所以在一些炉子上对燃料的含 S 量要求是很严格的，一般要求不超过 0.5%，大于 1% 者就不能用。O 在各种燃料中的含量不等，但它是燃料中的有害物质，因为它与其他可燃元素形成一系列化合物（如 H_2O、CO_2 等），从而降低了这些可燃组成物的燃烧热。N 在燃料中很少，约 1% ~ 2%，它是惰性物质，不参加反应，相当于杂质。灰分"A"的存在不仅相对降低了可燃组成物的含量，而且它影响燃烧反应的进行，尤其是低熔点的灰分较多时影响更甚。因为灰分熔点低，在燃烧过程中易熔化结块，妨碍通风，造成燃料的浪费和增加除灰操作的困难。故一般要求灰分熔点在 1300 ~ 1500℃ 之间，它也是有害的成分。我国煤的灰分含量一般在 10% ~ 30% 左右。水分"W"的存在不仅相对地降低了可燃组成物的含量，而且它蒸发时要耗去可燃组成物燃烧时所放出的一些热量，所以水分愈高，燃料价值愈低，故亦属有害成分。

综合上述，C 和 H 是液体和固体燃料中的有益成分，O、N、S、A、W 是液体燃料和固体燃料中的有害成分，从上述分析可以看出有益成分的含量愈多，有害成分的含量愈少，则此燃料的质量愈好。在相同含量时，燃料中灰分的熔点愈高，则该燃料的质量愈好。

B　液体、固体燃料的化学组成表示方法

液体、固体燃料的化学组成是以各成分的质量分数来表示的。但是根据生产实践需要，可因组成成分的内容不同，其表示组成的成分可以有以下 5 种：实用成分（亦称应用成分或供用

成分)、干燥成分、可燃成分、有机成分和工业成分。

实用成分是把燃料中全部用元素分析所得的成分都包括在内的成分。用实用成分质量分数来表示燃料化学组成的表达式为：

$$(C^y + H^y + O^y + N^y + S^y + A^y + W^y)\% = 100\% \tag{10-3}$$

式中，C^y、H^y、O^y、N^y、S^y、A^y、W^y分别为100kg燃料中碳、氢、氧、氮、硫、灰分和水分的质量，kg。

干燥成分是用扣除水分后的燃料成分的质量分数来表示燃料化学组成的成分。其化学组成的表达式为：

$$(C^g + H^g + O^g + N^g + S^g + A^g)\% = 100\% \tag{10-4}$$

式中，C^g、H^g、O^g、N^g、S^g、A^g分别为100kg干燃料中碳、氢、氧、氮、硫和灰分的质量，kg。

可燃成分是用不包括水分、灰分和无机硫中的不可燃硫在内的燃料成分的质量分数来表示燃料化学组成的成分。其化学组成的表达式为：

$$(C^r + H^r + O^r + N^r + S^r)\% = 100\% \tag{10-5}$$

式中，C^r、H^r、O^r、N^r、S^r分别为100kg可燃燃料中碳、氢、氧、氮和可燃硫的质量，kg。

实际计算时公式中的可燃硫的量常以全硫量代替。

如果在上述可燃成分中把燃料中无机硫中的可燃S也不包括在内，则称为有机成分。其化学组成的表达式为：

$$(C^j + H^j + O^j + N^j + S^j)\% = 100\% \tag{10-6}$$

式中，C^j、H^j、O^j、N^j、S^j分别为100kg有机燃料中碳、氢、氧、氮和有机硫的质量，kg。

实际计算中常将$S^j\%$取作零。

工业成分是用工业分析法测得的液体、固体燃料中的水分、挥发分、固定碳和灰分的质量分数来表达燃料的化学组成的成分。所谓工业分析法，就是先将一定质量的固（液）体燃料试样加热到110℃，让其水分完全蒸发并测出蒸发出的水量；然后将干燥后的试样在850℃下隔绝空气加热（干馏），使其挥发物（主要是H_2、CH_4等可燃气体和少量的O_2、N_2、CO_2等不可燃气体）完全挥发并测出挥发出的挥发物的量；最后将干馏后的试样进行充分燃烧后，分别测出燃烧掉的物质即固定碳的量和剩余的物质即灰分的量。用工业成分来表示燃料化学组成的表达式为：

$$(W + V + C_{GD} + A)\% = 100\% \tag{10-7}$$

式中，W、V、C_{GD}、A分别为100kg燃料中水分、挥发分、固定碳和灰分的质量，kg。

以上说明的是液体燃料和固体燃料的化学组成的表示方法，以及采用这几种不同的表示方法的实际意义。燃料不同的化学组成表示方法之间可以进行换算。

10.2.1.3　燃料化学组成间的换算

将一种燃料化学组成中某种成分的质量分数或体积分数换算成另一种化学组成中的质量分数或体积分数称为燃料化学组成间的换算。燃料不同化学组成间的换算关系式可根据燃料中任意成分i在任何一种组成中所占的绝对含量是相等的原理写出。

对气体燃料为

$$i^s\% \times 100 = i^g\% \times (100 - H_2O^s) \tag{10-8}$$

对液体、固体燃料前4种化学组成为

$$i^y\% \times 100 = i^g\% \times (100 - W^y) = i^r\% \times (100 - A^y - W^y - S^y + S^r)$$

$$= i^j\% \times (100 - A^y - W^y - S^y + S^j) \tag{10-9}$$

实际计算中常近似取 $S^y \approx S^r$ 和 $S^j \approx 0$。

式（10-8）中的 H_2O^s 可根据气体燃料在某一温度下的饱和吸水量求出。

在标准状态下，1kg 水蒸气的体积为：

$$\frac{22.4}{18} = 1.24 \text{m}^3/\text{kg}$$

若标准状态下 1m^3 干煤中吸收进去的水分为 $g_{H_2O}^g$ g，则 100m^3 干煤气吸收的水蒸气体积为：

$$\frac{g_{H_2O}^g \times 100}{1000} \times 1.24 = 0.124 g_{H_2O}^g \text{m}^3 \quad (\text{标态})$$

由标准状态下 100m^3 干煤气变为湿煤气时总体积变为：

$$100 + 0.124 g_{H_2O}^g \text{m}^3$$

则
$$H_2O^s = \frac{100 \times 0.124 g_{H_2O}^g}{100 + 0.124 g_{H_2O}^g} \tag{10-10}$$

其中，$g_{H_2O}^g$ 可由附录 12 查得。

例 10-1 已知发生炉煤气的干组成为：$CO^g\% = 29.8\%$，$H_2^g\% = 15.4\%$，$CH_4^g\% = 3.1\%$，$C_2H_4^g\% = 0.6\%$，$CO_2^g\% = 7.7\%$，$O_2^g\% = 0.2\%$，$N_2^g\% = 43.2\%$，试确定此发生炉煤气在平均气温为 30℃ 时的湿组成。

解： 由表可查得发生炉煤气在 30℃ 时 $g_{H_2O}^g = 35.1\text{g/m}^3$，$H_2O^g\% = 4.2\%$

将式（10-10）代入式（10-8）可求得本例任意成分 i 在湿煤气中的体积分数即湿组成的计算通式为：

$$i^s\% = \frac{100}{100 + 0.124 g_{H_2O}^g} i^g\% = \frac{100}{100 + 0.124 \times 35.1} \times i^g\% = 0.958 \times i^g\%$$

将干煤气中各成分的体积分数代入上式可算得：

$$CO^s\% = 0.958 \times 29.8\% = 28.55\% ; H_2^s\% = 14.75\% ; CH_4^s\% = 2.97\% ;$$

$$C_2H_4^s\% = 0.58\% ; CO_2^s\% = 7.38\% ; O_2^s\% = 0.19\% ;$$

$$N_2^s\% = 41.38\% ; H_2O^s\% = 4.2\% 。$$

例 10-2 已知炼油厂重油的化学组成为：$C^r\% = 87.52\%$，$H^r\% = 10.74\%$，$O^r\% = 0.51\%$，$N^y\% = 0.51\%$，$S^y\% = 0.72\%$，$A^g\% = 0.21\%$，$W^y\% = 2.00\%$。试确定此重油的实用组成。

解： 首先应求出实用组成中灰分的质量分数，即：

$$A^y\% = \frac{100 - W^y}{100} A^g\% = \frac{100 - 2.00}{100} \times 0.21\%$$

$$= 0.98 \times 0.21\% = 0.206\%$$

再根据式（10-9）进行其他成分的换算，即

$$C^y\% = \frac{100 - (A^y + W^y)}{100} C^r\% = \frac{100 - (0.206 + 2.00)}{100} \times 87.52\%$$

$$= 0.978 \times 87.52\% = 85.6\%$$

同理可得：

$$H^y\% = 10.50\% ; O^y\% = 0.50\% ; N^y\% = 0.50\%$$

$$S^y\% = 0.70\% ; A^y\% = 0.206\% ; W^y\% = 2.00\%$$

10.2.2 燃料的发热量

单位质量或单位体积的燃料在完全燃烧时所放出的热量称为燃料的发热量。通常用符号 Q 表示，其单位为 kJ/（kg 或 m³燃料）。燃料完全燃烧后所放出的热量与燃烧产物的状态和温度有关。为了能更明确地表示燃料发热量的大小，应对燃料产物的状态加以规定。根据燃烧产物的状态，可将燃料的发热量分为高发热量和低发热量。

10.2.2.1 高发热量（Q_{GW}）

单位燃料完全燃烧后，燃烧产物的温度冷却到参加燃烧反应物质的原始温度（20℃），而且燃烧产物中的水蒸气冷凝成为 0℃ 的水时所放出热量叫做高发热量。

高发热量只是一个在实验室内鉴定燃料的指标，而在实际的情况下燃烧产物中的水蒸气不可能冷凝成为液体水，故为了更切合实际情况又规定了低发热量的概念。

10.2.2.2 低发热量（Q_{DW}）

单位燃料完全燃烧后，燃烧产物的温度冷却到参加燃烧反应物质的原始温度（20℃），而且燃烧产物中的水蒸气不是冷凝成为 0℃ 的水，而是冷却成为 20℃ 的水蒸气时所放出的热量叫做燃料的低发热量。

工业上都采用低发热量来表示燃料发热量的大小，因为它比较接近于实际。由上述可见，高、低发热量之间的区别在于水存在的状态不同，一为 0℃ 的液体水，一为 20℃ 的水蒸气，两者相差约一个水的汽化潜热值，大约为 2512.2kJ/kg。这是因为 1kg 水的汽化潜热为 2260kJ，1kg 的水由 0℃ 加热到 100℃ 需要的热量为 418.7kJ，总计为 2678kJ。而 1kJ 的水蒸气由 20℃ 加热到 100℃ 所需要的热量为 160.8kJ。

故 1kg 水在两种发热量中相差的热量为

$$2678 - 160.8 \approx 2512.2kJ$$

燃烧产物中的水分有两个来源，一是燃料中的水分被蒸发到燃烧产物中，另一是燃料中的氢燃烧之后生成的水。

对液体、固体燃料来说，在 1kg 燃料中，有水分 $\dfrac{W^y}{100}$kg，有氢 $\dfrac{H^y}{100}$kg，1kgH 燃烧后生成 9kg 水，则 1kg 燃料燃烧后所生成的水为 $\dfrac{W^y}{100} + \dfrac{9H^y}{100}$kg。燃烧产物中每有 1kg 水，高低发热量将相差 2512.2kJ。因此对 1kg 液体、固体燃料来说，由于水的状态不同，高、低发热量差值为 25.122$(W^y + 9H^y)$kJ/kg。

对气体燃料来说，标准状态下 1m³燃料燃烧后产生的水的体积为

$$(H_2^s + 2CH_4^s + 0.5mC_nH_m^s + H_2S^s + H_2O^s)/100m^3$$

即产生 $18(H_2^s + 2CH_4^s + 0.5mC_nH_m^s + H_2S^s + H_2O^s)/(100 \times 22.4)$kg 的水，故标准状态下 1m³ 气体燃料高、低发热量的差值为 $20.19(H_2^s + 2CH_4^s + 0.5mC_nH_m^s + H_2S^s + H_2O^s)$kJ/m³。

不同的燃料其发热量的值不同，我国把发热量为 29309kJ/kg（7000kcal/kg）的燃料规定为标准燃料，以其来评价各种燃料的发热能力。例如 1kg 发热量为 24201kJ/kg 的烟煤其发热能力相当于 24201/29309 = 0.83kg 标准燃料的发热能力，比值 0.83 称为该燃料的热当量，热当量愈

大则该种燃料发热能力愈大。另外，工业上还根据发热量的高低将气体燃料分为高、中、低热值燃料 3 类，标准状态下低发热量小于 7530kJ/m³ 的为低热值燃气，高于 15050kJ/m³ 的为高热值燃气，在两者之间的为中热值燃气。

燃料的发热量可用实验方法测定，它是燃烧一定量的燃料用仪器直接测量所放出的热量。所得的结果是准确可靠的，不受燃料成分分析误差的影响，用实验方法测得的是燃料的高发热量。

如果在已知燃料的元素分析数据的条件下，用计算方法求发热量是较简便的，但其结果是近似的。

10.2.2.3 发热量的计算

A 气体燃料低发热量的计算

气体燃料是各简单气体的混合物，所以其发热量也就是各简单可燃气体的发热量之和，即

$$Q_{DW}^s = 128CO^s + 108H_2^s + 330CH_4^s + 599C_2H_4^s + 231H_2S^s \tag{10-11}$$

式中，CO^s、H_2^s、$\cdots$ 分别为 CO、H_2 等各组成气体在标准状态下 100m³ 气体燃料中的体积，m³；128、108、$\cdots$ 分别为体积为标准状态下 1/100m³ 的 CO、H_2 等各组成气体的燃烧热；Q_{DW}^s 的单位为 kJ/m³。

B 液体、固体燃料低发热量的计算

对于液体和固体燃料，由于燃料中化合物的组成和数量很难分析，以及 H 与 C 存在状态难以确定，所以根据燃料成分计算发热量的方法，得不到准确的结果。目前多用经验公式来进行计算。现在广泛应用且比较简单可靠的为门捷列夫公式

$$Q_{DW}^y = 339C^y + 1030H^y - 109(O^y - S^y) - 25W^y \tag{10-12}$$

式中，C^y、H^y、$\cdots$ 分别为 100kg 燃料中 C、H 等元素的质量，Q_{DW}^y 的单位为 kJ/kg。

此外，煤的低发热量还可以根据煤的工业成分用以下经验公式来计算。

褐煤 $\qquad\qquad Q_{DW} = (10C_{GD} + 6500 - 10W - 5A) \times 4.18 - \Delta Q \tag{10-13}$

烟煤 $\qquad\qquad Q_{DW} = (50C_{GD} - 9A + K - \Delta Q) \times 4.18 \tag{10-14}$

无烟煤 $\qquad Q_{DW} = [100C_{GD} + 3(V - W) - K'] \times 4.18 - \Delta Q \tag{10-15}$

式中 C_{GD}，V，W，A——分别为 100kg 燃料中固定碳、挥发分、水分、灰分的质量，kg；

$\qquad$ K，K'——经验系数，其值分别见表 10-2 和表 10-3 所示；

$\qquad$ ΔQ——高、低发热量的差值，kJ/kg，其计算式为：

$$V < 18\% \text{ 时}, \Delta Q = [2.97(100 - W - A) + 6W] \times 4.18 \tag{10-16}$$

$$V \geqslant 18\% \text{ 时}, \Delta Q = [2.16(100 - W - A) + 6W] \times 4.18 \tag{10-17}$$

表 10-2 经验系数 K

V/%	≤20		20~30		30~40		>40	
黏结序数[①]	<4	>5	<4	>5	<4	>5	<4	>5
K	4300	4600	4600	5100	4800	5200	5050	5500

①黏结序数表示煤的焦渣特性，<4 的为不熔融黏结焦渣；>5 的为熔融黏结焦渣。

表 10-3 经验系数 K'

V/%	<3.5	≥3.5
K'	1300	1000

C　混合燃料发热量的计算

在生产实践中，根据生产的需要，有时也采用混合燃料来进行燃烧，其发热量的计算方法为：

$$Q_c = x_1 Q_1 + (1 - x_1) Q_2 \tag{10-18}$$

式中　Q_1，Q_2——分别为两种燃料的发热量；

　　　　x_1——燃料1在混合料中所占的质量分数或体积分数。

例 10-3　根据例 10-1 的计算结果，试计算发生炉煤气的低发热量。

解：将例 10-1 所求得的发生炉煤气的湿成分，代入式（10-11），则得：

$$Q_{DW} = 123CO^s + 108H_2^s + 360CH_4^s + 599C_2H_4^s + 231H_2S^s$$

$$= 128 \times 28.55 + 108 \times 14.75 + 360 \times 2.97 + 599 \times 0.58 + 231 \times 0$$

$$= 6664.0 kJ/m^3$$

例 10-4　根据例 10-2 的计算结果，试计算重油的低发热量。

解：将例 10-2 所求得的重油实用成分，代入式（10-12），则得：

$$Q_{DW} = 339C^y + 1030H^y - 109(O^y - S^y) - 25W^y$$

$$= 339 \times 85.6 + 1030 \times 10.5 - 109 \times (0.5 - 0.7) - 25 \times 2.0$$

$$= 39805 kJ/kg$$

燃料的发热量大小取决于燃料的化学成分，燃料中可燃成分的含量愈多，则燃料的发热量愈高，燃料的质量亦愈好。

总之，燃料的化学组成和发热量是从不同角度评定燃料好坏的两个主要指标。表 10-4 至表 10-6 列出了某些燃料的化学组成和发热量。

表 10-4　气体燃料的化学组成及发热量

种　类	化学组成（体积分数）/%							低发热量 /kJ·kg^{-1}	密度 /kg·m^{-3}
	CO$_2$	CO	CH$_4$	C$_2$H$_4$	H$_2$	O$_2$	N$_2$		
城市煤气	9.3	8.5	16.8	—	44.8	2.6	11.3	17167	0.664
高炉煤气	15.0	27.0	—		2.0	—	56.0	3643	1.345
焦炉煤气	2.6	9.0	25.9	3.9	50.5	0.1	8.0	18171	0.652
半焦化煤气	12~15	7~12	45~62	5~8	6~12	0.2~0.3	2~10	22154~29260	
转炉煤气	14~15	50~70			0.5~2.0		10~20	7500~11000	
高炉和焦炉混合煤气	7~8	17~19	9~12	0.7~1.0	21~27	0.3~0.4	33~39	8569~10283	
重油裂化气	6.9	8	27.4	C$_m$H$_n$=16.7	36	1.5	3.5	25807	
水煤气	4.5	38.0	—		52.0	0.2	5.3	10425	
蒸汽-富氧煤气	16~26	27~41	2~5		34~43	0.2~0.3	1~2	9196~10241	
空气发生炉煤气	0.5~1.5	32~33	—		0.5~0.9		64~66	4138~4305	
蒸汽-空气发生炉煤气	5~7	24~30	0.5~3	0.2~0.4	12~15	0.1~0.3	46~55	4807~6479	
天然气	2.0	—	88.4	C$_3$H$_6$=3.8	—	1.6	3.8	31694	0.81
秸秆汽化燃气	12	20	2		15	1.5	49.5	4900	
沼气	25~45	—	50~66		—	—	—	18~23.8	

表 10-5　某些液体燃料的化学组成及发热量

| 种 类 | 化学组成（质量分数）/% | | | | | | | 低发热量 | 密度 |
	C	H	O	N	S	H_2O	灰分	/kJ·kg^{-3}	/g·m^{-3}
煤 油	85.5	14.0	—	—	0.5	0.0	0.0	43417	0.78～0.80
轻 油	85.6	13.2	—	—	1.2	0.0	0.0	43040	0.82～0.85
重油 A	84.58	11.83	0.70	0.54	2.0	0.3	0.55	42538	0.85～0.92
重油 B	84.50	11.34	0.36	0.35	3.0	0.4	0.05	4187	0.90～0.94
重油 C	83.03	10.48	0.48	0.41	3.5	2.0	0.1	40863	0.93～1.00
汽 油	85	15	—	—	—	0.0	0.0	46139	0.70～0.74
焦 油	89.0	6.5	4.0	—	0.5	—	—	37514	1.10～1.20

表 10-6　某些固体燃料的化学组成及发热量

| 种 类 | 化学组成（质量分数）/% | | | | | | | 低发热量 | 密度 |
	C	H	O(O+N)	N	S	W	A	/kJ·kg^{-3}	/g·m^{-3}
褐 煤	52.8	4.8	14.6	0.9	0.6	17.6	0.7	21185	1.20～1.30
烟 煤	62.2	4.7	11.8	1.3	2.2	0.5	16.9	25246	1.25～1.45
无烟煤	79.6	1.5	1.3	0.4	0.4	3.5	13.3	28596	1.30～1.80
焦 炭	75.7	0.4	—		1.1	3.8	19.0	26168	0.6～1.5
玉米秸秆	36.05	4.72	(34.43)		0.07	22.35	2.31	13934	—

10.3　燃　烧　计　算

　　燃烧计算就是根据燃烧反应物质平衡和热平衡确定燃烧反应的几个基本参数，其中包括燃烧需要的氧气（空气）量、燃烧产物体积、燃烧产物的成分和密度、燃烧温度等。这些参数在炉子生产和设计中是必不可少的。

　　为计算方便，在计算中作如下基本假设：

　　（1）气体的体积都以标准状态（0℃、101325Pa）计算；

　　（2）在标准状态下，1kmol 气体的体积为 22.4m³；

　　（3）元素的摩尔质量都以近似值计算，例如氢的摩尔质量取为 2kg/kmol；

　　（4）计算中不考虑热分解产物，只计算燃烧反应产物；

　　（5）不考虑空气中水汽和稀有气体，认为干空气是由体积为 21% 的 O_2 和体积为 79% 的 N_2 所组成，即空气体积是空气中 O_2 体积的 4.762 倍，空气中 N_2 的体积是空气中氧的体积的 3.762 倍。湿空气中的水分含量按饱和湿度计算；

　　（6）燃烧为完全燃烧。

10.3.1　燃烧需要的空气量和燃烧产物计算

　　燃料燃烧是一种燃料中的可燃物质与空气中的氧所进行的激烈的氧化反应。因此，要想使燃料进行完全燃烧，必须供给足够的空气。而燃烧的化学反应方程式则是进行空气需要量和燃烧产物计算（它包括产物体积、产物组成和密度的计算）的理论基础。因此，空气需要量和燃烧产物的计算实质上是对燃烧反应进行物质平衡的计算。燃烧产物的计算就是包括产物体积、产物组成和产物密度的计算。需要说明的是，这里所说的空气需要量是指完全燃烧 $1m^3$（标态）气体燃料或 $1kg$ 液体、固体燃料需要供给的标准条件下空气的体积；燃烧产物体积是指 $1m^3$（标态）气体燃料或 $1kg$ 液体、固体燃料与需要量的空气完全燃烧时生成的气态产物在标准条件下的体积；产物密度为标准条件下气态产物的密度。

在进行空气需要量和燃烧产物的计算时，应已知燃料的种类、组成（并且应该先将燃料的组成换算为湿组成或实用组成）、空气系数等。由于气体燃料与液体、固体燃料的组成表示方法不同，计算方法略有区别，下面分别介绍。

10.3.1.1　气体燃料燃烧需要的空气量和燃烧产物的分析计算

为了方便起见，现将气体燃料的可燃成分及其燃烧反应方程列于表 10-7 中。从表 10-7 中的反应式可以看到各反应物和反应生成物之间的体积比。例如，$1m^3 CO$ 与 $0.5m^3 O_2$ 化合，生成 $1m^3 CO_2$。

表 10-7　在标准状态下 100m^3 气体燃料燃烧时的燃烧反应表

湿成分	反应方程式 （体积比例）	需 O_2 体积 /m^3	燃烧产物体积/m^3				
			CO_2'	H_2O'	SO_2'	N_2'	O_2'
CO^s	$CO+\frac{1}{2}O_2 = CO_2$ $1:\frac{1}{2}:1$	$\frac{1}{2}CO^s$	CO^s				
H_2^s	$H_2+\frac{1}{2}O_2 = H_2O$ $1:\frac{1}{2}:1$	$\frac{1}{2}H_2^s$		H_2^s			
CH_4^s	$CH_4+2O_2 = CO_2+2H_2O$ $1:2:1:2$	$2CH_4^s$	CH_4^s	$2CH_4^s$			
$C_nH_m^s$	$C_nH_m+\left(n+\frac{m}{4}\right)O_2 = nCO_2+\frac{m}{2}H_2O$ $1:\left(n+\frac{m}{4}\right):n:\frac{m}{2}$	$\left(n+\frac{m}{4}\right)C_nH_m^s$	$nC_nH_m^s$	$\frac{m}{2}C_nH_m^s$			
H_2S^s	$H_2S+\frac{3}{2}O_2 = SO_2+H_2O$ $1:\frac{3}{2}:1:1$	$\frac{3}{2}H_2S^s$		H_2S^s	H_2S^s		
CO_2^s	不燃烧		CO_2^s				
SO_2^s	不燃烧				SO_2^s		
O_2^s	消耗掉	$-O_2^s$					
N_2^s	不燃烧					N_2^s	
H_2O^s	不燃烧			H_2O^s			

每 $1m^3$（标态）气体燃料燃烧所需 O_2 的体积总计：

$$\frac{1}{100}\left[\frac{1}{2}CO^s+\frac{1}{2}H_2^s+2CH_4^s+\left(n+\frac{m}{4}\right)C_nH_m^s+\frac{3}{2}H_2S^s-O_2^s\right]$$

湿成分	反应方程式 （体积比例）	需 O_2 体积 /m^3	燃烧产物体积/m^3				
			CO_2'	H_2O'	SO_2'	N_2'	O_2'
燃烧标准状态下 $1m^3$ 燃料理论空气需要量： $$L_0 = \frac{4.762}{100}\left[\frac{1}{2}CO^s + \frac{1}{2}H_2^s + 2CH_4^s + \left(n + \frac{m}{4}\right)C_nH_m^s + \frac{3}{2}H_2S^s - O_2^s\right]$$							
实际空气需要量：　　　　　　　$L_n = nL_0$							
过剩空气量：　　　$\Delta L = L_n - L_0 = (n-1)L_0$						$0.79 \times$ $(n-1) \times$ L_0	$0.21 \times$ $(n-1) \times$ L_0

注：表最后两栏中 n 为保证完全燃烧的空气系数。

根据表 10-7 可计算出燃烧的理论空气需要量、实际空气需要量、燃烧产物体积、燃烧产物组成和密度。

A　空气需要量的计算

燃料燃烧需要的空气量，有理论空气需要量和实际空气需要量之分。理论空气需要量是指按燃烧化学反应方程式理论上计算出来需要的空气量，而实际空气需要量是指为了保证燃料的完全燃烧实际需要供给的空气量。

按照前面所述空气需要量的定义，由表 10-7 可知，理论空气需要量 L_0 的计算公式为：

$$L_0 = \frac{4.762}{100}\left[\frac{1}{2}CO^s + \frac{1}{2}H_2^s + 2CH_4^s + \left(n + \frac{m}{4}\right)C_nH_m^s + \frac{3}{2}H_2S^s - O_2^s\right] \tag{10-19}$$

实际空气需要量的计算公式为：

$$L_n = nL_0 \tag{10-20}$$

L_0 和 L_n 的单位都为 m^3/m^3。

B　燃烧产物体积计算

从表 10-7 中可看出，将理论空气量或实际空气量下燃料中各组分的燃烧产物体积相加，则可分别得出理论空气量或实际空气量下，燃烧标准状态下 $1m^3$ 气体燃料时产生的燃烧产物体积（前者称为理论燃烧产物体积，以 V_0 表示，后者称为实际燃烧产物体积，以 V_n 表示）的计算式如下：

$$V_0 = \left[CO^s + H_2^s + 3CH_4^s + \left(n + \frac{m}{2}\right)C_nH_m^s + CO_2^s + 2H_2S^s + N_2^s + SO_2^s + H_2O^s\right] \times$$
$$\frac{1}{100} + \frac{79}{100}L_0 \tag{10-21}$$

$$V_n = \left[CO^s + H_2^s + 3CH_4^s + \left(n + \frac{m}{2}\right)C_nH_m^s + CO_2^s + 2H_2S^s + N_2^s + SO_2^s + H_2O^s\right] \times$$
$$\frac{1}{100} + \left(n - \frac{21}{100}\right)L_0 \tag{10-22}$$

V_0 和 V_n 的单位都为 m^3/m^3。

由式（10-21）和式（10-22）可得 V_0 与 V_n 的关系为：

$$V_n = V_0 + (n-1)L_0 \tag{10-23}$$

即实际燃烧产物体积等于理论燃烧产物体积与过剩空气体积之和。由此可知，空气系数 n 愈大，燃烧产物体积也愈大。

C　燃烧产物组成计算

所谓燃烧产物组成计算，就是燃烧产物中各种组分所占的体积分数的计算。即：

$$燃烧产物成分的体积分数 = \frac{燃烧产物中组分的体积}{燃烧产物的总体积} \times 100\%$$

根据表 10-7 可得在实际空气量下的燃烧产物各成分的体积百分含量的计算式为：

$$\left.\begin{array}{l} CO_2' = \dfrac{V_{CO_2}}{V_n} \times 100\% = \dfrac{(CO^s + CH_4^s + nC_nH_m^s + CO_2^s)\dfrac{1}{100}}{V_n} \times 100\% \\[3mm] H_2O' = \dfrac{V_{H_2O}}{V_n} \times 100\% = \dfrac{\left(H_2^s + 2CH_4^s + \dfrac{m}{2}C_nH_m^s + H_2S^s + H_2O^s\right)\dfrac{1}{100}}{V_n} \times 100\% \\[3mm] SO_2' = \dfrac{V_{SO_2}}{V_n} \times 100\% = \dfrac{(H_2S^s + SO_2^s)\dfrac{1}{100}}{V_n} \times 100\% \\[3mm] N_2' = \dfrac{V_{N_2}}{V_n} \times 100\% = \dfrac{\dfrac{N_2^s}{100} + 0.79L_n}{V_n} \times 100\% \\[3mm] O_2' = \dfrac{V_{O_2}}{V_n} \times 100\% = \dfrac{0.21(n-1)L_0}{V_n} \times 100\% \end{array}\right\} \quad (10\text{-}24)$$

由式（10-24）可知空气系数 n 愈大，O_2' 也愈大，即炉气中的含氧量高，氧化能力强，易造成炉内金属的氧化。

D　燃烧产物密度计算

燃烧产物密度是指在标准状态下单位体积燃烧产物所具有的质量。已知产物组成时，密度即为产物中各组分质量之和除以燃烧产物总体积，而组分质量等于各组分在标准状态下的体积（等于产物组成乘以燃烧产物总体积）乘以该组分在标准状态下的密度（等于该组分的相对分子质量除以 22.4），如 CO_2 的质量为：

$$V_{CO_2}\frac{44}{22.4} = CO_2'V_n\frac{44}{22.4}$$

式中，44 为 CO_2 的相对分子质量。依此类推，可得燃烧产物密度的计算式为：

$$\rho_0 = \frac{\left(CO_2'\dfrac{44}{22.4} + H_2O'\dfrac{18}{22.4} + SO_2'\dfrac{64}{22.4} + N_2'\dfrac{28}{22.4} + O_2'\dfrac{32}{22.4}\right)V_n}{V_n}$$

即

$$\rho_0 = \frac{44CO_2' + 18H_2O' + 64SO_2' + 28N_2' + 32O_2'}{22.4} \quad (10\text{-}25)$$

当不知燃烧产物组成时，根据质量守恒原理，产物的质量等于燃烧前各物质质量之和，此时燃烧产物密度的计算公式为：

$$\rho_0 = \left\{ \left[28CO^s + 2H_2^s + (12n + 2m)C_nH_m^s + 34H_2S^s + 44CO_2^s + 28N_2^s + 18N_2O^s \right] \times \right.$$

$$\left. \frac{1}{22.4 \times 100} + 1.293L_n \right\} \times \frac{1}{V_n} \tag{10-26}$$

由式（10-25）和式（10-26）计算出的 ρ_0 的单位为 kg/m^3。

上面所计算的 L_0 和 L_n 均为干空气量，忽略了空气中的水分，实际上，即使是常温下，空气中也含有水蒸气，要求精确计算时应估计在内。如果估计到空气中的水分，则实际湿空气消耗量和实际湿燃烧产物量应为：

$$L_n^s = (1 + 0.00124g_{oH_2O}^g)L_n \tag{10-27}$$

$$V_n^s = V_n + 0.00124g_{oH_2O}^gL_n \tag{10-28}$$

式中 $g_{oH_2O}^g$——$1m^3$（标态）干空气在该温度下所能吸收的饱和水蒸气的量，g/m^3。

例 10-5 根据例 10-1 的条件结果，试确定当空气系数 $n = 1.05$ 时，发生炉煤气燃烧时需要的空气量、燃烧产物体积、燃烧产物组成和密度。

解： 根据式（10-19）~式（10-25）可求出理论空气需要量为：

$$L_0 = \frac{4.762}{100} \left[\frac{1}{2}CO^s + \frac{1}{2}H_2^s + 2CH_4^s + \left(n + \frac{m}{4} \right)C_nH_m^s + \frac{3}{2}H_2S^s - O_2^s \right]$$

$$= \frac{4.762}{100} \times \left(\frac{1}{2} \times 28.55 + \frac{1}{2} \times 14.75 + 2 \times 2.97 + 3 \times 0.58 + 0 - 0.19 \right)$$

$$= 1.388 m^3/m^3$$

实际空气需要量为：$L_n = nL_0 = 1.05 \times 1.388 = 1.457 m^3/m^3$

理论燃烧产物体积为：

$$V_0 = \frac{1}{100} \left[CO^s + H_2^s + 3CH_4^s + \left(n + \frac{m}{2} \right)C_nH_m^s + 2H_2S^s + CO_2^s + N_2^s + H_2O^s \right] + 0.79L_0$$

$$= \frac{1}{100} \times (28.55 + 14.75 + 3 \times 2.97 + 3 \times 0.58 + 0 + 7.38 + 41.38 + 4.2) + 0.79 \times 1.388$$

$$= 2.166 m^3/m^3$$

实际燃烧产物体积为：

$$V_n = V_0 + (n - 1)L_0 = 2.166 + (1.05 - 1) \times 1.388 = 2.235 m^3/m^3$$

燃烧产物组成为：

$$CO_2' = \frac{(CO^s + CH_4^s + nC_nH_m^s + CO_2^s) \frac{1}{100}}{V_n} \times 100\%$$

$$= \frac{(28.55 + 2.97 + 2 \times 0.58 + 7.38) \times \frac{1}{100}}{2.235} \times 100\% = 17.92\%$$

$$H_2O' = \frac{(H_2^s + 2CH_4^s + \frac{m}{2}C_nH_m^s + H_2S^s + H_2O^s) \frac{1}{100}}{V_n} \times 100\%$$

$$= \frac{14.75 + 2 \times 2.97 + 2 \times 0.58 + 0 + 4.2}{2.235} \times \frac{1}{100} = 11.66\%$$

$$N_2' = \frac{N_2^s \times \frac{1}{100} + 0.79 L_n}{V_n} \times 100\%$$

$$= \frac{41.38 \times \frac{1}{100} + 0.79 \times 1.457}{2.235} \times 100\%$$

$$= 70.01\%$$

$$O_2' = \frac{0.21(n-1)L_0}{V_n} \times 100\%$$

$$= \frac{0.21 \times (1.05 - 1) \times 1.388}{2.235} \times 100\% = 0.65\%$$

燃烧产物密度为:

$$\rho_0 = \frac{1}{22.4 \times 100}(44CO_2' + 18H_2O' + 64SO_2' + 28N_2' + 32O_2')$$

$$= \frac{1}{22.4 \times 100} \times (44 \times 17.92 + 18 \times 11.66 + 0 + 28 \times 70.01 + 32 \times 0.65)$$

$$= 1.33 kg/m^3$$

10.3.1.2 液体、固体燃料燃烧需要的空气量和燃烧产物的分析计算

为了方便起见,将液体、固体燃料的可燃成分及其燃烧反应方程式列于表10-8。

表10-8 100kg 液体燃料和固体燃料燃烧时的燃烧反应表

各组成物含量		反应方程式（计量系数比）	燃烧时需 O_2 的物质的量/kmol	燃烧后生成燃烧产物的物质的量/kmol				
实用成分	物质的量/kmol			CO_2'	H_2O'	SO_2'	N_2'	O_2'
C^y	$\frac{C^y}{12}$	$C + O_2 = CO_2$ $1:1:1$	$\frac{C^y}{12}$	$\frac{C^y}{12}$				
H^y	$\frac{H^y}{2}$	$H_2 + \frac{1}{2}O_2 = H_2O$ $1:\frac{1}{2}:1$	$\frac{H^y}{4}$		$\frac{H^y}{2}$			
S^y	$\frac{S^y}{32}$	$S + O_2 = SO_2$ $1:1:1$	$\frac{S^y}{32}$			$\frac{S^y}{32}$		
O^y	$\frac{O^y}{32}$	消耗掉	$-\frac{O^y}{32}$					
N^y	$\frac{N^y}{28}$	不燃烧					$\frac{N^y}{28}$	
W^y	$\frac{W^y}{18}$	不燃烧			$\frac{W^y}{18}$			
A^y		不燃烧、无气态产物						
燃烧1kg 燃料需 O_2 的物质的量（kmol）总计: $$\left(\frac{C^y}{12} + \frac{H^y}{4} + \frac{S^y}{32} - \frac{O^y}{32}\right) \times \frac{1}{100}$$								

各组成物含量		反应方程式 （计量系数比）	燃烧时需 O_2 的 物质的量/kmol	燃烧后生成燃烧产物的物质的量/kmol				
实用成分	物质的量 /kmol			CO_2'	H_2O'	SO_2'	N_2'	O_2'
1kg 燃料燃烧需 O_2 的体积（22.4m^3/kmol）为：$$\frac{22.4}{100}\left(\frac{C^y}{12}+\frac{H^y}{4}+\frac{S^y}{32}-\frac{O^y}{32}\right)$$								
燃烧 1kg 燃料的理论空气需要量（m^3）$$L_0=\frac{4.762\times22.4}{100}\left(\frac{C^y}{12}+\frac{H^y}{4}+\frac{S^y}{32}-\frac{O^y}{32}\right)$$							$0.79L_0$	
实际空气需要量		$L_n=nL_0$						
过剩空气量		$\Delta L=L_n-L_0=(n-1)L_0$					$0.79\cdot$ $(n-1)$ $\cdot L_0$	$0.21\cdot$ $(n-1)$ $\cdot L_0$

从表10-8 中的反应式可以看到各反应物和反应生成物之间的物质的量比。例如 1kmol（12kg）的 C 燃烧时需要 1kmol(32kg) 的 O_2，生成 1kmol(44kg) 的 CO_2。

采用和分析气体燃料燃烧反应表10-7 类似的方法，对表10-8 分析可得到液体、固体燃料燃烧时需要的空气量、燃烧产物体积、燃烧产物组成和密度的计算公式（详见例 10-6 的解中）。其中需要的空气量和燃烧产物体积是指燃烧 1kg 燃料的值。

如果需要估计空气中含水分的影响，空气需要量和产物体积也可按式（10-27）及式（10-28）进行修正，但此时单位为 m^3/kg。

例 10-6 根据例 10-2 的条件和结果，试确定当空气系数 $n=1.1$ 时，重油燃烧时需要的空气量、燃烧产物体积、燃烧产物组成和密度。

解： 根据对表10-8 的分析可得理论空气需要量为：

$$L_0=\frac{4.762\times22.4}{100}\left(\frac{C^y}{12}+\frac{H^y}{4}+\frac{S^y}{32}-\frac{O^y}{32}\right)$$

$$=1.07\left(\frac{85.6}{12}+\frac{10.50}{4}+\frac{0.70}{32}-\frac{0.50}{32}\right)$$

$$=10.45m^3/kg$$

实际空气需要量为：

$$L_n=nL_0=1.1\times10.45=11.49m^3/kg$$

理论燃烧产物体积为：

$$V_0=\left(\frac{C^y}{12}+\frac{S^y}{32}+\frac{H^y}{2}+\frac{W^y}{18}+\frac{N^y}{28}\right)\frac{22.4}{100}+0.79L_0$$

$$=\left(\frac{85.6}{12}+\frac{0.70}{32}+\frac{10.50}{2}+\frac{2.00}{18}+\frac{0.50}{28}\right)\frac{22.4}{100}+0.79\times10.45$$

$$=11.06m^3/kg$$

实际燃烧产物体积为：

$$V_n = V_0 + (n - 1)L_0 = 11.06 + (1.1 - 1) \times 10.45 = 12.11 \, \text{m}^3/\text{kg}$$

燃烧产物组成为:

$$CO_2' = \frac{V_{CO_2}}{V_n} \times 100\% = \frac{\frac{C^y}{12} \times \frac{22.4}{100}}{V_n} \times 100\% = \frac{\frac{85.6}{12} \times \frac{22.4}{100}}{12.11} \times 100\% = 13.2\%$$

$$H_2O' = \frac{\left(\frac{H^y}{2} + \frac{W^y}{18}\right)\frac{22.4}{100}}{V_n} \times 100\% = \frac{\left(\frac{10.50}{2} + \frac{2.00}{18}\right)\frac{22.4}{100}}{12.11} \times 100\% = 9.92\%$$

$$SO_2' = \frac{\frac{S^y}{32} \times \frac{22.4}{100}}{V_n} \times 100\% = \frac{\frac{0.70}{32} \times \frac{22.4}{100}}{12.11} \times 100\% = 0.041\%$$

$$N_2' = \frac{\frac{N^y}{28} \times \frac{22.4}{100} + 0.79L_n}{V_n} \times 100\% = \frac{\frac{0.50}{28} \times \frac{22.4}{100} + 0.79 \times 11.49}{12.11} \times 100\% = 74.99\%$$

$$O_2' = \frac{0.21(n-1)L_0}{V_n} \times 100\% = \frac{0.21 \times (1.1 - 1) \times 10.45}{12.11} \times 100\% = 1.81\%$$

燃烧产物的密度为:

$$\rho_0 = \frac{1}{22.4}(44CO_2' + 18H_2O' + 64SO_2' + 28N_2' + 32O_2')$$

$$= \frac{1}{22.4 \times 100}(44 \times 13.2 + 18 \times 9.92 + 64 \times 0.041 + 28 \times 74.99 + 32 \times 1.81)$$

$$= 1.30 \, \text{kg/m}^3$$

10.3.1.3 理论空气需要量和燃烧产物体积的经验计算

各种燃料燃烧时需要的理论空气量和实际产物体积,除了可用上面介绍的分析计算外,还可根据发热量和空气系数用表10-9列出的经验公式进行计算。计算结果亦有足够的准确性。

表 10-9 理论空气需要量和实际燃烧产物量的经验计算式

燃料种类	低发热量 Q_{DW}	理论空气需要量 L_0 计算式	实际燃烧产物体积 V_n 计算式
固体燃料	23000 ~ 29000kJ/kg	$2.41 \times 10^{-4} Q_{DW} + 0.5 \text{m}^3/\text{kg}$	$2.13 \times 10^{-4} Q_{DW} + 1.65 + (n-1)L_0 \text{m}^3/\text{kg}$
液体燃料	38000 ~ 42000kJ/kg	$2.03 \times 10^{-4} Q_{DW} + 2 \text{m}^3/\text{kg}$	$2.65 \times 10^{-4} Q_{DW} + (n-1)L_0 \text{m}^3/\text{kg}$
人造煤气	12500kJ/m³ 以下	$2.09 \times 10^{-4} Q_{DW} \text{m}^3/\text{m}^3$	$1.73 \times 10^{-4} Q_{DW} + 1.0 + (n-1)L_0 \text{m}^3/\text{m}^3$
	12500kJ/m³ 以上	$2.6 \times 10^{-4} Q_{DW} - 0.25 \text{m}^3/\text{m}^3$	$2.72 \times 10^{-4} Q_{DW} + 0.25 + (n-1)L_0 \text{m}^3/\text{m}^3$
天然气	34000 ~ 42000kJ/m³	$2.64 \times 10^{-4} Q_{DW} + 0.02 \text{m}^3/\text{m}^3$	$2.64 \times 10^{-4} Q_{DW} + 1.02 + (n-1)L_0 \text{m}^3/\text{m}^3$

10.3.2 空气系数的影响及大小的确定

据式(10-20)可知,实际空气需要量 L_n 与理论空气需要量 L_0 的比值($n = L_n/L_0$)即为"空气系数"。

在冶金炉中,空气系数有很重要的意义,因此有必要分析它对空气消耗量、燃烧产物体积、燃烧产物组成、燃烧温度、热损失和燃料有效利用的影响。

(1)对空气消耗量和燃烧产物体积的影响。当燃料一定时, L_n 和 V_n 随 n 值增加。这样,就要求选用较大能力的鼓风机和较大直径的空气管道，而且排烟系统也要设计得大些。在工作的炉子中，往往由于 n 值的增大，使整个系统阻力增加，而引起烟囱抽力不够。

（2）对燃烧产物组成的影响。当 n 值增大时，可以保证更大程度的完全燃烧，但此时燃烧产物中的 N_2、O_2 的绝对量增加，而使燃料产物中的 CO_2 和 H_2O 的含量相对地减少。由 4.4 节气体辐射传热知识知 CO_2 和 H_2O 的减少对炉子的辐射传热是不利的，因为它削弱了炉气在高温炉膛中的辐射能力。

（3）对燃烧温度的影响。n 值增大时，冷空气量增加，V_n 亦增大，结果使燃烧温度下降。

（4）对燃烧产物中热量损失的影响。n 值增大时，则 V_n 增大，在燃烧产物离开炉膛时，它所带走的热损失也增大。

（5）对燃料有效利用的影响。n 值增大时，不仅燃烧温度降低，而且产物中的物理热损失增加。n 值小时，化学不完全燃烧热损失也会增加。因此 n 过大或过小都意味着燃烧的浪费。

由以上分析可知，空气系数对炉子热工的各个方面都有很大影响，所以在炉子的设计计算、研究和操作时都要慎重地考虑和分析确定空气系数的大小。

确定 n 值的一般原则为：在保证最大程度完全燃烧的前提下，空气系数愈小愈好。各种燃烧情况下空气系数的值可按表 10-10 给出的经验值范围来选取。

表 10-10　空气系数经验和标准值[1]

燃烧种类	一般范围		GB 3486—1983 规定的标准	
	燃烧方式	n 值	操作方法	n 值
固体燃料	薄煤层燃烧	1.3～1.6	人工加煤	1.2～1.5
	半煤气燃烧	1.2～1.5	机械加煤	1.2～1.4
	粉煤燃烧	1.15～1.25	粉煤人工调节	1.2～1.3
液体燃料	油压雾化	1.20～1.40	人工调节	1.2～1.3
	低压雾化	1.10～1.25		
	高压雾化	1.20～1.30	自动调节	1.15～1.20
气体燃料	无焰燃烧	1.05～1.10	人工调节	1.15～1.25
	有焰燃烧	1.10～1.20	喷射式调节	1.05～1.35
			自动调节	1.05～1.20

[1] 采用燃料与空气混合良好的燃烧装置时，n 取低值，反之取高值。

10.3.3　燃烧温度的计算

10.3.3.1　燃烧温度的概念

冶金炉多在高温下工作，炉内温度的高低是保证炉子工作的重要条件，而决定炉内温度的最基本因素是燃料燃烧时其气态的燃烧产物（烟气）所能达到的温度，即所谓燃烧温度。燃烧温度有理论燃烧温度和实际燃烧温度之分。理论燃烧温度是指在绝热条件下，考虑燃烧产物的高温热分解损失，燃料完全燃烧时气态燃烧产物所能达到的温度，它是在给定参数条件下所能达到的最高燃烧温度。而实际燃烧温度则是指在燃烧过程中存在着散热损失、燃料不完全燃烧热损失和高温热分解损失的情况下，气态燃烧产物实际所能达到的温度，它永远低于理论燃烧温度。在实际条件下，燃烧温度与燃料种类、成分、燃烧条件和传热条件等各方面的因素有关，它主要取决于在燃烧过程中供入的热量和支出的热量间的平衡关系。当供入的热量越大，支出的热损失越小时，则燃烧的温度越高；反之则越低。因此通过分析燃烧过程的热量平衡，便可找出估算燃烧温度的方法和提高燃烧温度的措施。

10.3.3.2　理论燃烧温度和实际燃烧温度的计算

A　理论燃烧温度和实际燃烧温度计算的一般公式

根据燃烧过程的热量平衡关系可以推导出燃烧温度的一般计算公式。热量平衡关系即热量收入等于热量支出。现以 1kg 或标准条件下 $1m^3$ 燃料作为计算基准，对燃烧过程进行热平衡如下：

燃烧过程的热量收入项有：

（1）燃料燃烧的化学热，即燃料的发热量，设为 Q_{DW}，$kJ/(m^3$ 或 $kg)$；

（2）空气预热带入的物理热

$$Q_a = L_n c_a t_a \tag{10-29}$$

式中　Q_a——空气的物理热，kJ/m^3；

c_a——温度为 t_a 时空气的平均体积热容，$kJ/(m^3 \cdot K)$；

t_a——空气的预热温度，℃。

（3）燃料带入的物理热

$$Q_f = c_f t_f \tag{10-30}$$

式中　Q_f——燃烧的物理热，$kJ/(m^3$ 或 $kg)$；

c_f——在 t_f 温度下燃料的平均热容，$kJ/(m^3 \cdot K)$ 或 $kJ/(kg \cdot K)$；

t_f——燃料的预热温度，℃。

对固体、液体燃料，当不进行预热或预热温度较低时，燃料带入的物理热很少，可忽略不计。

热量支出项有：

（1）燃烧产物含的热量

$$Q_{c.p} = V_n c_{c.p} t_{c.p} \tag{10-31}$$

式中　$Q_{c.p}$——燃烧产物的物理热，$kJ/(m^3$ 或 $kg)$；

$c_{c.p}$——在 $t_{c.p}$ 温度下燃烧产物的平均热容，$kJ/(m^3 \cdot K)$ 或 $kJ/(kg \cdot K)$；

$t_{c.p}$——燃烧产物的温度，℃。

（2）由燃烧产物传给周围物体的热量，设为 $Q_{t.c}$。

（3）燃料不完全燃烧损失的热量，设为 Q_i。

（4）在高温下燃烧产物将有热分解反应（为吸热反应），因而损失一部分热量，设为 $Q_{t.d}$。

当上述热量收入与支出相等时，燃烧产物就达到一个相对稳定的燃烧温度。

因此，燃烧过程的热平衡方程式为：

$$Q_{DW} + Q_a + Q_f = V_n c_{c.p} t_{c.p} + Q_{t.c} + Q_i + Q_{t.d}$$

由此得出燃烧产物的温度为：

$$t_{c.p} = \frac{Q_{DW} + Q_a + Q_f - Q_{t.c} - Q_i - Q_{t.d}}{V_n c_{c.p}} \tag{10-32}$$

$t_{c.p}$ 即为实际燃烧条件下的燃烧产物的温度，也称实际燃烧温度。当公式中的 $Q_{t.c}$ 和 Q_i 项都等于零时，计算出来的燃烧温度便是理论燃烧温度，用符号 t_{th} 表示。因此理论燃烧温度的一般计算公式为：

$$t_{th} = \frac{Q_{DW} + Q_a + Q_f - Q_{t.d}}{V_n c_{c.p}} \tag{10-33}$$

理论燃烧温度，由于不受其他外界因素的影响，因此可作为评价燃料燃烧过程好坏的一个指标。

B　理论燃烧温度和实际燃烧温度的计算方法

a　理论燃烧温度的计算方法

当已知燃料组成、空气系数、空气和燃料的预热温度时，理论上可以用式（10-33）计算出理论燃烧温度。但实际上，由于在高温下 CO_2 和水蒸气的热分解，使得燃烧产物的体积和成分都有所变化，若考虑热分解按式（10-33）来计算理论燃烧温度就使计算变得很复杂。因此，为了简化计算，当温度不超过 2100℃时，并用空气作助燃剂时，可以忽略热分解的影响，这样理论燃烧温度就可按没有热分解的条件近似进行计算（但燃料在氧或富氧空气中燃烧时，在温度很高的情况下，理论燃烧温度的计算必须要考虑一系列的热分解产物的影响）。此时，可以将式（10-33）写成：

$$t_{th} = \frac{Q_{DW} + L_n c_a t_a + c_f t_f}{V_n c_{c.p}} \tag{10-34}$$

但式（10-34）不能直接用来计算 t_{th}，因为式中 $c_{c.p}$ 是 t_{th} 的函数。为此，令 $I_0 = c_{c.p} t_{th}$，若不考虑热分解有：

$$I_0 = \frac{Q_{DW} + L_n c_a t_a + c_f t_f}{V_n} \tag{10-35}$$

式中　I_0——燃烧产物的理论热焓量，kJ/m^3。

显然，当 Q_{DW}、L_n、V_n、t_f 和 t_a 已知时，燃烧产物的理论热焓量 I_0 是可以确定的已知值。一般在工程上计算 t_{th} 时，都是采用图解法近似计算。当确定了 I_0 后，并根据燃烧产物中过剩空气的百分含量 $\left(V_L = \frac{L_n - L_0}{V_n} \times 100\% \right)$ 可从 I-t 图中（见图 10-1）查出 t_{th} 的数值。

b　实际燃烧温度的计算方法

理论上，实际燃烧温度可用式（10-32）来计算，但实际上，由于影响 $t_{c.p}$ 的因素很多，特

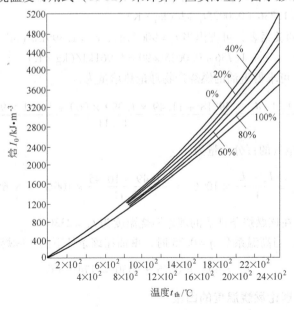

图 10-1　求理论燃烧温度的 I-t 图

别是 Q_{t} 在实际条件下是很复杂的，直接用式（10-32）来计算实际燃烧温度是很困难的。工程上一般采用经验公式来近似计算实际燃烧温度，即

$$t_{c.p} = \eta t_{th} \tag{10-36}$$

式中　$t_{c.p}$——实际燃烧温度，℃；

　　　t_{th}——理论燃烧温度，℃；

　　　η——高温系数可按表 10-11 选取，无量纲。

如果计算所得的实际燃烧温度高于炉子工作空间的要求温度，则此燃料及燃烧条件可满足生产要求。相反，如计算的实际燃烧温度低于炉子工作空间的要求温度，则必须改换燃料种类（换用 Q_{DW} 较高的燃料）或改善燃烧条件（降低空气系数或提高预热温度），否则燃烧的温度条件不能符合炉子的温度要求。同理，在炉子设计中，可以根据实际燃烧温度来规定工作空间的最高温度。

表 10-11　某些炉子的高温系数的经验值

炉子类型	η	炉子类型	η
蓄热式热风炉	0.92 ~ 0.98	炼铜反射炉	0.75 ~ 0.80
平　炉	0.7 ~ 0.74	热处理炉（1000℃）	0.65 ~ 0.70
均热炉	0.68 ~ 0.73	缓慢装料封闭式隧道窑	0.75 ~ 0.82
带材加热炉	0.75 ~ 0.80	隧道窑（煤油、重油）	0.78 ~ 0.83
连续加热炉	0.7 ~ 0.85	水泥煅烧回转窑	0.65 ~ 0.75
室式加热炉	0.75 ~ 0.85	回转窑（煤粉、煤气、重油）	0.70 ~ 0.75
直通式炉	0.72 ~ 0.76	室式窑（间歇作业）	0.66 ~ 0.78
球团竖式焙烧炉燃烧室	0.92 ~ 0.95		

例 10-7　根据例 10-2、例 10-4 和例 10-6 的条件和结果，当高温系数为 0.75，空气预热温度 $t_a = 900$℃，重油的预热温度 $t_f = 90$℃时，试计算该重油的实际燃烧温度 [重油的平均质量热容经验计算式为：$c_f = 1.736 + 0.0025 t_f$，kJ/（kg·K）]。

解： 根据 t_a 与 c_a 的关系表，可查出当 $t_a = 900$℃时，$c_a = 1.399$kJ/（m³·K）。

由已知条件可得　　$c_f = 1.736 + 0.0025 \times 90 = 1.961$kJ/（kg·K）

根据式（10-35）可求得重油的燃烧产物理论热焓量为：

$$I_0 = \frac{Q_{DW} + L_n c_a t_a + c_f t_f}{V_n} = \frac{39818 + 11.49 \times 1.399 \times 900 + 1.961 \times 90}{12.11} = 4497 \text{kJ/m}^3$$

燃烧过程中过剩空气的百分含量为：

$$V_L = \frac{L_n - L_0}{V_n} \times 100\% = \frac{11.49 - 10.45}{12.11} \times 100\% = 8.6\%$$

查图 10-1 得重油在该燃烧条件下的理论燃烧温度为 $t_{th} = 2330$℃。

根据式（10-36），当高温系数 $\eta = 0.75$ 时，重油在该条件下的实际燃烧温度为：

$$t_{ep} = \eta t_{th} = 0.75 \times 2330 = 1747.5℃$$

10.3.3.3　影响理论燃烧温度的因素

各种炉子对温度都有一定的要求，了解影响燃烧温度的因素很有必要。由式（10-33）可

知,当燃料一定时,影响理论燃烧温度的因素主要有燃料的发热量、空气和煤气的预热温度、空气系数、空气中氧的浓度和各项热损失。在燃烧过程中这些因素不是孤立地对燃烧温度起影响,而是相互联系,综合地对燃烧温度发生影响。因此进一步了解这些因素对理论燃烧温度的影响,对指导燃烧温度的提高具有非常重要的意义。

A 燃料发热量

燃料的发热量越高,其理论燃烧温度越高,故对要求温度高的炉子,应选择发热量高的优质燃料。应注意的是,对于气体燃料,当 Q_{DW} 在 3350 ~ 8374kJ/m³ 范围内,其燃烧温度随 Q_{DW} 值的增加而增长较快。当 $Q_{DW} > 8374kJ/m³$ 以后,随着 Q_{DW} 的增加,其生成的烟气量 V_n 也增加较快,因而使单位体积燃烧产物的热焓没有多大变化,从而其理论燃烧温度增长缓慢。显然,当气体燃料 $Q_{DW} > 8374kJ/m³$ 以后,再提高其发热量意义不大。表 10-12 为某些燃料的燃烧温度举例。

表 10-12 某些燃料的燃烧温度

种 类	焦炉煤气	混合煤气	发生炉煤气	水煤气	裂解气
发热量 Q_{DW} /kJ·m⁻³(对于气体燃料)	15466 ~ 16720	13858	4138 ~ 6479	10383	16251 ~ 34780
燃烧温度/℃	1998	1986	1600	2175	2009 ~ 2038
种 类	天然气	液化石油气	重 油	褐 煤	烟 煤
发热量 Q_{DW} /kJ·m⁻³(对于气体燃料) 或 kJ·kg⁻¹ (对于液、固体燃料)	33440 ~ 38456	113780 ~ 115062	37683 ~ 41870	11724 ~ 17585	20098 ~ 31403
燃烧温度/℃	1900 ~ 1986	2050 ~ 2060	1838 ~ 2042	1375 ~ 1660	1480 ~ 1760

B 空气和煤气的预热温度

空气、煤气的预热温度越高,t_{th} 也愈高。这是因为空气、煤气预热后,增加空气、煤气的物理热,而 V_n 并不增加。从这一角度来说,它比提高 Q_{DW} 更为合适。同时还可以将一些发热量较低的燃料用到要求温度较高的炉子上。由于空气、煤气预热都是利用炉内排出的烟气所带的余热来进行,所以也符合综合利用、回收废气、节约燃料的方针。因此,在有条件的地方都应尽量利用废热来预热空气或煤气。另外比较预热空气和预热煤气,在预热温度相同下,对于高发热量燃料来说,预热空气比预热煤气对提高 t_{th} 更为有利。因为在这种条件下,空气量远比煤气量更多。

C 空气系数

空气系数影响燃烧产物体积,同时也影响燃料的不完全燃烧程度,从而影响理论燃烧温度。当 $n > 1$ 时,n 越大,t_{th} 越低,这是因为 n 值增加时,实际的烟气量 V_n 也增加了,这样就减小了单位体积烟气内的热含量,从而降低了燃烧温度,从这个角度出发不应当采用过大的 n 值。但另一方面,空气消耗系数如果太小($n \leqslant 1$ 时),则会造成不完全燃烧而同样使燃烧温度降低。因此,在生产中必须在保证完全燃烧的条件下,尽量减小 n 值。

D 热损失

减少 Q_i 和 $Q_{t.c}$,即使燃烧尽量燃烧完全,并减少燃烧过程向周围散失的热量,可达到提高燃烧温度的目的。

　　E　助燃空气含氧量

　　由以上分析可以看出，燃烧产物体积的大小对理论燃烧温度影响很大，因此，如果不是用空气，而是用氧气或富氧空气作为燃烧反应的氢化剂，则燃烧产物体积可大为减小（因减少了燃烧产物中的 N_2 量），从而可显著提高理论燃烧温度。

10.4　燃料的燃烧

10.4.1　气体燃料的燃烧

　　气体燃料的燃烧是气体燃料中的可燃物与空气中的氧进行激烈化学反应的过程。从本质上讲，其过程包括以下 3 个阶段，即：煤气与空气的混合，混合后的可燃气体的加热和着火，完成燃烧化学反应进行正常燃烧。

　　目前生产上常根据煤气与空气在燃烧前的混合方式不同，将煤气的燃烧方法分为两类，即有焰燃烧法和无焰燃烧法。

10.4.1.1　有焰燃烧（扩散燃烧）方法

　　所谓有焰燃烧法，指的是煤气与空气在燃烧器（简称烧嘴）中不预先混合或只有部分混合，而是在离开烧嘴进入炉内以后，在炉内（或燃烧室内）边混合边燃烧，即混合与燃烧是同时进行，形成一个火焰。这时燃烧速度受到混合速度的限制，火焰较长，这种"边混式"的燃烧，通称为"有焰燃烧"。因为其中的混合过程是一种物质扩散现象，故有焰燃烧的原理属于"扩散燃烧"，它主要决定于物理方面的因素。

　　在这种燃烧方法中，因为煤气中有部分的碳氢化合物在炉膛内因不能立即与空气混合而燃烧，使它在高温下受热后裂化，析出微小的固体碳粒。这种碳粒具有较强的辐射和反射能力，而且能辐射出可见光波，呈现出明亮的火焰，故称为"有焰燃烧"。

　　有焰燃烧所用的燃烧装置称为有焰烧嘴。由于煤气和空气的混合特点不同，有焰烧嘴的种类也很多，套筒式烧嘴的结构如图10-2 所示。

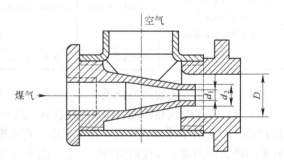

图 10-2　套筒式烧嘴

10.4.1.2　无焰燃烧（动力燃烧）方法

　　所谓无焰燃烧法，指的是煤气和空气在进入炉膛（或燃烧室）之前预先进行了充分的混合，这时燃烧速度极快，整个燃烧过程在烧嘴砖（也叫燃烧坑道）内就可以结束，火焰很短，甚至看不到火焰，这种"预混式"的燃烧通称为"无焰燃烧"。因为它的着火和正常燃烧是传热和化学反应现象，主要取决于化学动力学方面的因素，故无焰燃烧的原理属于"动力燃烧"。

　　由于煤气与空气在烧嘴内部已完全混合好，则混合物一进入炉膛后即可立即进行燃烧，因产生的火焰辐射能力小，清澈透明，似无焰，故称为"无焰燃烧"。

　　无焰燃烧法所用的燃烧装置称为无焰烧嘴。目前在工业上应用的无焰烧嘴是喷射式的，即以煤气作为喷射介质，按比例吸入助燃所需的空气量，并经过充分混合，而后喷出燃烧，其结构示意图如图10-3 所示。

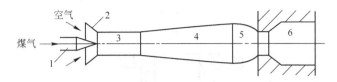

图 10-3　喷射式无焰烧嘴的结构示意图

1—喷射管；2—吸入管；3—混合管；4—扩张管；5—烧嘴喷头；6—加热坑道

10.4.2　液体燃料的燃烧

　　液体燃料也是工业生产中常用的一种燃料，多用重油，下面重点研究重油的燃烧，其燃烧原理、燃烧方法和燃烧装置对其他液体燃料基本上也是一样的。

　　由于重油的性质与煤气不同，重油的燃烧也有它不同的特点。为了强化燃烧过程，增加与空气的接触面积，重油燃烧时，必须先把它破碎成微小颗粒的油雾，也就是所谓的"雾化"。

　　重油的燃烧是雾化后的油粒与空气的混合、着火和燃烧。所以重油的燃烧过程包括雾化与混合、着火和燃烧 3 个阶段。研究重油的燃烧就是重点研究油雾的燃烧。

　　实现重油燃烧过程的主要燃烧装置为喷嘴。重油喷嘴的类型很多，通常是根据雾化的方法不同，分为低压油喷嘴（图 10-4）、高压油喷嘴和机械油喷嘴。表 10-13 为各种类型油喷嘴的主要特征。

表 10-13　各种油喷嘴的主要特征

序号	项　目	低压喷嘴	高压喷嘴		涡流式机械雾化喷嘴	转杯式机械雾化喷嘴
			蒸汽雾化	压缩空气雾化		
1	调节比	1:5～1:8	1:6～1:100		1:2～1:3	1:4
2	雾化剂压力	4903～9807Pa	490333～588399Pa	294200～686466Pa		
3	雾化剂消耗量	75%～100%的理论空气量	0.4～0.6kg/kg	0.5～0.8m³/kg		
4	雾化剂喷出速度	50～86m/s	300～400m/s			
5	油压	49033～98067Pa	98067～490333Pa		980665～2941995Pa	196133～392266Pa
6	燃油量	2～300kg/h	10～1500kg/h		30～2000kg/h	10～1000kg/h
7	要求的油黏度	3.5～5.9E	4～15°E（一般4～6）		2～3.5°E	2.5～8°E
8	助燃空气供给方式	一般不另行供给	全部另行供给	部分另行供给	全部另行供给	部分另行供给
9	空气系数	1.1～1.15	1.25			
10	空气最高预热温度	300℃	800℃		800℃	
11	结构特点	较简单	最简单，不易堵塞		简单但加工精度高	较复杂
12	能量消耗及经常费用	较低	较高		最小	较低
13	初建费用	较低	最低		较高	最高
14	适用范围	加热炉、隧道窑、热处理炉、退火炉、石灰窑	回转窑、池窑、锅炉、珍珠岩焙烧窑、冲天炉、铸石窑、烘干机		回转窑、大型加热炉，锅炉	热处理炉、锅炉

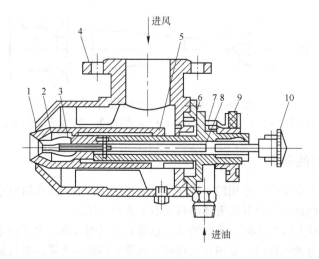

图 10-4　RK 型三级雾化低压油喷嘴
1—空气喷头；2—油喷头；3—针阀；4—壳体；5—导向螺钉；6—转动轴套；
7—调风杆；8—油套筒；9—调风轮；10—转动把手

　　近年来，为了强化油的燃烧过程，节约燃料，将一部分水加入油中，经乳化使之成油水乳化液，然后经过油喷嘴燃烧。

　　目前国外制备乳化油的方法有流体机械搅拌法，乳化剂法和超声波法。超声波法在国内已广泛采用，其中效果较好的是弹簧片式超声波发生器。其工作原理如图 10-5 所示。高压泵把油水混合物通过管道打入喷嘴以后，以 30m/s 的速度射出，打在弹簧片上，激发其共振，

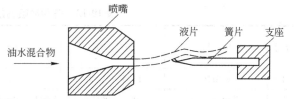

图 10-5　弹簧片式超声波发生器工作原理

向油水混合物中辐射超声波，使油和水极均匀的混合而成乳状液。

　　许多关于乳化液燃烧机理的研究表明，乳化液燃烧之所以能改善燃烧过程，主要是因为乳化油雾化以后，形成油包水的颗粒，当其进入高温区时，里面的水首先达到沸点而汽化，由于变成蒸汽后体积剧增，致使冲破外层油膜而产生"微爆效应"，出现二次雾化，所以能在低氧条件下强化燃烧，降低空气过剩系数，减少排烟热损失。

　　另一方面，乳化油燃烧一般为对称裂解，不会产生单质游离碳，故可消除黑烟和结焦。由于形成燃烧活化中心，因而促进燃烧火焰均匀稳定，增加热辐射和热传递。由于燃烧充分，能大幅度减少烟尘及有害气体的排放，减少了环境污染。

　　国内普遍认为，最佳掺水率为 10% ~30%，节能剂按水量的 3%。增大掺水率会因这部分水的吸热而抵消了部分节油效果。

　　总之，生产实践证明，油掺水燃烧法是一种改善雾化质量和节约油的有效措施，节约效果显著。

10.4.3　固体燃料的燃烧

10.4.3.1　块煤的燃烧

块煤的层状燃烧法是一种最简单最普遍的燃烧方法。它是使煤炭在自身重力的作用下堆积

成松散的料层，而助燃用的空气则从下而上地穿过煤块之间的缝隙并和煤进行燃烧反应。这种燃烧方法的主要优点是设备简单，燃烧稳定。它的缺点是对煤炭质量要求较高，燃烧强度不能太大，加煤和清渣的体力劳动比较繁重。

10.4.3.2 粉煤的燃烧

为了克服层状燃烧的缺点，在有些冶金炉上采用粉煤悬浮燃烧法，此法是将煤炭磨成一定细度的粉煤，然后用空气沿管道通过燃烧器喷入炉内使煤粉呈悬浮状态进行火炬式的燃烧。用来输送粉煤的空气，称为一次空气，约占燃烧所需空气量的15%～50%，其余的空气直接通入炉内，称为二次空气。

和煤的层状燃烧比较起来，这种燃烧方法由于粉煤颗粒细，与空气接触面大，故燃烧速度快，在较小的空气系数（$n = 1.2 \sim 1.25$）下即可完全燃烧，可获得较高的燃烧温度，其燃烧过程易于调节，还可以利用劣质煤和碎煤。

粉煤燃烧的主要缺点是燃烧后灰分大部分落在炉膛中，对金属加热和熔炼质量均有影响。另外粉煤的制备和贮存较为困难。

10.4.3.3 水煤浆燃烧及沸腾燃烧技术简介

A 水煤浆燃烧技术

水煤浆是一种新型代油燃料。水煤浆是由65%～70%的经过洗选磨细（平均粒径70μm，最大不超过0.28mm）的煤，30%～35%的水和1%左右的添加剂组成的液态燃料。其运动黏度通常为$10^{-3}\mathrm{m}^2/\mathrm{s}$左右（剪切率100/s），具有与石油类似的物性，可以像石油那样输送、装卸、贮存、泵送、雾化和燃烧，在常温下流动性比重油好。我国制备的水煤浆具有良好的稳定性，经过长距离的罐车运输和船舶运输试验，在 $-15 \sim +40℃$ 气候条件下都不会发生硬沉淀或变质。与煤炭相比，水煤浆装、贮、运方便，燃烧温度和速率较高，负荷容易调节，火焰充满度好，在贮运过程中不会发生氧化变质、自燃和爆炸，没有煤尘飞扬的污染。水煤浆中含有水分30%～35%，但着火温度还比煤低100℃，燃烧效率可达98%～99%，其低发热量一般为19000～21000kJ/kg，2t浆相当于1t油，燃油设施稍加改造就可应用。

水煤浆的应用，改善了煤炭产品结构，为社会节能创造了条件；使矿区煤泥化害为利，节约了好煤。同时，以煤代油是我国能源政策的重要组成部分，而水煤浆是实现以煤代油的一条重要技术途径，它的工业应用不仅有经济效益和环境效益，而且有着明显的节能效果。

水煤浆技术是近20年发展起来的，美国、日本、瑞典、俄罗斯和意大利等国家，都投入了大量人力、物力进行研究开发，并已达到工业化应用水平，我国已领先进入工业应用阶段。

B 沸腾燃烧技术

沸腾燃烧法是一种很有发展前途的新型燃烧方法，它是利用空气动力使煤在流态化状态下完成传热、传质和燃烧反应。所使用的煤的粒度一般在8～10mm以下，大部分是0.2～3mm的碎屑。运行时，刚加入的煤粒受到气流的作用，迅速和灼热料层中的灰渣粒子混合，并与之一起上下翻腾运动，故称沸腾燃烧，如图10-6所示。

沸腾炉的料层温度一般控制在850～1050℃，沸腾层的高度约1.0～1.5m，其中新加入的燃料仅为5%，因此，整个料层相当于一个大蓄热池，燃料进入沸腾料层后，就和几十倍以上温度的灼热颗粒混合，因此，能很快升高温度并着火燃烧，即使对于多灰、多水、低挥发分的劣质燃料也能维持稳定的燃烧。所以能烧各种燃料，解决了劣质煤的利用问题，并给大量煤矸石的利用找到出路，因此，从1965年后沸腾燃烧法在锅炉上发展很快（如图10-7），对解决我国煤炭资源的合理利用问题有重要意义。

沸腾燃烧的优点是：适应性广，能烧各种煤（包括劣质煤和煤矸石）；由于在沸腾炉内，

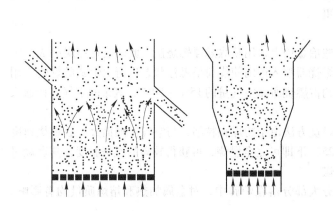

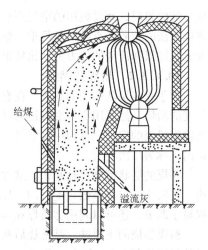

图 10-6　沸腾燃烧时煤粒翻滚运动示意图　　　图 10-7　沸腾燃烧锅炉

燃料与空气能强烈地混合，燃烧迅速，故燃烧效率高，最高可达 99% 以上，燃烧室紧凑；如加入石灰石，可以大幅度地脱硫；且因燃烧温度低，故高温 NO_x 生成少。

　　无论是何种燃料的燃烧，在提高其燃烧效率的同时都应关注其燃烧的安全性，尤其应避免燃料与空气混合时由于比例不当而发生爆炸等危害，表 10-14 为某些燃料与空气的混合物的着火温度和爆炸极限。

表 10-14　某些燃料与空气的混合物的着火温度和爆炸极限

名　称	着火温度 /℃	爆炸极限（体积）/%		名　称	着火温度 /℃	爆炸极限（体积）/%	
		下限	上限			下限	上限
氢　气	530	4.1	74.2	焦炉煤气	500～550	5～7	21～31
一氧化碳	610	12.5	74.2	天然气	530～650	4.5～5.5	13～17
甲　烷	645	5.0	15.0	重　油	580	1.2	6.0
乙　炔	335	2.5	80.0	焦　炭	700	—	—
硫化氢	290	4.0	44.0	无烟煤	600～700	—	—
苯	560	1.2	7.8	烟　煤	400～500	—	—
发生炉煤气	600～700	20～35	65～75	褐　煤	250～450	—	—
高炉煤气	600～700	35～46	62～75				

习　题

10-1　已知发生炉煤气的干组成为：$CO^g\% = 28.8\%$，$H_2^g\% = 15.4\%$，$CH_4^g\% = 3.08\%$，$C_2H_6^g\% = 0.62\%$，$CO_2^g\% = 7.71\%$，$O_2^g\% = 0.21\%$，$N_2^g\% = 44.18\%$，煤气的温度为 23℃，试确定此煤气的湿组成和低发热量。

10-2　已知煤的可燃组成为：$C^r\% = 80.2\%$，$H^r\% = 6.1\%$，$C^r\% = 11.6\%$，$N^r\% = 1.4\%$，$S^r\% = 0.7\%$，$A^g\% = 8.2\%$，$W^y\% = 3.5\%$，试确定此煤的实用组成和低发热量。

10-3　某炉用发生炉煤气为燃料，其湿组成为：$CO_2^s\% = 4.5\%$，$CO^s\% = 29.0\%$，$H_2^s\% = 14.0\%$，$CH_4^s\% = 1.8\%$，$C_2H_4^s\% = 0.2\%$，$H_2S^s\% = 0.3\%$，$N_2^s\% = 48.2\%$，$H_2O^s\% = 2.0\%$。当 $n = 1.1$ 时，试计

算：（1）理论空气需要量与实际空气需要量；（2）理论烟气量与实际烟气量。

10-4 已知煤的实用组成如下：$C^y\% = 72.0\%$，$H^y\% = 4.4\%$，$O^y\% = 8.0\%$，$N^y\% = 1.4\%$，$S^y\% = 0.3\%$，$A^y\% = 4.9\%$，$W^y\% = 9\%$，S 均以有机硫存在，当 $n = 1.2$ 时，试计算实际空气需要量、燃烧产物体积和产物组成。

10-5 已知发生炉煤气的干组成为：$CO^g\% = 29.8\%$，$H_2^g\% = 15.4\%$，$CH_4^g\% = 3.08\%$，$C_2H_4^g\% = 0.62\%$，$CO_2^g\% = 7.71\%$，$O_2^g\% = 0.21\%$，$N_2^g\% = 43.18\%$，煤气的温度为 23℃，空气预热到 300℃，煤气预热到 200℃，空气系数 $n = 1.2$，求此煤气的低发热量、空气需要量，燃烧产物量、燃烧产物组成、产物密度和理论燃烧温度。

10-6 已知重油实用组成为：$C^y\% = 85.0\%$，$H^y\% = 11.3\%$，$O^y\% = 0.9\%$，$N^y\% = 0.5\%$，$S^y\% = 0.2\%$，$A^y\% = 0.1\%$，$W^y\% = 2.0\%$，为了降低重油的黏度，燃烧前将重油加热到 90℃，喷嘴用空气作雾化剂，空气系数为 $n = 1.2$，空气预热至 400℃。求此重油的低发热量、空气需要量、燃烧产物量、燃烧产物组成、产物密度和理论燃烧温度。

10-7 已知某熔炼焙烧料的冰铜反射炉、采用粉煤作燃料，其原煤的组成为：$C^r\% = 82\%$，$H^r\% = 7\%$，$N^r\% = 1\%$，$S^r\% = 1\%$，$O^r\% = 9\%$，$A^g\% = 10\%$，$W^r\% = 5\%$，空气系数 $n = 1.2$，一次空气量为 20%，其预热温度为 110℃；二次空气量为 80%，其预热温度为 500℃，冰铜反射炉的高温系数 $\eta = 0.75$，试求粉煤的实用组成、低发热量、空气需要量、燃烧产物量、燃烧产物组成和密度以及实际燃烧温度为多少（计算中考虑空气中水分的影响，空气温度为 21℃）。

参 考 文 献

[1] 刘人达. 冶金炉热工基础. 北京：冶金工业出版社，1980.
[2] 孟柏庭. 有色冶金炉. 第3版. 长沙：中南大学出版社，2005.
[3] 蔡乔芳. 加热炉. 第3版. 北京：冶金工业出版社，2007.
[4] 化工部热工设计技术中心站. 热能工程设计手册. 北京：化学工业出版社，1998.
[5] 有色冶金炉设计手册编委会. 有色冶金炉设计手册. 北京：冶金工业出版社，2000.
[6] 任泽濡，蔡睿贤. 热工手册. 北京：机械工业出版社，2002.
[7] 唐谟堂. 火法冶金设备. 长沙：中南大学出版社，2003.
[8] 韩昭沧. 燃料及燃烧. 第2版. 北京：冶金工业出版社，1994.

11 工业设备材料

11.1 腐蚀与防腐蚀

11.1.1 腐蚀的概念和分类

金属由于外部介质的化学作用或电化学作用而引起的破坏称为腐蚀。

材料的耐腐蚀性（或化学稳定性）是相对的及有条件的。绝对耐腐蚀的材料实际上是不存在的。一定的材料只适用于一定的条件，如操作介质的种类、浓度、温度和压强等等。

金属材料的耐腐蚀性，通常用腐蚀速度 mm/a 来表示。一般认为腐蚀速度在 1mm/a 以下者是耐腐蚀的。目前对腐蚀作用的评定方法不统一，应根据具体条件选用不同的方法。

评定金属材料腐蚀作用的方法有：视觉观察、质量变化、显微观察、物理性质变化和电阻变化等。而非金属材料的耐蚀性通常采用视觉观察、质量变化和物理性质变化来评定。

按腐蚀的原因分，腐蚀可分为化学腐蚀和电化学腐蚀。

化学腐蚀是金属和外界介质的化学作用，它服从于多相反应化学动力学的基本规律。这种腐蚀所生成的腐蚀产物，可能形成不同厚度的膜，这个膜对金属腐蚀的速度影响很大，干燥气体、非电解质溶液和高温下各种气体与金属的作用等均属于化学腐蚀。

电化学腐蚀是金属和外界介质的电化学作用，它服从于电化学动力学的基本规律，腐蚀过程与金属及电解质的性质有密切关系，随着金属破坏的同时，有电流从金属的一部分流到金属的另一部分，铁在潮湿空气中生锈，金属在酸中的溶解等均属于电化学腐蚀。

一般来说电化学腐蚀比化学腐蚀强烈很多：金属的破坏大多数是电化学腐蚀所致，非金属材料则大多数是由化学（或物理机械）的因素而引起破坏。

按腐蚀环境分，腐蚀可分为大气腐蚀、水腐蚀、土壤腐蚀和化工介质腐蚀等四种，化工介质的腐蚀是最广泛的一种电化学腐蚀，化工介质有酸、碱、盐和有机溶剂等，介质浓度在实际生产中是经常变动的，有时混酸或酸碱交替的腐蚀性最大。

11.1.2 影响腐蚀的因素

影响腐蚀的因素很多，但总的可分为腐蚀的内在因素和外在因素两方面，属于前者是材料的本身问题；属于后者的影响，现分述如下。

11.1.2.1 操作介质对腐蚀的影响

衡量电解质溶液性质的重要指标是 pH 值，介质 pH 值对腐蚀速度影响很大。pH 值为 7 的中性盐溶液，一般随盐类溶液浓度的增加，腐蚀速度加快，但当盐的浓度超过某一值后，腐蚀速度逐渐下降，腐蚀速度有一最大值，即 pH 值小于 7 的酸性溶液，在非氧化性酸溶液内（如盐酸，小于 70% 的硫酸），酸的浓度愈大，腐蚀速度愈高，且在腐蚀过程中常有氢气析出。在氧化性酸溶液内（如硝酸，大于 70% 的硫酸），有两种情况：若金属表面能形成致密的保护膜，则金属腐蚀速度随着酸浓度增高而减少；若金属表面不能形成致密保护膜，则腐蚀速度随酸浓度增加而加大。对 pH 值大于 7 的碱性溶液，腐蚀速度基本上与生成的腐蚀产物特性有关。当电解质内形成不溶性的腐蚀产物时，随着溶液浓度的增加，腐蚀速度减少；当形成可溶性化合物时，随着浓度的增加，腐蚀速度加快。

介质中所含杂质对腐蚀也有影响，如水介质中含有 Cl^- 或 SO_4^{2-}，使钢材表面产生局部电流，引起电化学腐蚀，尤其是含有 Cl^- 对不锈钢也有腐蚀。

介质中含水的影响，有些介质在不含水的情况下对金属的腐蚀不大，如氯气、氯化氢、氢氟酸等。而含有水的氯气、氯化氢、氢氟酸对金属腐蚀就显得十分严重。又如硫化氢及二氧化碳溶解在冷凝液或循环水中，生成酸性水溶液，对碳钢产生强烈电化学腐蚀。在加压条件下，它们在水中溶解度愈大，则酸性愈强，腐蚀愈严重。

相态的影响，气相和液相的腐蚀情况不同，一般在相变部位腐蚀比较严重。

11.1.2.2 温度和压强对腐蚀的影响

在大多数情况下，溶液的温度增高，其腐蚀速度加快，尤其是受火直接加热的设备，腐蚀速度更快。温度的急剧变化，对非金属材料，尤其是衬里设备，有时由于衬里和金属壳体的胀缩不一致，易引起开裂或脱落。

压强对气体介质在溶液中的溶解度有很大影响，一般来说，压强提高，溶解度增大，腐蚀速度加快。在加压条件下对有些涂料来说，如生漆，腐蚀介质对其渗透性加大，加速漆膜的损坏。

11.1.2.3 溶液运动速度对腐蚀的影响

冶金中不少设备都在介质运动的条件下操作，随着溶液运动速度的增大，在大多数情况下都会使腐蚀加速，如没有搅拌装置与带有搅拌装置的设备，腐蚀程度就不同，后者较前者腐蚀严重，同时搅拌器比设备本身腐蚀更快。又如泵壳和泵叶轮腐蚀情况也不一样，叶轮因其转数较高，加上磨损，寿命较短。

11.1.2.4 其他因素对腐蚀的影响

许多设备或零件在制造后有残余应力存在，它会加速腐蚀，应力愈大，愈易腐蚀。如热交换器管板上胀管部位腐蚀一般较其他部位严重。由于设备绝缘不良而产生漏电也会造成设备的腐蚀。

11.1.3 防腐蚀的方法

目前，工业上采用了多种多样的方法来保护材料不遭受腐蚀，介质条件不同，所采用的保护方法往往也有所不同。防止腐蚀的方法大体上可以分为以下几类：

(1) 选择适当的金属或合金及正确地确定加工工艺和设计合理的结构。金属及其合金的化学稳定性，与它们组成的结构、热处理以及加工制造等都有关系，所以正确选择材料及加工方法是一个很重要的问题。材料选好，就要正确地进行结构设计，设计出的结构不仅要满足冶金过程及机械方面的要求，同时还必须在防腐蚀方面是合理的，应该把选择合理的结构，看作是保护因素之一。

(2) 用非金属材料代替金属材料。许多非金属材料，如陶瓷、石墨、塑料等都具有优良的化学稳定性，因此近代冶金工业选用材料的趋势，正在越来越多地采用各种非金属材料来制造设备。因此，我们有必要很好地研究并掌握非金属材料的耐蚀性能、制造方法等。

(3) 利用各种保护层。借助于在制作表面上制成保护层的方法，是冶金工业非常重要和普遍采用的方法，按照保护层的材料和制造方法的不同可分为：

1）金属保护层，包括电镀、喷镀、热浸、渗镀、化学镀、机构包层（热压）以及其他等。

2）非金属保护层，例如岩石、耐酸砖、耐酸水泥、塑料、橡胶、搪瓷等衬里，或用它们组成的联合覆盖层。

3）非金属膜，这是借金属表面的化学处理，而在金属表面形成的保护膜，如氧化物膜、磷酸盐的膜等。

（4）用电化学保护法防止设备的腐蚀。电化学腐蚀是由于金属在电解质溶液中，分成阳极区和阴极区，存在着一定电位差，组成了腐蚀电池而引起的腐蚀。电化学保护就是对被保护的金属设备通以直流电流进行极化，以消除这些电位差，使之达某一电位时，被保护金属可以达到腐蚀很小甚至无腐蚀状态。这是一项较新的防腐蚀方法，但要求介质必须是导电的连续的，如有机介质和大气、蒸气介质就不适用。电化学保护可分为阴极保护和阳极保护两种。

（5）添加缓蚀剂防止设备腐蚀。在腐蚀性介质中加入少量的某些物质，它能使金属的腐蚀速度大为降低甚至停止，这种物质称为缓蚀剂。缓蚀剂加入介质后不影响工艺过程的进行，同时也不影响产品的质量。选择缓蚀剂种类及用量时，必须根据设备所处的具体操作条件通过实验加以确定。缓蚀剂按成分可分为无机缓蚀剂和有机缓蚀剂，前者如重铬酸盐、磷酸盐、碳酸氢钙等；后者如有机胶体、醛类、酮类和酚类等。采用缓蚀剂防腐蚀，近几年来发展较快。

（6）消除外界环境对腐蚀的影响。设备的腐蚀是由外界环境的影响而产生的，如果消除了外界环境中引起腐蚀的因素，自然就可以防止腐蚀。因此改变生产工艺过程也是减少腐蚀的重要方法。

11.2 金属防腐材料

11.2.1 碳钢和铸铁

碳钢和铸铁都是以铁为主要元素的铁碳合金，通常把含碳量在 2.0%（质量分数）以下的铁碳合金称为碳钢，含碳量在 2.0% 以上的铁碳合金称为铸铁。碳钢和铸铁在各种介质中的耐腐蚀性能介绍如下。

11.2.1.1 在酸中的腐蚀

碳钢或铸铁在非氧化性酸（如盐酸或浓度小于 70% 的硫酸）中，遭受强烈腐蚀，且随酸的浓度增加，腐蚀速度迅速加快。铸铁在非氧化性酸中比碳钢腐蚀更剧烈。故处理盐酸设备的材料不能采用碳钢或铸铁。

在氧化性酸（如硝酸、浓硫酸）中，腐蚀速度决定于酸的氧化能力。在硝酸中腐蚀速度以浓度为 30% 时为最快，浓度再高则腐蚀速度逐渐降低，当浓度大于 50% 时，由于钝化，腐蚀速度显著下降。在浓度大于 70% 的硫酸中是稳定的，但浓度为 99%～100% 的硫酸由于过钝化作用会使膜破坏。在浓硫酸中铸铁比碳钢耐腐蚀。

在实际生产中，浓度大于 50% 硝酸，虽能钝化，但由于金属表面不够洁净等原因，仍会产生腐蚀，故在浓硝酸生产中，一般不用碳钢设备。在硫酸生产中，由于浓硫酸往往会吸收空气中的水分而稀释，故有时采用砖、板衬里设备。

在非氧化性的有机酸（如乳酸、苯酸、柠檬酸等）中不稳定，但在无水的有机介质（如醇类、苯等）则是稳定的。在发烟硫酸中碳钢比铸铁更抗蚀。

11.2.1.2 在碱溶液中的腐蚀

碳钢或铸铁在30%以下的碱性溶液中具有良好的化学稳定性。随着浓度的提高，腐蚀速度也加快，尤其温度升高时更为显著。在热浓碱液中，如果同时存在应力作用，则容易发生碱脆现象。因此对处理碱液的设备钢材，要求具有良好的韧性、耐碱脆性及良好的焊接性等，故要求钢材有较高的纯度。

11.2.1.3 在中性盐类溶液中的腐蚀

一般来说盐类溶液对碳钢和铸铁比水能引起更强的腐蚀。当盐的浓度较大时，腐蚀速度会下降。此外，腐蚀速度还与腐蚀产物的可溶性有关。对氧化性的盐类，如 $K_2Cr_2O_7$、K_2CrO_4、$KMnO_4$ 等，即使浓度很小时也能钝化。对能水解生成游离酸的盐类，如 $AlCl_3$、$MgCl_2$ 等，其溶液会剧烈地腐蚀碳钢。

11.2.1.4 在水中的腐蚀

钢铁在水中一般是不耐腐蚀的，其腐蚀速度与氧在水中的浓度有关，当 pH 值小于 7 时影响更大。腐蚀速度与水中溶解的氧的浓度成正比，但当氧的浓度达到某一极限时，腐蚀速度显著下降。

11.2.1.5 在氯中的腐蚀

氯气对碳钢的腐蚀速度决定于介质温度及有无水分存在等因素。常温干燥氯气的腐蚀性不剧烈，碳钢或铸铁均可采用。但当温度升高至一定程度时，腐蚀迅速加剧。温度在露点以下的湿氯气腐蚀十分严重。但当温度升高达一定程度时，水蒸气反而能阻止氯气对碳钢的腐蚀。

11.2.2 高硅铁

含硅量为10%～18%的铸铁称为高硅铁，它在氧化性介质中具有很强的耐腐蚀性，这是普通铸铁所不能比拟的。它能耐硫酸、硝酸、铬酸、醋酸等介质的腐蚀。在常温（30℃以下）盐酸中尚耐腐蚀，随着温度的升高而腐蚀加快。为了提高其在盐酸（特别是热盐酸）中的耐腐蚀性，在高硅铁中加入 3.5%～4% 钼（称为硅钼铸铁）可得到良好的效果。

高硅铁对卤素、苛性碱溶液、氢氟酸、亚硫酸等均不耐腐蚀。

高硅铁性脆、硬度高，一般不易切削加工，热膨胀系数很大，当温度急变时易开裂，不能局部加热或骤冷骤热。加入稀土元素，有助于其性能的改善。

11.2.3 不锈耐酸钢

不锈耐酸钢是不锈钢与耐酸钢的总称。在空气中能够抵抗腐蚀的钢叫不锈钢；在某些化学侵蚀介质中能够抵抗腐蚀的钢叫耐酸钢。因此，不锈钢并不一定耐酸，而耐酸钢一般来说却具有良好的不锈性能。

不锈耐酸钢抵抗介质腐蚀的能力，一般认为是由于钢在腐蚀介质的作用下，在它表面上形成所谓钝化膜的结果，而耐腐蚀能力的大小，则取决于钝化膜的稳定程度以及其他许多因素。

不锈耐酸钢的耐腐蚀能力，即耐腐蚀性。除了与钢的化学成分有关外，还与介质的种类、浓度、温度、压强、流动速度以及其他条件有关。因此，在决定不锈钢的用途时，必须根据钢种特点并结合各种影响因素全面考虑，否则不锈耐酸钢就不能产生应有的耐蚀效果。例如，含13%铬的不锈钢能够抵抗室温下任何浓度硝酸的腐蚀。但在沸腾温度时，这种钢就不能耐蚀了；又如高铬耐酸钢在氧化性介质中有非常良好的耐蚀性，但在某些还原性介质中，如稀硫酸中，便不能耐蚀了。到目前为止，还没有一种万能的不锈耐酸钢能抵抗所有介质的腐蚀。

在冶金工业中应用比较多的一种不锈耐酸钢就是镍铬不锈钢。它在硝酸中，当浓度不高于

95% 和温度不超过 70℃ 时是稳定的，但是它在硫酸、盐酸、氢氟酸溶液中是不稳定的。在磷酸中，只有当温度低于 100℃ 和浓度不高于 60% 时才稳定。在苛性碱中，除熔融的碱以外，镍铬钢是稳定的。有机酸在室温时对镍铬钢不起作用，在其他有机介质中，镍铬钢大多是稳定的。在碱金属和碱土金属的氢化物溶液中，即使在沸腾时，镍铬钢也是稳定的。硫化氢、一氧化碳、室温下干燥的氯气、30℃ 以下的二氧化硫、氮的氧化物对镍铬钢均无破坏性。

11.2.4　耐热钢

耐热钢是指在高温条件下兼有抗氧化性和能保持足够的高温强度，耐热性能良好的钢，是耐氧化钢和热强钢的总称。高温下有较好的抗氧化性，又有一定强度的钢种，称为耐氧化钢（又叫不起皮钢）。它一般用来制造炉用零件和热交换器，例如燃气轮机的燃烧室、锅炉吊挂、加热炉底板和辊道以及炉管等。在高温下有一定的抗氧化能力和较高的机械强度的钢种，称为热强钢。它一般用来制造高温下工作的机械零件，例如汽轮机、燃气轮机的转子和叶片、锅炉过热器、高温条件下工作的螺栓和弹簧、内燃机进、排气阀等。由于在有色冶金生产中，很多机器和设备都是在高温条件下操作的，因此，了解耐高温材料的性能是很有实际意义的。耐热钢在高温下的耐蚀性是由于在金属表面上形成的保护膜的保护作用。目前已有很多种不同成分的耐氧化钢和热强钢，它们的牌号和用途可查有关产品目录。

11.2.5　铝及其合金

11.2.5.1　铝

铝在空气中能与氧作用生成氧化膜，铝的腐蚀与氧化膜在各种介质中的稳定性有关，在干燥或潮湿的空气中纯铝是耐腐蚀的，SO_2 对铝的腐蚀作用也不大。在盐类溶液中，铝的腐蚀主要决定于阴离子的特性。卤素一般都破坏氧化膜，其破坏程度是：$F^- > Cl^- > Br^- > I^-$。如果盐溶液具有氧化性，铝在其中能生成氧化膜时，铝不被腐蚀。例如，铬酸盐、硝酸盐溶液是氧化性的盐溶液，它们均不与铝作用。

铝在盐酸、氢氟酸中不耐腐蚀。在硝酸中，随着硝酸浓度的升高，铝的腐蚀速度增加至最大值，然后硝酸浓度再增加时，铝的腐蚀又开始降低，当硝酸浓度很高时，铝比不锈钢的耐蚀性高得多。铝在稀硫酸中和发烟硫酸中较稳定，但在中高浓度硫酸中不稳定。铝在醋酸等许多有机酸中耐蚀，但在蚁酸、草酸和氯化醋酸中不耐蚀。铝不耐碱但耐氨水。

高纯铝（含铝大于 99.8%）可用于制造对耐腐蚀要求较高的浓硝酸设备。工业纯铝（含铝 99.0% ~99.7%）可用于制造操作温度低于 150℃ 的浓硝酸、醋酸、肥料、碳酸氢铵生产中的塔器、冷却水箱、热交换器、深冷设备及贮存设备等。

铝对辐射热的反射率可达 95%，因此可作为贮存甲醇、乙醇、甲醛等易挥发的有机溶剂的容器与贮槽。

铝可作为钢铁设备的喷镀与衬里的材料；铝不会产生火花，适宜于制造贮存易燃、易爆物料的容器。

11.2.5.2　铝合金

铝可以和镁、铜、硅、锰和锌等元素形成合金。一般的铝合金对于被含硫燃料燃烧气体所污染的大气、海洋大气、淡水及海水有较高的耐蚀性，但是容易发生孔蚀。铝合金在氧化性介质中耐蚀，在 NH_4NO_3、$(NH_4)_2SO_4$、$CaCl_2$、Na_2SO_4 等非氧化性盐溶液中发生局部腐蚀。

铝合金耐室温下任何浓度的氢氧化铵的腐蚀，但在高温时，铝合金能被氨所破坏。

铝合金可用作海水淡化传热管，其中效果较好的有 Al-Mn1.2%-Mg1%、Al-Mn1.2%、

Al-Mg2. 5% -Cr0. 25% 等，但还存在一些问题尚待研究解决。

11.2.6　铜及其合金

11.2.6.1　铜

纯铜的外观为紫红色，习称为紫铜。

铜在淡水、海水或中性盐类的水溶液中（pH 值为 7～12 之间），尤其当含溶解氧时，由于表面生成氧化膜而钝化耐蚀。但当水中含有氧化性盐类（如 Fe^{3+}、CrO_4^{2-}）时，会加速铜的腐蚀。铜不但耐海水腐蚀，而且表面不附着海生物，因此常用于舰船与使用海水的设备中。

铜不发生氢离子去极化腐蚀，因此，当非氧化酸中没有氧和其他氧化剂存在时，铜不被腐蚀。当有氧及氧化剂存在时，铜受到腐蚀，在盐酸中，特别是在高浓度的盐酸中，由于生成络离子 $[CuCl_2]^-$，因而铜所受到的腐蚀比在硫酸中剧烈。铜可以在室温下浓度不高的硫酸及亚硫酸中使用。

铜在各种有机酸中及醇、酚油中都是稳定的。

在氧化性酸中，铜遭到严重的腐蚀。

在没有氧化剂的中性盐及碱溶液中，铜相当稳定，但一旦有氧或氧化剂存在时，铜即发生腐蚀。在氨、铵盐及氰化物的水溶液中，如果有氧及氧化剂存在，由于溶解的 Cu^{2+} 会形成络合离子 $[Cu(NH_3)_4]^{2+}$ 和 $[Cu(CN_4)]^{2-}$，因而铜发生强烈腐蚀。

在 Cl_2、Br_2、I_2、CO_2、SO_2、H_2S 的气体中，特别是在潮湿条件下，铜易腐蚀。

11.2.6.2　铜合金

A　黄铜

铜与锌的合金称为黄铜。工业黄铜中含锌量一般小于 47%。

黄铜耐蚀性能与铜相近，在大气中其耐蚀性优于铜。黄铜受冷加工以后，在潮湿的大气中，特别是在含氨的大气中易发生应力腐蚀破裂。

在海水与淡水中，黄铜有可能发生脱锌现象，这时黄铜在海水中的腐蚀速度可达 0.2mm/a。若没有脱锌现象，黄铜在海水中是稳定的，其腐蚀速度只有 0.008～0.100mm/a。黄铜在大气中也有脱锌的可能。

脱锌和腐蚀破裂是黄铜最常见的腐蚀形式。

B　青铜

青铜是铜与锌以外的元素的合金的总称。它包括锡青铜（简称青铜）、铝青铜（铝铜）、镍青铜（白铜）、硅青铜（硅铜）等。

含有 5%～10% Sn 的 Cu-Sn 合金称为锡青铜。锡青铜具有良好的机械性能、耐磨性、铸造性及耐蚀性。在稀的非氧化性酸中（稀 H_2SO_4、稀有机酸等）以及盐类溶液中有良好的耐蚀性，在大气、海水中稳定，有良好的耐冲刷腐蚀的性能。锡青铜主要用于制造耐磨、耐冲刷腐蚀的泵壳、阀门、小齿轮、轴承、旋塞等。

含有 2%～12% Al 的 Cu-Al 合金称为铝青铜。其强度、塑性、耐腐蚀性比铜和锡青铜好。在非氧化性酸的稀溶液及海水中的耐腐蚀性优越，并抗高温氧化。特别是以 Cu-Al 为基的铝铁青铜、铝铁锰青铜及铝铁镍青铜有较高的强度和良好的耐腐蚀性能以及抗高温氧化性能。它在海水中耐空蚀及腐蚀疲劳的性能比黄铜优越，其应力腐蚀破裂的敏感性也比黄铜小。含 10%～12% Mn 的铝铜合金，其耐海水腐蚀性能最好。

由铜镍组成的合金称为白铜，又称镍青铜。白铜的耐腐蚀性基本上与纯铜相同。在苛化法烧碱和经过净化除去氧化性杂质的水银电解烧碱及隔膜法电解烧碱的生产中，可以采用 70-30

铜镍合金代替纯镍以制造膜式蒸发器，特别是降膜部分。使用白铜既节约了70%的镍，又延长了设备的使用寿命。使用91-9铜镍合金也可以代替纯镍以制造升膜蒸发器的蒸发管和蒸发室等设备。但是，在无机酸中，在氨水及酸性盐溶液中，白铜不耐腐蚀，特别是在硝酸中，白铜发生严重的腐蚀。

含 1.7% ~ 2.2% Be 的青铜称为铍青铜。铍青铜耐海水腐蚀，抗腐蚀疲劳与磨损，耐热，受摩擦时不起火花。

11.2.7 镍及其合金

11.2.7.1 镍

在大气、淡水和海水中镍非常耐腐蚀，但在含有 SO_2 的大气中不耐腐蚀。

在大量氧化性的稀酸中，例如 H_2SO_4 浓度小于70%、HCl 浓度小于15%及许多有机酸中，镍在室温时是稳定的，但是当通入空气和加入氧化剂时（$FeCl_3$、$CuCl_2$、$HgCl_2$、$AgNO_3$ 及次氯酸盐等），镍的腐蚀显著加快。

在氧化性酸中，例如在 HNO_3、HNO_2 中镍很不耐蚀。

在充气的醋酸、蚁酸中，镍也很不稳定。镍在脂肪酸、醇、酚等有机介质中，即使在高温下也是稳定的。

在所有的碱类溶液中，不论是高温的还是熔融的，镍都是稳定的。因此含镍的钢与铸铁在碱性介质中都相当稳定。镍在浓碱中表面生成一层黑色的保护膜。但是没有退火的镍在300～500℃、含75%～98% NaOH 溶液中会产生晶间应力腐蚀破裂；在熔融的碱中，如果含有硫，会加速镍的腐蚀；镍溶解在充气的氨水中。

在高温（约500℃）下，镍会被空气氧化，会与水蒸气反应，但是不与 Cl_2 和 HCl 气体反应。在氢气氛中，镍会发生氢脆。

镍常用作钢铁设备的覆盖层、镀层；在制碱工业中作为蒸发器的管材。

11.2.7.2 镍合金

A 镍铜合金

镍和铜生成的单相固溶体为镍铜合金，合金中 Ni 的质量分数小于50%时，其耐腐蚀性接近于铜，如白铜；当镍质量分数大于50%时，其耐腐蚀性接近于镍。

蒙乃尔合金是常见的 Ni-Cu 合金，有 Ni70Cu28、Ni66Cu32、Ni63Cu30 等。除了铂和银以外，蒙乃尔合金是耐氢氟酸腐蚀最好的金属材料。由于其价格较高，在生产中主要用来制造输送浓碱液的泵与阀门等。

B 镍钼合金和镍铬钼合金

哈氏特洛依合金（简称哈氏合金）是获得较广泛应用的这一类合金的一种。

在非氧化性的无机酸（盐酸、中等浓度的硫酸、磷酸等）和有机酸（醋酸和蚁酸等）中，哈氏合金有很高的耐蚀性。在耐浓热盐酸腐蚀方面，哈氏合金 B 最为突出。但是，当盐酸中有硝酸及其他氧化剂存在时，哈氏合金发生激烈腐蚀。

哈氏合金 C 在各种浓度的冷硝酸中有高的稳定性，并且可以耐70%沸腾硝酸腐蚀，在含有 Fe^{3+}、Cu^{2+}、Cl_2 及次氯酸盐的酸性溶液以及在氢氟酸中都是稳定的。

哈氏合金在海水、淡水和有机介质中具有很高的稳定性，在苛性碱和碱性溶液中也是稳定的。

哈氏合金可以在650℃的高温条件下使用，但如果温度高达650～1040℃，哈氏合金会出现脆化现象。

11.2.8　铅及其合金

11.2.8.1　铅

由于在很多介质中均能生成保护性优良的、完整的保护膜，使铅具有高的耐蚀性，所以在冶金中得以应用。主要作电解槽和反应器的衬里，铅管有时也用作某些介质的输送管路。但铅强度和硬度低，不耐磨，比重大，而且软，在很多场合下的应用受到了限制，不能单独用来做化工设备。

在大气和土壤中，铅有很高的耐蚀性。在有硫化物的工业大气中，铅比锌和镍更耐蚀。

在稀硫酸及硫酸盐溶液中铅特别耐腐蚀，但铅不耐浓硫酸的腐蚀。铅在氯化物、碳酸盐（不含游离 CO_2）及硫化物的溶液中有很高的耐蚀性能，铅在硝酸中不耐蚀，因为它与硝酸生成易溶的硝酸盐，然而当酸的浓度较高（50%～60%），并且在室温下时，铅上生成保护膜。

铅在干燥的氯气中是稳定的，在湿氯气中，温度小于110℃时有轻微腐蚀，铅在盐酸中耐蚀性不强，但在常温的稀盐酸（含量小于10%）中腐蚀甚慢。

铅在质量分数小于80%的磷酸、亚硫酸、铬酸和质量分数小于60%的氢氟酸中是稳定的；在酮、醇、醚中亦稳定。但在苛性碱溶液中不耐蚀，在有机氯化物、过硫酸盐、醋酸盐、次氯酸盐、醛类、酚类及氰化物中不稳定。

11.2.8.2　铅合金

铅锑合金的硬度比铅高，但耐蚀性有所下降。

硬铅主要用在硫酸及含硫酸盐的介质中。硬铅的强度较大，可制造加热管、鼓泡器、加料管及泵的外壳。铅有毒。

11.2.9　钛及其合金

11.2.9.1　钛

钛属于热力学不稳定的金属，但由于是一种易钝化元素，而且钝化膜非常稳定，因此钛及其合金在许多化工介质中具有非常优良的耐蚀性。

钛在氧化性、中性和弱还原性介质中，耐蚀性远高于铝和不锈钢，甚至在有大量 Cl^- 存在的情况下也是稳定的。但还原性介质中，钛不耐蚀。若往介质中加少量氧化剂，其耐蚀性能会大大提高。

钛在大气、海水和天然淡水中都有优异的耐腐蚀性能。钛在除了红发烟硝酸以外的任何浓度的硝酸中都是耐蚀的。

在硫酸中，钛的腐蚀速度与硫酸浓度有关。钛基本上不耐硫酸的腐蚀，但若在其中加入少量的氧化剂，例如氢气和金属离子，钛的腐蚀速度明显降低。

钛在室温下浓度为5%的盐酸中耐蚀。随盐酸浓度与温度的升高，钛的腐蚀加快。在盐酸中加入氧化剂（例如 HNO_3、K_2CrO_4），可明显减缓钛的腐蚀，因此钛耐王水的腐蚀。高价的铁与铜离子也能减缓盐酸对钛的腐蚀。

在磷酸中，钛的腐蚀速度随磷酸的温度与浓度的升高而增加。钛可以在35℃含30% H_3PO_4 的溶液中使用。

在氢氟酸中，钛不耐蚀。钛不耐草酸、三氯醋酸和沸腾的蚁酸的腐蚀。

钛对大多数无机盐溶液是耐蚀的。但不耐 $AlCl_3$ 的腐蚀，因 $AlCl_3$ 水解生成浓盐酸。

钛在温度不很高的大多数碱溶液中是耐蚀的。

在碳氢化合物中，钛是很稳定的，除了甲醇以外，钛耐醇的腐蚀，但不耐酮和醛的腐蚀。

钛能吸收空气中的氢，但可通过在真空中加热而排除。钛的最大缺点是极易吸氢脆化。

钛在溴化物或碘化物溶液中容易发生孔蚀。另外，钛在红发烟硝酸、氯化物水溶液、甲醇、三氯乙烯、四氯化碳及氟利昂等有机介质中会发生应力腐蚀开裂；在红发烟硝酸、干氯气、液溴、固体结晶碘以及纯氧中会发生着火和爆炸。

11. 2. 9. 2　钛合金

钛合金的机械性能与腐蚀性都比纯钛有明显的改变。在钛中加入 0. 2% Pd，可以大大改善钛在盐酸中的耐腐蚀性。在钛中加入少量铜，可提高其在硫酸中的耐腐蚀性。锆能使钛合金强化，并使钛合金在盐酸、硝酸、浓蚁酸中的腐蚀速度减小。钼对改善钛的耐蚀性也有显著的效果，Ti-Mo 合金在 H_2SO_4、HCl、H_3PO_4 中都有高的稳定性。铍能提高钛合金的抗高温氧化性。钛合金在红发烟硝酸、氯化物水溶液、甲醇、三氯乙烯、四氯化碳及氟利昂等有机介质中也会发生应力腐蚀开裂。

11.3　非金属防腐材料

11.3.1　有机材料

11. 3. 1. 1　聚氯乙烯塑料

聚氯乙烯塑料是以聚氯乙烯树脂为主要原料，加入稳定剂、增塑剂、填料、润滑剂、颜料等，再经过捏合、混炼及加工成型等过程而制得的。根据加入增塑剂量的不同，分为硬聚氯乙烯塑料和软聚氯乙烯塑料两类，一般增塑剂加入的质量分数为 30% ~70% 的称为软聚氯乙烯塑料；不加或只加入 5% 的称为硬聚氯乙烯塑料。

硬聚氯乙烯具有良好的耐腐蚀性和一定的机械强度，加工成型方便，焊接性能良好，目前已广泛应用于有色冶金工业中。它可制成各种容器、塔器、贮槽、离心泵、离心式通风机、过滤机、管道、管件、阀门及其他零部件等。随着硬聚氯乙烯生产的进一步发展，许多工厂用它来代替不锈钢、铅、橡胶等重要材料。

硬聚氯乙烯除不耐强氧化剂（如浓硝酸、发烟硫酸等）、芳香族、氯代碳氢化合物（如苯、甲苯、氯苯等）及酮类外，能耐大部分酸、碱、盐类、碳氢化合物、有机试剂等介质的腐蚀。在大多数情况下，硬聚氯乙烯对中等浓度酸、碱介质的耐腐蚀性最好。硬聚氯乙烯制设备使用温度为 -10 ~ +50℃；硬聚氯乙烯制管道使用温度为 -15 ~ +60℃。为了便于选用时参考，现分别列出硬聚氯乙烯耐腐蚀性能情况表 11-1 和表 11-2。

表 11-1　硬聚氯乙烯的耐腐蚀性能（一）

介　质	浓度/%	温度/℃			介　质	浓度/%	温度/℃		
		20	40	60			20	40	60
硝　酸	50	耐	耐	耐	高氯酸	<10	耐	耐	尚耐
硝　酸	95	不耐	不耐	不耐	氢氧化钠		耐	耐	耐
硫　酸	60	耐	耐	耐	硝酸盐		耐	耐	耐
硫　酸	98	耐	尚耐	不耐	硫酸盐		耐	耐	耐
盐　酸	35	耐	耐	耐	氯气（干）	100	耐	耐	耐
氨　水		耐	尚耐	—	氯气（湿）	5	耐	耐	耐
氧氟酸	10	耐	耐	耐	氨气		耐	耐	—

表 11-2 硬聚氯乙烯的耐腐蚀性能（二）

介 质	浓度/%	温度/℃	稳定性	介 质	浓度/%	温度/℃	稳定性
硝 酸	20	50	稳 定	硫 酸	50	40	稳 定
硝 酸	40	40	稳 定	硫 酸	70	20	稳 定
硝 酸	50	50	稳 定	硫 酸	90	20	尚稳定
硝 酸	65~70	20	尚稳定	硫 酸	发 烟	20	不稳定
盐 酸	20	40	稳 定	醋 酸	10	20	稳 定
盐 酸	35	40	稳 定	醋 酸	30	20	稳 定
氢氧化钠	20	40	稳 定	醋 酸	100	20	不稳定
氢氧化钠	40	20	稳 定	氢氟酸	40	60	尚稳定
氢氧化钠	40	40	稳 定	磷 酸	100	20	不稳定
硫 酸	10	40	稳 定	磷 酸	<90	60	稳 定
硫 酸	30	40	稳 定	草 酸	中 等	常 温	稳 定

软聚氯乙烯衬里具有较好的耐温性、耐冲击性、一定的机械强度及良好的弹性，施工方便，适用于温度较高（约 70~80℃），有一定的机械碰撞及温差、有压强的衬里设备。但由于软聚氯乙烯的老化性能较显著，不宜用于直接受阳光照射的条件。作反应槽、电解槽、酸洗槽、贮槽等衬里设备效果良好。软聚氯乙烯的耐蚀性能见表 11-3。

表 11-3 软聚氯乙烯的耐蚀性能

介 质	质量分数/%	温度/℃	耐蚀性	介 质	质量分数/%	温度/℃	耐蚀性
氢氟酸	60	38	耐	亚硫酸酐	任 何	70	尚 耐
氨气（干）	100	60	尚 耐	盐 酸	25	60	耐
铬 酸	35	60	尚 耐	溴	稀	70	耐
硝 酸	35	20	尚 耐	碳酸铵			尚 耐
硫 酸	90	60	不 耐	醋 酸	冰醋酸	20	不 耐
硫酸铵	任 何	70	耐	脂肪酸	任 何	38	尚 耐

11.3.1.2 耐酸酚醛塑料

耐酸酚醛塑料是一种具有良好腐蚀性和热稳定性的非金属材料。它是以热固性酚醛树脂作黏结剂，以耐酸材料（如石棉、石墨、玻璃纤维等）作填料的一种热固性塑料。它易于挤压、卷制、模压成型和机械加工，可以制成各种设备及零件，如容器、贮槽、搅拌器、管道、管件等。耐酸酚醛塑料的缺点是冲击韧性不够高、性较脆。

耐酸酚醛塑料能耐大部分酸类、有机溶剂等介质的腐蚀，特别是能耐盐酸、氯化氢、硫化氢、二氧化硫、低浓度及中等浓度硫酸的腐蚀。但不耐强氧化性酸及碱、碘、溴、苯胺、吡啶等。耐酸酚醛塑料的耐酸性见表 11-4，其适应温度一般为 −30~+130℃。

表 11-4   耐酸酚醛塑料的耐腐蚀性能

介 质	浓度/%	温度/℃	耐腐蚀性	介 质	浓度/%	温度/℃	耐腐蚀性
盐 酸	任 意	130	耐	三氧化硫	任 意	100	耐
硫 酸	50~70	30	耐	硫化氢	任 意	100	耐
硫 酸	70~90	50	耐	酸性电解质	任 意	120	耐
磷 酸	任 意	60	耐	苯	化学纯	80	耐
硝 酸	≤10	常 温	耐	四氯化碳	化学纯	100	耐
氯化氢	任 意	130	耐	硫酸锌	10~50	100	耐
氯 气	任 意	100	耐	硫酸钠	10~50	100	耐
氯化钠水溶液	任 意	120	耐	醋酸钠	10~50	100	耐
二氧化硫	任 意	120	耐	磷酸钠	10~50	100	耐

11.3.1.3   聚四氟乙烯（PTFE）

聚四氟乙烯具极好的热稳定性和化学稳定性。能在 -200~+260℃ 下使用。能耐浓盐酸、发烟硝酸、发烟硫酸、氢氟酸、氯气、沸腾的苛性钠、过氧化氢甚至"王水"的腐蚀。酮、醛、醇类等有机溶剂对它均不起作用。但经不起熔融状态的碱金属（锂、钾、钠）、氟元素及其化合物、全氟氯烷烃的腐蚀。另外，它的耐候性极好，不受氧和紫外线的作用。但其黏结性差，只能用"粉末冶金"的加工方法进行成型加工。

聚四氟乙烯在防腐工程中，除可制作各种零部件，还广泛地用作防腐设备的衬里和涂层。并可制作 F-4 薄壁微型管式热交换器。

11.3.1.4   玻璃钢

玻璃纤维增强塑料俗称玻璃钢。它是用合成树脂为黏结材料（或称胶）以玻璃纤维及其制品（如玻璃布、玻璃带、玻璃丝等）为增强材料，按照各种成型方法制成，由于它具有高比较度、优良的耐腐蚀性能、良好的工艺性能及电性能，近几年来发展很快。它可制作各种容器、贮槽、管道、管件、泵、阀门、搅拌器等。实际生产中应用的玻璃钢主要有下列 4 种：环氧玻璃钢、酚醛玻璃钢、呋喃玻璃钢（大多采用改性呋喃玻璃钢）和聚酯玻璃钢。其中环氧玻璃钢最为常用；酚醛玻璃钢耐酸性良好；呋喃玻璃钢耐腐蚀性好。玻璃钢的耐腐蚀性能见表11-5 和表 11-6。

表 11-5   玻璃钢的耐腐蚀性能

介 质	浓度/%	环氧玻璃钢		酚醛玻璃钢		呋喃玻璃钢	
		25℃	95℃	25℃	95℃	25℃	120℃
硝 酸	5	尚 耐	不 耐	耐	不 耐	尚 耐	不 耐
硝 酸	20	不 耐	不 耐	耐	不 耐	不 耐	不 耐
硝 酸	40	不 耐	不 耐	不 耐	不 耐	不 耐	不 耐
硫 酸	50	耐	耐	耐	耐	耐	耐
硫 酸	70	耐	耐	耐	不 耐	耐	耐
硫 酸	93	不 耐	不 耐	不 耐	不 耐	不 耐	不 耐
盐 酸		耐	耐	耐	耐	耐	耐
磷 酸		耐	耐	耐	耐	耐	耐

介　质	浓度/%	环氧玻璃钢		酚醛玻璃钢		呋喃玻璃钢	
		25℃	95℃	25℃	95℃	25℃	120℃
氢氧化钠	50	尚　耐	不　耐	不　耐	不　耐	耐	耐
干氯气		耐	尚　耐	尚　耐	耐	尚　耐	耐
湿氯气		尚　耐	不　耐	耐	尚　耐	尚　耐	耐
二氧化硫(干)		耐	耐	耐	耐	尚　耐	耐

表 11-6　聚酯玻璃钢（771 号、711 号）的耐腐蚀性能

介　质	质量分数/%	温度/℃	耐蚀性能		介　质	质量分数/%	温度/℃	耐蚀性能	
			771 号	711 号				771 号	711 号
盐　酸	5	20	耐	耐	磷　酸	10	20	耐	耐
		50	尚　耐	尚　耐			50	耐	尚　耐
	30	20～50	耐	耐		30	20	耐	耐
	浓	20	尚　耐	尚　耐			50	耐	尚　耐
		50	不　耐	不　耐		浓	20	耐	尚　耐
硫　酸	5	20～50	耐	耐			50	不　耐	不　耐
	10	20	耐	耐	硝　酸	5	20	耐	耐
		50	耐	尚　耐			50	不　耐	不　耐
	30	20	耐	尚　耐		25	20	不　耐	不　耐
							50	不　耐	不　耐
醋　酸	5	20～50	耐	耐	氢氧化钠	5	20	耐	耐
	50	20	耐	耐			50	耐	不　耐
		50	不　耐	不　耐		20	20～50	耐	不　耐
	浓	20	耐	耐	氯化钠	30	20～50	耐	耐
		50	不　耐	不　耐		10	20～50	耐	耐

11.3.1.5　聚丙烯酸树脂（有机玻璃）

聚丙烯酸树脂是丙烯酸衍生物的聚合产物。在丙烯酸脂类中，应用最多的是聚甲基丙烯酸甲脂，此聚合物系甲基丙烯酸甲脂的聚合物。增塑后的聚甲基丙烯酸甲脂称为有机玻璃。

有机玻璃具有很高的透明性，并不因日久而变劣。此外，有机玻璃能抵抗紫外线的作用，并且具有抗寒性，其密度及吸水率均较小。但机械强度却相当大。对酸、碱、盐都是稳定的，但对氧化性酸如硝酸，铬酸等则不稳定，在脂肪族碳氢化合物及汽油中是稳定的，但在芳香族及氯化碳氢化合物中则不稳定，如在甲苯中会溶解，在酒精溶液中会膨胀，在酯类及酮类中能溶解。

有机玻璃可以在金属及木材的切削机床上进行加工，并易于弯曲、冲压及粘合。故可将有机玻璃采用模塑或粘合的办法制造容器及设备。但由于有机玻璃的热稳定性不高，故其制品应在不高于80℃的范围内使用。

11.3.1.6　涂料

在冶金设备防腐蚀中，涂料占一定的地位。合理地有效地应用涂料是冶金厂不可缺少的防腐蚀措施之一。

涂料可分为两大类：油基漆（成膜物质为干性油类）和树脂基漆（成膜物质为合成树脂）。它是通过一定的涂覆方法涂在物体表面，经过固化而形成薄涂层，从而保护物体免受大气及酸、碱等介质的腐蚀作用。涂料的耐腐蚀性能是就漆膜而言，如果漆膜破坏、穿孔，则被保护物体与介质直接接触而遭受腐蚀。

涂料的品种极其繁多，其性能也各有不同。常用的涂料有防锈漆、底漆、生漆、漆酚树脂漆、酚醛树脂漆、环氧-酚醛漆、环氧树脂涂料、沥青漆、聚酯和聚氨酯漆、塑料漆料等。

11.3.1.7 橡胶衬里

橡胶是一种具有良好耐酸、碱性能的非金属防腐蚀材料，橡胶分天然橡胶和合成橡胶两大类，目前应用于防腐蚀衬里的橡胶，仍然是天然橡胶。一般硬橡胶衬里的长期使用温度为 $0 \sim 65 \, ℃$，软橡胶、半硬橡胶及软硬橡胶复合衬里的使用温度为 $-25 \sim 75 \, ℃$。温度过高，会加速橡胶的老化，破坏橡胶与金属间的结合力，导致脱落；温度过低，橡胶会失去弹性，导致拉裂橡胶层。使用压强一般不高于 $0.6 \, MPa$，真空度不高于 $80000 \, Pa$。用作衬里的橡胶系生胶经过硫化处理而成。经过硫化后的橡胶具有一定的耐热性能、一定的机械强度及耐腐蚀性能。它可以分为软橡胶、半硬橡胶与硬橡胶 3 种。橡胶经过硫化后具有优良的耐腐蚀性能，除强氧化剂（如硝酸、浓硫酸、铬酸及过氧化氢等）及某些溶剂（如苯、二硫化碳、四氯化碳等）外，能耐大多数无机酸、有机酸、碱、各种盐类及醇类介质的腐蚀，硫化橡胶的耐腐蚀性能见表 11-7。

表 11-7 硫化橡胶的耐腐蚀性能

介 质	允许浓度/%		温度/℃	介 质	允许浓度/%		温度/℃
	软橡胶	硬橡胶			软橡胶	硬橡胶	
盐 酸	任 意	任 意	65	氢氧化钾	任 意	任 意	65
硫 酸	≤50	≤60	65	氨 水	任 意	任 意	50
硝 酸	≤2	≤8	20	中性盐水溶液	任 意	任 意	65
醋 酸	≤80	任 意	65	氯化铁	≤50	任 意	65
磷 酸	≤85	任 意	50	湿氯气		任 意	65
氢氟酸	≤50	浓	65	氯 水		饱 和	40
氢氧化钠	任 意	任 意	65	硫化氢		饱 和	65

11.3.2 无机材料

11.3.2.1 搪瓷

搪瓷设备是由含硅量高的瓷釉通过 $900 \, ℃$ 左右的高温煅烧，使瓷釉紧密附着于金属坯料表面而制成的。由于搪瓷层对金属的保护，搪瓷设备具有优良的耐腐蚀性能和机械性能，并能防止某些介质与金属离子起作用而污染物品，在有色冶金中是经常采用的一种非金属材料。一般罐内的使用压强 $p \leq 0.2 \, MPa$，夹套内压强 $p < 0.6 \, MPa$。

使用真空度不高于 $93 \, kPa$。一般在缓慢加热或冷却条件下，使用温度为 $-30 \sim +270 \, ℃$。搪瓷设备能耐大多数无机酸、有机酸、有机溶剂等介质的腐蚀，尤其在盐酸、硝酸、王水等介质中具有优良的耐腐蚀性能，搪瓷设备使用的不利条件见表 11-8。

表 11-8 搪瓷设备使用的不利条件

介 质	浓度/%	温度/℃	备 注
氢氟酸	任 何	任 何	不能使用（含氟离子液体都不能使用）
磷 酸	任 何	>180	当浓度为30%以上时，腐蚀尤为激烈
盐 酸	任 何	>150	当浓度为10%~20%，腐蚀尤为严重
硫 酸	10~30	>200	浓硫酸可用至沸点
碱 液	pH≥12	≥100	pH 值＜12 时，可正常使用于60℃以下

11.3.2.2 陶瓷

陶瓷具有良好的耐腐蚀性能，足够的不透性、耐热性和一定的机械强度，目前在冶金厂应用的陶瓷设备和管道日益增多。陶瓷主要原料为黏土、脊性材料和助溶剂。它们用水混合后具有一定的可塑性，能制成一定的几何形状，经过干燥及高温焙烧，形成表面光滑、断面致密石质似的材料，其随配方及焙烧温度不同，可分为耐酸陶瓷、耐酸耐温陶瓷与工业陶瓷 3 种材料。它们的使用压强一般为常压，也可为内压不高正压或一定真空度的负压。推荐使用温度见表 11-9。

表 11-9 陶瓷推荐使用温度

类 型	种 类	推荐使用温度/℃	类 型	种 类	推荐使用温度/℃
陶制设备	耐酸设备	≤90	陶管、瓷管	耐酸管	≤90
	耐温设备	≤150		耐温管	≤150
				瓷 管	≤120

陶瓷除氢氟酸、氟硅酸和强碱外，能耐各种浓度的无机酸、有机酸和有机溶剂等介质的腐蚀，详见表 11-10。

表 11-10 陶瓷耐腐蚀性

介 质	浓度/%	温度/℃	耐腐蚀性
发烟硫酸	18~20	30~70	耐
硝 酸	任 何	<沸腾	耐
盐 酸	浓溶液	100	耐
磷 酸	稀溶液	20	尚 耐
氯	任 何	<沸腾	耐
草 酸	任 何	<沸腾	耐
氨	任 何	沸 腾	耐
碳酸钠	稀溶液	20	尚 耐
氢氧化钠	20	60~70	尚 耐
氟硅酸		高 温	不 耐
氢氟酸			不 耐

11.3.2.3 玻璃

玻璃是一种具有优良耐腐蚀性能的非金属防腐蚀材料。在玻璃成分中，由于降低了碱金属氧化物的含量，提高了硅、氟的含量，使耐腐蚀性能提高。

玻璃具有下列特点：（1）优良的耐酸性能（除氢氟酸、热磷酸及强碱外）；（2）表面光滑，流体阻力小，不易结垢黏附，便于清洗；（3）透明，可直接观察内部介质的情况；（4）保证物料的清洁，可用于要求防铁离子的场合。但玻璃存在耐温急变性差，质脆，不耐冲击及震动等缺点，其耐腐蚀性能见表 11-11。

表 11-11　玻璃耐腐蚀性能

介　质	浓度/%	温度/℃	耐腐蚀性
盐　酸	任　何	<100	耐
硫　酸	任　何	<100	耐
硝　酸	任　何	<100	耐
磷　酸	任　何	<100	耐
氢氟酸	任　何	<100	不　耐
氢氧化钠	40	<50	耐
氢氧化钠	40	>50	不　耐
氢氧化钾	40	<50	耐
氢氧化钾	40	>50	不　耐

11.3.2.4 铸石

铸石是一种新型的工业材料，它具有很好的耐磨和耐化学腐蚀性能。推广使用铸石制品不仅可以节约大量的钢铁、有色金属、合金材料、橡胶等重要物资，而且可以解决一些长期难以解决的生产关键问题，在延长设备寿命，提高劳动生产率，降低生产成本等方面均有重要的意义。

铸石是利用分布广泛的天然岩石（玄武岩和辉绿岩）或某些工业废渣为主要原料，经配料、熔化、浇铸成型、结晶、退火而制成。它具有一般金属材料所达不到的耐磨性能和耐化学腐蚀性。其耐磨性能比合金钢材、普通钢材、铸铁高几倍、几十倍，有的甚至达四五十倍。除氢氟酸和过热磷酸外，其耐酸、碱度几乎接近百分之百。此外，铸石还有良好的介电性和较高的机械强度。

玄武岩或辉绿岩主要是由辉石、斜长石、橄榄石等矿物组合而成，而辉石是由氧化钙、氧化镁、氧化铁、三氧化二铝和二氧化硅组成的一种偏硅酸盐矿物。这种矿物在所有的酸、碱中（除氢氟酸和过热磷酸外）均具有几乎不溶解的特点。同时铸石在和酸、碱作用后，在表面逐渐形成一层铝硅酸盐化合物的薄膜，此膜在铸石与酸、碱介质之间形成一层保护层，远远胜于不锈钢、铅、黄金、橡胶和耐酸陶瓷。此外，铸石在 1000～2000℃ 之间具有较稳定的热物理性质，所以铸石常能起到防腐橡胶和塑料所起不到的作用。但性质脆和难以进行加工是其缺点。

11.3.2.5 不透性石墨

不透性石墨是既耐腐蚀又能导热的优良非金属材料，在冶金中正被广泛应用。其有下列优点：（1）优良的耐腐蚀性，如酚醛树脂浸渍石墨后，除强氧化性酸和强碱外，对大部分酸类都是稳定的，呋喃树脂浸渍石墨有优良的耐酸性、耐碱性；（2）优良的导热性，其热导率比一般碳钢大两倍多；（3）热膨胀系数小，耐温急变性能好；（4）不污染介质，能保证产品纯度；（5）机械加工性能良好，易于制成各种结构形状的设备及零部件；（6）相对密度小。但存在机械强度较低，性脆等缺点。

不透性石墨材料已成功地用于制造热交换器、管道和管件等，其中以热交换器应用最多。

11.3.3 胶黏剂和胶泥

11.3.3.1 胶黏剂

能使两个物体表面结合在一起的物质称为胶黏剂，又称黏合剂，俗称胶。胶通常是一种混合料，由基料、固化剂、填料、增韧剂、稀释剂及其他辅料配合而成。胶黏剂按基料可分为无机胶黏剂和有机胶黏剂两大类。表 11-12 列出了几种常用有机胶黏剂的耐蚀性能。

表 11-12 几种常用有机胶黏剂的耐蚀性能

名　称	质量分数/%	环氧树脂		酚醛树脂		一般不饱和聚酯		双酚 A 型不饱和聚酯		呋喃树脂	
		室温	高温	室温	高温	室温	高温	室温	高温	室温	高温
磷　酸	10	耐	耐	耐	耐	耐	尚耐	耐	耐	尚耐	尚耐
盐　酸	30	耐	尚耐	耐	耐	耐	不耐	尚耐	尚耐	尚耐	尚耐
硫　酸	10	耐	耐	耐	耐	耐	耐	耐	尚耐	耐	耐
硫　酸	40	尚耐	不耐	耐	耐	耐	不耐	不耐	不耐	尚耐	尚耐
硫　酸	70	尚耐	不耐	耐	耐	不耐	不耐	不耐	不耐	不耐	不耐
醋　酸	10	耐	不耐	耐	耐	尚耐	耐	尚耐	耐	耐	耐
氨　水	10	耐	耐	不耐	不耐	尚耐	耐	耐	耐	耐	耐
氢氧化钠	10	耐	耐	不耐	不耐	尚耐	耐	耐	耐	耐	耐
氢氧化钠	30	耐	尚耐	不耐	不耐	耐	尚耐	耐	耐	耐	耐
碳酸钠	30	耐	耐	不耐	耐	耐	尚耐	耐	耐	耐	耐
氯化钠	30	耐	耐	耐	耐	耐	耐	耐	耐	耐	耐
氯化铵	40	耐	耐	耐	耐	耐	耐	耐	耐	耐	耐
次氯酸钠	10	耐	耐	耐	耐	耐	耐	耐	耐	耐	耐
硝　酸	5	尚耐	不耐	不耐	不耐	耐	不耐	尚耐	尚耐	不耐	不耐

11.3.3.2 胶泥

胶泥是一种加入填充剂作为基底的胶剂，它可分为无机胶泥和有机胶泥两类。无机胶泥主要有塑化硫黄胶泥和硅酸盐（水玻璃）胶泥。水玻璃胶泥是以硅酸钠或硅酸钾的水溶液为黏结剂，并加入固化剂、耐腐蚀填料等配制而成。有机胶泥主要有各种热固性树脂或橡胶。有机胶泥是以各类树脂为黏结剂，并加入固化剂、耐腐蚀填料、性能改进剂等配制而成。常用的树脂有聚酯树脂、氨基树脂、酚醛树脂、环氧树脂、呋喃树脂等。常用的填充剂有石墨、石棉、石英、炭黑等。胶泥主要用作化工设备衬里或砖板衬里用的黏结剂或其他耐腐蚀材料。

各类胶泥的性能见表 11-13 和表 11-14。其中常用的为酚醛胶泥。

表 11-13　各类胶泥的性能特征

胶泥名称		性能特征	胶泥名称		性能特征
水玻璃胶泥	钠水玻璃胶泥	耐各种浓度的硫酸、硝酸、盐酸、磷酸、氧化性介质、有机物的腐蚀，不耐氢氟酸、氟化物、碱、水、热磷酸的腐蚀；黏结力差、孔隙率高、固化时收缩率大、腐蚀介质易渗透，常温固化、施工方便、价格便宜	树脂胶泥	呋喃胶泥	耐酸性能与酚醛胶泥相似，耐碱性能优良，可耐质量分数为 40% NaOH 的腐蚀，不耐氧化性介质与硝酸的腐蚀；机械强度高，黏结力较酚醛胶泥差，固化时收缩率大，抗冲击性能差，不能与碳钢、混凝土直接接触，需用环氧涂料作隔层，适用于 150℃ 以下的环境，常温固化或加热固化，刺激味大
	钾水玻璃胶泥	耐各种浓度的硫酸、硝酸、各种浓度盐酸、氧化性介质、有机物的腐蚀，不耐氢氟酸、氟化物、碱的腐蚀，耐水性优于钠水玻璃胶泥；黏结力、抗渗透性优于钠水玻璃胶泥，常温固化、施工方便		环氧胶泥	耐酸、耐碱性能低于酚醛胶泥与呋喃胶泥，机械强度高，黏结力大，固化时收缩率小，可直接用于碳钢或混凝土表面，常温固化或加温固化，可用于 100℃ 以内的环境，工程造价高
树脂胶泥	酚醛胶泥	耐质量分数为 70% 的硫酸、各种浓度盐酸、某些有机物、氟化物的腐蚀，不耐氧化性介质、硝酸、碱类的腐蚀；机械强度高、黏结力好、可用于 150℃ 以下的环境，常温固化或加热固化，不能直接用于碳钢、混凝土表面，需用环氧涂料作隔层		聚酯胶泥	耐稀酸稀碱腐蚀，机械强度高，黏结力高，可用于 70℃ 以下的环境，常温固化，固化时收缩率大，可直接用于碳钢或混凝土表面

表 11-14　各种胶泥的耐蚀性能

名　称	质量分数 /%	水玻璃胶泥	酚醛胶泥	呋喃胶泥	环氧胶泥	环氧呋喃胶泥	环氧煤焦油胶泥	不饱和聚酯胶泥
工业水		不　耐	耐	耐	耐	耐	耐	耐
硫　酸	98	耐	不　耐	不　耐	不　耐	不　耐	不　耐	不　耐
硫　酸	70	耐	尚　耐	尚　耐	不　耐	不　耐	不　耐	不　耐
硫　酸	30	耐	耐	耐	耐	耐	耐	耐
盐　酸	37	耐	耐	耐	尚　耐	尚　耐	尚　耐	耐
盐　酸	20	耐	耐	耐	耐	耐	耐	耐
醋　酸	99	耐	耐	耐	不　耐	不　耐	不　耐	耐
硝　酸	>10	耐	不　耐	不　耐	不　耐	不　耐	不　耐	不　耐
铬　酸		耐	不　耐	不　耐	不　耐	不　耐	不　耐	不　耐
氯　气	>10	耐	不　耐	不　耐	不　耐	不　耐	不　耐	不　耐
氟化氢		不　耐	耐[①]	耐[①]	不　耐	不　耐	不　耐	不　耐
氢氧化钠	>10	不　耐	不　耐	耐	耐	耐	耐	耐
碳酸钠	>20	不　耐	不　耐	耐	耐	耐	耐	尚　耐

①以石墨粉为粉料。

11.4 耐 火 材 料

11.4.1 耐火材料概述

11.4.1.1 耐火材料的定义

凡是耐火度不低于 1580℃，能在一定程度上抵抗温度骤变作用和炉渣侵蚀作用，并且能承受高温荷重作用的无机非金属材料统称为耐火材料。所谓耐火度，即耐火材料在高温无荷重条件下不熔融软化的性能。

11.4.1.2 耐火材料对冶金工业的影响及冶金工业对耐火材料的要求

冶金工业是耐火材料的最大消费者，其每年消耗的耐火材料约占全年耐火材料产量的 60%~70%（其中有色冶金工业的消耗量约占 10%~15%）。因此提高耐火材料的产量和质量，对保证冶金工业的迅速发展有巨大的意义。

耐火材料的质量对金属的产量有很大影响，因其质量不好时，一方面炉子容易损坏，经常停炉修理，减少了炉子的有效工作时间；另一方面也限制了炉子进行高温强化的可能。

耐火材料的质量还直接影响金属的质量，因为冶金炉内耐火材料砌体往往直接和金属接触，当其质量不良时，就会和熔融金属发生物理的和化学的作用，而提高了金属中的非金属夹杂物的含量。

冶金工业对耐火材料的要求是：耐高温，即在工作温度下不软化也不熔化，即耐火度要高；高温结构强度大，耐压并能抵抗机械摩擦；在温度急变时有适当的抵抗力不致裂损；在高温下长期使用时体积变化小；抗渣性强；外形和尺寸准确等。

但是，至今尚未发现一种耐火材料能同时满足上述的全部要求，适用于任何设备。因此在使用耐火材料时，只能根据设备的工作条件和耐火材料的性能进行合理的选择，满足主要的要求即可。

11.4.1.3 耐火材料的分类

耐火材料可按不同的特点来分类，下面介绍几种最普通的分类法。

（1）按化学矿物组成分。耐火材料按化学矿物组成的分类见表 11-15。

表 11-15 耐火材料按化学矿物组成分类

硅质	硅质($SiO_2>93\%$) 石英玻璃($SiO_2>99\%$)	碳质	石墨质($20\%~70\%$ C) 焦炭质($70\%~90\%$ C)
硅酸铝质	半硅质($SiO_2\leqslant65\%$，$15\%~30\%$ Al_2O_3) 黏土质($SiO_2\leqslant65\%$，$30\%~46\%$ Al_2O_3) 高铝质($Al_2O_3\geqslant46\%$)	锆质	锆英石质($ZrO_2 SiO_2$，$ZrO_2>60\%$) 氧化锆质(ZrO_2)
镁质	镁石质($MgO\geqslant80\%$) 白云石质($CaO\geqslant40\%$，$MgO\geqslant35\%$) 镁橄榄石质($2MgO\cdot SiO_2$)($35\%~55\%$ MgO) 铬镁质($10\%~30\%$ Cr_2O_3，$30\%~70\%$ MgO) 镁铝质（尖晶石 $MgO\cdot Al_2O_3$） ($MgO\geqslant80\%$，$5\%~10\%$ Al_2O_3)	氧化物	氧化铵、氧化钛、氧化铈等
		其他	钨、硼、钛、钼等的氮化物、碳化物 钼、锆等的硼化物

（2）按耐火度不同分。耐火材料按耐火度可分为：

1）普通耐火材料，耐火度为 1580~1770℃；

2）高级耐火材料，耐火度为 1770~2000℃；

3）特高级耐火材料，耐火度在 2000℃以上。

（3）按主成分的高温化学性质分。耐火材料按主成分的高温化学性质可分为：

1）酸性耐火材料，如硅质、锆质；

2）中性耐火材料，如硅酸铝质、碳质；

3）碱性耐火材料，如镁质。

（4）按外形分。耐火材料按外形可分为：

1）散料耐火材料；

2）块状耐火材料，如各种耐火砖。

（5）按加工方式分。耐火材料按加工方式可分为：

1）烧成制品，即在窑内烧成的，一般耐火材料多属此类，如硅砖、黏土砖等；

2）不烧制品，成型后不经过煅烧直接使用的，如结合镁砖等；

3）熔铸制品，即经过熔化铸制而成，如刚玉砖（纯 Al_2O_3）等。

11.4.1.4 耐火材料的一般生产过程

块状烧成耐火制品的生产工艺流程如下图所示：

原料→原料加工→配料及混练→成型→干燥→烧成→成品检查→成品入库

对原料的要求是：化学矿物组成合适，杂质含量少且分布均匀，易开采加工，成本低。

原料加工工序包括选矿、干燥、煅烧、破碎和筛分几个方面。

配料包括原料、添加剂和水量的配合；混练的目的是使大小不同颗粒的原料和添加物以及水分等混合均匀，避免产生偏析现象。

成型的目的是为了得到合乎规定的致密度、外形尺寸和具有一定强度的耐火制品。

干燥工序是为了脱除砖坯中的大部分水分以提高强度和避免在烧成时因升温过快水分剧烈排出而造成裂纹。

烧成工序是使耐火材料发生物理化学变化以便得到组织致密、体积稳定、机械强度大和耐火性能良好的制品。烧成过程分为三个阶段：加热期、保温期和冷却期。

11.4.1.5 耐火材料制品的牌号及分型

A 牌号、砖号和代号

a 牌号

耐火制品一般按用途、主要成分和技术指标（或特征）来命名耐火制品的牌号，并采用命名的拼音文字第一个字母作为牌号标志。如 Al_2O_3 含量大于75%的炼钢电炉顶用高铝质耐火制品命名为(电铝)-75，牌号写作(DL)-75；Al_2O_3 含量大于40%的黏土质耐火泥，命名为(黏粉)-40，牌号写作(NF)-40等。

b 砖号和代号

耐火制品的砖号依其用途命名，其符号采用命名的拼音文字第一个字母及序号组成。如电炉顶用砖符号为 D-1，2，…，17；高炉用砖 G-1，2，…，64；热风炉用砖 R-1，2，…，28；镁铬砖 MGe-1，2，…，20；工业炉通用砖 T-1，2，…，105。

B 分型

块状耐火材料制品可以按其外形的形状、尺寸比例等，将其分为标型、普型、异型、特型等几种。

标型块状耐火材料是外形尺寸为 230mm×114mm×65mm 的平行六面体耐火制品；普型块状耐火材料是外形尺寸比例（最小与最大尺寸之比，下同）在 1∶4 范围以内，不带凹角、孔眼或沟槽，单重在一定范围内的耐火制品；异型块状耐火材料是外形尺寸比例在一定范围以内（黏土、高铝质制品为 1∶6，硅质制品为 1∶5），并具有不多于 2 个（黏土、高铝质制品）或 1 个（硅质制品）凹角，或具有 1 个 50°~75°的锐角，或带有不多于 4 个（黏土、高铝质制品）或 2 个（硅质制品）沟槽，单重在一定范围内的耐火制品；特型块状耐火材料是标型、普型、异型系列以外的块状耐火制品。详细的分型标准可见国家标准（GB 10324—1988）中的规定。

11.4.2 耐火材料的化学矿物组成

耐火材料的性质取决于其中的物相组成、分布及各相的特性，即取决于制品的化学矿物组成。

11.4.2.1 化学组成

耐火材料的化学组成即耐火材料的化学成分，它是耐火制品的最基本特征之一。

化学成分按其在耐火材料中含量多少和所起作用的不同可分成主成分和副成分。

主成分即耐火材料的基本成分，通常是高熔点耐火氧化物或复合矿物或非氧化物的一种或几种。它为耐火制品的主体，是决定耐火制品性能的基本因素。如耐火材料抵抗炉渣侵蚀的能力就取决于主成分；如主成分为 SiO_2 的酸性耐火材料能够抵抗酸性炉渣的侵蚀，而主成分为 MgO 的碱性耐火材料则能够抵抗碱性炉渣的侵蚀。

副成分即除主成分外的其他成分。它又按是有意添加还是无意或不得已带入的情况分成添加成分和杂质成分。

添加成分即为有意添加以提高耐火制品某方面性能的成分。它往往是为弥补主成分在使用性能或生产性能以及作业性能某方面的不足而使用的，常被称为结合剂、矿化剂、稳定剂、烧结剂、减水剂、抗水化剂、抗氧化剂、促冷剂、膨胀剂等。虽然添加成分种类繁多，其共同特点是：加入量很少；能明显地改变耐火制品的某种功能或特性；对该制品的主性能无严重影响。

杂质成分即为无意或不得已带入的无益或有害的成分。如 K_2O、Na_2O、FeO、Fe_2O_3、碱性耐火材料中的酸性氧化物、酸性耐火材料中的碱性氧化物等，它们在高温下具有强烈的熔剂作用，能降低共熔液相的生成温度，增加液相的生成量，从而严重影响耐火材料的高温性能。

11.4.2.2 矿物组成

原料及制品中所含矿物晶相种类和数量统称为矿物组成。同一化学成分的耐火材料，由于成分分布和加工工艺的不同，所形成的矿物组成不同，致使制品的性能会有差异。例如，SiO_2 含量相同的硅质制品，因加工条件不同可形成结构和性质不同的两种矿物——方石英和鳞石英，使制品的某些性质会有差异。即使是制品的矿物组成相同，其性质也会随矿相的晶粒大小、形状和分布情况的不同而产生显著的差异。

耐火材料的矿物组成包括主晶相和基质两部分。

主晶相是指制品结构的主体且熔点较高的晶相。其性质、数量和其间的结合状态直接决定着制品的性质。主晶相可以是一种，也可以是两种。例如，镁砖中的方镁石，高铝砖中的莫来石和刚玉，都是主晶相。

基质是包围在主晶相周围的起胶结作用的结晶矿物或玻璃质，它的熔点较低，起着熔剂的作用。其数量不大，但成分结构复杂，作用明显，往往对制品的某些性质有着决定性的影响，而制品在使用时也常常首先从基质部分开始损坏。从制品的高温结构强度、抗渣性和热稳定性等性能来看，结晶矿物的基质优于玻璃质的基质。

11.4.3　耐火材料的性质

耐火材料的用途和价值主要取决于它们的性质，而性质又决定于制品的化学矿物组成和组织结构。

耐火材料不是均匀物质，它不仅是由许多不同化学成分及不同结构的矿物组成的，即使由宏观上看也是具有不同致密程度，不同颗粒结构，不同的气孔数量、大小及分布情况的不均匀物质。结构不同的制品，它们的性能当然也就各不相同。要确切地表示出耐火材料在使用时的性能是很困难的，而现在习惯上采用的耐火材料性能指标只是特定实验室条件下测得的结果。

耐火材料的性质主要是指其结构性质、热学性质、力学性质、使用性质（工作性质）和作业性质。

耐火材料的结构性质包括体积密度、真密度、气孔率、吸水率和透气度；热学性质包括热膨胀性、热导率和比热容；力学性质包括常温耐压强度、高温耐压强度、常温抗折强度、高温抗折强度和高温蠕变性；使用性质包括耐火度、荷重软化温度、高温体积稳定性、抗热震性、抗渣性和耐真空性；作业性质包括可塑性、黏结性、回弹性、硬度、稠度和泛浆。这里主要介绍结构性质、热学性质和使用性质。

11.4.3.1　结构性质

A　体积密度

耐火材料的致密程度是评价其质量的重要标志之一。它可以用体积密度和气孔率来表示。

体积密度是包括全部气孔在内的单位体积制品的质量，其单位以 kg/m^3 表示。对同种耐火材料而言，它的数值比真密度小些，而大部分耐火材料的真密度决定于其化学矿物组成，故变化不大，因此一般采用体积密度来评价耐火材料的质量。

B　真密度

真密度是指多孔材料的质量与多孔材料中固体体积的比值。

耐火制品的真密度指标，可以反映材质的成分纯度或晶型转变的程度、比例等，由此亦可以推知在使用中可能产生的变化。

C　气孔率

在耐火材料内部有大小不同的气孔存在。有些气孔不和大气相通，称闭口气孔；有些气孔与大气相通，称开口气孔；有些气孔两头都和大气相通，称为贯通气孔。

开口气孔率（显孔率）是指与大气相通的气孔的体积占耐火材料体积的百分数，是表示耐火材料致密程度的常用指标。它与其他性质（抗渣性、耐急冷急热性、耐压强度、耐磨性等）有密切关系，因此是表征耐火材料质量好坏的重要性质之一。

耐火材料的气孔率变化范围很大（0～80%）。在所有烧成的耐火材料中，开口气孔率约为15%～28%。除了绝热材料以外，一般耐火材料的气孔率宜小。

D　吸水率

多孔材料中所有开口气孔所吸收的水的质量与其干燥材料的质量之比值称为耐火材料的吸水率。在生产实际中吸水率常用来鉴定原料煅烧的质量，原料煅烧得愈好，其吸水率愈低。

E　透气度

透气度是耐火制品允许气体在压差下通过的性能。其值主要由贯通气孔的大小、数量和结构决定。

11.4.3.2 热学性质

A 热膨胀性

耐火材料的热膨胀是指制品在加热过程中长度的变化。

耐火材料受热后的膨胀（或收缩），会严重影响冶金炉砌体的尺寸严密程度及结构，甚至会使砌体破坏。

热膨胀的表示方法有线膨胀率和线膨胀系数两种，也可以用体积膨胀率和体积膨胀系数表示。

由室温至试验温度之间试样长度的相对变化率称为线膨胀率；由室温至试验温度之间，每升高1℃，试样长度的相对变化率称为线膨胀系数。表11-16和表11-17分别列出了常用耐火制品和耐火混凝土的平均线膨胀系数。

表 11-16 常用耐火制品的平均线膨胀系数

名 称	黏土砖	莫来石砖	莫来石刚玉砖	刚玉砖	半硅砖	硅 砖	镁 砖
平均线膨胀系数 (20~1000℃)/℃$^{-1}$	(4.5~6.0) ×10^{-6}	(5.5~5.8) ×10^{-6}	(7.0~7.5) ×10^{-6}	(8.0~8.5) ×10^{-6}	(7.0~7.9) ×10^{-6}	(11.5~13.0) ×10^{-6}	(11.5~13.0) ×10^{-6}

表 11-17 耐火混凝土的平均线膨胀系数

胶结剂种类	骨料品种	测定温度/℃	线膨胀系数/℃$^{-1}$
矾土水泥	高铝质	20~1200	(4.5~6.0)×10^{-6}
	黏土质	20~1200	(5.0~6.5)×10^{-6}
磷酸	高铝质	20~1300	(4.0~6.0)×10^{-6}
	黏土质	20~1300	(4.5~6.5)×10^{-6}
水玻璃	黏土质	20~1000	(4.0~6.0)×10^{-6}
硅酸盐水泥	黏土质	20~1200	(4.0~7.0)×10^{-6}

由于制品的线膨胀系数很小，体积膨胀系数可用线膨胀系数数值的3倍来表示。

B 导热性

耐火材料的导热性表示它的导热能力，以热导率代表这种能力的大小。耐火材料的热导率与许多因素有关。如化学矿物组成、气孔率和温度等。碳质、镁质耐火材料一般热导率较大，黏土质耐火材料则较小。耐火材料的热导率一般随温度的升高和气孔率的减少而增大。

C 比热容

耐火材料比热容定义是常压下使1kg样品温度升高1℃所需的热量。

耐火材料比热容，在设计和控制炉体的升温、冷却，特别是蓄热能力计算中，具有重要意义。

11.4.3.3 使用性质

A 耐火度

耐火度是材料在高温下抵抗熔化的性能指标。它代表的意义与熔点不同。熔点是指纯结晶物质的熔融温度，由于耐火材料不是纯物质，而含有许多杂质，它们在高温下互相作用，生成一系列成分复杂的低熔点共熔物，产生具有不同黏性的液相，因而在一定范围内逐渐软化而最后熔化。

测定耐火度最常用的方法是比较法。用作试验的材料制成一定尺寸的三角锥体，与已知耐火度的标准测温三角锥一同置于电炉中，在一定的升温速度下加热。当标准温锥的尖端与托盘接触的一瞬间，如果试锥的尖端也触及托盘，则标准测温锥的耐火度可作为试锥的耐火度。因此耐火度可认为是耐火材料由于本身重量的作用，而开始熔化变形的温度，测温锥的软倒情况如图 11-1 所示。

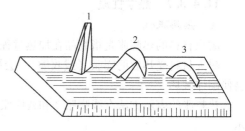

图 11-1　测温锥弯倒情况
1—软倒前；2—在耐火度温度下软倒情况；
3—超过其耐火度时软倒情况

耐火度不是材料的物理常数。它与化学矿物成分、易熔杂质的组成和含量、原料的粒度、试验的条件（气氛、升温速度）等有关。耐火度只能用来比较原料的纯度，而绝不能用来决定制品使用的高温极限，而实际工作温度应比耐火度低些。

B　荷重软化温度

耐火材料高温结构强度一般以荷重软化温度表示。我国采用耐火材料，在 0.2MPa 静止负荷和高温同时作用下所引起的一定数量变形的温度来表示荷重软化温度。

耐火材料的常温耐压强度很高，但在高温下它的强度却显著地降低，这是因为耐火材料中的低熔点结合物过早熔化，在耐火材料内有液相产生的结果。耐火材料在高温下使用时都承受一定的负荷，所以测定它的高温耐压强度具有很大的意义。

所谓荷重软化温度是指在固定压强（0.2MPa）状况下，耐火材料从开始变形（从试样膨胀的最高点压缩至它原始高度的 0.6%）到变形到一定程度（40% 的变形）时的温度。前者称为荷重软化开始温度，后者称为荷重软化终止温度。一般所说荷重软化点系指荷重软化开始温度而言。

值得指出的是：除个别情况外，耐火材料实际使用条件下所承受的荷重绝大多数要比 0.2MPa 低得多，由于负荷低，制品的开始变形温度将升高。

C　抗热震性

耐火材料抵抗温度急剧变化而不破裂或剥落的能力称为抗热震性。由于大多数耐火材料的导热性均低，所以当急剧加热和冷却时，在耐火砖中因温度差产生过大的应力，超过了砖体的强度极限，因而使耐火砖砌体破坏，这常是造成耐火材料破损的主要原因之一。因此，耐火材料应具有能抵抗温度急变，不致开裂和破碎的性质。测定这种性质的试验方法是试样反复在一定条件下加热和冷却，直至其脱落部分的质量达到最初试样质量的 20% 时为止。以此急冷急热次数作为该制品的抗热震性指标，也就是抗热震性是用次数表示。表 11-18 列出了某些耐火材料的抗热震性。

表 11-18　某些耐火材料的抗热震性

耐火材料名称	抗热震性/次	耐火材料名称	抗热震性/次
硅　砖	1～2	镁　砖	2～3
普通黏土砖	10～12	镁铝砖	25 次以上
细粒致密黏土砖	5～8	碳化硅砖	30 次以上
粗粒黏土砖	25～100		

D　抗渣性

在工业炉中进行的冶金过程一般都有炉渣生成。耐火材料经常受到炉渣以及其他炉内产物（如金属、灰尘、蒸汽和气体等）的侵蚀作用，这是破坏耐火材料的主要原因。

耐火材料在高温下抵抗炉渣侵蚀作用的能力称为抗渣性。影响耐火材料抗渣性的主要因素是炉渣的化学组成，炉温的高低以及耐火材料的致密程度等。炉渣按其化学组成可分为酸性渣和碱性渣。炉渣与耐火材料性质相同时，则后者不受侵蚀，否则易被侵蚀。中性耐火材料对酸性和碱性的渣均有一定抵抗能力。因此，在选择耐火材料时，应尽量选用与渣的化学成分相近的材料。此外，在使用中，还应注意到相互接触的两层材料的化学特性应相近，以防止或减轻在高温条件下的界面损毁反应。不同材质耐火材料之间的相互反应温度见表 11-19。

表 11-19　不同耐火材料间的相互反应温度（×100℃）

轻微反应温度（上）破坏时反应温度（下）	镁质 MgO 92%	镁铬质(不烧)	铬镁质(不烧)	铬镁质(烧成)	镁橄榄石质	铬质(烧成)	90% Al_2O_3	70% Al_2O_3	锆英石质	黏土质(SD)	黏土质(HD)	黏土质(SS)	碳化硅质(黏)	硅石质(普)	硅石质(SD)
镁质 MgO 92%		>17	>17		17	>17	16.5			14	14	>14	15	15	15
镁铬质(不烧)				16.5		16	16		16.5		14	14		16	15
铬镁质(不烧)	>17			16.5		16.5	16		16.5	16	14	14		16	
铬镁质(烧成)	>17				16.5	16.5	16	16	16.5	16	16?	>15		16	16.5
镁橄榄石质	17?	17?	17?			16.5	>16	>16	16	16	15	>15	16.5	16.5	
铬质(烧成)	>17			17?	16.5		16.5	16			>15	>15		16.5	16.5
90% Al_2O_3	>17	>17	>17	>17	16.5	>17				16.5	>15	16.5		16.5	16.5
70% Al_2O_3	17	17	17	17	16.5	>16.5				>16.5	>15	16.5	16		
锆英石质		17		>17	16.5					>15	16.5		>16.5		
黏土质(SD)	15		17?	17?	16.5	17?							16.5		>15
黏土质(HD)	15		17?	17?	16.5	17?	17?	17?					16	15	15
黏土质(SS)	15	16?	16?	16?	16?	16?	16?	16?	16?				15		>15
碳化硅质(黏)	>15	15	15	16	16	16	>17	17?	>17	17?	17?	16?		16.5	16.5
硅石质(普)	16	16.5	17?	17?	17?	17?	17?	17?	17?		16	17?			
硅石质(SD)	16	17?	17?	17?	17?	17?	17?			16	16	16?	17?		

注：1. 在气体烧成炉中氧化气氛下，3~7h 各加热到 1400℃、1500℃、1600℃、1650℃、1705℃保温 5h 后观察。例如 17 表示在 1700℃应开始起反应；>17 表示在 1700℃尚未起反应；17? 表示在 1700℃有一种砖不能耐受此温度；

2. SD—超耐热性级；

3. HD—高耐热性级；

4. SS—高硅质；

5. (黏)—黏土结合。

E　高温体积稳定性（重烧线变化率）

耐火材料在高温下长期使用时，其外形体积保持稳定不发生变化（收缩或膨胀）的性能称为高温体积稳定性。通常用重烧线变化率来判断制品的高温体积稳定性，即

$$L_c（重烧线变化率）= \frac{L_1 - L_0}{L_0} \times 100\% \tag{11-1}$$

410

式中 L_0 ——试样加热前长度，mm；

L_1 ——试样加热后长度，mm。

当 $L_c > 0$ 时表示膨胀；当 $L_c < 0$ 时表示收缩。

F 耐真空性

通常耐火材料在常温下的蒸气压都很低，可以认为是极为稳定不易挥发的。但在高温减压下工作（如真空熔炼炉或钢水脱气处理等）时，其挥发性将成为不可忽视的问题，会因其挥发减量而造成损耗，加速其损坏，同时在高温减压下耐火材料还会发生变质，即其化学矿物组成发生变化。

耐真空性是指在高温减压下耐火材料抵抗其挥发和变质的性能。

一些耐火材料在 1600℃，0.2kPa 下加热 10h 的耐真空性大致有如下关系：

$$3CaO \cdot SiO_2 、 2CaO \cdot SiO_2 > 2MgO \cdot SiO_2 \geq ZrO_2 \cdot SiO_2 \geq 3Al_2O_3 \cdot 2SiO_2$$

以上表明作为真空炉用耐火材料，碱性氧化物比酸性氧化物更为有利。

表 11-20、表 11-21 和表 11-22 列出了常用耐火材料的一些性质。

表 11-20 常用耐火材料的性质

耐火材料	体积密度/g·cm⁻³	显孔率/%	耐火度/℃	荷重软化开始温度/℃	耐急冷急热性	抗渣性
硅 砖	1.7~1.9	22~25	1690~1730	1620~1670	不良	抗酸性渣强，抗碱性渣弱
黏土砖	1.8~2.2	18~28	1580~1770	1250~1400	良好	抗酸性渣强，抗碱性渣尚好
普通高铝砖	2.0~2.4	18~26	1750~1790	1400~1530	较差	抗酸性渣和碱性渣均较强
镁 砖	2.7~3.0	19~25	>2000	1500~1550	不良	抗碱性渣强，抗酸性渣弱（抗水蒸气弱）
镁铝砖	2.85~3.0	12~21	>2000	不低于1600	良好	抗碱性渣强，抗酸性渣弱（抗水蒸气弱）
碳 砖	1.35~1.65	15~28	>3000	不软化	良好	抗酸性渣和碱性渣均强（抗氧化性气氛弱）
碳化硅制品	2.4~2.5	25~30	1900~2100	1680~1730	良好	抗酸性渣强，抗碱性渣较弱（抗氧化性气氛弱）
石墨制品	1.8~1.9	19~26	>1750	1380~1490	良好	抗酸性渣和碱性渣均强（抗氧化性气氛弱）

表 11-21 几种耐火混凝土性质

胶结剂种类		矾土水泥	磷 酸	水玻璃	硅酸盐水泥
耐火度/℃		1610~1790	1700~1780		
4%荷重软化变形温度/℃		1350~1430	1400~1520	1240~1300	1250~1330
抗热震性	加热温度/℃	1100	1100	850	1100
	冷却方式	水 中	水 中	水 中	水 中
	次 数	15~20	180~220	50~60	10~17

表 11-22 耐火可塑料性质

项 目		1	2	3	4	5
化学成分 （质量分数）/%	Al_2O_3	52	54	63	64	70
	SiO_2	39	40	29	26	19
耐火度/℃		1750～1770		1790	1790	＞1790
荷重开始软化温度/℃					1440	1330
抗热震性/次				100	110	130
显孔率/%		16.8	17.5	21		

11.4.4 几种常用及新型的耐火材料

11.4.4.1 硅铝系耐火材料

硅铝系耐火材料可分成硅质、硅酸铝质、刚玉质 3 大类耐火材料。

硅质耐火材料为含 $SiO_2$93％以上的耐火材料，是酸性耐火材料的主要品种，主要产品为烧成硅砖。

硅酸铝质耐火材料为 Al_2O_3 含量在 15％～90％之间，SiO_2 含量不大于 65％的耐火材料。按其中 Al_2O_3 含量多少，它可分为半硅质（$Al_2O_3$15％～30％），如半硅砖；黏土质（$Al_2O_3$30％～48％）；高铝质（Al_2O_3＞48％）3 类。

刚玉质如刚玉砖为 Al_2O_3 含量不小于 90％，以刚玉为主要物相的耐火材料。

硅铝系耐火材料的化学矿物组成及化学性质见表 11-23。

表 11-23 硅铝系耐火材料的化学矿物组成及化学性质

制 品		化学组成 （质量分数）/%	原 料	主要矿物相	化学性质
硅 质		SiO_2＞93	硅 石	鳞石英、方石英、 残存石英、玻璃相	酸 性
半硅质		$Al_2O_3$15～30	半硅黏土、叶蜡石 黏土加石英	莫来石、石英变体、玻璃相	半酸性
黏土质		$Al_2O_3$30～48	耐火黏土	莫来石（约50％）、玻璃相	弱酸性
高铝质	三等	$Al_2O_3$48～60	高铝矾土加黏土	莫来石（60％～70％）、 玻璃相	弱酸性 近似中性
	二等	$Al_2O_3$60～75	高铝矾土加黏土		
	一等	Al_2O_3＞75	高铝矾土加黏土		
刚玉质		$Al_2O_3$95～99	高铝矾土加工业氧化铝 电熔刚玉加工业氧化铝	刚玉、少量玻璃相	近似中性

A 硅砖

硅砖是以二氧化硅为主要成分，其含量在93％以上的耐火制品，它以石英岩为原料，加入少量矿化剂，在高温下烧成。其矿物组成为鳞石英、方石英、少量残存石英和高温形成的玻璃质等共存的复相组织。

硅砖外表为土黄色并带有棕色的铁质斑点，其断面可看到白色的结晶颗粒。硅砖为强酸性耐火材料，对酸性炉渣抵抗力很强，而对碱性渣抵抗性较弱，但对 CaO、FeO、Fe_2O_3 等碱性氧化物却具有一定的抵抗能力。硅砖的导热性比黏土砖好，热导率随温度升高而增大。硅砖的荷重软化温度较高且接近耐火度是其突出的特点。硅砖经过再次煅烧时因残存于砖中的石英继续转化会发生不可逆的体积膨胀。在300℃以上至接近熔点的这一区间，硅砖体积稳定，使用时加热到1450℃时约有1.5%～2.2%的总体积膨胀，此种膨胀会使砌缝密合，保证砌筑体有良好的气密性和结构强度。

硅砖的最大缺点是硅砖的耐急冷急热性很差（850℃的水冷次数只有1～2次），所以它不宜用于温度急变之处，但当炉温在700℃以上变化时仍可用，其次是耐火度不高，这使其应用范围受到了很大限制。

表11-20列出了硅砖的主要性质。

硅砖在冶金方面多用于砌反射炉、锌蒸馏炉、电炉（炼锡、炼镍及氯化电炉）、酸性炼钢炉、连续加热炉等的炉顶和侧墙、均热炉炉墙中段以及焦炉的蓄热室墙、斜道、燃烧室、炭化室和炉顶等。

硅砖在使用过程中应注意如下事项：

（1）硅砖制品在200～300℃和573℃时，由于晶型转变，体积骤然膨胀，故烘炉时在600℃以下升温不宜太快，在冷至600℃以下时应避免剧烈的温度变化。

（2）应尽可能不与碱性炉渣接触。

（3）由于承受炉顶装煤车的动负荷作用和靠燃烧室墙传导加热炼焦煤以及周期性地装煤、出焦，引起炉墙两侧硅砖的温度剧烈变化，焦炉用硅砖应具有荷重软化温度高、热导率高、抗热震性好和高温体积稳定的特征。

B 硅酸铝质耐火材料

a 半硅砖

半硅砖是一种 Al_2O_3 含量为15%～30%，SiO_2 含量大于65%的半酸性的耐火制品。半硅砖一般用含石英砂的耐火黏土、叶蜡石（Al_2O_3、$4SiO_2 \cdot H_2O$）以及耐火黏土或高岭土选矿的尾矿作原料经烧制而成。其主要矿物组成为莫来石、石英变体和玻璃相。

半硅砖的特点是：抗酸性炉渣性能良好；高温结构强度较高；高温体积较稳定，即高温下膨胀不太大，这有利于提高砌体的整体性，减弱熔渣对砌体的侵蚀作用；与高温熔渣接触后能在砖的表面产生一层 SiO_2 含量很高，厚度为1～2mm，黏度很大，能阻止熔渣继续向砖内渗透的釉状物质保护层，从而提高了砖的抗侵蚀能力。

半硅砖所用的原料储量大，价格较低，可代替二、三等黏土砖，使用范围较广。它主要用于砌筑焦炉、酸性化铁炉、冶金炉烟道及盛钢桶内衬等。

半硅砖中比较有代表性和常用的是蜡石砖，其外观与黏土砖差别不大，呈白色或灰白色。其膨胀率为0.7%～0.9%，高温性能与黏土砖相近，耐火度为1670～1710℃，荷重开始软化温度为1300～1430℃。

b 黏土砖

黏土砖属于硅酸铝制品中的一个主要品种，是以黏土熟料作骨料、耐火黏土作结合剂制成，Al_2O_3 含量为30%～48%的耐火制品。其主要矿物组成为莫来石（约50%）和玻璃相。

黏土砖的性质在较大范围内波动，这是由于制品的化学组成的波动范围很大（Al_2O_3 含量在30%～48%之间波动）以及生产工艺的差别所致。

黏土砖的耐火度为1580～1770℃，其值随 Al_2O_3/SiO_2 比值增大而提高，随熔剂（杂质，特别是碱金属氧化物杂质）含量的增多而显著地下降。一般规定 Na_2O 及 K_2O 的含量不超过2%，Fe_2O_3 含量不超过5.5%。

按 Al_2O_3 含量及耐火度的不同，可将制品分为 4 等：特等的耐火度不小于 1750℃；一等的不小于 1730℃；二等的不小于 1673℃；三等的不小于 1580℃。

黏土砖的荷重软化温度为 1250～1400℃ 至 1500～1600℃，其温度间隔为 150～250℃，其值随 Al_2O_3 含量、烧成温度和成型砖坯的体积密度提高而升高。另外采用多熟料配料也能提高制品的荷重软化温度。黏土砖的荷重软化温度与其耐火度相差较大，故其高温结构强度较低。

黏土砖的热膨胀系数小，抗热震性较好，普通黏土砖的耐急冷急热次数为 10～15 次，多熟料的耐火制品可达 50～100 次。熟料和气孔率增加，抗热震性提高。

黏土砖属弱酸性的耐火制品，其酸性随 SiO_2 含量的增加而增加。它对酸性炉渣具有一定的抗侵蚀能力，对碱性熔渣的侵蚀抵抗能力较差。宜用作酸性熔渣的炉子的内衬。黏土砖抗渣能力与熟料含量有关，熟料含量愈高，则气孔率愈低，砖愈致密，抗渣能力愈强。

黏土砖在长期高温作用下体积有残余收缩，导致炉子砌体砖缝加宽，影响炉子使用寿命。

表 11-20 列出了黏土砖的主要性质。

黏土砖成本低，工作温度在 1400℃ 左右，且对酸碱性炉渣有一定抵抗能力，目前广泛用在各种加热炉、锻造炉、热处理炉以及有色冶金炉等在 0.2MPa 以下的荷重，炉渣侵蚀作用不大的部位。对于要求温度高、体积稳定性好的部位，如高炉炉缸、盛钢桶衬砖可采用性能比一般黏土砖优良的特制多熟料的黏土砖（牌号为 ZGN-42 和 GN-42）。

c 高铝砖

高铝砖是以高铝矾土和黏土为主要原料经成型烧制而成，Al_2O_3 含量（质量分数，下同）大于 48% 的耐火制品。其主要矿物组成为莫来石（60%～70%）和玻璃相。

高铝砖通常分为 3 类，见表 11-23。

一等：Al_2O_3 含量大于 75%；

二等：Al_2O_3 含量 60%～75%；

三等：Al_2O_3 含量 48%～60%。

高铝砖在耐火度、荷重软化温度以及抗碱性渣等性质方面均优于黏土砖，且随着 Al_2O_3 含量的增加其性能提高，是一种高级耐火材料，故用高铝砖代替黏土砖可以显著提高炉子的生产率和寿命。

高铝砖的耐火度不低于 1750～1790℃，荷重软化开始温度介于 1400～1530℃ 之间，抗热震性介于黏土砖和硅砖之间，加热到 850℃ 时水冷交换次数为 3～5 次。

由于高铝砖的主要成分 Al_2O_3 属于两性氧化物，故它既能抗酸性渣又能抗碱性渣的侵蚀，其抗酸性渣的侵蚀能力不及硅砖，抗碱性渣的侵蚀能力不及镁砖，但优于黏土砖。实际中可采取提高 Al_2O_3 含量、降低杂质含量和气孔率、提高制品的密度等措施来提高其抗渣性。

目前高铝砖广泛用在平炉、电炉、高炉、热风炉、加热炉、回转窑以及铝熔炼炉等上，并取得了良好的使用效果。

C 刚玉制品（刚玉砖）

含 Al_2O_3 大于 90% 以上的制品称为刚玉质耐火材料，亦称纯氧化铝耐火制品。刚玉硬度很高，熔点也高，除了是一种高温耐火材料外，还是一种高温电绝缘材料。其主要物相为 α-Al_2O_3。

刚玉砖的性能要比一般的高铝砖好，如 Al_2O_3 含量大于 95% 的刚玉质耐火制品的耐火度高达 1900～2000℃。

刚玉砖是用电熔法将原料熔融后浇铸而成。其气孔率很低，致密度高，因此，耐火度和荷重软化温度高，抗渣性好，抗热震性好，在高温下的氧化性气氛或是在还原性气氛中使用，均能收到良好的使用效果。虽然这种熔融制品具有优良的性能，但受到消耗大量电力和成本昂贵的限制，目前使用较少。

11.4.4.2 镁质耐火材料

镁质耐火材料是指以镁石作原料，以方镁石为主晶相，MgO 含量在 80% ~85% 以上的耐火材料。它包括镁砂、镁砖、镁铝砖、镁铬砖等。

A 镁砂

镁砂分冶金镁砂和合成镁砂，即马丁砂。

冶金镁砂是由菱镁矿（主要成分 $MgCO_3$）或海水提取的氢氧化镁经过高温煅烧得到的烧结镁石，粉碎以后而制得的。按 MgO 含量的不同，冶金镁砂可分成 3 类：

一等：$MgO \geqslant 87\%$，$SiO_2 \leqslant 4\%$，$CaO \leqslant 5\%$；

二等：$MgO \geqslant 83\%$，$SiO_2 \leqslant 5\%$，$CaO \leqslant 8\%$；

三等：$MgO \geqslant 78\%$，$SiO_2 \leqslant 6\%$，$CaO \leqslant 12\%$。

合成镁砂是由镁石、白云石（或石灰石）、铁矿石按一定比例配料，均匀混合，然后煅烧再破碎至一定颗粒组成而制得的。其组成为：SiO_2：3.3% ~5.1%；Al_2O_3：1.6% ~2.9%；Fe_2O_3：9.5% ~11.7%；CaO：11.5% ~11.6%；MgO：66.6% ~71.9%；P_2O_5：<3%。

由于镁砂和卤水混合后可以自行硬化，因此，镁砂除制砖外，还可作为反射炉、平炉烧结炉底、电炉打结炉底以及补炉材料。

B 镁砖

镁砖是用大于 87% 的烧结镁石作原料，制品中以方镁石为主晶相，由硅酸盐结合的碱性耐火材料。镁砖外表为暗棕色，是一种高级耐火材料。

按生产工艺不同，镁砖可分为不烧结镁砖与烧结镁砖两类。不烧结镁砖又称结合镁砖，它是以菱镁矿（$MgCO_3$）的煅烧产品镁砂（MgO）为原料，用卤水（$MgCl_2 \cdot 6H_2O$）为结合剂（也可用焦油或亚硫酸纸浆废液等有机物作为结合剂），在高压成型后经过一定时间的干燥而制得的。镁砂和卤水混合后可以自行硬化，因此常用作捣打料捣筑炉体，用作喷料修补炉墙。烧结镁砖是用纯度较高的烧结镁石为原料，用亚硫酸纸浆废液作结合剂，经过成型干燥后，在高温下烧结而制得的。不烧镁砖的强度较低，性能不如烧结镁砖，但价格便宜。

镁砖的耐火度大于 2000℃，但其荷重软化温度只有 1500 ~1550℃，和耐火度相比两者相差 500℃ 以上，这是镁砖的最大缺点。镁砖的抗热震性较差，加热到 850℃ 时，只能承受水冷 2 ~3 次，这是它在使用中损坏的主要原因之一。镁砖对碱性炉渣有良好的抵抗性能，但不耐酸性炉渣的侵蚀，在 1600℃ 高温下，与硅砖、黏土砖甚至高铝砖接触都能起反应。与其他耐火材料相比，镁砖的线膨胀系数最大。

镁砖价格约比黏土砖贵一倍，所以在碱性炉渣侵蚀比较严重的地方才应用它。炼铜、镍、铅鼓风炉炉缸、前床、炼铜、锡反射炉炉墙、上升烟道，铜、镍的吹炼炉的内衬，炼铜、镍、铅矿的电炉，有色金属精炼炉的炉底和渣线附近，炼钢中的平炉、电炉的前后墙和炉底、混铁炉内衬、盛钢桶水口砖、转炉炉衬、轧钢加热炉、均热炉的高温段等都可应用镁砖。

由于镁砖的荷重软化温度低和耐急冷急热性不良，所以应该用在机械荷重不能太大，同时温度变化不大之处。另外，镁砖的热导率较大（常温下为黏土砖的 9 倍），故使用镁砖时要考虑外加绝热层。煅烧不透的镁砖会因水化造成体积膨胀，使镁砖产生裂纹或剥落。因此，镁砖在运输和储存过程中必须注意防潮，砌筑时也应干砌并留有足够的膨胀缝，同时避免与硅砖、黏土砖等混砌。所谓干砌，即用干镁火泥撒在砖缝中，或在砖缝间夹以薄铁片，在高温下铁片被氧化为氧化铁，它能与镁砖中的氧化镁起化学反应从而黏结成整体。

C 镁铝砖

镁砖最主要的一个缺点是热稳定性差，为此，在镁砖中加入少量（2%~6%）的 Al_2O_3 制成的镁铝砖，可以显著地提高镁砖的热稳定性。

镁铝砖是以方镁石（MgO 晶体）为主晶体，以镁铝尖晶石（$MgO·Al_2O_3$）为基质的耐火材料制品。

镁铝砖的基本特点是：耐火度高，对碱性渣和铁渣有很好的抵抗性，抗热震性好，高温机械强度大，相应提高了荷重软化温度。

由于镁铝砖具有以上优良性能，故广泛用于工作温度高且波动频繁、机械负荷大的位置，如用作炼钢平炉、炼铜反射炉等高温熔炼炉炉顶的砌筑材料。炉子的平均寿命可达约 800 炉甚至 1000 炉以上。

镁铝砖有 ML-80A 和 ML-80B 两种牌号。

11.4.4.3 含碳耐火材料

含碳耐火材料可分为碳质制品（如碳砖）、石墨（黏土）制品、碳化硅制品、碳复合耐火制品等，属于中性耐火材料。这类材料的特点是：耐火度高（纯碳的熔融温度为 3500℃，实际上在 3000℃ 即开始升华。碳化硅在 2200℃ 以上分解），导热性和导电性均好，荷重变形温度和高温强度优异，抗渣性和抗热震性都比其他耐火材料好。但这类制品都有易氧化的缺点。

A 碳砖

碳砖是焦炭或无烟煤，加入焦油或沥青作为结合剂，成型后烧制而成的含碳量不低于 92%，灰分不大于 8% 的碳质耐火制品。

碳砖为暗灰色，有光泽，烧成良好的碳砖不沾污手，用小锤敲击有清脆声。耐火度和荷重软化温度高，抗热震性好；不被熔渣、铁水等润湿，几乎不受所有酸碱盐和有机药品的腐蚀，抗渣性好，高温体积稳定，机械强度高，耐磨性好，具有良好的导电、导热性；易氧化。

由于碳砖易氧化，故应在还原气氛条件下使用，目前广泛用于砌筑高炉炉底、炉缸、炉腹、炉身，电化学工业、化学工业、石油化学工业、电镀工业、铁合金炉（或设备的内衬）、酸液、碱液槽衬和管路，以及熔炼有色金属（如铝、铅、锡等）炉（如炼锌蒸馏炉）的炉衬。

B 石墨质耐火制品

石墨质耐火制品是以天然石墨为原料，以耐火黏土作结合剂，经混合成型，在隔绝空气下烧成含碳量在 20%~70% 的耐火材料。其中碳以石墨形态存在，黏土起结合剂和减缓氧化的作用。这类制品有石墨黏土坩埚、水口砖、盛钢桶衬砖等，其中在冶金生产上应用最广的是石墨黏土坩埚。

除表 11-20 中所列的一些性质以外，石墨的导热性和导电性也很好，但缺点是在高温下容易氧化。

石墨制品（石墨块）主要用于熔炼用坩埚、电炉用电极、化学工业中的耐腐蚀热交换设备及高温炉的筑炉材料。

C 碳复合耐火制品

为了提高耐火材料的抗渣性，就要提高其体积密度，降低气孔率，但随气孔率的下降和体积密度的提高，耐火制品的抗热震性却下降了。而把石墨引入到耐火材料中来就能使上述要求得以实现，就能提高耐火材料的抗渣性和抗热震性。

碳复合耐火材料是 20 世纪 80 年代以后发展起来的耐火材料，是一种由耐火材料和炭素材料组合而成的耐火材料。

a 镁碳砖

镁碳砖是以镁砂和石墨为原料，加入少量添加剂，采用结合剂，经高压成型和干燥硬化处理制成的耐火制品。

镁碳砖具有较高的抗熔化性能，优良的抗渣性，较大的高温强度和较好的高温抗蠕变性，但易氧化。

镁碳砖用于转炉炉衬、出钢口、复吹转炉的供气嘴及精炼炉上。

b　镁钙碳砖

镁钙碳砖是最新发展起来的一种碳复合碱性耐火材料，其主要成分为 MgO-CaO-C。它是以镁砂、石墨和高纯度的含游离 CaO 的碱性耐火材料为原料，用结合剂，经高压成型制成的不烧耐火制品。

与镁碳砖相比，镁钙碳砖对低碱度、低 TFe 炉渣具有更好的抗渣性，高温下稳定性更强。

镁钙碳砖可作为镁碳砖的替代品，可用于吹炼不锈钢比率高的顶底复合吹炼转炉上，也可作为部分转炉炉衬用 MgO-CaO 砖的替代产品。

c　铝碳质耐火材料

以 Al_2O_3-C 为主要成分的耐火材料称为铝碳质耐火材料。铝碳质耐火材料是以氧化铝、炭素等为原料制成的，分为不烧铝碳质耐火材料和烧成铝碳质耐火材料两种。不烧铝碳质耐火材料（简称铝碳砖），属于碳结合材料；其抗氧化性明显优于镁碳砖，抗 Na_2O 系渣的侵蚀性能优良，因此广泛用于铁水预处理设备中。烧成铝碳质耐火材料（简称烧成铝碳砖），属于陶瓷结合型；或者说属于陶瓷-碳复合型。它大量用作连铸用滑动水口滑板，长水口，侵入式水口，上、下水口砖，整体塞棒等。

另外，现代用高炉出铁沟的耐火材料（简称铁沟料）也是属于以 Al_2O_3 为主要原料的铝碳质耐火材料的范畴。

d　铝镁碳砖

铝镁碳砖是最近在大型连续铸锭用钢包上使用成功的一种新产品。主要原料为高铝熟料、烧结镁砂、鳞片石墨或少量的添加剂，如 Al 粉、Si 粉等，采用适当的结合剂，经高压成型，然后再经低温处理而制成的一种耐火制品。表 11-24 为铝镁碳砖的理化指标。

表 11-24　铝镁碳砖的理化指标

项　目	普通铝镁碳砖	高档次铝镁碳砖	项　目	普通铝镁碳砖	高档次铝镁碳砖
化学成分（质量分数）/%			性　能		
Al_2O_3	62 ~ 65	61.29	气孔率/%	18 ~ 20	6.1
MgO	12 ~ 14	13.34	体积密度/g·cm^{-3}	2.71 ~ 2.72	2.84
CaO		0.76	耐压强度/MPa	20 ~ 25	64.5
Fe_2O_3		1.59	0.2MPa 荷重开始软化温度/℃	1420 ~ 1480	1620
C	6 ~ 7	9.78			

D　碳化硅耐火制品（高级耐火材料）

碳化硅制品多半是碳化硅中加入一定量的耐火黏土作为结合剂制得。外表亮而黑，非常坚硬，耐磨性好，高温强度大，抗热震性好，导热性也很好（约为黏土砖的 10 倍），但在高温下容易氧化，对碱性渣和某些金属（如铁、铜等）的侵蚀的抵抗性弱。此外，价格非常贵（约黏土砖的 30 多倍），因此在使用上也受到一定限制。在有色金属冶炼中，碳化硅制品大量用于蒸馏罐、精馏罐、高温换热器、马弗罩、高温计器保护管和电热体等。在钢铁冶炼方面,它可用于盛钢桶内衬、水口、塞头高炉炉底和炉腹、出铁槽、转炉和电炉出钢口、加热炉无水冷滑轨等方面。在空间技术上可用作喷管和高温燃气透平叶片等。

11.4.4.4 不定形耐火材料

不定形耐火材料也称散状耐火材料,是由一定级配的耐火骨料和粉状物料与结合剂、外加剂混合而成,不经过一般耐火制品成型和烧成等工序而直接以粉粒状料使用的一种耐火材料。同耐火砖相比,不定形耐火材料具有工艺简单、节约能源、成本低廉、便于机械化施工的特点。

不定形耐火材料可分成耐火混凝土、可塑耐火材料、捣打耐火材料、耐火(胶)泥、喷射耐火材料(如耐火涂料、修补料)和投射耐火材料等。

A 耐火混凝土

耐火混凝土又称耐火浇注料或浇灌料,是一种新型耐火材料,也是一种特殊的混凝土。它是以硅酸盐水泥、矾土水泥等水泥,磷酸或玻璃等为胶结材料(占 7% ~ 20%),以耐火黏土熟料、矾土熟料、废耐火砖、硅砂、镁砂等作骨料(占 65% ~ 80%)和掺和料(与骨料同材质的耐火细粉,具有提高制品密度,减少重烧收缩等作用,约占 30%),按一定比例配合而成。其中用绝热的轻质材料制成者称为轻质浇灌料。其特点是:用水调制经成型(浇灌或捣打)后能凝结硬化,不经煅烧就能获得一定强度,而在长期高温作用下不失去必要的承载荷的能力,并能符合一般耐火材料的要求;耐火混凝土与普通混凝土的区别即在于后者在高温作用后失去强度而破坏,只能用于300℃以下温度之处;浇注料成型后必须根据结合剂的硬化特性,采取适当措施促进硬化(见表11-25);与同材质的耐火砖相比,耐火混凝土的耐火度稍低,荷重软化温度较低,显孔隙率稍低,收缩较大,烘烤时间较长,但热稳定性更好。

表 11-25 不同胶结材料的耐火混凝土的养护法

胶结材料	养 护 方 法	胶结材料	养 护 方 法
矾土水泥	成型4~6h或浇水、浸水养护3天	磷酸盐	自然干燥(湿度小于75%,室温大于25℃)7天或加热350~400℃
低钙水泥	蒸汽养护24h或浇水,浸水养护7天		
水玻璃	在空气中养护一周		

耐火混凝土的种类很多。根据胶结材料的不同,可以分为硅酸盐水泥耐火混凝土、水玻璃耐火混凝土、磷酸盐耐火混凝土等。根据其硬化条件,可分为水硬性、气硬性和热硬性混凝土3种。几种常用耐火混凝土的性能见表11-26。

表 11-26 几种耐火混凝土的性能

材 料	耐火度 /℃	荷重软化开始 温度/℃	显气孔率 /%	体积密度 /g·cm⁻³	常温耐压强度 /MPa	1250℃烧后 强度/MPa	抗热震性 /次
铝酸盐耐 火混凝土	1690 ~ 1710	1250 ~ 1280	18 ~ 21	2.16	19.6 ~ 34.3	13.7 ~ 15.7	>50
水玻璃耐 火混凝土	1610 ~ 1690	1030 ~ 1090	17	2.19	29.4 ~ 39.2	39.2 ~ 49.0	>50
磷酸盐耐 火混凝土	1710 ~ 1750	1200 ~ 1280	17 ~ 19	2.26 ~ 2.30	17.7 ~ 24.5	20.6 ~ 25.5	>50

　　由于耐火混凝土与同质耐火砖相比，具有制造工艺简单，成型容易，能耗小，可整体浇注且气密性好，机械化施工方便等优点。所以，它是现代耐火材料的重要发展方向。目前已在冶金等工业的热工设备上得到应用，并取得了满意的使用效果。

　　目前我国生产的耐火混凝土的组成、使用温度和应用举例如表11-27所示。

表11-27　耐火混凝土的组成、使用温度和应用范围

耐火混凝土品种	组　成　材　料			最高使用温度/℃	应　用　范　围
	胶结料	骨　料	掺和料		
硅酸盐耐火混凝土	硅酸盐水泥	黏土熟料粉、废耐火黏土砖	黏土熟料、废耐火黏土砖	1000～1200	加热炉的预热段、均热炉烟道、煤气发生炉炉顶
	硅酸盐水泥	高炉矿渣、红砖、安山岩、玄武岩、辉绿岩	水渣粉、粉煤灰、红砖粉	700	温度变化不剧烈，无酸碱侵蚀的部位，如热工设备的基础、烟道等
	矿渣硅酸盐水泥	高炉矿渣、红砖、安山岩、玄武岩、辉绿岩			
铝酸盐耐火混凝土	矾土水泥	高铝矾土熟料	高铝矾土熟料粉	1300～1400	强度高，有良好的热稳定性，适用于加热炉炉墙、退火炉炉门、电退火炉炉衬、均热炉换热室管砖等
		铝铬渣	铝铬渣粉	1600	热稳定性和热态强度好，适用于单侧上烧嘴均热炉陶土换热器吊挂入口部位、炉墙热电偶孔和窥视孔预制块、烟道闸板梁等
	低钙铝酸盐	高铝矾土熟料，废高铝砖	高铝矾土熟料粉，废高铝砖	1400～1500	有良好的热稳定性，可用于各种加热炉、热处理炉、轧辊反射炉、均热炉、流渣嘴及围墙、电炉出钢槽等
	Al-60水泥	高铝矾土熟料、焦宝石等	高铝矾土熟料、焦宝石等	1300～1500	有良好的热稳定性，可用于各种加热炉、热处理炉、轧辊反射炉、均热炉、流渣嘴及围墙、电炉出钢槽等
磷酸盐耐火混凝土	磷酸或磷酸铝溶液	矾土熟料或高铝砖	矾土熟料或高铝砖	1400～1500	可用于温度变化频繁和要求耐磨冲刷的部位，如加热炉基墙旋风分离器、均热炉烧嘴围墙、单侧上烧嘴均热炉导向砖等
	磷酸溶液	锆英石	锆英石	1600～1700	可用于温度和强度要求较高的部位，具有抗渣性能
	磷酸溶液（以矾土水泥作促凝剂）	二级矾土熟料	二级矾土熟料	1400～1500	均热炉炉膛

B 可塑耐火材料（简称可塑料）

由粉粒状耐火物料与黏土等结合剂和增塑剂配成，呈泥膏状，在较长时间内具有较高可塑耐性的耐火材料（施工时可轻捣或压实，经加热获得强度）。其中，若仍以黏土作为主要结合剂而另加适当外加剂制成的，具有较高流动性并可以浇灌方式施工的混合料称浇灌可塑料。

可塑料的配制是将配好料的原料经过混合、困泥和挤泥等工序后，在施工时放入木模中，用木槌或气锤捣打成需要的形状，密封储存，供应使用。

可塑料的耐火度高，耐急冷急热性好，绝热性好，抗渣性好，抗震性及耐磨性好，但高温体积稳定性不高，且在高温下其强度随温度升高而下降。

可塑料特别适用于钢铁工业中的各种加热炉、均热炉、退火炉、渗碳炉、热风炉、烧结炉等。使用温度主要依用粒状和粉状料的品质而异。如普通黏土质料可用于 1300～1400℃ 温度下；优质料可用于 1400～1500℃；高铝质料可用于 1600～1700℃ 甚至更高；铬质料可用于 1500～1600℃。

C 捣打耐火材料（简称捣打料）

捣打耐火材料是由粉粒状耐火物料与结合剂组成的松散状的耐火材料。与同质的其他不定形耐火材料相比，多数可塑料在成型之前无黏结性，需以强力捣打才能获得密实的结构，且只有在加热时达到烧结或使结合剂中的含碳化合物焦化后才获得强的结合。

捣打料的耐火性和耐熔融物侵蚀的能力都可通过选用优质耐火原料，采用正确配比和强力捣实而获得。

同浇注料和可塑料相比，高温下，它具有较高的稳定性和耐侵蚀性。其使用场合如表 11-28 所示。

表 11-28 捣打料的成分和使用地点

名 称	成分和数量	使用地点	备 注
炭素填料	冶金焦粉（粒径在 4mm 以下）80% 脱水煤焦油 15% 煤沥青 5%	高炉炉基黏土砖砌体与炉壳间的间隙；高炉炉底、炉缸黏土砖或高铝砖砌体与周围冷却壁之间的缝隙	（体积比）
炭素捣打料	冶金焦粉（粒径在 4mm 以下）85% 脱水煤焦油 10% 煤沥青 5%	高炉炭捣炉衬	（质量比）
镁砂捣打料	镁砂（粒径 0～5mm）85% 脱水煤焦油 15%	倾动式平炉炉底捣打料	（体积比）
	镁砂 89%～91% 脱水煤焦油 7%～9% 煤沥青 1.5%～2%	电炉炉底捣打料	
	镁砂 89% 氧化铁粉 2% 脱水煤焦油 9%	电炉炉底和堤坡捣打料	（质量比）镁砂粒径组成： 1.5～3.5mm10% 0.5～1.5mm50% 0.2～0.5mm40%

名　称	成分和数量	使用地点	备　注
可塑性铬质泥料	铬铁矿 100% 水玻璃（外加）7%	均热炉炉膛中央烧嘴周围捣打料	（质量比）铬铁矿推荐级配如下： 粒径 5mm 6%～10% 粒径 5～2mm 28%～30% 粒径 2～0.5mm 12%～14% 粒径 0.5～0.07mm 18%～20% 粒径 0.06mm 以下 24%～28%
	铬铁矿 97% 结合黏土 3% 水玻璃（外加）7%	均热炉炉膛中央烧嘴周围捣打料	
镁质捣打料	镁砂 50% 黏土质耐火泥 30% 铁矾土 5% 焦粉 5% 氧化铁粉 10% 卤水（外加）适量	均热炉炉膛中央烧嘴周围捣打料	（质量比）
铬质捣打料	铬铁矿（粒径 0～3mm）90% 氧化铁粉（粒径 0～3mm）5%	环形加热炉炉底砌体上的捣打料	（体积比）铬铁矿成分要求： $Cr_2O_3 > 35\%$

D　耐火（胶）泥（又称为火泥）

由细粉耐火物料和结合剂组成的供调制泥浆用的不定形耐火材料称为耐火泥。

表 11-29 中列出了几种常用的耐火胶泥的配料。

表 11-29　几种常用的耐火胶泥的配料

砌砖体名称	配　料	砌砖体名称	配　料
黏土砖、高铝砖	黏土熟料 50%～70%，软质黏土 50%～30%	镁　砖	镁砖粉 40%，卤水 60%
硅　砖	石英粉 75%～85%，软质黏土 25%～15%	碳　砖	焦炭粉 50%，沥青油 50%

耐火泥按硬化条件的不同，可分成普通型耐火泥、气硬性耐火泥、水硬性耐火泥和热硬性耐火泥。按化学成分可分成黏土质、硅质、高铝质、镁质耐火泥等。其中镁质耐火泥由于会水化，只能干砌或加卤水调制。硼酸只适用作硅质耐火泥的结合剂。

另外加入适当液体制成的膏状和浆状混合料，常称为耐火泥膏和耐火泥浆。用于涂抹之用时，也常称为涂抹料。

可制成泥浆的火泥有的也可以用于砌法填充在砌砖体间。这种火泥常称为耐火填料，也用为砌体与炉子外围铁壳间的填充料。

耐火泥的化学成分应与所用耐火砖的成分相近或相同，同时耐火度高，抗渣性好，有良好的黏结性保证砌砖体的坚固。

耐火泥主要用来填充砖缝，黏结同质的耐火砖块和作涂层材料。常用的几种耐火泥的组成和用途见表 11-30。

表 11-30　几种耐火泥的组成和用途

种　类		组　成			最高使用温度/℃	用　途
		粉状料	可塑料	结合剂		
普通耐火泥	硅质	软质硅石、烧硅石		软质黏土、膨润土		硅砖砌体的接缝和修补
	半硅质	蜡石、硅质黏土		软质黏土、蜡石质黏土		半硅质砌体的接缝和修补
	黏土质	硬质黏土熟料		软质黏土		黏土砖砌体的接缝
	高铝质	高铝熟料		软质黏土、膨润土、有机结合剂		高铝砖砌体的接缝
	铬质	铬矿、铬砖屑		膨润土、软质黏土		铬砖、铁壳砖的接缝
	镁质	镁　砂		膨润土		镁砖砌体的接缝
化学结合耐火泥	硅质	软质硅石、烧硅石	软质黏土	硅酸钠、硅酸铝等	1400 ~ 1600	焦炉、气体反应器用硅砖砌体的接缝和修补
	黏土质	硬质黏土熟料			1200 ~ 1500	锅炉、焦炉、换热器、高炉、热风炉、均热炉等用黏土砖砌体的接缝和修补
	高铝质	高铝熟料			1600	高炉、均热炉、加热炉等高铝砖砌体的接缝和修补
	碳化硅质	碳化硅			1550	碳化硅砖的接缝和修补

E　喷射耐火材料（简称喷射料）

以喷射方式施工的不定形耐火材料称为喷射耐火材料。

喷射耐火材料是以各种耐火的粒状和粉状熟料为骨料和掺和料，加入适量的结合剂（一般含量较低），多数还往往加入适量的助熔剂和少量水，经过混合而制成的。喷射料的主体耐火物质（骨料）不外乎为耐火黏土熟料、矾土熟料、硅砂、镁砂等，有时为耐火度更高的锆英石（$ZrO_2 \cdot SiO_2$）、刚玉或铬铁矿（$FeO \cdot Cr_2O_3$）等。结合剂多为水玻璃、磷酸盐、铬酸盐和各种镁盐。

与浇注料相比，以喷射方式施工可获得高密度和高强度的喷射层，因而耐侵蚀性更高；同时喷射料中含水量较少和结合剂用量较低，其收缩也较浇注料为低。

喷射料的施工分湿法施工和干法施工两种。湿法所用的喷射料颗粒较细，用于大面积喷补；干法喷射料的颗粒大，适用于局部部位。施工时可在冷态下进行，也可在热态下进行。因其主要用于涂层和修补其他炉衬，还分别称为喷涂料和喷补料，即耐火涂料和耐火修补料。

耐火涂料主要是用来提高耐火砌体，特别是硅砖和黏土砖的抗渣性和耐温度急变的能力，增加砌体的气密性和延长砌砖的使用寿命。故要求其耐火性能、抗渣性、耐磨性等都要高于砌体的内衬。

修补料是修补炉衬或砌体用，是一种可塑性耐火材料。要求其材质与原炉衬的相当。

表 11-31 列出了平炉和转炉喷补料的颗粒组成。

表 11-31　平炉和转炉喷补料的颗粒组成

名　称	颗　粒　组　成
炼钢平炉喷补料	镁砂粒径小于1mm的掺和料占15.4%，1~2mm占37.7%，2~3mm占19.7%，3~7mm占27.2%，外加结合剂卤水及氧化铁烧结剂
炼钢转炉喷补料	镁砂粒径小于5mm占50%，粒径小于0.5mm占50%，加入水玻璃结合剂

实践证明，混合喷补料最大颗粒不大于5mm，含量小于45%~50%，掺和料小于0.5mm占50%左右时，其堆积密度最大，使用效果最好。

　　F　投射料

投射料的组成和性质与喷射料相同。两者的区别在于施工的方法不同。投射料的施工方法是将喷射法改为以高速运转（50~60m/s的线速）的投射机具直接将混合料投射入圆形容器和模型的间隙中，构成结构致密的构筑物。主要用于筑盛钢桶内衬。

11.4.5　特种耐火材料

某些稀有金属、碱金属等的氧化物、碳化物、氮化物、硼化物、硅化物与硫化物，可作特种耐火材料。其共同特点是纯度高，熔点高，一般在2000℃以上，如TaC可达3877℃，其他高温性能都很好，但价格昂贵。氧化锆ZrO_2是高温电炉上常用的特种耐火材料，作炉衬或涂料。几种特种耐火材料的性能和用途见表11-32。

表 11-32　几种特种耐火材料性能和用途

种　类		性　能　和　用　途
氧化物	氧化镁制品	对金属和碱性溶液有较强的抗侵蚀能力，是典型的碱性耐火材料，可大量用作冶金容器、高温炉炉衬、高温（超过2000℃）热电偶的保护管。高纯氧化镁坩埚适于熔化高纯铁及其合金以及镍、铀、钍、锌、锡、铝、铜、钴及其合金等，也可用来盛装熔融的氧化铝和铝盐
	氧化锆制品	熔点高（2700℃），高温结构强度大，化学稳定性良好，高温蒸气压和分解压均较低，热导率小，可以满足高温、高真空冶炼的许多纯金属和合金所需的技术要求。可用作高温炉衬、高温炉（大于2000℃）发热元件、铸口砖、原子反应堆的反射材料、测钢水温度和熔融金属铬温度的热电偶保护管等。氧化锆坩埚最高使用温度可达2500℃，能用于熔炼铂、钯、钌、铯等铂族贵金属及其合金，亦可用来熔炼钾、钠、石英玻璃以及氧化物和盐类等
	氧化钙制品	熔点高，抗渣性好，但易水化。用于熔炼高纯度的金属，如铂、铑、铱及钍、钍等
碳化物		碳化物制品有MoC、TaC、WC、TiC等。其中TiC性能最好，它具有高熔点、高抗氧化性、比重小、硬度高的特点。碳化钛主要用于制造TiC基金属陶瓷，作为火箭零件；还可用于制造TiC基合金，作为燃气轮机的叶片，以及在还原性或惰性气氛中测定2500℃高温用的热电偶保护管，还可用作TiC-Co-W硬质合金刀具等

种 类		性 能 和 用 途
氮化物	氮化硼	构造与天然石墨的结构很相似，是高温下非常良好的绝缘体，与石墨一样质软富脂肪感，可用作耐热性润滑剂
	氮化硅	是一种很硬的材料，能在1200℃保持其强度不变，线膨胀系数小，抗热震性好，绝缘性好，化学性质稳定，抗熔融金属侵蚀性强，对铬、锌、铅以及与氧化物熔体接触都有相当的稳定性，特别是对熔融金属铝稳定。抗氧化性比较强，在氧化气氛下能使用到1200℃或更高。在冶金工业中，可作为坩埚、输送液态金属管道、阀门、泵、热电偶保护管、滑动水口、锌精炼炉等高温制品，也是高炉大型出铁槽的添加材料。在硅酸盐工业中，用作陶瓷器焙烧用搁板
硼化物		主要有 ZrB、TiB 等。外观呈金属状，导电性次于金属，而且具有正的电阻温度系数。硼化锆和硼化钛具有良好的抗氧化性，如在中性或还原性气氛中可使用到2000℃以上，在真空中可安全使用到2500℃以上。硼化锆具有较高的硬度，良好的导电性、导热性和化学稳定性。可用作高温热电偶套管，电接触器和电极材料，火箭喷嘴材料，以及冶炼各种金属的坩埚和液态金属的容器等
硅化钼（MoSi$_2$）		硅化钼具有金属光泽、电阻低、传导率高、抗热冲击性好，常温下硬而脆，1600℃以上显示出某种程度的可塑性。它可用作高温发热元件
硫化物		熔点不高，易于氧化，但对各种熔融金属的侵蚀作用有良好的稳定性。硫化物制成的坩埚，适用于熔炼一些不被氧化和不被一般耐火材料所污染的金属。由于它的高温蒸气压小，有希望用作真空炉中要求稳定度高的特殊耐火材料

11.5 绝 热 材 料

绝热材料是热传导性比较低的材料，其特点是密度小，气孔率高。一般绝热材料的体积密度都小于1500kg/m³，气孔率高于45%，热导率低于 1.0W/(m·K)。在热工设备上采用绝热材料能有效地减小热损失，降低燃料消耗，使热工设备能更经济更有效地进行工作。

绝热材料可按其工作的最高温度分为3级：

低温绝热材料：工作温度低于900℃，有硅藻土、石棉和渣棉等。

中温绝热材料：工作温度为 900~1200℃，有硅藻土、轻质黏土砖、蛭石、耐火空心颗粒和耐火纤维等。

高温绝热材料：工作温度高于1200℃。有各种轻质砖、耐火空心颗粒和耐火纤维。

绝热材料也可按体积密度分为一般绝热材料（体积密度低于1500kg/m³），轻质绝热材料（体积密度为 400~1000kg/m³）和超轻质绝热材料（体积密度小于400kg/m³）。

常用的一些绝热材料的性质见表 11-33~表 11-36。

表 11-33 氧化铝空心球制品的性能

编号	烧成温度 /℃	气孔率 /%	体积密度 /kg·m⁻³	耐压强度 /N·cm⁻²	温度/℃			热导率 /W·(m·K)⁻¹	抗热震性/次 (1300℃)
					热面	冷面	平均		
1	1750	65.5	1.23	—	800	460	630	0.94	水冷 3
					1100	580	840	0.92	风冷 >21
2	1500	66.9	1.18	375	800	450	625	0.81	水冷 3
					1100	570	835	0.78	风冷 >21

表 11-34 中低温绝热材料的性质

材料名称			体积密度 /kg·m⁻¹	最高使用温度 /℃	热导率 /W·(m·K)⁻¹
硅藻土质	硅藻土粉	生料	680	900	$0.1+0.28\times10^{-3}t$
		熟料	600		$0.08+0.21\times10^{-3}t$
	硅藻土隔热板	A 级	500	900	$0.07+0.21\times10^{-3}t$
		B 级	550		$0.08+0.21\times10^{-3}t$
		C 级	650		$1.0+0.23\times10^{-3}t$
	硅藻土焙烧板管	A 级	450	900	$0.38+0.19\times10^{-3}t$
		B 级	550		$0.048+0.20\times10^{-3}t$
	硅藻土石棉粉		280~320	600	$0.066+0.15\times10^{-3}t$
石棉制品	石棉绳		~800	300	$0.07+0.31\times10^{-3}t$
	石棉板		1000~1400	600	$0.16+0.19\times10^{-3}t$
	碳酸镁石棉板管		280~360	450	$0.10+0.33\times10^{-3}t$
	碳酸镁石棉灰		<140	350	<0.05
	石棉粉	一级	<600	500	<0.05
		二级	<800	500	<0.05
矿渣制品	粒状高炉渣		500~550	600	$0.09+0.29\times10^{-3}t$
	矿渣棉	一级	<125	600	
		二级	<150		$0.04+0.19\times10^{-3}t$
		三级	<200		$0.05+0.19\times10^{-3}t$
	水玻璃矿渣棉制品		400~450	750	<0.07
蛭石制品	膨胀蛭石	一级	100	1000	0.05~0.06
		二级	200		0.05~0.06
		三级	300		0.05~0.06
	水泥蛭石制品		430~500	600	0.06~0.14
	水玻璃蛭石制品		400~500	800	0.08~0.10
	沥青蛭石制品		300~400	70~90	0.08~0.10
	泡沫黏土熟料		700~890	1000	0.16~0.23
	高强漂珠砖		<500~900	<1050~1150	<0.2~0.3
膨胀珍珠岩制品	水泥结合制品		300~400	600	0.058~0.087
	水玻璃结合制品		200~300	650	0.056~0.065
	磷酸盐结合制品		200~250	1000	0.044~0.052
	沥青结合制品		300~400	60	0.01~0.104

表 11-35 高温绝热材料的性质

材　料	总气孔率/%	体积密度/kg·m^{-3}	热导率/W·(m·K)$^{-1}$	耐压强度/Pa	最高使用温度/℃
轻质黏土砖	55~62	600~1300	至570℃时为0.52(平均)	(45~60)×10^4	1250
轻质高铝砖	55~60	1300~1360	0.7~0.72	(80~115)×10^4	1400
轻质硅砖	47~54	1000~1200	0.64~0.8	(40~70)×10^4	1550
泡沫硅砖	68	680	0.8	16×10^4	1450
泡沫高铝砖	71	960	1.65	25×10^4	1350
氧化锆空心砖	55~60	2500~3000	0.23~0.35	<49×10^4	2200

表 11-36 各种纤维主要性能及使用情况

品　种	普通硅酸铝纤维	高纯硅酸铝纤维	含铬硅酸铝纤维	高铝耐火纤维	多晶莫来石纤维	多晶氧化铝纤维
长期工作温度/℃	<1000	<1100	<1200	1200~1250	<1400	1400~1600
工作气氛	火焰炉(油、煤气)电阻炉(大气)	火焰炉(油、煤气)电阻炉(大气、还原气氛)	电阻炉(大气)	火焰炉(油、煤气)电阻炉(大气、还原气氛)	火焰炉(油、煤气)电阻炉(大气、还原气氛)	火焰炉(油、煤气)电阻炉(大气、还原气氛)
加热线膨胀率/%	<4(1150℃,6h)	2.7(1260℃,6h)	<4(1400℃,6h)	<2.5(1250℃,6h)<4(1400℃,6h)	<1(1300℃,6h)	2.6(1500℃,6h)
体积密度/kg·m^{-3}	a.120~140 b.150~170 c.180~200	140	120~150	a.150~200 b.200~250	约150	—
纤维直径/μm	3~5	—	2~6	—	2~7	2~7
热导率/W·(m·K)$^{-1}$	0.151(热面900℃,冷面185℃)	0.096(热面900℃,冷面300℃)	0.123(热面1000℃,冷面560℃)	0.091(热面990℃,冷面289℃)	0.185(热面1000℃,冷面273℃)	0.288(热面1200℃)
残余水分/%	<1	<1	<1	<1	<1	<1
化学成分/% Al$_2$O$_3$	45~52	>47	40~46	>60	72~74	94.8
Al$_2$O$_3$+SiO$_2$	>96	>99	98.5(SiO$_2$47~55)	98.8	SiO$_2$20~24	SiO$_2$4.96
Cr$_2$O$_3$	—	—	3~6	—	—	—
Fe$_2$O$_3$	<1.2	<0.2	<0.3	<0.3	—	0.09
Na$_2$O+K$_2$O	0.37	0.38	<0.4	<0.5	1.6~3.0	—
B$_2$O$_3$	—	—	—	—	3~5	—

参 考 文 献

[1] 倪永泉. 实用防腐蚀技术. 北京：化学工业出版社，1994.

[2] 陈正均，等. 耐蚀非金属材料及应用. 北京：化学工业出版社，1985.

[3] 化工部化工机械研究院. 腐蚀与防护手册. 北京：化学工业出版社，1991.

[4] 化学工程师手册编辑委员会. 化学工程师手册. 北京：机械工业出版社，2001.

[5] 钱之来，范广举. 耐火材料实用手册. 北京：冶金工业出版社，1992.

[6] 徐平坤. 刚玉耐火材料. 北京：冶金工业出版社，1999.

[7] 有色冶金炉设计手册编辑委员会. 有色冶金炉设计手册. 北京：冶金工业出版社，2000.

[8] ［日］杉田清. 钢铁用耐火材料. 张绍林，马俊，译. 北京：冶金工业出版社，2004.

[9] 肖纪美. 腐蚀总论-材料的腐蚀及其控制方法. 北京：化学工业出版社，1994.

[10] 许晓海，冯改山. 耐火材料技术手册. 北京：冶金工业出版社，2000.

[11] 韩行禄. 不定形耐火材料，第2版. 北京：冶金工业出版社，2003.

[12] 胡宝玉，徐延庆等. 特种耐火材料. 北京：冶金工业出版社，2004.

[13] 徐平坤，魏国钊. 耐火材料新工艺技术. 北京：冶金工业出版社，2005.

[14] ［加］P. R. 罗伯奇. 腐蚀工程手册. 吴荫顺，李久青等译. 北京：中国石化出版社，2003.

附　　录

附录 1　干空气的物理性质（101.33kPa）

温度 t/℃	密度 ρ /kg·m^{-3}	比热容 c_p /kJ·(kg·K)$^{-1}$	热导率 λ /W·(m·K)$^{-1}$	黏度 μ /Pa·s	普朗特数 Pr
-50	1.584	1.013	2.035×10^{-5}	1.46×10^{-5}	0.728
-40	1.515	1.013	2.117×10^{-5}	1.52×10^{-5}	0.728
-30	1.453	1.013	2.198×10^{-5}	1.57×10^{-5}	0.723
-20	1.395	1.009	2.279×10^{-5}	1.62×10^{-5}	0.716
-10	1.342	1.009	2.360×10^{-5}	1.67×10^{-5}	0.712
0	1.293	1.009	2.442×10^{-5}	1.72×10^{-5}	0.707
10	1.247	1.009	2.512×10^{-5}	1.77×10^{-5}	0.705
20	1.205	1.013	2.593×10^{-5}	1.81×10^{-5}	0.703
30	1.165	1.013	2.675×10^{-5}	1.86×10^{-5}	0.701
40	1.128	1.013	2.756×10^{-5}	1.91×10^{-5}	0.699
50	1.093	1.017	2.826×10^{-5}	1.96×10^{-5}	0.698
60	1.060	1.017	2.896×10^{-5}	2.01×10^{-5}	0.696
70	1.029	1.017	2.966×10^{-5}	2.06×10^{-5}	0.694
80	1.000	1.022	3.047×10^{-5}	2.11×10^{-5}	0.692
90	0.972	1.022	3.128×10^{-5}	2.15×10^{-5}	0.690
100	0.946	1.022	3.210×10^{-5}	2.19×10^{-5}	0.688
120	0.898	1.026	3.338×10^{-5}	2.29×10^{-5}	0.686
140	0.854	1.026	3.489×10^{-5}	2.37×10^{-5}	0.684
160	0.815	1.026	3.640×10^{-5}	2.45×10^{-5}	0.682
180	0.779	1.034	3.780×10^{-5}	2.53×10^{-5}	0.681
200	0.746	1.034	3.931×10^{-5}	2.60×10^{-5}	0.680
250	0.674	1.043	4.268×10^{-5}	2.74×10^{-5}	0.677
300	0.615	1.047	4.605×10^{-5}	2.97×10^{-5}	0.674
350	0.566	1.055	4.908×10^{-5}	3.14×10^{-5}	0.676
400	0.524	1.068	5.210×10^{-5}	3.30×10^{-5}	0.678
500	0.456	1.072	5.745×10^{-5}	3.62×10^{-5}	0.687
600	0.404	1.089	6.222×10^{-5}	3.91×10^{-5}	0.699
700	0.362	1.102	6.711×10^{-5}	4.18×10^{-5}	0.706
800	0.329	1.114	7.176×10^{-5}	4.43×10^{-5}	0.713
900	0.301	1.127	7.630×10^{-5}	4.67×10^{-5}	0.717
1000	0.277	1.139	8.071×10^{-5}	4.90×10^{-5}	0.719
1100	0.257	1.152	8.502×10^{-5}	5.12×10^{-5}	0.722
1200	0.239	1.164	9.153×10^{-5}	5.35×10^{-5}	0.724

附录2 水的物理性质

温度 /℃	饱和蒸汽 压/kPa	密度 /kg·m⁻³	焓 /kJ·kg⁻¹	比热容/kJ· (kg·K)⁻¹	热导率 λ /W·(m·K)⁻¹	黏度 μ /Pa·s	体积膨胀 系数 β/℃⁻¹	表面张力 σ/N·m⁻¹	普朗特数 Pr
0	0.6082	999.9	0	4.212	55.13×10^{-2}	179.21×10^{-5}	-0.63×10^{-4}	75.6×10^{-3}	13.66
10	1.2262	999.7	42.04	4.191	57.45×10^{-2}	130.77×10^{-5}	$+0.70 \times 10^{-4}$	74.1×10^{-3}	9.52
20	2.3346	998.2	83.90	4.183	59.89×10^{-2}	100.50×10^{-5}	1.82×10^{-4}	72.6×10^{-3}	7.01
30	4.2474	995.7	125.69	4.174	61.76×10^{-2}	80.07×10^{-5}	3.21×10^{-4}	71.2×10^{-3}	5.42
40	7.3666	992.2	167.51	4.174	63.38×10^{-2}	65.60×10^{-5}	3.87×10^{-4}	69.6×10^{-3}	4.30
50	12.34	988.1	209.30	4.174	64.78×10^{-2}	54.94×10^{-5}	4.49×10^{-4}	67.7×10^{-3}	3.54
60	19.923	983.1	251.12	4.178	65.94×10^{-2}	46.88×10^{-5}	5.11×10^{-4}	66.2×10^{-3}	2.98
70	31.164	977.8	292.99	4.187	66.76×10^{-2}	40.61×10^{-5}	5.70×10^{-4}	64.3×10^{-3}	2.54
80	47.379	971.8	334.94	4.195	67.45×10^{-2}	35.65×10^{-5}	6.32×10^{-4}	62.6×10^{-3}	2.22
90	70.136	965.3	376.98	4.208	68.04×10^{-2}	31.65×10^{-5}	6.95×10^{-4}	60.7×10^{-3}	1.96
100	101.33	958.4	419.10	4.220	68.27×10^{-2}	28.38×10^{-5}	7.52×10^{-4}	58.8×10^{-3}	1.76
110	143.31	951.0	461.34	4.233	68.50×10^{-2}	25.89×10^{-5}	8.08×10^{-4}	56.9×10^{-3}	1.61
120	198.64	943.1	503.67	4.250	68.62×10^{-2}	23.73×10^{-5}	8.64×10^{-4}	54.8×10^{-3}	1.47
130	270.25	934.8	546.38	4.266	68.62×10^{-2}	21.77×10^{-5}	9.17×10^{-4}	52.8×10^{-3}	1.36
140	361.47	926.1	589.08	4.287	68.50×10^{-2}	20.10×10^{-5}	9.72×10^{-4}	50.7×10^{-3}	1.26
150	476.24	917.0	632.20	4.312	68.38×10^{-2}	18.63×10^{-5}	10.3×10^{-4}	48.6×10^{-3}	1.18
160	618.28	907.4	675.33	4.346	68.27×10^{-2}	17.36×10^{-5}	10.7×10^{-4}	46.6×10^{-3}	1.11
170	792.59	897.3	719.29	4.379	67.92×10^{-2}	16.28×10^{-5}	11.3×10^{-4}	45.3×10^{-3}	1.05
180	1003.5	886.9	763.25	4.417	67.45×10^{-2}	15.30×10^{-5}	11.9×10^{-4}	42.3×10^{-3}	1.00
190	1255.5	876.0	807.63	4.460	66.99×10^{-2}	14.42×10^{-5}	12.6×10^{-4}	40.8×10^{-3}	0.96
200	1554.77	863.0	852.43	4.505	66.29×10^{-2}	13.63×10^{-5}	13.3×10^{-4}	37.7×10^{-3}	0.93
210	1917.72	852.8	897.65	4.555	65.48×10^{-2}	13.04×10^{-5}	14.1×10^{-4}	35.4×10^{-3}	0.91
220	2320.88	840.3	943.70	4.614	64.55×10^{-2}	12.46×10^{-5}	14.8×10^{-4}	33.1×10^{-3}	0.89
230	2798.59	827.3	990.18	4.681	63.73×10^{-2}	11.97×10^{-5}	15.9×10^{-4}	31.0×10^{-3}	0.88
240	3347.91	813.6	1037.49	4.756	62.80×10^{-2}	11.47×10^{-5}	16.8×10^{-4}	28.5×10^{-3}	0.87
250	3977.67	799.0	1085.64	4.844	61.76×10^{-2}	10.98×10^{-5}	18.1×10^{-4}	26.2×10^{-3}	0.86
260	4693.75	784.0	1135.04	4.949	60.48×10^{-2}	10.59×10^{-5}	19.7×10^{-4}	23.8×10^{-3}	0.87
270	5503.99	767.9	1185.28	5.070	59.96×10^{-2}	10.20×10^{-5}	21.6×10^{-4}	21.5×10^{-3}	0.88
280	6417.24	750.7	1236.28	5.229	57.45×10^{-2}	9.81×10^{-5}	23.7×10^{-4}	19.12×10^{-3}	0.89
290	7443.29	732.3	1289.95	5.485	55.82×10^{-2}	9.42×10^{-5}	26.2×10^{-4}	16.9×10^{-3}	0.93
300	8592.94	712.5	1344.80	5.736	53.96×10^{-2}	9.12×10^{-5}	29.2×10^{-4}	14.4×10^{-3}	0.97
310	9877.96	691.1	1402.16	6.071	52.34×10^{-2}	8.83×10^{-5}	32.9×10^{-4}	12.1×10^{-3}	1.02
320	11300.3	667.1	1462.03	6.573	50.39×10^{-2}	8.53×10^{-5}	38.2×10^{-4}	9.81×10^{-3}	1.11
330	12879.6	640.2	1526.19	7.243	48.73×10^{-2}	8.14×10^{-5}	43.3×10^{-4}	7.67×10^{-3}	1.22
340	14615.8	610.1	1594.75	8.164	45.71×10^{-2}	7.75×10^{-5}	53.4×10^{-4}	5.67×10^{-3}	1.38
350	16538.5	574.4	1671.37	9.504	43.03×10^{-2}	7.26×10^{-5}	66.8×10^{-4}	3.82×10^{-3}	1.60
360	18667.1	528.0	1761.39	13.984	39.54×10^{-2}	6.67×10^{-5}	109×10^{-4}	2.06×10^{-3}	2.36
370	21040.9	450.5	1892.43	40.319	33.73×10^{-2}	5.69×10^{-5}	264×10^{-4}	0.48×10^{-3}	6.80

附录 3　饱和水蒸气物理性质（以温度为准）

温度/℃	绝对压强		蒸汽的密度/kg·m⁻³	焓				汽化热	
				液　体		蒸　汽			
	kgf/cm²	kPa		kcal/kg	kJ/kg	kcal/kg	kJ/kg	kcal/kg	kJ/kg
0	0.0062	0.6082	0.00484	0	0	595	2491.1	595	2491.1
5	0.0089	0.8730	0.00680	5.0	20.94	597.3	2500.8	592.3	2479.89
10	0.0125	1.2262	0.00940	10.0	41.87	599.6	2510.4	598.6	2468.53
15	0.0174	1.7068	0.01283	15.0	62.80	602.0	2520.5	587.0	2457.7
20	0.0238	2.3346	0.01719	20.0	83.74	604.3	2530.1	584.3	2446.3
25	0.0323	3.1684	0.02304	25.0	104.67	606.6	2539.7	581.6	2435.0
30	0.0433	4.2474	0.03036	30.0	125.60	608.9	2549.3	578.9	2423.7
35	0.0573	5.6207	0.03960	35.0	146.54	611.2	2559.0	576.2	2412.4
40	0.0752	7.3766	0.05114	40.0	167.47	613.5	2568.6	573.5	2401.4
45	0.0977	9.5837	0.06543	45.0	188.41	615.7	2577.8	570.7	2389.4
50	0.1258	12.340	0.0830	50.0	209.34	618.0	2587.4	568.0	2378.1
55	0.1605	15.743	0.1043	55.0	230.27	620.0	2596.7	565.2	2366.4
60	0.2031	19.923	0.1301	60.0	251.21	622.5	2606.3	562.5	2355.1
65	0.2550	25.014	0.1611	65.0	272.14	624.7	2615.5	559.7	2343.4
70	0.3177	31.164	0.1979	70.0	293.08	626.8	2624.3	556.8	2331.2
75	0.393	38.551	0.2416	75.0	314.01	629.0	2633.5	554.0	2319.5
80	0.483	47.379	0.2929	80.0	334.94	631.1	2642.3	551.2	2307.8
85	0.590	57.875	0.3531	85.0	355.88	633.2	2651.1	548.2	2295.2
90	0.715	70.136	0.4229	90.0	376.81	635.3	2659.9	545.3	2283.1
95	0.862	84.556	0.5039	95.0	397.75	637.4	2668.7	542.4	2270.9
100	1.033	101.33	0.5970	100.0	418.68	639.4	2677.0	539.3	2258.4
105	1.232	120.85	0.7036	105.1	440.03	641.3	2685.0	536.3	2245.4
110	1.461	143.31	0.8254	110.1	460.97	643.3	2693.4	533.1	2232.0
115	1.724	169.11	0.9635	115.2	482.32	645.2	2701.3	530.1	2219.0
120	2.025	198.64	1.1199	120.3	503.67	647.0	2708.9	526.7	2205.2
125	2.367	232.19	1.296	125.4	525.02	648.8	2716.4	523.5	2191.8
130	2.755	270.25	1.494	130.5	546.38	650.6	2723.9	520.1	2177.6
135	3.192	313.11	1.715	135.6	567.73	652.3	2731.0	516.7	2163.3
140	3.685	361.47	1.9621	140.7	589.08	653.9	2737.7	513.2	2148.7
145	4.238	415.72	2.238	145.9	610.85	655.5	2744.4	509.7	2134.0
150	4.855	476.24	2.543	151.0	632.21	657.0	2750.7	506.0	2118.5
160	6.303	618.28	3.252	161.4	675.75	659.9	2762.9	498.5	2087.12
170	8.080	792.59	4.113	171.8	719.29	662.4	2773.3	490.6	2054.0
180	10.23	1003.5	5.145	182.3	763.25	664.6	2782.5	482.3	2019.3
190	12.80	1255.6	6.378	192.9	804.64	666.4	2790.1	473.5	1982.4
200	15.85	1554.77	7.840	203.5	852.01	667.7	2795.5	464.2	1943.5
210	19.55	1917.72	9.567	214.3	897.23	668.6	2799.3	454.4	1902.5
220	23.66	2320.88	11.60	225.1	942.45	669.0	2801.0	443.9	1858.5

续附录 3

温度/℃	绝对压强		蒸汽的密度 /kg·m⁻³	焓				汽 化 热	
	kgf/cm²	kPa		液 体		蒸 汽		kcal/kg	kJ/kg
				kcal/kg	kJ/kg	kcal/kg	kJ/kg		
230	28.53	2798.59	13.98	236.1	988.50	668.8	2800.1	432.7	1811.6
240	34.13	3347.91	16.76	247.1	1034.56	668.0	2796.8	420.8	1761.8
250	40.55	3977.67	20.01	258.3	1081.45	664.0	2790.1	408.1	1708.6
260	47.85	4693.75	23.82	269.6	1128.76	664.2	2780.9	394.5	1651.7
270	56.11	5503.99	28.27	281.1	1176.91	661.2	2768.3	380.1	1591.4
280	65.42	6417.24	33.47	292.7	1225.48	657.3	2752.0	364.1	1526.5
290	75.88	7443.29	39.60	304.4	1274.46	652.6	2732.3	348.1	1457.4
300	87.6	8592.94	46.93	316.6	1325.54	646.8	2708.0	330.2	1382.5
310	100.7	9877.96	55.59	329.3	1378.71	640.1	2680.0	310.8	1301.3
320	115.2	11300.3	65.95	343.0	1436.07	632.5	2648.2	289.5	1212.1
330	131.3	12879.6	78.53	357.5	1446.78	623.5	2610.5	266.3	1116.2
340	149.0	14615.8	93.98	373.3	1562.93	613.5	2568.6	240.2	1005.7
350	168.6	16538.5	113.2	390.8	1636.20	601.1	2516.7	210.3	880.5
360	190.3	18667.1	139.6	413.0	1729.15	583.4	2442.6	170.3	713.0
370	214.5	21040.9	171.0	451.0	1888.25	549.8	2301.9	98.2	411.1
374	225	22070.9	322.6	501.1	2098.0	501.1	2098.0	0	0

附录 4　无机盐溶液在 101.33kPa 下的沸点

溶质	沸 点 /℃																		
	101	102	103	104	105	107	110	115	120	125	140	160	180	200	220	240	260	280	300
	溶液的浓度（质量分数）/%																		
CaCl₂	5.66	10.31	14.16	17.36	20.00	24.24	29.33	35.68	40.83	45.80	57.89	68.94	75.86	—	—	—	—	—	—
KOH	4.49	8.51	11.97	14.82	17.01	20.88	25.65	31.97	36.51	40.23	48.05	54.89	60.41	64.91	68.73	72.46	75.76	78.95	81.63
KCl	8.42	14.31	18.96	23.02	26.57	32.62	—	—	—	—	—	—	—	—	—	—	—	—	—
K₂CO₃	10.31	18.37	24.24	28.57	32.24	37.69	43.97	50.86	56.04	60.40	—	—	—	—	—	—	—	—	—
KNO₃	13.19	23.66	32.23	39.20	45.10	54.65	65.34	79.53	—	—	—	—	—	—	—	—	—	—	—
MgCl₂	4.67	8.42	11.66	14.31	16.59	20.32	24.41	29.48	33.07	36.02	38.61	—	—	—	—	—	—	—	—
MgSO₄	14.31	22.78	28.31	32.23	35.32	42.86	—	—	—	—	—	—	—	—	—	—	—	—	—
NaOH	4.12	7.40	10.15	12.51	14.53	18.32	23.08	6.21	33.77	37.58	48.32	60.13	69.97	77.53	84.03	88.89	93.02	95.92	98.47
NaCl	6.19	11.03	14.67	17.69	20.32	25.09	—	—	—	—	—	—	—	—	—	—	—	—	—
NaNO₃	8.26	15.61	21.87	27.53	32.43	40.47	49.87	60.94	68.94	—	—	—	—	—	—	—	—	—	—
Na₂SO₄	15.26	24.81	30.73	—	—	—	—	—	—	—	—	—	—	—	—	—	—	—	—
Na₂CO₃	9.42	17.223	23.72	29.18	33.86	—	—	—	—	—	—	—	—	—	—	—	—	—	—
Cu₂SO₄	26.95	39.98	40.83	44.47	—	—	—	—	—	—	—	—	—	—	—	—	—	—	—
ZnSO₄	20.00	31.22	37.89	42.92	46.15	—	—	—	—	—	—	—	—	—	—	—	—	—	—
NH₄NO₃	9.09	16.66	23.08	29.08	34.21	42.53	51.92	63.24	71.26	77.11	87.09	93.20	96.00	97.61	98.84	—	—	—	—
NH₄Cl	6.10	11.35	15.96	19.80	22.89	28.37	35.98	46.95	—	—	—	—	—	—	—	—	—	—	—
(NH₄)₂SO₄	13.34	23.14	30.65	36.71	41.79	49.37	—	—	—	—	—	—	—	—	—	—	—	—	—

附录5 101.33kPa下溶液的沸点升高与浓度的关系

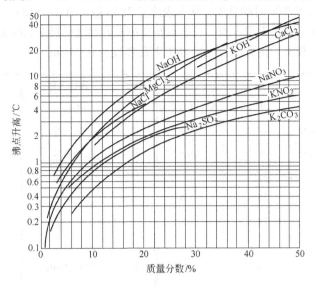

附录6 液体黏度共线图

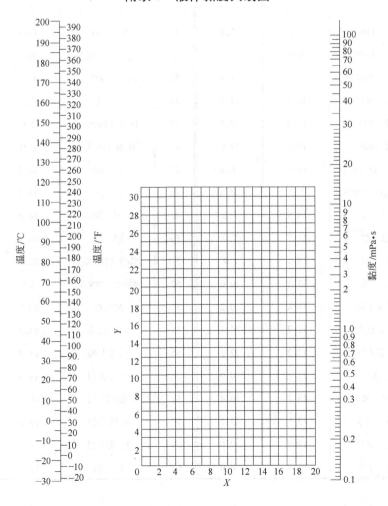

432

液体黏度共线图坐标值

用法举例：求苯在 50℃时的黏度，从本表序号 26 查得苯的 $X = 1.25$，$Y = 10.9$，把这两个数值标在共线图的 Y-X 坐标上得一点，把这点与图中左方温度标尺上 50℃的点取成一直线，延长，与右方黏度标尺相交，由此交点定出 50℃苯的黏度为 0.044mPa·s。

序号	液体名称	X	Y	序号	液体名称	X	Y
1	水	10.2	13.0	31	乙　苯	13.2	11.5
2	盐水（25‰NaCl）	10.2	16.6	32	氯　苯	12.3	12.4
3	盐水（25‰CaCl$_2$）	6.6	15.9	33	硝基苯	10.6	16.2
4	氨	12.6	2.0	34	苯　胺	8.1	18.7
5	氨水（26%）	10.1	13.9	35	酚	6.9	20.8
6	二氧化碳	11.6	0.3	36	联　苯	12.0	18.3
7	二氧化硫	15.2	7.1	37	萘	7.9	18.1
8	二硫化碳	16.1	7.5	38	甲醇（100%）	12.4	10.5
9	溴	14.2	13.2	39	甲醇（90%）	12.3	11.8
10	汞	18.4	16.4	40	甲醇（40%）	7.8	15.5
11	硫酸（110%）	7.2	27.4	41	乙醇（100%）	10.5	13.8
12	硫酸（100%）	8.0	25.1	42	乙醇（95%）	9.8	14.3
13	硫酸（98%）	7.0	24.8	43	乙醇（40%）	6.5	16.6
14	硫酸（60%）	10.2	21.3	44	乙二醇	6.0	23.6
15	硝酸（95%）	12.8	13.8	45	甘油（100%）	2.0	30.0
16	硝酸（60%）	10.8	17.0	46	甘油（50%）	6.9	19.6
17	盐酸（13.5%）	13.0	16.6	47	乙　醚	14.5	5.3
18	氢氧化钠（50%）	3.2	25.8	48	乙　醛	15.2	14.8
19	戊　烷	14.9	5.2	49	丙　酮	14.5	7.2
20	己　烷	14.7	7.0	50	甲　酸	10.7	15.8
21	庚　烷	14.1	8.4	51	醋酸（100%）	12.1	14.2
22	辛　烷	13.7	10.0	52	醋酸（70%）	9.5	17.0
23	三氯甲烷	14.4	10.2	53	醋酸酐	12.7	12.8
24	四氯化碳	12.7	13.1	54	醋酸乙酯	13.7	9.1
25	二氯乙烷	13.2	12.2	55	醋酸戊酯	11.8	12.5
26	苯	12.5	10.9	56	氟利昂-11	14.4	9.0
27	甲　苯	13.7	10.4	57	氟利昂-12	16.8	5.6
28	邻二甲苯	13.5	12.1	58	氟利昂-21	15.7	7.5
29	间二甲苯	13.9	10.6	59	氟利昂-22	17.2	4.7
30	对二甲苯	13.9	10.9	60	煤　油	10.2	16.9

附录7　气体黏度共线图（常压下用）

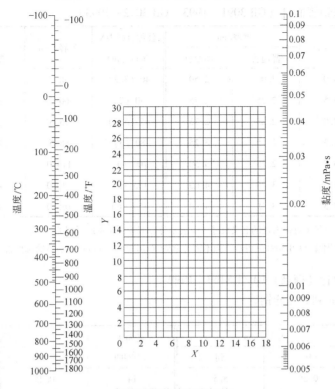

气体黏度共线图坐标值

序号	气体名称	X	Y	序号	气体名称	X	Y
1	空　气	11.0	20.0	21	乙　炔	9.8	14.9
2	氧	11.0	21.3	22	丙　烷	9.7	12.9
3	氮	10.6	20.0	23	丙　烯	9.0	13.8
4	氢	11.2	12.4	24	丁　烯	9.2	13.7
5	$3H_2+1N_2$	11.2	17.2	25	戊　烷	7.0	12.8
6	水蒸气	8.0	16.0	26	己　烷	8.6	11.8
7	二氧化碳	9.5	18.7	27	三氯甲烷	8.9	15.7
8	一氧化碳	11.0	20.0	28	苯	8.5	13.2
9	氨	8.4	16.0	29	甲　苯	8.6	12.4
10	硫化氢	8.6	18.0	30	甲　醇	8.5	15.6
11	二氧化碳	9.6	17.0	31	乙　醇	9.2	14.2
12	二硫化碳	8.0	16.0	32	丙　醇	8.4	13.4
13	一氧化二氮	8.8	19.0	33	醋　酸	7.7	14.3
14	一氧化氮	10.9	20.5	34	丙　酮	8.9	13.0
15	氟	7.3	23.8	35	乙　醚	8.9	13
16	氯	9.0	18.4	36	醋酸乙酯	8.5	13.2
17	氯化氢	8.8	18.7	37	氟利昂-11	10.6	15.1
18	甲　烷	9.9	15.5	38	氟利昂-12	11.1	16.0
19	乙　烷	9.1	14.5	39	氟利昂-21	10.8	15.3
20	乙　烯	9.5	15.1	40	氟利昂-22	10.1	17.0

附录8　管子规格（摘录）

1. 水煤气输送钢管摘自（GB 3091—1993，GB 3092—1993）

公称直径 DN /mm（in）	外径/mm	壁厚/mm 普通管	壁厚/mm 加厚管	公称直径 DN /mm（in）	外径/mm	壁厚/mm 普通管	壁厚/mm 加厚管
6（1/8）	10.0	2.00	2.50	40（3/2）	48.0	3.50	4.25
8（1/4）	13.5	2.25	2.75	50（2）	60.0	3.50	4.50
10（3/8）	17.0	2.25	2.75	65（5/2）	75.5	3.75	4.50
15（1/2）	21.3	2.75	3.25	80（3）	88.5	4.00	4.75
20（3/4）	26.8	2.75	3.50	100（4）	114.0	4.00	5.00
25（1）	33.5	3.25	4.00	125（5）	140.0	4.50	5.50
32（5/4）	42.3	3.25	4.00	150（6）	165.0	4.50	5.50

注：1. 表中的公称直径系近似内径的名义尺寸，不表示外径减去两个壁厚所得的内径；

    2. 钢管分镀锌钢管（GB 3091—1993）和不镀锌钢管（GB 3092—1993），后者简称黑管。

2. 普通无缝钢管（摘录）GB/T 8163—1999

（1）系列1、系列3无缝钢管

系列1 外径/mm	壁厚/mm 从	壁厚/mm 到	系列3 外径/mm	壁厚/mm 从	壁厚/mm 到
10	0.25	3.5	14	0.25	4.0
13.5	0.25	4.0	18	0.25	5.0
17	0.25	5.0	22	0.40	7.0
21	0.40	6.0	25.4	0.40	7.0
27	0.40	7.0	30	0.40	8.0
34	0.40	8.0	35	0.40	9.0
42	1.0	10	45	1.0	12
48	1.0	12	54	1.0	14
60	1.0	16	73	1.0	19
76	1.4	20	83	1.4	22
89	1.4	24	108	1.4	30
114	1.5	30	142	3.0	36
140	3.0	36	152	3.0	40
168	3.5	45	159	3.5	45
219	6.0	55	180	3.5	50
273	6.5	65	194	3.5	50
325	7.5	65	245	6.0	65
356	9.0	65	560	9.0	65
406	9.0	65	660	9.0	65
457	9.0	65			

（2）系列 2 无缝钢管

外径/mm	壁厚/mm		外径/mm	壁厚/mm		外径/mm	壁厚/mm	
	从	到		从	到		从	到
6	0.25	2.0	32	0.40	8.0	95	1.4	24
7	0.25	2.5	38	0.40	10	102	1.4	28
8	0.25	2.5	40	0.40	10	121	1.5	32
9	0.25	2.8	51	1.0	12	127	1.8	32
11	0.25	3.5	57	1.0	14	133	2.5	36
12	0.25	4.0	63	1.0	16	146	3.0	40
13	0.25	4.0	65	1.0	16	203	3.5	55
16	0.25	5.0	68	1.0	16	299	7.5	65
19	0.25	6.0	70	1.0	17	340	8.0	65
20	0.25	6.0	77	1.4	20	351	8.0	65
25	0.40	7.0	80	1.4	20	377	9.0	65
28	0.40	7.0	85	1.4	22	402	9.0	65

注：1. 系列 1 为标准化钢管系列，系列 2 为非标准化为主的钢管系列，系列 3 为特殊用途非标准化钢管系列；
　　2. 壁厚有 0.25、0.30、0.40、0.50、0.60、0.80、1.0、1.2、1.4、1.5、1.6、1.8、2.0、2.2、2.5、2.8、3.0、3.2、3.5、4.0、4.5、5.0、5.5、6.0、6.5、7.0、7.5、8.0、8.5、9.0、9.5、10、11、12、13、14、15、16、17、18、19、20、22、24、25、26、28、30、32、36、38、40、42、45、48、50、55、60、65。

附录 9　泵规格（摘录）

1. IS 型水泵性能表

型　号	流　量/m³·h⁻¹	扬　程/m	转　速/r·min⁻¹	必需汽蚀裕量/m	效　率/%	功率/kW		质　量/kg
						轴功率	电机功率	
IS50-32-160	7.5 12.5 15	32	2900	2.0	54	2.02	3	42
	3.75 6.3 7.5	8	1450	2.0	48	0.28	0.55	42
IS50-32-200	7.5 12.5 15	52.5 50 48	2900	2.0 2.0 2.5	38 48 51	2.62 3.54 3.84	5.5	49
	3.75 6.3 7.5	13.1 12.5 12	1450	2.0 2.0 2.5	33 42 44	0.41 0.51 0.56	0.75	49
IS50-32-250	7.5 12.5 15	82 80 78.5	2900	2.0 2.0 2.5	28.5 38 41	5.67 7.16 7.83	11	78
	3.75 6.3 7.5	20.5 20 19.5	1450	2.0 2.0 2.5	23 32 35	0.91 1.07 1.14	15	78
IS65-50-160	15 25 30	35 32 30	2900	2.0 2.0 2.5	54 65 66	2.65 3.35 3.71	5.5	42
	7.5 12.5 15	8.8 8.0 7.2	1450	2.0 2.0 2.5	50 60 60	0.36 0.45 0.49	0.75	42

续附录 9

型 号	流 量 /m³·h⁻¹	扬 程 /m	转 速 /r·min⁻¹	必需汽蚀 裕量/m	效 率 /%	功率/kW		质 量 /kg
						轴功率	电机功率	
IS65-40-200	15	53		2.0	49	4.42		
	25	50	2900	2.0	60	5.67	7.5	50
	30	47		2.5	61	6.29		
	7.5	13.2		2.0	43	0.63		
	12.5	12.5	1450	2.0	55	0.77	1.1	50
	15	11.8		2.5	57	0.85		
IS65-40-315	15	127		2.5	28	18.5		
	25	125	2900	2.5	40	21.3	30	105
	30	123		3.0	44	22.8		
	7.5	32		2.5	25	2.63		
	12.5	32	1450	2.5	37	2.94	4	105
	15	31.7		3.0	41	3.16		
IS80-65-125	30	22.5		3.0	64	2.87		
	50	20	2900	3.0	75	3.63	5.5	37
	60	18		3.5	74	3.93		
	15	5.6		2.5	55	0.42		
	25	5	1450	2.5	71	0.48	0.75	37
	30	4.6		3.0	72	0.51		
IS80-65-160	30	36		2.5	61	4.82		
	50	32	2900	2.5	73	5.97	7.5	45
	60	29		3.0	72	6.59		
	15	9		2.5	55	0.67		
	25	8	1450	2.5	69	0.75	1.5	45
	30	7.2		3.0	68	0.86		
IS80-50-200	30	53		2.5	55	7.87		
	50	50	2900	2.5	69	9.87	15	52
	60	47		3.0	71	10.8		
	15	13.2		2.5	51	1.06		
	25	12.5	1450	2.5	65	1.31	2.25	52
	30	11.8		3.0	67	1.44		
IS80-50-250	30	84		2.5	52	13.2		
	50	80	2900	2.5	63	17.3	22	93
	60	75		3.0	64	19.2		
	15	21		2.5	49	1.75		
	12	20	1450	2.5	60	2.27	3	93
	30	18.8		3.0	61	2.52		

续附录9

型 号	流 量 /m³·h⁻¹	扬 程 /m	转 速 /r·min⁻¹	必需汽蚀裕量/m	效 率 /%	功率/kW 轴功率	功率/kW 电机功率	质 量 /kg
IS80-50-315	30	128	2900	2.5	41	25.5	37	110
	50	125		2.5	54	31.5		
	60	123		3.0	57	35.3		
	15	32.5	1450	2.5	39	3.4	5.5	110
	12	32		2.5	52	4.19		
	30	31.5		3.0	56	4.6		
IS100-80-125	60	24	2900	4.0	67	5.86	11	42
	100	20		4.5	78	7.00		
	120	16.5		5.0	74	7.28		
	30	6	1450	2.5	64	0.77	1.5	42
	50	5		2.5	75	0.91		
	60	4		3.0	71	0.92		
IS100-80-160	60	36	2900	3.5	70	8.42	15	67
	100	32		4.0	78	11.2		
	120	28		5.0	75	12.2		
	30	9.2	1450	2.0	67	1.12	2.2	67
	50	8.0		2.5	75	1.45		
	60	6.8		3.5	71	1.57		

2. AY型离心油泵性能表

型 号	流量 /m³·h⁻¹	扬程 /m	转速 /r·min⁻¹	汽蚀裕量 /m	效率 /%	功率/kW 轴功率	功率/kW 配套功率	质量 /kg	外形尺寸 长×宽×高 /mm×mm×mm	口径/mm 吸入	口径/mm 排出
32AY40	3	40	2950	2.5	20	1.63	2.2		1225×660×642	32	25
32AY40×2	3	80	2950	2.7	18	3.63	5.5		1364×610×588	32	25
40AY40	6	40	2950	2.5	32	2.04	3		1265×660×648	40	25
50AY80	12.5	80	2950	3.1	32	8.17	11		1475×670×668	50	40
50AY80×2	12.5	160	2950	2.8	30	17.4	22		1490×610×638	50	40
65AY60	25	60	2950	3	52	7.9	11	150	670×525×578	50	40
80AY60	50	60	2950	3.2	52	13.2	22	200		65	50
100AY60	100	63	2950	4	72	23.8	37	220		100	80
150AY150×2	180	300	2950	3.6	67	219.5	315	1500		150	125
150AY150×2A	167	258	2950	3.2	65	180.5	250	1500		150	125
150AY150×2B	155	222	2950	3	62	151.5	220	1500		150	125
150AY150×2C	140	181	2950	2.9	60	115	160	1500		150	125
200AYS150	315	150	2950	6	58.5	220	315			200	100
200AYS150A	285	130	2950	6	57	177	250			200	100
200AYS150B	265	115	2950	6	56	148	220			200	100
300AYS320	960	320	2950	12	72.3	1157	1600			300	250
350AY_RS76	1280	76	1480	5	85	311.7	400			350	300

3. F型耐腐蚀离心泵性能表

型　号	流　量		扬程 /m	转速 /r·min⁻¹	功率/kW		效率/%	必需汽蚀裕量/m	叶轮名义直径/mm	泵口径/mm		泵重/kg
	m³·h⁻¹	L·s⁻¹			轴	电机				吸入	吐出	
50F-40	14.4	4.00	40	2980	3.41	5.5	46	4.8	180	50	40	
50F-40A	13.1	3.64	32.5	2980	2.52	4	46	4.8	165	50	40	
65F-25	28.8	8.0	25	2980	2.97	4	66	3.6	148	65	50	
65F-25A	26.2	7.28	20.8	2980	2.25	3	66	3.5	135	65	50	
65F-64	28.8	8.00	64	2980	9.47	15	53	4.1	227	65	50	
65F-64A	26.9	7.47	55	2980	7.60	11	53	4	212	65	50	65
65F-64B	25.3	7.03	49	2980	6.40	11	52.8	3.8	200	65	50	65
80F-24	54	15.00	26.7	2980	5.40	7.5	72.7	3.6	152	80	65	45
80F-24A	49.1	13.64	21.7	2980	4.15	5.5	70	3.4	139	80	65	45
80F-38	54	15.00	38	2980	8.22	11	68	3.8	184	80	65	45
80F-38A	49.1	13.64	32	2980	6.48	11	66	3.6	168	80	65	45
100F-37	100.8	28.00	36.5	2980	12.85	15	78	5.0	182	100	80	60
100F-37A	91.8	25.50	29.5	2980	9.70	11	76	4.7	165	100	80	60
150F-35	190.8	53.00	34.7	1480	23.12	30	78	3.8	345	150	125	194
150F-35A	173.5	48.19	28	1480	17.41	22	76	3.5	315	150	125	194
150F-35B	140	38.89	27	1480	13.44	18.5	76.6	3.05	295	150	125	194

附录10　4-72-11型离心通风机规格（摘录）

机号	转速 /r·min⁻¹	全压系数	全压		流量系数	流量 /m³·h⁻¹	效率 /%	所需功率 /kW
			mmH₂O	Pa				
6C	2240	0.411	248	2432.1	0.220	15800	91	14.1
	2000	0.411	198	1941.8	0.220	14100	91	10.0
	1800	0.411	160	1569.1	0.220	12700	91	7.3
	1250	0.411	77	755.1	0.220	8800	91	2.53
	1000	0.411	49	480.5	0.220	7030	91	1.39
	800	0.411	30	294.2	0.220	5610	91	0.73
8C	1800	0.411	285	2795.9	0.220	29900	91	30.8
	1250	0.411	137	1343.6	0.220	20800	91	10.3
	1000	0.411	88	863.0	0.220	16600	91	5.52
	630	0.411	35	343.2	0.220	10480	91	1.51
10C	1250	0.434	227	2226.2	0.2218	41300	94.3	32.7
	1000	0.434	145	1422.0	0.2218	32700	94.3	16.5
	300	0.434	93	912.1	0.2218	26130	94.3	8.5
	500	0.434	36	353.1	0.2218	16390	94.3	2.3

机　号	转　速 /r·min^{-1}	全压系数	全　压		流量系数	流量 /m^3·h^{-1}	效　率 /%	所需功率 /kW
			mmH$_2$O	Pa				
6D	1450	0.411	104	1020	0.220	10200	91	4
	960	0.411	45	441.3	0.220	6720	91	1.32
8D	1450	0.44	200	1961.4	0.184	20130	89.5	14.2
	730	0.44	50	490.4	0.184	10150	89.5	2.06
16B	900	0.434	300	2942.1	0.2218	12100	94.3	127
20B	710	0.434	290	2844.0	0.2218	186300	94.3	190

附录 11　各种不同材料在表面法线方向上的辐射黑度

材料类别和表面状况	温度/℃	黑度 ε
磨光的钢铸件	770~1035	0.52~0.56
碾压的钢板	21	0.657
具有非常粗糙的氧化层的钢板	24	0.80
磨光的铬	150	0.058
粗糙的铝板	20~25	0.06~0.07
基体为铜的镀铝表面	190~600	0.18~0.19
在磨光的铁上电镀一层镍,但不再磨光	38	0.11
铬镍合金	52~1034	0.64~0.76
粗糙的铅	38	0.43
灰色、氧化的铝	38	0.28
磨光的铸铁	200	0.21
生锈的铁板	20	0.685
粗糙的铁锭	926~1120	0.87~0.95
经过车床加工的铸铁	882~987	0.60~0.70
稍加磨光的黄铜	38~260	0.12
无光泽的黄铜	38	0.22
粗糙的黄铜	38	0.74
磨光的紫铜	20	0.03
氧化了的紫铜	20	0.78
镀了锡且发亮的铁片	25	0.043~0.064
镀锌的铁皮	38	0.23
镀锌的铁片被氧化呈灰色	24	0.276
磨光的或电镀层的银	38~1090	0.01~0.03
白大理石	38~538	0.93~0.95
石灰泥	38~260	0.92

材料类别和表面状况	温度/℃	黑度 ε
磨光的玻璃	38	0.90
平滑的玻璃	38	0.94
白瓷釉	51	0.92
石棉板	38	0.96
石棉纸	38	0.93
耐火砖	500 ~ 1000	0.8 ~ 0.9
红砖	20	0.93
油毛毡	20	0.93
抹灰的墙	20	0.94
灯黑	20 ~ 400	0.95 ~ 0.97
平木板	20	0.78
硬橡皮	20	0.92
木料	20	0.80 ~ 0.92
各种颜色的油漆	100	0.92 ~ 0.96
雪	0	0.8
水（厚度大于 0.1mm）	0 ~ 100	0.96

注：绝大部分非金属材料的黑度在 0.85 ~ 0.95 之间，在缺乏资料时，可近似取作 0.9。

附录 12 某些气体的平均恒压比热容（标准状态）

温度/℃	平均恒压比热容/$kJ \cdot m^{-3} \cdot K^{-1}$										
	c_{RO_2}	c_{N_2}	c_{O_2}	c_{H_2O}	$c_{干空气}$	$c_{湿空气}$	c_{CO}	c_{H_2}	c_{H_2S}	c_{CH_4}	$c_{C_2H_4}$
0	1.6203	1.2992	1.3075	1.4913	1.3008	1.3247	1.3021	1.2790	1.5156	1.5659	1.7668
100	1.7199	1.3013	1.3193	1.5018	1.3050	1.3289	1.3021	1.2895	1.5407	1.6538	2.1060
200	1.8079	1.3029	1.3368	1.5173	1.3096	1.3339	1.3105	1.2979	1.5742	1.7668	2.3279
300	1.8807	1.3080	1.3582	1.5378	1.3180	1.3427	1.3188	1.3021	1.6077	1.8924	2.5288
400	1.9435	1.3172	1.3796	1.5592	1.3301	1.3553	1.3314	1.3021	1.6454	2.0222	2.7214
500	2.0453	1.3293	1.4005	1.5830	1.3440	1.3695	1.3440	1.3063	1.6831	2.1436	2.8931
600	2.0591	1.3419	1.4193	1.6077	1.3582	1.3837	1.3607	1.3105	1.7208	2.2692	3.0480
700	2.1076	1.3553	1.4369	1.6337	1.3724	1.3984	1.3733	1.3147	1.7585	2.3823	3.1903
800	2.1516	1.3682	1.4528	1.6601	1.3862	1.4126	1.3900	1.3188	1.7961	2.4953	3.3411
900	2.1914	1.3816	1.4662	1.6864	1.3992	1.4260	1.4026	1.3230	1.8296	2.5958	3.4499
1000	2.2265	1.3938	1.4800	1.7132	1.4118	1.4390	1.4151	1.3272	1.8631	2.6963	3.5672
1100	2.2592	1.4055	1.4918	1.7396	1.4235	1.4511	1.4277	1.3356	1.8924	2.7842	
1200	2.2885	1.4164	1.5022	1.7656	1.4344	1.4624	1.4403	1.3440	1.9217	2.8721	
1300	2.3157	1.4290	1.5122	1.7907	1.4453	1.4738	1.4486	1.3523	1.9469		
1400	2.3404	1.4373	1.5219	1.8150	1.4549	1.4838	1.4612	1.3607	1.9720		
1500	2.3634	1.4470	1.5311	1.8388	1.4641	1.4934	1.4696	1.3691	1.9971		
1600	2.3848	1.4553	1.5399	1.8619	1.4729	1.5026	1.4779	1.3775			

附录 13 局部阻力系数

序号	阻力名称	简 图	计算速度	阻力系数
1	流入尖锐边缘孔洞		u	$\zeta = 0.5$
2	流入圆滑边缘孔洞		u	$\begin{array}{c\|c\|c\|c\|c\|c\|c\|c} R/D & 0.01 & 0.03 & 0.05 & 0.08 & 0.12 & 0.16 & >0.2 \\ \hline \zeta & 0.44 & 0.31 & 0.22 & 0.15 & 0.09 & 0.06 & 0.03 \end{array}$
3	流入伸出的管道		u	$L/D \leqslant 4$ 时，$\zeta = 0.2 \sim 0.56$； $L/D \geqslant 4$ 时，$\zeta = 0.56$
4	流入斜管口		u	$\begin{array}{c\|c\|c\|c\|c\|c\|c\|c\|c\|c} \alpha/(°) & 10 & 20 & 30 & 40 & 50 & 60 & 70 & 80 & 90 \\ \hline \zeta & 1.00 & 0.96 & 0.91 & 0.85 & 0.78 & 0.70 & 0.63 & 0.56 & 0.50 \end{array}$
5	突然扩张		u_1	$\zeta_1 = \left(1 - \dfrac{F_1}{F_2}\right)^2$
6	突然收缩		u_2	$\zeta_2 = 0.5\left(1 - \dfrac{F_2}{F_1}\right)$
7	逐渐扩张		u_1	$\xi_1 = \left(1 - \dfrac{F_1}{F_2}\right)^2 \left(1 - \cos\dfrac{\alpha}{2}\right)$
8	逐渐收缩		u_2	$\xi_2 = 0.5\left(1 - \dfrac{F_2}{F_1}\right)\left(1 - \cos\dfrac{\alpha}{2}\right)$
9	90°硬拐弯		u	$\zeta = 1.1 \sim 1.5$
10	90°圆拐弯		u	$\begin{array}{c\|c\|c\|c\|c\|c\|c} R/D & 0 & 0.1 & 1 & 2 & 4 & >4 \\ \hline \zeta & 1.5 & 1.0 & 0.3 & 0.15 & 0.12 & 0.1 \end{array}$
11	任意角度硬拐弯		u	$\begin{array}{c\|c\|c\|c\|c\|c\|c} \alpha/(°) & 20 & 30 & 45 & 60 & 80 & 100 \\ \hline 圆管\ \zeta & 0.05 & 0.11 & 0.3 & 0.5 & 0.9 & 1.2 \\ \hline 方管\ \zeta & 0.11 & 0.2 & 0.38 & 0.53 & 0.93 & 1.3 \end{array}$
12	任意角度圆滑拐弯		u	$\zeta = a\zeta_{90°}$，$\zeta_{90°}$ 按第 10 项计算 $\quad\begin{array}{c\|c\|c\|c\|c\|c\|c} \alpha/(°) & 20 & 40 & 80 & 120 & 160 & 180 \\ \hline a & 0.4 & 0.65 & 0.95 & 1.13 & 1.27 & 1.33 \end{array}$

序号	阻力名称	简　图	计算速度	阻力系数
13	180°硬拐弯		u	$\zeta = 2.0$
14	两次直角硬拐弯（U 形）		u	见下表
15	两次直角硬拐弯（Z 形）		u	见下表
16	两次45°硬拐弯		u	见下表
17	组合圆拐弯的弯头		u	ζ 值为每个弯头的 2 倍
18	组合圆拐弯的弯头		u	ζ 值为每个弯头的 3 倍
19	组合圆拐弯的弯头		u	ζ 值为每个弯头的 4 倍
20	矩形断面通道90°硬拐弯		u_1	见下表
21	等径三通分流		u_1	$\zeta_{1-2} = 1.5$
22	等径三通汇流		u_2	$\zeta_{1-2} = 3.0$
23	异径三通		—	$\zeta = $ 等径三通 $\zeta + $ 突扩（或突缩）K

序号14 两次直角硬拐弯（U 形）：

L/D	1.0	2	3	6	8 以上
ζ	1.2	1.3	1.6	1.9	2.2

序号15 两次直角硬拐弯（Z 形）：

L/D	1.0	1.5	2.0	5 以上
ζ	1.9	2.0	2.1	2.2

序号16 两次45°硬拐弯：

L/D	1	2	3	4	5	6
ζ	0.37	0.28	0.35	0.38	0.40	0.42

序号20 矩形断面通道90°硬拐弯：

ζ_1		b_2/b_1						
		0.6	0.8	1.0	1.2	1.4	1.6	2.0
$\dfrac{h}{b_1}$	0.25	1.76	1.43	1.24	1.14	1.09	1.06	1.06
	1.0	1.70	1.36	1.15	1.02	0.95	0.90	0.84
	4.0	1.46	1.10	0.9	0.81	0.76	0.72	0.66

序号	阻力名称	简　图	计算速度	阻力系数
24	等径三通 直流汇合 ζ_{1-3}		u_3	当 $u_2 = 0$ 时，$\zeta_{1-3} = 0$；$\Big\}$其余情况介于 当 $u_2 = u_3$ 时，$\zeta_{1-3} = 0.55\Big\}$二者之间
25	等径三通 直流汇合 ζ_{2-3}		u_3	当 $u_2 = 0$ 时，$\zeta_{2-3} = -1.0$；$\Big\}$其余情况介于 当 $u_2 = u_3$ 时，$\zeta_{2-3} = +1.0\Big\}$二者之间
26	叉管分流		u	$\zeta = 1.0$
27	叉管汇流		u	$\zeta = 1.5$
28	孔　板		u	D/d：1.25　1.5　1.75　2　2.5　3　4　5 ζ：2.5　7.0　15　30　90　195　225　560
29	闸板(矩形)		u	h/H：1.0　0.9　0.8　0.7　0.6　0.5　0.4　0.3　0.2　0.1 ζ：0　0.09　0.39　0.95　2.08　4.02　8.12　17.8　44.5　193
30	插板阀 （圆形）		u	h/H：1.0　0.9　0.8　0.7　0.6　0.5　0.4　0.3　0.25 ζ：0.15　0.3　0.8　1.5　2.8　5.3　12　22　30
31	蝶　阀		u	$\varphi/(°)$：0　5　10　15　20　30　40　50　60　70　80 ζ：0.1　0.24　0.52　0.9　1.54　3.91　10.8　32.6　118　751　∞
32	截止阀		u	全开时，$\zeta = 4.3 \sim 6.1$
33	旋　塞		u	$\varphi/(°)$：10　20　30　40　50　60　65　82 ζ：0.29　1.56　5.47　17.3　52.6　206　486　∞
34	换向阀		u	$\zeta = 2.5$
35	通过直行 排列的管束			$\zeta = n\dfrac{s}{b}\alpha + \beta$ （适于 $Re > 10^4$） 其中 $\alpha = 0.028\ (b/\delta)^2$；$\beta = (b/\delta - 1)^2$； n—沿流向的排数

续附录 13

序号	阻力名称	简　图	计算速度	阻力系数
36	通过交错排列的管束		u	当 s、b、δ、n 相同时，ζ 为直行排列的 $0.7\sim0.8$ 倍
37	通过直行架空排列的格子砖		u	$\zeta=\dfrac{1.14}{d^{0.25}}H$ 其中 d—气流通过的格子孔当量直径，m； H—格子砖堆砌高度，m
38	通过交错架空排列的格子砖		u	$\zeta=\dfrac{1.57}{d^{0.25}}H$ 其中 d—格子孔当量直径，m； H—格子砖高度，m
39	沉渣室		u	进气时，$\zeta=1.0$ 排烟时，$\zeta=2.0$
40	散料层		空腔流速 u	$\zeta=1.1\lambda\dfrac{H}{d}\dfrac{(1-\varepsilon)^2}{\varepsilon^3}\dfrac{1}{\phi^2}$ 式中 d—料块粒度，m； H—料层高度，m； ε—堆料孔隙度，球块散堆 $\varepsilon=0.263$； ϕ—形状系数，球块 $\phi=1$，其他 $\phi<1$ λ： $Re_{块}$ | <30 | $30\sim700$ | $700\sim7000$ | >7000 λ | $220Re^{-1}$ | $28Re^{-0.4}$ | $7Re^{-0.2}$ | 1.26

附录 14　空气及煤气的饱和水蒸气含量（101325Pa，标态）

温度 /℃	蒸汽压强 /kPa	含水汽量				温度 /℃	蒸汽压强 /kPa	含水汽量			
		质量浓度/g·m⁻³		体积分数/%				质量浓度/g·m⁻³		体积分数/%	
		对干气体	对湿气体	对干气体	对湿气体			对干气体	对湿气体	对干气体	对湿气体
−20	0.103	0.82	0.81	0.102	0.101	−3	0.476	3.79	3.77	0.471	0.4690
−15	0.165	1.32	1.31	0.164	0.163	−2	0.517	4.12	4.10	0.512	0.510
−10	0.260	2.07	2.06	0.257	0.256	−1	0.563	4.49	4.46	0.558	0.555
−8	0.309	2.46	2.45	0.306	0.305	0	0.611	4.87	4.84	0.605	0.602
−6	0.368	2.93	2.92	0.364	0.363	1	0.657	5.24	5.21	0.652	0.648
−5	0.401	3.19	3.18	0.397	0.395	2	0.705	5.64	5.60	0.701	0.697
−4	0.437	3.48	3.46	0.433	0.431	3	0.759	6.07	6.02	0.754	0.748

温度/℃	蒸汽压强/kPa	含水汽量				温度/℃	蒸汽压强/kPa	含水汽量			
		质量浓度/g·m⁻³		体积分数/%				质量浓度/g·m⁻³		体积分数/%	
		对干气体	对湿气体	对干气体	对湿气体			对干气体	对湿气体	对干气体	对湿气体
4	0.813	6.51	6.45	0.810	0.804	31	4.493	37.3	35.7	4.64	4.44
5	0.872	6.97	6.91	0.868	0.860	32	4.754	39.6	37.7	4.92	4.69
6	0.935	7.48	7.42	0.930	0.922	33	5.030	42.0	39.9	5.22	4.96
7	1.001	8.02	7.94	0.998	0.988	34	5.319	44.5	42.2	5.54	5.25
8	1.073	8.61	8.51	1.070	1.060	35	5.623	47.2	44.6	5.88	5.55
9	1.148	9.21	9.10	1.140	1.130	36	5.940	50.1	47.1	6.23	5.86
10	1.228	9.89	9.74	1.220	1.210	37	6.275	53.1	49.8	6.60	6.20
11	1.312	10.58	10.40	1.310	1.290	38	6.624	56.3	52.6	7.00	6.54
12	1.403	11.3	11.1	1.40	1.38	39	6.991	59.6	55.5	7.40	6.90
13	1.497	12.1	11.88	1.50	1.48	40	7.376	63.1	58.5	7.85	7.27
14	1.599	12.9	12.7	1.60	1.58	42	8.198	70.8	65.0	8.8	8.1
15	1.705	13.7	13.5	1.71	1.68	44	9.100	79.3	72.2	9.9	9.0
16	1.817	14.6	14.4	1.82	1.79	46	10.085	88.8	80.0	11.0	9.9
17	1.937	15.7	15.4	1.95	1.92	48	11.164	99.5	88.5	12.40	11.0
18	2.064	16.7	16.4	2.08	2.04	50	12.330	111.4	97.9	13.86	12.18
19	2.197	17.8	17.4	2.22	2.17	52	13.610	125.0	108.0	15.60	13.5
20	2.337	19.0	18.5	2.36	2.30	54	15.004	140.0	119.0	17.40	14.80
21	2.487	20.2	19.7	2.52	2.45	56	16.501	156.5	131.0	19.48	16.26
22	2.644	21.5	21.0	2.68	2.61	60	19.920	196.7	158.1	24.47	19.66
23	2.809	22.9	22.3	2.85	2.77	65	24.500	263.3	198.3	32.80	24.70
24	2.984	24.4	23.7	3.03	2.94	70	31.150	357.0	247.3	44.43	30.76
25	3.168	26.0	25.1	3.23	3.13	75	38.542	493.6	305.9	61.39	38.05
26	3.361	27.6	26.7	3.43	3.32	80	47.342	705.1	376.0	87.7	46.77
27	3.565	29.3	28.3	3.65	3.52	85	57.810	1068.0	458.8	132.80	57.06
28	3.779	31.2	30.0	3.88	3.73	90	70.100	1805.0	556.4	224.5	69.2
29	4.005	33.1	31.8	4.12	3.95	95	84.500	4042	670.3	502.7	83.42
30	4.242	35.1	33.7	4.37	4.19	100	101.323	无穷大	804.0	无穷大	100.00

冶金工业出版社部分图书推荐

书　名	作　者	定价(元)
冶金与材料热力学(第2版)	李文超	70.00
冶金物理化学	张家芸	39.00
有色冶金概论(第3版)	华一新	49.00
冶金设备(第2版)	朱云	68.00
冶金设备课程设计	朱云	19.00
有色金属真空冶金(第2版)	戴永年	36.00
有色冶金炉	周孑民	35.00
重金属冶金学(第2版)	翟秀静	55.00
轻金属冶金学	杨重愚	39.80
稀有金属冶金学	李洪桂	34.80
冶金工厂设计基础	姜澜	49.00
能源与环境	冯俊小	35.00
物理化学(第2版)	邓基芹	36.00
物理化学实验	邓基芹	19.00
无机化学	邓基芹	36.00
无机化学实验	邓基芹	18.00
冶金专业英语(第3版)	侯向东	49.00
金属材料及热处理	王悦祥	35.00
火法冶金——粗金属精炼技术	刘自力	18.00
火法冶金——备料与焙烧技术	陈利生	20.00
火法冶金——熔炼技术	徐征	31.00
火法冶金生产实训	陈利生	18.00
湿法冶金——净化技术	黄卉	15.00
湿法冶金——浸出技术(第2版)	刘洪萍	33.00
湿法冶金——电解技术	陈利生	22.00
湿法炼锌	夏昌祥	30.00
湿法冶金生产实训	陈利生	25.00
氧化铝制取	刘自力	18.00
氧化铝生产仿真实训	徐征	20.00
金属铝熔盐电解	陈利生	18.00
铝冶金生产操作与控制	王红伟	42.00
稀土冶金技术(第2版)	石富	39.00